Quantenmechanik (nicht nur) für Lehramtsstudierende

Thomas Filk

Quantenmechanik (nicht nur) für Lehramtsstudierende

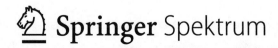 Springer Spektrum

Thomas Filk
Physikalisches Institut
Universität Freiburg
Freiburg, Deutschland

ISBN 978-3-662-59735-4   ISBN 978-3-662-59736-1   (eBook)
https://doi.org/10.1007/978-3-662-59736-1

Die Deutsche Nationalbibliothek verzeichnet diese Publikation in der Deutschen Nationalbibliografie; detaillierte bibliografische Daten sind im Internet über http://dnb.d-nb.de abrufbar.

Springer Spektrum

Planung/Lektorat: Margit Maly

Springer Spektrum ist ein Imprint der eingetragenen Gesellschaft Springer-Verlag GmbH, DE und ist ein Teil von Springer Nature.
Die Anschrift der Gesellschaft ist: Heidelberger Platz 3, 14197 Berlin, Germany

Vorwort

Die Quantenmechanik bzw. allgemeiner die Quantentheorie ist nicht einfach nur ein spezieller Teil der Physik; sie scheint uns in besonderem Maße zu zwingen, ein vollkommen neues und ungewohntes Wirklichkeitsverständnis anzunehmen. Die Quantenmechanik stellt Vorstellungen infrage, die für uns so selbstverständlich sind, dass wir uns ihrer häufig nicht einmal bewusst werden, was ihre Vermittlung in der Schule oder an der Universität besonders schwierig macht.

Mehr als bei jedem anderen Teil der theoretischen Physik muss man in der Quantentheorie zwischen ihrer Anwendung und ihrem Verständnis unterscheiden. Für die experimentelle Praxis reicht es oft aus, einen gewissen Satz von Regeln und Vorschriften anzuwenden. In diesem Buch werde ich diese Vorschriften gelegentlich als ‚Kochrezept der Quantenmechanik' bezeichnen. Dieses Kochrezept ist für die Anwendungen, sowohl in der Forschung als auch in der Umsetzung quantentheoretischer Erkenntnisse zur Entwicklung neuer Techniken, fast immer ausreichend. Die meisten Physiker entwickeln mit der Zeit ein ‚Bauchgefühl' und eine gute Vorstellung, wie sich quantenmechanische Systeme verhalten, auch wenn sich bei hartnäckigem Hinterfragen diese Vorstellungen oft als inkonsistent oder widersprüchlich erweisen.

Interessierte Schüler und Schülerinnen, aber auch Studierende der Physik, Philosophie, Wissenschaftsgeschichte etc., die sich mit der Quantenmechanik auseinandersetzen möchten, werden jedoch unweigerlich danach fragen, ob bzw. inwieweit man dieses Kochrezept ‚verstehen' kann und welche Vorstellungen man damit verbinden soll. Diese Ebene der Metaphysik muss den festen wissenschaftlichen Boden notwendigerweise verlassen und ist daher für manche Naturwissenschaftler nicht nur zweitrangig, sondern auch unwissenschaftlich. Als Lehrender, gleichgültig ob in der Schule oder im Hörsaal, sollte man sich solchen Fragen jedoch stellen. Was bedeutet eigentlich ‚verstehen'? Inwiefern beschreibt die Physik ‚die Natur'? In welchem Maße sind alle physikalischen Theorien – insbesondere auch die Quantentheorie – nur Modelle?

Dieses Lehrbuch entstand aus einer Vorlesung an der Universität Freiburg, die ich dort regelmäßig anbiete und die speziell für Lehramtsstudierende konzipiert und, soweit möglich, auf die Bedürfnisse zukünftiger Lehrer und Lehrerinnen zugeschnitten ist. Daher habe ich auch weniger Wert auf die Vermittlung von mathematischen Techniken zur Lösung spezifischer Probleme in der Quantenmechanik gelegt; stattdessen wurde den konzeptuellen Grundlagen ein größeres

Gewicht zugeschrieben. Vor diesem Hintergrund habe ich beispielsweise auf eine
Vermittlung von störungstheoretischen Verfahren sowie eine eingehendere Behandlung der Streutheorie verzichtet. Diese Aspekte sind zwar für den zukünftigen For-
scher von Bedeutung, sie geben jedoch kaum wesentliche Zusatzerkenntnisse über
das ‚Wesen' der Quantenmechanik und lassen sich ohnehin im Unterricht nicht
einsetzen. Trotzdem bleibt auch in der vorliegenden Darstellung der mathematische Formalismus der Quantenmechanik ein Schwerpunktthema, insbesondere da
gerade hier die Frage nach einer anschaulichen Interpretation mancher mathematischer Strukturen und Ausdrücke immer noch offen und umstritten ist.

Trotzdem handelt es sich bei diesem Lehrbuch nicht um eine ‚abgespeckte'
Version der Quantenmechanik. Manche Kapitel, insbesondere im dritten Teil des
Buches, enthalten teilweise sehr ausführliche Berechnungen. Sie sind nicht notwendigerweise Teil des Lehr- und Lernstoffs, sollen aber den interessierten Lesern
als vertiefende Zusatzinformation dienen.

Sehr viel Wert lege ich darauf immer wieder zu betonen, dass es eine allgemein akzeptierte Interpretation der Quantenmechanik nicht gibt. Schon die grundlegende Frage nach dem ontologischen (also von der subjektiven Erkenntnis des
Beobachters unabhängigen) Status der Wellenfunktion wird von verschiedenen
Physikern unterschiedlich beantwortet. Daher wird in diesem Lehrbuch einerseits versucht, die wissenschaftlichen Aussagen möglichst interpretationsneu-
tral zu halten (was leider nicht immer gelungen sein dürfte), andererseits werde
ich an geeigneten Stellen aber auch auf unterschiedliche Interpretationsmöglich-
keiten eingehen, angefangen bei rein positivistischen Ansätzen über subjektive
und informationstheoretische Interpretationen der Quantenmechanik bis hin zur
Bohm'schen Mechanik.

Freiburg   Thomas Filk
Herbst 2019

Inhaltsverzeichnis

Teil I   Drei Wege zur Quantentheorie

1   Photonenexperimente zur Polarisation 3
  1.1   Was man wissen sollte 4
  1.2   Experimente zu Polarisation von Lichtwellen 4
      1.2.1   Licht als Welle und seine Intensität. 5
      1.2.2   Polarisation und Polarisationsstrahlteiler 7
      1.2.3   Hintereinandergeschaltete Polarisationsfilter 9
  1.3   Einzelne Photonen 10
      1.3.1   Die Eigenschaften $|h\rangle$ und $|v\rangle$. 12
      1.3.2   Die Eigenschaften $|\alpha\rangle$, $|p\rangle$ und $|m\rangle$. 15
  1.4   Mathematische Beschreibung in einem Vektorraum. 16
      1.4.1   Polarisationszustände als Strahlen einer Ebene 17
      1.4.2   Die Darstellung von Filtern durch
              Projektionsmatrizen 18
      1.4.3   Superpositionen. 20
      1.4.4   Quantenobjekte – Wellen oder Teilchen? 22
  1.5   Der Begriff der ‚Messung' in der Quantentheorie 23
  1.6   Zirkulare Polarisationen 26
  1.7   Zusammenfassung. 29

2   Interferenzexperimente am Doppelspalt 31
  2.1   Der Doppelspalt für Wellen 32
      2.1.1   Interferenzmuster bei Photonen 35
  2.2   Materiewellen 37
  2.3   Durch welchen Spalt tritt ein Quantenobjekt? 39
  2.4   Orts- und Wellenzahlbestimmungen. 40
  2.5   Die Schrödinger-Gleichung 43
  2.6   Zusammenfassung. 44

3   Die Anfänge der Quantentheorie in Experimenten 47
  3.1   Das Planck'sche Strahlungsgesetz 48
      3.1.1   Schwarze Körper. 48
      3.1.2   Herleitung der Planck'schen Formel. 50
  3.2   Der photoelektrische Effekt 53

3.3   Die molare Wärmekapazität in Festkörpern   55
3.4   Atomspektren   57
3.5   Zeeman- und Stark-Effekt.   58
3.6   Die Compton-Streuung   60
3.7   Das Stern-Gerlach Experiment   62
3.8   Wie ging es weiter?   63

Teil II   Die Grundlagen der Quantentheorie

4   Das mathematische Rüstzeug   69
4.1   Vektorräume und physikalische Zustände.   70
        4.1.1   Hilbert-Räume.   70
        4.1.2   Der duale Vektorraum   74
        4.1.3   Die Bra-Ket-Notation   75
4.2   Lineare Abbildungen – Operatoren.   76
        4.2.1   Allgemeine Eigenschaften linearer Operatoren   77
        4.2.2   Selbstadjungierte Operatoren   79
        4.2.3   Projektionsoperatoren   82
        4.2.4   Unitäre Operatoren   84
        4.2.5   Veranschaulichung der Operatoren anhand der
                 Polarisation   86
4.3   Die Bra-Ket-Notation für Operatoren.   88
4.4   Operatoren im $\mathcal{L}_2$ 90
        4.4.1   Das Spektrum von x und $-i\frac{\partial}{\partial x}$ 90
        4.4.2   Die x- und k-Basis.   92
        4.4.3   Der Kommutator von x und $-i\frac{\partial}{\partial x}$ 93

5   Die Postulate der Quantentheorie und allgemeine Folgerungen   101
5.1   Die Postulate der klassischen Mechanik.   103
5.2   Die Postulate der Quantentheorie   105
        5.2.1   Darstellung von Zuständen   107
        5.2.2   Darstellung von Observablen   109
        5.2.3   Messwerte und Erwartungswerte   114
        5.2.4   Reduktion des Quantenzustands   117
        5.2.5   Dynamik abgeschlossener Systeme   118
        5.2.6   Mehrteilchensysteme   121
5.3   Unschärferelationen   121
        5.3.1   Gleichzeitige Messbarkeit zweier Observabler.   121
        5.3.2   Mathematische Herleitung einer Unschärferelation   124
        5.3.3   Unschärferelation bei Fourier-Transformierten   125
5.4   Symmetrien.   127
5.5   Maximalsätze kompatibler Observablen.   129
5.6   Gemischte Zustände und Dichtematrizen.   130
        5.6.1   Gemischte Zustände in der klassischen Mechanik   131
        5.6.2   Dichtematrizen   131

6 Kastenpotenzial und harmonischer Oszillator 137
6.1 Die Schrödinger-Gleichung für Potenzialsysteme 138
6.1.1 Zeitabhängige und zeitunabhängige
Schrödinger-Gleichung......................... 139
6.1.2 Die Schrödinger-Gleichung in einer Basis 140
6.2 Das unendliche Kastenpotenzial......................... 142
6.3 Das endliche Kastenpotenzial und der Tunneleffekt.......... 148
6.3.1 Allgemeine Eigenschaften der Lösungen 148
6.3.2 Der Tunneleffekt................................ 151
6.4 Der harmonische Oszillator 153
6.4.1 Lösung durch ,geschicktes Raten' 153
6.4.2 Lösung durch Auf- und Absteigeoperatoren.......... 154
6.4.3 Der Grenzwert großer Energien 157
6.4.4 Semiklassische Bestimmung der
Grundzustandsenergie......................... 158
6.4.5 Der harmonische Oszillator in
höheren Dimensionen.......................... 159
6.4.6 Die Wärmekapazität eines harmonischen
Oszillators................................... 160

7 Das Coulomb-Potenzial.................................. 167
7.1 Radialpotenziale und Kugelflächenfunktionen............... 168
7.2 Der Bahndrehimpuls................................... 170
7.3 Das Wasserstoffatom.................................. 172
7.3.1 Die Lösung der Schrödinger-Gleichung............. 172
7.3.2 Die Wellenfunktionen des Wasserstoffatoms 175
7.3.3 Ein semiklassisches Argument für die
Energieniveaus 176
7.4 Der Spin 177
7.5 Allgemeine Anmerkungen zur Quantisierung der Energie...... 180

8 Mehrteilchensysteme und Verschränkungen.................. 185
8.1 Mathematische Beschreibung von Mehrteilchensystemen...... 186
8.1.1 Das Tensorprodukt von Vektorräumen 186
8.1.2 Separable Zustände und verschränkte Zustände....... 188
8.1.3 Die Teilreduktion von Zuständen 189
8.2 Identische Teilchen und Statistik 191
8.2.1 Bosonen, Fermionen und das
Spin-Statistik-Theorem......................... 192
8.2.2 Symmetrisierung und Antisymmetrisierung
von Mehrteilchenzuständen 193
8.3 EPR und Quantenkorrelationen 196
8.4 Bell'sche Ungleichungen 200
8.4.1 Bell'sche Ungleichungen – die Version von
Wigner und d'Espagnat......................... 200
8.4.2 Bell'sche Ungleichungen – CHSH-Version 204

9   Zweizustand-Systeme 211
   9.1   Pauli-Matrizen... 212
   9.2   Der Zustandsraum – Die Bloch-Kugel 213
   9.3   Physikalische Anwendungen 214
          9.3.1   Spin-$\frac{1}{2}$-Systeme 214
          9.3.2   Polarisationszustände von Photonen............... 216
          9.3.3   Zweiniveau-Systeme............................. 217
   9.4   Quanteninformation 220
          9.4.1   Klassische Information 220
          9.4.2   Qubits und Bell-Zustände....................... 221
          9.4.3   Das No-Cloning-Theorem....................... 223
          9.4.4   Quantenteleportation........................... 224
          9.4.5   Quantenkryptographie.......................... 226

Teil III   Ausgewählte und vertiefende Kapitel zur
              Quantentheorie

10   Anmerkungen zu unendlichdimensionalen Vektorräumen 235
   10.1   Allgemeine Definitionen................................ 235
          10.1.1   Separable Hilbert-Räume 235
          10.1.2   Lineare Abbildungen in Hilbert-Räumen 237
   10.2   Der Raum $\mathcal{L}_2$................................... 239
          10.2.1   Der $\mathcal{L}_2$ als Raum von Äquivalenzklassen 239
          10.2.2   Distributionen – verallgemeinerte Funktionen 240
          10.2.3   Rechenregeln für Distributionen.................. 242
          10.2.4   Unbeschränkte Operatoren im $\mathcal{L}_2$ 243
          10.2.5   Lokale Operatoren in der Ortsraumdarstellung 244
          10.2.6   Kontinuierliches Spektrum 245
          10.2.7   Das Gel'fand-Tripel 246
          10.2.8   Spurklasseoperatoren 247
   10.3   Die Fourier-Transformation 248

11   Zeitentwicklungsoperator und Funktionalintegral 251
   11.1   Der Zeitentwicklungsoperator 251
          11.1.1   Allgemeine Darstellung 251
          11.1.2   Der Zeitentwicklungsoperator in der
                   Ortsdarstellung 252
          11.1.3   Der freie Zeitentwicklungsoperator 253
   11.2   Zeitentwicklung und Funktionalintegral................. 254
   11.3   Summation über Wege bei Spaltexperimenten 257
          11.3.1   Doppel- und Mehrfachspalt 257
          11.3.2   Das ‚Zeigermodell' der Teilchenpropagation 259

12   Das Heisenberg-Bild der Quantenmechanik.................. 261
   12.1   Die Heisenberg'schen Bewegungsgleichungen 261
   12.2   Allgemeine Struktur der Heisenberg-Gleichung............. 263

12.3   Lineare Bewegungsgleichungen   264
           12.3.1   Der Fall eines freien Teilchens   264
           12.3.2   Harmonischer Oszillator   265

**13   Darstellungen der Drehgruppe und die Addition von
     Drehimpulsen**   267
     13.1   Symmetrien, Gruppen und ihre Darstellungen   268
     13.2   Die Drehgruppe SO(3)   270
     13.3   Die Lie-Algebra zu SO(3).   270
     13.4   Darstellungen der Lie-Algebra zu SO(3) für $d = 1$ und $d = 2$. . . .   272
     13.5   Die Gruppe SU(2).   272
     13.6   Allgemeine Dimensionen   273
     13.7   Drehimpuls und Spin in der Quantenmechanik   276
     13.8   Addition von Drehimpulsen   278
           13.8.1   Allgemeine Zerlegung des Tensorprodukts zweier
                      Darstellungen   278
           13.8.2   Zerlegung für die Darstellungen der Gruppe SU(2)   279
           13.8.3   Beispiel: Der Gesamtdrehimpuls zu zwei
                      Spin-$\frac{1}{2}$-Systemen   280

14   Die lineare Kette und der Weg zur Quantenfeldtheorie   283
     14.1   Die klassische Lagrange-Funktion und die
                Bewegungsgleichung   284
     14.2   Lösung des klassischen Systems.   285
     14.3   Die Quantisierung der linearen Kette   288
     14.4   Auf- und Absteigeoperatoren in der Quantenfeldtheorie   292

15   Optische Experimente zur Quantentheorie   295
     15.1   Experimentelle Bausteine   295
           15.1.1   Laser   295
           15.1.2   Doppelspalt und Gitter   296
           15.1.3   Strahlteiler.   296
           15.1.4 $\lambda/4$- und $\lambda/2$-Plättchen   297
           15.1.5   Down-Conversion-Kristalle   298
     15.2   Das Mach-Zehnder-Interferometer   298
     15.3   Wechselwirkungsfreie Messung – das ‚Knallerexperiment'.   300
     15.4   Das Experiment von Hong, Ou und Mandel.   302
     15.5   Experimente mit verzögerter Wahl   303
     15.6   Der Quantenradierer   305

16   Von Wellenfunktionen zum Zweizustand-System   309
     16.1 N-Zustand-Systeme.   309
           16.1.1   Die Operatoren $e^{i\alpha Q}$ und $e^{i(\beta/\hbar)P}$ 310
           16.1.2   Endlichdimensionale Darstellungen   311
           16.1.3   Diskrete Fourier-Transformation   312

16.2   Analoga: Polarisation und Wellenfunktionen   313
        16.2.1   Einmal mehr: Die Postulate der Quantentheorie.   313
        16.2.2   Weitere Konzepte und Parallelen   317

17   Probleme der Quantentheorie und offene Fragen   321
17.1   Das Messproblem   322
        17.1.1   Allgemeine Charakterisierung des Messproblems   322
        17.1.2   Mathematische Formulierung des Messproblems.   324
17.2   Dekohärenz   326
17.3   Schrödingers Katze   328
17.4   Das Zeigerbasis-Problem   329
17.5   Quantenkorrelationen und Kontextualität.   330

18   Interpretationen der Quantentheorie.   335
18.1   Die Kopenhagener Deutung   335
        18.1.1   Komplementarität   336
        18.1.2   Der Bezug auf eine klassische Welt   336
        18.1.3   Die Born'sche Regel als Ausdruck einer
                 ontologischen Wahrscheinlichkeit.   336
        18.1.4   Die Heisenberg'schen Unschärferelationen   337
        18.1.5   Das Korrespondenzprinzip   338
18.2   Weitere Interpretationen   338
        18.2.1   Ensemble-Interpretation   339
        18.2.2   Der Quantenzustand als ‚Katalog von
                 Erwartungen'.   340
        18.2.3   QBism – Quantum-Bayesianismus.   341
        18.2.4   Die Viele-Welten-Interpretation   342
18.3   Kollapsmodelle   344
        18.3.1   Wigner und der Einfluss des Bewusstseins.   344
        18.3.2   Die Gravitation als Auslöser der Reduktion   345
        18.3.3   GRW – stochastische Kollapszentren   346

19   Bohm'sche Mechanik.   347
19.1   Die allgemeine Idee   347
19.2   Das Quantenpotenzial   350
19.3   Klassische Theorie oder Quantentheorie   353
19.4   Vorteile der Bohm'schen Mechanik   354
19.5   Kritikpunkte an der Bohm'schen Mechanik   354
        19.5.1   Mehrteilchensysteme   355
        19.5.2   Die Statistik der Teilchen   356
        19.5.3   Der Spin   356
        19.5.4   Die Nichtlokalität   356
        19.5.5   Die Asymmetrie zwischen Ort und Impuls.   357
        19.5.6   Die Bahnkurven der Teilchen   357
        19.5.7   Die nichtrelativistische Schrödinger-Gleichung   358
        19.5.8   Quantenfeldtheorie   358

20   **Propositionen und Quantenlogik** 361
    20.1   Einführung 361
    20.2   Propositionen in der klassischen Mechanik 362
    20.3   Propositionen in der Quantenmechanik 364
    20.4   Kommensurable und inkommensurable Eigenschaften 366
    20.5   Verbandstheorie. 368
        20.5.1   Ordnungsrelationen. 368
        20.5.2   Verbände 369
        20.5.3   Die Verbandsstruktur im physikalischen
                  Propositionenkalkül 371
        20.5.4   Weitere Verbandseigenschaften. 371

21   **Zitate zur Quantentheorie.** 373

Literatur 379

Stichwortverzeichnis 383

Allgemeine Einführung

Seit ihrer Entstehung zu Beginn des 20. Jahrhunderts steht die Quantentheorie in dem Ruf, teilweise unverständlich, absurd und in gewisser Hinsicht sogar unlogisch zu sein. Sie scheint unseren durch die klassische Physik geprägten Grundvorstellungen über die Natur zu widersprechen, wodurch ihr manchmal ein esoterischer Charakter zugeschrieben wird. Unbezweifelbar ist jedoch, dass diese Theorie zu sehr präzisen und teilweise verblüffenden Vorhersagen geführt hat und immer noch führt, und soweit diese Vorhersagen experimentell überprüfbar sind, wurden sie uneingeschränkt bestätigt. Auch wenn wir mit dem mathematischen Formalismus der Quantenmechanik weitgehend sicher umgehen können, bleibt das Gefühl, diesen mathematischen Formalismus nicht wirklich mit einem physikalischen Verständnis untermauern zu können. Häufig fällt es sogar schwer, die Fragen präzise zu formulieren, *was* genau an der Quantenmechanik so seltsam oder unverständlich erscheint.

Oft gibt man sich mit der Erklärung zufrieden, eine solche Anschauung sei nicht möglich, da sie notwendigerweise immer auf den aus dem Alltag vertrauten Konzepten der klassischen Physik beruhen wird. Diese Konzepte müssen aber nicht zwingend auch für die mikroskopische Welt anwendbar sein. Darüber hinaus kann eine solche Anschauung, von welcher Art sie auch sei, im Rahmen des mathematischen Formalismus nicht abgeleitet oder gar ihre Richtigkeit bewiesen werden. Es setzt sich dann ein rein positivistischer Standpunkt durch, d. h., die Aufgabe der Physik wird einzig in der Bereitstellung eines Formalismus gesehen, mit dem sich Vorhersagen zu physikalischen Experimenten möglichst weitgehend aufstellen lassen. Der Versuch eines ‚Begreifens‘ im Sinne irgendeiner anschaulichen Vorstellung wird als metaphysisch oder philosophisch und nicht mehr zum Bereich der Naturwissenschaft gehörend abgelehnt.

Wirklich überzeugend erscheint diese Erklärung nicht, denn beispielsweise in der Mathematik können wir problemlos über höher dimensionale Vektorräume, Topologien oder algebraischen Strukturen vieldimensionaler Mannigfaltigkeiten sprechen und damit sogar eine gewisse Anschauung verbinden, obwohl diese weit von den Erfahrungen des Alltags entfernt sind. Das Seltsame an der Quantenmechanik ist weniger, dass sie mit ungewohnten mathematischen Strukturen formuliert wird, sondern dass gewisse Grundvorstellungen über die Natur und unser Verständnis von Realität nicht mehr zu gelten scheinen. Dazu gehören beispielsweise der intrinsische Indeterminismus der Quantenmechanik, die scheinbare

Nichtlokalität sogenannter Quantenkorrelationen, oder auch die unvermeidbare Einbeziehung des Messprozesses (bis hin zur Einbeziehung eines Beobachters) in ihre Beschreibung.

Gerade wegen dieser letztgenannten Kritikpunkte besteht noch nicht einmal unter den Physikern Einigkeit darüber, inwieweit es sich bei der Quantentheorie überhaupt um eine ‚Theorie' handelt bzw. was diese Theorie eigentlich umfasst. Das Spektrum möglicher Antworten ist riesig: Es reicht von der Meinung, die Quantentheorie sei *die* fundamentale Theorie unserer Natur, bis hin zu der Ansicht, dass es sich bei der Quantentheorie bestenfalls um eine Sammlung empirisch begründeter, aber im Wesentlichen unverstandener und insbesondere nicht wirklich widerspruchsfreier Vorschriften handele. Die Gründe für diese Meinungsvielfalt werden wir kennenlernen.

Natürlich fehlt es nicht an Erklärungs- oder Interpretationsansätzen. Die unterschiedlichen Interpretationen basieren meist auf dem anerkannten mathematischen Formalismus der Quantenmechanik und führen daher im Allgemeinen zu denselben experimentellen Vorhersagen. Eine Widerlegung der einen oder anderen Interpretation mit wissenschaftlichen Methoden ist nicht möglich – sie sind empirisch gleichwertig. Auch diese Immunisierung der Interpretationsansätze gegen eine Widerlegbarkeit durch das Experiment hat zu der verbreiteten Ansicht beigetragen, alle Versuche in dieser Richtung seien unwissenschaftlich und aus der wissenschaftlichen Debatte auszuschließen.

Doch gerade wenn man Quantenmechanik lehrt, ist es unvermeidbar, dass von Seiten der Lernenden (seien es Schüler und Schülerinnen oder Studierende) Fragen im Sinne des „Wie kann ich mir das vorstellen?" gestellt werden. Auch von einem wissenschaftlichen Standpunkt aus ist es dann unbefriedigend, solche Fragen mit einem „Am besten gar nicht!" beiseitezuschieben. Selbst diese Antwort erfordert eine Erläuterung.

Die oberste Entscheidungsinstanz der Naturwissenschaft ist immer das Experiment bzw. die Naturbeobachtung. Ein solches Experiment stellt gleichsam eine Frage an die Natur, hinter der letztendlich immer auch die Grundfrage steht, ob die Theorie oder das Modell, mit dem wir die Natur beschreiben, richtig ist. Eine solche Frage muss aber in einen experimentellen Aufbau und ein experimentelles Protokoll übersetzt werden, und die Antwort – das experimentelle Ergebnis – erfordert eine Interpretation. Ohne eine Theorie oder ein Modell sind diese Übertragungen (in beide Richtungen) unmöglich. Einstein hat in einem Gespräch gegenüber Werner Heisenberg einmal behauptet: „Erst die Theorie entscheidet darüber, was man beobachten kann." [41] Und Max von Laue erwähnt in seinem Buch zur Geschichte der Physik [56] die Messung der Lichtgeschwindigkeit in bewegten Flüssigkeiten durch Fizeau, dessen Ergebnisse zunächst als Beweis für einen Äther, später aber im Rahmen der Relativitätstheorie als Beweis für die Richtigkeit der Einstein'schen Ideen gewertet wurde. Er schreibt dazu:

So ist die Geschichte des Fizeau-Versuchs ein lehrreiches Beispiel dafür, wie weit in die Deutung jedes Versuchs schon theoretische Elemente hineinspielen; man kann sie gar nicht ausschalten. Und wenn dann die Theorien wechseln, so wird aus einem schlagenden Beweis für die eine leicht ein ebenso starkes Argument für eine ganz entgegengesetzte.

Dieser wissenschaftstheoretische Aspekt spielt in der Quantenmechanik eine noch wesentlichere Rolle als in der klassischen Physik, gerade weil dem Einfluss des Messprozesses und der Messapparatur im allgemeinsten Sinne in der Quantenmechanik eine weitaus größere Bedeutung zukommt als in der klassischen Physik.

Von Werner Heisenberg und Paul Dirac, der bekannt war sowohl für seine Wortkargheit als auch seine scharfe Logik, erzählt man sich die folgende Geschichte (siehe z. B. [9]): Die beiden gingen auf dem Land spazieren und Heisenberg bemerkte auf einem nahegelegenen Feld einige frisch geschorene Schafe. Da es kalt war, meinte er zu Dirac: „Schau, Dirac, diese armen Schafe wurden geschoren." Dirac schaute hin, überlegte eine Weile und meinte dann: „Ja, zumindest auf der uns zugewandten Seite."

Unabhängig davon, ob diese Anekdote stimmt oder nicht, zeigt sie in deutlicher Weise, wie man mit der Quantenmechanik umgehen sollte. Man kann gar nicht vorsichtig genug sein und sollte zunächst einmal nur das akzeptieren, was wirklich beobachtet wird, sowie jede Schlussfolgerung auf ‚die uns abgewandte Seite' vermeiden. Das wird sich in aller Strenge praktisch nie umsetzen lassen, aber zumindest sollte man versuchen, sich gelegentlich bewusst zu machen, dass hinter den meisten Schlussfolgerungen nicht direkt beobachtete bzw. beobachtbare Annahmen stehen.

Dieses Lehrbuch besteht aus drei Teilen. Teil I enthält drei Kapitel mit möglichen Zugängen zur Quantentheorie. Diese bieten dem Leser oder der Leserin nicht nur gleich zu Beginn verschiedene Perspektiven, aus denen man die Quantentheorie betrachten und sich ihr nähern kann, sondern können mit den notwendigen didaktischen Änderungen und Elementarisierungen auch in der Schule verwendet werden.

Teil II umfasst den eigentlichen Lehrstoff zur Quantentheorie, den man als Lehrender verstanden haben sollte und der die wesentlichen Grundlagen enthält. Dazu zählen sowohl ein Einstieg in die mathematischen Methoden als auch die Formulierung des im Vorwort angesprochenen ‚Kochrezepts' sowie erste Anwendungen dieser Regeln. Dieser Teil enthält jeweils am Ende der jeweiligen Kapitel Übungsaufgaben, mit deren Hilfe der Leser sein Verständnis überprüfen und vertiefen kann. Die Lösungen zu diesen Übungen findet man auf der Webseite www.springer.com/9783662597354.

Teil III schließlich ist eine Sammlung von weiterführenden Kapiteln. Diese Kapitel sind untereinander nahezu unabhängig und setzen lediglich die Inhalte aus Teil I und Teil II voraus; sie können also einzeln und in beliebiger Reihenfolge gelesen werden. Sie bilden ein Zusatzmaterial, das hoffentlich zu einem vertieften Verständnis beitragen kann.

Teil I
Drei Wege zur Quantentheorie

Zur Einführung der Quantenmechanik, sowohl in der Schule als auch an der Universität, bieten sich viele Wege an. Fast immer wird der Ausgangspunkt in der Beschreibung von Experimenten liegen, aus denen die Unzulänglichkeit herkömmlicher Theorien deutlich wird, und die mehr oder weniger überzeugend die Grundregeln und den Formalismus der Quantentheorie nahelegen.

In diesem ersten Teil werden drei Zugänge beschrieben, die – mit leichten Abwandlungen – auch gelegentlich in der Schule gewählt werden. Aus Zeitgründen wird man als Lehrer oder Lehrerin nicht alle beschreiten können, aber man sollte mit allen vertraut sein und dann den Weg wählen, der einen selbst am meisten überzeugt. Jeder dieser Zugänge hat seine Vor- und Nachteile, sodass am Ende die persönlichen Vorlieben (oder die Rahmenbedingungen der Schule oder des Lehrplans) entscheiden werden.

Die drei Zugänge sind: 1) Experimente zur Polarisation von Photonen, 2) das Doppelspaltexperiment und 3) historische Experimente, die zur Entwicklung der Quantenmechanik geführt haben.

Zugang (1) hat den Vorteil, dass den Schülern und Schülerinnen Experimente zur Polarisation von Licht bereits vertraut sind. Der wesentliche und praktisch einzige Schritt zu den typischen Phänomenen der Quantenmechanik ist der Übergang von Licht als Welle – mit einer scheinbar kontinuierlich wählbaren Intensität – zu einzelnen Photonen, wenn die Intensitäten sehr klein werden. Dieser Übergang mag im ersten Augenblick sehr einfach klingen, doch er führt unmittelbar zu den Erscheinungen, die das Besondere und Seltsame der Quantentheorie ausmachen.

Zugang (2) wird in der Schule vermutlich am häufigsten gewählt. Die Vorstellung von Elektronen als Teilchen ist Schüler und Schülerinnen vertraut. Dass sich diese Objekte jedoch unter bestimmten Bedingungen wie eine Welle verhalten, ist überraschend. Eine eingehende Behandlung dieses Experiments umfasst ebenfalls nahezu alle Besonderheiten der Quantentheorie. An diesem Experiment lässt sich leicht die de Broglie'sche Beziehung zwischen Wellenlänge und Impuls verdeutlichen. Zusammen mit der entsprechenden Beziehung zwischen Frequenz und Energie sowie der klassischen Energie-Impuls-Beziehung kann man sogar die Schrödinger Gleichung ‚herleiten'.

Zugang (3) orientiert sich an der historischen Entwicklung: Er beschreibt die Experimente, die den Gründern der Quantentheorie bekannt waren und die sie dazu veranlasst haben, im Zuge von Erklärungsversuchen den Formalismus der Quantentheorie zu entwickeln. Dieser Zugang ermöglicht es nachzuvollziehen, welche Alternativen es gegeben hätte und welche oftmals sehr unwissenschaftlichen Einflüsse den Gang der Geschichte und unser heutiges Naturverständnis geprägt haben. Gleichzeitig ist dieser Zugang aber auch der schwierigste. Um ihn wirklich bewerten und nachvollziehen zu können, sind umfangreiche Kenntnisse der Zeitgeschichte und der naturwissenschaftlichen Vorstellungen der jeweiligen Epochen notwendig. Außerdem hat sich später oft herausgestellt, dass manche Experimente auch ohne die Quantentheorie hätten erklärt werden können. In vollem Umfang wird sich dieser Weg nie in einem einfachen Lehrbuch darstellen lassen. Daher stelle ich diesen Zugang ans Ende, auch wenn er vielleicht der ehrlichste ist.

Photonenexperimente zur Polarisation

1

Der Einstieg in die Quantenmechanik, ausgehend von Experimenten zur Polarisation von Licht – bzw., bei sehr geringer Intensität, von Photonen –, bietet mehrere Vorteile:

1. Polarisationsphänomene mit Licht sind teilweise aus dem Alltag vertraut: Sonnenbrillen und Polarisationsfilter für Kameras, manche 3D-Brillen und die Teilreflexion und Teilbrechung von Licht an Glasscheiben oder an einer Wasseroberfläche sind bekannt, sodass Experimente mit polarisiertem Licht hier anknüpfen können.
2. Polarisation lässt sich durch die Orientierung einer Achse beschreiben: Ein Polarisationszustand wird mathematisch durch einen eindimensionalen Vektorraum – d. h. einen ‚Strahl' – dargestellt. Die Menge aller Polarisationszustände lässt sich in einem (komplexen) zweidimensionalen Vektorraum darstellen und ist damit ein Beispiel für ein Zweizustand-System. Für lineare Polarisationen reicht sogar ein zweidimensionaler reeller Vektorraum, der in der Schule bereits bekannt ist.
3. Über die Zerlegbarkeit von Polarisationszuständen bezüglich orthogonaler Achsen lässt sich der für die Quantentheorie fundamentale Begriff der Superposition einführen.
4. Eine typische ‚Messung', beispielsweise mit einem Polarisationsfilter, beeinflusst den Polarisationszustand von Licht: Messungen verändern einen Zustand.
5. Im Allgemeinen führt die Reihenfolge, in der Polarisationsfilter aufgestellt werden, zu unterschiedlichen Zuständen: ‚Messungen' kommutieren nicht.

Dieser Zugang eignet sich gut, wenn man, ausgehend von Beobachtungen, rein beschreibend und weitgehend ohne suggestive und versteckte Interpretationen Phänomene darstellen möchte, die für die Quantentheorie typisch sind und die Entwicklung eines neuen Formalismus erzwingen. Es wird z. B. deutlich, dass ein für die Physik so zentraler Begriff wie ‚Messung' nicht mehr seine klassische Bedeutung einer neutralen Beobachtung – ohne Beeinflussung des Systems – haben kann.

Für diesen Zugang muss auch kein neuer mathematischer Formalismus eingeführt werden. Die von einem Wellenmodell des Lichts vertrauten Konzepte wie

T. Filk, *Quantenmechanik (nicht nur) für Lehramtsstudierende*, https://doi.org/10.1007/978-3-662-59736-1_1

Amplitude, Intensität als das Quadrat einer Amplitude, Projektion der Amplitude auf eine Achse nach Durchtritt des Lichts durch einen Polarisationsfilter etc. bleiben bestehen, allerdings erhalten sie eine neue Interpretation.

1.1   Was man wissen sollte

Licht lässt sich klassisch durch elektromagnetische Wellen beschreiben. Diese Wellen besitzen eine Amplitude und eine Phase; außerdem kann Licht eine Polarisation haben. Das elektrische und magnetische Feld dieser Wellen werden durch Vektoren senkrecht zur Ausbreitungsrichtung beschrieben. Bei linearer Polarisation lässt sich die Amplitude durch einen Vektor in einer 2-dimensionalen Ebene charakterisieren. Tritt Licht durch einen Polarisationsfilter, wird die Amplitude auf die Richtung der Polarisation projiziert. Die Intensität ist proportional zum Absolutquadrat der Amplitude.

Bei sehr geringen Lichtintensitäten registriert man keine kontinuierlichen Verteilungen mehr, sondern es werden zeitlich und räumlich lokalisiert diskrete Energiequanten auf einen Detektor (z. B. eine fotografische Platte) übertragen. Die Energie E dieser Quanten hängt mit der Wellenlänge λ über die Beziehung $E = hc/\lambda$ zusammen, wobei h das Planck'sche Wirkungsquantum und c die Lichtgeschwindigkeit ist (beides fundamentale Naturkonstanten). Die Intensität auf einer fotografischen Platte wird zu einer relativen Häufigkeit solcher Energiequanten. Die Interpretation der Amplitude bleibt zunächst offen. Der mathematische Formalismus bleibt unverändert, aber die Intensität wird für einzelne Energiequanten oder Photonen zu einer Wahrscheinlichkeit für den Nachweis einzelner Photonen.

Das mathematische Modell dieser Erscheinungen beschreibt Polarisationseigenschaften durch zweidimensionale Vektoren und den Einfluss von Polarisationsfiltern durch sogenannte Projektionsmatrizen.

1.2   Experimente zu Polarisation von Lichtwellen

Dieser Abschnitt enthält eine skizzenhafte Beschreibung elektromagnetischer Wellen und ihrer Polarisation sowie der bekannten Phänomene beim Durchtritt von Licht durch Polarisationsfilter und Polarisationsstrahlteiler. Weitergehende Einzelheiten findet man in jedem Lehrbuch zum Elektromagnetismus bzw. zur Optik.

Licht – Welle oder Teilchen?
Die Frage, ob es sich bei Licht um Teilchen oder Wellen handelt, reicht historisch weit zurück. Isaac Newton (1642–1726) vertrat in seiner *Opticks* [62] ein Teilchenbild, da er damit beispielsweise die fast geradlinige Ausbreitung von Licht erklären konnte, aber auch weil er – unter anderem wegen der nahezu

reibungsfreien Bewegung der Planeten – nicht an das Vorhandensein eines Äthers glaubte. Damals konnte man sich eine Welle ohne ein Medium, von dem diese Welle eine Anregung oder Schwingung darstellt, nicht vorstellen. Sein Zeitgenosse Christiaan Huygens (1629–1695) hingegen vertrat ein Wellenbild von Licht, mit dem sich Beugungs- und Interferenzerscheinungen (z. B. Newton'sche Ringe) leicht erklären ließen.

Zu Beginn des 19. Jahrhundert setzte sich die Vorstellung von Licht als einer Welle durch, insbesondere als Folge der Interferenzexperimente von Thomas Young (1773–1829). Die Lichtexperimente von Étienne Louis Malus (1775–1812) an doppelbrechenden Kristallen (in diesem Fall Kalkspat) legten nahe, dass es sich bei Licht um eine Transversalwelle mit zwei möglichen orthogonalen Polarisationsrichtungen handelt. Diese Entdeckung schien der Vorstellung von einem sehr dünnen, gasartigen Äther als Träger der Welle zu widersprechen, denn transversale Wellen kannte man nur in festen Trägermedien mit der Möglichkeit von Scherkräften.

Schließlich konnten James Clerk Maxwell (1831–1879) und Heinrich Hertz (1857–1894) zeigen, dass Licht eine elektromagnetische Welle ist, die sich mathematisch als Lösung der Maxwell-Gleichungen darstellen lässt. Zu Beginn des 20. Jahrhunderts erkannte man auch die Teilcheneigenschaften von Licht.

1.2.1   Licht als Welle und seine Intensität

Aus den Maxwell-Gleichungen im Vakuum lässt sich für das elektrische Feld $\mathbf{E}(\mathbf{x}, t)$ eine Wellengleichung herleiten:

$$\left(\frac{1}{c^2} \frac{\partial^2}{\partial t^2} - \Delta \right) \mathbf{E}(\mathbf{x}, t) = 0 \qquad (1.1)$$

Für ebene Lichtwellen erhält man Lösungen der Form

$$\mathbf{E}(\mathbf{x}, t) = \mathbf{A}\, e^{i(\mathbf{k} \cdot \mathbf{x} - \omega t)}, \qquad (1.2)$$

wobei $\mathbf{k}$ (mit $|\mathbf{k}| = \frac{2\pi}{\lambda}$) der Wellenzahlvektor ist und $\omega = 2\pi \nu$ die Winkelfrequenz. λ ist die Wellenlänge des Lichts, ν die normale Frequenz (Anzahl von Schwingungen pro Zeiteinheit) und c die Lichtgeschwindigkeit. Für eine Lösung von Gl. 1.2 muss die Beziehung

$$\omega^2 = \mathbf{k}^2 c^2 \qquad \text{bzw.} \qquad \nu\lambda = c \qquad (1.3)$$

gelten. Die Richtung von $\mathbf{k}$ entspricht der Ausbreitungsrichtung der Welle. Aus der freien Maxwell-Gleichung $\nabla \cdot \mathbf{E} = 0$ ergibt sich $\mathbf{k} \cdot \mathbf{E} = 0$, d. h. $\mathbf{E}$ – und damit auch die Amplitude $\mathbf{A}$ – stehen senkrecht auf der Ausbreitungsrichtung. Das magnetische

Feld erfüllt entsprechende Gleichungen und ist über die zeitabhängigen Maxwell-Gleichungen mit dem elektrischen Feld verknüpft, sodass es in diesem Fall keine weiteren unabhängigen Freiheitsgrade darstellt. Sichtbares Licht sind elektromagnetische Wellen mit einer Wellenlänge zwischen rund 380 nm (violett) und 750 nm (dunkelrot).

Das physikalische **E**-Feld erhält man aus der Lösung 1.2 durch eine Zerlegung in den Real- und Imaginärteil, also in Sinus- und Kosinusfunktionen. Allerdings ist dabei zu berücksichtigen, dass auch **A** komplex sein kann. Das bedeutet, dass die beiden Komponenten der reellen Lösungen verschiedene Phasen haben können. Der Einfachheit halber betrachten wir eine elektromagnetische Welle, die sich in z-Richtung ausbreitet; daher hat das elektrische (ebenso wie das magnetische) Feld nur eine x- und y-Komponente:

$$E_x = A_x \cos(kz - \omega t + \varphi_1), \quad E_y = A_y \cos(kz - \omega t + \varphi_2) \tag{1.4}$$

Eine gemeinsame Phase spielt für Interferenzexperimente keine Rolle, lediglich die Phasendifferenz $\Delta\varphi = \varphi_2 - \varphi_1$ ist wichtig. Für $\Delta\varphi = 0$ erhält man linear polarisiertes Licht, wobei die Orientierung von dem Verhältnis der Amplituden abhängt. Für $\Delta\varphi = \pm\frac{\pi}{2}$ erhält man bei gleichen Amplituden links- bzw. rechtszirkular polarisiertes Licht. Ansonsten spricht man von elliptischer Polarisation.

Unter der *Intensität* einer Welle versteht man eine Energiestromdichte, also die Energiemenge, die pro Zeiteinheit durch oder auf ein Flächenelement tritt. Zum Nachweis der Welle ist wichtig, wie viel Energie die Welle pro Zeiteinheit und Flächeneinheit auf das Nachweismaterial (fotografische Platte, Szintillationsschirm, Geiger-Zähler, Photomultiplyer, CCD-Kamera etc.) überträgt. Diese Menge sollte aber bei nicht zu hohen Intensitäten proportional zur Intensität der Welle sein. Die Schwärzung einer fotografischen Platte ist nicht nur proportional zur Intensität der Strahlung, sondern auch proportional zur Belichtungszeit, da die Schwärzung durch die gesamte übertragene Energie verursacht wird.

Sowohl die Energieflussdichte des elektromagnetischen Felds (der sogenannte Poynting-Vektor),

$$\mathbf{S}(\mathbf{x}, t) = \frac{c}{4\pi}(\mathbf{E}(\mathbf{x}, t) \times \mathbf{B}(\mathbf{x}, t)), \tag{1.5}$$

als auch die Energiedichte selbst,

$$w(\mathbf{x}, t) = \frac{1}{8\pi}(|\mathbf{E}(\mathbf{x}, t)|^2 + |\mathbf{B}(\mathbf{x}, t)|^2), \tag{1.6}$$

hängen quadratisch von den Feldern ab. Daher ist auch die Intensität der Welle proportional zum Quadrat der Amplitude:

$$I(\mathbf{x}) \propto |A(\mathbf{x})|^2 \tag{1.7}$$

Die Zeitabhängigkeit werde ich meist vernachlässigen: Sichtbares Licht hat eine Frequenz von rund 4 bis $8 \cdot 10^{14}$ Hz. In den meisten Experimenten werden daher nur gemittelte Intensitäten gemessen. Langsame Zeitabhängigkeiten aufgrund von Intensitätsschwankungen der Quelle werden ebenfalls außer Acht gelassen. Beobachtet wird natürlich immer nur die von einem Detektor oder einer fotografischen Platte absorbierte Energiemenge, doch auch sie ist proportional zum Absolutquadrat der Amplitude.

1.2.2 Polarisation und Polarisationsstrahlteiler

Im weiteren Verlauf dieses Kapitels betrachten wir zunächst der Einfachheit halber ausschließlich linear polarisiertes Licht. In diesem Fall ist der Amplitudenvektor $\mathbf{A}$ in Lösung 1.2 reell und die Phasen der Welle sind für beide Komponenten gleich ($\Delta\varphi = 0$). Erst in Abschn. 1.6 wird die zirkulare Polarisation eingehender behandelt und gezeigt, dass man komplexe Amplitudenvektoren nicht vermeiden kann.

Für die weiteren Betrachtungen wird das Koordinatensystem immer so gewählt, dass sich die ebene Lichtwelle in Richtung der z-Achse ausbreitet, der Vektor $\mathbf{A}$ liegt somit in der xy-Ebene. In dieser Ebene habe die Welle überall denselben Wert, d. h., wir vernachlässigen die Abhängigkeiten, die sich durch die endliche Ausdehnung der Polarisationsfilter, Blenden, Schirme etc. ergeben. Der Betrag von $\mathbf{A}$ beschreibt die Amplitude der Welle, und seine Richtung die momentane (lineare) Polarisation.

Als wichtigstes Instrument zur Beeinflussung der Polarisation betrachten wir im Folgenden den Polarisationsstrahlteiler. Oftmals handelt es sich dabei um einen Würfel (daher auch Polwürfel genannt), der aus zwei Prismenteilen zusammengesetzt ist (Abb. 1.1). Durch geeignete Beschichtungen der Grenzflächen lässt sich die Trennung der Polarisationen noch optimieren.

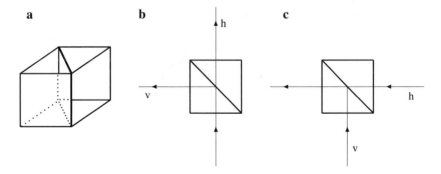

Abb. 1.1 **a** Ein Polwürfel oder Polarisationsstrahlteiler besteht aus zwei zusammengesetzten Prismen mit einer besonders präparierten Grenzfläche. **b** Ein einfallender (unpolarisierter) Strahl wird in zwei (orthogonal) polarisierte Strahlen aufgespalten. Der reflektierte Strahl besitzt eine Polarisation parallel zur Grenzfläche (v) – in der Abbildung senkrecht zur Bildebene –, der durchgelassene Strahl eine horizontale Polarisation (h) in der Bildebene. **c** Umgekehrt kann man auch zwei geeignet polarisierte Strahlen zu einem gemeinsamen Strahl zusammenführen. Die Polarisation des ausfallenden Strahls hängt von der relativen Phase der beiden einfallenden Strahlen ab. Bei Phasengleichheit ist der ausfallende Strahl linear polarisiert, ansonsten elliptisch. Bei umgekehrter Wahl der Polarisationen für die einfallenden Strahlen verläuft der ausfallende Strahl in der Abbildung nach oben

Der Effekt ist ähnlich wie die Brechung und Reflexion von Licht an einer Wasser-
oder Glasoberfläche: Trifft ein Lichtstrahl auf die Grenzfläche, wird ein Teil des
Strahls reflektiert und ein Teil in das Medium gebrochen. Unter einem bestimmten
Winkel (dem Brewster-Winkel, bei dem der Winkel zwischen gebrochenem und
reflektiertem Strahl gerade 90° beträgt) ist der reflektierte Strahl dabei vollständig
linear polarisiert, und zwar parallel zur Grenzfläche (und natürlich senkrecht zur
Ausbreitungsrichtung). Der gebrochene Strahl ist im Allgemeinen eine Überlagerung
der beiden möglichen Polarisationen, wobei der Anteil parallel zur Grenzfläche um
den reflektierten Anteil verringert ist. Bei einem Polarisationsstrahlteiler besitzen
die beiden ausgehenden Strahlen jedoch eine nahezu reine Polarisation.

Statt eines Polarisationsstrahlteilers verwendet man häufig auch einfache Polarisationsfilter. Dabei handelt es sich meist um Kristalle, die Licht einer Polarisationsrichtung absorbieren und Licht mit einer orthogonalen Polarisation durchlassen. Oft
erlauben die atomaren Bestandteile dieser Kristalle das Schwingen von Ladungsträgern entlang einer ausgezeichneten Richtung, sodass diese Ladungen bezüglich
dieser Richtung wie Antennen wirken, welche die elektromagnetische Strahlung
absorbieren. Für das Folgende können wir bei Polarisationsfiltern aber auch einfach
an Polarisationsstrahlteiler denken, bei denen uns für weitere Untersuchungen nur
einer der beiden austretenden Strahlen interessiert. Der andere Strahl kann durch
einen Detektor nachgewiesen werden (vgl. Abb. 1.2).

Wir interessieren uns bei den Polarisationsexperimenten ausschließlich für die
Amplitude **A** und ihr Verhalten, wenn der Lichtstrahl durch Polarisationsstrahlteiler oder Polarisationsfilter tritt, deren Achsen unter verschiedenen Winkeln in
der Polarisationsebene ausgerichtet sind. Abgesehen von den Strahlteilern bzw. Filtern sollen keine weiteren Einflüsse den Betrag oder die Richtung dieser Amplitude

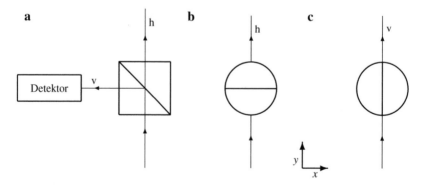

Abb. 1.2 a Wird bei einem Polwürfel die Intensität des abgelenkten Strahls mit einem Detektor
gemessen, erhält man effektiv einen Polarisationsfilter, für den (bei Kenntnis der Intensität des
einfallenden Strahls) die Intensität des durchgelassenen Strahls auch ohne direkte Messung bekannt
ist. **b** und **c** Für Polarisationsfilter bzw. bei Verwendung eines Polwürfels als Polarisationsfilter
verwende ich im Folgenden diese Symbole. Die Richtung der durchgelassenen Polarisation wird
durch den eingezeichneten Kreisdurchmesser markiert. h bezieht sich auf horizontale Polarisation
(in x-Richtung) und v auf eine vertikale Polarisation (in y-Richtung) bei Blick in Strahlrichtung.
(Das Koordinatensystem zur xy-Richtung bezieht sich nur auf die symbolisch dargestellten Polfilter
und bezeichnet die Ebene senkrecht zur Strahlrichtung.)

verändern. Die mathematische Beschreibung reduziert sich daher auf die Betrachtung des Amplitudenvektors **A** in einem 2-dimensionalen (reellen) Vektorraum.

1.2.3 Hintereinandergeschaltete Polarisationsfilter

Wir stellen uns nun einen Lichtstrahl vor, der durch einen ersten Polarisationsfilter getreten ist. Die Polarisationsachse dieses Filters sei parallel zur horizontalen x-Achse. Hinter dem Polarisationsfilter hat die Amplitude des Lichts somit nur eine x-Komponente: $\mathbf{A} = A\mathbf{e}_x$. Wir können die Intensität dieses Lichtstrahls (d. h. das Betragsquadrat von **A**) beispielsweise mit einer fotografischen Platte messen.

Lassen wir das so präparierte Licht durch einen zweiten Polarisationsfilter mit derselben Polarisationsachse hindurchtreten, passiert im Wesentlichen nichts: Das Licht tritt fast ungemindert durch den zweiten Filter hindurch. Dieses Experiment legt es nahe, dem Lichtstrahl eine physikalische Eigenschaft zuzuschreiben, die wir als *Polarisation* bezeichnen. Steht die Achse des zweiten Polarisationsfilters senkrecht zur Achse des ersten Polarisationsfilters, wird das gesamte Licht absorbiert und es tritt nichts hindurch, wie sich wieder durch einen Detektor nachweisen lässt.

Nun soll die Polarisationsachse des zweiten Filters um einen Winkel α zur Achse des ersten Filters gedreht sein. In diesem Fall tritt nur ein bestimmter Anteil des Lichts durch den Filter. Experimentell stellt man fest, dass die Intensität I_2 *hinter* dem Filter mit der Intensität I_1 *vor* dem Filter über die Beziehung

$$I_2 = I_1 \cos^2 \alpha \tag{1.8}$$

zusammenhängt. Dies bezeichnet man auch als das Gesetz von Malus.

In einem mathematischen Modell lässt sich diese Beziehung leicht verstehen, wenn man die Amplitude **A** der Welle als einen gewöhnlichen Vektor interpretiert, der in eine Komponente parallel zur Polarisationsachse und eine Komponente senkrecht zur Polarisationsachse des zweiten Filters zerlegt werden kann. Die Komponente senkrecht zur Polarisationsachse des Filters wird von dem Filter absorbiert und es tritt nur die Komponente parallel zur Polarisationsachse hindurch. Insgesamt kann man die Wirkung des zweiten Polarisationsfilters somit als eine *Projektion* dieses Vektors auf die Filterachse interpretieren und es gilt für den Betrag der Amplitude:

$$|\mathbf{A}_2| = \mathbf{A}_1 \cdot \mathbf{e}_\alpha = |\mathbf{A}_1|(\mathbf{e}_x \cdot \mathbf{e}_\alpha) = |\mathbf{A}_1| \cos \alpha \tag{1.9}$$

Da die Intensität der Welle gleich dem Quadrat der Amplitude ist, verringert sich die *Intensität* der Welle um den Faktor $\cos^2 \alpha$.

Ein verblüffender Effekt ergibt sich, wenn man hinter den ersten Polarisationsfilter (Achse parallel zur x-Achse) zunächst einen zweiten Filter stellt, dessen Polarisationsachse senkrecht zur Achse des ersten Filters steht, also entlang der y-Achse liegt. Nun tritt kein Licht durch die Anordnung der beiden Filter hindurch. Schiebt man aber einen dritten Filter *zwischen* die ersten beiden Filter, sodass dessen Polarisationsachse unter einem Winkel von 45° zu den anderen beiden Polarisationsachsen steht, tritt plötzlich wieder Licht durch die Anordnung hindurch. Verblüffend an diesem Experiment ist, dass durch das *Hinzufügen* eines weiteren Filters zu einer Anordnung, die zunächst sämtliches Licht absorbiert, plötzlich wieder Licht hindurchtritt.

Auch dieser Effekt lässt sich leicht verstehen, wenn man Licht durch eine Welle mit einer Amplitude, die von einem Polarisationsfilter immer auf seine Polarisationsachsen projiziert wird, beschreibt. Anfänglich stehen die Polarisationsrichtungen der beiden Filter senkrecht aufeinander und es tritt kein Licht hindurch. Wird der dritte Filter dazwischengeschoben, wird die Amplitude zunächst auf eine Achse unter einem Winkel von 45° projiziert und verkürzt sich damit um den Kosinus von 45°:

$$\mathbf{A}_2 = (|\mathbf{A}_1|\mathbf{e}_x \cdot \mathbf{e}_{45°})\mathbf{e}_{45°} = |\mathbf{A}_1| \cos 45°\, \mathbf{e}_{45°} \tag{1.10}$$

Am dritten Filter wird diese neue Amplitude, die nun nicht mehr senkrecht auf der y-Achse steht, auf die y-Achse projiziert und somit wieder um den Faktor $\cos 45°$ gekürzt. Insgesamt erhalten wir für die Amplitude hinter dem dritten Filter:

$$\mathbf{A}_3 = |\mathbf{A}_1| \cos^2(45°)\, \mathbf{e}_y \tag{1.11}$$

Der Betrag der Amplitude hat sich also halbiert und für die Intensität folgt:

$$I_3 = I_2(\cos 45°)^2 = I_1(\cos 45°)^4 = \frac{1}{4}\, I_1 \tag{1.12}$$

Wir sehen also, dass man die Effekte an Polarisationsfiltern leicht verstehen kann, wenn man sich Licht als eine Welle mit einer vektorwertigen Amplitude vorstellt. Diese Amplitude lässt sich in Bezug auf zwei beliebige, aufeinander senkrecht stehende Richtungen zerlegen und der Filter lässt jeweils immer nur den Anteil parallel zur Polarisationsachse hindurch. Die Amplitude wird durch die Filter also auf deren Polarisationsachse projiziert. Die Intensität wird dabei um den Faktor $\cos^2 \alpha$ abgeschwächt, wobei α der Winkel zwischen der Polarisationsrichtung der Welle und der Polarisationsachse des Filters ist.

1.3   Einzelne Photonen

Verringert man die Intensität der Lichtquelle, bleiben die *relativen* Intensitäten vor und nach den Polarisationsfiltern unverändert und Gl. 1.8 behält ihre Gültigkeit.

Nun soll die Intensität der Lichtquelle jedoch so weit herabgesenkt werden, dass die pro Zeiteinheit im Mittel abgegebene Energie von der Größenordnung $E = h\nu$ wird, wobei $\nu = c/\lambda$ die Frequenz des Lichts und $h = 6{,}626 \cdot 10^{-34}$ Js das Planck'sche Wirkungsquantum bezeichnet. Die Intensität ist nun um viele Zehnerpotenzen geringer (siehe ‚Grey Box‘) und bei einer fotografischen Platte muss man möglicherweise sehr lange warten, bis eine deutlich erkennbare Schwärzung zu erkennen ist. Zum Nachweis eignet sich nun beispielsweise eine CCD-Kamera.

Experimente mit einzelnen Photonen und ihr Nachweis

Ein einzelnes Photon mit einer Wellenlänge von rund 660 nm (rotes Licht) hat eine Energie von

$$E = h\frac{c}{\lambda} = (6{,}626 \cdot 10^{-34} \text{Js}) \cdot \left(3 \cdot 10^8 \frac{\text{m}}{\text{s}}\right) \cdot \left(\frac{1}{6{,}6 \cdot 10^{-7}\text{m}}\right)$$

$$\approx 3 \cdot 10^{-19} \text{ J.}$$

Das bedeutet, dass ein gewöhnlicher Laserpointer mit einer Leistung von 1 mW rund $3{,}3 \cdot 10^{15}$ Photonen in jeder Sekunde abstrahlt, wobei Energieverluste anderer Art außer Acht gelassen wurden.

Ein Einzelphotonennachweis ist heute mit sehr empfindlichen CCD-Kameras – beispielsweise EMCCD (electron multiplying charge-coupled device)-Kameras – möglich. Sie haben eine räumliche Auflösung im Bereich von µm und eine zeitliche Auflösung im MHz-Bereich, also von rund 10^{-6} s.

Ein großes Problem, insbesondere für Demonstrationsversuche in der Schule, sind Einzelphotonenquellen. Quanteneffekte verhindern, dass man eine gleichmäßig verteilte Einzelphotonenquelle dadurch erhält, dass man gewöhnliche Lichtquellen (Glühbirnen oder Laser) einfach nur ausreichend stark ‚dimmt' oder abschirmt. Oft verwendet man die Fluoreszenz von Zweiniveau-Systemen (Atomen) in Kristalldefekten, die man durch Laserlicht anregt. Noch aufwendiger ist die Down-Conversion (vgl. Abschn. 15.1.5), bei der ein einfallendes hochenergetisches Photon in einem nichtlinearen Kristall in zwei Photonen niedrigerer Energie umgewandelt wird. Der Vorteil ist jedoch, dass man durch den Nachweis eines dieser Photonen weiß, dass ein zweites Photon ‚unterwegs' ist. Auf die experimentellen Details soll hier nicht weiter eingegangen werden; wichtig ist lediglich, dass die angegebenen Experimente tatsächlich durchgeführt werden können.

Man beobachtet nun einen überraschenden Effekt: Das Nachweisgerät registriert immer nur Energiemengen, die Vielfache von $h\nu$ sind, und diese ‚Energiepakete' werden zeitlich und räumlich lokal aufgenommen, d. h., im Rahmen der Messgenauigkeit wird das Ereignis zu einem bestimmten Zeitpunkt und an einem bestimmten Raumpunkt registriert. Bei diesen geringen Intensitäten wird die Energie des Lichts also nicht mehr kontinuierlich auf das Nachweisgerät übertragen, sondern in Form statistisch verteilter einzelner ‚Energiequanten'. (Der Nachweis erfolgt im Wesentlichen über eine Variante des photoelektrischen Effekts, bei dem durch ein Lichtquant ein Elektron aus einem Verband herausgeschlagen wird, das dann nachgewiesen werden kann.) Die Anzahl bzw. Häufigkeit dieser Ereignisse in einem festen Zeitintervall ist direkt proportional zur Intensität der Lichtquelle.

Vergleicht man die Anzahl der punktförmigen Nachweiszentren hinter verschiedenen Filteranordnungen, so ist diese direkt proportional zu den relativen Intensitäten, die vorher bei einer intensiveren Lichtquelle gemessen wurde.

▶ *Bei genauerer Betrachtung erweisen sich also die klassisch gemessenen Intensitäten der elektromagnetischen Wellen als eine relative Häufigkeit von diskreten Energiequanten, den sogenannten Photonen. Bei der Extrapolation zur Beschreibung einzelner Teilchen wird diese als Wahrscheinlichkeit interpretiert, bei einer Messung ein solches Photon tatsächlich vorzufinden.*

Man bezeichnet die diskreten Energiequanten, die auf die Detektorplatten übertragen werden, als Photonen und interpretiert sie häufig als Teilchen (mit der Energie $E = h\nu$), die von der Lichtquelle ausgesendet werden und schließlich beim Nachweis auf die Platte treffen. Bei gewöhnlichem Licht handelt es sich um sehr viele Photonen, deren einzelne Wirkungen sich nicht auflösen lassen, doch bei der als sehr schwach angenommenen Lichtquelle treten die Photonen einzeln aus der Lichtquelle und treffen auch einzeln auf die Nachweisplatte.

Ich werde im Folgenden von Photonen oder Lichtquanten sprechen, ohne aber damit bereits implizieren zu wollen, dass es sich hierbei um Teilchen im herkömmlichen Sinne handelt. Was genau Photonen (und entsprechend alle anderen Entitäten, mit denen wir es zu tun haben werden, wie Elektronen, Protonen etc.) sind, wissen wir nicht. Wir können nur sagen, dass offenbar eine Energieübertragung von dieser ‚Entität Photon' – auf was auch immer für ein Nachweisgerät – in diskreten, räumlich und zeitlich lokalisierten Einheiten erfolgt, die, sofern wir Licht einer festen Wellenlänge bzw. Frequenz betrachten, der Energie $E = h\nu$ entspricht. Viele Physiker haben auch die Vorstellung, dass es sich bei Licht unabhängig von seiner Intensität immer um eine Welle handelt, und sie bezeichnen lediglich das räumlich und zeitlich lokalisierte Ereignis, bei dem diese Welle ihre Energie auf ein anderes Objekt überträgt, als Photon.

1.3.1 Die Eigenschaften |h⟩ und |v⟩

Zunächst platzieren wir hinter den ersten Polwürfel in jede der ausgehenden Strahlrichtungen jeweils einen weiteren Polwürfel mit (in Strahlrichtung gesehen) denselben Achsenrichtungen (vgl. Abb. 1.3a).

Hinter dem ersten Polarisationsstrahlteiler, an dem ein Photon in zwei Richtungen gelenkt werden kann, befinden sich nun zwei weitere Polarisationsstrahlteiler (in jedem Strahlengang einer), an denen das Photon theoretisch wieder in zwei Richtungen abgelenkt werden könnte. Das ergibt insgesamt vier Möglichkeiten, die wir durch anschließende Detektoren überprüfen können. Es zeigt sich, dass nur zwei der Möglichkeiten tatsächlich auftreten: Ein Photon, das am ersten Polwürfel abgelenkt wurde, dem wir also im Sinne der klassischen Interpretation eine vertikale Polarisation zuschreiben würden, wird immer auch am zweiten Polwürfel abgelenkt;

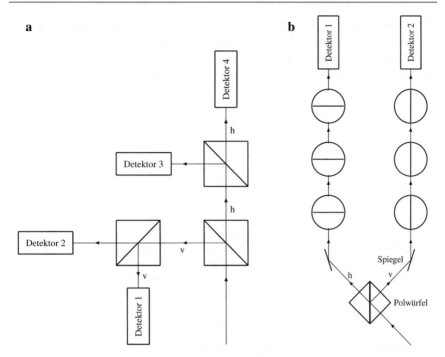

Abb. 1.3 a Hinter den ersten Polarisationsstrahlteiler werden weitere Polarisationsstrahlteiler (in jede Strahlrichtung einer) mit denselben Polarisationsrichtungen gestellt. Theoretisch wären nun vier Wege für ein Photon möglich, die wir durch Detektoren prüfen können. Nur in Detektor 1 und 4 werden Photonen gemessen, nie aber in Detektoren 2 und 3. Ein horizontal polarisiertes Photon bleibt offensichtlich (ohne weitere Einflüsse) horizontal polarisiert; entsprechend bleibt ein vertikal polarisiertes Photon vertikal polarisiert. **b** Wir können hinter den ersten Polarisationsstrahlteiler beliebig viele Polarisationsfilter der entsprechenden Polarisationsrichtung aufstellen, ohne dass eine (wesentliche) Intensitätsminderung in den Detektoren auftritt

entsprechend wird ein Photon, das am ersten Polwürfel nicht abgelenkt wurde (und eine horizontale Polarisation hat), auch am zweiten Polwürfel nicht abgelenkt.

Dieses Verhalten gleicht dem gewöhnlicher Lichtstrahlen: Ein Lichtstrahl wird in dieser Anordnung nur in Detektor 1 und Detektor 4 abgelenkt. Abb. 1.3b zeigt die Verhältnisse nochmals mit gewöhnlichen Polarisationsfiltern hinter dem ersten Polwürfel.

Denkt man bei Photonen an Teilchen, wie es ihr nahezu punktförmiger Nachweis auf den Detektorplatten suggeriert, fällt es schwer sich vorzustellen, was die Polarisation bzw. die Polarisationsachse für ein solches Teilchen bedeuten soll. Andererseits kann man sich natürlich auf den Standpunkt stellen, dass die Polarisation nur ein anschauliches, aus der Wellenvorstellung für Licht entnommenes Bild ist, das für Photonen keine Gültigkeit mehr hat. Offensichtlich können Photonen jedoch eine Eigenschaft besitzen, die sie beispielsweise durch einen Filter mit der Achse parallel zu einer bestimmten Richtung hindurchtreten lässt (und zwar unabhängig davon, wie viele dieser Filter hintereinandergeschaltet werden), die sie andererseits aber von einem Filter mit einer senkrecht dazu stehenden Achse absorbiert werden lässt, und

das gleich beim ersten Mal. Wir können daher das Verhalten geeignet präparierter
Photonen an bestimmten Filtern bzw. Polarisationsteilern mit Sicherheit vorhersagen. Dies erst gibt uns die Rechtfertigung, von einer ‚Eigenschaft' der Photonen zu
sprechen.[1] Theoretisch hätte es ja auch sein können, dass ein Photon immer rein
zufällig von einem Filter absorbiert oder durchgelassen wird, unabhängig von seiner
Vergangenheit.

Was auch immer diese Eigenschaft sein mag, wir geben ihr eine suggestive sym-
bolische Bezeichnung: Wir nennen sie $|h\rangle$ bzw. $|v\rangle$, wobei sich die Eigenschaft $|h\rangle$
experimentell darin äußert, dass dieses Photon von einem Polarisationsfilter mit
einer horizontalen Achse immer durchgelassen wird (die zunächst seltsam anmuten-
den Klammern werden später noch erläutert, hier dienen sie einfach nur zur Kenn-
zeichnung einer Eigenschaft). Entsprechend bezeichnet $|v\rangle$ die Eigenschaft, einen
Polarisationsfilter mit vertikaler Polarisationsachse immer zu passieren.

Weiterhin zeigen uns diese Experimente, dass die beiden Eigenschaften $|h\rangle$ und
$|v\rangle$ im klassischen Sinne entgegengesetzt sind, sich also gegenseitig ausschließen.
Ein Photon mit der Eigenschaft $|h\rangle$ wird von einem vertikal ausgerichteten Polarisa-
tionsfilter immer absorbiert, ein Photon mit der Eigenschaft $|v\rangle$ von einem horizontal
ausgerichteten Polarisationsfilter. Außerdem sind die beiden Eigenschaften in gewisser Hinsicht ‚vollständig': *Jedes* Photon wird von einem Polwürfel *entweder in die
eine oder die andere* Richtung abgelenkt. Bei einem Polwürfel mit einer festen Ach-
senausrichtung gibt es keine dritte Möglichkeit.

Mathematisch-logische und physikalische Komplementarität
Im mathematischen Sinne sind die beiden Eigenschaften $|h\rangle$ und $|v\rangle$ komple-
mentär: Jedes Photon, das auf einen Polwürfel trifft, hat anschließend entwe-
der die Eigenschaft $|h\rangle$ oder die Eigenschaft $|v\rangle$. Diese beiden Eigenschaften
schließen sich gegenseitig aus. Das bedeutet, dass die Menge der möglichen
Zustände *unter der gegebenen experimentellen Anordnung* (also dieser speziellen Stellung des Polwürfels) nur aus diesen beiden Zuständen besteht. Man
spricht daher auch von einem Zweizustand-System. Die Menge der Zustände
ist somit {h,v}, und in diesem Sinne sind die Teilmengen {h} und {v} mathematisch komplementär.

Leider wird in der Quantenmechanik der Begriff *komplementär* aber in
einem anderen Sinne benutzt, insofern sollte man zwischen ‚klassischer Komplementarität' und ‚quantenmechanischer Komplementarität' unterscheiden.
Im obigen Beispiel wäre eine komplementäre Messanordnung im quantenmechanischen Sinne eine andere Stellung des Polwürfels, beispielsweise mit
Polarisationsrichtungen unter $\pm 45°$; siehe Abschn. 1.3.2. Kap. 16 geht auf den

---

[1]Wir werden später sehen, dass die klassische Vorstellung der Polarisation einer Welle auf dem
Niveau einzelner ‚Teilchen' mit der Eigenschaft eines ‚Spins' in Verbindung gebracht wird.

quantenmechanischen Komplementaritätsbegriff im Zusammenhang mit der Polarisation von Licht ausführlicher ein.

1.3.2 Die Eigenschaften $|\alpha\rangle$, $|p\rangle$ und $|m\rangle$

Nun befinde sich hinter einem ersten Filter, der nur Photonen mit der Eigenschaft $|h\rangle$ durchlässt, ein zweiter Polarisationsfilter, dessen Polarisationsachse um einen Winkel α zur Horizontalen gedreht ist. Das Experiment zeigt folgende Effekte:

- Photonen werden von dem zweiten Filter entweder absorbiert oder durchgelassen, d. h., der Detektor hinter dem zweiten Filter registriert immer noch ‚Energiepakete‘ mit der Energie $E = h\nu$. Es werden weder nur ‚Teile‘ eines Photons gemessen noch hat sich die Energie der durchgelassenen Photonen verändert. Entsprechend werden die Photonen von einem Polarisationsstrahlteiler, dessen Achsen unter einem Winkel α zur Horizontalen geneigt sind, entweder in die eine oder die andere Richtung abgelenkt. Ein Photon wird weder geteilt noch absorbiert, also in keine der Richtungen abgelenkt.[2]
- Eine Messung über einen längeren Zeitraum zeigt, dass die durchschnittliche Anzahl an Photonen, die pro Zeiteinheit von dem Detektor registriert werden, um den Faktor $\cos^2 \alpha$ geringer ist als die Anzahl der Photonen, die unmittelbar hinter dem ersten Filter gemessen werden können. Dies entspricht der Beobachtung, dass bei einer klassischen elektromagnetischen Welle deren Intensität bei dieser Anordnung um den Faktor $\cos^2 \alpha$ verringert wird. Entsprechend beobachtet man bei einem Polwürfel, dass die mittlere Anzahl der abgelenkten Photonen nun um den Faktor $\sin^2 \alpha$ geringer ist als vor dem Polwürfel.
- Befindet sich hinter dem zweiten Filter ein dritter Filter, dessen Achse parallel zur Achse des zweiten Filters ist (der also ebenfalls unter dem Winkel α zur horizontalen Achse gedreht ist), so ändert dies die Intensität nicht mehr. Es werden also an dem dritten Filter keine Photonen absorbiert, die den zweiten Filter passiert haben.

Die letztgenannte experimentelle Beobachtung legt nahe, einem solchen Photon, das den zweiten Filter passiert hat, die Eigenschaft $|\alpha\rangle$ zuzusprechen. Damit ist die Eigenschaft gemeint, mit Bestimmtheit durch einen Filter mit Polarisationsachse unter dem Winkel α zur Horizontalen hindurchtreten zu können. Entsprechend bezeichnen wir mit $|\alpha - 90°\rangle$ oder $|\alpha^\perp\rangle$ die Eigenschaft, von einem solchen Filter immer absorbiert zu werden, bzw., was nach dem bisher Gesagten dasselbe bedeutet, von einem

---

[2]Dies ist eine Idealisierung, da praktisch jeder Kristall einen gewissen Prozentsatz der auftreffenden Photonen absorbiert; dieser Prozentsatz ist aber nahezu unabhängig von dem Winkel α und kann mit hochwertigen Geräten beliebig klein gemacht werden.

Polarisationsfilter mit der Achsenrichtung $\alpha - 90°$ mit Sicherheit durchgelassen zu werden.

Der Winkel α ist frei wählbar, allerdings definieren die Winkel α und $\alpha \pm 180°$ *dieselbe* Polarisation; insofern wählen wir α in Zukunft meist im Bereich $-90° < \alpha \leq +90°$. Die Menge der möglichen Polarisationszustände lässt sich also durch einen Winkel zwischen $-90°$ und $+90°$ kennzeichnen. Im Hinblick auf spätere Anwendungen definieren wir folgende spezielle Polarisationsrichtungen (p und m beziehen sich auf ‚plus 45°‘ und ‚minus 45°‘):

$$|h\rangle = |0°\rangle \qquad |p\rangle = |+45°\rangle$$
$$|v\rangle = |90°\rangle \qquad |m\rangle = |-45°\rangle$$

Wir stellen nun hinter den zweiten Filter (Polarisationsrichtung α) einen dritten Filter, dessen Polarisationsachse wieder horizontal ist. Wie wir es von unserer bei gewöhnlichem Licht gewonnenen Anschauung erwarten, werden an dem dritten Filter wieder einige Photonen absorbiert und die Anzahl der durchgelassenen Photonen verringert sich erneut um den Faktor $\cos^2 \alpha$. Offenbar wurde die Eigenschaft $|h\rangle$, die alle Photonen hinter dem ersten Filter noch hatten, durch den zweiten Filter teilweise zerstört. Wir müssen also schließen, dass ein Filter nicht einfach nur Photonen mit gewissen Eigenschaften ungehindert hindurchtreten lässt und andere Photonen absorbiert, sondern offensichtlich hat er auch einen Einfluss auf die Polarisationseigenschaften der Photonen: Er kann diese Eigenschaften verändern.

Anscheinend hat ein einzelnes Photon nicht ‚per se‘ bestimmte Polarisationseigenschaften, sondern ein Filter, durch den dieses Photon hindurchtritt, scheint ihm diese Eigenschaften erst *zu geben*. Entsprechend kann ein zweiter Filter auch eine vorhandene Polarisationseigenschaft *nehmen* bzw. verändern, sofern er unter einem bestimmten Winkel zur ursprünglichen Polarisationsrichtung steht.

Das Gesagte lässt uns also zu dem Schluss kommen, dass ein Filter nicht unbedingt eine bestimmte Eigenschaft eines Photons ‚misst‘, sondern dass ein Filter Photonen, die den Filter passieren, mit dieser Eigenschaft ‚präpariert‘. Man kann nun mit diesen so präparierten Photonen weitere Experimente machen. Stellt man weitere Filter mit derselben Polarisationsachse hinter den ersten Filter, kann man eigentlich auch nicht von einer Messung sprechen – sofern man unter einer Messung einen Informationszuwachs versteht –, sondern man bestätigt nur die Tatsache, dass eine bestimmte Eigenschaft und damit ein bestimmter Zustand vorliegt.

1.4   Mathematische Beschreibung in einem Vektorraum

Dieser Abschnitt dient der Motivation, quantenmechanische Systeme mathematisch durch Vektorräume und die damit zusammenhängenden Strukturen – Vektoren, lineare Abbildungen und Skalarprodukte – zu beschreiben. Ausgangspunkt ist der Formalismus, der schon aus der klassischen Theorie der Polarisation von Licht bekannt ist.

1.4.1 Polarisationszustände als Strahlen einer Ebene

Die bisherigen Erörterungen legen es nahe, die Vorstellung von einem Amplitudenvektor **A** zur Beschreibung der Eigenschaft, die wir klassisch mit der Polarisation in Verbindung bringen, beizubehalten. Dieser Amplitudenvektor wird durch einen Polarisationsfilter auf die Filterachse projiziert; allerdings hat die damit verbundene Intensität, also das Betragsquadrat des projizierten Vektors, für Photonen die Bedeutung einer relativen Häufigkeit. Für einzelne Photonen entspricht das einer Wahrscheinlichkeit.

Ein Photon, das einen v-Filter (also einen Filter mit einer vertikalen Polarisationsachse) passiert hat, wird durch den Amplitudenvektor $\mathbf{A}_\mathrm{v} = \mathbf{e}_y$ beschrieben. Entsprechend wird ein Photon, das einen h-Filter (horizontale Polarisationsachse) passiert hat, durch $\mathbf{A}_\mathrm{h} = \mathbf{e}_x$ beschrieben:

$$\mathbf{A}_\mathrm{h} = \begin{pmatrix} 1 \\ 0 \end{pmatrix} \text{ Amplitude eines Photons, das einen h-Filter passiert hat} \quad (1.13)$$

$$\mathbf{A}_\mathrm{v} = \begin{pmatrix} 0 \\ 1 \end{pmatrix} \text{ Amplitude eines Photons, das einen v-Filter passiert hat} \quad (1.14)$$

Diese beiden Vektoren repräsentieren nun also Photonen mit den Eigenschaften $|h\rangle$ bzw. $|v\rangle$.

Allgemeiner beschreiben wir ein Photon, das einen α-Filter passiert und damit die Eigenschaft $|\alpha\rangle$ hat, durch den Vektor:

$$\mathbf{A}_\alpha = \begin{pmatrix} \cos\alpha \\ \sin\alpha \end{pmatrix} \text{ Amplitude eines Photons, das einen α-Filter passiert hat.} \quad (1.15)$$

Streng genommen wird der Polarisationszustand eines Photons nicht durch einen Winkel α, sondern durch die zugehörige Polarisationsachse beschrieben. Jeder Vektor auf dieser Achse bezeichnet somit denselben Polarisationszustand und ist daher ein Repräsentant für diesen Zustand. Die beiden Winkel α und $\alpha + 180°$, d. h. die Amplituden $\mathbf{A}_\alpha$ und $-\mathbf{A}_\alpha$, beschreiben dieselbe Polarisation.

Auf einen weiteren Punkt soll hier aufmerksam gemacht werden: Die Amplituden $\mathbf{A}_\mathrm{h}$, $\mathbf{A}_\mathrm{v}$ und $\mathbf{A}_\alpha$ sind zunächst rein geometrische Größen, die nicht von einem Koordinatensystem abhängen. Wir können sie durch eine Richtung (beispielsweise ‚zeigt in Richtung des Sternbilds Stier') und einen Betrag kennzeichnen. In der obigen Darstellung haben wir ein Koordinatensystem gewählt, bei dem $\mathbf{A}_\mathrm{h}$ und $\mathbf{A}_\mathrm{v}$ die Basisvektoren sind und $\mathbf{A}_\alpha$ als Spaltenvektor mit Komponenten in dieser Basis ausgedrückt wurde. Ähnliches gilt auch für die mathematische Darstellung der Eigenschaften $|h\rangle$, $|v\rangle$, $|\alpha\rangle$. Sie werden durch die entsprechenden Amplitudenvektoren dargestellt, ohne dass dabei schon eine Basis ausgezeichnet wurde. Auf diesen Punkt wird später nochmals eingehender hingewiesen.

Während die Interpretation von **A** als dem Amplitudenvektor einer elektromagnetischen Welle sehr anschaulich ist, scheint eine Interpretation dieses Vektors in Bezug auf ein einzelnes Photon weniger naheliegend. Lediglich die Orientierung der Polarisationsrichtung des Filters hat eine unmittelbar beobachtbare Bedeutung. Der Polarisationszustand eines Photons entspricht einer Achse durch den Ursprung eines zweidimensionalen Vektorraums. Diese Feststellung gilt ganz allgemein in der Quantentheorie:

▶ *Ein Zustand wird beschrieben durch einen Strahl, d. h. einen eindimensionalen (vektoriellen) Unterraum, in einem höher dimensionalen Vektorraum.*

Im Zusammenhang mit den Polarisationszuständen eines Photons ist das unmittelbar anschaulich. Man sollte allerdings betonen, dass der Begriff ‚Strahl' hier anders verwendet wird als oft in der Schule: Dort ist ein Strahl eine Halbgerade, die an einem Punkt beginnt und sich nach Unendlich erstreckt, hier ist ein Strahl ein eindimensionaler Vektorraum, also eine Gerade durch den Ursprung.

Doch was bedeutet der Betrag von **A**? Für eine elektromagnetische Wellen ist |**A**| die Amplitude der Welle, also die maximale ‚Auslenkung' bzw. der maximale Wert des elektrischen Felds bei der Schwingung. Diese beiden Begriffe scheinen für ein einzelnes Photon nicht mehr sinnvoll, es gibt diesen Freiheitsgrad nicht. Die Intensität der elektromagnetischen Welle ist im Bild der Photonen proportional zur Anzahl der Photonen und somit für ein einzelnes Photon konstant. Aus diesem Grund normiert man das Absolutquadrat der Amplitude auf 1: $|\mathbf{A}|^2 = 1$. Dies ist eher eine Konvention und keine experimentell überprüfbare Tatsache. Man wählt aus der Menge aller Vektoren, die den eindimensionalen Vektorraum der Polarisationsrichtung bilden, einen *Repräsentanten*. Diese Konvention hat den Vorteil, dass sich das Absolutquadrat der Amplitude als eine Wahrscheinlichkeit interpretieren lässt: Wenn die Amplitude zur Polarisationsrichtung eines Photons auf die Polarisationsrichtung eines Filters projiziert wird, beschreibt das Absolutquadrat dieser Projektion, also $\cos^2 \alpha$, die Wahrscheinlichkeit, dass hinter dem Filter dieses einzelne Photon nachgewiesen werden kann. Bei sehr vielen Photonen mit derselben Ausgangspolarisation wird diese Wahrscheinlichkeit zu einer relativen Häufigkeit und schließlich zu einer relativen Intensität, und damit ist der Übergang von einzelnen Photonen zu einem klassischen elektromagnetischen Feld nahezu kontinuierlich.

1.4.2   Die Darstellung von Filtern durch Projektionsmatrizen

Die Wirkung eines Filters lässt sich bei einer Lichtwelle durch die Projektion des Amplitudenvektors auf die Polarisationsachse beschreiben. Diese Vorschrift wird nun auch zur Beschreibung einzelner Photonen verwendet: Zur Berechnung der Wahrscheinlichkeit, mit der ein einzelnes Photon mit Polarisationsrichtung $\mathbf{e}_\alpha$ einen Filter passiert, dessen Polarisationsachse in Richtung $\mathbf{e}_\beta$ zeigt, bilden wir das Skalarprodukt der beiden Vektoren (dies liefert uns den Betrag der projizierten Amplitude) und quadrieren das Ergebnis:

$$\text{Prob}(|\beta\rangle \leftarrow |\alpha\rangle) = |(\mathbf{e}_\beta \cdot \mathbf{e}_\alpha)|^2 = \cos^2(\beta - \alpha) \qquad (1.16)$$

Prob($|\beta\rangle \leftarrow |\alpha\rangle$) bezeichnet die Wahrscheinlichkeit, dass ein Photon mit der Eigenschaft $|\alpha\rangle$ einen Filter passiert, der ihm die Eigenschaft $|\beta\rangle$ verleiht.

Der Formalismus liefert also zwei Informationen: Zum einen kann man die Wahrscheinlichkeit berechnen, mit der ein Photon mit einer bestimmten Polarisationseigenschaft hinter einem bestimmten Filter bzw. in einer der Richtungen hinter einem Polwürfel nachgewiesen werden kann. Andererseits sagt er uns auch, durch welchen Zustandsvektor ein Photon, *das tatsächlich durch den zweiten Filter hindurchgetreten ist* (bzw. von einem Polwürfel in eine bestimmte Richtung abgelenkt wurde), nun beschrieben werden muss. Der Zustandsvektor für die Polarisationseigenschaft des Photons hinter dem Filter ist ein anderer als der vor dem Filter. Diese Neuzuschreibung eines Zustands zu einem physikalischen System nach dem Passieren eines Filters (leider spricht man in diesem Fall von einer ‚Messung' – eine unglückliche und oftmals irreführende begriffliche Zuordnung) bezeichnet man in der Quantentheorie als ‚Kollaps' oder auch, etwas weniger dramatisch, als ‚Reduktion' des Quantenzustands.

Mathematisch können wir die Wirkung eines Polarisationsfilters durch eine Matrix beschreiben, die einen beliebigen anfänglichen Polarisationsvektor auf einen bestimmten neuen Polarisationsvektor (parallel zur Polarisationsachse des Filters) projiziert. Daher bezeichnet man diese Matrizen auch als Projektionsmatrizen. Für die horizontale und vertikale Achse gilt einfach:

$$P_{\mathrm{h}} = \begin{pmatrix} 1 & 0 \\ 0 & 0 \end{pmatrix} \quad \text{Darstellung eines h-Filters} \tag{1.17}$$

$$P_{\mathrm{v}} = \begin{pmatrix} 0 & 0 \\ 0 & 1 \end{pmatrix} \quad \text{Darstellung eines v-Filters} \tag{1.18}$$

Etwas weniger offensichtlich ist, dass die folgende Matrix einen α-Filter beschreibt:

$$P_{\alpha} = \begin{pmatrix} \cos^2\alpha & \cos\alpha\sin\alpha \\ \cos\alpha\sin\alpha & \sin^2\alpha \end{pmatrix} \quad \text{Darstellung eines } \alpha\text{-Filters} \tag{1.19}$$

Man erkennt jedoch, dass die Wirkung dieser Matrix, angewandt auf eine Amplitude zu einem in x-Richtung bzw. in y-Richtung polarisierten Photon, folgende Amplitudenvektoren liefert:

$$P_{\alpha}\mathbf{e}_x = \cos\alpha \begin{pmatrix} \cos\alpha \\ \sin\alpha \end{pmatrix} \quad P_{\alpha}\mathbf{e}_y = \sin\alpha \begin{pmatrix} \cos\alpha \\ \sin\alpha \end{pmatrix} \tag{1.20}$$

In beiden Fällen ist das Ergebnis also eine Amplitude, die in α-Richtung zeigt, allerdings ist das Betragsquadrat dieser Amplitude nun $\cos^2\alpha$ bzw. $\sin^2\alpha$. Das entspricht jedoch genau der Interpretation einer Wahrscheinlichkeit: Das Betragsquadrat der Amplitude ergibt die Wahrscheinlichkeit, dass das entsprechende Photon den α-Filter passiert. Diese Wahrscheinlichkeit ist für das h-Photon $\cos^2\alpha$ und für das v-Photon $1 - \cos^2\alpha = \sin^2\alpha$.

Für die bisher definierten Projektionsmatrizen gelten folgende Beziehungen:

$$P_h e_x = e_x \quad \text{und} \quad P_v e_y = e_y \tag{1.21}$$

$$P_h e_y = 0 \quad \text{und} \quad P_v e_x = 0 \tag{1.22}$$

Die beiden Gl. 1.21 bringen zum Ausdruck, dass ein in x-Richtung polarisiertes Photon mit Sicherheit von einem h-Filter durchgelassen wird, und entsprechend wird ein in y-Richtung polarisiertes Photon von einem v-Filter durchgelassen. Die beiden Gl. 1.22 bedeuten, dass ein vertikal polarisiertes Photon mit Sicherheit von einem h-Filter absorbiert wird und entsprechend ein horizontal polarisiertes Photon von einem v-Filter.
Weitere, leicht zu zeigende Identitäten sind:

$$P_h P_h = P_h \ , \quad P_v P_v = P_v \ , \quad P_h P_v = P_v P_h = 0 \tag{1.23}$$

Diese Gleichungen bedeuten, dass zwei hintereinandergeschaltete h-Filter ebenso wirken wie ein einzelner h-Filter, entsprechend für v-Filter. Stellt man einen h-Filter hinter einen v-Filter (oder umgekehrt), wird überhaupt kein Photon durchgelassen, es werden also alle Photonen absorbiert.

1.4.3   Superpositionen

Die in den Abschn. 1.4.1 und 1.4.2 angedeutete Beschreibung für den Polarisations-zustand von Photonen soll in diesem Abschnitt noch etwas weiter ausgereizt werden. Der Zustandsvektor für ein Photon, das einen α-Filter passiert hat, lässt sich nach den horizontalen und vertikalen Polarisationsrichtungen zerlegen (Gl. 1.15):

$$A_\alpha = \cos\alpha \, A_h + \sin\alpha \, A_v. \tag{1.24}$$

Für das Modell einer klassischen Welle besitzt diese Gleichung eine anschauliche Bedeutung: Eine in α-Richtung polarisierte Welle lässt sich als Überlagerung von einer in x-Richtung und einer in y-Richtung polarisierten Welle schreiben. Die Komponenten entsprechen dabei den jeweiligen Amplituden dieser Wellen. Die Interpretation dieser Gleichung für ein einzelnes Photon ist schwieriger und führt direkt in den Kern der Diskussion um die Bedeutung des mathematischen Formalismus der Quantentheorie. An dieser Stelle soll daher nur angedeutet werden, was diese Gleichung *nicht* bedeutet:

• Sie bedeutet *nicht,* dass sich ein Photon im Zustand $|\alpha\rangle$ aus zwei Photonen zusam-mensetzt, von denen eines den Zustand $|h\rangle$ und das andere den Zustand $|v\rangle$ hat. Die Summe beider Beiträge auf der rechten Seite der Gleichung beschreibt wieder nur ein einzelnes Photon.

- Sie bedeutet ebenfalls *nicht,* dass sich ein Photon, das im Zustand $|\alpha\rangle$ präpariert wurde, *entweder* im Zustand $|h\rangle$ befindet *oder* im Zustand $|v\rangle$. Erst auf dem Niveau von Wahrscheinlichkeiten ist eine solche ,entweder-oder'-Interpretation zulässig. Bildet man das Quadrat dieser Gleichung (und nutzt aus, dass $\mathbf{A}_x \perp \mathbf{A}_y$ und somit $\mathbf{A}_x \cdot \mathbf{A}_y = 0$), erhält man:

$$|\mathbf{A}_\alpha|^2 = \cos^2\alpha |\mathbf{A}_x|^2 + \sin^2\alpha |\mathbf{A}_y|^2 \tag{1.25}$$

Diese Gleichung kann man nun im Sinne von Wahrscheinlichkeiten deuten: *Wenn an einem $|\alpha\rangle$–Photon eine Messung der horizontalen bzw. vertikalen Polarisation vorgenommen wird* (das bedeutet, dass das Photon zunächst durch einen h-v-orientierten Polarisationsstrahlteiler tritt; anschließend messen Detektoren die Richtung der Ablenkung), dann findet man mit der Wahrscheinlichkeit $\cos^2\alpha$ eine horizontale Polarisation und mit der Wahrscheinlichkeit $\sin^2\alpha$ eine vertikale Polarisation.

Ohne damit eine Erklärung gefunden zu haben, wie man Gl. 1.24 zu interpretieren hat, spricht man in der Quantentheorie von einer *Superposition.* Man sagt, dass ein in α-Richtung polarisiertes Photon eine Superposition von einem in x-Richtung und einem in y-Richtung polarisierten Photon ist. Man beachte allerdings, dass eine solche Zerlegung in Komponenten bezüglich zweier beliebiger linear unabhängiger Vektoren vorgenommen werden kann. Jeder Vektor lässt sich auf unendlich viele Weisen als Superposition anderer Vektoren schreiben.

Abb. 1.4 zeigt eine experimentelle Anordnung, welche die Zerlegung in eine Superposition und anschließende Zusammenführung nach folgendem Schema

$$\mathbf{e}_\alpha \ \longrightarrow \ \cos\alpha\, \mathbf{e}_x + \sin\alpha\, \mathbf{e}_y \ \longrightarrow \ \mathbf{e}_\alpha \tag{1.26}$$

experimentell realisiert, und zwar sowohl für gewöhnliche Lichtstrahlen als auch – nach geeigneter Uminterpretation der Intensitäten in Wahrscheinlichkeiten – für einzelne Photonen. Angenommen, ein Photon wird von einem α-Filter durchgelassen und hat somit die Eigenschaft $|\alpha\rangle$. Anschließend trifft dieses Photon auf einen Polwürfel, der gewöhnliches Licht in horizontale und vertikale Polarisationen aufspaltet. Mithilfe von Detektoren in beiden Strahlengängen könnte man nachweisen, dass jedes einzelne Photon mit der Wahrscheinlichkeit $\cos^2\alpha$ in die horizontale Richtung und mit der Wahrscheinlichkeit $\sin^2\alpha$ in die vertikale Richtung abgelenkt wird. In einem konkreten Experiment werden diese Wahrscheinlichkeiten durch die relativen Häufigkeiten gemessen, mit der Photonen in den jeweiligen Detektoren nachgewiesen werden.

Führt man diese Messungen aber *nicht* durch, kann man die beiden Strahlgänge wieder durch einen entsprechenden Polarisationsfilter zu einem einzigen Strahl zusammenführen. Man stellt nun fest, dass alle Photonen, die den ersten α-Filter passiert haben, auch den zweiten α-Filter passieren, also keines absorbiert wurde,

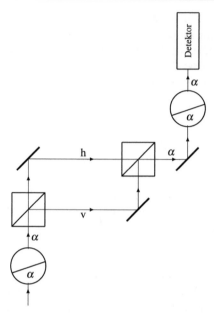

Abb. 1.4 Photonen, die den α-Filter passieren, haben hinter dem Filter die Polarisation $|\alpha\rangle$. Ein anschließender Polwürfel sei so ausgerichtet, dass er einen einfallenden Strahl in eine horizontale (h) und eine vertikale (v) Komponente zerlegt. Durch Spiegel werden diese Strahlen auf einen zweiten Polwürfel derselben Polarisationsrichtungen gelenkt und wieder zusammengeführt. Hinter diesem Polwürfel liegt wieder die Polarisation α vor, wie man durch einen entsprechenden Filter und anschließenden Detektor nachweisen kann. (Anmerkung: Hier wurden die Phasenverschiebungen an den reflektierenden Flächen nicht berücksichtigt – siehe Abschn. 15.2. Es geht zunächst nur um das Prinzip.)

und daher diese Photonen die Eigenschaft $|\alpha\rangle$ haben.[3] Eine solche Aufspaltung in zwei superponierte Anteile lässt sich bezüglich jeder Orientierung der orthogonalen Polarisationsrichtungen der Polwürfel durchführen.

1.4.4 Quantenobjekte – Wellen oder Teilchen?

Am Ende von Abschn. 1.3 habe ich darauf hingewiesen, dass man bei Photonen nicht unbedingt an Teilchen im klassischen Sinne denken sollte. Diese Quantenobjekte übertragen zwar ihre feste Energie $E = h\nu$ auf Nachweisgeräte (Detektoren, fotographische Platten etc.) in Form von zeitlich und räumlich scharf lokalisierten Ereignissen, doch ob es sich deshalb auch um lokalisierte Objekte handelt, wenn keine Energieübertragung stattfindet, bleibt offen. Das in Abschn. 1.4.3 beschriebene Experiment spricht eigentlich dagegen.

---

[3]Voraussetzung dafür ist, dass beide Strahlgänge exakt dieselbe optische Weglänge haben. Abschn. 1.6 geht auf den allgemeinen Fall ein, der zu elliptischer Polarisation führt.

Betrachten wir nochmals Abb. 1.4: Wir stellen uns vor, ein einzelnes Lichtquant trete durch den α-Filter hindurch und treffe auf den Polarisationsstrahlteiler, dessen Achsen in h-v-Richtung orientiert sind. Was passiert nun mit diesem Lichtquant? Handelte es sich um ein lokalisiertes Teilchen im klassischen Sinne, kann es nur in eine der beiden Richtungen abgelenkt werden; es hätte nach dem Polwürfel also entweder eine h- oder eine v-Polarisation. Diese würde es behalten, bis es auf den zweiten Polwürfel trifft. Aber weshalb hat es anschließend die Polarisation α, wie es das Experiment zeigt? Weshalb behält es nicht seine horizontale oder vertikale Polarisation, die es zu haben scheint, bevor es auf den zweiten Polwürfel trifft?

Es wurde in Abschn. 1.4.3 betont, dass die Superpositionsdarstellung aus Gl. 1.24 *weder* interpretiert werden darf als ein ‚entweder-oder' (das Lichtquant also entweder den einen oder den anderen möglichen Strahlengang durchläuft) *noch* als eine ‚Aufspaltung' des Lichtquants in einen Anteil, der dem h-Strahlengang folgt, und einen zweiten Anteil, der dem v-Strahlengang folgt. Diese zweite Interpretationsmöglichkeit haben wir dadurch ausgeschlossen, dass eine *Messung* hinter dem ersten Polwürfel (also die Einbringung eines Detektors in den Strahlengang) immer nur ein ‚ganzes' Photon mit der vollen Energie und der zugehörigen Polarisation nachweist. Wenn jedoch *keine* Messung vorgenommen wird, wir also keinerlei Information darüber haben, welchem der beiden Strahlengänge das Lichtquant gefolgt ist, scheint dieses seltsame Quantenobjekt tatsächlich beiden Strahlengängen gefolgt zu sein. In diesem Fall verhält es sich somit wie eine klassische Welle, die am ersten Polwürfel aufgespalten wird, beide Strahlengänge durchläuft und am zweiten Polwürfel wieder zu einer ganzen Welle mit einer α-Polarisation zusammengeführt wird.

Dieser Effekt hat zu seltsamen Sprechweisen geführt. Manchmal sagt man, je nach Messaufbau verhält sich ein Lichtquant wie ein Teilchen oder wie eine Welle. Oder: Ein Lichtquant ist weder ein Teilchen noch eine Welle. Gerade am Anfang der Quantentheorie zu Beginn des 20. Jahrhunderts sprach man oft von einer ‚Welle-Teilchen-Dualität', womit dieses seltsame Verhalten von Photonen umschrieben wurde. Bei einem Nachweis zeigen sich Photonen immer als lokalisierte Objekte, die entweder in dem einen oder dem anderen Strahlengang gefunden werden; ohne Nachweis scheinen sie jedoch beiden Strahlengängen zu folgen und ein licht- bzw. wellenartiges Verhalten zu haben. Etwas Ähnliches werden wir auch in Kap. 2 bei Elektronen finden, dort sogar noch eindrücklicher, da man Elektronen (im Gegensatz zu Photonen) nachweisen kann, ohne sie gleich zu zerstören.

1.5 Der Begriff der ‚Messung' in der Quantentheorie

Der Begriff der Messung spielt in der Quantentheorie eine wichtige, aber auch sehr umstrittene Rolle. Einerseits haben die Begründer der Quantentheorie, allen voran Bohr und Heisenberg, Wert darauf gelegt, dass sich die Quantentheorie nur auf das Beobachtbare beziehen darf, und sie haben daher ihre Axiomatik der Quantentheorie auf dem Beobachtbaren und damit den Ergebnissen von Messungen aufgebaut. Andererseits haben Kritiker wie John Bell (1928–1990) immer wieder betont, dass bei einer wirklich fundamentalen Theorie die Beschreibung einer ‚Messung' eigentlich aus dem Formalismus ableitbar sein sollte. In einem berühmten Artikel *Against* *Measurement'* [8] spricht sich Bell dafür aus, diesen Begriff – natürlich nicht das Experiment als physikalische Methode – ganz aus dem Vokabular der Physik zu verbannen, zumindest wenn man über die Grundlagen der Quantentheorie spricht, da es sich letztendlich nur um eine besondere Form von Wechselwirkung zwischen zwei Systemen handelt, die zumindest theoretisch quantenmechanisch beschreibbar sein sollten (siehe dazu Abschn. 17.1 zum Messproblem).

In der klassischen Physik versteht man unter einer Messung im Idealfall eine neutrale Beobachtung, mit der man eine Information über den Zustand des gemessenen Systems erhält, ohne dass die Messung den Zustand dieses Systems beeinflusst. Falls die experimentelle Messanordnung aus praktischen Gründen den Zustand des Systems doch verändert, bezieht man die gewonnene Information auf den Zustand des Systems vor der Messung. Diese Idealvorstellung einer Messung ist in der Quantentheorie im Allgemeinen nicht mehr haltbar.

Nach unseren Erläuterungen zum Polarisationszustand einzelner Photonen sollten wir die Bedeutung und Wirkung von ‚Messgeräten' wie Polarisationsfiltern, Detektoren und Polarisationsstrahlteilern eigentlich in mehrere Klassen unterteilen:

- Den Durchtritt eines Photons durch einen Filter kann man als *Präparation* bezeichnen, insbesondere wenn über den Zustand des Photons vorher nichts bekannt ist. Eine Präparation erfolgt immer in Bezug auf eine bestimmte Polarisationsachse bzw. bei einem Polarisationsstrahlteiler in Bezug auf ein orthogonales Achsensystem. Nach dem Durchtritt ist bekannt, dass das Photon die dieser Achse entsprechende Polarisationseigenschaft hat.
  Dabei ist zu berücksichtigen, dass man ein einzelnes Photon nicht gezielt in einen vorgegebenen Polarisationszustand bringen kann. Wie der Name ‚Filter' schon zum Ausdruck bringt, werden Photonen, welche die gewünschte Eigenschaft nicht annehmen, herausgefiltert.
- Ob ein Photon einen Filter passiert hat oder nicht, weiß man im Allgemeinen nicht. Ein Detektor hinter einem Filter kann ein Photon registrieren, allerdings wird das Photon dabei im Allgemeinen absorbiert und somit entweder vernichtet oder aber in seinem Zustand drastisch verändert. Meist kann man mit einem solchen Photon keine weiteren kontrollierten Experimente durchführen. Es hat aber ein *Nachweis* des Photons stattgefunden.
  Der fehlende Nachweis eines Photons hinter einem der Ausgänge eines Polarisationsstrahlteilers kann aber bedeuten, dass ein Photon in die andere Richtung abgelenkt wurde, dessen Polarisationsrichtung nun also bekannt ist.
- Eine *Bestätigung* findet statt, wenn man (aufgrund der Theorie) weiß, in welchem Polarisationszustand sich ein Photon befindet – beispielsweise, weil es einen bestimmten Filter passiert hat – und man nun eine Messung genau dieser Eigenschaft durchführt (also z. B. einen zweiten Filter mit exakt derselben Polarisationsrichtung hinter dem ersten aufbaut). Eine Bestätigung ändert unsere Information über einen Zustand nicht; insofern handelt es sich nicht um eine Messung. Allerdings könnte man auf einer Meta-Ebene sagen, dass eine Bestätigung eine Theorie testet (es könnte ja sein, dass Photonen ihre Polarisationsrichtung

spontan verändern). Auf einer Meta-Ebene kann eine Bestätigung also einen informativen Charakter haben, im Rahmen einer Theorie führt eine Bestätigung jedoch nicht zu einem Informationszuwachs.

- Die Wirkung eines Polarisationsstrahlteilers bzw. Polwürfels mit anschließenden Detektoren in beiden Strahlgängen ist das, was man landläufig als ‚Messung' bezeichnet. Allerdings muss betont werden, dass man die Polarisation eines einzelnen Lichtquants gar nicht messen kann: Selbst wenn ein Lichtquant im Zustand $|\alpha\rangle$ präpariert wurde, diese Orientierung α dem Experimentator aber nicht bekannt ist, gibt es kein Experiment, das ihm diese Orientierung als Ergebnis liefert. Auf dieser Eigenschaft von Quantensystemen beruht auch die Quantenkryptographie (siehe Abschn. 9.4.5). Man muss sich in einer konkreten Situation auf eine Orientierung des Polarisationsstrahlteilers festlegen und kann dann bezüglich dieser Orientierung eine ‚Messung' vornehmen.

Es sollte daher deutlich geworden sein, dass der Begriff der Messung in der Quantentheorie eine andere Bedeutung hat als in der klassischen Physik.

Die Beschreibung von Erwin Schrödinger (siehe graue Box) trifft den Sachverhalt recht gut. Ein Polwürfel definiert eine orthogonale Basis, indem er zwei orthogonale Richtungen auszeichnet. Jedes einfallende Lichtquant wird in eine der beiden Richtungen abgelenkt und hat anschließend die entsprechende Polarisation. Ob es sie vorher schon hatte wissen wir nicht. Der Polwürfel zwingt dem Photon eine der beiden Polarisationen auf. Allerdings betont Schrödinger zurecht, dass der Experimentator – im Gegensatz zu dem Riesen Procrustes – sich nicht aussuchen kann, welche Polarisation das Photon im Anschluss haben wird.

Messung als ‚Prokrustie'

Erwin Schrödinger hat 1934 in einer Arbeit (eher scherzhaft) vorgeschlagen, den Begriff der Messung durch ‚Prokrustie' zu ersetzen [74]. Dabei bezog er sich auf den Riesen Procrustes in der griechischen Mythologie, der seine Gäste in seine Betten zwängte: Waren die Gäste zu groß, wurden ihnen Füße oder Beine abgehackt, waren sie zu klein, wurden sie auf dem Ambos gestreckt. Schrödinger schreibt in dieser Arbeit:

Will man es wirklich noch eine Messung *nennen, wenn (wie man oft hört) der Experimentator dem Objekt denjenigen Wert der zu messenden Größe, den er hernach als Ergebnis seiner Messung bezeichnet, erst aufzwingt? Wenn eine Bezeichnung dafür benötigt wird, möchte ich den Ausdruck Prokrustie vorschlagen! (obwohl ich weiß, daß der Experimentator sich den Wert nicht aussuchen kann; immerhin, er zwingt seine Opfer in eines seiner Betten, während es überhaupt in keines paßt).*

1.6   Zirkulare Polarisationen

Zur Beschreibung der planaren Polarisationszustände bei Licht genügt ein zweidimensionaler reeller Vektorraum. In diesem Abschnitt wird gezeigt, dass dieser
reelle Vektorraum zur Beschreibung allgemeiner Polarisationszustände nicht aus-
reicht, sondern dass man mit einer einfachen Variante des Superpositionsexperiments
aus Abschn. 1.4.3 um die Einführung der zirkularen Polarisation und damit um die
komplexen Zahlen nicht herumkommt.

Wir betrachten nochmals den experimentellen Aufbau zur Superposition aus
Abschn. 1.4.3, d. h. die Zerlegung und erneute Zusammensetzung eines Strahls,
(siehe Abb. 1.4). Diesmal soll der einfallende Strahl jedoch unter $+45°$ polarisiert
sein. Nach dem ersten Polarisationsstrahlteiler (h/v-Orientierung) befindet sich in
beiden Teilstrahlen somit die Hälfte der Intensität. Bei Einzelphotonen würde bei
einer Messung in der Hälfte der Fälle das Photon im oberen bzw. im unteren Strahlengang nachgewiesen.

Der Polarisationsfilter hinter der Anordnung soll sich frei drehen lassen; auf diese
Weise kann man den Winkel α bestimmen, bei dem die höchste Intensität bzw. die
meisten Photonen im Detektor nachgewiesen werden. Dies ist bei gleichen optischen Weglängen für die beiden Strahlengänge bei $\alpha = +45°$ der Fall. Für ideale
Strahlteiler und Reflektoren findet man 100 % der einfallen Intensität.

Nun verändert man in einem der beiden Strahlengänge die optische Weglänge.
Dies kann theoretisch durch eine Umlenkung des Strahls durch entsprechende Spiegel erreicht werden (vgl. Abb. 1.5), was allerdings wegen der kurzen Wellenlängen
von sichtbarem Licht nicht praktikabel ist. Man kann auch präzise geschliffene Kristalle mit einem erhöhten optischen Brechungsindex verwenden. In der Praxis genügt
es, einen der Umlenkspiegel minimal (z. B. mithilfe piezoelektrischer Sensoren) zu
verschieben (Abb. 1.6).

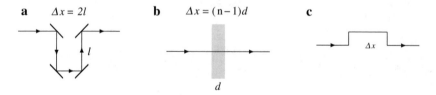

Abb. 1.5 Eine Beeinflussung der optischen Weglänge lässt sich theoretisch **a** durch variable Spiegel
erreichen, **b** oft nimmt man aber auch optisch dichtere Kristalle (Brechungsindex n) einer bestimmten Dicke d. **c** Die folgenden Skizzen verwenden das ‚Umwegsymbol‘, wobei Δx die zusätzliche
optische Weglänge angibt

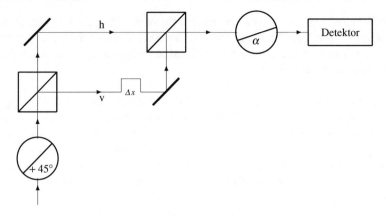

Abb. 1.6 Ähnlich wie in Abb. 1.4 treffen Photonen nun mit einer Polarisation von $+45°$ auf einen h/v-Strahlteiler und werden später wieder von einem entsprechenden Strahlteiler zusammengeführt. Der eine Strahlengang wird jedoch um die optische Strecke Δx verlängert. Mit dem drehbaren Polarisationsfilter kann man wiederum die Intensitäten in Abhängigkeit von dessen Achse α messen. Ohne diesen Filter findet man in dem Detektor die volle Intensität

Je nach Wahl von Δx und dem Winkel α für den Polarisationsfilter vor dem Detektor findet man folgendes Verhalten:

- Für $\alpha = 45°$ beobachtet man eine periodische Intensitätsschwankung als Funktion von Δx:

$$I \propto \cos^2 \left(\pi \frac{\Delta x}{\lambda} \right) \tag{1.27}$$

Ist Δx ein ganzzahliges Vielfaches von λ (der Wellenlänge des Lichts, die bisher bei unseren Betrachtungen noch keine Rolle gespielt hat), ist die Intensität wieder maximal und somit die Polarisation des resultierenden Strahls wieder linear um $+45°$ geneigt. Theoretisch kann man auf diese Weise eine Messung der Wellenlänge vornehmen.
- Für $\alpha = +45°$ und $\Delta x = \lambda(n + \frac{1}{2})$ verschwindet die gemessene Intensität. Allerdings misst man nun die maximale Intensität bei einer Richtung des Polarisationsfilters von $\alpha = -45°$. Man erhält also linear polarisiertes Licht mit einer um $90°$ gedrehten Polarisationsachse.
- Für andere Werte von Δx wird die Intensität zwar in Abhängigkeit von α schwanken, es gibt aber keinen Winkel α, für den die volle Intensität gemessen wird. Das Licht besitzt also keine lineare Polarisationsachse.
  Trotzdem handelt es sich immer noch um einen reinen Zustand und nicht um ein Gemisch aus linearen Polarisationen. Dies kann man experimentell testen, indem man den Strahl ein zweites Mal durch eine solche Strahlanordnung mit zwei h/v-Strahlteilern schickt und diesmal in den horizontalen Strahlengang die zusätzliche optische Wegstrecke Δx einbaut. Nun zeigt eine abschließende Messung wieder eine (reine) lineare Polarisation von $+45°$.
- Außerdem wird Folgendes beobachtet: Wird das Photon im unteren Strahlengang gemessen, hat es immer eine v-Polarisation (befindet sich also in einem

$|v\rangle$-Zustand) unabhängig von Δx. Ebenso bleibt die relative Häufigkeit, im unteren Strahlengang ein Photon zu messen, durch die Weglängenänderung unbeeinflusst. Wir dem Detektor kein Polarisationsfilter vorgeschaltet, findet man immer die volle Intensität.

Eine naheliegende Lösung zur Beschreibung des neuen Zustands besteht in folgender Veränderung des Modells: Der Zustand hinter dem zweiten Polarisationsstrahlteiler, also nachdem die beiden Strahlen wieder zusammengeführt wurden, bleibt eine Superposition von $|h\rangle$ und $|v\rangle$; die relative Intensität (Betrag der beiden Amplituden) bleibt unverändert; die Amplitude von $|v\rangle$ beschreibt eine periodische Veränderung in Δx mit Periode λ. Damit erhalten wir für den Zustand hinter dem zweiten Strahlteiler:

$$|\psi\rangle = \frac{1}{\sqrt{2}}\left(|h\rangle + \exp\left(2\pi i\frac{\Delta x}{\lambda}\right)|v\rangle\right) \tag{1.28}$$

Mit dieser Darstellung des Zustands lassen sich alle Erscheinungen beschreiben:

- Ist Δx ein ganzzahliges Vielfaches von λ, erhält man wieder den Zustand $|p\rangle \equiv |{+}45°\rangle$.
- Unterscheidet sich Δx um $\lambda/2$ von einem ganzzahligen Vielfachen von λ, erhält man den Zustand:

$$|m\rangle \equiv |-45°\rangle = \frac{1}{\sqrt{2}}(|h\rangle - |v\rangle) \tag{1.29}$$

- Für andere Werte von Δx erhält man keine lineare Polarisation, trotzdem bleibt $|\psi\rangle$ ein reiner Zustand. Durch eine entsprechende Korrektur in der Weglänge des horizontal polarisierten Strahls kann man den Effekt rückgängig machen.
- Der v-Teilstrahl bleibt vertikal polarisiert und die relativen Häufigkeiten, mit denen Photonen in den beiden Teilstrahlen gemessen werden, ändern sich ebenfalls nicht.

Unterscheidet sich Δx von einem ganzzahligen Vielfachen von λ nur um $\lambda/4$, erhält man je nach Vorzeichen Licht mit einer reinen rechts- bzw. linkszirkularen Polarisation:

$$|L\rangle = \frac{1}{\sqrt{2}}(|h\rangle - i|v\rangle) \quad \text{und} \quad |R\rangle = \frac{1}{\sqrt{2}}(|h\rangle + i|v\rangle). \tag{1.30}$$

Durch die Möglichkeit, zwischen zwei Superpositionen eine relative Phase bzw. einen Gangunterschied einzuschieben, gelangt man also zu (teilweise) zirkular polarisiertem Licht. Damit lässt es sich praktisch nicht vermeiden, zur Beschreibung des vollständigen Zustandsraums auch komplexe Zahlen zuzulassen. Der Raum der möglichen Zustände entspricht also den 1-dimensionalen Strahlen eines komplexen 2-dimensionalen Vektorraums. Ein gemeinsamer Phasenfaktor in beiden Komponenten lässt sich nicht beobachten; er entspricht einer gleichen optischen Weglängenänderung in beiden Strahlengängen. Physikalisch relevant ist nur ein relativer Phasenfaktor zwischen beiden Komponenten. Die vollständige mathematische Beschreibung von quantentheoretischen Zweizustand-Systemen erfolgt in Kap. 9. Allerdings hatte schon Henry Poincaré 1892 gezeigt, dass sich die reinen Polarisationszustände von Licht durch die Oberfläche einer Kugel, der Poincaré- bzw. Block-Kugel, darstellen lassen (vgl. Abschn. 9.2).

Einen möglichen Repräsentanten eines allgemeinen Zustands erhalten wir durch eine Drehung des Zustands aus Gl. 1.28 um einen Winkel α:

$$|\psi\rangle = \frac{1}{\sqrt{2}} \begin{pmatrix} \cos\alpha + e^{i\varphi}\sin\alpha \\ -\sin\alpha + e^{i\varphi}\cos\alpha \end{pmatrix} \quad \text{mit} \quad \alpha \in \left[-\frac{\pi}{2}, +\frac{\pi}{2}\right), \quad \varphi \in [-\pi, +\pi)$$

(1.31)

Die Projektion dieser Polarisation auf die Ebene senkrecht zur Ausbreitungsrichtung des Strahls entspricht nun einer Ellipse: Die Längen der beiden Halbachsen sind $a = \cos(\frac{\varphi}{2})$ und $b = |\sin(\frac{\varphi}{2})|$. (Für $\varphi \in [0, \pi]$ erhält man eine rechtsdrehende Polarisation, ansonsten eine linksdrehende.) Für $\varphi = 0$ entartet diese Ellipse zu einer Strecke, für $\varphi = \frac{\pi}{2}$ erhält man einen Kreis. Der Winkel α beschreibt die Drehung der großen Halbachse relativ zur Diagonalen $+45°$.

1.7 Zusammenfassung

Die Zusammenfassung der bisherigen Ergebnisse dient als Vorbereitung, Motivation und Veranschaulichung für den allgemeinen Formalismus der Quantentheorie in Kap. 5.

Darstellung von Zuständen Ein *Polarisationszustand* entspricht einer Geraden, also einem 1-dimensionalen Unterraum der Ebene. Man spricht manchmal auch von einem Strahl. Repräsentieren kann man einen Zustand durch einen (Einheits-)Vektor.

Darstellung einer Observablen Ein Polwürfel zeichnet zwei orthogonale Richtungen aus und die Angabe der beiden Projektionsmatrizen auf diese Hauptachsen charakterisiert somit den Polwürfel. Polarisationsfilter lassen sich direkt durch Projektionsmatrizen darstellen.

Wahrscheinlichkeitsinterpretation für Übergänge Die Wahrscheinlichkeit, dass ein im Polarisationszustand $|\alpha\rangle$ präpariertes Photon durch einen Filter mit der Polarisationsachse β tritt und somit anschließend den Polarisationszustand $|\beta\rangle$ hat, ist $\cos^2(\alpha - \beta) = (\mathbf{e}_\beta \cdot \mathbf{e}_\alpha)^2$. Diese Wahrscheinlichkeit ist also gleich dem Quadrat des Skalarprodukts der beiden Einheitsvektoren zu den Polarisationsrichtungen. Diese Beziehung bezeichnet man in der Quantentheorie als Born'sche Regel.

Reduktion des Quantenzustands Hinter einem Polarisationsfilter bzw. Polarisationsstrahlteiler hat ein Photon die Polarisation, die der Filter bzw. der Polwürfel für diesen Ausgangsstrahl vorgibt.

Weiterhin halten wir fest: Ein unbekannter Polarisationszustand eines Photons lässt sich nicht messen; eine Messung bezieht sich immer auf eine vom Experimentator gewählte Orientierung zweier orthogonaler Achsen. Messungen dieser Art beeinflussen den Zustand eines Systems; man sagt auch, Messungen sind *invasiv*. Die Reihenfolge, in der solche Messungen vorgenommen werden, ist im Allgemeinen wichtig: Messungen (z. B. realisiert durch Polarisationsfilter) kommutieren nicht.

Interferenzexperimente am Doppelspalt

2

Als zweiten Einstieg in die Quantentheorie betrachten wir Interferenzexperimente, insbesondere das Doppelspaltexperiment, sowohl für Photonen als auch für Elektronen. Interferenzerscheinungen von Licht hinter einem Doppelspalt sind weitgehend bekannt, doch auch hier werden die Effekte erstaunlich, wenn die Intensität des Lichts bis hin zu einzelnen Lichtquanten herabgesetzt wird. Noch überraschender sind die Erscheinungen bei Elektronen. Nicht nur zeigen auch Elektronenstrahlen hinter einem Doppelspalt eine Interferenz, sondern man kann bei Elektronen im Prinzip auch messen, durch welchen Spalt sie getreten sind, ohne den experimentellen Aufbau wesentlich zu verändern. In dem Maße, in dem solche Messungen aussagekräftig werden, verschwindet das Interferenzmuster. Hier wird wieder deutlich, dass eine Messung nicht einfach nur eine Beobachtung ist, sondern das System beeinflusst und in seinem Verhalten verändert.

Der bekannte Physiker und Nobelpreisträger Richard Feynman (1918–1988) schrieb einmal über das Doppelspaltexperiment: „[It] has been designed to contain all of the mystery of quantum mechanics" [32]. Damit wollte er zum Ausdruck bringen, dass es zwar viele Dinge in der Quantenmechanik gibt, die uns von unserer Alltagsvorstellung her erstaunlich erscheinen, dass sich letztendlich aber all diese Dinge auf das seltsame Verhalten von Quantenobjekten beim Doppelspalt zurückführen lassen. Auch wenn man diese Aussage sicherlich einschränken sollte, bleibt der Doppelspalt ein Paradigma für das Besondere an der Quantentheorie. Daher soll dieses Paradigma im Folgenden eingehender beschrieben werden.

Die Vorteile dieses Zugangs sind:

1. Das Experiment zeigt deutlich die erstaunliche Doppelnatur von Welle und Teilchen für Quantenobjekte.
2. Die de Broglie'sche Beziehung zwischen dem Impuls von Elektronen und ihrer de-Broglie-Wellenlänge lässt sich in diesen (Gedanken-)Experimenten anschaulich zeigen.
3. Mit der entsprechenden de-Broglie-Beziehung zwischen der Energie von Teilchen und der Frequenz der zugehörigen Welle lässt sich die Schrödinger-Gleichung plausibel machen.

© Springer-Verlag GmbH Deutschland, ein Teil von Springer Nature 2019
T. Filk, *Quantenmechanik (nicht nur) für Lehramtsstudierende,*
https://doi.org/10.1007/978-3-662-59736-1_2

Was man wissen sollte

Beim Doppelspaltexperiment tritt eine ebene, monochromatische Welle zunächst
durch einen Doppelspalt und trifft anschließend auf eine Nachweisplatte. Dort beobachtet man ein Interferenzmuster. Die Orte minimaler und maximaler Intensität lassen sich aus klassischen Überlegungen zur Überlagerung von Wellenzügen berechnen. Grundsätzlich kann man das Experiment sowohl mit Photonen (also elektromagnetischen Wellen bei sehr geringer Intensität) als auch mit Elektronen durchführen.
Die Effekte sind dieselben. Jeder Versuch, den Spalt, durch den ein Elektron oder
Photon tritt, zu messen (d. h. sogenannte ‚Which-path‘-Information zu erlangen), zerstört das Interferenzmuster und führt zu einer Verteilung, wie man sie für klassische
Punktteilchen erwarten würde.

Der mathematische Formalismus zur Beschreibung der Interferenz mithilfe von
Wellen wird von der klassischen Theorie unverändert übernommen: Man beschreibt
die Lokalisierungseigenschaften eines Quantenobjekts (Photon oder Elektron) durch
eine Welle, die durch den Spalt tritt und deren Anteile hinter dem Doppelspalt inter-
ferieren können. Dieser Welle wird keine direkte physikalische Interpretation zugesprochen (man spricht manchmal von einer Wahrscheinlichkeitsamplitude), doch
das Absolutquadrat dieser Welle wird als die Wahrscheinlichkeit für das Auftreffen
eines Energiequants an einem bestimmten Ort der Nachweisplatte interpretiert und
ist experimentell messbar.

De Broglie postulierte, dass jede Form von Materie, insbesondere auch Elektronen, Welleneigenschaften hat. Dabei übernahm er die Beziehungen zwischen den
Teilcheneigenschaften – Energie E und Impuls p – und den Welleneigenschaften –
Wellenlänge λ und Frequenz v –, die schon für Photonen bekannt waren: $E = h\nu$
und $p = h/\lambda$, wobei $h = 6{,}626 \cdot 10^{-34}$ Js wieder das Planck'sche Wirkungsquantum bezeichnet. Die klassische, nichtrelativistische Energie-Impuls-Beziehung wird
mit den de Broglie'schen Relationen zur Schrödinger-Gleichung für die Wellen, mit
denen nichtrelativistische Elektronen beschrieben werden.

2.1   Der Doppelspalt für Wellen

Wir betrachten zunächst das Doppelspaltexperiment für klassische Wellen. Hierbei
kann es sich um Lichtwellen (also elektromagnetische Wellen) handeln, aber auch
um Wasserwellen oder sogar akustische Wellen. Die Natur der Welle, ob transversal
oder longitudinal, spielt zunächst keine wesentliche Rolle. Wir lassen auch Polarisationseigenschaften beispielsweise von Licht außer Acht und betrachten daher nur
die Verhältnisse für eine skalare Welle, deren Auslenkung zum Zeitpunkt t am Ort
x durch $\psi(\mathbf{x}, t)$ beschrieben wird. Diese Auslenkung kann sowohl positive als auch
negative Werte annehmen; allerdings ist die Intensität der Welle an einem Punkt $\mathbf{x}$
(zum Zeitpunkt t) wiederum proportional zu $|\psi(\mathbf{x}, t)|^2$.

Wir beschreiben eine ebene Welle, die sich in z-Richtung ausbreitet, durch

$$\psi(z, t) = A \sin(k(z - vt)), \qquad (2.1)$$

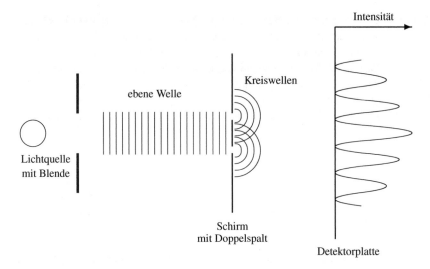

Abb. 2.1 Das Doppelspaltexperiment. Monochromatisches Licht oder ein Strahl von Elektronen mit einem festen Impuls trifft auf einen Schirm mit zwei Spalten. Hinter dem Schirm befindet sich eine Detektorplatte. Beide Spalte sind offen. Man erkennt auf der Platte die Interferenzstreifen in Form von periodischen Dichteschwankungen

wobei A die Amplitude der Welle und $k = \frac{2\pi}{\lambda}$ der Wellenvektor (in diesem einfachen Fall die Wellenzahl) ist; v ist die Ausbreitungsgeschwindigkeit der Welle (für Licht im Vakuum ist $v = c$). Die Kombination $(z - vt)$ im Argument der Sinusfunktion bedeutet, dass sich Stellen konstanter Auslenkung (beispielsweise Nullstellen, Wellenberge oder Wellentäler) mit der Geschwindigkeit v entlang der z-Achse fortbewegen.

Wir betrachten im Folgenden eine Quelle, die eine Welle mit einer festen Wellenlänge λ erzeugt; bei Licht entspricht das einer monochromatischen Welle und bei Schallwellen einem reinen Sinuston. Außerdem soll die Welle näherungsweise eben sein, d. h. die Orte der Wellenberge oder -täler sollen im Bereich des Doppelspalts planare Flächen bilden.

Diese Welle treffe auf eine Schablone bzw. Abschirmung mit zwei eng[1] beieinanderliegenden Spalten. Durch die Spalte kann die Welle hindurchtreten. In einem gewissen Abstand (groß im Vergleich zum Spaltabstand) hinter dem Doppelspalt befinde sich eine Detektorebene, auf der die Intensität der Welle registriert werden kann. Dabei kann es sich bei Licht um eine photographische Platte handeln, die mehr oder weniger eine Momentaufnahme des auffallenden Lichts macht; für akustische Wellen eignen sich Mikrophone. Für Einzelphotonenexperimente nimmt man oft spezielle CCD-Kameras, die in der Detektorebene verschoben werden können. In jedem Fall kann man die Intensität der auftreffenden Welle messen (Abb. 2.1).

---

[1] ,Eng' bedeutet in praktischen Experimenten mit sichtbarem Licht, dass der Spaltabstand nicht wesentlich größer ist als rund das 100- bis 1000-fache der Wellenlänge. In Präzisionsexperimenten bei Teilchen kann ,eng' aber auch das 10^6- bis 10^7-fache der de-Broglie-Wellenlänge bedeuten.

Hinter dem Doppelspalt zeigt sich auf der Nachweisplatte ein Interferenzmuster, wie es in ähnlicher Form auch von Wasserwellen bekannt ist. Effekte dieser Art haben dazu geführt, dass Licht (klassisch) als eine Welle gedeutet wird. Zur Erklärung der Interferenzen nimmt man an, dass das Licht zunächst als ebene Welle auf den Doppelspalt trifft. Hinter den beiden Spalten breiten sich jeweils halbkreisförmig zwei Lichtwellenanteile, $\psi_1(\mathbf{x})$ und $\psi_2(\mathbf{x})$, mit der Wellenlänge des einfallenden Lichts aus. Diese beiden Anteile überlagern sich, sodass die Gesamtwelle hinter dem Doppelspalt durch

$$\psi_g(\mathbf{x}) = \psi_1(\mathbf{x}) + \psi_2(\mathbf{x}) \tag{2.2}$$

beschrieben wird. Da die Reaktion beispielsweise einer Detektorplatte durch die Intensität der Welle gegeben ist, erhält man für das Muster auf der Platte eine Verteilung proportional zu folgender Größe:

$$I(\mathbf{x}) = |\psi_1(\mathbf{x}) + \psi_2(\mathbf{x})|^2 = |\psi_1(\mathbf{x})|^2 + |\psi_2(\mathbf{x})|^2 + \psi_1(\mathbf{x})^*\psi_2(\mathbf{x}) + \psi_2(\mathbf{x})^*\psi_1(\mathbf{x}) \tag{2.3}$$

(Im Hinblick auf spätere Anwendungen schreibe ich viele Gleichungen allgemein für komplexwertige Amplituden, obwohl sie natürlich insbesondere auch für reelle Amplituden gelten.) An den Stellen, an denen jeweils Wellenberge auf Wellenberge oder Wellentäler auf Wellentäler treffen, ist $\psi_1(\mathbf{x}) \approx \psi_2(\mathbf{x})$ und es kommt zu konstruktiver Interferenz, d. h., die letzten beiden Terme tragen positiv bei und führen zu einer hohen Intensität. Tatsächlich ist die Intensität an diesen Stellen sogar viermal (!) so hoch wie die Intensität, die ein einzelner Spalt erzeugen würde. An Stellen, wo z. B. Wellenberge auf Wellentäler treffen, kommt es zu destruktiver Interferenz. Dort gilt $\psi_1(\mathbf{x}) \approx -\psi_2(\mathbf{x})$ und die letzten Terme heben die ersten beiden Terme nahezu auf. Die Intensität ist an diesen Stellen praktisch null, d. h., die Detektorplatte zeigt keine Reaktion.

Die Orte in der Detektorebene, an denen die Intensität maximal wird bzw. an denen sie verschwindet, lassen sich aus rein geometrischen Überlegungen bestimmen (siehe Abb. 2.2). Dazu nehmen wir folgende Parameter an: λ sei die Wellenlänge der Welle, d sei der Abstand zwischen den beiden Spalten und α sei der Winkel (vom Spalt aus

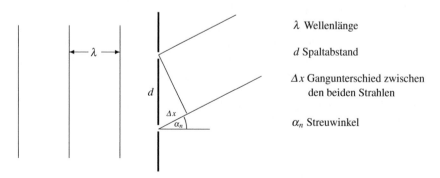

Abb. 2.2 Geometrie zur Bestimmung der Winkel, unter denen konstruktive bzw. destruktive Interferenz auftritt

betrachtet), unter dem die Intensität untersucht werden soll. Die Spaltbreite sei klein im Vergleich zum Spaltabstand und werde im Folgenden vernachlässigt.

Konstruktive Interferenz tritt unter einem Winkel auf, bei dem der Gangunterschied Δx zwischen den beiden Wegstrecken von den Spalten zu einem Punkt der Platte gerade null oder ein ganzzahliges Vielfaches der Wellenlänge ist. Für destruktive Interferenz lautet die Bedingung, dass sich die beiden optischen Weglängen gerade um eine halbe Wellenlänge bzw. ein Vielfaches der Wellenlänge plus eine halbe Wellenlänge unterscheiden müssen.

Aus Abb. 2.2 wird offensichtlich, dass die Winkel α_n, unter denen es zu konstruktiver Interferenz kommt, folgender Bedingung genügen müssen:

$$n \cdot \lambda = \Delta x = d \sin \alpha_n, \tag{2.4}$$

wohingegen für die Winkel α'_n, unter denen destruktive Interferenz auftritt, gilt:

$$\left(n + \frac{1}{2}\right) \lambda = d \sin \alpha'_n \tag{2.5}$$

Die entscheidende Erklärung (das theoretische Modell) für das Interferenzmuster beruht somit darauf, dass sich für eine Welle hinter dem Doppelspalt zwei Anteile überlagen und die Intensität das Quadrat dieser Summe ist: $I = |\psi_1 + \psi_2|^2$. An Stellen, wo die beiden Amplituden gleich sind, kommt es zu konstruktiver Interferenz und die Intensität ist das Vierfache der Intensität eines Beitrags. An Stellen, wo die beiden Amplituden entgegengesetztes Vorzeichen haben, kommt es zu destruktiver Interferenz und die Intensität verschwindet. Im Durchschnitt ist die Intensität natürlich das Doppelte der Einzelbeiträge der beiden Spalte, aber an manchen Stellen verschwindet sie, dafür ist sie an anderen Stellen viermal so groß.

2.1.1 Interferenzmuster bei Photonen

Soweit bisher geschildert, sind die Erscheinungen beim Doppelspaltexperiment vertraut und auch die Interferenzmuster für die Intensität der Lichtwelle auf der photographischen Platte finden durch die Beschreibung als Welle eine natürliche und eingängige Erklärung.

Nun werde die Intensität der Lichtquelle wieder soweit verringert, dass pro Zeiteinheit nur noch sehr wenige Photonen abgestrahlt werden. Wiederum sei die Detektorplatte so empfindlich, dass einzelne Photonen nachgewiesen werden können bzw. dass die Energie eines Lichtquants, das auf die Platte trifft, zu einer Schwärzung führt.

In unregelmäßigen Abständen registriert man auf der Platte kleine Punkte. Zunächst beobachtet man nur wenige Punkte, die statistisch verteilt zu sein scheinen. Wartet man etwas länger, kommen immer mehr Punkte hinzu und man stellt fest, dass an manchen Stellen die Dichte dieser Punkte höher ist als an anderen. Schließlich findet man eine sehr dichte Verteilung von Punkten bei den Interferenzmaxima, wohingegen nur sehr wenige bis gar keine Punkte bei den Interferenzminima liegen (vgl. Abb. 2.3). Wie schon bei den Polarisationsexperimenten zeigt eine genauere Betrachtung, dass die klassisch gemessenen Intensitäten der elektromagnetischen Wellen den relativen Häufigkeiten von diskreten Energiequanten – den Photonen – entsprechen. Und wiederum führt eine Extrapolation in der Beschreibung einzelner Lichtquanten zu einer Interpretation der Intensität der Welle als einer Wahrscheinlichkeit, bei einer Messung ein einzelnes Photon vorzufinden.

Stellt man sich Licht als eine Ansammlung sehr vieler Teilchen im klassischen Sinne vor, lässt sich das Interferenzmuster kaum verstehen. Ein Strahl klassischer Teilchen würde auf der Detektorplatte eine breite Verteilung ergeben. In diesem Fall ergäbe sich die Gesamtverteilung aus der Summe der beiden Verteilungen, die man

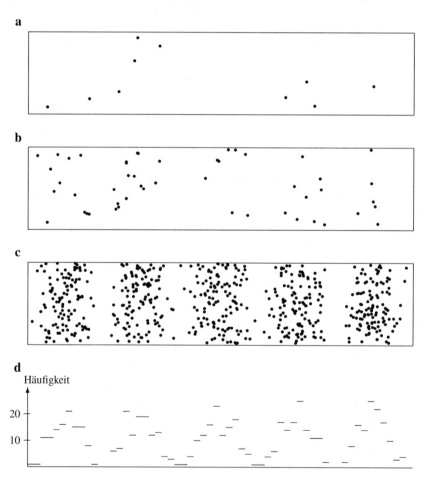

Abb. 2.3 Punkte auf einer photographischen Platte hinter einem Doppelspalt nach **a** 1 s, **b** 5 s, **c** 1 min. **d** zeigt die Häufigkeiten der Punkte in Bild **c**

erhält, wenn einer der Spalte abgedeckt wird und die Teilchen nur noch durch den anderen Spalt treten. Für die Gesamtintensität auf dem Schirm würde somit gelten:

$$I_g(\mathbf{x}) = I_1(\mathbf{x}) + I_2(\mathbf{x}) \qquad (2.6)$$

Dieses Gesetz bringt eine statistische Unabhängigkeit von zwei Ereignissen zum Ausdruck, nämlich dass ein Teilchen *entweder* durch den ersten *oder* durch den zweiten Spalt getreten ist.

Bei Wellen hingegen werden nicht die Intensitäten, sondern die Amplituden der beiden Anteile addiert und anschließend zur Bestimmung der Intensität quadriert:

$$I_g(\mathbf{x}) = I_1(\mathbf{x}) + I_2(\mathbf{x}) + 2\psi_1(\mathbf{x})\psi_2(\mathbf{x}) \qquad (2.7)$$

Die ersten beiden Terme auf der rechten Seite dieser Gleichung geben die jeweiligen Intensitäten wieder, die das Licht hätte, falls einer der Spalte abgedeckt worden wäre; hinzu kommt der letzte Term, der für das Interferenzmuster verantwortlich ist. Er ist das Produkt der beiden Amplituden und beschreibt somit eine ‚Korrelation' zwischen den beiden Anteilen der Welle, die durch die jeweiligen Spalte getreten sind. Eine solche Korrelation lässt sich leicht erklären, wenn irgendetwas gleichzeitig durch beide Spalte tritt. Sie ist aber schwer erklärbar, wenn man annimmt – wie es bei einzelnen Teilchen, die möglicherweise in großem zeitlichen Abstand auf die Platte treffen, naheliegen würde –, dass etwas nur durch einen der beiden Spalte treten kann.

Wie schon bei den Polarisationsexperimenten gelangen wir zu folgender Interpretation: Im Photonenbild entspricht die Intensität $I(\mathbf{x})$ einer Dichte der Teilchen an einem Ort $\mathbf{x}$. Wenn man diese Beschreibung, die für sehr viele Teilchen ihre Gültigkeit hat, auf ein einzelnes Teilchen überträgt, wird $I(\mathbf{x})$ zu einer Wahrscheinlichkeitsdichte: $I(\mathbf{x})\,\mathrm{d}V$ ist proportional zu der Wahrscheinlichkeit, dass ein Photon in einem kleinen Volumen $\mathrm{d}V$ um den Punkt $\mathbf{x}$ nachgewiesen wird. Damit gelangt man für das Absolutquadrat $I = |\psi|^2$ der Welle $\psi(\mathbf{x})$ zu einer Wahrscheinlichkeitsinterpretation. Welche Bedeutung die Welle $\psi(\mathbf{x})$ selbst hat, führt einmal mehr zu der Problematik um die Interpretation der Quantenmechanik und soll zunächst noch nicht diskutiert werden. Man spricht manchmal (nicht unbedingt glücklich) von einer ‚Wahrscheinlichkeitsamplitude', was zunächst nichts anderes bedeutet, als dass das Quadrat dieser Amplitude eine Wahrscheinlichkeit darstellt. Das Besondere an der Behandlung der Photonen ist somit, dass nicht die Wahrscheinlichkeiten für zwei scheinbar unabhängige Ereignisse (‚tritt durch Spalt 1' *oder* ‚tritt durch Spalt 2') addiert werden, sondern die Wahrscheinlichkeitsamplituden dieser Ereignisse. Das Absolutquadrat dieser Summe ergibt dann die Wahrscheinlichkeit.

2.2 Materiewellen

Im Jahre 1924 veröffentliche der französische Physiker Louis de Broglie seine Theorie der Materiewellen. Seine Grundannahme bestand darin, dass nicht nur Photonen neben ihren Welleneigenschaften auch Teilcheneigenschaften besitzen, sondern dass auch materiellen Objekten, beispielsweise Elektronen, neben ihren Teilcheneigenschaften auch Welleneigenschaften zugeschrieben werden müssen.

De Broglie postulierte für Teilchen (beispielsweise Elektronen) zwischen den charakteristischen Größen zur Beschreibung des Bewegungszustands – Energie E und Impuls p – und den charakteristischen Größen für Wellen – Wellenlänge λ und Frequenz ν – dieselben Beziehungen wie bei Photonen. Das bedeutet zum einen eine Beziehung zwischen der Energie E des Teilchens und der Frequenz ν (bzw. der Winkelfrequenz $\omega = 2\pi\nu$) der zugehörigen Welle von der Form

$$E = h\nu = \hbar\omega \qquad (2.8)$$

(hierbei wurde mit $\hbar = h/2\pi$ das *reduzierte Planck'sche Wirkungsquantum* eingeführt), zum anderen eine Beziehung zwischen dem Impuls p des Teilchens und der Wellenlänge λ der zugehörigen Welle (bzw. dem Wellenvektor $\mathbf{k}$, wobei $|\mathbf{k}| = 2\pi/\lambda$ und die Richtung von $\mathbf{k}$ der Ausbreitungsrichtung der Welle entspricht):

$$\mathbf{p} = \hbar\mathbf{k} \quad \text{bzw.} \quad |\mathbf{p}| = \frac{h}{\lambda} \qquad (2.9)$$

Diese Beziehung gilt auch für Licht, wenn man berücksichtigt, dass für Licht zwischen der Energie und dem Impuls die Beziehung $E = pc$ und zwischen Wellenlänge und Frequenz die Beziehung

$$\nu = c/\lambda \qquad (2.10)$$

besteht.

Interferenzexperimente mit Elektronen und anderen Teilchen

Für Interferenzexperimente mit Teilchen sollte die Quelle diese Teilchen mit einem festen Impuls p erzeugen. Das Experiment zeigt, dass dies – entsprechend der Beziehung von de Broglie – einer Welle mit fester Wellenlänge entspricht. Als Quelle für Elektronenstrahlen mit einem wohldefinierten Impuls eignen sich beispielsweise Kathodenstrahlröhren (nach ihrem Erfinder Karl Ferdinand Braun auch Braun'sche Röhren genannt). Die Elektronen aus solchen Röhren haben typischerweise Energien von mehreren Tausend Elektronenvolt. Für Elektronen, die in einem Feld mit $50\,\text{kV}$ beschleunigt wurden, entspricht das nach der de Broglie'schen Beziehung einer Wellenlänge von 0,055 Å oder $5{,}5 \cdot 10^{-12}$ m. Dies ist von der Größenordnung der sogenannten Compton-Wellenlänge für Elektronen $\lambda_C = \frac{h}{mc} \approx 2{,}426 \cdot 10^{-12}$m, die somit relativistische Geschwindigkeiten haben und daher streng genommen nicht mehr mit der Schrödinger-Gleichung beschrieben werden können. Außerdem sind diese Wellenlängen um rund einen Faktor 10^5 kürzer als die Wellenlängen von sichtbarem Licht (sie entsprechen den Wellenlängen im hochenergetischen oder ultraharten Röntgenbereich) und man muss besondere Systeme verwenden, die sich hier als Doppelspalt eigenen.

Im Jahre 1927 beobachteten Clinton Davisson (1881–1958) und Lester Halbert Germer (1896–1971) zum ersten Mal die Welleneigenschaften von Elektronen bei Beugungsexperimenten an Kristallgittern. 1961 konnte Claus Jönsson die Interferenz von Elektronenstrahlen am Doppelspalt nachweisen. Für Albert Einstein, Niels Bohr, Arnold Schrödinger und die anderen Gründungsväter der Quantentheorie war das Doppelspaltexperiment für Elektronen somit nur ein Gedankenexperiment.

Das Experiment lässt sich auch mit Atomen oder kleineren Molekülen durchführen. Anton Zeilinger beschrieb im Jahre 2003 eine Variante dieses Experiments mit Buckyballs (C_{60}-Moleküle) [60] und mittlerweile lassen sich Interferenzeffekte sogar für Strahlen aus Molekülen mit einer Massenzahl von rund 10.000 amu (atomic mass units, 1 amu ist gleich 1/12 der Masse von ^{12}C) erreichen (siehe z. B. [45]). Die ‚Gitter' für solche Experimente bestehen nicht mehr aus harter Materie, sondern werden durch stehende Laserwellen erzeugt. Dabei ist die Gitterkonstante kleiner als der Moleküldurchmesser, und die Interferenz bezieht sich auf die Schwerpunktsbewegung des Moleküls.

2.3   Durch welchen Spalt tritt ein Quantenobjekt?

Wenn Photonen oder Elektronen auf einen Detektor treffen, übertragen sie ihre Energie immer beliebig lokalisiert (d. h. innerhalb der Detektorauflösung). Das legt den Gedanken nahe, dass es sich in beiden Fällen um Teilchen handelt. Doch wenn diese Teilchen durch einen Doppelspalt oder ein Gitter treten, verhalten sie sich wie Wellen. Da man die Intensität der Photonen- oder Elektronenstrahlen auch so weit verringern kann, dass die Zeitabstände zwischen dem Hindurchtreten zweier solcher Objekte beliebig lang werden, kann man eine direkte Wechselwirkung zwischen den Objekten ausschließen.

Um die Verhältnisse am Spalt zu überprüfen, könnte man auf die Idee kommen zu messen, durch welchen Spalt ein Photon oder Elektron tritt. Bei Elektronen ist eine solche Kontrolle vergleichsweise leicht: Man kann unmittelbar hinter einem der Spalte eine Leiterschleife oder Spule anbringen, in der beim Durchtritt des geladenen Teilchens ein Strom induziert wird, der sich messen lässt. Man kann auch das Elektron ‚beobachten', indem man den Bereich hinter einem der Spalte mit Licht bestrahlt. Beim Durchtritt eines Elektrons wird ein Teil dieses Lichts gestreut und kann als Lichtblitz nachgewiesen werden.

Möchte man bestimmen, durch welchen Spalt ein Photon getreten ist, kann man hinter jeden der Spalte einen Polarisationsfilter mit zueinander orthogonalen Polarisationsachsen setzen. Dann kann man beim Nachweis eines Photons in der

Detektorebene die Polarisation des Photons (beispielsweise mit einem Strahlteiler) messen und weiß, durch welchen Spalt es getreten ist. Das Ergebnis ist verblüffend. Einerseits wird in allen Fällen, in denen ein Nachweis eindeutig ist, auch tatsächlich ein ganzes Teilchen gemessen. Es tritt also nie nur ein Teil eines Elektrons oder Photons durch einen Spalt und der Rest durch den anderen. Das Verblüffende ist jedoch, dass die Teilchen, für die der Durchtrittsspalt bestimmt wurde, keine Interferenzstreifen mehr bilden, sondern eine breite Verteilung, wie man sie auch klassisch für Teilchen erwarten würde. Die Bestimmung des Durchtrittsspalts hat also das Messergebnis verändert. Auch hier wird wieder deutlich, dass eine Messung den Zustand eines Quantenobjekts beeinflussen bzw. verändern kann.

Für Photonen lässt sich dieser Effekt durch die Art des Nachweises einfacher verstehen: Zwei Lichtwellen mit orthogonaler Polarisation bilden keine Interferenzmuster, selbst wenn es sich um kohärente Strahlen (also Strahlen mit einer festen Phasenbeziehung) handelt. Bei Elektronen sagt man: Die Wechselwirkung des geladenen Teilchens mit der Leiterschleife oder dem Licht zerstört die Kohärenz zwischen den beiden Wellenanteilen hinter dem Spalt und dadurch geht die Interferenz verloren. Man könnte zunächst argumentieren, dass die Wechselwirkung zwischen dem Elektron und einem Photon (z. B. bei der Einstrahlung von Licht) oder dem Elektron in der Leiterschleife den Impuls dieses Elektrons in unkontrollierbarer Weise verändert und damit auch seine de-Broglie-Wellenlänge. Argumente dieser Art findet man oft in den älteren Arbeiten von Bohr, Heisenberg, Einstein etc. Es zeigt sich jedoch, dass jeder Einfluss, mit dem man den Durchtrittsspalt bestimmen kann, selbst wenn keine unmittelbare Wechselwirkung im Sinne einer Energie- oder Impulsübertragung stattgefunden hat, das Interferenzmuster zerstört. Man sagt manchmal auch, dass jede ‚Which-path'- bzw. ‚welcher-Weg'-Information diesen Einfluss hat, unabhängig davon, wie diese Information gewonnen wurde.

2.4   Orts- und Wellenzahlbestimmungen

Das Auftreffen eines Photons oder Elektrons auf der Detektorplatte, das beispielsweise bei einer photographischen Platte zu einer Schwärzung führt, wird üblicherweise als ‚Messung' gedeutet. Allerdings sollte man auch hier vorsichtig sein, denn ähnlich wie bei den Polarisationsfiltern könnte das Auftreffen eines Photons diese Eigenschaft ‚ist an einem bestimmten Ort' überhaupt erst erzeugen bzw. präparieren. Man sollte diese Problematik im Hinterkopf behalten, auch wenn ich mich im Folgenden dem üblichen Sprachgebrauch anschließe und von Ortsmessungen sprechen werde.

Der Detektor in der Detektorebene misst also die Intensitätsverteilung bzw. die Wahrscheinlichkeit, mit der ein Quantenobjekt (Photon, Elektron) an einem bestimmten Ort seine Energie auf die Platte oder einen Detektor überträgt. Der Übergang von einer Intensität zu einer relativen Häufigkeit bzw. Wahrscheinlichkeit erfordert allerdings eine Normierung, die in diesem Fall jedoch von Vorteil ist: Eine Intensität ist, wie wir schon gesehen haben, ein Energiedichtestrom und hängt nicht nur von dem Quadrat der Amplitude ab, sondern auch von der Wellenlänge des Lichts sowie möglicherweise von anderen Eigenschaften. Eine Wahrscheinlichkeit bzw. eine relative Häufigkeit ist aber eine dimensionslose Zahl, für die außerdem noch gelten soll, dass die Summe über alle möglichen Ereignisse eins ist. Für die Interpretation von $|\psi(\mathbf{x})|^2$ als Wahrscheinlichkeitsdichte muss also noch gefordert werden:

$$\int_V |\psi(\mathbf{x})|^2 \, \mathrm{d}V = 1 \tag{2.11}$$

In diesem Abschnitt werde ich noch etwas lax mit dem Integrationsvolumen, der Existenz gewisser Integrale oder auch der Dimension des zu integrierenden Bereichs umgehen. Es kann sich um ein zweidimensionales Integral über eine Fläche oder auch um ein dreidimensionales Integral über ein Volumen handeln, in manchen Modellsystemen sogar um ein eindimensionales Integral über ein Intervall. Das Integrationsvolumen werde ich gelegentlich weglassen bzw. durch den gesamten Raum ersetzen, wobei immer impliziert wird, dass die Wellen ‚genügend weit draußen' nahezu verschwinden. Ich werde auch keine explizite Zeitabhängigkeit mehr betonen, da ich zunächst statische Situationen betrachte (die Quelle strahlt mit konstanter Intensität auf den Doppelspalt).

Zu der Wahrscheinlichkeitsdichte $I(\mathbf{x}) = |\psi(\mathbf{x})|^2$ kann man gewisse Kenngrößen bestimmen. Beispielsweise ist der Erwartungswert für die Messung des Orts eines Teilchens durch

$$\langle \mathbf{x} \rangle = \int_V \mathbf{x} \, |\psi(\mathbf{x})|^2 \, \mathrm{d}V = \int_V \psi(\mathbf{x})^* \, \mathbf{x} \, \psi(\mathbf{x}) \, \mathrm{d}V \tag{2.12}$$

gegeben. Entsprechend ist die Varianz für diese Ortsmessung:

$$(\Delta x)^2 = \langle (\mathbf{x} - \langle \mathbf{x} \rangle)^2 \rangle = \int_V \psi(\mathbf{x})^* \, (\mathbf{x} - \langle \mathbf{x} \rangle)^2 \, \psi(\mathbf{x}) \, \mathrm{d}V \tag{2.13}$$

Von besonderem Interesse ist auch die Wahrscheinlichkeit, mit der ein Photon oder Elektron in einem Bereich ΔV gemessen wird:

$$w(\Delta V) = \int_{\Delta V} |\psi(\mathbf{x})|^2 \, \mathrm{d}V = \int_V \psi(\mathbf{x})^* \, \chi_{\Delta V}(\mathbf{x}) \, \psi(\mathbf{x}) \, \mathrm{d}V \tag{2.14}$$

mit

$$\chi_{\Delta V}(\mathbf{x}) = \begin{cases} 1 & \text{für } \mathbf{x} \in \Delta V \\ 0 & \text{sonst} \end{cases} \tag{2.15}$$

Man erhält also die Kenngrößen der räumlichen Verteilung durch die Bildung der entsprechenden Erwartungswerte. Allgemein ist

$$\langle f(\mathbf{x}) \rangle = \int_V f(\mathbf{x}) \, I(\mathbf{x}) \, \mathrm{d}V = \int_V f(\mathbf{x}) \, |\psi(\mathbf{x})|^2 \, \mathrm{d}V = \int_V \psi^*(\mathbf{x}) \, f(\mathbf{x}) \, \psi(\mathbf{x}) \, \mathrm{d}V \,. \tag{2.16}$$

Wenn es nur die räumliche Intensitätsverteilung gäbe, könnten wir aus diesen Erwartungswerten räumlicher Funktionen sämtliche Informationen über die Intensitätsverteilung zurückgewinnen und diese sogar aus den Erwartungswerten rekonstruieren. Es erhebt sich somit die Frage, ob die Welle $\psi(\mathbf{x})$ mehr Information enthält als die Intensitätsdichte $|\psi(\mathbf{x})|^2$. An dieser Stelle wird wichtig, dass die Welle $\psi(\mathbf{x})$ komplexe Werte annehmen kann bzw. dass die Wellen nicht nur eine Amplitude, sondern auch eine Phase haben, die sich in einer Intensitätsmessung gewöhnlich nicht zeigt. In der komplexen Schreibweise gewinnen wir aus Erwartungswerten der Art (2.16) keine Information über die Phase einer Funktion $\psi(\mathbf{x}) = \mathrm{e}^{\mathrm{i}\varphi(\mathbf{x})}|\psi(\mathbf{x})|$.

Hat diese Phase eine physikalische Bedeutung oder ist lediglich die Intensitätsdichte relevant? Wir wissen, dass die klassische Welle eine bestimmte Wellenlänge hat, beschrieben durch einen Wellenzahlvektor $\mathbf{k}$. Im Augenblick wissen wir zwar noch nicht, was dieser Wellenzahlvektor für ein einzelnes Photon bedeutet, jedoch können wir diese Größe aus der Wellenfunktion $\psi(\mathbf{x})$ zurückgewinnen.

Betrachten wir dazu nochmals eine (zeitunabhängige) ebene Welle:

$$\psi(\mathbf{x}) = A\,\mathrm{e}^{\mathrm{i}\mathbf{k}\cdot\mathbf{x}} \tag{2.17}$$

Eine Intensitätsmessung dieser Welle liefert $I = |A|^2 = \mathrm{const}$, also eine Intensitätsverteilung, aus der sich keine Information über $\mathbf{k}$ gewinnen lässt. Wie wir gesehen haben, *können* wir aber von einer solchen Welle die Wellenlänge bestimmen, beispielsweise indem wir sie durch einen Doppelspalt treten lassen und dann das Interferenzmuster ausmessen. Der Doppelspalt wirkt nun wie eine erste Messung (vergleichbar mit einem Filter), der die ebene Welle zerstört und hinter dem Doppelspalt zwei sich überlagernde Zylinderwellen erzeugt. Der Intensitätsverteilung dieser Zylinderwellen kann man aber die Wellenlänge entnehmen.

Es gibt also Messanordnungen, mit denen man den Wellenzahlvektor einer Welle bestimmen kann. Wie erhalten wir aber mathematisch den Wellenzahlvektor einer ebenen Welle, wie sie durch Gl. 2.17 beschrieben wird? Formal können wir die Fourier-Transformierte der Welle $\psi(\mathbf{x})$ bilden:

$$\tilde{\psi}(\mathbf{k}) = \frac{1}{(2\pi)^{d/2}} \int_V \psi(\mathbf{x})\mathrm{e}^{-\mathrm{i}\mathbf{k}\cdot\mathbf{x}}\,\mathrm{d}V \tag{2.18}$$

(d ist die Dimension des Volumens, über das integriert wird, also $d = 1$ für ein Intervall, $d = 2$ für eine Fläche etc.). Auch zu dieser Fourier-Transformierten gehört eine Intensitätsverteilung

$$I(\mathbf{k}) = |\tilde{\psi}(\mathbf{k})|^2, \tag{2.19}$$

die aufgrund der Parseval'schen Formel für Fourier-Transformationen normiert ist (siehe Abschn. 10.3):

$$\int I(\mathbf{k})\,\mathrm{d}^3k = \int \tilde{\psi}(\mathbf{k})^*\tilde{\psi}(\mathbf{k})\,\mathrm{d}^3k = \int \psi(\mathbf{x})^*\psi(\mathbf{x})\,\mathrm{d}^3x = \int I(\mathbf{x})\,\mathrm{d}V = 1. \tag{2.20}$$

$I(\mathbf{k})$ definiert somit wieder eine Wahrscheinlichkeitsverteilung, und aus den Erwartungswerten bezüglich dieser Verteilung erhalten wir Informationen über die Verteilung der Wellenzahlvektoren. Insbesondere gilt:

$$\langle \mathbf{k} \rangle = \int \mathbf{k} \, I(\mathbf{k}) \, d^3 k = \int \psi(\mathbf{x})^* (-i\nabla) \psi(\mathbf{x}) \, d^3 x \qquad (2.21)$$

Während sich daher aus der Intensitätsverteilung $I(\mathbf{x})$ keine Information über den Wellenvektor gewinnen lässt, kann man diese aus der Wellenfunktion $\psi(\mathbf{x})$ erhalten. Damit wurde eine verallgemeinerte Klasse von Erwartungswerten definiert:

$$\langle F(\mathbf{x}, \partial_x) \rangle := \int \psi(\mathbf{x})^* F(\mathbf{x}, \partial_\mathbf{x}) \psi(\mathbf{x}) \, d^3 x \qquad (2.22)$$

Wir werden sehen, dass es sich bei $F(\mathbf{x}, \partial_\mathbf{x})$ um lineare Operatoren auf dem Raum der Wellenfunktionen handelt. Diese linearen Operatoren werden wir später mit beobachtbaren Größen in Verbindung bringen. An dieser Stelle haben wir gesehen, dass sich aus den Erwartungswerten zu solchen Operatoren Informationen über die räumliche Verteilung wie auch für die Verteilung der Wellenzahlvektoren von Quantenobjekten gewinnen lassen.

2.5 Die Schrödinger-Gleichung

Für Licht (Photonen) folgte aus der Wellengleichung die Beziehung $\lambda \nu = c$ (Gl. 1.3), die mit den Beziehungen von de Broglie zu $E = pc$ wird. Für Elektronen gilt diese Beziehung zwischen der Energie E und dem Impuls p nicht mehr, sodass die Materiewellen von Elektronen auch nicht mehr durch eine Wellengleichung der Form (1.1) beschrieben werden. Die klassische, nichtrelativistische Beziehung zwischen dem Impuls und der Energie eines freien Teilchen ist

$$E = \frac{1}{2m} \mathbf{p}^2 = \frac{1}{2m} \sum_i p_i^2. \qquad (2.23)$$

Setzt man für eine Welle mit Wellenlänge λ bzw. Wellenzahlvektor $\mathbf{k}$ und Frequenz ν,

$$\psi(\mathbf{x}, t) \simeq \exp(i\mathbf{k}x) \exp(2\pi i \nu t), \qquad (2.24)$$

die de Broglie'schen Beziehungen ein,

$$\psi(\mathbf{x}, t) \simeq \exp\left(\frac{i}{\hbar} \mathbf{p} \cdot \mathbf{x}\right) \exp\left(\frac{i}{\hbar} E t\right), \qquad (2.25)$$

und fordert nun die obige Beziehung zwischen Energie und Impuls, erhält man die Bedingung

$$-i\hbar \frac{\partial}{\partial t} \psi(\mathbf{x}, t) = -\frac{\hbar^2}{2m} \sum_i \frac{\partial^2}{\partial x_i^2} \psi(\mathbf{x}, t). \qquad (2.26)$$

Diese Gleichung bezeichnet man als (freie) Schrödinger-Gleichung.

Auch wenn es den Anschein hat, als ob hier die Schrödinger-Gleichung abgeleitet wurde, sollte man sich darüber im Klaren sein, dass die de Broglie'schen Beziehungen zwischen den Teilchen- und Welleneigenschaften sowie die Gültigkeit der klassischen Beziehung zwischen Energie und Impuls postuliert wurde.

Betrachten wir allgemeiner die Energie–Impuls-Beziehung für Teilchen in einem äußeren Potenzial $V(\mathbf{x})$,

$$E = \frac{\mathbf{p}^2}{2\,m} + V(\mathbf{x}), \tag{2.27}$$

so wird aus Gl. 2.26:

$$-\mathrm{i}\hbar\frac{\partial}{\partial t}\psi(\mathbf{x}, t) = \left(-\frac{\hbar^2}{2\,m}\sum_i \frac{\partial^2}{\partial x_i^2} + V(\mathbf{x})\right)\psi(\mathbf{x}, t) \tag{2.28}$$

Dies ist die Schrödinger-Gleichung für nichtrelativistische Objekte. Für Experimente oder theoretische Vorhersagen besteht die Hauptaufgabe darin, diese Gleichung für verschiedene Potenziale zu lösen.

2.6   Zusammenfassung

Der räumliche Zustand eines Photons oder eines Teilchens (beispielsweise eines Elektrons) wird durch ein Feld beschrieben, dessen Betragsquadrat die Wahrscheinlichkeit(sdichte) angibt, *bei einer Messung* das Photon oder das Teilchen an dem betreffenden Ort zu finden. Diese Felder lassen sich superponieren, d. h., man kann sie addieren, skalieren und durch Einführung komplexer Faktoren auch eine relative Phasendifferenz berücksichtigen. Diese Addition wurde explizit im Zusammenhang mit dem Doppelspalt verwendet, um die Gesamtwelle als Summe der beiden Beiträge der Einzelspalte ausdrücken zu können. Mathematisch sind diese Felder somit Elemente eines Vektorraums; allerdings handelt es sich in diesem Fall um einen unendlichdimensionalen Vektorraum von Funktionen.

,Messen', d. h. experimentell bestimmen, lassen sich bestimmte Eigenschaften der räumlichen Dichteverteilung $|\psi(\mathbf{x})|^2$ oder auch der Dichteverteilung im Raum der Wellenzahlen $|\tilde{\psi}(\mathbf{k})|^2$. Diese Messgrößen haben wir durch eine verallgemeinerte Form von Erwartungswerten ausgedrückt (Gl. 2.22). Wie in Kap. 4 erörtert wird, handelt es sich bei den Objekten, deren Erwartungswerte gebildet werden, um lineare Operatoren auf dem Vektorraum der Wellenfunktionen (dem sogenannten Raum der quadratintegrierbaren Funktionen).

Wiederum stellte sich heraus, dass man nur Wahrscheinlichkeitsaussagen über den Ausgang von Messungen machen kann. Diese Wahrscheinlichkeiten bestimmen sich aus dem Absolutquadrat der Wellenfunktionen. Außerdem haben wir eine Gleichung für die zeitliche Entwicklung der Wellenfunktionen ,ableiten' können – als Annahme haben wir dabei die klassische Energiefunktion (d. h. die klassische Beziehung zwischen der Energie, dem Ort eines Teilchens und seinem Impuls) sowie die de Broglie'schen Beziehungen zwischen den mechanischen Eigenschaften – Energie und Impuls – und den Welleneigenschaften – Frequenz und Wellenlänge – verwendet. Wie wir in Kap. 5 sehen werden, haben wir damit bereits fast alle Regeln gefunden, die wir für die Formulierung der Quantentheorie benötigen.

Die Anfänge der Quantentheorie in Experimenten

3

Dieses Kapitel enthält weder eine vollständige Behandlung der Geschichte der Quantentheorie noch eine vollständige Sammlung von Experimenten zur Quantentheorie. Es ist eher ein Ansatz, die wichtigsten historischen Experimente zu beschreiben, die zur Entwicklung des quantenmechanischen Formalismus geführt haben.

Die Quantentheorie entstand nicht aus rein philosophischen Überlegungen, sondern sie ist das Ergebnis eines langen Prozesses, bei dem es fast immer darum ging, experimentelle Beobachtungen im Rahmen einer Theorie beschreiben und verstehen zu können. Es ist an dieser Stelle nicht möglich, die Schlüssigkeit der Folgerungen, die historisch aus den Experimenten gezogen wurden, in allen Einzelheiten zu überprüfen. Dazu sind sehr genaue Kenntnisse der historischen Zusammenhänge und der wissenschaftlichen Denkweise der jeweiligen Epochen notwendig, und oftmals hat sich erst viele Jahrzehnte später herausgestellt, dass manche experimentellen Befunde auch andere Erklärungsmodelle zugelassen hätten.

Ich werde hier einen kurzen Abriss der geschichtlichen Entwicklung der Quantentheorie geben und dabei jene Experimente, die einen entscheidenden Beitrag zu dieser Entwicklung geleistet haben, beschreiben. Viele neuere Experimente zur Quantentheorie, insbesondere Experimente aus dem Bereich der Quantenoptik, deren Interpretation auf dem Formalismus der Quantentheorie aufbaut, werden erst in späteren Kapiteln besprochen (siehe z. B. Kap. 15).

Die Experimente werden nicht streng chronologisch behandelt, sondern eher in der Reihenfolge, in der sie historisch zu einer Weiterentwicklung der Quantentheorie geführt haben.

Was man wissen sollte

Zum Planck'schen Strahlungsgesetz sollte man wissen, dass eine klassische Betrachtung zur Ultraviolettkatastrophe führt, weil die Anzahl der Moden mit zunehmender Frequenz zunimmt und nach dem klassischen Gleichverteilungssatz jede Mode im thermischen Gleichgewicht dieselbe Energie beiträgt. Da nach den Vorstellungen der Quantentheorie jede Mode eine Minimalenergie hat (die einem Photon – Lichtquant – entspricht), gilt ein Freiheitsgrad als ‚eingefroren‘, wenn er durch die

© Springer-Verlag GmbH Deutschland, ein Teil von Springer Nature 2019
T. Filk, *Quantenmechanik (nicht nur) für Lehramtsstudierende*,
https://doi.org/10.1007/978-3-662-59736-1_3

thermische Energie so gut wie nicht angeregt werden kann. Daher tragen beim schwarzen Körper Moden zu Energien oberhalb der thermischen Energie nur noch exponentiell unterdrückt zum Energieerwartungswert bei.

Den photoelektrischen Effekt und die Compton-Streuung sollte man erklären können. Zum photoelektrischen Effekt sollte man wissen, dass die kinetische Energie der durch das Licht herausgeschlagenen Elektronen zwar von der Frequenz des Lichts abhängt (und unterhalb einer Schwellfrequenz, die der Austrittsarbeit entspricht, keine Elektronen herausgeschlagen werden), nicht aber von der Intensität. Umgekehrt hängt die Anzahl der herausgeschlagenen Elektronen mit der Lichtintensität zusammen. Der Compton-Effekt beschreibt die Streuung eines Photons an einem Elektron, wobei ein gestreutes Photon Impuls (und damit auch Energie) abgibt und somit eine längere Wellenlänge hat.

Der Zeeman- und der Stark-Effekt beschreiben die Aufspaltung von Spektrallinien im magnetischen bzw. elektrischen Feld. Der Zeeman-Effekt beruht auf einer Wechselwirkung magnetischer Momente mit dem Magnetfeld, der Stark-Effekt auf der Wechselwirkung eines elektrischen Dipolmoments mit dem elektrischen Feld.

Das Stern-Gerlach-Experiment sollte man beschreiben können. Außerdem sollte die Analogie zum Polarisationsstrahlteiler bei Photonen verstanden sein. Man sollte wissen, weshalb das Magnetfeld inhomogen sein muss.

3.1   Das Planck'sche Strahlungsgesetz

Dem Planck'schen Strahlungsgesetz wird an dieser Stelle vergleichsweise viel Platz gewidmet, da es für die Quantentheorie von besonderer historischer Bedeutung ist. Aus diesem Grund wird auch die Herleitung der Planck'schen Formel ausführlicher beschrieben.

3.1.1   Schwarze Körper

Unter einem schwarzen Körper versteht man eine Oberfläche, die keinerlei Strahlung reflektiert und im thermischen Gleichgewicht mit ihrer Umgebung steht. Realisieren kann man eine solche Fläche durch einen Hohlkörper (z. B. das Innere eines Kastens). Sämtliche Strahlung innerhalb dieses Hohlkörpers beruht auf der Wechselwirkung des elektromagnetischen Felds mit Oszillatoren (schwingenden Ladungsträgern) in den Kastenwänden. Im thermodynamischen Gleichgewicht stellt sich ein Gleichgewicht zwischen absorbierter und emittierter Strahlung im Kasteninneren ein. Ein schwarzer Strahler ist ein Körper, dessen abgegebene Strahlung ausschließlich thermischen Ursprungs ist und die in ihrem Spektralprofil der Planck'schen Formel gehorcht. Die heute beste Realisierung einer solchen Strahlung ist der Mikrowellenhintergrund in unserem Kosmos, dessen Verteilung einer Temperatur von rund 2,725 K entspricht.

Max Planck und sein Strahlungsgesetz

Der 14. Dezember 1900 gilt als der Geburtstag der Quantentheorie. An diesem Tag hielt Max Planck (1858–1947) einen Vortrag vor der Versammlung der Physikalischen Gesellschaft in Berlin, in dem er eine Herleitung für die Verteilung der Strahlungsintensität eines schwarzen Körpers als Funktion der Temperatur und der Wellenlänge der Strahlung vorstellte. Bei dieser Herleitung hatte er von der Annahme Gebrauch gemacht, dass Licht einer bestimmten Wellenlänge von den Oszillatoren in den Wänden eines Strahlungsbehälters immer nur in ganzzahligen ‚Quanten' aufgenommen bzw. abgegeben werden kann.

Das Interesse Plancks an dem heute nach ihm benannten Gesetz und seinem physikalischen Hintergrund war nicht nur rein wissenschaftlich. Ende des 19. Jahrhunderts stellten die großen Städte auf eine elektrische Beleuchtung um (auch der Vater von Albert Einstein hatte zeitweilig eine Firma, die an der elektrischen Beleuchtung von Straßenzügen und Plätzen in München beteiligt war, musste sich aber später gegenüber den größeren Firmen Siemens und AEG geschlagen geben). Für eine effizientere Umsetzung von elektrischer Energie in Licht war es daher von großem Interesse, die Zusammenhänge zwischen der Wärme von Glühlampen und Glühdrähten und der abgegebenen Strahlung besser zu verstehen. Ende des 19. Jahrhunderts hielt man die Physik, zumindest hinsichtlich ihrer Grundlagen, als im Wesentlichen verstanden. Daher erwartete man, auch die Beziehung zwischen abgestrahlter Lichtenergie und Temperatur im Rahmen der klassischen Elektrodynamik und der Thermodynamik verstehen zu können.

Gegen Ende des 19. Jahrhunderts hatte man die thermische Strahlung von schwarzen Strahlern experimentell genau untersucht. Wilhelm Wien (1864–1928) hatte auch aus thermodynamischen Annahmen ein Gesetz ableiten können, das die gemessenen Daten ziemlich genau beschrieb. Es blieb aber eine winzige Abweichung im Bereich niedriger Energien, die zu systematisch war, als dass man sie als Messfehler hätte abtun können. Im Oktober 1900 formulierte Max Planck ein Gesetz, das die Messdaten exakt beschrieb [39]. Er hatte dieses Gesetz ‚geraten', indem er das Wien'sche Strahlungsgesetz für niedrige Strahlungsenergien leicht abgewandelt hatte. Kurze Zeit später gelang ihm eine Herleitung seines Gesetzes aus der Annahme, dass Lichtstrahlung einer bestimmten Wellenlänge (bzw. Frequenz) nur in Vielfachen von diskreten Einheiten auftreten kann [70].

Für Planck war die Annahme ‚quantisierter' elementarer Energien für Licht einer bestimmten Wellenlänge nur eine Arbeitshypothese. So schrieb er in einem Brief an Robert William Wood [71] „. . . ich dachte mir nicht viel dabei . . .", und an anderer Stelle dieses Briefs spricht er von einem „Akt der Verzweiflung". Er hatte gehofft, dass diese Annahme nur eine Näherung sei, die sich aus einem besseren Verständnis der Wechselwirkung zwischen Materie und elektromagnetischer Strahlung begründen lassen könnte.

3.1.2 Herleitung der Planck'schen Formel

Bestimmt werden soll die spektrale Verteilungsfunktion

$$u(T, \omega) = \frac{1}{V} \frac{dE(T, \omega)}{d\omega}, \tag{3.1}$$

wobei $E(T, \omega)$ die Gesamtenergie der elektromagnetischen Strahlung des Systems ist, die bei einer absoluten Temperatur T auf Frequenzen kleiner oder gleich ω entfällt. V ist das Volumen des Systems, man ist also an einer Energiedichte interessiert. Man kann die Gleichung auch in folgender Form schreiben, die eine andere Sichtweise erlaubt:

$$\frac{1}{V} dE(T, \omega) = u(T, \omega) d\omega \tag{3.2}$$

$dE(T, \omega)$ ist der Anteil der Energie, der bei einer Temperatur T von den Moden im Bereich $[\omega, \omega + d\omega]$ herrührt.

Die Verteilungsfunktion $u(T, \omega)$ setzt sich aus zwei Anteilen zusammen:

- der spektralen Dichte $N(\omega)$ der thermodynamischen Freiheitsgrade bei ω bzw. der Anzahl $N(\omega)d\omega$ der thermodynamischen Freiheitsgrade in einem Frequenzbereich zwischen ω und $\omega + d\omega$. Diese Dichte ist unabhängig von der Temperatur und ergibt sich aus einem einfachen Abzählen der möglichen Schwingungsmoden:[1]

$$\frac{N(\omega)}{V} = \frac{\omega^2}{c^3 \pi^2} \tag{3.5}$$

Diese Beziehung war schon zu Plancks Zeiten bekannt und unstrittig.

---

[1]Bei einem (der Einfachheit halber) kubischen Kasten mit Kantenlänge L und Volumen $V = L^3$ sind die möglichen Wellenlängen in jede der drei Richtungen durch $\lambda = 2L/n$ gegeben: In jede Richtung muss ein Vielfaches einer halben Wellenlänge passen. Für die möglichen Zustände im **k**-Raum ergibt sich damit $\mathbf{k} = \frac{\pi}{L}(n_1, n_2, n_3)$ mit beliebigen natürlichen Zahlen n_i. Jedem Zustand im **k**-Raum kann man daher ein Volumen $|\Delta k|^3 = \pi^3/V$ zuschreiben. Eine Kugelschale mit Radius $k = |\mathbf{k}|$ und Dicke dk hat für $dk \ll k$ ein Volumen von $4\pi k^2 dk$ und enthält somit

$$\frac{4\pi k^2 dk}{|\Delta k|^3} = V \frac{4}{\pi^2} k^2 dk \tag{3.3}$$

Zustände in dieser Kugelschale. Da aber nur der Teil der Kugelschale von Interesse ist, der sich im positiven Quadranten befindet (die n_i sind nie negativ), müssen wir noch durch 8 dividieren; andererseits kann jeder Zustand wegen der beiden Polarisationsmöglichkeiten zweimal auftreten, sodass die Anzahl der Zustände im Bereich zwischen $|\mathbf{k}|$ und $|\mathbf{k}| + dk$ durch $\frac{V}{\pi^2} k^2 dk$ gegeben ist. Mit $\omega = c|\mathbf{k}|$ bzw. $d\omega = c\, dk$ ergeben sich schließlich

$$N(\omega) d\omega = V \frac{\omega^2}{\pi^2 c^3} d\omega \tag{3.4}$$

Zustände in diesem ω-Bereich.

- der mittleren Energie $\langle \varepsilon(\omega, T) \rangle$, die ein gegebener Freiheitsgrad mit der Frequenz ω bei einer Temperatur T hat. Das Ergebnis ist dann

$$u(T, \omega) = \frac{N(\omega)}{V} \langle \varepsilon(\omega, T) \rangle, \tag{3.6}$$

also das Produkt aus der Anzahl der Zustände zu einer gegebenen Frequenz ω und der mittleren Energie eines Zustands mit dieser Frequenz.

Die verschiedenen Strahlungsgesetze (das Gesetz von Raleigh und Jeans, das Gesetz von Wien und das Planck'sche Strahlungsgesetz) unterscheiden sich bezüglich der Form von $\langle \varepsilon(\omega, T) \rangle$.

1. *Das Gesetz von Rayleigh und Jeans:*
   Nach dem klassischen Gleichverteilungssatz – die Entropie eines Systems ist am größten, wenn sich die Energie auf alle Freiheitsgrade gleichermaßen verteilt – trägt jeder Freiheitsgrad im thermischen Gleichgewicht im Mittel dieselbe Energie. Da man vermutete, dass die Moden ω auf schwingenden Dipolen, also Oszillatoren, beruhen, sollte diese Energie pro Oszillator durch $k_B T$ gegeben sein.[2]
   Damit ergibt sich nach den klassischen Überlegungen ein Strahlungsgesetz der Form:

$$u_{\text{klass}}(T, \omega) = \frac{\omega^2}{c^3 \pi^2} k_B T \tag{3.7}$$

   Offenbar nimmt diese Verteilung als Funktion von ω rapide zu, sodass der Beitrag von ‚unendlich hohen Frequenzen' selbst unendlich groß ist. Dies bezeichnet man als die ‚Ultraviolettkatastrophe'.
2. *Das Wien'sche Strahlungsgesetz:*
   Wilhelm Wien hatte seinen Überlegungen zwei Prinzipien zugrunde gelegt: Einerseits nahm er eine Maxwell-Boltzmann-Verteilung für die Geschwindigkeiten der Atome bzw. Moleküle in den Wänden des Hohlkörpers an und zweitens sollte die Gesamtintensität der Strahlung, also das Integral über alle Frequenzen, auf das damals schon bekannte Stefan-Boltzmann-Gesetz $I \propto T^4$ führen. Aus einer Skalierungsforderung schloss er, dass Teilchen mit einer kinetischen Energie proportional zu v^2 eine Strahlung proportional zu $1/\lambda$ bzw. proportional zu ω abstrahlen sollten. Diese beiden Annahmen führten ihn auf ein Gesetz der Form:

$$u_{\text{Wien}}(T, \omega) = C \omega^2 \exp\left(-\frac{c\omega}{T}\right) \tag{3.8}$$

---

[2]Ein eindimensionaler Oszillator hat zwei thermodynamische Freiheitsgrade: den Impuls, der zur kinetischen Energie beiträgt, und die räumliche Auslenkung, die zur potenziellen Energie beiträgt. Nach der klassischen Thermodynamik nimmt jeder thermodynamische Freiheitsgrad bei einer Temperatur T die Energie $\frac{1}{2} k_B T$ auf, wobei $k_B = 1{,}38 \cdot 10^{-23}$ J/K die Boltzmann-Konstante ist.

mit zwei unbestimmten Konstanten c und C. Man beachte, dass im Argument der Exponentialfunktion eine Temperatur T mit einer Frequenz ω verglichen wird. Mit der Boltzmann-Konstanten k_B erhält man zu einer Temperatur die zugehörige thermische Energie $k_B T$. Im Prinzip vergleicht man somit eine Frequenz ω mit einer Energie. Das bedeutet, dass in der Wien'schen Strahlungsformel schon die Konstante h (das Planck'sche Wirkungsquantum) steckt. Dies war auch Max Planck im Jahre 1899 aufgefallen und er hat in diesem Zusammenhang auf die Existenz universeller Einheiten (die wir heute Planck'sche Einheiten nennen) hingewiesen [69].

3. *Das Planck'sche Strahlungsgesetz:*
   Für eine quantenmechanische Herleitung der gesuchten Strahlungsdichte ändert sich an der Abzählung der möglichen Moden nichts. Jede Mode ω kann mit n Photonen mit einer Gesamtenergie von $E_n(\omega) = n\hbar\omega$ besetzt sein, und die Wahrscheinlichkeit einer solchen Besetzung ist proportional zum Boltzmann-Faktor $\exp(-E_n(\omega)/k_B T) = \exp(-n\hbar\omega/k_B T)$. Als Mittelwert für die Energie zu einer solchen Mode erhalten wir somit:

$$\langle \varepsilon(\omega, T) \rangle = \frac{1}{Z} \sum_{n=0}^{\infty} (n\hbar\omega) \exp\left(-\frac{n\hbar\omega}{k_B T}\right) \quad \text{mit} \quad Z = \sum_{n=0}^{\infty} \exp\left(-\frac{n\hbar\omega}{k_B T}\right) \quad (3.9)$$

Bei den auftretenden Summen handelt es sich um geometrische Reihen und deren Ableitungen, die sich geschlossen ausführen lassen:

$$\langle \varepsilon(\omega, T) \rangle = \frac{\hbar\omega}{\exp\left(\frac{\hbar\omega}{k_B T}\right) - 1} \quad (3.10)$$

Als Ergebnis dieser Überlegungen erhalten wir die Planck'sche Formel:

$$u(\omega, T) = \frac{1}{c^3 \pi^2} \frac{\hbar\omega^3}{\exp\left(\frac{\hbar\omega}{k_B T}\right) - 1} \quad (3.11)$$

Man überzeuge sich, dass dieses Gesetz für kleine Frequenzen ($\hbar\omega \ll k_B T$) das *Rayleigh-Jeans'sche Strahlungsgesetz* ergibt und für sehr hohe Frequenzen ($\hbar\omega \gg k_B T$) in das *Wien'sche Strahlungsgesetz* übergeht.

Oft findet man die Strahlungsformeln als Funktion der Frequenz ν oder der Wellenlänge λ. Bei der Umrechnung muss man jedoch darauf achten, dass es sich bei $u(\omega, T)$ um eine *Dichte* handelt, d. h., auch das Integrationsmaß $d\omega$ muss transformiert werden.

3.2 Der photoelektrische Effekt

Schon 1839 hatten Alexandre Edmond Becquerel (1820–1891) und sein Vater Antoine César Becquerel (1788–1878) beobachtet, dass unter Einstrahlung von Licht aus einer Metalloberfläche Ladungsträger freigesetzt werden. Doch erst Philipp Eduard Anton Lenard (1862–1947) gelang 1899 der Nachweis, dass es sich bei diesen Ladungsträgern um Elektronen handelt. Er entdeckte auch die Abhängigkeit der freigesetzten Ladung von der Intensität des Lichts sowie die Tatsache, dass Ladung überhaupt nur freigesetzt wird, wenn die Frequenz des eingestrahlten Lichts über einem Schwellenwert liegt.

1905 gelang Albert Einstein (1879–1955) eine zufriedenstellende Erklärung dieser Abhängigkeiten unter der Annahme elementarer Lichtquanten, deren Energie proportional zur Frequenz ist. Er erhielt dafür den Nobelpreis von 1921, der ihm allerdings erst 1922 verliehen wurde (siehe die ‚graue Box' am Ende dieses Abschnitts).

Der photoelektrische Effekt beschreibt die Herauslösung eines Elektrons aus seinem Bindungszustand durch ein auftreffendes Photon. Streng genommen unterscheidet man verschiedene Formen von photoelektrischen Effekten: Das Elektron kann aus einem Atom herausgeschlagen und dieses Atom dadurch ionisiert werden, es kann aus dem Valenzband in ein Leitungsband angehoben werden (wie in der Photovoltaik), oder es kann bei einem Metall aus dem Leitungsband und damit aus dem Metall herausgelöst werden. Wir beschränken uns hier auf den letztgenannten Effekt (obwohl die allgemeine Betrachtung davon im Wesentlichen unabhängig ist).

Der Versuchsaufbau ist in Abb. 3.1 schematisch wiedergegeben. Eine Photokathode in einer Vakuumröhre wird mit monochromatischem Licht bestrahlt. Zwischen Anode und Kathode ist eine Gegenspannung U angelegt. Ein empfindliches Amperemeter misst einen eventuell vorhandenen Strom.

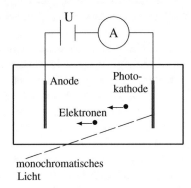

Abb. 3.1 Schematische Darstellung des Versuchsaufbaus zum Nachweis des photoelektrischen Effekts. Zwischen Photokathode und Anode ist eine Gegenspannung U angelegt. Ein empfindliches Amperemeter misst einen eventuell vorhandenen Strom. Die Photokathode wird mit monochromatischem Licht bestrahlt

Abb. 3.2 Qualitatives
Verhalten der maximalen
kinetischen Energie der
herausgehauenen Elektronen
(gemessen durch den
Nachweis eines Stroms bei
einem elektrischen
Gegenfeld) als Funktion der
Lichtfrequenz

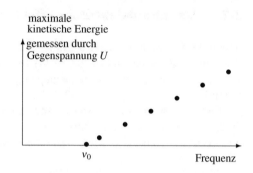

Die folgenden Beobachtungen waren zu erklären (vgl. Abb. 3.2):

1. Unterhalb einer bestimmten Frequenz ν_0 der einfallenden Strahlung wird kein Strom gemessen, selbst bei verschwindender Gegenspannung und unabhängig von der Intensität der einfallenden Strahlung.
2. Ab einer bestimmten Frequenz ν_0 wird bei verschwindender Gegenspannung ein Strom gemessen. Die Schwellenfrequenz, bei der ein Strom nachweisbar ist, nimmt ab ν_0 linear mit der Gegenspannung zu.
3. Sofern die Frequenz über dem Schwellenwert zu einer gegebenen Gegenspannung liegt, nimmt der fließende Strom linear mit der Intensität der einfallenden Strahlung zu.

Es war eindeutig, dass der Strom durch Elektronen verursacht wurde, die durch das einfallende Licht aus der Metallplatte herausgeschlagen wurden. Außerdem interpretierte man die Gegenspannung, bei welcher der Strom einsetzt, als Maß für die kinetische Energie, mit der die Elektronen herausgeschlagen werden: Je höher die kinetische Energie, umso größer die Gegenspannung, bei der kein Strom mehr nachweisbar ist.

Im Rahmen der klassischen Maxwell-Theorie für Licht waren diese Beobachtungen nur schwer deutbar. Die Energie einer elektromagnetischen Welle ist in der Maxwell-Theorie proportional zu ihrer Intensität und unabhängig von ihrer Frequenz. Weshalb sollten also bei genügend hoher Intensität der einfallenden Strahlung keine Elektronen aus dem Metall herausgeschlagen werden? Und weshalb hing die kinetische Energie der herausgeschlagenen Elektronen mit der Frequenz der Strahlung zusammen, nicht aber mit ihrer Intensität?

Die Deutung gelang Einstein unter der Annahme diskreter ‚Lichtquanten', deren Energie proportional zur Frequenz des Lichts ist. Ein einzelnes Elektron absorbiert im Allgemeinen nur ein einzelnes Quant, daher hängt seine kinetische Energie mit der Energie dieses einzelnen Quants (und damit mit dessen Frequenz) zusammen. Die erhöhte Intensität der Strahlung bewirkt, dass mehr Elektronen aus dem Metall herausgeschlagen werden und daher der Stromfluss zunimmt, sie überträgt den einzelnen Elektronen aber nicht mehr Energie. Der fehlende Strom unterhalb einer Grenzfrequenz ν_0 (selbst bei verschwindender Gegenspannung) wurde als Austrittsarbeit interpretiert. Diese minimale Energie ist notwendig, um ein Elektron aus dem

Metall herauszuschlagen. Später konnte experimentell gezeigt werden, dass der Proportionalitätsfaktor zwischen Energie und Frequenz gleich der Planck'schen Konstanten ist.

Aus dieser Deutung ergibt sich für die kinetische Energie eines Elektrons:

$$E_{kin} = h\nu - W, \tag{3.12}$$

wobei W die Austrittsarbeit des Elektrons ist. Ist $h\nu < W$, werden keine Elektronen herausgelöst.

Einsteins Nobelpreis

Einstein war seit 1910 mehrfach für den Nobelpreis nominiert worden, doch das Nobelkomitee, das über die Vergabe zu entscheiden hatte, war sich unschlüssig, ob man die Relativitätstheorie trotz der experimentellen Hinweise tatsächlich als gesichert akzeptieren konnte. Schließlich kam man 1921 nicht mehr umhin, Einstein aufgrund seiner außergewöhnlichen Leistungen in der Physik den Nobelpreis zuzusprechen, konnte sich aber immer noch nicht darauf einigen, ihm den Preis für die Relativitätstheorie zu verleihen. Schließlich entschied man sich für einen Kompromiss und zeichnete Einstein für seine Erklärung des photoelektrischen Effekts aus. Diese Unschlüssigkeit führte dazu, dass der Nobelpreis erst 1922 verliehen wurde.

Zu dieser Zeit befand sich Einstein auf einer Japanreise, sodass er den Nobelpreis selbst nicht entgegennehmen konnte. Seit 1901 hatte Albert Einstein die Schweizer Staatsbürgerschaft, doch er lebte ab 1914 in Berlin. So war nicht klar, ob ein schweizerischer oder deutscher Staatsvertreter den Preis für Einstein in Empfang nehmen sollte. Schließlich war es der deutsche Gesandte in Stockholm, der den Preis für Einstein entgegennahm, weil man beschlossen hatte, dass Einstein als Bürger Preußens und Mitglied der Wissenschaftsakademie die deutsche Staatsbürgerschaft hatte. Einstein legte gegen diese Entscheidung zwar Einspruch ein, weil er nur die Schweizer Staatsbürgerschaft haben wollte, musste sich aber schließlich fügen. 1923 hielt Einstein schließlich seine Nobelpreisrede vor dem schwedischen König. Erst danach konnte das Preisgeld ausgezahlt werden, das Einstein zu diesem Zeitpunkt aber schon seiner geschiedenen Frau Mileva Einstein zugeschrieben hatte.

3.3   Die molare Wärmekapazität in Festkörpern

Die Wärmekapazität C gibt an, wie viel Energie ΔE man einem Körper zuführen muss, um eine bestimmte Temperaturerhöhung ΔT zu erreichen: $\Delta E = C\Delta T$. Da diese Energie proportional zur Substanzmenge des Körpers ist, wählt man meist die spezifische Wärmekapazität (Wärmekapazität pro Masse) oder die molare Wärme-kapazität (Wärmekapazität pro Stoffmenge, ausgedrückt in Mol). Diese Größen sind unabhängig von der Stoffmenge.

Mikroskopisch kann man die molare Wärmekapazität als die Anzahl thermody-namischer Freiheitsgrade interpretieren, die bei einer bestimmten Temperatur Ener-gie aufnehmen können. Nach dem Gleichverteilungssatz ist die Energie im thermi-schen Gleichgewicht, d. h. bei maximaler Entropie, gleichmäßig auf alle thermo-dynamischen Freiheitsgrade verteilt. Die Temperatur eines Körpers ist proportional zur mittleren Energie eines Freiheitsgrads, wobei man meist die mittlere kinetische Energie betrachtet, da diese auch bei beliebig niedrigen Temperaturen noch thermi-sche Energie aufnehmen kann: $E_{kin} = \frac{3}{2}k_B T$ (der Faktor 3 rührt daher, dass drei Impulskomponenten in die kinetische Energie eingehen, also drei thermodynamische Freiheitsgrade zur kinetischen Energie beitragen).

Nach der klassischen Thermodynamik sollte es keine Rolle spielen, welchen ther-modynamischen Freiheitsgrad man wählt, da jeder Freiheitsgrad eine beliebig kleine Energiemenge aufnehmen kann. Für einen harmonischen Oszillator gibt es pro Koor-dinatenrichtung zwei solcher Freiheitsgrade: der Impuls, der zur kinetischen Energie beiträgt, und die Ortskoordinate, die zur potenziellen Energie beiträgt. Kann ein Kör-per in alle drei Raumrichtungen schwingen, entspricht das sechs thermodynamischen Freiheitsgraden.

In einem Festkörper stellt man sich vor, dass alle Atome bzw. Moleküle um ihre Ruhelage schwingen können, sodass ein Festkörper pro Molekül sechs thermodyna-mische Freiheitsgrade hat. Damit wäre die molare Wärmekapazität eines Festkörpers $C_m = 3k_B A$ (A ist die Avogadro-Konstante, also die Anzahl der Moleküle in einem Mol Stoff). Bei Zimmertemperatur ist dieser Wert für viele Festkörper erstaunlich gut gegeben. Für sehr niedrige Temperaturen hatten jedoch Ende des 19. Jahrhun-derts Messungen ergeben, dass die molare Wärme gegen null geht. Dies lässt sich in der klassischen Physik nicht verstehen, da dort jeder Freiheitsgrad unabhängig von der Temperatur beliebig kleine Energiemengen aufnehmen kann.

Im Jahre 1907 fand Albert Einstein eine Erklärung für diesen Effekt: Er nahm an, dass jede Schwingungsmode in einem Kristall für seine Anregung eine Minimal-energie $h\nu$ benötigt (ν ist wieder die Frequenz der Schwingung). Bei sehr niedrigen Temperaturen ($k_B T \ll h\nu$) reicht die thermische Energie nicht aus, um die entspre-chende Mode anzuregen; daher trägt dieser Freiheitsgrad nicht zur Wärmekapazität bei (vgl. Abschn. 6.4.6).

Einstein hatte dabei angenommen, dass in einem Festkörper alle Atome im Wesentlichen mit derselben Frequenz schwingen. Dies führte für sehr tiefe Tempera-turen zu einem exponentiellen Abfall der Wärmekapazität. Experimentell hatte man jedoch ein Potenzgesetz ($C_m \propto T^3$) gefunden. Dies konnte 1911–1912 Peter Debye (1884–1966) durch eine genauere Analyse der möglichen Schwingungsmoden und ihrer Frequenzen erklären. Doch auch hier gilt, dass eine bestimmte Frequenzmode für Temperaturen unterhalb seiner Anregungsenergie ‚eingefroren' ist und praktisch keine Energie aufnehmen kann.

3.4 Atomspektren

Zum ersten Mal beobachtete William Hyde Wollaston (1766–1818) 1802 dunkle Linien im Sonnenspektrum. Systematisch untersucht wurden diese Linien von Joseph von Fraunhofer (1787–1826) in den Jahren nach 1814. Daher bezeichnet man diese *Absorptionslinien* auch als *Fraunhofer-Linien*. Später entdeckte man, dass diese Linien bestimmten chemischen Elementen zugeordnet werden können. Ein Atom oder Molekül kann aus eingestrahltem Licht bestimmte Frequenzen absorbieren, die es dann wieder (richtungsunabhängig) emittiert. Ein erstes qualitatives Verständnis dieser Linien gelang 1913 Niels Bohr (1885–1962) mit seinem Bohr'schen Atommodell.

Aus seinen Experimenten an Kathodenstrahlröhren entwickelte Joseph John Thomson (1856–1940) Anfang des 20. Jahrhunderts das Thomson'sche Atommodell. Er nahm an, dass ein Atom aus einer positiv geladenen, nahezu reibungsfreien Substanz besteht, in der sich die Elektronen mit insgesamt kompensierender negativer Ladung bewegen können. Ernest Rutherford (1871–1937) schloss aus seinen Experimenten 1911, dass die positive Ladung eines Atoms in einem sehr kleinen Atomkern konzentriert sein muss und die Elektronen auf Bahnen weit entfernt um diesen Atomkern kreisen. Dies bezeichnet man heute als das Rutherford'sche Atommodell.

Es blieb jedoch unerklärt, wieso Atome überhaupt stabil sind. Nach der Maxwell-Theorie hätte ein um einen Kern kreisendes Elektron, ähnliche wie eine elektrische Dipolschwingung, ständig elektromagnetische Strahlung abgeben und innerhalb eines Bruchteils einer Sekunde in den Kern stürzen müssen.

Diesen Widerspruch versuchte Niels Bohr 1913 durch drei Postulate zu umgehen, wobei diese Postulate allerdings teilweise im Widerspruch zur klassischen Theorie des Elektromagnetismus standen:

1. Elektronen bewegen sich nur auf bestimmten ‚erlaubten' Bahnen, auf denen sie keine Strahlung emittieren.
2. Ein Elektron kann durch Absorption oder Emission eines Lichtquants in eine energetisch höhere oder tiefere erlaubte Bahn springen, wobei die Energie $h\nu$ des absorbierten bzw. emittierten Photons der Energiedifferenz zwischen den beiden Zuständen entspricht.
3. Die erlaubten Bahnen eines Elektrons sind dadurch charakterisiert, dass der Drehimpuls L nur Werte annehmen kann, die ein ganzzahliges Vielfaches des reduzierten Planck'schen Wirkungsquantums $\hbar = h/2\pi$ sind.

Bohrs Formulierung des dritten Postulats lautete zwar anders, war aber letztendlich äquivalent zu der genannten Quantisierungsbedingung für den Drehimpuls.

Das Bohr'sche Atommodell konnte die Spektrallinien von einfachen Atomen – sowohl in der Absorption von Strahlung durch die Atome als Fraunhofer'sche Linien als auch in der Emission von Strahlung – gut erklären. In Abschn. 7.3.3 wird gezeigt, wie man im Rahmen einer semiklassischen Rechnung aus dem dritten Postulat die

Rydberg-Formel für die Energiezustände bzw. die Spektrallinien im Wasserstoffatom ableiten kann.

Eine experimentelle Bestätigung fand das Bohr'sche Atommodell in den Versuchen von James Franck (1882–1964) und Gustav Hertz (1887–1975). In den Jahren 1911 bis 1914 konnten sie nachweisen, dass man die diskreten Zustände in Atomen auch durch Elektronenstöße anregen kann.

Nachdem die Quantentheorie Mitte der 20er Jahre des letzten Jahrhunderts ausgereift war, wurde das Bohr'sche Atommodell zugunsten der quantenmechanischen Beschreibung – Elektronenzustände als stationäre Wellen – aufgegeben. Trotzdem ist das Bohr'sche Atommodell außerhalb von Physik und Chemie in der allgemeinen Vorstellung immer noch sehr verbreitet.

3.5 Zeeman- und Stark-Effekt

Unter dem Zeeman-Effekt versteht man allgemein die Aufspaltung einer Spektrallinie, wenn sich die emittierende Materie in einem Magnetfeld befindet. Entsprechend bezeichnet der Stark-Effekt die Linienaufspaltung in einem elektrischen Feld.

Die Aufspaltung der Spektrallinien in einem Magnetfeld wurde erstmals 1896 von Pieter Zeeman (1865–1943) nachgewiesen. Bereits 1892 hatte Hendrik Antoon Lorentz (1853–1928) einen solchen Effekt postuliert, indem er als Ursache für das von Atomen emittierte Licht eine Bewegung der Atome (nicht der einzelnen Elektronen in den Atomen; das Thomson'sche Atommodell gab es noch nicht) annahm. Lorentz hatte nicht nur eine Aufspaltung vorhergesagt, sondern auch richtig angegeben, welche Polarisationen das emittierte Licht haben sollte, wenn man es unter einer bestimmten Richtung relativ zur Magnetfeldrichtung beobachtet. Zeeman und Lorentz erhielten 1902 für ihre Entdeckungen den Nobelpreis für Physik.

Lorentz hatte angenommen, dass die Spektrallinien durch Ladungsträger (er nannte sie ‚Ionen', da Elektronen als Bestandteile der Atome noch nicht bekannt waren) erzeugt wurden, die mit den beobachteten Frequenzen ω_n schwingen. Er hatte kurz zuvor die heute nach ihm benannte Lorentz-Kraft entdeckt und daraus geschlossen, dass auf die schwingenden Ladungen in einem Magnetfeld diese zusätzliche Kraft wirkt, welche die Schwingungsfrequenzen verändert. Für Schwingungskomponenten eines Ladungsträgers mit Ladung q senkrecht zum Magnetfeld B entspricht diese Änderung in der Frequenz $\Delta\omega$ genau der sogenannten Larmor-Frequenz $\omega_L = \frac{qB}{2m}$, also $\Delta\omega = \pm\omega_L$; das Vorzeichen hängt von der relativen Umlaufrichtung ab. Für die Schwingungsanteile parallel zu B tritt keine Frequenzänderung auf, da in diesem Fall keine Lorentz-Kraft wirkt. Lorentz hatte für die Masse m der Ladungsträger allerdings Atommassen angenommen, wodurch der Effekt um drei Größenordnungen kleiner vorhergesagt wurde als schließlich von Zeeman gemessen. Die Vorhersage von Lorentz bezog sich nicht nur auf die Aufspaltung der Linien, sondern er konnte sogar vorhersagen, dass in Richtung des Magnetfelds nur zwei um $\pm\omega_L$ verschobene Frequenzen gemessen werden, die zirkular polarisiert sind, wohingegen in Richtung senkrecht zum Magnetfeld auch die ursprüngliche (nicht verschobene) Frequenz ω_n gemessen wird, und zwar mit linearer Polarisation mit der Polarisationsrichtung in Richtung des Magnetfelds. Die beiden anderen Frequenzen $\omega_n \pm \omega_L$ werden mit Polarisationsrichtungen senkrecht zur Magnetfeldrichtung gemessen. Diese Vorhersagen stimmten mit den Beobachtungen von Zeeman überein.

Das Modell von Lorentz sagte also für jede Frequenz ω_n eine Aufspaltung in drei Linien ω_n, $\omega_n \pm \omega_L$ vorher. Solche Aufspaltungen wurden auch gefunden und man nannte sie *normaler Zeeman-Effekt*. Allerdings war dieser normale Zeeman-Effekt eher die Ausnahme. Man fand sehr viele Linien, die sich im Magnetfeld gar nicht oder in zwei, vier, fünf oder mehr Linien aufspalteten. Diese Aufspaltungen bezeichnete man als *anomalen Zeeman-Effekt*. (Heute bezeichnet man meist eine Aufspaltung in eine ungerade Anzahl von Linien als normalen Zeeman-Effekt und eine Aufspaltung in eine gerade Anzahl von Linien – hier spielt der Spin des Elektrons eine Rolle – als anomalen Zeeman-Effekt.) Bei sehr starken Magnetfeldern ändert sich das Aufspaltungsmuster des anomalen Zeeman-Effekts, da die Kopplung von Spin und Bahndrehimpuls aufgehoben wird. In diesem Fall spricht man vom Paschen-Back-Effekt. Er wurde 1921 entdeckt.

Durch das Bohr'sche Atommodell glaubte man, den Ursprung der Spektrallinien im Prinzip verstanden zu haben. Um jedoch die komplizierten Muster der Aufspaltungen dieser Linien im Magnetfeld beschreiben zu können, entwickelte Arnold Sommerfeld (1868–1951) in den Jahren 1915/1916 eine Verallgemeinerung des Bohr'schen Atommodels, das neben reinen Kreisbahnen auch elliptische Bahnen als ,erlaubte' Bahnkurven für Elektronen vorsah.

Heute erklärt man den Zeeman-Effekt mit einem magnetischen Moment $\boldsymbol{\mu}$ der Teilchen, die in einem Magnetfeld $\mathbf{B}$ einen zusätzlichen Beitrag zur Energie H erhalten:

$$H_\mu = -\boldsymbol{\mu} \cdot \mathbf{B} \tag{3.13}$$

Das magnetische Moment zu einem elektrischen Strom $\mathbf{j}$ ist

$$\boldsymbol{\mu} = \frac{1}{2}(\mathbf{r} \times \mathbf{j}). \tag{3.14}$$

Der Strom eines geladenen Teilchens (Ladung e), das sich beispielsweise mit der Geschwindigkeit $\mathbf{v}$ auf einer Kreisbahn bewegt, ist $\mathbf{j} = e\mathbf{v}$, sodass wir

$$\boldsymbol{\mu} = \frac{e}{2m}(\mathbf{r} \times m\mathbf{v}) = \frac{e}{2m}\mathbf{L} \tag{3.15}$$

erhalten. Dies entspricht der Larmor-Frequenz und beschreibt im Wesentlichen den Einfluss der Lorentz-Kraft auf ein solches System.

Ganz allgemein setzt man die Beziehung zwischen dem Drehimpuls $\mathbf{L}$ eines geladenen Teilchens und dem dadurch erzeugten magnetischen Moment in der Form

$$\boldsymbol{\mu} = \gamma \mathbf{L} \tag{3.16}$$

an, wobei γ das *gyromagnetische Verhältnis* angibt. In der Quantenmechanik spaltet man dieses meist in das *Bohr'sche Magneton*

$$\mu_B = \frac{e\hbar}{2m} \qquad (3.17)$$

sowie den sogenannten g-Faktor auf, wobei der Drehimpuls in Einheiten von $\hbar$ angegeben wird:

$$\gamma \mathbf{L} = g\mu_B \frac{\mathbf{L}}{\hbar} \qquad (3.18)$$

Für einen einfachen Bahndrehimpuls ist $g = 1$, für den Spin eines Elektrons ergibt sich aus der Dirac-Gleichung ein g-Faktor von $g_e = 2$. Quantenfeldtheoretische Korrekturen führen zu einem etwas höheren g-Wert.

Wie wir in Abschn. 7.2 sehen werden, kann der Bahndrehimpuls von Elektronen in Einheiten von $\hbar$ nur ganzzahlige Werte ($l = 0, 1, 2\ldots$) annehmen und für die Komponente in Richtung des Magnetfelds (die sogenannte magnetische Quantenzahl m) ergibt sich $m = 0, \pm 1, \ldots, \pm l$. Das erklärt die Aufspaltung der Spektrallinien in 1 (keine Aufspaltung), 3, 5, ... Linien. Dies gilt allerdings nur, wenn der Gesamtspin des Atoms verschwindet. Einzelne Elektronen haben jedoch einen Spin ($\frac{1}{2}$ in Einheiten von $\hbar$), sodass wegen der Spin-Bahn-Kopplung nun der Gesamtdrehimpuls halbzahlig ist und es eine gerade Anzahl magnetischer Quantenzahlen gibt. Dadurch erklärt sich die Aufspaltung in eine gerade Anzahl von Linien (der anomale Zeeman-Effekt).

Man unterscheidet noch weitere Formen des Zeeman-Effekts (quadratischen Zeeman-Effekt oder Zeeman-Effekt an Atomkernen etc.), auf die hier aber nicht eingegangen werden soll.

Der Stark-Effekt wurde 1913 von Johannes Stark (1874–1957) entdeckt. Er beruht auf einem elektrischen Dipolmoment $\mathbf{p}$ eines Atoms, das in einem elektrischen Feld $\mathbf{E}$ einen Energiebeitrag

$$H = \mathbf{p} \cdot \mathbf{E} \qquad (3.19)$$

liefert. Besitzt das Atom ein permanentes Dipolmoment, beschreibt obiger Term den *linearen Stark-Effekt*. Bei Atomen ohne permanentes Dipolmoment induziert das angelegte elektrische Feld ein Dipolmoment $\mathbf{p} \propto \mathbf{E}$, was dann zu einem *quadratischen Stark-Effekt* führt.

3.6 Die Compton-Streuung

Die 1922 von Sir Arthur Compton (1892–1962) beobachtete Streuung von hochenergetischen Photonen (Röntgenstrahlung) an Elektronen zeigte mehrere Effekte (Abb. 3.3):

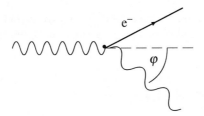

Abb. 3.3 Trifft ein hochenergetisches Photon auf ein Elektron, kommt es zu einem Stoßprozess ähnlich der gewöhnlichen Teilchenstreuung. Das gestreute Photon besitzt eine geringere Energie und daher eine größere Wellenlänge

- Auch anfänglich ruhende Elektronen erhalten durch die Streuung einen Impuls wie bei einem Stoß.
- Das gestreute Licht zeigt eine ausgeprägte Winkelabhängigkeit.
- Die Wellenlänge des gestreuten Lichts ist größer als die der einfallenden Strahlung und hängt mit dem Streuwinkel zusammen (je größer der Streuwinkel, umso größer die Änderung der Wellenlänge).

Diese Effekte waren im Rahmen einer klassischen Beschreibung der Streuung von Licht an einem geladenen Teilchen schwer verständlich: Nach der klassischen Vorstellung soll das ruhende geladene Teilchen durch die einfallende Strahlung zu Schwingungen angeregt werden. Diese Schwingungen wiederum erzeugen eine Dipolstrahlung mit derselben Frequenz wie die einfallende Strahlung. Näherungsweise wird ein solches Verhalten tatsächlich bei großen Wellenlängen beobachtet.

Die Compton-Streuung findet ihre natürliche Erklärung ebenfalls in einem Teilchenbild von elektromagnetischer Strahlung. Ein einzelnes Photon mit der Energie $E = h\nu$ und zugehörigem Impuls $p = E/c$ trifft auf das Elektron und überträgt bei diesem Stoß einen Teil seiner Energie und seines Impulses auf das Elektron. Dadurch wird ein anfänglich ruhendes Elektron in eine bestimmte Richtung gestreut und das Photon entsprechend dem Impulsübertrag in eine andere Richtung, sodass Gesamtimpuls und -energie erhalten bleiben. Da die Energie des Photons durch den Stoß abnimmt, hat das gestreute Photon eine kleinere Frequenz bzw. eine größere Wellenlänge. Eine ausführliche Rechnung ergibt

$$\Delta\lambda = \frac{h}{mc}(1 - \cos\varphi), \qquad (3.20)$$

wobei $\Delta\lambda$ die Änderung der Wellenlänge und φ den Streuwinkel bezeichnen. h ist das Planck'sche Wirkungsquantum und m die Masse des Teilchens. Die Größe

$$\lambda_C = \frac{h}{mc} \qquad (3.21)$$

bezeichnet man als *Compton-Wellenlänge*. (Manchmal ersetzt man h auch durch die reduzierte Planck'sche Konstante $\hbar$.) Da h und c Naturkonstanten sind, definiert die Compton-Wellenlänge für ein Teilchen der Masse m eine natürliche Längenskala.

Ist die Wellenlänge der einfallenden Strahlung wesentlich größer als die Compton-Wellenlänge, beobachtet man das klassische Streuverhalten von Licht an geladenen Teilchen.

3.7   Das Stern-Gerlach Experiment

Im Jahre 1922 wollten Otto Stern (1888–1969) und Walther Gerlach (1889–1979) das Bohr-Sommerfeld'sche Atommodell testen. Nach diesem Modell besitzt ein Elektron einen Bahndrehimpuls, und nach der klassischen Theorie des Elektromagnetismus sollte zu einem Bahndrehimpuls eines geladenen Teilchens auch ein magnetisches Moment gehören. Anders als beim Zeeman-Effekt, wo eine Aufspaltung der Energieniveaus eines Atoms in einem Magnetfeld beobachtet wird, wollten Stern und Gerlach die Kraft messen, die auf ein magnetisches Moment in einem Magnetfeld wirkt. Allerdings darf dieses Magnetfeld nicht konstant (homogen) sein, da in diesem Fall der Potenzialterm in der Energie nicht zu einer Kraft führt. Erst ein inhomogenes (vom Ort abhängiges) Magnetfeld besitzt einen Gradienten, und damit wirkt auf ein magnetisches Moment eine Kraft. Je nach der Ausrichtung des magnetischen Moments erwartete man, dass die Atome, die durch ein inhomogenes Magnetfeld treten, in eine bestimmte Richtung abgelenkt werden.

Otto Stern und Walter Gerlach verwendeten einen Strahl aus Silberatomen. Heute wissen wir, dass ein Silberatom ein einzelnes Elektron in der sogenannten $5s$-Schale besitzt. Die ersten drei Schalen sind voll besetzt, allerdings sind in der vierten Schale nur die $l = 0$-, 1- und 2-Orbitale besetzt; das mögliche Orbital zu $l = 3$ ist leer, da der $5s$-Zustand eine geringere Energie besitzt. Damals war jedoch die genaue Elektronenstruktur der chemischen Elemente noch nicht bekannt. Allerdings hatten Stern und Gerlach das magnetische Moment von Silber gemessen und einen Wert von einem Bohr'schen Magneton erhalten, wie man es für einen Bahndrehimpuls von $l = 1$ erwarten würde. Die Silberatome wurden mit einer mehr oder weniger wohldefinierten Geschwindigkeit durch das inhomogene Magnetfeld gelenkt und trafen hinter dem Magnetfeld auf eine Nachweisplatte, auf der nach einer Weile eine Verteilung der Silberatome sichtbar wurde (siehe Abb. 3.4).

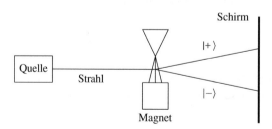

Abb. 3.4 Beim Stern-Gerlach Experiment tritt ein Atomstrahl (Silber) durch ein inhomogenes Magnetfeld. Je nach der Orientierung des Spins relativ zu diesem Magnetfeld wird der Strahl nach oben oder unten abgelenkt

Sehr zur Überraschung der beiden Experimentatoren, die wie bei dem damals schon bekannten Zeeman-Effekt eine Aufspaltung in drei Teilstrahlen vermutet hatten, zeigten sich auf der Platte jedoch nur zwei Bereiche. Dieses Ergebnis ließ sich nach dem Bohr-Sommerfeld'schen Atommodell nicht erklären.

Wolfgang Pauli postulierte 1925 für das Elektron eine zusätzliche, 2-wertige Quantenzahl, die später die Bezeichnung ‚Spin' erhielt. (Pauli selbst hat diesen Namen vermieden, da er die Vorstellung eines um eine Achse rotierenden Elektrons ablehnte.) Außerdem stellte er in diesem Zusammenhang das *Pauli'sche Ausschließungsprinzip* auf, wonach jeder elektronische Quantenzustand in einem Atom nur von einem Elektron besetzt sein darf.

Eine exakte Behandlung des Elektronenspins und seiner Deutung wird erst im Rahmen der Dirac-Gleichung möglich. Diese (relativistische) Verallgemeinerung der Schrödinger-Gleichung beschreibt geladene Spin-$\frac{1}{2}$-Teilchen. Sie liefert für den Spin auch den richtigen g-Faktor $g = 2$. Dies erklärt das von Stern und Gerlach gemessene magnetische Moment von Silberatomen: Ein Spin-$\frac{1}{2}$-Teilchen mit einem g-Faktor von $g = 2$ hat dasselbe magnetische Moment wie ein einfaches, geladenes Teilchen mit Drehimpuls $l = 1$ und g-Faktor $g = 1$. In Abschn. 7.4 wird beschrieben, wie man den Spin in einer nichtrelativistischen Formulierung berücksichtigen und damit das Stern-Gerlach-Experiment erklären kann.

Das inhomogene Magnetfeld wirkt somit auf ein Atom mit einem freien Spin ähnlich wie ein polarisationsabhängiger Strahlteiler (Polwürfel) auf ein Photon: Je nach der Spin- bzw. Polarisationsrichtung wird ein Teilchen in die eine oder andere Richtung abgelenkt. Umgekehrt kann man mit einem geeignet adjustierten, inhomogenen Magnetfeld auch zwei Strahlen mit entgegengesetzten Spin-Orientierungen wieder zusammenführen. Auch diesen Effekt hatten wir bei Polwürfeln beobachtet. Damit lassen sich mit diesen Anordnungen ganz ähnliche Experimente wie in der Optik mit Polarisationen durchführen.

3.8 Wie ging es weiter?

Dieser letzte Abschnitt weicht von den anderen Abschnitten in diesem Kapitel ab, da nun nicht mehr die Experimente im Vordergrund stehen, sondern kurz die weitere historische Entwicklung der Quantentheorie angedeutet werden soll. Viele Themen werden später nochmals aufgegriffen und eingehender behandelt. Eine ausführliche Darstellung der historischen Ereignisse findet man beispielsweise in [36,49,52,54].

1923: Louis de Broglie (1892–1987) entwickelte seine Vorstellung von Materiewellen, die er in seiner Doktorarbeit von 1924 zusammenfasste (vgl. Abschn. 2.2). Damit wurde der Welle-Teilchen-Dualismus, der bisher nur für Photonen galt, auf sämtliche materielle Teilchen erweitert und es entstand ein einheitliches Bild der Materie. Die nach diesem Bild vorhergesagten Beugungserscheinungen für Elektronen wurden 1927 von Davisson und Germer beobachtet.

1925: Werner Heisenberg (1901–1976) deutete die klassischen Observablen (Ort, Impuls, Energie etc.) in einer Quantentheorie nicht mehr als ‚Eigenschaften' von Objekten, sondern als Ausdruck von ‚Übergängen' zwischen verschiedenen

Zuständen dieser Objekte bei einer Messung dieser Eigenschaften. In Zusammenarbeit mit Max Born (1882–1970) und Pascual Jordan (1902–1980) entstand daraus 1926 die sogenannte Matrizenmechanik [15].

1926: Erwin Schrödinger (1887–1961) stellte die Schrödinger-Gleichung auf und gelangte damit zu einer Formulierung der Quantenmechanik durch eine partielle Differentialgleichung. Diese Formulierung erhielt im Folgenden die Bezeichnung *Wellenmechanik*. Im Gegensatz zur *Matrizenmechanik*, welche für die Übergänge zwischen Zuständen *Quantensprünge* postuliert, wird die zeitliche Entwicklung von Quantensystemen hier kontinuierlich beschrieben. Das fundamentale mathematische Objekt (die Wellenfunktion), welches den Zustand beispielsweise eines Elektrons beschreibt, interpretierte Schrödinger noch als eine Ladungsdichteverteilung. Diese Interpretation konnte später nicht aufrechterhalten werden. Allerdings konnte Schrödinger noch im selben Jahr beweisen, dass seine Wellenmechanik und Heisenbergs Matrizenmechanik in einem formalen mathematischen Sinne äquivalent sind.

Im selben Jahr formulierte Max Born (1882–1970) die Wahrscheinlichkeitsinterpretation der Wellenfunktion und legte damit den Grundstein für die wahrscheinlichkeitstheoretische Deutung der Quantentheorie [16]. Bei dieser ‚ersten Version‘ der Wahrscheinlichkeitsinterpretation dachte Born noch an eine Unkenntnis der tatsächlichen Zusammenhänge. Diese Interpretation musste jedoch bald aufgegeben werden. Sie steht z. B. im Widerspruch zum Doppelspaltexperiment: Eine reine Unkenntnis des Spalts, durch den ein Teilchen tritt, könnte die Interferenz nicht erklären.

1926/1927: Werner Heisenberg entwickelte aus Diskussionen mit Niels Bohr die Unschärferelationen; umgekehrt entstand bei Bohr aus diesem gedanklichen Austausch das Konzept der sogenannten Komplementarität. Die Vorstellung klassischer Teilchenbahnen, beispielsweise von Elektronen in einem Atom, ließ sich damit nicht mehr halten.

1927: Aus den Diskussionen zwischen Heisenberg und Bohr sowie der Wahrscheinlichkeitsdeutung von Born kristallisierte sich die sogenannte ‚Kopenhagener Deutung‘ der Quantenmechanik heraus. Auf der 5. Solvay-Konferenz in Brüssel im Oktober 1927 setzte sich diese Interpretation der Quantenmechanik – hauptsächlich vertreten durch Bohr, Heisenberg, Born, Dirac, Pauli und Kramers – nach teilweise hitzigen Diskussionen mit den Zweiflern an dieser Interpretation – Einstein, de Broglie und Schrödinger – durch.

1928: Paul Dirac (1902–1984) formulierte die Dirac-Gleichung für relativistische Elektronen. Aus dieser Gleichung folgt die Existenz eines Antiteilchens (Positron) mit entgegengesetzter Ladung, aber ansonsten gleichen Eigenschaften (Masse, Spin) wie das Elektron. Dieses Teilchen wurde vier Jahre später von Carl David Anderson (1905–1991) in der Höhenstrahlung entdeckt.

Damit war die Entwicklung der Quantenmechanik zu einem ersten Abschluss gekommen und die kommenden Jahre zeichneten sich durch die Anwendung des neuen Formalismus auf unterschiedliche physikalische Systeme und die Vertiefung des Verständnisses der mathematischen Strukturen aus. Versuchte Einstein anfänglich noch, durch geschickt konstruierte Gedankenexperimente zu beweisen, dass die Quantenmechanik (insbesondere die Unschärferelationen) inkonsistent sei, gab er diese Versuche um 1930 auf, nachdem systematischere Analysen dieser Gedankenexperimente – meist durch Bohr – immer wieder zugunsten der Quantenmechanik ausgefallen waren. Die folgende Auswahl von Ereignissen, die für die Grundlagen der Quantenmechanik von Bedeutung waren, ist sehr subjektiv und bei weitem nicht vollständig:

1932: Es erschien das Buch ‚Mathematische Grundlagen der Quantentheorie' [61] von Johann von Neumann, das die noch vorhandenen Unsicherheiten im Zusammenhang mit unendlichdimensionalen Vektorräumen auf eine mathematisch gesicherte Grundlage stellte. In diesem Buch bewies von Neumann auch, dass sich die Quantenmechanik nicht durch Erweiterung um zusätzliche (nicht beobachtbare) Freiheitsgrade im Rahmen eines klassischen Formalismus erklären lässt. Dies ist eines der bekanntesten ‚No-Go'-Theoreme der Physik (siehe auch Abschn. 19.1).

1935: Albert Einstein, Boris Podolsky und Nathan Rosen schrieben einen Artikel [26], in welchem sie zwei Teilchen in einem sogenannten verschränkten Zustand betrachteten und durch eine geschickte (gedankliche) experimentelle Anordnung glaubten zeigen zu können, dass die Quantenmechanik unvollständig ist und nicht allen physikalischen Freiheitsgeraden Rechnung trägt. Dieses heute als EPR-Paradoxon bekannte Gedankenexperiment ist immer noch Gegenstand hitziger Diskussionen. Es steht zwar nicht im Widerspruch zur Quantenmechanik, zeigt aber doch die Existenz eigenartiger Korrelationen, sogenannter *Quantenkorrelationen,* die sich im Rahmen eines klassischen Weltbilds nicht so ohne Weiteres erklären lassen.

1952: David Bohm [12] zeigte anhand einer expliziten Formulierung der Quantenmechanik in Form von Wellen *und* Teilchen, dass eine Interpretation der quantenmechanischen Beobachtungen ihm Rahmen eines auf klassischen Feldern und Teilchen beruhenden Formalismus möglich ist. Seine Absicht war zu beweisen, dass von Neumann bei seinem ‚No-Go'-Theorem offenbar von physikalisch nicht notwendigen Annahmen ausgegangen sein musste, ohne allerdings die genauen Zusammenhänge klären zu können. Dieses zunächst als reines Gegenbeispiel gedachte Modell bezeichnet man heute als ‚Bohm'sche (Quanten-)Mechanik'. Ein ähnliches Modell hatte schon 1927 Louis de Broglie entwickelt, diese Ideen aber wegen der fehlenden Akzeptanz (unter anderem auf der Solvay-Konferenz) wieder aufgegeben.

1964/1966: In zwei Arbeiten klärte John Bell (1928–1990) die scheinbaren Widersprüche zwischen dem Beweis von Neumanns und dem Modell von Bohm. In diesem Zusammenhang formulierte er eine Klasse von Ungleichungen (heute als Bell'sche Ungleichungen bekannt), die jede klassische, lokale (ohne instantane Fernwirkungen) Theorie mit objektiven (von der Beobachtung unabhängigen) Eigenschaften erfüllen muss, die aber in der Quantenmechanik verletzt sein können.

1982: Nach vielen Experimenten mit teils mehrdeutigen Ergebnissen gelang es Alain Aspect zu zeigen, dass die quantenmechanischen Vorhersagen stimmen und die Bell'schen Ungleichungen verletzt sind [1,2]. Damit wurde gleichzeitig gezeigt, dass die Quantenmechanik eine ‚nichtlokale' Theorie ist, wobei allerdings immer noch diskutiert wird, in welchem Sinne diese scheinbare Form der Nichtlokalität tatsächlich zu verstehen ist.

Von einer allgemein akzeptierten Interpretation der Quantenmechanik sind wir immer noch weit entfernt. Einen ausgezeichneten Überblick über die historische Entwicklung der Quantenmechanik und insbesondere die verschiedenen Interpretationen der Quantenmechanik (zumindest bis in die 70er Jahre des letzten Jahrhunderts) gibt das Buch von Max Jammer [49]. Diese Fragen spielen für die Anwendungen der Quantenmechanik, ihre Vorhersagekraft oder auch ihre mathematische Beschreibung der Beobachtungen keine Rolle, weshalb sie auch oftmals im Rahmen der Physik nicht diskutiert werden. Kap. 18 gibt einen kleinen Überblick zu den verschiedenen interpretatorischen Ansätzen.

Teil II
Die Grundlagen der Quantentheorie

Die Zuordnung gewisser Themengebiete zu den ‚Grundlagen' der Quantentheorie wird immer vom jeweiligen Autor abhängen und dementsprechend werden verschiedene Autoren auch verschiedene Gewichtungen vornehmen. Trotzdem gibt es gewisse Dinge, auf die man in einer Abhandlung zur Quantentheorie nicht verzichten kann. Neben einer kurzen Einführung in die Theorie der Hilbert-Räume (bzw. der komplexen Vektorräume mit Skalarprodukt) – das mathematische Rüstzeug der Quantentheorie – zählt dazu sicherlich das ‚Kochrezept der Quantentheorie', worunter ich die Postulate verstehe, mit denen man einem physikalischen System ein mathematisches Modell zuordnen kann sowie die Übersetzungsvorschrift, wie man von den mathematischen Ergebnissen wieder zu physikalisch beobachtbaren Größen gelangt.

Ebenfalls unabdingbar ist die Lösung der Schrödinger-Gleichung für einfache Potenzialsysteme: das Kastenpotenzial, der harmonische Oszillator und die Behandlung des Coulomb-Problems bzw. des nichtrelativistischen Wasserstoffatoms. In diesem Zusammenhang werden auch die Kugelflächenfunktionen und ihr Bezug zum Bahndrehimpuls in der Quantentheorie betrachtet und es erfolgt eine erste Einführung in die Behandlung des Elektronenspins. Die Regeln für das ‚Kochrezept' der Quantentheorie werden erst vollständig, wenn man noch die Behandlung von Mehrteilchensystemen, insbesondere von Systemen identischer Teilchen, beschreibt. In diesem Zusammenhang lässt sich auch der wichtige Begriff der ‚Verschränkung' einführen.

Etwas ausführlicher als in vielen anderen Lehrbüchern gehe ich an dieser Stelle auf die Arbeit von Einstein, Podolsky und Rosen (EPR) und auf die Bell'schen Ungleichungen ein. Dies erscheint mir unumgänglich, wenn man auch die philosophischen Grundlagen und Probleme der Quantentheorie ansprechen möchte.

Das letzte Kapitel dieses Teils, Kap. 9, bezieht sich speziell auf Zweizustand-Systeme. Solche Systeme spielen eine zunehmend wichtige Rolle in Bereichen des Quantum Computings, der Quantenkryptographie und ganz allgemein der Quanteninformation. Zweizustand-Systeme werden von verschiedenen physikalischen Systemen realisiert, unter anderem der Polarisation von Photonen oder dem Spin des Elektrons.

Das mathematische Rüstzeug

In diesem Kapitel werden die mathematischen Grundlagen für den Formalismus der Quantenmechanik behandelt. Die Erfahrung (z. B. die Polarisationsexperimente bei Photonen sowie das Doppelspaltexperiment bei Elektronen) hat gezeigt, dass man in der Quantentheorie Superpositionen von Zuständen betrachten kann, die selbst wieder realisierbare Zustände sind. Somit liegt es nahe, Zustände als Elemente eines Vektorraums darzustellen. Wie schon in Kap. 2 angedeutet, haben wir es dabei möglicherweise mit unendlichdimensionalen Vektorräumen und den linearen Abbildungen zwischen solchen Räumen zu tun. Viele der technischen Schwierigkeiten im Zusammenhang mit dem mathematischen Formalismus der Quantenmechanik hängen mit dieser Unendlichkeit zusammen. Lineare Abbildungen (sogenannte Operatoren) zwischen solchen Räumen können unbeschränkt sein, d. h., endliche Vektoren (Vektoren mit einer endlichen Norm) werden auf unendliche Vektoren abgebildet. Es kann auch passieren, dass das Spektrum dieser Operatoren (bei endlichen Matrizen sind das die Eigenwerte) kontinuierlich ist. In diesem Fall besitzen die Operatoren streng genommen weder Eigenwerte noch Eigenzustände.

Ich werde gelegentlich auf die besonderen Probleme im Zusammenhang mit unendlichdimensionalen Vektorräumen hinweisen (und Kap. 10 in Teil III wird einige dieser Besonderheiten genauer betrachten), aber der Schwerpunkt soll nicht auf diesen technischen Details liegen. Sie tragen nur selten zu einem besseren Verständnis der Quantenmechanik bei und spielen in erster Linie bei expliziten Berechnungen eine Rolle. Der Schwerpunkt dieses Quantenmechanik-Kurses soll auf den Aspekten liegen, die zu einem besseren Verständnis dieser Theorie führen.

Was man wissen sollte

Komplexe Vektorräume, hermitesches Skalarprodukt, Hilbert-Räume, die Norm von Vektoren und dualer Vektorraum sind Strukturen, die bekannt sein sollten, ebenso lineare Abbildungen (Operatoren und Matrizen). Auch einige Besonderheiten für unendlichdimensionale Hilbert-Räume (z. B. die mögliche Unbeschränktheit von

© Springer-Verlag GmbH Deutschland, ein Teil von Springer Nature 2019
T. Filk, *Quantenmechanik (nicht nur) für Lehramtsstudierende,*
https://doi.org/10.1007/978-3-662-59736-1_4

Operatoren und die topologische Abgeschlossenheit eines Hilbert-Raums) sollte
man kennen. Weiterhin sollte man wissen, was Eigenräume und Eigenwerte sind
(und den Zusammenhang zum Spektrum und den ,uneigentlichen Eigenzuständen'
eines Operators). Speziell sollten bekannt sein: selbstadjungierte Operatoren, Projektionsoperatoren und unitäre Operatoren. Der Funktionenraum der quadratintegrablen
Funktionen sowie die linearen Operatoren ,Multiplikation mit x' und ,Ableitung
nach x' und ihre Kommutatorbeziehungen sollte man kennen. Ebenso sollte man
wissen, was eine Fourier-Transformation ist und man sollte die wichtigsten Eigenschaften der Fourier-Transformation kennen. Man sollte mit der Bra-Ket-Notation
für Vektoren und Matrizen bzw. Operatoren umgehen können.

4.1   Vektorräume und physikalische Zustände

Wie wir teilweise schon gesehen haben und in Kap. 5 noch sehen werden, lässt sich
der Zustand eines quantenmechanischen Systems durch bestimmte Vektoren bzw.
Klassen von Vektoren in einem Vektorraum ausdrücken. Auf diesem Vektorraum
muss ein Skalarprodukt definiert sein, wodurch wir zu Hilbert-Räumen geführt werden. Wir behandeln zunächst das Konzept des Hilbert-Raums und führen die in der
Quantenmechanik häufig verwendete Bra-Ket-Notation von Dirac ein. Anschließend
beschäftigen wir uns mit linearen Abbildungen bzw. linearen Operatoren zwischen
solchen Vektorräumen.

4.1.1   Hilbert-Räume

Vereinfacht ausgedrückt ist ein Hilbert-Raum ein (vollständiger) komplexer Vektorraum mit einem Skalarprodukt. Für manche Autoren sind Hilbert-Räume immer
abzählbar unendlichdimensional. In diesem Fall kann man zeigen, dass alle Hilbert-
Räume (als komplexe Vektorräume mit hermiteschem Skalarprodukt) isomorph sind.

Ich werde auch endlichdimensionale komplexe Vektorräume mit einem (hermiteschen) Skalarprodukt als Hilbert-Raum bezeichnen. In diesem Fall sind zwei Vektorräume nur dann isomorph, wenn sie dieselbe Dimension haben.

Definition 4.1 Ein *komplexer Vektorraum* ist eine Menge $\mathcal{H}$, auf der zwei Verknüpfungen

$$+ : \mathcal{H} \times \mathcal{H} \longrightarrow \mathcal{H} \tag{4.1}$$

$$\cdot : \mathbb{C} \times \mathcal{H} \longrightarrow \mathcal{H} \tag{4.2}$$

definiert sind, sodass folgenden Bedingungen gelten:

$$\forall\, x, y \in \mathcal{H} \text{ gilt } \quad x + y = y + x \qquad \text{(Kommutativität)}$$
$$(4.3)$$

$$\forall\, x, y, z \in \mathcal{H} \text{ gilt } \quad x + (y + z) = (x + y) + z \qquad \text{(Assoziativität)}$$
$$(4.4)$$

$$\exists\, 0 \in \mathcal{H} \text{ sodass } \forall\, x \in \mathcal{H} \quad x + 0 = 0 + x = x \qquad \text{(Nullvektor)}$$
$$(4.5)$$

$$\forall\, x \in \mathcal{H} \; \exists (-x) \in \mathcal{H} \text{ sodass } \quad x + (-x) = (-x) + x = 0$$
$$\text{(Existenz eines Inversen)} \qquad (4.6)$$

$$\forall\, x \in \mathcal{H} \text{ und } \forall\, \alpha, \beta \in \mathbb{C} \text{ gilt } \quad \alpha \cdot (\beta \cdot x) = (\alpha\beta) \cdot x$$
$$\text{(Assoziativität der Multiplikation)} \qquad (4.7)$$

$$\forall\, x, y \in \mathcal{H} \text{ und } \forall\, \alpha \in \mathbb{C} \text{ gilt } \quad \alpha \cdot (x + y) = \alpha \cdot x + \alpha \cdot y \qquad \text{(Distributivgesetz)}$$
$$(4.8)$$

$$\forall\, x \in \mathcal{H} \text{ und } \forall\, \alpha, \beta \in \mathbb{C} \text{ gilt } \quad (\alpha + \beta) \cdot x = \alpha \cdot x + \beta \cdot x \qquad (4.9)$$

$$\forall\, x \in \mathcal{H} \text{ gilt } \quad 1 \cdot x = x \qquad (4.10)$$

Bezüglich der Addition von Vektoren handelt es sich somit um eine abelsche (d. h. kommutative) Gruppe. Den Punkt für die Multiplikation mit den komplexen Zahlen werde ich im Folgenden weglassen und statt $\alpha \cdot x$ einfach αx schreiben.

Definition 4.2 Ein Satz von Vektoren $\{x_i\}_{i=1,\dots,n}$, $(x_i \in \mathcal{H}$, $x_i \neq 0)$ heißt *linear unabhängig,* wenn aus der Beziehung

$$\sum_{i=1}^{n} \alpha_i x_i = 0 \quad \text{folgt} \quad \alpha_i = 0 \; \forall i. \qquad (4.11)$$

Die maximale Zahl n, für die linear unabhängige Vektoren existieren, bezeichnet man als die *Dimension* des Vektorraums. Für einen Vektorraum der Dimension d bilden d linear unabhängige Vektoren eine *Basis.* Jeder Vektor lässt sich als Linearkombination dieser Basis schreiben.

Definition 4.3 Ein (nicht entartetes, positiv definites) *hermitesches Skalarprodukt* (manchmal spricht man auch von einem *unitären* Skalarprodukt) ist eine Abbildung

$$(\cdot, \cdot) \; : \; \mathcal{H} \times \mathcal{H} \longrightarrow \mathbb{C}, \qquad (4.12)$$

für die gilt:

$$\forall\, x, y \in \mathcal{H} : \; (x, y) = (y, x)^* \qquad (4.13)$$

$$\forall\, x, y, z \in \mathcal{H} \text{ und } \forall\, \alpha, \beta \in \mathbb{C} : \; (x, \alpha y + \beta z) = \alpha(x, y) + \beta(x, z) \qquad (4.14)$$

$$\forall\, x \in \mathcal{H} : \; (x, x) \geq 0 \text{ und } (x, x) = 0 \Leftrightarrow x = 0 \qquad (4.15)$$

Das Skalarprodukt ist also linear im zweiten Argument.[1] Für das erste Argument folgt zusammen mit der ersten Bedingung:

$$(\alpha x + \beta y, z) = \alpha^*(x, z) + \beta^*(y, z) \tag{4.16}$$

Das Skalarprodukt definiert eine *Norm* auf dem Vektorraum:

$$\|x\|^2 = (x, x) \tag{4.17}$$

Mit dieser Norm kann man

- die Länge bzw. den Betrag eines Vektors bestimmen,
- den Abstand von zwei Vektoren angeben: $\text{Dist}(x, y) = \|x - y\|$,
- auf dem Vektorraum eine Topologie definieren (also angeben, was offene Teilmengen sind).

Insbesondere erlaubt eine Norm zu definieren, wann eine Folge von Elementen eines Vektorraums konvergiert; man kann also über die Cauchy-Konvergenz von Folgen sprechen.

Definition 4.4 Zwei Vektoren $x, y \neq 0$ heißen *orthogonal,* wenn $(x, y) = 0$. Eine Basis $\{e_i\}$ heißt *Orthonormalbasis,* wenn für je zwei Elemente dieser Basis gilt: $(e_i, e_j) = \delta_{ij}$ (Kronecker-Delta).

Das sogenannte Gram-Schmidt-Verfahren (vgl. Übung 4.14) erlaubt die Konstruktion einer Orthonormalbasis, wenn eine beliebige Basis, also ein beliebiger vollständiger Satz linear unabhängiger Vektoren, gegeben ist.

Wir können nun die Definition eines Hilbert-Raums angeben:

Definition 4.5 Ein *Hilbert-Raum* ist ein Vektorraum mit einem (positiv definiten, nicht entarteten) Skalarprodukt, der bezüglich der induzierten Topologie vollständig ist. (Ein topologischer Raum heißt *vollständig,* wenn der Grenzwert jeder konvergenten Cauchy-Folge wieder Element dieses Raums ist.)

Die Forderung der Vollständigkeit ist für endlichdimensionale Hilbert-Räume über den reellen oder komplexen Zahlen nicht notwendig, da diese bereits vollständig sind. Für einen unendlichdimensionalen Hilbert-Raum muss die Vollständigkeit jedoch gefordert werden. Um der Unendlichkeit zumindest eine gewisse Grenze zu setzen, definieren wir den separablen Hilbert-Raum:

---

[1]Das ist eine in der Physik übliche Konvention. In der Mathematik fordert man oft die Linearität im ersten Argument.

Definition 4.6 Ein *separabler* Hilbert-Raum ist ein Hilbert-Raum mit einer abzählbaren Basis.

In der Quantenmechanik interessieren uns nur endlichdimensionale Hilbert-Räume (bei denen wir uns um die Vollständigkeit oder die Separabilität nicht zu kümmern brauchen) oder separable Hilbert-Räume. Ein separabler Hilbert-Raum hat die Eigenschaft, dass es Basen gibt, bei denen man die Basisvektoren durchnummerieren kann $(e_1, e_2, \ldots)$ Bezüglich einer solchen Basis kann man oftmals wie mit gewöhnlichen Vektoren oder Matrizen rechnen.

Die folgenden drei Beispiele spielen in der Quantentheorie eine besonders wichtige Rolle:

4.1.1.1 $\mathbb{C}^n$ – n-Tupel komplexer Zahlen

Die Menge aller n-Tupel komplexer Zahlen $\{(x_1, \ldots, x_n) | x_i \in \mathbb{C}\}$ bildet einen n-dimensionalen komplexen Vektorraum. Die Addition von Vektoren und die Multiplikation mit einer komplexen Zahl sind komponentenweise definiert:

$$(x_1, \ldots, x_n) + (y_1, \ldots, y_n) = (x_1 + y_1, \ldots, x_n + y_n) \tag{4.18}$$

$$\alpha(x_1, \ldots, x_n) = (\alpha x_1, \ldots, \alpha x_n) \tag{4.19}$$

Der Nullvektor ist $(0, 0, \ldots, 0)$ und für das Skalarprodukt gilt:

$$(x, y) = \sum_{i=1}^{n} x_i^* y_i \tag{4.20}$$

Die n Vektoren

$$e_i = (0, \ldots, 1, \ldots, 0) \quad (\text{1 an } i\text{-ter Stelle}) \tag{4.21}$$

bilden eine Orthonormalbasis.

4.1.1.2 ℓ_2 – Quadratsummierbare Folgen komplexer Zahlen

Die Menge aller abzählbar unendlichen, quadratsummierbaren Folgen von komplexen Zahlen $\{(x_1, x_2, x_3, \ldots) | x_i \in \mathbb{C}\}$, für die also gilt

$$\sum_{i=1}^{\infty} |x_i|^2 < \infty, \tag{4.22}$$

wird mit dem Skalarprodukt

$$(x, y) = \sum_{i=1}^{\infty} x_i^* y_i \tag{4.23}$$

ebenfalls zu einem Hilbert-Raum. Die abzählbar unendlich vielen Vektoren

$$e_i = (0, \ldots, 0, 1, 0, \ldots) \quad (\text{1 an } i\text{-ter Stelle}) \tag{4.24}$$

bilden wieder eine Orthonormalbasis.

4.1.1.3 $\mathcal{L}_2$ – Der Raum der quadratintegrablen Funktionen

Der dritte wichtige Hilbert-Raum besteht aus der Menge der quadratintegrablen bzw. quadratintegrierbaren Funktionen $\mathcal{L}_2(\mathbb{R}, dx)$ (kurz $\mathcal{L}_2$) über den reellen Zahlen. Eine Funktion $f : \mathbb{R} \to \mathbb{C}$ heißt dabei *quadratintegrabel* oder *quadratintegrierbar*, wenn gilt:

$$\int_{-\infty}^{+\infty} |f(x)|^2 \, dx < \infty \qquad (4.25)$$

Das Skalarprodukt ist definiert als:

$$(f, g) = \int_{-\infty}^{+\infty} f(x)^* g(x) \, dx \qquad (4.26)$$

Es gibt sehr viele Sätze von Basisfunktionen, die den Raum der quadratintegrablen Funktionen aufspannen, und einige davon werden wir bei konkreten Beispielen kennenlernen. Eine Basis für den Raum $\mathcal{L}_2(\mathbb{R}, dx)$ sind z. B. die Funktionen

$$f_k(x) = x^k e^{-x^2} \quad (k = 0, 1, 2, \ldots) \qquad (4.27)$$

allerdings sind diese Funktionen weder orthogonal noch normiert (in Abschn. 6.4 wird bei der Behandlung des harmonischen Oszillators ein ähnlicher Satz von Funktionen auftreten, der tatsächlich eine Orthonormalbasis bildet).

4.1.2   Der duale Vektorraum

Wir werden uns in Abschn. 4.2 noch eingehender mit linearen Abbildungen beschäftigen, wobei wir später hauptsächlich lineare Abbildungen von einem Hilbert-Raum in sich selbst betrachten werden. Von besonderer Bedeutung sind aber auch die linearen Abbildungen von einem Vektor- bzw. Hilbert-Raum in seinen Körper, hier also in die komplexen Zahlen. Diese linearen Abbildungen erfüllen die Bedingungen:

$$\omega : \mathcal{H} \to \mathbb{C}$$
$$\forall x, y \in \mathcal{H}, \forall \alpha, \beta \in \mathbb{C} : \omega(\alpha x + \beta y) = \alpha\omega(x) + \beta\omega(y) \qquad (4.28)$$

Die Menge aller Abbildungen dieser Art bildet wieder einen Vektorraum, den man als den *dualen Vektorraum* $\mathcal{H}^*$ bezeichnet. Für endlichdimensionale Vektorräume hat er dieselbe Dimension wie der Vektorraum selbst. Zu einer gegebenen Basis $\{x_i\}$ kann man eine *duale Basis* $\{\omega_i\}$ definieren, sodass $\omega_i(x_j) = \delta_{ij}$. Manchmal schreibt man bei endlichdimensionalen Vektorräumen die Vektoren als Spaltenvektoren und die dualen Vektoren als Zeilenvektoren (die man dann auch transponierte Vektoren nennt). Es handelt sich aber um Elemente verschiedener Mengen.

Ist auf einem Vektorraum ein Skalarprodukt gegeben (wie es bei Hilbert-Räumen der Fall ist), gibt es eine natürliche Abbildung, die jedem Vektor einen dualen Vektor zuordnet:

$$x \in \mathcal{H} \mapsto \omega_x = (x, \cdot) \in \mathcal{H}^* \quad \text{mit} \quad \omega_x(y) = (x, y) \, \forall \, y \in \mathcal{H} \qquad (4.29)$$

Bei endlichdimensionalen Vektorräumen ist diese Abbildung bijektiv. Bei unend-lichdimensionalen Vektorräumen muss dies nicht der Fall sein, allerdings besagt das Darstellungstheorem von Riesz, dass dies für Hilbert-Räume gilt.

In einem Vektorraum mit Skalarprodukt definiert ein vollständiger Satz ortho-normaler Vektoren $\{e_i\}$ – also eine Orthonormalbasis – einen besonderen Satz von Elementen des Dualraums: $\{\varepsilon_i = (e_i, \cdot)\}$. Diese Abbildungen ordnen einem Ele-ment y des Vektorraums seine Komponenten zu: $\varepsilon_i(y) = y_i = (e_i, y)$. Nur für eine Orthonormalbasis stimmen diese dualen Vektoren $\{\varepsilon_i\}$ mit der oben erwähnten dualen Basis $\{\omega_i\}$ überein.

4.1.3 Die Bra-Ket-Notation

1939 führte Paul Dirac eine Notation ein, die sich in der Quantenmechanik als sehr sinnvoll und hilfreich erwiesen hat und die daher in den meisten Büchern zur Quan-tenmechanik verwendet wird [25]. In dieser Notation wird ein Vektor des Hilbert-Raums durch einen *ket*-Vektor $|\cdot\rangle$ gekennzeichnet und ein dualer Vektor durch einen *bra*-Vektor $\langle\cdot|$. Die Bezeichnungen ‚bra' und ‚ket' stammen von Dirac und sind ein Wortspiel mit dem englischen Ausdruck ‚bracket' für Klammer. Der hier verwen-dete Punkt ‚·' in einem bra- oder ket-Vektor ist durch ein Symbol zu ersetzen, das ausdrückt, um welchen Vektor es sich handelt.

Statt also zu schreiben $x \in \mathscr{H}$, schreiben wir in Zukunft $|x\rangle \in \mathscr{H}$. Und für den dualen Vektor $(x, \cdot)$ schreiben wir in Zukunft $\langle x|$. Das Skalarprodukt von zwei Vektoren – bisher durch (x, y) ausgedrückt – schreiben wir nun als $\langle x|y\rangle$ (manchem Leser mag die Notation $\mathbf{x}^T\cdot\mathbf{y}$ vertrauter sein; letztendlich besagt sie aber das Gleiche). Für eine allgemeine Linearkombination zweier Vektoren $|x\rangle$ und $|y\rangle$ schreibt man $\alpha|x\rangle + \beta|y\rangle$.

Die Relationen, durch welche wir das hermitesche Skalarprodukt definiert haben, werden in der Bra-Ket-Notation folgendermaßen geschrieben:

$$\forall\, |x\rangle, |y\rangle \in \mathscr{H} : \quad \langle x|y\rangle = \langle y|x\rangle^* \tag{4.30}$$

$$\forall\, |x\rangle, |y\rangle, |z\rangle \in \mathscr{H} \text{ und } \forall\, \alpha, \beta \in \mathbb{C} : \quad \langle x|\big(\alpha|y\rangle + \beta|z\rangle\big) = \alpha\langle x|y\rangle + \beta\langle x|z\rangle \tag{4.31}$$

$$\forall\, |x\rangle \in \mathscr{H} : \quad \langle x|x\rangle \geq 0 \text{ , und } \langle x|x\rangle = 0 \Leftrightarrow |x\rangle = 0 \tag{4.32}$$

Für den Nullvektor schreibt man meist einfach 0 und nicht $|0\rangle$.[2]

Seien beispielsweise der Folgen-Vektor

$$|x\rangle = (x_1, x_2, x_3, \ldots) \tag{4.33}$$

---

[2]Der Ausdruck $|0\rangle$ wird in der Quantenmechanik oft für den Zustand minimaler Energie eines Sys-tems verwendet, den sogenannten Grundzustand (in der Quantenfeldtheorie spricht man auch vom Vakuumzustand), der durch einen nicht verschwindenden normierten Vektor dargestellt wird.

und ein Basisvektor

$$|e_i\rangle = (0, \ldots, 0, 1, 0, \ldots) \quad (1 \text{ an } i\text{-ter Stelle}) \tag{4.34}$$

gegeben, dann erhält man für die i-te Komponente des Vektors:

$$x_i = \langle e_i | x \rangle \tag{4.35}$$

Die Argumente, durch die man einen Vektor in der Quantenmechanik kennzeichnet und die man in den bra- oder ket-Vektor schreibt, sind meist die Eigenschaften (oft ausgedrückt durch Quantenzahlen), von denen bekannt ist, dass sie dem Quantensystem (z. B. einem Atom oder einem Elektron) wirklich zukommen. Ein Photon beispielsweise, das durch einen vertikalen Filter getreten ist und von dem bekannt ist, dass es (im Sinne von Abschn. 1.3) die Eigenschaft v (vertikale Polarisation) besitzt, haben wir durch den ket-Vektor $|v\rangle$ beschrieben; es könnten aber auch folgende Bezeichnungen möglich sein:

$$|\gamma; v\rangle \,, \ |\text{Photon, vertikal polarisiert}\rangle \,, \ |0°\rangle \,, \ |\updownarrow\rangle \,, \ \ldots \tag{4.36}$$

Ansonsten ist die explizite mathematische Darstellung dieser Vektoren ähnlich wie in Abschn. 1.4. Die besonderen Vorteile der Bra-Ket-Notation in der Quantentheorie werden später deutlich.

4.2 Lineare Abbildungen – Operatoren

In Kap. 1 hatten wir im Zusammenhang mit den Polarisationsexperimenten gesehen, dass sich die Wirkung von Polarisationsfiltern auf den Polarisationszustand von Licht durch 2×2-Matrizen beschreiben lässt. Es wurde damals schon angedeutet, dass dies ein Spezialfall ist und dass die linearen Abbildungen auf dem Hilbert-Raum eine besondere Rolle spielen. Daher enthält dieser Abschnitt einige Bemerkungen zu linearen Abbildungen. Spezielle Details folgen im Zusammenhang mit konkreten Anwendungen.

Statt von ‚linearer Abbildung‘ spricht man bei unendlichdimensionalen Vektorräumen (insbesondere dem $\mathscr{L}_2$) oft von ‚(linearen) Operatoren‘. Häufig werden die Bezeichnungen lineare Abbildung und Operator auch synonym verwendet. Bei endlichdimensionalen Vektorräumen spricht man statt von linearen Abbildungen auch manchmal von ‚Matrizen‘. Allerdings sollte man betonen, dass eine lineare Abbildung erst dann durch eine Matrix repräsentiert werden kann, wenn eine Basis gegeben ist.

Die folgenden drei Arten von linearen Abbildungen spielen für die Physik eine besondere Rolle: Projektionsoperatoren, selbstadjungierte Operatoren und unitäre Operatoren, die der Reihe nach behandelt werden. Eine weitere Klasse von Operatoren, sogenannte Dichtematrizen, wird in Abschn. 5.6 eingeführt.

4.2.1 Allgemeine Eigenschaften linearer Operatoren

Definition 4.7 Eine Abbildung A von einem Vektorraum V in einen Vektorraum W heißt *linear*, wenn für alle $|x\rangle$, $|y\rangle \in V$ und alle $\alpha, \beta \in \mathbb{C}$ (oder $\mathbb{R}$ bei reellen Vektorräumen) folgende Bedingung erfüllt ist:

$$A\big(\alpha|x\rangle + \beta|y\rangle\big) = \alpha\,A|x\rangle + \beta\,A|y\rangle \qquad (4.37)$$

Hierbei soll $A|x\rangle$ das Bild von $|x\rangle$ unter der Abbildung A darstellen. Manchmal schreibt man auch $|Ax\rangle$ für $A|x\rangle$. Ein Beispiel für lineare Abbildungen hatten wir schon im Zusammenhang mit dem dualen Vektorraum kennengelernt; dort war $W = \mathbb{C}$. Im Folgenden werden wir nahezu ausschließlich Abbildungen auf endlichdimensionalen oder aber separablen Hilbert-Räumen $\mathscr{H}$ in sich selbst betrachten, sodass das Bild von A wieder in $\mathscr{H}$ liegt.

4.2.1.1 Matrixdarstellung linearer Operatoren

Eine lineare Abbildung ist bereits eindeutig festgelegt, wenn ihre Wirkung auf eine Basis bekannt ist, denn für einen beliebigen Vektor $|x\rangle = \sum_i x_i |e_i\rangle$ gilt:

$$A|x\rangle = A\left(\sum_i x_i |e_i\rangle\right) = \sum_i x_i\,A|e_i\rangle \qquad (4.38)$$

Bezüglich einer abzählbaren Basis $\{|e_i\rangle\}$ kann man die lineare Abbildung auch durch ihre Matrixelemente kennzeichnen:

$$a_{ij} = \langle e_i|A|e_j\rangle \qquad (4.39)$$

Bei linearen Abbildungen auf endlichdimensionalen Räumen schreibt man eine lineare Abbildung dann in Form einer Matrix:

$$A = \begin{pmatrix} a_{11} & a_{12} & \cdots & a_{1n} \\ a_{21} & a_{22} & \cdots & a_{2n} \\ \vdots & \vdots & \ddots & \vdots \\ a_{n1} & a_{n2} & \cdots & a_{nn} \end{pmatrix} \qquad (4.40)$$

In Bezug auf eine abzählbare Basis ist das auch bei unendlichdimensionalen Hilbert-Räumen möglich:

$$A = \begin{pmatrix} a_{11} & a_{12} & a_{13} & \cdots \\ a_{21} & a_{22} & a_{23} & \cdots \\ a_{31} & a_{32} & a_{33} & \cdots \\ \vdots & \vdots & \vdots & \ddots \end{pmatrix} \qquad (4.41)$$

Es wurde zwar betont, dass wir uns bei unendlichdimensionalen Hilbert-Räumen auf separable Räume beschränken und dass separable Hilbert-Räume immer eine abzählbare Basis haben, aber das bedeutet nicht, dass die Operatoren immer bezüglich einer solchen abzählbaren Basis ausgedrückt werden müssen. Beispielsweise ist der Ableitungsoperator $\frac{\partial}{\partial x}$ ein linearer Operator auf dem separablen Hilbert-Raum der quadratintegrablen Funktionen. Erst wenn wir die quadratintegrablen Funktionen nach einer Basis entwickeln, wird aus dem Ableitungsoperator in dieser Basis eine Matrix.

4.2.1.2 Hintereinanderschaltung von Operatoren

Definition 4.8 Ein Operator heißt *beschränkt*, wenn es eine reelle Zahl C gibt, sodass $\|A|x\rangle\| \leq C\| |x\rangle\|$ für alle Vektoren $|x\rangle \in \mathcal{H}$. Die kleineste Zahl C, für die das der Fall ist, bezeichnet man auch als *(starke) Norm* eines Operators (siehe Kap. 10).

In endlichdimensionalen Vektorräumen sind alle linearen Abbildungen beschränkt, haben also endliche Norm. Einen Operator, für den es eine solche Zahl C nicht gibt, bezeichnet man als *unbeschränkt*.

Damit sich Abbildungen hintereinanderschalten lassen, muss der Bildraum der ersten Abbildung im Urbildraum (Definitionsbereich) der zweiten Abbildung enthalten sein. Dies ist für lineare Abbildungen auf endlichdimensionalen Vektorräumen immer der Fall, gilt aber im Allgemeinen bei unendlichdimensionalen Vektorräumen nur, wenn die Abbildungen beschränkt sind. Wir werden hier jedoch fast nie eine Einschränkung machen und auch unbeschränkte Operatoren, die in der Quantentheorie leider sehr oft vorkommen, hintereinanderschalten. Es gibt mathematische ‚Tricks', das zu rechtfertigen, auf die wir aber nicht eingehen (in Kap. 10 werden manche dieser Probleme angesprochen). Stößt man an manchen Stellen auf scheinbare Widersprüche, sollte man immer überlegen, ob nicht unbeschränkte Operatoren daran Schuld sind.

4.2.1.3 Eigenwerte und Eigenvektoren

Definition 4.9 Gibt es einen Vektor $|x\rangle \in \mathcal{H}$ und eine (eventuell komplexe) Zahl λ, sodass

$$A|x\rangle = \lambda|x\rangle, \tag{4.42}$$

so bezeichnet man λ als einen *Eigenwert* von A und $|x\rangle$ als den zugehörigen *Eigenvektor* (für den man dann oft zur Kennzeichnung dieser Eigenschaft $|\lambda\rangle$ schreibt). Gibt es mehrere linear unabhängige Vektoren $|x_1\rangle, \ldots, |x_n\rangle \in \mathcal{H}$, die alle Eigenvektoren zum selben Eigenwert λ sind (also $A|x_i\rangle = \lambda|x_i\rangle$), so bezeichnet man λ als *entartet* und die maximale Zahl n, für die es solche Vektoren gibt, als den *Entartungsgrad* von λ.

Falls zwei Vektoren $|x\rangle$ und $|y\rangle$ Eigenvektoren zum selben Eigenwert λ sind, dann ist wegen der Linearität von A auch jede Linearkombination dieser beiden Vektoren ein Eigenvektor zu diesem Eigenwert:

$$A\Big(\alpha|x\rangle + \beta|y\rangle\Big) = \alpha A|x\rangle + \beta A|y\rangle = \lambda(\alpha|x\rangle + \beta|y\rangle) \tag{4.43}$$

Die Menge der Eigenvektoren zu einem festen Eigenwert λ bildet also einen Untervektorraum. Daher spricht man auch besser von Eigenräumen statt von Eigenvektoren. Aus der klassischen Physik ist auch der Begriff ‚Hauptachse' für einen solchen (eindimensionalen) Eigenraum bekannt.

4.2.1.4 Der Kommutator von Operatoren

Das Produkt von Matrizen hängt im Allgemeinen von ihrer Reihenfolge ab, d. h., $AB \neq BA$. In diesem Sinne handelt es sich bei dem Produkt von Matrizen um ein *nichtkommutatives* Produkt. Dies gilt natürlich auch für Operatoren in einem Hilbert-Raum. In der Quantenmechanik spielt die Frage, ob zwei Operatoren miteinander kommutieren oder nicht, eine wichtige Rolle. Daher definiert man gewöhnlich den *Kommutator* von zwei Operatoren als die Differenz zwischen den beiden Produkten und somit als ein Maß für die Nichtkommutativität von Operatoren:

$$[A, B] := AB - BA \tag{4.44}$$

Wir wollen ein paar formale Eigenschaften des Kommutators zusammenfassen, die für beliebige lineare Operatoren A, B, C gelten:

1. Der Kommutator ist ein anti-symmetrisches Produkt:

$$[A, B] = -[B, A] \tag{4.45}$$

2. Der Kommutator ist ein bilineares Produkt:

$$[A, \alpha B + \beta C] = \alpha[A, B] + \beta[A, C] \qquad (\alpha, \beta \in \mathbb{C}) \tag{4.46}$$

mit einer entsprechenden Identität für den ersten Eintrag.
3. Der Kommutator erfüllt die sogenannte *Jacobi-Identiät:*

$$[[A, B], C] + [[B, C], A] + [[C, A], B] = 0 \tag{4.47}$$

4. Der Kommutator ist eine *Derivation,* d. h.:

$$[A, BC] = [A, B]C + B[A, C] \tag{4.48}$$

4.2.2 Selbstadjungierte Operatoren

In einem Vektorraum mit Skalarprodukt kann man zu jedem Operator A auch einen adjungierten Operator $A^\dagger$ definieren:

Definition 4.10 Der *adjungierte Operator* $A^\dagger$ zu einem Operator A erfüllt folgende Bedingung:

$$\forall |x\rangle, |y\rangle \in \mathscr{H} \text{ gilt } \langle A^\dagger y | x \rangle \equiv \langle x | A^\dagger | y \rangle^* = \langle y | A | x \rangle \tag{4.49}$$

Ausgedrückt als Matrix bezüglich einer orthonormalen Basis erhält man die adjungierte Matrix durch eine Vertauschung von Zeilen und Spalten (die sogenannte transponierte Matrix) und komplexe Konjugation:

$$(A^\dagger)_{ij} = A^*_{ji} \tag{4.50}$$

Man spricht in diesem Fall auch schon mal von einer *hermitesch konjugierten* Matrix. Sie ist das komplexe Analogon zur transponierten Matrix bei reellen Matrizen.

Das Adjungierte eines Produkts von Operatoren ist gleich dem umgekehrten Produkt der adjungierten Operatoren, wie man sich leicht anhand der Definition des adjungierten Operators überlegt:

$$(AB)^\dagger = B^\dagger A^\dagger \tag{4.51}$$

Der bezüglich des Skalarprodukts duale Vektor zu $A|x\rangle$ ist $\langle Ax| = \langle x|A^\dagger$.

Eine besonders wichtige Klasse von Operatoren für die Quantenmechanik bilden die *selbstadjungierten Operatoren*, für die also gilt $A^\dagger = A$ oder

$$\langle x|A|y\rangle = \langle Ax|y\rangle. \tag{4.52}$$

Wie wir in Abschn. 5.2.2 sehen werden, enthalten diese Operatoren in der Quantentheorie die Information, die man bei Messprozessen gewinnen kann.

Das Produkt von zwei selbstadjungierten Operatoren ist nur dann wieder selbstadjungiert, wenn die Operatoren kommutieren, da $(AB)^\dagger = B^\dagger A^\dagger = BA$. Insbesondere ist der Kommutator von zwei selbstadjungierten Operatoren anti-selbstadjungiert ($[A, B]^\dagger = -[A, B]$) und damit ist i$[A, B]$ selbstadjungiert.

Zwei einfache Theoreme machen selbstadjungierte Operatoren für die Quantentheorie besonders wichtig:

Theorem 4.1 *Die Eigenwerte eines selbstadjungierten Operators sind reell.*

Beweis Sei $|\lambda\rangle$ ein normierter Eigenvektor von A mit Eigenwert λ, so gilt:

$$\langle\lambda|A|\lambda\rangle = \lambda \tag{4.53}$$

Andererseits ist

$$\langle\lambda|A|\lambda\rangle = \langle\lambda|A^\dagger|\lambda\rangle^* = \langle\lambda|A|\lambda\rangle^* = \lambda^*, \tag{4.54}$$

womit die Behauptung für selbstadjungierte Operatoren bewiesen ist.

Theorem 4.2 *Die Eigenvektoren zu verschiedenen Eigenwerten eines selbstadjungierten Operators sind orthogonal.*

Beweis Seien $\lambda \neq \lambda'$ zwei verschiedene Eigenwerte von A mit Eigenvektoren $|\lambda\rangle$ und $|\lambda'\rangle$, so gilt (indem A einmal auf den linken und einmal auf den rechten Vektor angewandt wird):

$$\langle\lambda'|A|\lambda\rangle = \lambda\,\langle\lambda'|\lambda\rangle = \lambda'\,\langle\lambda'|\lambda\rangle \qquad (4.55)$$

Da die beiden Eigenwerte als verschieden angenommen wurden, kann die rechte Gleichung nur gelten, wenn $\langle\lambda'|\lambda\rangle = 0$.

Haben zwei (linear unabhängige) Vektoren denselben Eigenwert, müssen sie nicht orthogonal sein; allerdings spannen sie eine Ebene von Vektoren auf. Wir haben schon gesehen, dass beliebige Linearkombinationen solcher Vektoren wieder Eigenvektoren zu demselben Eigenwert sind. Daher kann man in dieser Ebene immer zwei orthogonale Eigenvektoren als Repräsentanten wählen.

Eine der wichtigen Eigenschaften selbstadjungierter Operatoren ist die Tatsache, dass sich aus den Eigenvektoren solcher Operatoren eine Orthonormalbasis definieren lässt. Gehören zwei Eigenvektoren zu verschiedenen Eigenwerten, sind sie immer orthogonal und können natürlich normiert werden. Innerhalb von Unterräumen, in denen alle Vektoren denselben Eigenwert haben (der Eigenwert also entartet ist) kann man immer eine Orthonormalbasis wählen.

Der folgende Satz spielt in der Quantentheorie eine zentrale Rolle:

Theorem 4.3 *Zwei selbstadjungierte Operatoren A und B besitzen genau dann einen gemeinsamen vollständigen Satz von orthonormalen Eigenvektoren, wenn diese beiden Operatoren kommutieren, d. h. wenn $AB = BA$.*

Beweis Zwei Operatoren, die gleichzeitig auf Diagonalgestalt gebracht werden können, kommutieren offenbar in dieser Basis. Wenn die Gleichung $AB = BA$ aber für eine vollständige Basis erfüllt ist, gilt sie auch basisunabhängig auf dem gesamten Hilbert-Raum.

Umgekehrt nehmen wir an, die Gleichung $AB = BA$ gelte auf dem gesamten Hilbert-Raum und $\{|\lambda_i\rangle\}$ sei eine Orthonormalbasis, definiert aus den Eigenvektoren von A. Dann folgt:

$$0 = \langle\lambda_i|(AB - BA)|\lambda_j\rangle = \lambda_i\langle\lambda_i|B|\lambda_j\rangle - \lambda_j\langle\lambda_i|B|\lambda_j\rangle = (\lambda_i - \lambda_j)\langle\lambda_i|B|\lambda_j\rangle \qquad (4.56)$$

Wiederum folgt für $\lambda_i \neq \lambda_j$:

$$\langle\lambda_i|B|\lambda_j\rangle = 0 \qquad (4.57)$$

Bezüglich der Eigenräume von A zu verschiedenen Eigenwerten ist B also ebenfalls diagonal. Sind die Eigenwerte von A entartet, können wir B auf diesem Unterraum der Eigenvektoren zu den entarteten Eigenwerten diagonalisieren, ohne dass sich an der Eigenschaft von A, diagonal zu sein, etwas ändert. A wird auf diesem Unterraum durch eine Matrix repräsentiert, die proportional zur Einheitsmatrix ist; daher ist A auf diesem Unterraum bezüglich jeder Basis diagonal.

Es gibt eine allgemeinere Klasse von Operatoren, sogenannte *normale* Operatoren, die durch die Eigenschaft $A^\dagger A = AA^\dagger$ definiert sind; diese Operatoren kommutieren also mit ihrer adjungierten Abbildung. Die Eigenwerte müssen zwar nun nicht reell sein, aber die Eigenräume zu verschiedenen Eigenwerten sind immer noch orthogonal. Eine wichtige Klasse von normalen, aber nicht selbstadjungierten Operatoren sind die unitären Operatoren.

4.2.3 Projektionsoperatoren

Definition 4.11 Ein *(orthogonaler) Projektionsoperator* ist eine lineare Abbildung auf einem Hilbert-Raum, welche die folgenden Bedingungen erfüllt:

$$P = P^\dagger \quad \text{und} \quad P^2 = P \tag{4.58}$$

In Abschn. 1.4 wurden Projektionsoperatoren schon als mathematische Darstellung für die Eigenschaften von physikalischen Filtern eingeführt. Generell kann man Projektionsoperatoren als lineare Abbildungen auffassen, die einen Vektor auf einen linearen Unterraum eines Hilbert-Raums projizieren. Dies soll im Folgenden kurz erläutert werden.

Zunächst muss man sich vor Augen halten, dass jeder Satz von n linear unabhängigen Vektoren $\{|x_i\rangle\}_{i=1,\ldots,n}$ einen Vektorraum aufspannt. Zu jedem solchen Unterraum gibt es einen Operator P, der einen beliebigen Vektor des Hilbert-Raums orthogonal auf diesen Unterraum projiziert. Da ein Vektor, der bereits in einem solchen Unterraum liegt, durch die Projektion nicht weiter verändert wird, gilt $P^2 = P$, d. h., die erneute Anwendung des Projektionsoperators ändert an dem Ergebnis der ersten Projektion nichts (siehe Abb. 4.1).

Projektionsoperatoren haben nur zwei mögliche Eigenwerte: $\lambda = 0$ und $\lambda = 1$. Die Eigenwerte müssen nämlich ebenfalls die Gleichung $\lambda^2 = \lambda$ erfüllen. Der Eigenraum zu $\lambda = 1$ ist offenbar der Unterraum, auf den P projiziert,

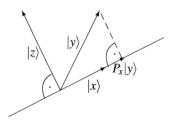

Abb. 4.1 Wirkung eines Projektionsoperators. Ein Vektor $|y\rangle$ wird durch P_x auf den durch den Vektor $|x\rangle$ aufgespannten Unterraum projiziert. Das Ergebnis der Projektion, $P_x|y\rangle$, bleibt bei einer zweiten Projektion unverändert und ist ein Eigenvektor von P_x zum Eigenwert 1. Ein Vektor $|z\rangle$, der orthogonal zu $|x\rangle$ ist, wird auf den Nullvektor projiziert. Diese Vektoren sind ebenfalls Eigenvektoren von P_x, allerdings mit Eigenwert 0

denn für Vektoren in diesem Unterraum gilt, dass P sie nicht verändert. Die dazu orthogonalen Vektoren besitzen den Eigenwert 0 und werden auf den Nullvektor projiziert.

Die Spur von P, also die Summe der Diagonalelemente, ist gleich der Dimension des Unterraums, auf den P projiziert. Ein Projektionsoperator mit $\mathrm{Sp}\,P = 1$ projiziert somit auf einen eindimensionalen linearen Unterraum (eine Gerade durch den Ursprung). Die Menge aller (orthogonalen) Projektionsoperatoren mit Spur 1 entspricht somit der Menge aller linearen eindimensionalen Unterräume, also der Menge aller Geraden durch den Nullpunkt. Diesen Raum bezeichnet man auch als *projektiven Raum*. Die eindimensionalen linearen Unterräume nennt man häufig auch die *Strahlen* eines Vektorraums.

4.2.3.1 Die Spektraldarstellung selbstadjungierter Operatoren

Betrachten wir zunächst eine selbstadjungierte (bzw. normale) Matrix in Diagonalgestalt:

$$A = \begin{pmatrix} \lambda_1 & 0 & 0 & \cdots \\ 0 & \lambda_2 & 0 & \cdots \\ 0 & 0 & \lambda_3 & \cdots \\ \vdots & \vdots & \vdots & \ddots \end{pmatrix} \tag{4.59}$$

Falls die Eigenwerte nicht entartet sind, gehört jeder Eigenwert zu einem eindimensionalen Unterraum und wir können schreiben:

$$A = \lambda_1 \begin{pmatrix} 1 & 0 & 0 & \cdots \\ 0 & 0 & 0 & \cdots \\ 0 & 0 & 0 & \cdots \\ \vdots & \vdots & \vdots & \ddots \end{pmatrix} + \lambda_2 \begin{pmatrix} 0 & 0 & 0 & \cdots \\ 0 & 1 & 0 & \cdots \\ 0 & 0 & 0 & \cdots \\ \vdots & \vdots & \vdots & \ddots \end{pmatrix} + \lambda_3 \begin{pmatrix} 0 & 0 & 0 & \cdots \\ 0 & 0 & 0 & \cdots \\ 0 & 0 & 1 & \cdots \\ \vdots & \vdots & \vdots & \ddots \end{pmatrix} + \cdots \tag{4.60}$$

Jede dieser Matrizen entspricht einem Projektionsoperator auf den entsprechenden Unterraum des Eigenwerts. Definieren wir P_{λ_i} als den Projektionsoperator auf den Unterraum zum Eigenwert λ_i, so folgt:

$$A = \sum_i \lambda_i P_{\lambda_i} \tag{4.61}$$

Diese Gleichung bleibt in beliebigen Basissystemen gültig, d. h., sie gilt nicht nur in dem System, in dem die Matrix A diagonal ist, da bei einem Basiswechsel beide Seiten gleichermaßen transformiert werden. Außerdem bleibt die Gleichung für entartete Eigenwerte λ gültig, wenn P_λ der Projektionsoperator auf den Unterraum der Eigenvektoren zu λ ist. Gl. 4.61 bezeichnet man als die *Spektralzerlegung* von A. Offenbar lässt sich eine solche Zerlegung immer vornehmen, sofern sich eine Orthonormalbasis von Eigenvektoren finden lässt, insbesondere wenn die lineare Abbildung selbstadjungiert ist.

4.2.3.2 Funktionen von Operatoren

Oft betrachtet man Funktionen von Operatoren. Es gibt mehrere Möglichkeiten, die Funktion eines Operators zu definieren. Für endliche Polynome $f(x) = \sum_k a_k x^k$ kann man offenbar die Funktion eines Operators A definieren als

$$f(A) = \sum_k a_k A^k. \tag{4.62}$$

Diese Definition setzt voraus, dass man die lineare Abbildung A hintereinanderschalten kann, was bei beschränkten Operatoren immer der Fall ist. Bei unbeschränkten Operatoren muss man jedoch vorsichtig sein, da sie streng genommen nicht auf dem gesamten Hilbert-Raum definiert sind. Diese Definition lässt sich auch auf unendliche Summen ausdehnen, sofern die Norm des Operators kleiner ist als der Konvergenzradius der Summe.

Die Spektralzerlegung erlaubt auch eine elegante Darstellung von Funktionen von normalen (also insbesondere selbstadjungierten) Operatoren, die manchmal allgemeiner ist als die Reihenentwicklung.

Es sei A ein normaler Operator mit Spektrum $\{\lambda\}$ und der Spektralzerlegung

$$A = \sum_i \lambda_i \, P_{\lambda_i}. \tag{4.63}$$

Dann definiert man für eine Funktion f, die auf dem Spektrum von A definiert ist:

$$f(A) = \sum_i f(\lambda_i) \, P_{\lambda_i} \tag{4.64}$$

Für Potenzreihen stimmen die beiden Definitionen überein, da wegen der Beziehungen $P_{\lambda_i}^2 = P_{\lambda_i}$ und $P_{\lambda_i} P_{\lambda_j} = 0$ für $\lambda_i \neq \lambda_j$ (die zugehörigen Räume sind orthogonal)

$$A^n = \left(\sum_i \lambda_i \, P_{\lambda_i} \right)^n = \sum_i \lambda_i^n P_{\lambda_i} \tag{4.65}$$

gilt. Gl. 4.64 ist jedoch allgemeiner, da sie auch bei Funktionen angewandt werden kann, bei denen eine Potenzreihenentwicklung einen Konvergenzradius hat, der kleiner als der maximale Eigenwert von A ist.

4.2.4   Unitäre Operatoren

Als letzte Klasse von linearen Abbildungen betrachten wir unitäre Operatoren. Hierbei handelt es sich um die komplexe Verallgemeinerung von Rotationen und Spiegelungen, also allgemein um lineare Abbildungen, bei denen Längen und Winkel erhalten bleiben. Unitäre Operatoren definieren z. B. auch den Wechsel von einer Orthonormalbasis zu einer anderen Orthonormalbasis.

U sei eine bijektive, lineare Abbildung auf dem Hilbert-Raum, die das Skalarprodukt von zwei Vektoren nicht verändern soll, d. h., für zwei beliebige Vektoren $|x\rangle$, $|y\rangle$ im Hilbert-Raum soll gelten:

$$\langle Uy|Ux\rangle = \langle y|U^\dagger U|x\rangle = \langle y|x\rangle \tag{4.66}$$

Die erste Gleichung ist dabei eine identische Umformung und impliziert die Definition des adjungierten Operators zu U, die zweite Gleichung ist eine Bedingungsgleichung. Damit diese Bedingung für alle Vektoren $|x\rangle$, $|y\rangle$ erfüllt ist, muss gelten:

$$U^\dagger U = 1 \tag{4.67}$$

Für diesen Schritt ist wichtig, dass U bijektiv ist.

Definition 4.12 Ein Operator heißt *unitär,* wenn gilt:

$$U^\dagger = U^{-1} \tag{4.68}$$

Ein unitärer Operator U kommutiert mit seinem adjungierten Operator $U^\dagger$ und ist somit ein normaler Operator. Jeder normale Operator lässt sich als Funktion eines selbstadjungierten Operators schreiben und es gilt:

$$U = e^{iA} \quad (A \text{ selbstadjungiert}) \tag{4.69}$$

Der adjungierte bzw. inverse Operator dazu ist

$$U^\dagger = e^{-iA}. \tag{4.70}$$

Die Eigenwerte eines unitären Operators müssen die Bedingung $\lambda^* = \lambda^{-1}$ bzw. $\lambda^*\lambda = 1$ erfüllen und sind daher alle von der Form $\lambda = e^{i\alpha}$, wobei α eine reelle Zahl ist.

Sollen bei einer unitären Transformation in einem Hilbert-Raum – d. h., alle Vektoren werden nach der Vorschrift $|x\rangle \mapsto U|x\rangle$ ‚rotiert' – die Matrixelemente von Operatoren $\langle x|A|y\rangle$ unverändert bleiben, so müssen sich die Operatoren ebenfalls transformieren. Offenbar lässt das Transformationsgesetz,

$$A \mapsto U A U^\dagger \tag{4.71}$$

die transformierten Matrixelemente unverändert:

$$\langle x|A|y\rangle \mapsto \langle Ux|U A U^\dagger|Uy\rangle = \langle x|U^\dagger(U A U^\dagger)U|y\rangle = \langle x|A|y\rangle \tag{4.72}$$

Wir haben hier eine sogenannte *aktive Transformation* betrachtet, bei welcher die Vektoren transformiert werden, die Basis im Hilbert-Raum aber gleich bleibt. Für die neuen Komponenten des transformierten Vektors gilt:

$$x_i' = \langle e_i|U|x\rangle. \tag{4.73}$$

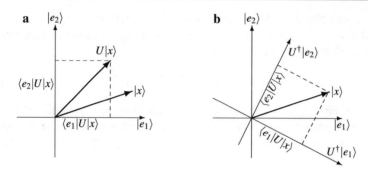

Abb. 4.2 a Eine aktive Transformation dreht die Vektoren, drückt ihre Komponenten aber in der alten Basis aus. **b** Eine passive Transformation dreht die Basis (in die entgegengesetzte Richtung), lässt aber die Vektoren unverändert. Die Komponenten der Vektoren sind in beiden Fällen gleich

Man kann auch *passive Transformationen* betrachten, bei denen die Vektoren unverändert bleiben, jedoch die Basis transformiert wird: $|e_i\rangle \mapsto |e_i'\rangle = U|e_i\rangle$. Im Vergleich zu aktiven Transformationen sind in diesem Fall lediglich U und $U^\dagger$ vertauscht (vgl. Abb. 4.2).

Die Menge aller unitären Transformationen bildet eine Gruppe. Handelt es sich um einen endlichdimensionalen Raum (Dimension N), so spricht man von der *unitären Gruppe* U(N). Bei endlichdimensionalen Räumen kann man auch die Determinante von Matrizen definieren, und die Untergruppe der unitären Matrizen mit der Determinante $+1$ bezeichnet man als *spezielle unitäre Gruppe* SU(N).

Handelt es sich um reelle Vektorräume, so lautet die Bedingung (4.68) $R^T = R^{-1}$ (wobei R^T die transponierte Matrix von R ist) und man spricht von *orthogonalen* Matrizen. In einem N-dimensionalen Vektorraum bezeichnet man die Menge aller orthogonalen Matrizen als die *orthogonale Gruppe* O(N) und die Menge der orthogonalen Matrizen mit Determinante 1 als die *spezielle orthogonale Gruppe* SO(N). Die Elemente der speziellen orthogonalen Gruppe sind gerade die Drehungen in einem Vektorraum, wohingegen die orthogonale Gruppe neben den Drehungen noch Spiegelungen enthält. Entsprechend kann man die unitären Matrizen in komplexen Vektorräumen als verallgemeinerte Drehungen auffassen.

4.2.5 Veranschaulichung der Operatoren anhand der Polarisation

In diesem physikalischen Zwischenkapitel werden die speziellen linearen Abbildungen – Projektionsmatrix, unitäre Matrix und selbstadjungierte Matrix – anhand von Polarisationsexperimenten veranschaulicht.

Auf die physikalische Interpretation von Projektionsmatrizen als Filter, die eine bestimmte Polarisationskomponente durchlassen und eine dazu orthogonale Komponente absorbieren, bin ich schon in Kap. 1, speziell Abschn. 1.4.2 eingegangen. Die definierende Gleichung für Projektionsmatrizen, $P^2 = P$, lässt sich unmittelbar als mathematische Darstellung des physikalischen Sachverhalts interpretieren, dass zwei hintereinanderplatzierte und gleich ausgerichtete Filter denselben Effekt haben wie ein einzelner Filter.

Unitäre Matrizen überführen eine Orthonormalbasis in eine andere Orthonormal-basis. Physikalische Systeme mit dieser Eigenschaft sind z. B. Polarisationsdreher sowie $\lambda/2$- und $\lambda/4$-Plättchen. Eine Möglichkeit, die Polarisationsachse von planar polarisiertem Licht um einen Winkel α zu drehen, ist der Faraday-Effekt. Viele transparente Substanzen zeigen diesen Effekt, wenn man ein starkes Magnetfeld B parallel zur Ausbreitungsrichtung des Lichts anlegt. Es gilt dann für den Drehwinkel der Polarisationsachse $\alpha = VBd$, wobei V eine Materialkonstante ist und d die vom Licht im Medium zurückgelegte Wegstrecke. Der Effekt beruht darauf, dass sich eine planare Polarisation als Überlagerung einer rechts- und einer linkszirkularen Welle darstellen lässt und dass in diesen Materialien der Brechungsindex für diese beiden Wellentypen bei angelegtem Magnetfeld unterschiedlich ist. Der Effekt einer solchen Drehung entspricht einer 2-dimensionalen Drehmatrix, die ein Spezialfall einer unitären Matrix ist:

$$R(\alpha) = \begin{pmatrix} \cos\alpha & -\sin\alpha \\ \sin\alpha & \cos\alpha \end{pmatrix} \tag{4.74}$$

Einige optisch asymmetrische Kristalle haben einen unterschiedlichen Brechungs-index, je nach Orientierung einer planar polarisierten Welle. Dadurch kommt es zu einer relativen Phasenverschiebung für die beiden orthogonalen Polarisationskom-ponenten, die wiederum proportional zur Wegstrecke d in dem optischen Medium ist. Dies lässt sich durch eine unitäre Matrix der Form

$$U(\theta) = \begin{pmatrix} 1 & 0 \\ 0 & e^{i\theta} \end{pmatrix} \tag{4.75}$$

darstellen. Für $\theta = \pi$ oder $180°$ wirkt ein solcher Kristall wie ein $\lambda/2$-Plättchen: $+45°$ diagonal polarisiertes Licht wird zu $-45°$ polarisiertem Licht und umgekehrt. Für $\theta = \pi/2$ wirkt der Kristall wie ein $\lambda/4$-Plättchen: Diagonal polarisiertes Licht wird in zirkular polarisiertes Licht überführt. Durch geeignete Hintereinanderschal-tung solcher Anordnungen kann man jede zweidimensionale unitäre Transformation erzeugen.

Die dritte Klasse von Matrizen, die selbstadjungierten Matrizen, spielen in der Quantentheorie als mathematische Darstellung von ‚Observablen‘ eine wichtige Rolle (siehe Kap. 5). Die Information, die man bei einem Polarisationsstrahlteiler gewinnen kann, lässt sich durch eine selbstadjungierte Matrix kodieren: Die bei-den Polarisationsachsen eines Polarisationsstrahlteilers entsprechen den Hauptach-sen der Matrix und werden durch die entsprechenden Projektionsmatrizen P_α und $P_{\alpha\perp}$ repräsentiert; die zugehörigen Messwerte λ_α und $\lambda_{\alpha\perp}$ (meist wählt man $\lambda_\alpha = +1$ und $\lambda_{\alpha\perp} = -1$) sind die Eigenwerte der Matrix. Daher hat eine Observable die Form

$$M = \lambda_\alpha P_\alpha + \lambda_{\alpha\perp} P_{\alpha\perp}. \tag{4.76}$$

Lässt man für die Projektionsoperatoren auch Projektionen auf zirkulare bzw. allgemeine orthogonale elliptische Polarisationen zu, kann man jede 2-dimensionale
selbstadjungierte Matrix in dieser Form darstellen.

4.3   Die Bra-Ket-Notation für Operatoren

In Abschn. 4.1.3 wurde schon erwähnt, dass man die Elemente eines Vektorraums
oft als Spaltenvektor und die Elemente des dualen Vektorraums als (transponierten)
Zeilenvektor schreibt. Das Skalarprodukt ist dann ein Produkt aus Zeilenvektor und
Spaltenvektor (in dieser Reihenfolge). Es gibt jedoch ein zweites Produkt, bei dem ein
Spaltenvektor (links) mit einem Zeilenvektor (rechts) multipliziert wird; das Ergebnis
ist eine Matrix. Man bezeichnet dieses Produkt auch als *dyadisches Produkt* oder
tensorielles Produkt (hier ein 2-dimensionales, reelles Beispiel):

$$\mathbf{y} \cdot \mathbf{x}^T = \begin{pmatrix} y_1 \\ y_2 \end{pmatrix} \cdot (x_1, x_2) = \begin{pmatrix} y_1 x_1 & y_1 x_2 \\ y_2 x_1 & y_2 x_2 \end{pmatrix} \tag{4.77}$$

Nicht jede Matrix lässt sich als Multiplikation eines Spalten- und eines Zeilenvektors
schreiben, aber man kann jede beliebige Matrix als Summe bzw. Linearkombination
solcher Produkte darstellen. Ausgedrückt in der Bra-Ket-Notation entspricht Gl. 4.77
einem Ausdruck der Form $|y\rangle\langle x|$. Man beachte jedoch, dass bei einem komplexen
Vektorraum der zugehörige duale Vektor ein Zeilenvektor mit komplex-konjugierten
Komponenten ist.

In einer Basis $\{|e_i\rangle\}$ hat eine lineare Abbildung A die Matrixdarstellung

$$A = \begin{pmatrix} a_{11} & a_{12} & a_{13} & \cdots \\ a_{21} & a_{22} & a_{23} & \cdots \\ a_{31} & a_{32} & a_{33} & \cdots \\ \vdots & \vdots & \vdots & \ddots \end{pmatrix} = \sum_{ij} a_{ij} \begin{pmatrix} & & \overset{j}{\downarrow} & \\ 0 & \cdots & 0 & \cdots \\ \vdots & \ddots & \vdots & \vdots \\ 0 & \cdots & 1 & \cdots \\ \vdots & \vdots & \vdots & \ddots \end{pmatrix} \begin{matrix} \\ \\ \leftarrow i \\ \\ \end{matrix} . \tag{4.78}$$

Rechts stehen Matrizen mit einer 1 in der j-ten Spalte und i-ten Zeile, ansonsten
steht überall 0. Diese Matrix hat in der Bra-Ket-Notation die Form

$$\begin{pmatrix} & & \overset{j}{\downarrow} & \\ 0 & \cdots & 0 & \cdots \\ \vdots & \ddots & \vdots & \vdots \\ 0 & \cdots & 1 & \cdots \\ \vdots & \vdots & \vdots & \ddots \end{pmatrix} \begin{matrix} \\ \\ \leftarrow i \\ \\ \end{matrix} = |e_i\rangle\langle e_j|, \tag{4.79}$$

sodass wir Gl. 4.78 auch schreiben können als:

$$A = \sum_{k,l} a_{kl} \, |e_k\rangle\langle e_l| \tag{4.80}$$

Eine besonders einfache Darstellung hat ein Projektionsoperator auf einen 1-dimensionalen Unterraum. Sei $|x\rangle$ ein normierter Vektor dieses Unterraums (dieser Vektor spannt den Unterraum auf), dann ist der Projektionsoperator gegeben durch

$$P_x = |x\rangle\langle x|. \tag{4.81}$$

Angewandt auf einen beliebigen Vektor $|y\rangle$,

$$P_x|y\rangle = |x\rangle\langle x|y\rangle, \tag{4.82}$$

erhält man offensichtlich einen Vektor, der unabhängig von dem Vektor $|y\rangle$ immer die Richtung von $|x\rangle$ hat, sofern die beiden Vektoren nicht orthogonal sind.

Die Darstellung (4.81) für Projektionsoperatoren ist sehr hilfreich, wenn man eine Projektionsmatrix zu einem gegebenen Vektor bzw. 1-dimensionalen Unterraum bestimmen möchte. Zum Beispiel lässt sich so die Projektionsmatrix zu einem Filter mit Polarisationsachse in α-Richtung leicht angeben (vgl. Gl. 1.20).

Die Spektraldarstellung einer selbstadjungierten Matrix (Gl. 4.61) ist in dieser Schreibweise:

$$A = \sum_i \lambda_i \, |\lambda_i\rangle\langle\lambda_i|, \tag{4.83}$$

wobei $|\lambda_i\rangle$ den normierten Eigenvektor zum Eigenwert λ_i bezeichnet. Für die Einheitsmatrix erhalten wir die nützliche Darstellung

$$\mathbf{1} = \sum_i |\lambda_i\rangle\langle\lambda_i|. \tag{4.84}$$

Diese *Zerlegung der Eins* gilt für jedes beliebige Orthonormalsystem, insbesondere also auch für die Orthonormalsysteme, die sich aus den Eigenvektoren von selbstadjungierten Matrizen ergeben.

Für die Matrixelemente einer Abbildung A in einer beliebigen Orthonormalbasis $\{|\varphi_i\rangle\}$ erhalten wir:

$$\langle\varphi_i|A|\varphi_j\rangle = \sum_k \lambda_k \langle\varphi_i|\lambda_k\rangle\langle\lambda_k|\varphi_j\rangle \tag{4.85}$$

Hier wird auch der große Vorteil der Bra-Ket-Notation deutlich. Darstellungen von Vektoren durch Ket-Vektoren oder von Matrizen durch ihre Spektralzerlegung sind unabhängig von einer gewählten Basis. Man erhält die Komponenten bzw. Matrixelemente in einer beliebigen Basis, indem man mit den entsprechenden Bra- und Ket-Vektoren multipliziert.

4.4   Operatoren im $\mathscr{L}_2$

Der Hilbert-Raum der komplexen, quadratintegrablen Funktionen über der reellen Achse $\mathscr{L}_2(\mathbb{R}, \mathrm{d}x)$ – oder auch die 3-dimensionale Verallgemeinerung $\mathscr{L}_2(\mathbb{R}^3, \mathrm{d}^3x)$ – spielt in der Physik eine ganz besondere Rolle; daher sollen einige der Konzepte der vergangen Kapitel konkret noch einmal für diesen Raum formuliert bzw. erweitert werden.[3]

Dieser Vektorraum ist unendlichdimensional, und zwei für die Physik besonders wichtige lineare Operatoren – die einfache Multiplikation einer Funktion mit dem Argument x und die Ableitung einer Funktion $-\mathrm{i}\frac{\partial}{\partial x}$ (der Grund für die imaginäre Einheit i wird gleich deutlich) – sind unbeschränkt, sodass eigentlich viel ‚mathematische Vorsicht' geboten wäre. Trotzdem werde ich auch hier die mathematischen Probleme nur andeuten, da sie für das Verständnis der Quantentheorie weniger relevant sind. Etwas ausführlicher gehe ich in Kap. 10 darauf ein.

4.4.1   Das Spektrum von x und $-\mathrm{i}\frac{\partial}{\partial x}$

Sowohl die Multiplikation einer Funktion mit x als auch die Ableitung sind lineare Operatoren für Funktionen:

$$x\Big(\alpha f(x) + \beta g(x)\Big) = \alpha\,(x f(x)) + \beta\,(x g(x)) \tag{4.86}$$

$$-\mathrm{i}\frac{\partial}{\partial x}\Big(\alpha f(x) + \beta g(x)\Big) = \alpha\left(-\mathrm{i}\frac{\partial}{\partial x}f(x)\right) + \beta\left(-\mathrm{i}\frac{\partial}{\partial x}g(x)\right) \tag{4.87}$$

Wir versuchen zunächst, mögliche Eigenwerte von x und $-\mathrm{i}\frac{\partial}{\partial x}$ zu bestimmen. Dabei beginnen wir mit dem Ableitungsoperator, d. h., wir suchen Lösungen zu der Gleichung

$$-\mathrm{i}\frac{\partial}{\partial x}f(x) = k f(x). \tag{4.88}$$

Wir wissen, dass bei Gleichungen dieser Art ein Exponentialansatz zum Ziel führt und finden als Lösungen

$$f_k(x) = A\mathrm{e}^{\mathrm{i}kx}. \tag{4.89}$$

Die Lösungen sind also durch einen Parameter k charakterisiert, der gleichzeitig formal der Eigenwert von $-\mathrm{i}\frac{\partial}{\partial x}$ wäre, falls $f_k(x)$ eine zulässige Lösung darstellte. Die Amplitude A ist eine Integrationskonstante und deutet an, dass beliebige Vielfache eines möglichen Eigenvektors ebenfalls Eigenvektoren sind.

---

[3]Die Notation kennzeichnet den Urbildraum $\mathbb{R}$ bzw. $\mathbb{R}^3$ und das Integrationsmaß $\mathrm{d}x$ bzw. d^3x.

Hier tritt jedoch ein Problem auf: Diese Funktionen $f_k(x)$ sind nicht quadratintegrabel. Für komplexe Werte von k mit einem nichtverschwindenden Imaginärteil steigen die Funktionen zumindest auf einer Seite (für x gegen plus oder minus Unendlich) exponentiell an. Diese Funktionen sind noch nicht einmal näherungsweise quadratintegrabel. Für reelle Wert von k gilt $|f_k(x)|^2 = |A|^2$; das Integral über die gesamte reelle Achse ist daher unbeschränkt (außer für $A = 0$, wozu aber keine sinnvolle Lösung gehört). Trotzdem beziehen wir solche Funktionen in unsere Betrachtungen ein (die mathematische Begründung für diesen Schritt ist unter der Bezeichnung ,Gel'fand Tripel' oder ,rigged Hilbert space' bekannt und wird in Abschn. 10.2.7 angedeutet). Das physikalische Argument lautet, dass man es ohnehin nie mit wirklich unendlich langen Wellenzügen zu tun hat und man eher von Wellenpaketen sprechen sollte; diese haben zwar keine mathematisch scharfe Wellenlänge (bzw. keine wohldefinierte Wellenzahl k), doch die Verteilung der zugehörigen Wellenzahlen lässt sich auf ein beliebig kleines Intervall beschränken. Ein weiterer Grund ist, dass das Produkt aus $f_k(x)$ mit einer quadratintegrablen Funktion integriert werden kann, was in diesem Fall auf die Fourier-Transformierte führt (auch dies wird in Abschn. 10.2.7 näher erläutert).

Man spricht bei den Funktionen $f_k(x)$ (für reelle k) auch von *uneigentlichen Eigenfunktionen*. Und statt von der Menge der Eigenwerte (deren Eigenfunktionen Elemente des Hilbert-Raums sein müssen) spricht man in diesem Fall vom *Spektrum*. Das Spektrum von $-\mathrm{i}\frac{\partial}{\partial x}$ (sofern die Eigenfunktionen keinen weiteren Einschränkungen unterliegen) besteht somit aus allen reellen Zahlen $k \in \mathbb{R}$:

$$\mathrm{Spec}\left(-\mathrm{i}\frac{\partial}{\partial x}\right) = \{k | k \in \mathbb{R}\} \tag{4.90}$$

Aus der Theorie der Fourier-Transformationen ist folgende Gleichung bekannt (vgl. auch Abschn. 10.3):

$$\int_{-\infty}^{+\infty} \mathrm{e}^{\mathrm{i}x(k-k')}\,\mathrm{d}x = 2\pi\delta(k - k') \tag{4.91}$$

Offensichtlich sind die uneigentlichen Eigenfunktionen zu verschiedenen Werten von k bezüglich des Skalarprodukts (Gl. 4.26) orthogonal. Ich werde im Folgenden die normierten komplexen Exponentialfunktionen

$$f_k(x) = \frac{1}{\sqrt{2\pi}}\mathrm{e}^{\mathrm{i}kx} \tag{4.92}$$

mit dem Parameter k durch $\langle x|k\rangle$ kennzeichnen. Es wurde also gezeigt, dass

$$-\mathrm{i}\frac{\partial}{\partial x}\langle x|k\rangle = k\langle x|k\rangle \quad \text{und} \quad \int_{\mathbb{R}} \mathrm{d}x\langle k'|x\rangle\langle x|k\rangle = \langle k'|k\rangle = \delta(k - k'). \tag{4.93}$$

Nun wird auch der Grund für den Faktor i deutlich: Dieser Operator ist selbstadjungiert und hat ein reelles Spektrum (vgl. Übung 4.13).

Wir betrachten nun den Operator ‚Multiplikation mit x'. Eine Eigenfunktion $f_{x_0}(x)$ zum Eigenwert x_0 sollte folgende Gleichung erfüllen:

$$x f_{x_0}(x) = x_0 f_{x_0}(x) \tag{4.94}$$

Das bedeutet aber, dass diese Eigenfunktion für $x \neq x_0$ verschwinden muss. Die Funktion

$$f_{x_0}(x) = \begin{cases} 1 & x = x_0 \\ 0 & \text{sonst} \end{cases} \tag{4.95}$$

erfüllt zwar die Eigenwertgleichung, ihre Norm (bzgl. des Skalarprodukts Gl. 4.26) ist aber null und damit entspricht sie im Hilbert-Raum $\mathscr{L}_2$ dem Nullvektor.

Die Delta-Distribution $f_{x_0}(x) = \delta(x - x_0)$ hat fast alle gewünschten Eigenschaften. Der Träger ist auf den Punkt x_0 konzentriert und das Integral mit (stetigen) quadratintegrablen Funktionen definiert eine lineare Abbildung:

$$x\delta(x - x_0) = x_0\delta(x - x_0) \qquad \int_{-\infty}^{+\infty} \delta(x - x_0) f(x)\, \mathrm{d}x = f(x_0) \tag{4.96}$$

Aber $\delta(x - x_0)$ ist ebenfalls nicht quadratintegrierbar. Somit besitzt auch der Multiplikationsoperator mit dem Argument x keine Eigenfunktionen im Raum der quadratintegrierbaren Funktionen, aber er besitzt uneigentliche Eigenfunktionen (streng genommen Distributionen) und sein Spektrum ist die gesamte reelle Achse:

$$\text{Spec}(x) = \{x | x \in \mathbb{R}\}, \quad \text{uneigentliche ‚Eigenfunktionen'}: f_{x_0}(x) = \delta(x - x_0) \tag{4.97}$$

Formal schreibe ich im Folgenden für die Distribution $\delta(x - x_0)$ auch $\langle x | x_0 \rangle$ und wir haben gezeigt:

$$x \langle x | x_0 \rangle = x_0 \langle x | x_0 \rangle \quad \text{und} \quad \langle x_0 | x_1 \rangle = 0 \text{ für } x_0 \neq x_1 \tag{4.98}$$

4.4.2 Die x- und k-Basis

Das Skalarprodukt auf dem $\mathscr{L}_2$ ist (vgl. Gl. 4.26):

$$\langle f | g \rangle = \int_{-\infty}^{+\infty} f(x)^* g(x)\, \mathrm{d}x \tag{4.99}$$

Wir betrachten nun das Skalarprodukt von quadratintegrablen Funktionen mit den uneigentlichen Eigenfunktionen des Abschn. 4.4.1.[4] Offenbar gilt:

$$\langle x|f\rangle = \int_{-\infty}^{+\infty} \delta(y-x)f(y)\,\mathrm{d}y = f(x) \tag{4.100}$$

$$\text{und } \langle k|f\rangle = \frac{1}{\sqrt{2\pi}}\int_{-\infty}^{+\infty} \mathrm{e}^{-\mathrm{i}kx}f(x)\,\mathrm{d}x = \tilde{f}(k) \tag{4.101}$$

Hierbei ist $\tilde{f}$ die Fourier-Transformierte der Funktion f.

Wir sollten Ausdrücke der Form $\langle x|f\rangle = f(x)$ ähnlich interpretieren wie beispielsweise bei diskreten Basisvektoren Ausdrücke der Form $\langle e_i|x\rangle = x_i$ (Gl. 4.35). Das Skalarprodukt eines Vektors $|f\rangle$ mit dem Vektor $|x\rangle$ (einer Eigenfunktion des Multiplikationsoperators mit x) ist vergleichbar mit der Projektion eines Vektors auf eine seiner Komponenten und besteht in diesem Fall in der Auswertung der Funktion an einer bestimmten Stelle x. Hier wird der Unterschied zwischen der Funktion selbst und dem Wert der Funktion an einer bestimmten Stelle besonders deutlich.

Interessant ist noch das Matrixelement $\langle x|k\rangle$, für das formal gilt:

$$\langle x|k\rangle = \frac{1}{\sqrt{2\pi}}\int_{-\infty}^{+\infty} \delta(y-x)\,\mathrm{e}^{\mathrm{i}ky}\,\mathrm{d}y = \frac{1}{\sqrt{2\pi}}\mathrm{e}^{\mathrm{i}kx} \tag{4.102}$$

Für die Variable $p = \hbar k$, also die Eigenwerte zu dem Operator $-\mathrm{i}\hbar\frac{\partial}{\partial x}$, folgt damit:

$$\langle x|p\rangle = \frac{1}{\sqrt{2\pi\hbar}}\exp\left(\mathrm{i}\frac{px}{\hbar}\right) \tag{4.103}$$

Man beachte in diesem Zusammenhang, dass es sich formal bei $|\langle x|p\rangle|^2$ um eine Dichte handelt, d. h., das Integral dieses Ausdrucks über die Variable p sollte normiert sein. Dies erklärt den Faktor $1/\sqrt{\hbar}$ in Gl. 4.103.

4.4.3 Der Kommutator von x und $-\mathrm{i}\frac{\partial}{\partial x}$

Es wurde schon erwähnt, dass der Kommutator von Operatoren in der Physik eine besondere Rolle spielt. Daher wollen wir den Kommutator der beiden Operatoren x und $-\mathrm{i}\frac{\partial}{\partial x}$ berechnen. Dabei muss berücksichtigt werden, dass es sich um Operatoren handelt, die auf eine Funktion anzuwenden sind. Wir berechnen somit:

---

[4]Streng genommen gelten diese Überlegungen nicht für alle Elemente des $\mathscr{L}_2$, sondern nur für eine dichte Teilmenge.

$$\left[x, -i\frac{\partial}{\partial x}\right] f(x) = x\left(-i\frac{\partial}{\partial x} f(x)\right) + i\frac{\partial}{\partial x}\left(xf(x)\right) \tag{4.104}$$

$$= -x \cdot i\frac{\partial}{\partial x} f(x) + if(x) + ix\frac{\partial}{\partial x} f(x) \tag{4.105}$$

$$= if(x) \tag{4.106}$$

(Der erste und dritte Term in der zweiten Zeile heben sich weg.) Damit schreibt man für den Kommutator:

$$\left[x, -i\frac{\partial}{\partial x}\right] = i \tag{4.107}$$

Übungen

Übung 4.1 Beweisen Sie die Relationen 4.45–4.48 aus Abschn. 4.2.1.4.

Übung 4.2 Beweisen Sie (zum Beispiel durch vollständige Induktion)

$$[A, B^n] = \sum_{k=0}^{n-1} \binom{n-1}{k+1} B^k[A, B] B^{n-k-1}. \tag{4.108}$$

Übung 4.3 Zeigen Sie, dass aus $[Q, K] = i\mathbf{1}$ folgt:

$$[Q, f(K)] = if'(K) \tag{4.109}$$

Übung 4.4 Bestimmen Sie die Projektionsmatrizen, die auf die folgenden Vektoren projizieren:

$$|\alpha\rangle = \begin{pmatrix} \cos\alpha \\ \sin\alpha \end{pmatrix} \quad |R\rangle = \frac{1}{\sqrt{2}} \begin{pmatrix} 1 \\ i \end{pmatrix} \quad |L\rangle = \frac{1}{\sqrt{2}} \begin{pmatrix} 1 \\ -i \end{pmatrix} \tag{4.110}$$

Übung 4.5 Zeigen Sie mithilfe der Spektralzerlegung, dass sich eine endlichdimensionale unitäre Matrix immer als Exponentialfunktion einer selbstadjungierten Matrix darstellen lässt. Ist die selbstadjungierte Matrix eindeutig?

Übung 4.6 Gegeben sei folgende symmetrische 2×2-Matrix mit reellen Parametern a und b:

$$M = \begin{pmatrix} a & b \\ b & a \end{pmatrix} \tag{4.111}$$

1. Bestimmen Sie die Eigenwerte λ_1, λ_2 und Eigenvektoren $|\lambda_1\rangle$, $|\lambda_2\rangle$ dieser Matrix.
2. Bestimmen Sie die Projektionsmatrizen zu $|\lambda_1\rangle$ und $|\lambda_2\rangle$ und verifizieren Sie die Relationen:

$$P_1 + P_2 = 1 \quad \text{und} \quad A = \lambda_1 P_1 + \lambda_2 P_2. \tag{4.112}$$

3. Betrachten Sie die Matrix

$$U = \frac{1}{\sqrt{2}} \begin{pmatrix} 1 & 1 \\ -1 & 1 \end{pmatrix} \tag{4.113}$$

und berechnen Sie die inverse Matrix U^{-1}. Wie hängt U mit den unter (b) bestimmten Eigenvektoren zusammen?
4. Berechnen Sie $D = U^{-1} \cdot M \cdot U$.
5. Für welche Werte von a, b ist die folgende Funktion von M definiert:

$$f(M) = (1 - M)^{-1}? \tag{4.114}$$

Für welche Werte von a, b ist diese Funktion im Sinne einer Potenzreihe definiert?

Übung 4.7 Gegeben sei die Matrix

$$\mathbf{I} = \begin{pmatrix} 0 & 1 \\ -1 & 0 \end{pmatrix}.$$

1. Berechnen Sie die Matrix

$$R(\alpha) = \exp(\alpha \mathbf{I})$$

auf zwei Weisen:
   – Verwenden Sie die Potenzreihenentwicklung der Exponentialfunktion. (*Hinweis:* Zeigen Sie, dass sich eine beliebige Potenz von $\mathbf{I}$ durch $\mathbf{I}$ selbst oder durch $\mathbf{1}$ ausdrücken lässt).
   – Bestimmen Sie die Eigenwerte und Eigenvektoren der Matrix $\mathbf{I}$; berechnen Sie die Projektionsmatrizen P_i zu den Eigenvektoren und nutzen Sie die allgemeine Definition

$$f(M) = \sum_i f(\lambda_i) P_i$$

für die Funktion einer Matrix M mit Spektraldarstellung $M = \sum_i \lambda_i P_i$.
2. Verifizieren Sie, dass R eine unitäre Matrix ist und sich in der Form $R = \exp(iA)$ darstellen lässt, wobei A eine selbstadjungierte (hermitesche) Matrix ist. Wie lautet A?

Übung 4.8 Die Funktion einer Matrix

1. Zeigen Sie: Erfüllt eine selbstadjungierte Matrix A eine Gleichung der Form

$$f(A) = 0,$$

dann erfüllen auch alle Eigenwerte von A diese Gleichung, also

$$f(\lambda) = 0.$$

Es spielt dabei keine Rolle, ob $f(A)$ über eine Potenzreihe oder über die Spektraldarstellung von A definiert ist.
2. Zeigen Sie umgekehrt: Erfüllen alle Eigenwerte einer selbstadjungierten Matrix A dieselbe Gleichung $f(\lambda) = 0$, dann erfüllt auch die Matrix A die Gleichung $f(A) = 0$. Man beachte, dass es sich bei $f(\lambda) = 0$ nicht um die charakteristische Gleichung der Eigenwerte handeln muss. Allerdings bedeutet dieses Theorem, dass jede selbstadjungierte Matrix A auch die charakteristische Gleichung seiner Eigenwerte erfüllt.

Übung 4.9 Es seien $\{|e_i\rangle\}$ und $\{|f_i\rangle\}$ zwei Orthonormalbasen eines (separablen) Hilbert-Raums.

1. Zeigen Sie, dass die Matrix

$$U_{ij} = \langle e_i | f_j \rangle \tag{4.115}$$

unitär ist.
2. Wie lautet die Bra-Ket-Darstellung der Matrix U (also die Darstellung der Form $U = \sum |\cdot\rangle\langle\cdot|$)?

Übung 4.10 Welche der folgenden Aussagen sind richtig, welche sind falsch? (Anmerkung: Hier geht es nicht um die Problematik unbeschränkter Operatoren in einem unendlichdimensionalen Hilbert-Raum. Sie können in allen Fällen von einem endlichdimensionalen Vektorraum mit Skalarprodukt ausgehen.)

1. Das Produkt von zwei selbstadjungierten Matrizen ist wieder eine selbstadjungierte Matrix.
2. Die Summe von zwei selbst-adjungierten Matrizen ist wieder eine selbstadjungierte Matrix.
3. Das Produkt von zwei selbstadjungierten Projektionsmatrizen ist wieder eine selbstadjungierte Projektionsmatrix.
4. Die Summe von zwei selbstadjungierten Projektionsmatrizen ist wieder eine selbstadjungierte Projektionsmatrix.

5. Das Produkt von zwei unitären Matrizen ist wieder eine unitäre Matrix.
6. Die Summe von zwei unitären Matrizen ist wieder eine unitäre Matrix.
7. Wenn $AB = 0$ ist, muss entweder A oder B gleich der Null-Matrix sein.
8. In einem n-dimensionalen Hilbert-Raum gibt es außer der Identitätsmatrix keine Matrix, die sowohl unitär als auch selbst-adjungiert ist.
9. Für beliebige Matrizen gilt: Falls $A^2 = 0$ ist auch $A = 0$.
10. Wenn es eine Basis gibt, in der $A = 0$, dann gilt $A = 0$ in jeder Basis.
11. Es sei A selbstadjungiert und es gebe ein $k \geq 1$ ($k \in \mathbb{N}$), sodass $A^k = 0$. Dann ist auch $A = 0$.
12. Für eine lineare Abbildung gilt: Aus $U^2 = \mathbf{1}$ folgt, dass U unitär ist.
13. Gegeben seien drei Operatoren A, B, C. Es gelte: $[A, B] = 0$ und $[A, C] = 0$. Dann ist auch $[B, C] = 0$.
14. Für einen normierten Vektor $|a\rangle$ besitzt der Projektionsoperator $P = |a\rangle\langle a|$ in zwei und mehr Dimensionen kein Inverses.
15. Gegeben zwei Operatoren A und B. Es sei $[A, B] = 0$. Dann ist jeder Eigenvektor von A auch ein Eigenvektor von B und umgekehrt.

Übung 4.11 Die Funktionen $f_i : [0, 2\pi] \to [-1, 1]$ mit $f_0 = 1/\sqrt{2}$, $f_1(x) = \sin x$, $f_2(x) = \cos x$, $f_3(x) = \sin 2x$ und $f_4(x) = \cos 2x$ spannen einen 5-dimensionalen (komplexen) Vektorraum auf. Auf diesem Vektorraum sei ein Skalarprodukt definiert:

$$\langle f | g \rangle = \frac{1}{\pi} \int_0^{2\pi} f(x)^* g(x) \, dx \tag{4.116}$$

1. Zeigen Sie, dass die Funktionen $f_i(x)$ eine Orthonormalbasis bilden.
2. Zeigen Sie, dass der Operator $K = i\frac{d}{dx}$ auf diesem Vektorraum eine lineare Abbildung definiert.
3. Berechnen Sie die Matrixdarstellung von K bezüglich der angegebenen Basis.
4. Bestimmen Sie die normierten Eigenfunktionen des Operators K und die zugehörigen Eigenwerte.
5. Bestimmen Sie die Matrix U, welche die obige Orthonormalbasis in die Orthonormalbasis zu den Eigenfunktionen von K überführt.
6. Berechnen Sie die Matrixelemente von $K^2 = -\frac{d^2}{dx^2}$.

Übung 4.12 Funktionenräume als Vektorräume

1. Welche der folgenden Funktionenräume bilden *keinen* Vektorraum (unter punktweiser Addition)? Dabei seien die Funktionen in den Definitionsbereichen stetig und ausreichend oft differenzierbar. Geben Sie eine kurze Begründung Ihrer Entscheidung.
    a) Funktionen $f(x)$ über einem Intervall $[a, b] \in \mathbb{R}$ (beliebige Randbedingungen)
    b) Funktionen $f(x)$ über $[a, b] \in \mathbb{R}$ mit $f(a) = f(b) = 0$
    c) Funktionen $f(x)$ über $[a, b] \in \mathbb{R}$ mit $f(a) = f(b) = c$ ($c \neq 0$)
    d) Funktionen $f(x)$ über $[a, b] \in \mathbb{R}$ mit $f'(a) = f'(b) = 0$

e) Funktionen $f(x)$ über $\mathbb{R}^+$ (einschließlich 0) mit $\int_0^\infty |f(x)|^2 dx < \infty$

f) Funktionen $f(x)$ über $\mathbb{R}$ mit $\int_{-\infty}^{+\infty} |f(x)|^2 dx = 1$

2. Welche der folgenden Operationen bezeichnen *keinen* linearen Operator auf dem Vektorraum aller beliebig oft stetig differenzierbaren Funktionen, die im Unendlichen schneller als jede Potenz verschwinden (Vektorräume dieser Art bezeichnet man als Testfunktionenräume). Begründen Sie Ihre Entscheidung.

a) $f(x) \to f(x) + C \quad (C \neq 0)$

b) $f(x) \to f(x + c) \quad (c \neq 0)$

c) $f(x) \to \dfrac{df(x)}{dx}$

d) $f(x) \to \dfrac{d^2 f(x)}{dx^2}$

e) $f(x) \to g(x)f(x)$ wobei $g(x)$ eine beliebig oft differenzierbare Funktion ist, die nicht stärker als eine Potenz für $x \to \pm\infty$ ansteigt.

f) $f(x) \to \displaystyle\int_{\mathbb{R}} f(x)\,dx$

g) $f(x) \to |f(x)|$

h) $f(x) \to \displaystyle\int_{\mathbb{R}} K(x, y)f(y)\,dy$

für eine genügend glatte und integrierbare Funktion $K(x, y)$ (beispielsweise $K(x, y) = \exp[-(x - y)^2]$).

Übung 4.13 Beweisen Sie, dass $K = -i\frac{d}{dx}$ ein selbstadjungierter Operator auf dem Raum $\mathcal{L}_2$ ist. Wie kommt es, dass die Eigenwertgleichung $-i\frac{d}{dx}f(x) = kf(x)$ auch für komplexe Eigenwerte k erfüllt sein kann (z. B. $f(x) = e^{kx}$)?

Übung 4.14 In dieser Übung werden drei in der Quantenmechanik wichtige Funktionenräume untersucht. In allen Fällen handelt es sich um Vektorräume, deren Elemente Polynomfunktionen sind (bzw. davon erzeugt werden).

Die folgenden Integrale sind hilfreich ($n \in \mathbb{N}$):

$$\int_0^\infty x^n e^{-x}\,dx = n!$$

$$\frac{1}{\sqrt{2\pi}} \int_{-\infty}^{+\infty} x^n \exp\left(-\frac{1}{2}x^2\right)\,dx = \begin{cases} 1 & n = 0 \\ 0 & n \text{ ungerade} \\ 1 \cdot 3 \cdot 5 \cdot \ldots \cdot (n - 1) & n \text{ gerade} \end{cases}$$

Im Folgenden seien $y_0(x) = 1$, $y_1(x) = x$, $y_2(x) = x^2$ bzw. allgemein $y_n(x) = x^n$ reine Potenzfunktionen mit ganzzahligen Potenzen. Ein Polynom n-ter Ordnung ist daher

$$p(x) = \sum_{k=0}^{n} a_k x^k = \sum_{k=0}^{n} a_k y_k(x) \qquad a_k \in \mathbb{C}.$$

Betrachten Sie die folgenden drei Funktionenräume:

(P)   Die Menge der Polynome $p(x)$ über dem Intervall $[-1, +1]$ mit dem Skalarprodukt:

$$\langle p_1 | p_2 \rangle = \int_{-1}^{+1} p_1(x)^* \, p_2(x) \, dx$$

(L)   Die Menge der Polynome $p(x)$ über den nichtnegativen reellen Zahlen mit dem Skalarprodukt:

$$\langle p_1 | p_2 \rangle = \int_{0}^{\infty} p_1(x)^* \, p_2(x) \, e^{-x} \, dx$$

(H)   Die Menge der Polynome $p(x)$ über den reellen Zahlen mit dem Skalarprodukt:

$$\langle p_1 | p_2 \rangle = \frac{1}{\sqrt{2\pi}} \int_{-\infty}^{\infty} p_1(x)^* \, p_2(x) \, \exp\left(-x^2\right) \, dx$$

1. Zeigen Sie, dass es sich in allen drei Fällen um Vektorräume mit einem Skalarprodukt handelt (positiv und nicht entartet).
2. Konstruieren Sie sukzessive eine Orthonormalbasis in den drei Vektorräumen (mit ihren Skalarprodukten) nach dem sogenannten Gram-Schmidt-Verfahren: Beginnen Sie mit der Funktion $y_0 = 1$. Diese Funktion wird bezüglich des jeweiligen Skalarprodukts auf 1 normiert; dies liefert den ersten „Basisvektor".
   Betrachten Sie nun eine Linearkombination aus y_0 und y_1 (also $\alpha y_0 + \beta y_1$) und wählen Sie die beiden Koeffizienten so, dass diese Linearkombination orthogonal zu y_0 und ebenfalls normiert ist. Dies ist der zweite Basisvektor.
   Wählen Sie schließlich eine Linearkombination aus y_0, y_1 und y_2 und wählen Sie die Koeffizienten wiederum so, dass dieses neue Polynom orthogonal zu den beiden schon gefundenen Basisvektoren und ebenfalls normiert ist. Dieses Verfahren lässt sich sukzessive fortführen und auf diese Weise erhält man aus einem Satz linear unabhängiger Vektoren schließlich einen Satz von orthonormalen Vektoren.
   Führen Sie dieses Verfahren (jeweils bis zur zweiten Ordnung) mit den jeweiligen Skalarprodukten durch. Sie können sich dabei auf reelle Linearkombinationen beschränken.

Anmerkung Die so erhaltenen Polynome bezeichnet man als Legendre-Polynome (für den Fall (P)), Laguerre-Polynome (für den Fall (L)) und Hermite-Polynome (für den Fall (H)), wobei allerdings häufig andere Normierungsbedingungen gewählt werden. Sie spielen bei der quantenmechanischen Behandlung des Wasserstoffatoms sowie des harmonischen Oszillators eine wichtige Rolle.

Die Postulate der Quantentheorie und allgemeine Folgerungen

5

In diesem Kapitel betrachten wir den abstrakten und formalen Rahmen der Quantentheorie in einer axiomatischen Form. Ganz allgemein sollten die Postulate (ich unterscheide im Folgenden nicht zwischen Axiomen und Postulaten) zu einem physikalischen Formalismus in der Physik folgende Fragen beantworten:

1. Durch welche mathematische Struktur werden physikalische Zustände bzw. wird unser Wissen über den physikalischen Zustand eines Systems dargestellt?
2. Durch welche mathematische Struktur werden physikalische Observablen – Informationen über die möglichen Ergebnisse von Messprozessen – dargestellt?
3. Wie gewinnt man mathematisch aus einer Observablen und einem Zustand ein Ergebnis, das sich experimentell überprüfen lässt?
4. Wie kann man einem physikalischen System einen Zustand zuschreiben bzw. woher weiß man, durch welches konkrete mathematische Element der in 1. genannten Struktur ein physikalisches System zu beschreiben ist?
5. Wodurch wird die Zeitentwicklung eines physikalischen Systems beschrieben?

Die Antworten zu den ersten beiden Fragen setzen den mathematischen Rahmen, in dem eine Theorie formuliert wird. Die beiden nächsten Punkte beschreiben den Zusammenhang zwischen dem, was im Experiment gemessen wird, und der mathematischen Beschreibung. Schließlich erlaubt die Zeitentwicklung, aus den Informationen über ein System zu einem bestimmten Zeitpunkt zu Vorhersagen über zukünftige Ergebnisse zu gelangen.

Da einerseits die klassische Mechanik vertraut sein dürfte, andererseits aber die Formulierung in Form von Postulaten eher ungewöhnlich ist, werden in diesem Kapitel zunächst die Postulate der klassischen Mechanik beschrieben. Die Postulate der Quantentheorie werden durch die Erkenntnisse aus den Kap. 1 und 2 über mögliche Zugänge zur Quantentheorie motiviert. Die letzten Abschnitte dieses Kapitels beziehen sich auf erste allgemeine Folgerungen aus diesen Postulaten, beispielsweise die Unschärferelationen, Symmetrien und Erhaltungsgrößen und das Konzept der Dichtematrizen, wenn unser Wissen über einen Zustand unvollständig ist.

© Springer-Verlag GmbH Deutschland, ein Teil von Springer Nature 2019
T. Filk, *Quantenmechanik (nicht nur) für Lehramtsstudierende*,
https://doi.org/10.1007/978-3-662-59736-1_5

Was man wissen sollte

In Anlehnung an die Forderungen, die man an einen axiomatischen Rahmen für eine Theorie physikalischer Systeme stellt, ergibt sich für die Quantentheorie folgender Formalismus:

1. Quantenmechanische Zustände werden durch die Strahlen (Geraden durch den Nullpunkt) in einem Hilbert-Raum dargestellt; oft dienen normierte Vektoren als Repräsentanten dieser eindimensionalen Unterräume. Ebenso kann man einen Zustand auch durch den (selbstadjungierten) Projektionsoperator auf den Strahl des Zustands beschreiben.

2. Observablen werden durch selbstadjungierte Matrizen bzw. Operatoren auf dem Hilbert-Raum der Zustände dargestellt. Für Q und P – die Observablen zu einer Orts- und Impulsmessung – werden die kanonischen Vertauschungsregeln $[Q, P] = i\hbar$ gefordert. Zu jeder klassischen Observablen $f(x, p)$ gehört die quantenmechanische Observable $f(Q, P)$. Diese Zuordnung zwischen klassischen und quantenmechanischen Observablen ist wegen der Nichtvertauschbarkeit der Operatoren nicht immer eindeutig.

3. Die Born'sche Regel besagt: Ein physikalisches System sei in einem Zustand präpariert worden, der durch den normierten Vektor $|\psi\rangle$ repräsentiert wird. Wird an diesem System die Messung zu einer Observablen vorgenommen, die den normierten Vektor $|\varphi\rangle$ als Eigenzustand hat, dann ist die Wahrscheinlichkeit, dass sich das System nach der Messung in dem Zustand $|\varphi\rangle$ befindet, durch das Absolutquadrat des Skalarprodukts, $|\langle\varphi|\psi\rangle|^2$, gegeben.

   Äquivalent kann man auch sagen, dass ein physikalischer Zustand $|\psi\rangle$ auf der Menge der Observablen ein Erwartungswertfunktional definiert, welches den Erwartungswert dieser Observablen in diesem Zustand angibt: $\langle\psi|A|\psi\rangle$. Experimentell kann dies nur an sehr vielen, im selben Zustand $|\psi\rangle$ präparierten physikalischen Systeme durch Messung derselben Größe A bestimmt werden. Die Eigenwerte des Operators zu einer Observablen A sind die möglichen Messwerte bei einer Einzelbeobachtung. Aus den kanonischen Vertauschungsregeln folgt, dass die Erwartungswerte von Observablen die klassischen Bewegungsgleichungen erfüllen.

4. Die Eigenräume einer Observablen zu einem Eigenwert geben an, durch welchen Zustand das physikalische System unmittelbar nach der Messung und der Feststellung des Messwerts zu beschreiben ist. Diese Eigenschaft erlaubt die Präparation von physikalischen Systemen in bestimmten Zuständen.

5. In abgeschlossenen Systemen ist die zeitliche Entwicklung von Zuständen unitär und wird durch die zeitabhängige Schrödinger-Gleichung beschrieben. Sie besagt, dass der Generator der Zeitentwicklung gleich dem Hamilton-Operator des Systems ist. Äquivalent kann man auch die Zeitentwicklung den Observablen zuschreiben, die dann durch die Heisenberg'schen Bewegungsgleichungen ausgedrückt wird.

Außerdem sollte man begründen können, weshalb man zwei Observablen, deren zugehörige selbstadjungierte Operatoren nicht kommutieren, nicht gleichzeitig messen kann. Für den Ort und Impuls gilt die Heisenberg'sche Unschärferelation:

$$\Delta x \cdot \Delta p \geq \frac{\hbar}{2} \tag{5.1}$$

Entsprechend gibt es auch eine Unschärferelation zwischen Zeit und Energie,

$$\Delta E \cdot \Delta t \geq \frac{\hbar}{2}, \tag{5.2}$$

die jedoch nicht aus der Nichtvertauschbarkeit von Operatoren folgt, sondern aus den Eigenschaften der Fourier-Transformation.

Man sollte allgemein wissen, wie Symmetrien im Quantenformalismus ausgedrückt werden und weshalb auch hier mit Symmetrien Erhaltungsgrößen verbunden sind.

Eine Dichtematrix ist eine positive, selbstadjungierte, normierte Matrix und beschreibt gemischte Zustände. Ein Gemisch von Zuständen ist zu unterscheiden von einer Superposition dieser Zustände, die einen reinen Zustand darstellt.

5.1 Die Postulate der klassischen Mechanik

Gewöhnlich wird die klassische Mechanik nicht durch Postulate der erwähnten Form eingeführt, aber die Möglichkeit besteht auch hier. Damit der Schritt zur Quantenmechanik nicht zu groß ausfällt, sollen die Postulate der klassischen Mechanik kurz angegeben werden. Dabei beziehe ich mich in erster Linie auf die Hamilton'sche Mechanik, da die Quantenmechanik auf dieser Formulierung aufbaut.

1. Postulat: Ein (reiner) klassischer Zustand wird durch einen Punkt $(\mathbf{q}, \mathbf{p})$ im Phasenraum P – dem Raum der Orte (bzw. der verallgemeinerten Koordinaten) $\mathbf{q}$ und Impulse $\mathbf{p}$ – dargestellt. Für N Teilchen ist dies ein Punkt in einem $6N$-dimensionalen Phasenraum.
2. Postulat: Eine Observable wird durch eine reellwertige Funktion auf dem Phasenraum dargestellt, d. h. $f : P \to \mathbb{R}$.
3. Postulat: Der Messwert zu einer Observablen f an einem System im Zustand $(\mathbf{q}, \mathbf{p})$ ist $f(\mathbf{q}, \mathbf{p})$.
4. Postulat: Wird bei einer Messung einer Observablen f der Messwert F gefunden, befindet sich das System in einem Zustand $(\mathbf{q}, \mathbf{p})$, für den gilt $f(\mathbf{q}, \mathbf{p}) = F$.
5. Postulat: Die zeitliche Veränderung eines Zustands $(\mathbf{q}, \mathbf{p})$ lässt sich durch die Hamilton'schen Bewegungsgleichungen beschreiben:

$$\dot{p}_i = -\frac{\partial H(\mathbf{q}, \mathbf{p})}{\partial q_i} \quad \text{und} \quad \dot{q}_i = \frac{\partial H(\mathbf{q}, \mathbf{p})}{\partial p_i}, \tag{5.3}$$

wobei $H(\mathbf{q}, \mathbf{p})$ die Hamilton-Funktion (Energiefunktion) des Systems ist.

Insbesondere die Postulate 3 und 4 erscheinen in der klassischen Mechanik so selbstverständlich, dass sie meist nicht erwähnt werden. Gerade sie erhalten in der Quantentheorie jedoch eine nach wie vor umstrittene und unseren Vorstellungen von Realität scheinbar widersprechende Form. Es folgen einige Kommentare zu den Postulaten:

- Der Phasenraum wir oft als die ‚Menge der möglichen Anfangsbedingungen' für die Bewegungsgleichungen definiert. Daher steht häufig die Bewegungsgleichung am Anfang einer Theorie. Sie bestimmt die möglichen Zustände in Form ihrer möglichen Anfangsbedingungen. Ich verwende, auch im Hinblick auf die übliche Notation in der Quantentheorie, die Bezeichnung **q** für den Ortsvektor bzw. q_i für die kartesischen Koordinaten des Orts eines Teilchens. Das Postulat spezifiziert nur reine Zustände, das sind solche Zustände, die sich nicht mehr verfeinern lassen. Allgemeiner lassen sich Zustände durch Wahrscheinlichkeitsdichten auf dem Phasenraum definieren (vgl. Abschn. 5.6).
- Eine Observable ist etwas, das man an einem System beobachten kann. In der klassischen Mechanik sind dies beispielsweise die Energie, der Drehimpuls, die Koordinaten eines Teilchens oder auch seine Geschwindigkeitskomponenten. Jeder Observablen entspricht physikalisch ein Messprotokoll, das angibt, wie diese Observable gemessen werden kann. Die mathematische Struktur kodiert die Information, die man bei einer Messung gewinnen kann – in der klassischen Mechanik also einfach die möglichen Messwerte.
  In der Hamilton'schen Mechanik ist für die Funktionen auf dem Phasenraum ein Produkt definiert, die sogenannte *Poisson-Klammer*:

$$\{f(q, p), g(q, p)\} = \frac{\partial f(q, p)}{\partial q} \frac{\partial g(q, p)}{\partial p} - \frac{\partial g(q, p)}{\partial q} \frac{\partial f(q, p)}{\partial p} \qquad (5.4)$$

Man überzeuge sich, dass die Poisson-Klammer dieselben Relationen erfüllt wie der Kommutator von Operatoren (siehe Gl. 4.45 bis 4.48 in Kap. 4).

- Die Messung einer Observablen (letztendlich eine Messung von Ort und Impuls) verändert den Zustand des gemessenen Systems nicht. Zumindest wird angenommen, dass eine solche ‚beliebig wenig invasive' Messung immer durchgeführt werden kann. Führt man dieselbe Messung zu einer Observablen an identisch präparierten Systemen aus, so erhält man immer denselben Messwert für diese Observable. Diese Eigenschaft bezeichnet man als *Dispersionsfreiheit klassischer Zustände*. Systeme, die identisch präpariert wurden, befinden sich im gleichen (reinen) Zustand.
- Im Allgemeinen schränkt der bekannte Messwert einer Observablen den möglichen Zustand des Systems im Zustandsraum um eine Dimension ein. Im Idealfall legt ein Satz von $6N$ unabhängigen Observablen den Zustand fest. Am einfachsten ist die Bestimmung der Orts- und Impulskoordinaten, die den Zustand festlegen.

- Die klassische Mechanik kennt mehrere Formen von Bewegungsgleichungen. Die bekannteste und allgemeinste ist die Newton'sche Bewegungsgleichung:

$$m\ddot{x}(t) = F(x(t), \dot{x}(t)). \tag{5.5}$$

Im Allgemeinen kann die Kraft eine Funktion sowohl der Orte als auch der Geschwindigkeiten bzw. Impulse sein – beispielsweise hängt die Lorentz-Kraft für ein geladenes Teilchen in einem Magnetfeld von dessen Geschwindigkeit ab –, daher ist die Kraft eine Funktion auf dem Phasenraum und, im Sinne der obigen Postulate, eine Observable.

Die in Axiom 5 angegebene Hamilton'sche Bewegungsgleichung wird auch in der Quantentheorie in ähnlicher Form wieder auftauchen. Aus ihr ergibt sich für die Zeitentwicklung einer Observablen, ausgedrückt durch die Poisson-Klammer:

$$\frac{\mathrm{d}f(q(t), p(t))}{\mathrm{d}t} = \{f(q(t), p(t)), \ H(q(t), p(t))\} \tag{5.6}$$

(Der Einfachheit halber soll die Observable $f(q, p)$ nicht explizit zeitabhängig sein, sondern ihre Zeitabhängigkeit nur über ihre Abhängigkeit von den Variablen $q(t)$ und $p(t)$ erhalten.) Man beachte, dass die Newton'sche Mechanik allgemeiner ist als die Hamilton'sche Mechanik: In der Hamilton'schen Mechanik müssen die zu einer Ortskoordinate konjugierte Größe (der Impuls) und die Hamilton-Funktion (Energie als Funktion der konjugierten Größen Ort und Impuls) bekannt sein. Das setzt aber die Kenntnis eines Potenzials voraus, das es in der Newton'schen Formulierung nicht geben muss; beispielsweise gibt es zu gedämpften Bewegungen kein Potenzial.

5.2 Die Postulate der Quantentheorie

In Analogie zu den Postulaten der Hamilton'schen klassischen Mechanik bzw. den allgemeinen Anforderungen an ein Axiomensystem für eine physikalische Theorie (vgl. den Beginn dieses Kapitels) werden nun die Postulate der Quantentheorie behandelt. Sie ergeben sich im Wesentlichen aus einer Verallgemeinerung der Erkenntnisse aus den speziellen Fällen, die wir im Zusammenhang mit den Polarisationsfreiheitsgraden von Photonen und den räumlichen Freiheitsgraden von Elektronen (bzw. Teilchen) in den ersten beiden Kapiteln gewonnen haben. In der folgenden ‚Grey Box' übernehme ich die Erkenntnisse aus Kap. 2 in einfacher Form. Auf diese Weise sind die Postulate der Quanten*mechanik* – in diesem Fall ist wirklich die Quantentheorie zur klassischen Mechanik gemeint – sehr rasch formuliert. Die weiteren Abschnitte formulieren den mathematischen Rahmen allgemeiner und über die Quantenmechanik hinausgehend.

Der schnelle Weg

Akzeptiert man die Theorie von de Broglie, die sich unter anderem für die Beschreibung der Beugungserscheinungen an Doppelspalten oder Gittern bewährt hat, lauten die Antworten auf die fünf in der Einleitung zu diesem Kapitel aufgeworfenen Fragen folgendermaßen (der Einfachheit formuliert für 1-dimensionale Systeme):

1. Ein Teilchen in einem bestimmen Zustand wird durch eine normierte Wellenfunktion $\psi(x) \in \mathscr{L}_2$ beschrieben:

$$\int_{-\infty}^{+\infty} \psi(x)^* \psi(x)\, dx = 1 \qquad (5.7)$$

(Im Allgemeinen bezieht sich x auf einen Punkte im $\mathbb{R}^3$, und damit ist auch über den $\mathbb{R}^3$ zu integrieren. Wir werden aber auch 1- und 2-dimensionale Probleme behandeln.)

2. Eine klassischen Observable $f(q, p)$ wird durch einen Operator $f(Q, P)$ ersetzt, wobei für Q die Multiplikation mit x und für P die Ableitung $P = -i\hbar\partial/\partial x$ in die Funktion f eingesetzt wird. Insbesondere gilt für die Energie:

$$H(p, q) = \frac{p^2}{2m} + V(q) \implies H(Q, P) = -\frac{\hbar^2}{2m}\frac{\partial^2}{\partial x^2} + V(x) \qquad (5.8)$$

3. Die Erwartungswerte einer Observablen im Zustand $\psi(x)$ erhält man nach der Vorschrift:

$$\langle f \rangle_\psi = \int_{-\infty}^{+\infty} \psi(x)^* f\left(x, -i\hbar\frac{\partial}{\partial x}\right) \psi(x)\, dx \qquad (5.9)$$

4. Nach einer Messung ,kollabiert' die Wellenfunktion in eine Eigenfunktion der Observablen zu dem festgestellten Messwert.

5. Die zeitliche Entwicklung einer Wellenfunktion folgt der Schrödinger-Gleichung (siehe Abschn. 2.5):

$$i\hbar\frac{\partial}{\partial t}\psi(x, t) = \left(-\frac{\hbar^2}{2m}\frac{\partial^2}{\partial x^2} + V(x)\right)\psi(x, t) \qquad (5.10)$$

Bei mehrdimensionalen Problemen ist $\frac{\partial^2}{\partial x^2}$ durch den entsprechenden Laplace-Operator Δ zu ersetzen.

Die Abschn. 5.2.1 bis 5.2.5 sind im Wesentlichen ausführliche Kommentare und Verallgemeinerungen dieser Kurzform der Postulate. In zweierlei Hinsicht sind die obigen Postulate speziell: 1) Es handelt sich um eine spezielle Darstellung – die sogenannte Ortsraumdarstellung – der Quantenmechanik und 2) Systeme mit endlich vielen Alternativen (z. B. Spin- oder Polarisationsfreiheitsgrade) werden im Allgemeinen nicht durch Wellenfunktionen beschrieben.

5.2.1 Darstellung von Zuständen

Ein Zustand beschreibt bzw. kodiert unser Wissen über ein System. Dieses Wissen beruht meist auf Informationen über die Vergangenheit des Systems, z. B. wie es präpariert wurde. Abschn. 5.6 geht nochmals allgemeiner auf den Begriff des Zustands ein, wobei dann auch unvollständiges Wissen berücksichtigt wird. Bei einem reinen Zustand ist unser Wissen vollständig in dem Sinne, dass wir durch kein Experiment zusätzliches Wissen über den augenblicklichen Zustand gewinnen können. Ein reiner Zustand entspricht somit einer ‚maximalen' Kenntnis über ein System, die sich – zumindest soweit die Theorie es zulässt – nicht weiter verfeinern lässt.

Ob einem Zustand, also der mathematischen Beschreibung unseres Wissens über ein System, auch etwas ‚da draußen' – Einstein prägte in diesem Zusammenhang den Begriff ‚Elemente der Realität' (vgl. Abschn. 8.3) – entspricht, darüber gehen die Meinungen weit auseinander (Näheres dazu in Kap. 18). Wenn man oft etwas lax sagt „ein System befindet sich in einem bestimmten Zustand", so ist eigentlich gemeint: „Aufgrund meines Wissens beschreibe ich das System durch einen bestimmten Zustand." Eine überraschende Erkenntnis im Zusammenhang mit atomaren Systemen war die experimentelle Feststellung, dass Superpositionen von Zuständen im Allgemeinen wiederum realisierbare Zustände darstellen. Daher liegt es nahe, quantenmechanische Zustände durch Vektoren in einem Vektorraum darzustellen.

Wir hatten am Beispiel der Polarisationen gesehen, dass sich der Polarisationszustand eines Photons durch einen Vektor beschreiben lässt. Genauer gesagt war jedoch der Vektor nur ein *Repräsentant* für den Polarisationszustand, denn eigentlich ist es nur die Richtung des Vektors, und auch diese nur bis auf ein Vorzeichen, welche den Polarisationszustand charakterisiert. Bei einem Filter legt nur die Richtung der Polarisationsachse die Polarisationseigenschaften eines Photons fest. Diese Achse beschreibt einen 1-dimensionalen Unterraum. Wir haben also mehrere Möglichkeiten, einen quantenmechanischen Zustand darzustellen. Das erste Postulat besitzt daher mehrere Formulierungen.

Postulat 1a In der Quantentheorie kann ein Zustand durch einen normierten Vektor in einem Hilbert-Raum dargestellt werden, also durch ein geeignetes $|\Psi\rangle \in \mathcal{H}$ mit $\langle\Psi|\Psi\rangle = 1$.

Der Grund, dass man als Repräsentanten einen normierten Vektor wählt, liegt in der Wahrscheinlichkeitsinterpretation, die man dem Absolutquadrat von Skalarprodukten zuschreiben möchte, wie es im 3. Postulat ausgedrückt wird. Um bei den Ausdrücken für die Wahrscheinlichkeiten nicht immer durch die Norm der Vektoren dividieren zu müssen, beschränkt man sich bei der Darstellung quantenmechanischer Zustände durch Vektoren meist auf normierte Vektoren.

Durch die Normierung ist der Vektor noch nicht eindeutig festgelegt. Schon im reellen Fall hatten wir bei den Polarisationen gesehen, dass $\mathbf{A}$ und $-\mathbf{A}$ denselben Polarisationszustand beschreiben. Bei komplexen Vektoren können wir einen Vektor sogar mit einer beliebigen komplexen Phase $e^{i\alpha}$ multiplizieren, ohne die Norm zu ändern. Zwei normierte Vektoren, die sich nur um eine Phase unterscheiden, repräsentieren somit denselben Zustand. Eigentlich entspricht einem Zustand somit ein 1-dimensionaler, linearer Unterraum des Hilbert-Raums.

Postulat 1b Ein quantenmechanischer Zustand wird durch einen (komplex) 1-dimensionalen linearen Unterraum (einen *Strahl*) eines Hilbert-Raums dargestellt.

Diese Definition ist unserer Anschauung vom Polarisationszustand als der Polarisationsachse eines präparierenden Filters am nächsten.

Schließlich haben wir gesehen, dass wir einen 1-dimensionalen linearen Unterraum auch durch den Projektionsoperator auf diesen Unterraum beschreiben können. Zwischen den Strahlen im Hilbert-Raum und den selbstadjungierten Projektionsoperatoren mit der Spur 1 besteht eine eineindeutige Beziehung:

Postulat 1c Ein quantenmechanischer Zustand wird durch einen selbstadjungierten Projektionsoperator mit Spur 1 dargestellt.

Die Postulate 1b und 1c beziehen sich auf dasselbe mathematische Objekt: einen 1-dimensionalen Unterraum eines Hilbert-Raums. Postulat 1a bezieht sich auf einen Repräsentanten für diesen Unterraum. Für konkrete Rechnungen verwendet man meist Vektoren, in manchen Fällen auch Projektionsoperatoren. Für eine geometrische Anschauung bietet sich das Bild der Strahlen an.

Mathematisch stehen die drei Postulate in folgender Beziehung:

1a   Sei $|\psi\rangle$ ein (normierter) Vektor des Hilbert-Raums, dann dient dieser als Repräsentant eines Zustands. Die Normierung eines Vektors ändert sich nicht, wenn man den Vektor mit einer Phase multipliziert, $|\psi\rangle \rightarrow e^{i\varphi}|\psi\rangle$, daher ist der Repräsentant nicht eindeutig festgelegt.

1b   Der Strahl besteht aus allen komplexen Vielfachen eines (vom Nullvektor verschiedenen) Vektors, also beispielsweise

$$\text{Strahl}(\psi) = \{\lambda|\psi\rangle | \lambda \in \mathbb{C}\}. \tag{5.11}$$

1c   Der (selbstadjungierte) Projektionsoperator P_ψ projiziert einen beliebigen Vektor (orthogonal) auf den durch $|\psi\rangle$ definierten Strahl und ist für normierte Vektoren durch

$$P_\psi = |\psi\rangle\langle\psi| \qquad (5.12)$$

gegeben. Eine komplexe Phase in $|\psi\rangle$ hebt sich im Projektionsoperator heraus.

Welchen Vektor bzw. Strahl bzw. Projektionsoperator man in einem konkreten Fall für ein System verwendet, klärt Postulat 4.

5.2.2   Darstellung von Observablen

Bevor wir das zweite Postulat formulieren, überlegen wir zunächst, welche Eigenschaften wir von einer Observablen erwarten.

5.2.2.1 Der Begriff der Observablen
Eine strenge und allgemeine Definition des Begriffs ,Observable' ist kaum möglich. Salopp ausgedrückt handelt es sich bei einer Observablen um die mathematische Repräsentation dessen, was man an einem System beobachten kann.

In jedem Fall sollte man den Begriff der Observablen vom Begriff der Messung unterscheiden: Eine Messung besteht in einem experimentellen Aufbau und einem experimentellen Protokoll, das angibt, wie das Experiment durchzuführen ist. Meist wird ein zu beobachtendes System mit einem anderen System (dem Messgerät) in Kontakt gebracht, sodass eine Wechselwirkung stattfindet und man aus der Reaktion des Messgeräts eine Information über das untersuchte System erhält.

Ich definiere den Begriff der Observablen folgendermaßen:
Eine Observable ist eine mathematische Darstellung der möglichen Informationen, die bei einem bestimmten Messprozess gewonnen werden können.

Insbesondere beschreibt eine Observable *nicht* die Dynamik des Messprozesses selbst.

In der klassischen Mechanik gibt die Observable lediglich den Messwert an, den man bei einer Messung der zugehörigen Messgröße für einen konkreten Zustand erhält – für einen Zustand $(\mathbf{q}, \mathbf{p})$ also die Größe $f(\mathbf{q}, \mathbf{p})$. Sie beinhaltet keine Beschreibung des Messprotokolls oder des Messprozesses, sondern lediglich die gewonnene Information. Entsprechend suchen wir nun in der Quantenmechanik nach einer Kodierung der Information, die man bei der Durchführung einer konkreten Messung über ein System erhält bzw. erhalten kann.

5.2.2.2 Welche Eigenschaften sollte eine Observable haben?
Die folgenden Erfahrungstatsachen aus Beobachtungen an atomaren Systemen oder subatomaren Teilchen müssen dabei berücksichtigt werden:

1. Messungen, die an einem System durchgeführt werden, verändern in der Regel den Zustand des Systems.

   Dies haben wir bei den Polarisationsexperimenten in Abschn. 1.3 gesehen. Die ‚Begründer der Quantenmechanik' (z. B. Bohr und Heisenberg) glaubten zunächst, eine Wechselwirkung mit einer Energie- und/oder Impulsübertragung zwischen Messinstrument und Quantensystem sei dafür verantwortlich. Wie schon die Beispiele mit Photonen und Polarisationsfiltern gezeigt haben, hat jedoch keine Wechselwirkung in dem genannten Sinne zwischen dem Photon und dem Polarisationsfilter stattgefunden, *wenn das Photon den Filter passiert hat.* Trotzdem hat sich der Zustand des Photons verändert. Die Abschn. 8.3 und 15.3 gehen auf diesen Punkt genauer ein.

2. Werden an identisch präparierten Systemen, also an Systemen im selben Zustand, dieselben Messungen durchgeführt, erhält man nicht immer dieselben Messergebnisse.

   Auch diesen Sachverhalt haben wir schon bei Photonen und Polarisationsfiltern beobachten können: Ein Photon, das einen horizontalen Filter (h-Filter) passiert hat, besitzt eine bestimmte Polarisationseigenschaft, die eindeutig ist und nicht weiter verfeinert werden kann. (Dieser Punkt muss im Augenblick einfach akzeptiert werden, wir werden aber darauf zurückkommen.) Trotzdem steht nicht fest, ob ein solches Photon einen unter $+45°$ orientierten Filter passiert. Die Wahrscheinlichkeit dafür ist 50 %.

3. Eine Messung ‚zwingt' ein System in einen möglichen Zustand aus einem Satz von orthogonalen Zuständen (die Schrödinger'sche ‚Prokrustie', vgl. ‚Grey Box' in Abschn. 1.5).

   Dies ist eine Extrapolation aus unserer Erfahrung mit Polwürfeln. Ein Polwürfel definiert zwei orthogonale Polarisationsrichtungen. Ein einfallendes Photon wird in eine dieser beiden Richtungen ‚gezwungen'. Wir können die Polarisationsrichtungen zwar beliebig wählen, aber für eine gegebene Messanordnung liegen die beiden orthogonalen Möglichkeiten fest.

4. Wurde an einem System eine Messung durchgeführt und wird *dieselbe Messung* unmittelbar danach nochmals durchgeführt, erhält man auch dasselbe Ergebnis.

   Zu dieser letzten Beobachtung gibt es ein ‚Kleingedrucktes', das sich auf den Ausdruck ‚unmittelbar danach' bezieht. Betrachten wir zunächst den einfachen Fall, dass sich die Messung auf eine Erhaltungsgröße bezieht, deren Wert sich also durch die Dynamik des Systems nicht verändert. In diesem Fall bedeutet ‚unmittelbar danach' lediglich, dass zwischen der ersten und der zweiten Messung keine weitere Messung einer anderen Observablen durchgeführt wird. Auch diese Eigenschaft ist uns bei den Photonen und Polarisationsfiltern schon begegnet: Da die freie Wellenausbreitung die Polarisationseigenschaften von elektromagnetischen Wellen nicht verändert, kann man beliebig viele Filter mit parallelen Polarisationsachsen hintereinanderstellen. Sofern ein Photon den ersten Filter passiert hat, passiert es auch alle anderen Filter. Wird aber ein Filter mit einer anderen Polarisationsachse dazwischengeschoben, ist das nicht mehr garantiert.

Der kritische Fall tritt auf, wenn sich der gemessene Wert allein schon durch die Dynamik des Systems, also die reine Zeitentwicklung, verändert. In diesem Fall bedeutet ‚unmittelbar danach‘, dass die Messung innerhalb eines Zeitfensters Δt ein zweites Mal durchgeführt wird, wobei Δt so klein sein sollte, dass die Dynamik auf die geprüfte Eigenschaft noch keinen nennenswerten Einfluss hat (wobei ‚nennenswert‘ im Sinne der angestrebten Messgenauigkeit zu verstehen ist). Da aber Messungen auf einer Wechselwirkung beruhen und damit selbst Zeit in Anspruch nehmen, sich andererseits aber manche Eigenschaften aufgrund der Dynamik sehr rasch verändern können, handelt es sich bei dieser Aussage um eine Extrapolation, die aus den Fällen gewonnen wurde, an denen eine Überprüfung möglich ist. Bisher gibt es keinen Grund, an der Richtigkeit dieses Sachverhalts zu zweifeln.

Aus dem Gesagten können wir eine ‚Wunschliste‘ zusammenstellen, die wir an die mathematische Darstellung einer Observablen stellen wollen bzw. stellen können.

1. Die mathematische Repräsentation einer Observablen sollte die Information enthalten, welche möglichen Messwerte man überhaupt bei einer Messung erhalten kann.
2. Die mathematische Repräsentation einer Observablen sollte die Information enthalten, in welchem Zustand sich ein System befindet, *nachdem* ein bestimmter Messwert gemessen wurde. Dieser Zustand sollte die Eigenschaft haben, durch eine weitere Messung derselben Observablen nicht mehr verändert zu werden.
3. Die Observable sollte uns erlauben zu berechnen, mit welcher Wahrscheinlichkeit wir bei einer Messung an einem bestimmten Zustand einen bestimmten Messwert erhalten.
4. Wir sollten zumindest für die aus der klassischen Physik bekannten Observablen (Ort, Impuls, Energie, Drehimpuls, ...) wissen, durch welche mathematischen Objekte sie repräsentiert werden. Diese Forderung setzt voraus, dass die klassischen Observablen in der Quantentheorie (in einem zu spezifizierenden Sinn) ihre Bedeutung behalten.

5.2.2.3 Das zweite Postulat
Das zweite Postulate bestimmt die mathematische Darstellung der Observablen in der Quantentheorie. Die einzelnen oben angesprochenen Punkte (welche Messwerte möglich sind, welcher Zustand nach einer Messung vorliegt etc.) werden von den späteren Postulaten geklärt.

Postulat 2 Eine Observable wird in der Quantentheorie durch einen selbstadjungierten Operator dargestellt. In der Quantenmechanik, also der Quantentheorie zur klassischen (Hamilton'schen) Mechanik, sollten die klassischen Beziehungen zwischen Observablen, wie sie durch die Poisson-Klammer gegeben sind, soweit als möglich erhalten bleiben, wobei die Poisson-Klammer $\{\cdot, \cdot\}$ durch den Kommutator $i\hbar[\cdot, \cdot]$ zu ersetzen ist. Insbesondere sollen für die Ortsoperatoren Q_i und die

Impulsoperatoren P_i (der Index bezieht sich auf die drei Komponenten) die sogenannten *kanonischen Vertauschungsrelationen* gelten:

$$[Q_i, P_j] = i\hbar \, \mathbf{1} \, \delta_{ij} \tag{5.13}$$

$$[Q_i, Q_j] = 0, \quad [P_i, P_j] = 0 \tag{5.14}$$

Zu diesem Postulat gibt es zunächst einige Anmerkungen:

- Die Forderung, dass die klassischen Poisson-Klammern in Kommutatorbeziehungen übergehen sollen, impliziert, dass eine klassische Observable $f(q, p)$ (als
  Funktion auf dem Phasenraum) im Wesentlichen durch einen Operator $F(Q, P)$
  repräsentiert wird, dessen funktionale Abhängigkeit von den Operatoren Q und P
  dieselbe ist wie die klassische Abhängigkeit von f als Funktion von q und p. Hier
  wird ausgenutzt, dass die Poisson-Klammern die gleichen Relationen erfüllen wie
  Kommutatoren von Operatoren (vgl. Gl. 5.4 und die anschließende Bemerkung).
  ‚Im Wesentlichen‘ deutet eine Einschränkung an, die mit der Reihenfolge von
  Operatoren zusammenhängt und im nächsten Punkt erläutert wird. Insbesondere
  ist also der Energieoperator eines Teilchens in einem äußeren Potenzial durch

$$H = \frac{1}{2m} P^2 + V(Q) \tag{5.15}$$

  gegeben, und die Komponenten des Drehimpulsoperators sind

$$L_1 = Q_2 P_3 - Q_3 P_2 \,, \quad L_2 = Q_3 P_1 - Q_1 P_3 \,, \quad L_3 = Q_1 P_2 - Q_2 P_1. \tag{5.16}$$

  Man überzeugt sich leicht, dass es hier keine Probleme mit der Reihenfolge der
  Operatoren gibt.
- Seltsam für ein Postulat erscheint der Ausdruck ‚soweit als möglich‘. Für die
  Operatoren der Orts- und Impulskoordinaten wird die Beziehung streng gefordert.
  Man kann jedoch zeigen, dass dieses Verfahren nicht streng durchgehalten werden
  kann (dies ist der Inhalt des sogenannten Groenewald-van Hove-Theorems; siehe
  z. B. [40]). Das Problem ist, dass beispielsweise klassische Observablen der Form
  $q^2 p^2$ nicht einfach durch $Q^2 P^2$ ersetzt werden können, dieses Produkt wäre
  nämlich nicht selbstadjungiert. Es gibt jedoch mehrere (klassisch äquivalente)
  selbstadjungierte Ersetzungsmöglichkeiten: $\frac{1}{2}(Q^2 P^2 + P^2 Q^2)$, $Q P^2 Q$, $P Q^2 P$,
  $\frac{1}{6}(Q^2 P^2 + Q P Q P + Q P^2 Q + P Q P Q + P^2 Q^2 + P Q^2 P)$ etc. Da Q und P
  nicht kommutieren, handelt es sich um verschiedene Operatoren. Durch welchen
  soll also die klassische Funktion $q^2 p^2$ ersetzt werden? Es zeigt sich, dass keine
  Ersetzungsvorschrift beliebiger klassischer Polynome in q und p durch Polynome
  in Q und P zu einer exakten Übertragung von Poisson-Klammern in Kommutator-
  Klammern führt. Die Unterschiede sind zwar immer proportional zu $\hbar$ oder gar
  $\hbar^2$ und damit ‚quantenmechanischer Natur‘, aber sie bringen eine Mehrdeutigkeit
  ins Spiel, die sich grundsätzlich nicht vermeiden lässt.

- Weshalb sollte man überhaupt fordern, dass die klassische Poisson-Klammer etwas mit dem Kommutator zu tun hat? Heisenberg hatte zunächst die Kommutatorrelationen für den Ort- und Impulsoperator aus halbempirischen Überlegungen gewonnen. Später erkannte Dirac, dass es sich hierbei um die Ersetzung der klassischen Poisson-Klammern durch Kommutatorrelationen handelt. Einer der Gründe für diese Forderung ist, dass man ein *Korrespondenzprinzip* beweisen kann: Bis auf Korrekturen von $\hbar$ erfüllen die Erwartungswerte quantenmechanischer Observablen die klassischen Bewegungsgleichungen. Damit ist garantiert, dass in einem klassischen Grenzfall (wenn die relevanten Wirkungen sehr groß im Vergleich zur Planck'schen Konstante sind) die so konstruierte Quantenmechanik wieder in die klassische Mechanik übergeht. Abschn. 5.2.5.3 und Kap. 12 gehen näher auf das Korrespondenzprinzip ein.

- In der klassischen Physik kann man praktisch jede Funktion $f(q, p)$ auf dem Phasenraum als Observable definieren und man kann auch angeben, wie man diese Observable messen kann: Man messe die Orte q und die Impulse p und bilde dann aus den Messdaten die Funktion $f(q, p)$.

   In der Quantenmechanik sind mit der Definition der Observablen einige Probleme verbunden. Zunächst kann man, wie wir noch sehen werden, den Ort und den Impuls eines quantenmechanischen Systems nicht gleichzeitig messen. Das gilt ganz allgemein für zwei Observablen, die nicht miteinander kommutieren. Das bedeutet aber auch, dass man die Messgröße zu einem Operator $F(Q, P)$ *nicht* dadurch bestimmen kann, dass man eine Orts- und Impulsmessung vornimmt und dann die Funktion der Messwerte bildet.

   In der Quantenmechanik hat jede Observable eine ihr eigene Messvorschrift. Die Energie $H(Q, P)$ wird nicht durch Q- und P-Messungen bestimmt, sondern beispielsweise über die Beobachtung von Spektrallinien. Damit verbunden sind zwei Schwierigkeiten: 1) Für eine Observable $F(Q, P)$ in der Quantenmechanik ist im Allgemeinen nicht bekannt, *wie* die zugehörige Messgröße bestimmt werden kann. Es wird zwar behauptet, *dass* sie messbar ist, aus dem Formalismus ergibt sich aber nicht, *wie* eine solche Messanordnung und ein Messprotokoll aussehen. 2) Eng damit verbunden ist die Frage, ob tatsächlich jeder selbstadjungierte Operator $F(Q, P)$ einer Observablen entspricht. Dieses Postulat stammt von Dirac und gehörte nicht zur ursprünglichen Formulierung der Quantenmechanik. Allgemein gilt es immer noch als umstritten und in bestimmten Fällen sind auch Einschränkungen bekannt (beispielsweise bei sogenannten Superauswahlregeln).

5.2.2.4 Realisierung für Wellenfunktionen im Ortsraum

Bisher wurde das Postulat für die mathematische Darstellung von Operatoren sehr abstrakt formuliert. Für konkrete Rechnungen muss man jedoch eine Darstellung wählen. Wir werden später verschiedene Darstellungen kennenlernen (Abschn. 6.1.2), doch die wichtigste ist die Ortsraumdarstellung der Wellenfunktionen.

   Der Vektor $|\psi\rangle$ wird hierbei realisiert als eine Wellenfunktion $\psi(x)$, wobei x die Ortsraumkoordinate ist. In diesem Fall werden die Operatoren Q und P durch die Operatoren ‚Multiplikation mit x' und ‚Ableitung nach x multipliziert mit $-i\hbar$'

dargestellt. Angewandt auf eine Wellenfunktion gilt somit:

$$Q|\psi\rangle \longrightarrow x\psi(x) \qquad\qquad P|\psi\rangle \longrightarrow -i\hbar\frac{\partial}{\partial x}\psi(x) \qquad (5.17)$$

Dass diese beiden Operatoren die kanonischen Vertauschungsrelationen erfüllen, wurde schon in Abschn. 4.4.3 gezeigt.

Für den Hamilton-Operator gilt in dieser Darstellung:

$$H = \frac{1}{2m}P^2 + V(Q) \longrightarrow -\frac{\hbar^2}{2m}\frac{d^2}{dx^2} + V(x) \qquad (5.18)$$

bzw. in drei Raumdimensionen:

$$H = \frac{1}{2m}\mathbf{P}^2 + V(\mathbf{Q}) \longrightarrow -\frac{\hbar^2}{2m}\Delta + V(\mathbf{x}) \qquad (5.19)$$

Dieser Operator ist auf Wellenfunktionen $\psi(x)$ anzuwenden:

$$H|\psi\rangle \longrightarrow \left(-\frac{\hbar^2}{2m}\Delta + V(\mathbf{x})\right)\psi(\mathbf{x},t) \qquad (5.20)$$

5.2.3 Messwerte und Erwartungswerte

Bisher wurde festgelegt, durch welche mathematischen Objekte quantenmechanische Zustände und quantenmechanische Observablen dargestellt werden. Dieses Postulat legt fest, wie man aus dieser mathematischen Darstellung einer Observablen die Informationen über die möglichen Messergebnisse gewinnt.

Postulat 3

a) Die *möglichen Messwerte* $\{\lambda_i\}$ einer Observablen sind die Eigenwerte (genauer das Spektrum, siehe Abschn. 4.4.1 und Kap. 10) des selbstadjungierten Operators A, der diese Observable darstellt.

b) Die *Wahrscheinlichkeit* $w_\psi(\lambda_i)$, mit der ein bestimmter Eigenwert λ_i einer Observablen A in einem Zustand ψ (dargestellt durch einen normierten Vektor $|\psi\rangle$) gemessen wird, ist gleich

$$w_\psi(\lambda_i) = \langle\psi|P_{\lambda_i}|\psi\rangle, \qquad (5.21)$$

wobei P_{λ_i} der Projektionsoperator auf den Eigenraum von A zum Eigenwert λ_i ist. Ist der Eigenwert λ_i nicht entartet und $|\lambda_i\rangle$ der zugehörige normierte Eigenvektor, ist diese Wahrscheinlichkeit gleich $|\langle\lambda_i|\psi\rangle|^2$.

Auch zu diesem Postulat sind mehrere Anmerkungen angebracht:

- Der erste Teil (a) des Postulats macht eine Aussage zu den möglichen Messwerten, d. h. den Zahlen, die konkret bei einer einzelnen Messung (egal an welchem System, sofern die Messung überhaupt sinnvoll ist) zu erwarten sind. Eine Einzelmessung liefert als Ergebnis somit immer einen der Eigenwerte des zugehörigen Operators. Ob eine Messung sinnvoll ist, hängt von dem System ab, nicht von dem Zustand, in dem sich das System befindet. Es wird also nie passieren, dass beispielsweise die Messung eines Orts für ein Teilchen kein Ergebnis liefert, selbst wenn für den Quantenzustand der Ort nicht eindeutig gegeben ist.

- Wie schon erwähnt, haben selbstadjungierte Operatoren immer ein reelles Spektrum, d. h., die möglichen Messwerte sind reell.

- Der zweite Teil (b) des Postulats ist die *Born'sche Regel*. Bestimmte mathematische Größen, die sich in dem Formalismus berechnen lassen, werden nun als Wahrscheinlichkeiten interpretiert. Die Quantentheorie kann eigentlich nur Vorhersagen zu diesen Wahrscheinlichkeiten machen und diese lassen sich (sofern es sich nicht um 100 %-Aussagen handelt) nur durch wiederholte Messungen an sehr vielen, gleichartig im Zustand $|\psi\rangle$ präparierten Systemen durch die Bestimmung von relativen Häufigkeiten überprüfen. An jedem dieser Systeme wird dabei nur *eine* Messung durchgeführt.

- Ist $|\psi\rangle$ (oder entsprechend auch $|\lambda_i\rangle$) kein normierter Eigenvektor, muss durch die Norm dividiert werden; es gilt:

$$w_\psi(\lambda_i) = \frac{|\langle\lambda_i|\psi\rangle|^2}{\langle\lambda_i|\lambda_i\rangle\langle\psi|\psi\rangle} \tag{5.22}$$

Dadurch sind Wahrscheinlichkeiten auf den Strahlen (linearen Unterräumen) definiert und hängen nicht mehr von der konkreten Wahl der Repräsentanten dieser Strahlen ab.

Man beachte auch, dass diese Wahrscheinlichkeit in den beiden Zuständen symmetrisch ist:

$$w_\psi(\lambda_i) = |\langle\lambda_i|\psi\rangle|^2 = w_{\lambda_i}(\psi) \tag{5.23}$$

Auch wenn diese Bedingung unmittelbar aus den Postulaten folgt, ist sie physikalisch nicht ganz selbstverständlich: Weshalb sollte die durch eine Messung bewirkte Übergangswahrscheinlichkeit $|\langle a|b\rangle|^2$ von einem Zustand $|a\rangle$ in einem Zustand $|b\rangle$ dieselbe sein wie jene von $|b\rangle$ nach $|a\rangle$? Bei den beiden Prozessen handelt es sich um unterschiedliche Messungen und die Systeme wurden in verschiedenen Zuständen präpariert. Außerdem hängt die Wahrscheinlichkeit gar nicht von den Observablen selbst ab, sondern nur von den beiden Zuständen.

- Angenommen, $|\psi\rangle$ sei schon einer der Eigenzustände des Operators, beispielsweise zum Eigenwert λ_k (der Einfachheit halber sei dieser nicht entartet). Dann gilt $|\langle\lambda_i|\lambda_k\rangle|^2 = \delta_{ik}$. D. h., die Wahrscheinlichkeit, im Zustand $|\lambda_k\rangle$ den Eigenwert λ_k zu messen, ist 1 und die Wahrscheinlichkeit, einen anderen Eigenwert zu messen, ist 0. In diesem Fall – und nur in diesem Fall – ist der Zustand bezüglich einer Messung der Observablen A *dispersionsfrei* (man sagt auch *nicht dispersiv*), d. h., er zeigt bei wiederholten Messungen keine Streuung in den Messwerten.

- Aus dem Postulat kann man ableiten, dass der Ausdruck $\langle \psi | A | \psi \rangle$ gleich dem *Erwartungswert* für die Messergebnisse von A an Systemen im Zustand $| \psi \rangle$ ist. Aus der Spektraldarstellung von A,

$$A = \sum_i \lambda_i P_{\lambda_i} , \tag{5.24}$$

folgt nämlich:

$$\langle \psi | A | \psi \rangle = \sum_i \lambda_i \langle \psi | P_{\lambda_i} | \psi \rangle = \sum_i \lambda_i \, w_\psi (\lambda_i) \tag{5.25}$$

Dieser Ausdruck ist aber gerade die Definition des Erwartungswerts für Messungen mit möglichen Messwerten $\{\lambda_i\}$ und zugehörigen Wahrscheinlichkeiten $w_\psi(\lambda_i)$.
- Wir können in Gl. 5.21 noch einen Schritt weitergehen und auch den Zustand ψ durch seinen Projektionsoperator ausdrücken:

$$w_\psi (\lambda_i) = \mathrm{Spur}\left(P_{\lambda_i} P_\psi \right) \tag{5.26}$$

Man erhält so eine alternative Darstellung für den Erwartungswert von einer Observablen A im Zustand ψ:

$$\langle \psi | A | \psi \rangle = \mathrm{Spur}\left(A P_\psi \right) = \sum_i \lambda_i \, \mathrm{Spur}\left(P_{\lambda_i} P_\psi \right) \tag{5.27}$$

Das Postulat 3, insbesondere der zweite Teil (b), also die Born'sche Regel, gehört zu den am stärksten umstrittenen Aspekten der Quantentheorie. Dabei geht es weniger darum, dass dieses Postulat nicht anerkannt wird, als darum, in welchem Sinne hier *Wahrscheinlichkeit* zu verstehen ist. In der klassischen Physik kommen Wahrscheinlichkeiten immer dann ins Spiel, wenn gewisse Dinge nicht bekannt oder irrelevant sind. Es wird angenommen, dass man *im Prinzip* zu einer eindeutigen Aussage gelangen könnte, sofern die Einzelheiten in Bezug auf die betreffende Situation hinreichend bekannt wären (dies bezeichnet man auch als das *Prinzip des hinreichenden Grundes* von Leibniz). Aus praktischen Gründen werden diese Einzelheiten meist nicht berücksichtigt und man gelangt daher nur zu Wahrscheinlichkeitsaussagen.

Im herkömmlichen Formalismus der Quantentheorie interpretiert man diese Wahrscheinlichkeit jedoch als *intrinsisch* oder inhärent; manchmal spricht man auch von einer objektiven oder ontologischen Wahrscheinlichkeit. Es ist keine Unkenntnis, die uns zu Wahrscheinlichkeitsaussagen zwingt, sondern die Quantentheorie ist eine intrinsisch indeterministische Theorie. Es gibt keine Möglichkeit, das Ergebnis einer konkreten Messung an einem konkreten Zustand (sofern es sich nicht um einen Eigenzustand handelt) vorherzusagen. Oft wurde versucht, diesen Aspekt der Quantentheorie durch Einführung sogenannter *verborgener Variable* – also Variable, die sich bisher nicht beobachten lassen und die in der Quantentheorie auch nicht berücksichtigt werden – auf eine ‚klassische Statistik' zurückzuführen. Allerdings kann man für solche Modelle sehr restriktive Einschränkungen beweisen (siehe Abschn. 8.4 und 8.4.2).

Dieses Postulat macht die Quantentheorie zu einer nichtdeterministischen Theorie. Im Allgemeinen kann das Ergebnis einer Einzelmessung prinzipiell nicht mit Sicherheit vorhergesagt werden und ist somit indeterminiert. Es sollte allerdings betont werden, dass diese Interpretation nicht von allen Physikern und Wissenschaftsphilosophen geteilt wird. In der Bohm'schen Mechanik (siehe Kap. 19) gilt sie beispielsweise nicht.

Andererseits kann man sich auch auf den Standpunkt stellen, dass die Größen $|\langle \varphi | \psi \rangle|^2$ keine Wahrscheinlichkeiten darstellen, sondern relative Häufigkeiten, die sich direkt experimentell überprüfen lassen. In diesem Fall wird die Quantentheorie als eine Theorie verstanden, die sich nur auf Ensemble von Systemen anwenden lässt, nicht aber auf Einzelsysteme.

5.2.4 Reduktion des Quantenzustands

Das vierte Postulat legt fest, durch welchem Zustand ein quantenmechanisches System nach einer Messung zu beschreiben ist.

Postulat 4 Wurde an einem quantenmechanischen System im Zustand $|\psi\rangle$ eine Messung einer Observablen A durchgeführt und ergab diese Messung den Messwert λ_i, so befindet sich das System nach der Messung in dem quantenmechanischen Zustand

$$|\lambda_i\rangle = \frac{P_{\lambda_i}|\psi\rangle}{\|P_{\lambda_i}|\psi\rangle\|}. \tag{5.28}$$

Anmerkungen:

- Der im ersten Augenblick kompliziert erscheinende Ausdruck mit dem Projektionsoperator P_{λ_i} ist nur relevant, wenn λ_i entartet ist. Dann entspricht der Zustand nach der Messung nämlich der *orthogonalen Projektion* des ursprünglichen Zustands $|\psi\rangle$ auf den Eigenraum zu λ_i. Ist λ_i nicht entartet, können wir vereinfacht sagen: Nach einer Messung mit Messwert λ_i befindet sich das System in dem Eigenzustand $|\lambda_i\rangle$.
- Dieses Postulat ist gleichzeitig eine Anweisung, wie ein konkreter Quantenzustand zu präparieren ist. Bisher wurde zwar vorausgesetzt, dass es bestimmte Quantenzustände gibt und beschrieben, wie man daran Messungen vornehmen kann, es wurde aber noch nicht geklärt, wie man einen bestimmten Quantenzustand tatsächlich realisiert bzw. woher man weiß, in welchem Quantenzustand sich ein System befindet.
- Das Postulat beschreibt einen Teil der *Dynamik* eines Quantenzustands; es besagt, wie sich ein Quantenzustand unter einer Messung verändert. Diese Dynamik

ist statistisch: Man kann vor einer Messung nur Wahrscheinlichkeitsaussagen darüber treffen, welcher Eigenwert eines Operators bei einer Messung tatsächlich gemessen wird und durch welchen Zustand das System nach einer Messung zu beschreiben sein wird.

Man bezeichnet die Aussage dieses Postulats auch gelegentlich als *Kollaps der Wellenfunktion* oder *Reduktion des Quantenzustands*. Dieser Teil der Dynamik der Quantentheorie lässt sich selbst unter Einbeziehung der Messapparatur als quantenmechanisches System nicht aus einer Schrödinger-Gleichung ableiten und ist somit ein unabhängiges Postulat. Die damit verbundene Problematik bezeichnet man manchmal als ‚Messproblem'. Abschn. 17.1 geht etwas genauer darauf ein.

5.2.5   Dynamik abgeschlossener Systeme

Dieses Postulat beschreibt die Dynamik eines abgeschlossenen Quantensystems, d. h. eines Quantensystems, das nicht mit einer Umgebung oder einem klassisch zu beschreibenden Messgerät in Wechselwirkung steht.

Postulat 5   Die zeitliche Entwicklung eines reinen Zustands eines abgeschlossenen quantenmechanischen Systems folgt der *zeitabhängigen Schrödinger-Gleichung:*

$$i\hbar \frac{d|\psi(t)\rangle}{dt} = H|\psi(t)\rangle, \tag{5.29}$$

wobei H der Hamilton-Operator des Systems ist.

In der Ortsraumdarstellung (Abschn. 5.2.2.4) wird aus dieser allgemeinen Schrödinger-Gleichung die schon früher unter der Annahme der Gültigkeit der de-Broglie-Relationen hergeleitete Gl. 2.28:

$$i\hbar \frac{\partial}{\partial t} \psi(\mathbf{x}, t) = \left(-\frac{\hbar^2}{2m} \Delta + V(\mathbf{x}) \right) \psi(\mathbf{x}, t) \tag{5.30}$$

5.2.5.1   Die Schrödinger-Gleichung als unitäre Zeitentwicklung
Gl. 5.29 beschreibt eine unitäre Zeitentwicklung, das bedeutet, dass Zustände unter der Zeitentwicklung ihre Norm nicht ändern:

$$\langle \psi(t)|\psi(t)\rangle = \langle \psi(0)|\psi(0)\rangle \tag{5.31}$$

Für infinitesimale Werte von t folgt nämlich aus der Schrödinger-Gleichung

$$\begin{aligned}
|\psi(t)\rangle &= |\psi(0)\rangle + t \left. \frac{d}{dt}|\psi(t)\rangle \right|_{t=0} + \mathcal{O}(t^2) \\
&= |\psi(0)\rangle - \frac{i}{\hbar} Ht|\psi(0)\rangle + \mathcal{O}(t^2)
\end{aligned} \tag{5.32}$$

und damit, weil H selbstadjungiert ist,

$$
\begin{aligned}
\langle\psi(t)|\psi(t)\rangle &= \left(\langle\psi(0)| + \frac{i}{\hbar}t\langle\psi(0)|H + \mathcal{O}(t^2)\right)\left(|\psi(0)\rangle - \frac{i}{\hbar}Ht|\psi(0)\rangle + \mathcal{O}(t^2)\right) \\
&= \langle\psi(0)|\psi(0)\rangle - \frac{i}{\hbar}t\langle\psi(0)|H|\psi(0)\rangle + \frac{i}{\hbar}t\langle\psi(0)|H|\psi(0)\rangle + \mathcal{O}(t^2) \\
&= \langle\psi(0)|\psi(0)\rangle + \mathcal{O}(t^2) .
\end{aligned}
\tag{5.33}
$$

Da der Zeitpunkt $t = 0$ für diese Beziehung beliebig ist, folgt Gl. 5.31.

Für zeitunabhängige Hamilton-Operatoren kann man formal die Lösung der Schrödinger-Gleichung angeben:

$$
|\psi(t)\rangle = U(t)|\psi(0)\rangle \qquad \text{mit} \quad U(t) = \exp\left(-\frac{i}{\hbar}Ht\right)
\tag{5.34}
$$

Die linke Gleichung gilt auch für zeitabhängige Hamilton-Operatoren, allerdings ist die Darstellung des unitären *Zeitentwicklungsoperators* $U(t)$ als Funktion des Hamilton-Operators (rechte Gleichung) in diesem Fall etwas komplizierter. Auch $U(t)$ erfüllt eine Schrödinger-Gleichung:

$$
i\hbar\frac{dU(t)}{dt} = HU(t)
\tag{5.35}
$$

Zusammen mit der Anfangsbedingung $U(0) = \mathbf{1}$ kann man so den Zeitentwicklungsoperator bestimmen (siehe Abschn. 11.1).

Diese Argumentation kann man auch umgekehrt lesen und erhält damit ein weiteres Plausibilitätsargument für die Schrödinger-Gleichung: Wenn man verlangt, dass die Zeitentwicklung unitär ist (wie es durch die Interpretation des Absolutquadrats von Skalarprodukten und der Erhaltung der Gesamtwahrscheinlichkeit nahegelegt wird), muss die Zeitentwicklung durch eine Gleichung der Form 5.29 beschrieben werden. Die Interpretation des selbstadjungierten Operators H als Hamilton-Operator wird schon durch die klassische Mechanik nahegelegt, da auch dort die Zeitentwicklung durch die Hamilton-Funktion gegeben ist. Der Hamilton-Operator ist daher der *Generator der Zeitentwicklung.*

5.2.5.2 Die Linearität der Schrödinger-Gleichung

Die Schrödinger-Gleichung ist eine *lineare* Differentialgleichung für die Zustandsvektoren. Das impliziert zweierlei:

1. Mit jeder Lösung $|\psi(t)\rangle$ ist auch ein Vielfaches $\alpha|\psi(t)\rangle$ eine Lösung, d. h., es handelt sich um eine Differentialgleichung für die Strahlen im Hilbert-Raum, also die eigentlichen physikalischen Zustände.

2. Mit je zwei Lösungen $|\psi_1(t)\rangle$ und $|\psi_2(t)\rangle$ ist auch eine beliebige *Superposition*

$$|\psi(t)\rangle = \alpha|\psi_1(t)\rangle + \beta|\psi_2(t)\rangle \qquad (5.36)$$

eine Lösung der Schrödinger-Gleichung und repräsentiert (eventuell nach geeigneter Normierung) einen physikalischen Zustand.

Die Bewegungsgleichung – in diesem Fall die Schrödinger-Gleichung – steht auch in einem engen Zusammenhang zu Postulat 1: Im Prinzip kann jeder Vektor (Strahl) des Hilbert-Raums als Anfangszustand gewählt werden. Daher entspricht der Zustandsraum wie in der klassischen Mechanik der Menge aller unterscheidbaren Anfangszustände. Die ersten beiden Postulate, die den allgemeinen mathematischen Rahmen einer Theorie festlegen, und das Postulat zur Form der Zeitentwicklung bedingen sich also gegenseitig.

5.2.5.3 Das Heisenberg-Bild

Die Schrödinger-Gleichung beschreibt die Zeitabhängigkeit der Zustandsvektoren. Dies bezeichnet man auch als *Schrödinger-Bild* der Quantenmechanik. Bildet man den Erwartungswert einer Observablen A (von der hier der Einfachheit halber angenommen wird, dass sie nicht explizit von der Zeit abhängt) in einem zeitabhängigen Zustand $|\psi(t)\rangle$, d. h., verfolgt man den Erwartungswert als Funktion der Zeit, so gilt nach Gl. 5.34:

$$\langle A\rangle_\psi(t) = \langle\psi(t)|A|\psi(t)\rangle = \langle\psi(0)|U(t)^\dagger A U(t)|\psi(0)\rangle \qquad (5.37)$$

Da letztendlich nur Erwartungswerte dieser Art einer Messung zugänglich sind, kann man statt einer Zeitentwicklung der Zustände äquivalent auch eine Zeitentwicklung der Observablen definieren. Die Zeitabhängigkeit dieser Observablen hat die Form

$$A(t) = U(t)^\dagger A U(t). \qquad (5.38)$$

Für die Erwartungswerte hat es keine Auswirkungen, ob man mit zeitabhängigen Zuständen und zeitunabhängigen Observablen oder aber mit zeitabhängigen Observablen und zeitunabhängigen Zuständen rechnet. Mathematisch steckt dahinter lediglich die Äquivalenz zwischen passiver und aktiver ‚Koordinantentransformation‘. Betrachtet man zeitabhängige Observablen (und zeitunabhängige Zustände), so spricht man auch vom *Heisenberg-Bild* der Quantenmechanik. Kap. 12 geht etwas ausführlicher auf das Heisenberg-Bild ein.

Für die zeitliche Ableitung von zeitabhängigen Erwartungswerten folgt unter Verwendung von Gl. 5.35 und 5.37:

$$\frac{d\langle A\rangle_{\psi(t)}}{dt} = \frac{d\langle A(t)\rangle_\psi}{dt} = -\frac{i}{\hbar}\langle[A(t), H]\rangle_\psi \qquad (5.39)$$

Entsprechend dem zweiten Postulat, wonach die klassischen Poisson-Klammern in der Quantenmechanik durch den Kommutator (multipliziert mit $-i/\hbar$) zu ersetzen sind, erfüllen die Erwartungswerte von Observablen dieselben Differentialgleichungen wie in der klassischen Mechanik. Dies ist eine Form des *Korrespondenzprinzips*. Falls also der Zustand $\psi(t)$ einen klassischen Grenzfall zulässt, garantiert die Interpretation von H als Energieoperator einen nahtlosen Übergang zur klassischen Physik.

5.2.6 Mehrteilchensysteme

An dieser Stelle soll noch ein weiteres Postulat angegeben werden, das sich auf die Behandlung von Mehrteilchensystemen bezieht. Es ist an dieser Stelle der Vollständigkeit halber gesondert angeführt und sollte streng genommen Teil des ersten Postulats sein. Kap. 8 geht ausführlicher auf Mehrteilchensysteme ein.

Postulat 6 Setzt sich ein Gesamtsystem aus mehreren Teilsystemen zusammen, deren Zustände und Observablen in Hilbert-Räumen $\mathscr{H}_i$ beschrieben werden, ist der Hilbert-Raum des Gesamtsystems das Tensorprodukt der einzelnen Hilbert-Räume:

$$\mathscr{H}_{\mathrm{ges}} = \bigotimes_i \mathscr{H}_i = \mathscr{H}_1 \otimes \mathscr{H}_2 \otimes \ldots \tag{5.40}$$

Handelt es sich um ununterscheidbare (identische) Teilsysteme, die entweder zur Klasse der bosonischen Teilchen (ganzzahliger Spin) oder zur Klasse der fermionischen Teilchen (halbzahliger Spin) gehören, so ist bei bosonischen Teilsystemen ein Zustand immer zu symmetrisieren, bei fermionischen Teilsystemen ist immer der antisymmetrische Zustand zu bilden. Daher ist bei solchen Systemen nur der total symmetrisierte (Bosonen) bzw. antisymmetrisierte (Fermionen) Unterraum von $\mathscr{H}_{\mathrm{ges}}$ der Unterraum der physikalischen Zustände.

5.3   Unschärferelationen

Es wurde bereits mehrfach erwähnt, dass sich die Messgrößen zu zwei Observablen, die nicht miteinander kommutieren, nicht gleichzeitig bestimmen lassen. Dieser Abschnitt erläutert, was diese Aussage genau bedeutet. Die Begriffe ,Unschärferelation' und ,Unbestimmtheitsrelation' verwende ich in derselben Bedeutung.

5.3.1   Gleichzeitige Messbarkeit zweier Observabler

Es folgen zunächst nochmals ein paar Tatsachen, die mit der gleichzeitigen Messbarkeit von Observablen zu tun haben:

1. In Abschn. 4.2.2 wurde bewiesen, dass zwei selbstadjungierte Operatoren genau dann miteinander kommutieren, wenn sie einen gemeinsamen Satz von Eigenvektoren haben.
2. Weiterhin hatten wir festgestellt, dass eine Observable in einem Zustand nur dann dispersionsfrei ist, also immer denselben Messwert liefert, wenn es sich bei diesem Zustand um einen Eigenzustand des zugehörigen selbstadjungierten Operators handelt.
3. Das 4. Postulat der Quantenmechanik (Kollapspostulat) besagte, dass einem System nach einer Messung der Observablen A mit dem registrierten Messergebnis λ der zugehörige Eigenzustand $|\lambda\rangle$ zuzuschreiben ist.

Diese Aussagen werden nun verwendet, um folgende Eigenschaft quantenmechanischer Systeme zu beweisen:

Theorem 5.1 *Wenn zwei Observablen A und B miteinander kommutieren, lassen sich einem physikalischen System bezüglich beider Observablen scharfe Messwerte (und damit die entsprechenden Eigenschaften) zuschreiben. Kommutieren zwei Observablen A und B nicht, findet man (im Allgemeinen) keine Zustände, in denen beide Observablen scharfe Werte haben: Es gilt eine Unschärferelation zwischen den Varianzen der zugehörigen Observablen und die Messung einer Observablen zerstört einen eventuell vorhandenen dispersionsfreien Zustand der anderen Observablen.*

Beginnen wir mit dem ersten Teil der Aussage: Angenommen, A und B kommutieren, dann folgt nach 1), dass es einen gemeinsamen Satz von Eigenvektoren gibt, sodass nach 2) beide Observablen in einem solchen Zustand dispersionsfrei sind, also immer dieselben Messwerte liefern. Gleichgültig, wie oft die eine oder andere Observable gemessen wird, nach 3) ändert sich der Zustand dabei nicht und man erhält für beide Observablen jeweils immer dieselben Messwerte. In diesem Sinne sind beide Observablen gleichzeitig messbar und einem System lassen sich beiden Observablen wohldefinierte Messwerte zuschreiben. Dies kann man auch so ausdrücken, dass man dem System beide Eigenschaften zuschreiben kann.

Nun sei die Situation gegeben, dass die beiden Observablen A und B nicht kommutieren. Etwas verschärft fordern wir zunächst, dass es auch keinen Vektor gibt, der gleichzeitig Eigenvektor von A und von B ist. Angenommen, ein System wurde in einem Eigenzustand von A präpariert, dann folgt nach 2), da dieser Zustand nicht gleichzeitig Eigenzustand von B ist, dass B in diesem Zustand nicht dispersionsfrei ist (also nicht immer denselben Messwert liefert), und nach 3), dass nach einer Messung von B der Eigenzustand von A nicht mehr vorliegt, sondern stattdessen ein Eigenzustand von B. Dasselbe gilt auch umgekehrt, wenn ein System zunächst im Eigenzustand von B präpariert wurde. In dem angegebenen Fall kann man also dem System nicht sowohl bezüglich beider Observablen A und B scharfe Werte zuschreiben, und da die Eigenvektoren verschieden sind, wird eine Messung der einen Observablen immer den Eigenzustand der anderen ‚zerstören‘. In diesem Sinne lassen sich die beiden Observablen nicht gleichzeitig messen.

Es kann vorkommen, dass der Kommutator von zwei Observablen A und B nicht verschwindet, dass es aber bestimmte Zustände gibt, die sowohl Eigenzustände von A als auch von B sind. In diesem Fall kann man beide Operatoren gleichzeitig messen, wenn sich das System in dem entsprechenden Zustand befindet, und man kann dem System scharfe Werte für beide Observablen zuschreiben. Der Grund ist, dass die beiden Observablen, *angewandt auf diesen speziellen Zustand*, kommutieren; oder anders ausgedrückt: Der Kommutator der beiden Observablen verschwindet auf diesem speziellen Zustand.

Diese letztere Eigenschaft kann bei Orts- und Impulsoperatoren nicht vorkommen. Der Kommutator $[Q, P] = i\hbar$ ist proportional zur Identitätsmatrix und verschwindet daher auf keinem Zustand im Hilbert-Raum. Daher gibt es auch keinen Zustand, in dem P und Q gleichzeitig scharfe Werte annehmen oder in dem man P und Q gleichzeitig ‚messen' kann. In gewisser Hinsicht sind P und Q sogar maximal inkompatibel: Ist ein Zustand bezüglich einer Observablen dispersionsfrei, ist die Varianz bezüglich der anderen Observablen maximal (in diesem Fall unendlich). Niels Bohr hat für diesen Fall den eher philosophisch geprägten Begriff der *Komplementarität* eingeführt.

Komplementarität

Der Begriff der Komplementarität spielte für Niels Bohr in seinem Verständnis der Quantenmechanik eine wichtige Rolle. Für ihn handelte es sich dabei um ein Grundprinzip der Natur, das nicht nur in der Quantentheorie Anwendung findet. Vermutlich geht der Begriff der Komplementarität ursprünglich auf den Psychologen William James (1842–1910) zurück [48].

Heute hat dieser Begriff in der Physik an Bedeutung verloren, unter anderem auch, weil er in seiner allgemeinen Form mathematisch sehr schlecht definierbar ist. In einer schwachen Formulierung könnte man zwei Observablen als komplementär bezeichnen, wenn sie nicht miteinander kommutieren, in einer starken Formulierung sind zwei Observablen komplementär, wenn sie die kanonischen Vertauschungsregeln erfüllen.

Früher sprach man auch oft von einer Komplementarität zwischen dem Wellenbild und dem Teilchenbild der Quantenmechanik (eine andere Bezeichnung war der Welle-Teilchen-Dualismus). Man kann diesen Komplementaritätsbegriff mit der Komplementarität von Ort und Impuls zusammenbringen: Ist eine Wellenfunktion räumlich sehr scharf konzentriert, vermittelt sie eher den Charakter eines Teilchens: Der Ort ist scharf, aber die Wellenlänge der Wellenfunktion hat eine große Unschärfe und der Wellencharakter ist nicht sehr ausgeprägt. Ist umgekehrt die Welle durch eine mehr oder weniger wohldefinierte Wellenlänge beschreibbar, ist der Impuls nahezu scharf, aber die räumliche Verteilung sehr verschmiert.

5.3.2 Mathematische Herleitung einer Unschärferelation

Ganz allgemein ist eine Unschärfe- oder Unbestimmtheitsrelation eine Beziehung zwischen den Varianzen von zwei oder mehreren Observablen in einem Zustand. Aus solchen Beziehungen wird deutlich, dass nicht alle Varianzen gleichzeitig verschwinden können. Es gibt unterschiedliche Formen von Unschärferelationen, beispielsweise behandeln die Übungen 9.3 und 9.4 aus Kap. 9 additive Varianten. In diesem Abschnitt soll allgemein eine multiplikative Unschärferelation für zwei nichtkommutierende Operatoren abgeleitet werden. Aus dieser folgt die bekannte Heisenberg'sche Unschärferelation für den Ort und den Impuls. Auch aus den Eigenschaften der Fourier-Transformation kann man Unschärferelationen beweisen, neben der Heisenberg'schen Unschärferelation auch eine Unschärferelation zwischen einer Zeitdauer und der Frequenz. Diese Unschärferelation hat zunächst nichts mit der Quantenmechanik zu tun, sondern ist eine allgemeine Eigenschaft von Funktionen und ihren Fourier-Transformierten.

Gegeben seinen zwei selbstadjungierte Operatoren A und B. Für einen gegebenen Zustand $|\psi\rangle$ werden die folgenden Operatoren definiert:

$$\Delta A = A - \langle A \rangle \qquad \text{und} \qquad \Delta B = B - \langle B \rangle \tag{5.41}$$

mit $\langle A \rangle = \langle \psi | A | \psi \rangle$ und $\langle B \rangle = \langle \psi | B | \psi \rangle$. Mit den Definitionen $|a\rangle = \Delta A | \psi \rangle$ und $|b\rangle = \Delta B | \psi \rangle$ folgt:

$$\langle a | a \rangle = \langle \Delta A^2 \rangle \quad \text{und} \quad \langle b | b \rangle = \langle \Delta B^2 \rangle \tag{5.42}$$

Allgemein gilt nach der Ungleichung von Cauchy und Schwarz:

$$\langle a | a \rangle \langle b | b \rangle \geq |\langle a | b \rangle|^2 \tag{5.43}$$

Da das Absolutquadrat einer Zahl immer größer ist als das Quadrat des Imaginärteils, folgt weiterhin:

$$|\langle a | b \rangle|^2 \geq \left(\frac{1}{2i} (\langle a | b \rangle - \langle b | a \rangle) \right)^2 \tag{5.44}$$

(Man beachte, dass der Ausdruck in der Klammer auf der rechten Seite immer reell ist.) Für die rechte Seite rechnet man leicht nach, dass

$$\langle a | b \rangle - \langle b | a \rangle = \langle AB \rangle - \langle BA \rangle = \langle \psi | [A, B] | \psi \rangle \tag{5.45}$$

und somit insgesamt gilt:

$$\langle \Delta A^2 \rangle \langle \Delta B^2 \rangle \geq \left(\frac{1}{2i} \langle \psi | [A, B] | \psi \rangle \right)^2 \tag{5.46}$$

Wir sehen also, dass das Produkt der Varianzen von zwei Operatoren in einem Zustand $|\psi\rangle$ immer nach unten beschränkt ist durch das Quadrat des Erwartungswerts des Kommutators dieser beiden Operatoren in demselben Zustand. Definieren wir insbesondere für den Ort und den Impuls $\Delta x = \sqrt{\langle \Delta Q^2 \rangle}$ und $\Delta p = \sqrt{\langle \Delta P^2 \rangle}$, so folgt für jeden beliebigen Zustand $|\psi\rangle$ die bekannte Heisenberg'sche Unschärferelation:

$$\Delta x \cdot \Delta p \geq \frac{\hbar}{2} \tag{5.47}$$

5.3.3 Unschärferelation bei Fourier-Transformierten

In diesem Abschnitt geht es um eine Beziehung zwischen der Varianz des Ortes und der Varianz des Wellenzahlvektors bei einer Fourier-Transformation. Es wird gezeigt, dass für Gauß'sche Funktionen die Unschärferelation gerade saturiert wird. Es sei $\psi(x)$ eine quadratintegrale Funktion und

$$\tilde{\psi}(k) = \frac{1}{\sqrt{2\pi}} \int_{-\infty}^{+\infty} \psi(x) e^{ikx} \, dx \tag{5.48}$$

die Fourier-Transformierte von $\psi(x)$. Außerdem seien

$$\Delta x^2 = \int_{-\infty}^{\infty} \psi(x)^*(x - \langle x \rangle)^2 \psi(x) \, dx \tag{5.49}$$

und

$$\Delta k^2 = \int_{-\infty}^{\infty} \tilde{\psi}(k)^*(k - \langle k \rangle)^2 \tilde{\psi}(k) \, dk \tag{5.50}$$

die Varianzen der jeweiligen Verteilungen. Dann gilt

$$\Delta x \cdot \Delta k \geq \frac{1}{2}. \tag{5.51}$$

Allgemeine Beweise für diese Ungleichung findet man in Büchern zur Fourier-Transformation (vgl. auch Übung 5.1); hier soll gezeigt werden, dass sie für Gauß–Funktionen gerade saturiert ist. Dabei wird ausgenutzt, dass die Fourier-Transformierte einer Gauß-Funktion wieder eine Gauß-Funktion ist.

Es sei

$$\psi(x) = \frac{1}{(2\pi\sigma^2)^{1/4}} \exp\left(-\frac{x^2}{4\sigma^2}\right) \tag{5.52}$$

eine quadrat-normierte Gauß-Funktion (man beachte, dass hier das Integral über das Absolut*quadrat* dieser Funktion auf 1 normiert ist, wohingegen bei Gauß-Funktionen als Wahrscheinlichkeitsverteilungen das Integral über die Funktion selbst normiert ist; das erklärt die unterschiedlichen Normierungsfaktoren).

Die Fourier-Transformierte dieser Gauß-Funktion erhält man durch eine quadratische Ergänzung im Exponenten:

$$
\begin{aligned}
\tilde{\psi}(k) &= \frac{1}{(2\pi)^{3/4}\sigma^{1/2}} \int_{-\infty}^{\infty} \exp\left(-\frac{x^2}{4\sigma^2} + \mathrm{i}kx\right) \mathrm{d}x \\
&= \frac{1}{(2\pi)^{3/4}\sigma^{1/2}} \int_{-\infty}^{\infty} \exp\left(-\left(\frac{x}{2\sigma} - \sigma\mathrm{i}k\right)^2 - \sigma^2 k^2\right) \mathrm{d}x \\
&= \frac{\sqrt{2}\sigma}{(2\pi)^{1/4}} \exp\left(-\frac{4\sigma^2 k^2}{4}\right)
\end{aligned}
$$

Mit den Definitionen 5.49 und 5.50 gilt für die obigen Gauß-Funktionen:

$$
\Delta x = \sigma \quad \text{und} \quad \Delta k = \frac{1}{2\sigma} \tag{5.53}
$$

und somit folgt

$$
\Delta x \cdot \Delta k = \frac{1}{2}. \tag{5.54}
$$

Wird also die Unschärfe einer Verteilungsfunktion $|\psi(x)|^2$ bezüglich der räumlichen Verteilung kleiner, dann wird die Unschärfe der zugehörigen Verteilungsfunktion $|\tilde{\psi}(k)|^2$ bezüglich der Verteilung der Wellenzahlen größer (und umgekehrt). Wie schon erwähnt, kann man ganz allgemein aus den Eigenschaften der Fourier-Transformation ableiten, dass diese Unschärfebeziehung eine untere Grenze ist und die Ungleichung

$$
\Delta x \cdot \Delta k \geq \frac{1}{2} \tag{5.55}
$$

gilt.

Diese Ungleichung hängt natürlich nicht mit dem speziellen Argument x zusammen, sondern gilt allgemein bei Fourier-Transformationen, insbesondere auch, wenn man eine zeitliche Signalfunktion $\psi(t)$ und ihre Fourier-Transformierte $\tilde{\psi}(\omega)$

$$
\tilde{\psi}(\omega) = \frac{1}{\sqrt{2\pi}} \int_{-\infty}^{\infty} \psi(t) \mathrm{e}^{\mathrm{i}\omega t} \, \mathrm{d}t \tag{5.56}
$$

betrachtet. Mit ähnlichen Definitionen wie oben,

$$
\begin{aligned}
(\Delta t)^2 &= \int_{-\infty}^{\infty} \psi(t)^*(t - \langle t \rangle)^2 \psi(t) \, \mathrm{d}t \\
(\Delta \omega)^2 &= \int_{-\infty}^{\infty} \tilde{\psi}(\omega)^*(\omega - \langle \omega \rangle)^2 \tilde{\psi}(\omega) \, \mathrm{d}\omega,
\end{aligned}
$$

folgt allgemein die Ungleichung

$$
\Delta \omega \cdot \Delta t \geq \frac{1}{2}. \tag{5.57}
$$

Zusammen mit der de Broglie'schen Beziehung $E = \hbar\omega$ ergibt sich eine Unschärferelation zwischen der Energie und der Zeit:

$$\Delta E \cdot \Delta t \geq \frac{\hbar}{2} \tag{5.58}$$

Anmerkungen:

- Die Unschärferelation zwischen der Energie und der Zeit lässt sich nicht aus einer Kommutatorrelation ableiten (es gibt in der Standardformulierung der Quantenmechanik keinen ‚Zeitoperator'). Sie hat somit einen etwas anderen Charakter als beispielsweise die Unschärferelation zwischen Ort und Impuls.
- Ganz allgemein bedeuten Unschärferelationen nicht eine Unkenntnis irgendwelcher wahren Ontologien (zumindest nicht in den meisten Interpretationen der Quantenmechanik). Sie drücken eher aus, dass einem Quantenobjekt eine bestimmte Eigenschaft nicht mit einer beliebigen Schärfe zukommt. Ist der Impuls eines Quantenobjekts beliebig genau bekannt (also Δp praktisch 0), so macht es überhaupt keinen Sinn, diesem Quantenobjekt die Eigenschaft ‚ist an einem bestimmten Ort' zuzuschreiben. Schon die Annahme, dass der Ort zwar definiert, aber uns nicht bekannt sei, führt zu Problemen, z. B. wenn man für solche Systeme die beobachteten Interferenzmuster erklären möchte.
- Es gibt unterschiedliche Interpretationen der Unschärferelationen und je nach Definition, was beispielsweise genau Δx oder Δp bedeuten, erhält man verschiedene Gleichungen. Bei einer experimentellen Überprüfung wird meist die Varianz bezüglich der einen Observablen durch die Präparation der Zustände bestimmt und die der anderen durch die Varianz der Messergebnisse an diesen Zuständen. Damit handelt es sich aber operational um zwei verschiedene Formen von ‚Unbestimmtheiten'.

Die Unschärferelation zwischen der Energie und der Zeit hat direkt beobachtbare Konsequenzen in der Spektroskopie. Wenn ein angeregter Zustand eines Atoms eine Lebensdauer von Δt hat, also ein Photon mit einer gewissen Wahrscheinlichkeit innerhalb dieser Zeitspanne emittiert wird, dann ist die Frequenz (bzw. Energie) dieses Photons nur bis auf $\Delta\omega$ (bzw. ΔE) bestimmt. Die Unschärfe in der Frequenz äußert sich aber auch in einer Unschärfe der Wellenlänge. Endliche Lebensdauern führen also zu verschmierten Emissionslinien im Spektrum, wobei die Breite der Verschmierung Aufschluss über die Lebensdauer des Zustands gibt: Je größer die Lebensdauer, umso schärfer die Emissionslinie.

5.4 Symmetrien

In der klassischen Mechanik spielen Symmetrien eine große Rolle. Nach dem Noether-Theorem folgt beispielsweise aus einer Symmetrie der Lagrange-Funktion eine Erhaltungsgröße. Für die Quantenmechanik haben Symmetrien eine mindestens vergleichbare Bedeutung. Unter physikalischen Symmetrien versteht man Transformationen, welche die physikalischen Gesetze (z. B. die Bewegungsgleichung) invariant lassen.

Ganz allgemein muss man zu jeder Gleichung auch angeben, in welcher Menge man nach Lösungen dieser Gleichung sucht. Auf dieser Menge möglicher Lösungen wirke eine Gruppe G. Man sagt, eine Gleichung ist *invariant* oder *symmetrisch* unter der Gruppe G, wenn mit jedem Element der Menge, das eine Lösung dieser Gleichung ist, auch das transformierte Element eine Lösung dieser Gleichung ist.

Konkret gibt man bei einer Bewegungsgleichung einen Raum von Bahnkurven vor, in dem man nach Lösungen der Bewegungsgleichung sucht. Symmetriegruppen (beispielsweise Drehungen, Spiegelungen, Translationen etc.) wirken auf diesem Raum der Bahnkurven. Wenn also mit jeder Lösung der Bewegungsgleichung auch die transformierte Bahnkurve eine Lösung ist, dann hat die Bewegungsgleichung diese Transformation als Symmetrie.

Ich beschränke mich im Folgenden auf lineare Transformationen, die als unitäre und somit Norm erhaltende Transformationen auf dem Zustandsraum wirken. Sogenannte antiunitäre Transformationen (sie sind ebenfalls Norm erhaltend, allerdings antilinear, d. h., $T(\alpha|x\rangle) = \alpha^*T|x\rangle$) sind prinzipiell auch möglich. Antiunitäre Transformationsgruppen sind immer diskret (T^2 ist unitär und oft gilt $T^2 = 1$) und sie treten in der Quantenphysik beispielsweise bei Ladungskonjugation oder Zeitumkehrtransformationen auf. Viele der folgenden Überlegungen gelten auch für antiunitäre Transformationen. Trotzdem beschränke ich mich hier auf die unitären Darstellungen von Symmetrietransformationen.

Unter diesen Bedingungen ist eine Symmetrie eine Gruppe von linearen, unitären Transformationen T auf dem Raum der Zustände (also auf den Strahlen in dem jeweiligen Hilbert-Raum), sodass mit jeder Lösung $|\psi(t)\rangle$ der Schrödinger-Gleichung auch die transformierte Zustandskurve $T|\psi(t)\rangle$ Lösung der Schrödinger-Gleichung ist. Es soll also gelten:

$$i\hbar\frac{d}{dt}|\psi(t)\rangle = H|\psi(t)\rangle \implies i\hbar\frac{d}{dt}\Big(T|\psi(t)\rangle\Big) = H\Big(T|\psi(t)\rangle\Big) \tag{5.59}$$

Andererseits kann man den Operator T von links auf die Schrödinger-Gleichung anwenden und erhält

$$i\hbar\frac{d}{dt}T|\psi(t)\rangle = TH|\psi(t)\rangle. \tag{5.60}$$

(T ist ein Operator auf dem Hilbert-Raum und hängt selbst nicht explizit von der Zeit ab.) Da diese Gleichungen für jede Lösung gelten sollen, folgt:

$$[H, T] = 0 \tag{5.61}$$

Symmetrietransformationen kommutieren also mit dem Hamilton-Operator. Zu jeder unitären Transformation T mit $[H, T] = 0$ gibt es einen selbstadjungierten Operator S, sodass $T = \exp(iS)$ und $[H, S] = 0$. Bei kontinuierlichen Gruppen, beispielsweise der Drehgruppe, betrachtet man die selbstadjungierten Generatoren der Gruppe (vgl. Abschn. 7.1 und 7.2). Wir finden also zu jeder Symmetrietransformation auch eine Observable S, die mit dem Hamilton-Operator kommutiert. Ganz analog zu den Umformungen in Gl. 5.33 folgt daraus

$$\langle \psi(t)|S|\psi(t)\rangle = \langle \psi(0)|S|\psi(0)\rangle. \tag{5.62}$$

(Noch einfacher ist der Beweis, wenn der Hamilton-Operator zeitunabhängig ist, die Zeitentwicklung also durch $U(t) = \exp(-iHt/\hbar)$ gegeben ist: Dann kommutiert S mit $U(t)$ und somit hängen die Erwartungswerte von S nicht von der Zeit ab.) S ist also eine Erhaltungsgröße. Auch in der Quantentheorie gilt somit eine Form des Noether-Theorems: Zu einer Symmetrie gibt es eine Erhaltungsgröße.

Und ebenso, wie in der klassischen Mechanik, helfen Erhaltungsgrößen in der Quantentheorie Lösungen der Bewegungsgleichung, also der Schrödinger-Gleichung, zu finden. Da H und S kommutieren, gibt es eine Basis von Eigenzuständen zum Hamilton-Operator, die gleichzeitig Eigenzustände von S sind. Ist der Anfangszustand ein Eigenzustand von S, so bleibt diese Eigenschaft unter der Zeitentwicklung erhalten: Die Lösungstrajektorie verläuft somit in dem Eigenraum von S. Da dieser Eigenraum bei entarteten Eigenwerten mehrdimensional sein kann, bedeutet das nicht, dass solche Lösungen der Schrödinger-Gleichung keine Zeitabhängigkeit mehr haben, aber diese Zeitabhängigkeit ist durch den Eigenraum von S eingeschränkt.

Auch bei der Diagonalisierung von H, also der Lösung der zeitunabhängigen Schrödinger-Gleichung, helfen Symmetrien. Da H und S einen gemeinsamen Satz von Eigenräumen haben, lohnt es sich oft, zunächst die Eigenräume zu S zu finden. Die Suche nach den Eigenräumen von H lässt sich dann auf diese Eigenräume von S einschränken. Zwei Beispiele dafür werden wir explizit behandeln: In Kap. 6 werden wir sowohl beim symmetrischen Kastenpotenzial als auch beim harmonischen Oszillator sehen, dass sich die Eigenfunktionen von H als symmetrische und antisymmetrische Funktionen schreiben lassen (diese Funktionen sind die Eigenfunktionen zur Spiegelsymmetrie). Und beim Coulomb-Problem (Kap. 7) werden wir die Rotationsinvarianz ausnutzen und die Energieeigenzustände aus den Eigenfunktionen zum Drehimpuls (das sind die Kugelflächenfunktionen) bilden.

5.5   Maximalsätze kompatibler Observablen

Das 4. Postulat (Kollapspostulat) beschreibt, wie man Systeme in bestimmten Zuständen präparieren kann. Im Idealfall besteht die Präparation in einem ‚Filter‘, der nur Quantensysteme durchlässt, die eine bestimmte Bedingung erfüllen. Mathematisch wird ein solcher Filter durch einen Projektionsoperator beschrieben. Ist ein Eigenwert zu einer Observablen entartet, lässt sich der Zustand mit einem Filter zu dieser Observablen nicht weiter verfeinern. Mit einer zweiten Observablen, die mit der ersten kommutiert, kann man aber eine Zustandsverfeinerung vornehmen.

Damit stellt sich die Frage, wie man zu reinen Zuständen gelangt. Nach dem oben Gesagten ist ein maximaler Satz von Filtern gesucht, die miteinander verträglich sind, d. h. deren zugehörige Projektionsoperatoren miteinander kommutieren, die zusammengenommen jedoch nur einen einzigen, durch einen 1-dimensionalen Strahl repräsentierten Zustand durchlassen.

Auf Dirac geht in diesem Zusammenhang der Begriff des ‚maximalen Satzes kompatibler Observabler' zurück. Wir definieren:

Definition 5.1 Ein Satz von Observablen $\{A_1, A_2, ..., A_N\}$ heißt maximal kompatibel, wenn folgende Bedingungen erfüllt sind:

1. Die Observablen sind funktional unabhängig. Das bedeutet, dass es in diesem Satz keine Observable A_i gibt, die sich als Funktion der anderen Observablen schreiben lässt.
2. Alle Observablen kommutieren miteinander:

$$[A_i, A_j] = 0 \quad \text{für alle } i, j. \tag{5.63}$$

3. Jede weitere Observable B, welche die Eigenschaft hat, dass $[B, A_i] = 0$ (für alle i), lässt sich als Funktion der Observablen A_i schreiben: $B = f(A_1, ..., A_N)$.

Die erste Bedingung schließt redundante Observablen, deren Information schon in den anderen Observablen steckt, aus. Die zweite Bedingung garantiert, dass es gemeinsame Eigenzustände von allen Observablen A_i gibt, sodass sich alle Observablen gleichzeitig messen lassen und man einem System bezüglich jeder dieser Observablen gleichzeitig wohldefinierte Messwerte (und damit wohldefinierte Eigenschaften) zuschreiben kann. Die dritte Forderung besagt, dass es keine weiteren unabhängigen Observablen gibt, die diese Bedingungen erfüllen. Das ist genau dann der Fall, wenn die gemeinsamen Eigenvektoren zu allen Observablen $\{A_i\}$ (bis auf Multiplikation mit einer komplexen Zahl) eindeutig sind, d. h. keine Entartungen mehr vorliegen. Ein Satz von Messwerten $\{a_i\}$ (einer für jede Observable) legt somit eindeutig einen reinen Zustand fest.

Oft wählt man als eine der Observablen dieses Satzes den Hamilton-Operator. Das bedeutet, dass alle weiteren Observablen eines solchen maximalen Satzes kompatibler Größen Erhaltungsgrößen sein müssen, da sie mit H kommutieren. Aus diesem Grunde klassifiziert man in der Physik physikalische Zustände oft nach den Symmetrien des Energieoperators. Beim Coulomb-Problem (Kap. 7) führt dies auf die Quantenzahlen l und m, die die Darstellungen der Eigenfunktionen zum Drehimpuls klassifizieren. In der Teilchenphysik findet man oft Klassifikationen nach Symmetrietransformationen der Wechselwirkungen (Parität, Ladungskonjugation, Isospin etc.).

5.6   Gemischte Zustände und Dichtematrizen

Bisher wurde immer von *reinen* Zuständen gesprochen. Oft verwendet man aber in der Physik einen erweiterten Zustandsbegriff, der es auch erlaubt, Wahrscheinlichkeitsverteilungen von reinen Zuständen zu betrachten und somit eine Unkenntnis über den ‚wahren' Zustand eines Systems zu behandeln. Dieser verallgemeinerte Zustandsbegriff soll in diesem Abschnitt sowohl für die klassische Mechanik als auch für die Quantentheorie behandelt werden.

5.6.1 Gemischte Zustände in der klassischen Mechanik

In der klassischen Mechanik beschreibt man einen nicht vollständig bekannten Zustand – einen sogenannten gemischten Zustand – durch eine Wahrscheinlichkeitsdichte $\omega(x)$ auf dem Phasenraum P. In diesem Abschnitt schreibe ich der Einfachheit halber für einen Punkt im Phasenraum $x = (\mathbf{x}, \mathbf{p})$ und für das Integrationsmaß entsprechend $dx = d^{3N}x \, d^{3N}p$.

Für den Erwartungswert einer Observablen (also einer Funktion auf dem Phasenraum) folgt damit:

$$\langle f \rangle_\omega = \int_P \omega(x) f(x) \, dx \tag{5.64}$$

Da es sich bei $\omega(x)$ um eine Wahrscheinlichkeitsdichte handelt, gelten folgende Bedingungen:

$$\int_P \omega(x) |f(x)|^2 \, dx \geq 0 \quad \text{und} \quad \int_P \omega(x) \, dx = 1 \tag{5.65}$$

Diese erste Bedingung, die für beliebige Funktionen $f(x)$ erfüllt sein muss, bezeichnet man als *Positivität*, die zweite als *Normierungsbedingung* für eine Dichte.

Die reinen Zustände sind Punkte im Phasenraum und werden durch die δ-Distribution (die auch eine Wahrscheinlichkeitsdichte ist) beschrieben. In diesem Fall ist der Erwartungswert natürlich der Wert der Observablen an diesem Punkt:

$$\langle f \rangle_\delta = \int_P \delta(x - x_0) f(x) \, dx = f(x_0) \tag{5.66}$$

5.6.2 Dichtematrizen

In der Quantentheorie beschreibt man gemischte Zustände durch sogenannte *Dichtematrizen*. Eine Dichtematrix ist ein Operator ρ mit den Eigenschaften:

$$\rho = \rho^\dagger \, , \quad \text{Spur}(\rho A^\dagger A) \geq 0 \quad \text{(für alle } A) \, , \quad \text{Spur}(\rho) = 1 \tag{5.67}$$

Für die Positivität der Dichtematrix (die mittlere Bedingung) schreibt man manchmal auch einfacher $\rho \geq 0$, was im obigen Sinne zu verstehen ist. Einem Operator A wird nun nach folgender Vorschrift sein Erwartungswert $\langle A \rangle_\rho$ im gemischten Zustand ρ zugeordnet:

$$\langle A \rangle_\rho = \text{Spur}(\rho A) \tag{5.68}$$

Da eine Dichtematrix selbstadjungiert sein soll, hat sie reelle Eigenwerte, die wir mit p_i bezeichnen. Die Positivität der Dichtematrix impliziert, dass die Eigenwerte nicht negativ sein können (andernfalls könnte man für A den Projektionsoperator auf den zugehörigen Eigenraum wählen und die Positivitätsbedingung wäre verletzt). Schließlich bedeutet die Normierungsbedingung (letzte Bedingung in Gl. 5.67), dass die Summe über alle Eigenwerte den Wert 1 hat.

Eine Dichtematrix ρ hat somit die folgende Form:

$$\rho = \sum_i p_i P_i = \sum_i p_i |p_i\rangle\langle p_i| \quad \text{mit} \quad p_i \geq 0 \text{ und } \sum_i p_i = 1, \qquad (5.69)$$

wobei P_i die Projektionsmatrizen auf die Eigenzustände von ρ zum Eigenwert p_i sind. Die Eigenwerte $\{p_i\}$ einer Dichtematrix erfüllen die Eigenschaften von Wahrscheinlichkeiten.

Für den Erwartungswert einer Observablen A erhalten wir

$$\langle A\rangle_\rho = \text{Spur}(\rho A) = \sum_i p_i \,\text{Spur}(A P_i) = \sum_i p_i \langle p_i|A|p_i\rangle. \qquad (5.70)$$

Auf der rechten Seite steht eine Summe über Erwartungswerte $\langle p_i|A|p_i\rangle$ in reinen Zuständen, und jeder dieser Erwartungswerte wird mit p_i gewichtet. Das entspricht der klassischen Vorstellung eines Gemischs: Mit einer Wahrscheinlichkeit p_i liegen reine Zustände (ausgedrückt durch ihre Projektionsmatrix P_i) vor und der Erwartungswert einer Observablen A in diesem gemischten Zustand ist die gewichtete Summe der Einzelerwartungswerte.

Man kann zeigen, dass die Bedingungen an eine Dichtematrix äquivalent sind zu folgenden Eigenschaften:

$$\rho = \rho^\dagger, \quad \rho^2 \leq \rho, \quad \text{Spur } \rho = 1 \qquad (5.71)$$

Die zweite Bedingung bedeutet: $\langle\psi|\rho^2|\psi\rangle \leq \langle\psi|\rho|\psi\rangle$ für alle Zustände $|\psi\rangle$. Die Äquivalenz erkennt man daran, dass die Eigenwerte von ρ nun die Bedingung $p_i^2 \leq p_i$ erfüllen müssen, das bedeutet aber $0 \leq p_i \leq 1$. Also ist die Matrix ρ positiv.

Die Dichtematrizen zu reinen Zuständen sind die Projektionsmatrizen. Bei ihnen gilt für die zweite Bedingung in Gl. 5.71 das Gleichheitszeichen. Außerdem beachte man, dass sich Dichtematrizen zwar als Linearkombination von reinen Zuständen (ausgedrückt durch ihre Projektionsmatrizen) schreiben lassen, dass dies aber nicht dasselbe ist wie eine Superposition von reinen Zuständen: Superpositionen reiner Zustände sind wieder reine Zustände und lassen sich durch eine einzige Projektionsmatrix darstellen.

Die Zerlegung einer Dichtematrix nach Projektionsmatrizen gilt auch allgemeiner für nicht orthogonale Zustände oder sogar für linear abhängige Zustände (vgl. Übung 5.3). Für Erwartungswerte in einem solchen Gemisch gilt immer noch Gl. 5.68.

Dichtematrizen spielen beispielsweise eine wichtige Rolle bei Systemen mit sehr vielen Freiheitsgraden (Quantengase etc.) oder auch bei der Kopplung von

Quantensystemen an eine Umgebung. Die klassischen Gesamtheiten (mikrokanonische Gesamtheit, kanonische Gesamtheit etc.) lassen sich durch Dichtematrizen beschreiben. Wir werden auf diesen Punkt nicht weiter eingehen. Allerdings werden Dichtematrizen nochmals im Zusammenhang mit Zweizustand-Systemen behandelt (Kap. 9).

Übungen

Übung 5.1 Der Beweis der Unschärferelationen aus Abschn. 5.3.2 lässt sich mit geeigneten Anpassungen auf einen entsprechenden Beweis für Fourier-Transformierte übertragen. Nehmen Sie diese Anpassungen vor und beweisen Sie so allgemein für Fourier-Transformationen die Ungleichung 5.51.

Übung 5.2

1. Leiten Sie für die Komponenten des Drehimpulses folgende Poisson-Klammer-Beziehungen ab:

$$\{L_i, L_j\} = \sum_k \varepsilon_{ijk} L_k \tag{5.72}$$

2. Zeigen Sie, dass für Hamilton-Funktionen $H(\mathbf{p}, \mathbf{q}) = \frac{\mathbf{p}^2}{2m} + V(r)$, bei denen das Potenzial nur vom Abstand $r = |\mathbf{q}|$ abhängt, die drei Funktionen H (die Hamilton-Funktion), L^2 (das Quadrat des Drehimpulses) und L_3 paarweise verschwindende Poisson-Klammern haben.

Übung 5.3

1. In der Quantenkryptographie (Abschn. 9.4.5) erhält der Empfänger (Bob) von einem Sender (Alice) einen Satz von Photonen, die mit gleicher Wahrscheinlichkeit im h-, v-, p- und m-Polarisationszustand präpariert wurden. Bestimmen Sie die Dichtematrix zu diesem Zustand.
2. Wie lautet die Dichtematrix zu einem Zustand, der zur Hälfte aus Photonen mit einer horizontalen und zur Hälfte aus Photonen mit einer vertikalen Polarisation besteht? Wie ändert sich die Dichtematrix, wenn h und v durch p ($+45°$) und m ($-45°$) ersetzt werden? Kann man durch eine Messung zwischen diesen beiden gemischten Zuständen unterscheiden?
3. Für gewöhnliches Licht kann man annehmen, dass die Photonen ein Gemisch aus Polarisationszuständen bilden, bei denen alle Polarisationsrichtungen (der Einfachheit nehmen wir hier linear polarisierte Photonen an) gleichermaßen vertreten sind. Wie lautet die Dichtematrix zu diesem Zustand?

Übung 5.4 Dichtematrizen sind durch die Bedingungen in Gl. 5.71 definiert. Zeigen Sie:

1. Dichtematrizen, für die $\rho^2 = \rho$, repräsentieren reine Zustände.
2. Für je zwei Dichtematrizen ρ_1 und ρ_2 ist $\rho = \alpha\rho_1 + (1 - \alpha)\rho_2$ mit $0 \leq \alpha \leq 1$ wieder eine Dichtematrix.
3. Die Eigenwerte $\{p_i\}$ von ρ erfüllen die Bedingungen $0 \leq p_i \leq 1$ und $\sum_i p_i = 1$.

Übung 5.5 Eine ebene elektromagnetische Welle mit der z-Achse als Ausbreitungsrichtung (Wellenzahl $k = 2\pi/\lambda$) lässt sich durch den Real- wie auch Imaginärteil von

$$\mathbf{E} = \begin{pmatrix} A_1 \\ A_2 \\ 0 \end{pmatrix} \exp(ik(z - ct)) \tag{5.73}$$

beschreiben, wobei A_i komplexe Amplituden sein können. Eine andere Darstellung ist:

$$\mathbf{E} = \begin{pmatrix} E_1 \cos k(z - ct) \\ E_2 \cos(k(z - ct) + \varphi) \\ 0 \end{pmatrix}, \tag{5.74}$$

wobei φ eine Phasenverschiebung zwischen den beiden transversalen Schwingungskomponenten bezeichnet und die Amplituden E_i diesmal reell sind. Eine beiden Komponenten gemeinsame Phase spielt für das Folgende keine Rolle.

1. Welche Beziehung besteht zwischen A_i, E_i und φ?
2. Unter welchen Bedingungen an A_i bzw. E_i und φ beschreiben die Beziehungen linear polarisiertes Licht?
3. Unter welchen Bedingungen an A_i bzw. E_i und φ beschreiben die Beziehungen zirkular polarisiertes Licht?

Übung 5.6 Symmetrien können bei der Lösung der zeitunabhängigen Schrödinger-Gleichung, also der Eigenwertgleichung für H, hilfreich sein. Dies zeigt folgende Übung.

Es sei T eine normale Matrix (d. h. T kommutiert mit $T^\dagger$, siehe Abschn. 4.2.2), und es gelte $[H, T] = 0$. T beschreibt also eine Symmetrie von H. Die Eigenzustände zu T seien bekannt:

$$T|\tau_i, \varepsilon_i\rangle = \tau_i|\tau_i, \varepsilon_i\rangle, \tag{5.75}$$

wobei ε_i ein Entartungsparameter sein soll, d. h., $\varepsilon_i = 1, 2, 3, ..., n_i$ nummeriert Eigenzustände von T zum festen Eigenwert τ_i. Der Entartungsgrad n_i kann für verschiedene Eigenwerte τ_i auch verschiedene Werte annehmen.

1. Zeigen Sie: Ist der Eigenwert τ_i nicht entartet (also $n_i = 1$), dann handelt es sich bei $|\tau_i\rangle$ um einen Eigenzustand von H.

2. Zeigen Sie: Ist τ_i entartet, also $n_i > 1$, lassen sich die Eigenzustände von H durch einen Ansatz der Form

$$H \left(\sum_{\varepsilon_i=1}^{n_i} a(\varepsilon_i)|\tau_i, \varepsilon_i\rangle \right) = E \left(\sum_{\varepsilon_i=1}^{n_i} a(\varepsilon_i)|\tau_i, \varepsilon_i\rangle \right) \tag{5.76}$$

finden. Man hat das Problem der Eigenvektor (und Eigenwert)-Bestimmung von H auf Teilräume reduziert. Je kleiner der Entartungsgrad zu den Eigenwerten der Symmetriegruppe, umso kleiner sind auch die Eigenräume, die bezüglich H noch zu diagonalisieren sind.

Übung 5.7 Zur Anwendung der Überlegungen aus Übung 5.6 sollen die folgenden beiden Matrizen H_1 und H_2 diagonalisiert werden. Überzeugen Sie sich zunächst davon, dass die angegebenen Matrizen T_i mit H_i kommutieren, diagonalisieren Sie dann T_i und nutzen Sie die gewonnene Information zur Diagonalisierung von H_i.

1.

$$H_1 = \begin{pmatrix} a & b & c \\ b & d & b \\ c & b & a \end{pmatrix} \qquad T_1 = \begin{pmatrix} 0 & 0 & 1 \\ 0 & 1 & 0 \\ 1 & 0 & 0 \end{pmatrix} \tag{5.77}$$

(Hinweis: Zwei Eigenvektoren von T sind von der Form $(a, 0, b)$.)

2.

$$H_2 = \begin{pmatrix} a & b & c & d \\ e & f & g & h \\ h & g & f & e \\ d & c & b & a \end{pmatrix} \qquad T_2 = \begin{pmatrix} 0 & 0 & 0 & 1 \\ 0 & 0 & 1 & 0 \\ 0 & 1 & 0 & 0 \\ 1 & 0 & 0 & 0 \end{pmatrix} \tag{5.78}$$

(Hinweis: Die Eigenvektoren von T kann man so wählen, dass sie die Form $(a, 0, 0, b)$ bzw. $(0, c, d, 0)$ haben.)

Kastenpotenzial und harmonischer Oszillator

6

Dieses Kapitel behandelt spezielle Lösungen der Schrödinger-Gleichung, hauptsächlich zu 1-dimensionalen Potenzialproblemen. Lediglich im Zusammenhang mit dem harmonischen Oszillator und in den Übungen wird auf mehrdimensionale Versionen dieser Potenzialsysteme Bezug genommen. 3-dimensionale rotationssymmetrische Potenziale im Allgemeinen und das Coulomb-Problem im Speziellen werden in Kap. 7 behandelt.

Zunächst wird die Schrödinger-Gleichung für spezielle Darstellungen – man könnte auch von speziellen Koordinatensystemen sprechen – formuliert, in denen sie die Form einer partiellen Differentialgleichung annimmt. In diesem Zusammenhang wird auch die zeitunabhängige Schrödinger-Gleichung eingeführt. Sie bestimmt die möglichen Energiezustände in Potenzialsystemen.

Es werden zunächst nur Systeme aus einzelnen Teilchen in einem externen Potenzial betrachtet. In diesem Kapitel werden zwei Systeme ausführlicher behandelt: das Kastenpotenzial (unendlich und endlich) und der harmonische Oszillator. Für beide Potenziale lässt sich die Schrödinger-Gleichung exakt lösen. Schwerpunktmäßig gehe ich auf das Kastenpotenzial ein, da es bereits die wesentlichen Charakteristika eines Quantensystems mit externem Potenzial aufweist. Dazu zählt insbesondere die Quantisierung der möglichen Energiewerte. Außerdem hat es den Vorteil, sich mit den Verfahren der Schulmathematik lösen zu lassen. Der harmonische Oszillator ist nicht nur wichtig zur Beschreibung von Schwingungen um eine Gleichgewichtslage, sondern dient auch zur Einführung der Auf- und Absteigeoperatoren, die in der Quantenfeldtheorie von besonderer Bedeutung sind.

Was man wissen sollte

Man sollte die zeitabhängige und die zeitunabhängige Schrödinger-Gleichung angeben können und auch die Beziehung zwischen den beiden Gleichungen kennen. Ist die Energie eines Teilchens kleiner als der Wert eines Potenzials im Unendlichen, sind die erlaubten Energien (die Energieeigenwerte) quantisiert. Diese Quantisierung ist eine Folge der zu fordernden Randbedingungen, da die Wellenfunktionen

© Springer-Verlag GmbH Deutschland, ein Teil von Springer Nature 2019
T. Filk, *Quantenmechanik (nicht nur) für Lehramtsstudierende*,
https://doi.org/10.1007/978-3-662-59736-1_6

quadratintegrabel sein müssen. Ist die Energie größer als der maximale Potenzial-
wert, ist das Energiespektrum meist kontinuierlich.

Das unendliche Kastenpotenzial sollte jeder selbst gerechnet haben. Die Energiequantisierung folgt aus der Forderung, dass die Wellenfunktion am Rand
verschwinden muss. Daher muss ein Vielfaches der halben de-Broglie-Wellenlänge
in den Kasten passen. Diese Forderung führt auf die möglichen Energien $E =
(n\pi\hbar)^2/(2mL^2)$. Es gibt eine endliche Grundzustandsenergie (der Fall $n = 1$),
die auch als Folge der Unbestimmtheitsrelationen gedeutet werden kann. Die Eigenfunktionen sind einfache Winkelfunktionen.

Beim endlichen Kastenpotenzial bleiben die Wellenfunktionen innerhalb des Kastens reine Winkelfunktionen, sie verschwinden aber auch für Energien kleiner als
V außerhalb des Kastens nicht, sondern dringen exponentiell abfallend in den klassisch verbotenen Bereich ein. Dadurch erklärt sich der Tunneleffekt, wobei die Tunnelwahrscheinlichkeit exponentiell mit der Dicke der Wand und der Wurzel der
Potenzialhöhe über der Energie des Teilchens abnimmt. Für den Fall $E > V$ gibt
es keine Quantisierung der möglichen Energien, allerdings kann es zur Reflexion
der Wellenfunktion am Potenzial kommen sowie zu einer Phasenverschiebung und
Amplitudenänderung der transmittierten Welle (dies ist der Ausgangspunkt für eine
Streutheorie); für $E < V$ ist die Quantisierung eine Folge des exponentiellen Abfalls
der Wellenfunktion außerhalb des Kastens und der Forderung nach einer einmal stetig differenzierbaren Anschlussbedingung am Kastenrand.

Die Verhältnisse beim harmonischen Oszillator sollte man zumindest qualita-
tiv kennen. Die Energieeigenwerte sind $E_n = \hbar\omega(n + \frac{1}{2})$ (mit $n = 0, 1, 2, \ldots$):
Sie sind äquidistant und die Grundzustandsenergie ist $\hbar\omega/2$. Die Eigenfunktionen
sind Hermite-Polynome multipliziert mit einer Gauß-Funktion, d. h., sie oszillieren im klassisch erlaubten Bereich und fallen außerhalb wie die Gauß-Funktion ab.
Bestimmte Linearkombinationen des Orts- und Impulsoperators bilden sogenannte
Auf- und Absteigeoperatoren, die, angewandt auf einen Eigenzustand des Energieoperators, zum nächst höheren (bzw. tieferen) Eigenzustand führen. Für sehr große
Werte von n nähert sich das über einen kleinen Raumbereich gemittelte Amplitu-
denquadrat der Wellenfunktion einer klassischen Aufenthaltswahrscheinlichkeit für
ein Teilchen derselben Energie.

6.1   Die Schrödinger-Gleichung für Potenzialsysteme

Zunächst werden einige allgemeine Eigenschaften der Schrödinger-Gleichung für
Potenzialsysteme behandelt, bevor die nächsten Abschnitte auf die wichtigsten
Potenziale genauer eingehen.

6.1.1 Zeitabhängige und zeitunabhängige Schrödinger-Gleichung

In Abschn. 5.2.5 wurde die zeitabhängige Schrödinger-Gleichung für einen allgemeinen Zustand $|\psi(t)\rangle$ angegeben:

$$\mathrm{i}\hbar \frac{\mathrm{d}|\psi(t)\rangle}{\mathrm{d}t} = H|\psi(t)\rangle \tag{6.1}$$

Für einen Eigenvektor $|\psi_E\rangle$ zum Energieoperator mit Eigenwert E,

$$H|\psi_E\rangle = E|\psi_E\rangle, \tag{6.2}$$

folgt damit

$$|\psi_E(t)\rangle = \mathrm{e}^{-\frac{\mathrm{i}}{\hbar}Et}|\psi_E(0)\rangle. \tag{6.3}$$

Die Zeitentwicklung eines Eigenvektors des Energieoperators ist somit sehr einfach: Der Vektor wird lediglich mit einer zeitabhängigen Phase multipliziert. Diese globale, die gesamte Wellenfunktion betreffende, ortsunabhängige Phase hat aber für den physikalischen Zustand keine Bedeutung; daher sind Eigenzustände zum Energieoperator stationär. Diese aus klassischer Sicht zunächst sehr ungewöhnliche Feststellung löst gleichzeitig das scheinbare Paradoxon in den Postulaten des Bohr'schen Atommodells (siehe Abschn. 3.4): Stationäre Zustände von Elektronen strahlen nicht!

Zur Bestimmung der allgemeinen Lösung kann man den Anfangsvektor $|\psi(0)\rangle$ nach Energieeigenvektoren entwickeln (wobei ich im Folgenden statt $|\psi_E\rangle$ einfach $|E\rangle$ schreibe):

$$|\psi(0)\rangle = \sum_i a_i |E_i\rangle \tag{6.4}$$

Da die Schrödinger-Gleichung linear ist, sind Superpositionen von Lösungen wieder Lösungen der Schrödinger-Gleichung und wir können die Lösungen für die Eigenvektoren (Gl. 6.3) einsetzen. Damit erhalten wir für die allgemeine Lösung der zeitabhängigen Schrödinger-Gleichung

$$|\psi(t)\rangle = \sum_i a_i \, \mathrm{e}^{-\frac{\mathrm{i}}{\hbar}E_i t} \, |E_i\rangle. \tag{6.5}$$

Man beachte, dass in diesem Ausdruck die energieabhängigen Phasen für verschiedene Anteile des Zustands unterschiedlich sind und daher eine physikalische Bedeutung haben. Superpositionen von Energieeigenzuständen zu verschiedenen Energien sind also nicht stationär, sondern verändern sich zeitlich.

Der erste Schritt zur Lösung der Schrödinger-Gleichung ist die Bestimmung der Eigenwerte und Eigenfunktionen aus Gl. (6.2). Diese Gleichung bezeichnet man auch als *zeitunabhängige Schrödinger-Gleichung*. Die zeitunabhängige Schrödinger-Gleichung ist eine gewöhnliche Eigenwertgleichung. Insbesondere ist sie ebenfalls

linear, und damit gilt wieder: Superpositionen von Lösungen sind selbst wieder
Lösungen.

Häufig wird die zeitunabhängige Schrödinger-Gleichung aus der zeitabhängigen
Schrödinger-Gleichung durch einen Separationsansatz ‚abgeleitet'. Dazu schreibt
man für einen Zustand $|\psi(t)\rangle = f(t)|\psi\rangle$, d. h., die Zeitabhängigkeit wird durch eine
allgemeine Funktion $f(t)$ abgetrennt. Setzt man diesen Ansatz in die zeitabhängige
Schrödinger-Gleichung ein, erhält man

$$i\hbar \frac{\mathrm{d}f(t)}{\mathrm{d}t}|\psi\rangle = Hf(t)|\psi\rangle, \tag{6.6}$$

und nach Division durch $f(t)$ (was erlaubt ist, da diese Funktion nicht identisch
verschwinden soll):

$$i\hbar \frac{1}{f(t)}\frac{\mathrm{d}f(t)}{\mathrm{d}t}|\psi\rangle = H|\psi\rangle \tag{6.7}$$

Da die rechte Seite nicht von t abhängt, darf auch die linke Seite nicht von t abhängen,
also muss gelten:

$$i\hbar \frac{1}{f(t)}\frac{\mathrm{d}f(t)}{\mathrm{d}t} = \mathrm{const} = E \tag{6.8}$$

mit der Lösung

$$f(t) = \mathrm{e}^{-\frac{i}{\hbar}Et}f(0). \tag{6.9}$$

Für den Zustand $|\psi\rangle$ folgt

$$H|\psi\rangle = E|\psi\rangle, \tag{6.10}$$

also die zeitunabhängige Schrödinger-Gleichung.

6.1.2 Die Schrödinger-Gleichung in einer Basis

Bisher wurde die Schrödinger-Gleichung für abstrakte Vektoren im Hilbert-Raum
formuliert. Für konkrete Berechnungen wählt man jedoch oft eine Basis. (Der harmonische Oszillator ist ein Beispiel für ein System, bei dem man die Schrödinger-
Gleichung basisunabhängig lösen kann; vgl. Abschn. 6.4.)

Die meist verwendete Basis ist die *Ortsraumbasis*. In diesem Fall sind die Basis-
vektoren $\{|\mathbf{x}\rangle\}$ die ‚Eigenvektoren' zu den Ortsoperatoren Q_i. Sie erfüllen die Bedin-
gung (vgl. Abschn. 4.4.2)

$$Q_i|\mathbf{x}\rangle = x_i|\mathbf{x}\rangle. \tag{6.11}$$

Wird ein Zustand $|\psi\rangle$ in der Ortsraumbasis ausgedrückt, erhält man die Wellenfunk-
tion:

$$\psi(\mathbf{x}) := \langle\mathbf{x}|\psi\rangle \tag{6.12}$$

Die Komponenten des Impulsoperators sind in dieser Basis durch die kanonischen Vertauschungsrelationen bestimmt:[1]

$$P_i = -i\hbar \frac{\partial}{\partial x_i} \tag{6.13}$$

Hat also der Hamilton-Operator, ausgedrückt durch die Operatoren P und Q, die Form

$$H(\mathbf{Q}, \mathbf{P}) = \frac{1}{2m} \mathbf{P}^2 + V(\mathbf{Q}), \tag{6.14}$$

so gilt in der Ortsraumbasis

$$H(\mathbf{Q}, \mathbf{P}) \implies -\frac{\hbar^2}{2m} \sum_{i=1}^{3} \frac{\partial^2}{\partial x_i^2} + V(\mathbf{x}) = -\frac{\hbar^2}{2m} \Delta + V(\mathbf{x}). \tag{6.15}$$

Damit lautet die zeitunabhängige Schrödinger-Gleichung in der Ortsraumbasis:

$$\left(-\frac{\hbar^2}{2m} \Delta + V(\mathbf{x}) \right) \psi(\mathbf{x}) = E \, \psi(\mathbf{x}) \tag{6.16}$$

Manchmal bezeichnet man auch diese Differentialgleichung einfach als Schrödinger-Gleichung.

Bevor wir diese Gleichung für spezielle Potenziale betrachten, soll kurz angedeutet werden, wie die Schrödinger-Gleichung in einer andere Basis, insbesondere der Impulsraumbasis, aussieht.

In der Impulsraumbasis sind die Impulsoperatoren P_i diagonal,

$$P_i |\mathbf{p}\rangle = p_i |\mathbf{p}\rangle, \tag{6.17}$$

und diesmal wird aufgrund der kanonischen Vertauschungsrelationen (die in jeder Basis gelten müssen) der Ortsoperator zu einem Ableitungsoperator:

$$Q_i = i\hbar \frac{\partial}{\partial p_i} \tag{6.18}$$

Die Wellenfunktionen sind

$$\tilde{\psi}(\mathbf{p}) = \langle \mathbf{p} | \psi \rangle, \tag{6.19}$$

---

[1]Streng genommen legen die kanonischen Vertauschungsrelationen diese Operatoren nur bis auf eine additive Funktion des Orts fest; diese Funktion muss jedoch verschwinden, wenn man für eine reine Welle $\psi(x) = \exp(i\frac{2\pi x}{\lambda})$ die Beziehung von de Broglie fordert.

von denen schon gezeigt wurde, dass sie die Fourier-Transformierten der Ortsraum-wellenfunktion sind. Wiederum sind in der Hamilton-Funktion die Operatoren Q und P durch ihre Darstellung in der Impulsraumbasis zu ersetzen:

$$H(\mathbf{Q}, \mathbf{P}) \implies \frac{1}{2m}\mathbf{p}^2 + V(i\hbar\nabla_p) \tag{6.20}$$

Je nach der Funktion V handelt es sich hierbei nicht mehr um einen gewöhnlichen Differentialoperator, sondern $V(i\hbar\nabla_p)$ ist durch eine Fourier-Transformierte zu defi-nieren, was zu verallgemeinerten Differentialoperatoren führt. Die Impulsraumbasis bietet sich an, wenn $V \equiv 0$ ist (also ein freies Teilchen), das Kastenpotenzial oder eventuell noch für den linearen Fall $V = x$ bzw. $V = |x|$ (in einer Dimension). Für $V(x) = kx^2$ (also den harmonischen Oszillator) hat man im Orts- und Impulsraum den gleichen Typ von Differentialgleichung zu lösen.

In einer allgemeinen Basis $\{|\varphi_i\rangle\}$ wird die Schrödinger-Gleichung zu einer Glei-chung für die Komponenten eines Zustands in dieser Basis: $\langle\varphi_i|\psi\rangle$. Man multipliziert die zeitunabhängige Schrödinger-Gleichung von links mit $|\varphi_i\rangle$ und nutzt die Voll-ständigkeitsrelation $\mathbf{1} = \sum_i |\varphi_i\rangle\langle\varphi_i|$ aus:

$$\sum_j \langle\varphi_i|H(Q, P)|\varphi_j\rangle\langle\varphi_j|\Psi\rangle = E\langle\varphi_i|\Psi\rangle \tag{6.21}$$

Für die zeitabhängige Schrödinger-Gleichung gilt entsprechend:

$$i\hbar\frac{d\langle\varphi_i|\psi(t)\rangle}{dt} = \sum_j \langle\varphi_i|H|\varphi_j\rangle\langle\varphi_j|\psi(t)\rangle \tag{6.22}$$

Für ein Kontinuum von Basiselementen (wie bei der Orts- und Impulsraumba-sis) wird die Summe zu einem Integral. Man beachte, dass die oben angegebe-nen Hamilton-Operatoren in der Ortsraumbasis (d. h. $\langle x|H|x'\rangle$) zwar nicht diago-nal sind, aber lokal, d. h. proportional zu $\delta(x - x')$ und Ableitungen der Delta-Distribution, sodass die Integration wegfällt (Näheres zu lokalen Operatoren findet man in Abschn. 10.2.5). Im Folgenden rechne ich fast immer in der Ortsraumbasis.

6.2   Das unendliche Kastenpotenzial

Das Kastenpotenzial dient in erster Linie als Modell für die Quantisierung der Ener-giezustände. Es findet (in einer 3-dimensionalen Version) eine Anwendung in der Kernphysik. Wir betrachten hier zunächst das 1-dimensionale Kastenpotenzial (Abb. 6.1).

Für das 1-dimensionale Kastenpotenzial mit unendlich hohen Wänden lautet die Schrödinger-Gleichung in der Ortsraumbasis:

$$\left(-\frac{\hbar^2}{2m}\frac{d^2}{dx^2} + V(x)\right)\psi_E(x) = E\,\psi_E(x) \tag{6.23}$$

Abb. 6.1 Das (unendliche) Kastenpotenzial. Im schraffierten Bereich ist das Potenzial unendlich und die Wahrscheinlichkeit, dort ein Teilchen anzutreffen, gleich null

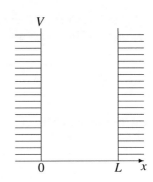

mit

$$V(x) = \begin{cases} 0 & \text{für } x \in [0, L] \\ \infty & \text{sonst} \end{cases} \tag{6.24}$$

Der Kasten hat also eine Gesamtbreite von L.

Für die gesuchten Lösungen $\psi(x)$ ergeben sich aus der Gleichung folgende Eigenschaften:

1. Für $x \notin [0, L]$ muss offenbar $\psi(x) = 0$ gelten, da andernfalls das Produkt aus V und $\psi(x)$ unendlich wäre und die Gleichung nicht mehr erfüllt sein kann.
2. Bei $x = 0$ und $x = L$ muss $\psi(x)'$ von null verschieden sein, denn würden an dieser Stelle sowohl $\psi(x)$ als auch $\psi(x)'$ verschwinden, wäre die einzige Lösung die Nullfunktion.
3. $\psi(x)$ muss am Rand stetig sein, da sonst die zweite Ableitung von ψ im Sinne einer Distribution die Ableitung der Delta-Distribution ergeben würde.[2] Da aber $\psi(x)' \neq 0$, kann ein solcher Term durch keinen anderen Term kompensiert werden, sodass die Gleichung ebenfalls nicht erfüllt sein könnte.
4. Aus den genannten Eigenschaften ergibt sich, dass $\psi(x)$ bei $x = 0$ und $x = L$ zwar stetig ist, die erste Ableitung aber einen Sprung macht. Für die zweite Ableitung erhält man also eine Delta-Distribution. Diese ist jedoch kein Problem, da $\psi(x)$ am Rand ohnehin verschwindet.

Gesucht sind also stetige Lösungen der Gleichung

$$\frac{\mathrm{d}^2}{\mathrm{d}x^2} \psi_E(x) = -\left(\frac{2m}{\hbar^2} E\right) \psi_E(x) \quad \text{mit} \quad \psi(0) = \psi(L) = 0. \tag{6.25}$$

Die Lösungen dieser Differentialgleichung sind aus der klassischen Mechanik bekannt, beispielsweise hat die Bewegungsgleichung des harmonischen Oszillators eine ähnliche Form. Damit die Lösung $\psi(x)$ die Randbedingungen erfüllen kann,

---

[2]Die erste Ableitung einer Sprungfunktion ergibt an der Stelle des Sprungs eine Delta-Distribution, die zweite Ableitung also die Ableitung einer Delta-Distribution. Näheres zu Ableitungen von nichtstetigen Funktionen bzw. Distributionen findet man in Abschn. 10.2.3.

muss der Ausdruck in Klammern (d. h. die Energie E) positiv sein. Die allgemeinste Lösung der Gleichung, die $\psi(0) = 0$ erfüllt, lautet:

$$\psi(x) = A \sin\left(\sqrt{\frac{2mE}{\hbar^2}} x\right) \tag{6.26}$$

Da andererseits aber auch $\psi(L) = 0$ gelten soll, muss die folgende *Quantisierungsbedingung* gelten:

$$\sqrt{\frac{2mE}{\hbar^2}} L = n\pi \quad \text{bzw.} \quad E_n = \frac{(n\pi\hbar)^2}{2mL^2} \tag{6.27}$$

Wir gelangen also zu einer ersten wichtigen Schlussfolgerung: Die Bedingungen an die Lösungen der Schrödinger-Gleichung sind nicht für beliebige Werte für E erfüllbar, sondern nur für einen diskreten Satz $\{E_n\}$ von Energiewerten.

Allgemein könnte n eine beliebige ganze Zahl sein, doch nicht alle Möglichkeiten entsprechen verschiedenen Zuständen. Der Fall $n = 0$ führt auf die triviale Lösung $\psi(x) \equiv 0$. Sie entspricht keinem Zustand (im Sinne eines Strahls im Hilbert-Raum). Wegen der Asymmetrie der Sinusfunktion, $\sin x = -\sin(-x)$, definiert ein negativer Wert für n denselben Zustand wie ein positiver Wert. Verschiedene Zustände erhält man somit für $n = 1, 2, 3, \ldots$.[3]

Lösungen der zeitunabhängigen Schrödinger-Gleichung zu verschiedenen Zuständen sind somit

$$\psi_n(x) = \begin{cases} A_n \sin\left(\dfrac{n\pi x}{L}\right) & n = 1, 2, 3, \ldots \text{ für } x \in [0, L] \\ 0 & \text{sonst} \end{cases} \tag{6.28}$$

mit den zugehörigen Energieeigenwerten

$$E_n = \frac{(n\pi\hbar)^2}{2mL^2}. \tag{6.29}$$

Da Zustände durch normierte Eigenvektoren (in diesem Fall ‚Eigenfunktionen') repräsentiert werden sollen, muss die Amplitude noch so gewählt werden, dass die Normierungsbedingung Gl. 5.7 erfüllt ist. Das führt auf die Gleichung

$$|A_n|^2 \int_0^L \sin^2\left(\frac{n\pi x}{L}\right) dx = 1 \tag{6.30}$$

---

[3]Man beachte, dass die Entartung der Energieeigenwerte E_n für positive und negative Werte von n noch kein Grund ist, eine der beiden Möglichkeiten auszuschließen; man muss überprüfen, ob physikalisch unterschiedliche Zustände vorliegen, also ob die zugehörigen Wellenfunktionen linear unabhängig sind. Dies ist hier nicht der Fall.

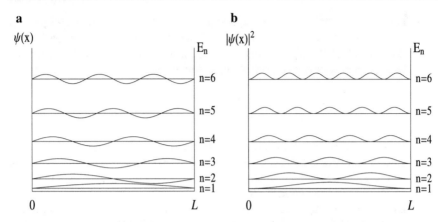

Abb. 6.2 a Die niedrigsten Energieeigenfunktionen und **b** ihre Absolutquadrate beim unendlichen Kastenpotenzial. In Diagrammen dieser Art sind mehrere Informationen überlagert: Zum einen gibt die Ordinate (also die y-Achse) die potenzielle Energie als Funktion des Orts an (in diesem Fall die Kastenwände). Außerdem sind auf der Ordinate noch die möglichen Energiewerte eingetragen, die bei diesem Kastenpotenzial auftreten können (als waagerechte Linien). Und drittens wurde jeder dieser Linien die Wellenfunktion (links) bzw. das Absolutquadrat der Wellenfunktion (rechts) überlagert. Die waagerechte ‚Energielinie' definiert dabei jeweils den Wert null für die Welle

mit der Lösung

$$A_n = \sqrt{\frac{2}{L}}. \tag{6.31}$$

Als Ergebnis erhalten wir die normierten Eigenfunktionen und die zugehörigen Eigenwerte für das 1-dimensionale Kastenpotenzial (siehe Abb. 6.2):

$$\psi_n(x) = \begin{cases} \sqrt{\frac{2}{L}} \, \sin\left(\frac{n\pi}{L}x\right) & \text{für } x \in [0, L] \\ 0 & \text{sonst} \end{cases} \qquad E_n = \frac{(n\pi\hbar)^2}{2mL^2} \qquad n = 1, 2, 3, \ldots \tag{6.32}$$

Diese Eigenfunktionen zum Energieoperator bilden ein vollständiges Orthonormalsystem, das sich auch als Basis für beliebige, am Rand verschwindende Funktionen über dem Intervall $[0, L]$ eignet. Die Orthogonalität der Eigenfunktionen folgt aus der Eigenschaft

$$\frac{2}{L} \int_0^L \sin\left(\frac{n\pi}{L}x\right) \sin\left(\frac{m\pi}{L}x\right) \, \mathrm{d}x = \delta_{mn}. \tag{6.33}$$

Abschließend ein paar Bemerkungen:

- Die Abhängigkeit der Energieeigenwerte von einigen Parametern sollte man nochmals betonen:

$$E_n \propto n^2 \qquad E_n \propto \frac{1}{L^2} \qquad E_n \propto \frac{1}{m} \qquad E_n \propto \hbar^2 \tag{6.34}$$

- Die erste Abhängigkeit bedeutet, dass die Abstände zwischen den Energien mit zunehmendem n immer größer werden. Dies ist zunächst eigenartig, da für sehr große (makroskopische) Energien auch die Lücken zwischen benachbarten Energieeigenwerten sehr groß werden. Andererseits ist

$$\frac{\Delta E_n}{E_n} = \frac{E_{n+1} - E_n}{E_n} = \frac{2n+1}{n^2} \to \frac{2}{n}. \tag{6.35}$$

Relativ werden die Abstände somit kleiner. Außerdem handelt es sich um eine Besonderheit des 1-dimensionalen Kastens. In drei Dimensionen kann man zeigen, dass die Zustandsdichte, also die Anzahl der Zustände in einem vorgegebenen Energieintervall, mit wachsender Energie zunimmt.
- Die zweite Abhängigkeit bedeutet, dass die Energieeigenwerte immer enger zusammenrücken, je größer der Kasten ist. Wird der Kasten, beispielsweise durch eine äußere Kraft, sehr langsam zusammengedrückt, sodass ein Teilchen im n-ten Niveau auch in diesem Niveau bleibt (dies wird manchmal als adiabatische Zustandsänderung bezeichnet; sie ist aber gleichzeitig auch reversibel), wird die Energie größer. Es gibt also einen Druck.
- Die Proportionalität zu $1/m$ bedeutet, dass die Energieeigenwerte umso enger zusammenrücken, je größer die Masse m ist. Insbesondere sind die Effekte der Quantisierung für makroskopische Körper praktisch nicht spürbar.
- Die letzte Abhängigkeit zeigt, dass die Diskretheit der Energieeigenwerte ein Quanteneffekt ist. Sie zeigt aber auch gleichzeitig, dass man für einen klassischen Grenzfall nicht einfach $\hbar = 0$ setzen darf.
- Der niedrigste Energieeigenwert, $E_1 = \frac{(\pi\hbar)^2}{2mL^2}$, ist von 0 verschieden. Man bezeichnet diese Energie als *Grundzustandsenergie*. Eine solche Grundzustandsenergie muss es aufgrund der Unschärferelationen für räumlich begrenzte Quantensysteme immer geben, denn ein exakt verschwindender Impuls erfordert eine unendlich ausgedehnte räumliche Verteilung, die aber in einem endlichen Kastenpotenzial nicht vorliegen kann. Ganz grob kann man sagen, dass Δx von der Größenordnung von L ist, und somit muss Δp von der Größenordnung $\hbar/L$ sein. Dazu gehört aber eine Energie von $\frac{\hbar^2}{2mL^2}$. Bis auf den Faktor π^2 entspricht das der Grundzustandsenergie.
- Für sehr große Werte von n sind die Eigenfunktionen sehr rasch oszillierend. Die Wahrscheinlichkeit, bei einer Messung ein Teilchen in dem Intervall $[x, x + \Delta x]$ anzutreffen, ist

$$w_{\Delta x}(x) = \frac{2}{L} \int_x^{x+\Delta x} \sin^2\left(\frac{n\pi}{L}x\right) \, \mathrm{d}x \approx \frac{\Delta x}{L} \quad \text{(für } n \text{ groß)}. \tag{6.36}$$

Die letzte Approximation ist gültig, wenn die halbe Periode der Sinusfunktion, $\frac{L}{n}$, klein gegenüber der Intervallbreite Δx ist. In diesem Fall erhält man also das klassische Ergebnis, wonach die Aufenthaltswahrscheinlichkeit eines freien Teilchens (d. h. eines Teilchens mit konstanter Geschwindigkeit) in einem Kasten überall gleich ist.

- Die letzte Bemerkung deutet schon darauf hin, dass man aus diesen Lösungen selbst für sehr große Werte von n nicht das klassische Verhalten erhält, das man naiv erwarten würde. Die Eigenfunktionen zum Energieoperator sind stationär, d. h., die Eigenzustände bleiben zeitlich konstant. Sie beschreiben ein gemitteltes Verhalten des klassischen Systems: Würde man zu zufällig gewählten Zeitpunkten Momentaufnahmen des klassischen Systems machen, kann man daraus für das Teilchen im Kasten eine gemittelte Aufenthaltswahrscheinlichkeit bestimmen. Diese entspricht der Wahrscheinlichkeit, die man für große Werte von n aus den Energieeigenfunktionen erhält. Das klassische Verhalten, nämlich dass ein Teilchen mit einer bestimmten Energie auch eine bestimmte Geschwindigkeit hat und sich in dem Kasten hin- und herbewegt, wird auch für beliebig große Werte von n nicht beschrieben. Die klassischen Bewegungszustände ergeben sich nicht aus den stationären Energieeigenzuständen, sondern aus Superpositionen von Wellenfunktionen zu verschiedenen Energien.

- Das Kastenpotenzial aus Gl. 6.24 liegt asymmetrisch zur y-Achse. Aus den in Abschn. 5.24 genannten Gründen wählt man gewöhnlich das Koordinatensystem so, dass Potenziale möglichst symmetrisch sind. Natürlich hätten wir das Potenzial auch symmetrisch in das Intervall $[-\frac{L}{2}, \frac{L}{2}]$ legen können. Für die Eigenfunktionen bedeutet dies eine Verschiebung $\psi_n(x) \rightarrow \hat{\psi}_n(x) = \psi_n(x + \frac{L}{2})$ und die Energieeigenwerte ändern sich nicht. Der kleine Nachteil ist, dass die Verschiebung nun eine Fallunterscheidung erfordert und abwechselnd zu Sinus- und Kosinusfunktionen führt:

$$\hat{\psi}_n(x) = \begin{cases} \sqrt{\frac{2}{L}} \cos\left(\frac{n\pi}{L}x\right) & n = 1, 3, 5, \ldots \\ \sqrt{\frac{2}{L}} \sin\left(\frac{n\pi}{L}x\right) & n = 2, 4, 6, \ldots \end{cases} \quad \text{für } x \in \left[-\frac{L}{2}, +\frac{L}{2}\right] \quad (6.37)$$

Andererseits erkennt man an dieser Darstellung auch eine Symmetrieeigenschaft der Lösungen:

$$\hat{\psi}_n(-x) = (-1)^{n+1} \hat{\psi}_n(x) \quad (6.38)$$

Diese Symmetrieeigenschaft der Lösungen hängt mit der Symmetrie des Potenzials zusammen. Es gilt nun $V(-x) = V(x)$, d. h., das Potenzial ändert sich unter einer Paritätstransformation nicht. Es sei $\hat{P}$ der Paritätsoperator (nicht zu verwechseln mit dem Impulsoperator) auf dem Hilbert-Raum, definiert durch die Vorschrift

$$\hat{P}\psi(x) = \psi(-x). \quad (6.39)$$

Dieser Operator kommutiert mit dem Hamilton-Operator: $[H, \hat{P}] = 0$. Nach den Überlegungen des Abschn. 5.4 kann man die Eigenfunktionen von H nach den Eigenfunktionen von $\hat{P}$ klassifizieren. Da $\hat{P}^2 = 1$, kann $\hat{P}$ nur die Eigenwerte $+1$ und -1 haben und für die Eigenfunktionen gilt

$$\hat{P}\psi(x) = \psi(-x) = \pm \psi(x). \quad (6.40)$$

Die symmetrischen Funktionen haben also in Bezug auf $\hat{P}$ den Eigenwert $+1$ und die antisymmetrischen den Eigenwert -1.

6.3   Das endliche Kastenpotenzial und der Tunneleffekt

Wir betrachten nun ein ähnliches Problem wie zuvor, allerdings soll das Potenzial
nun eine endliche Höhe $V > 0$ haben:

$$V(x) = \begin{cases} 0 & \text{für } |x| \le \dfrac{L}{2} \\ V & \text{sonst} \end{cases} \qquad (6.41)$$

Diesmal wurde das Potenzial symmetrisch zu 0 gewählt, sodass wir die Paritätsinvarianz ausnutzen und die Eigenfunktionen von H entweder symmetrisch $\psi(-x) =
\psi(x)$ oder antisymmetrisch $\psi(-x) = -\psi(x)$ wählen können (Abb. 6.3).

6.3.1   Allgemeine Eigenschaften der Lösungen

Innerhalb des Potenzialkastens gilt dieselbe Schrödinger-Gleichung wie schon beim
unendlichen Kastenpotenzial:

$$-\frac{\hbar^2}{2m}\frac{d^2}{dx^2}\psi(x) = E\psi(x) \quad |x| \le \frac{L}{2} \qquad (6.42)$$

Außerhalb des Potenzials gilt

$$\left(-\frac{\hbar^2}{2m}\frac{d^2}{dx^2} + V\right)\psi(x) = E\psi(x) \quad |x| > \frac{L}{2} \qquad (6.43)$$

oder

$$-\frac{\hbar^2}{2m}\frac{d^2}{dx^2}\psi(x) = (E - V)\psi(x) \quad |x| > \frac{L}{2}. \qquad (6.44)$$

Zunächst müssen wieder die Randbedingungen bzw. die Anschlussbedingungen
der Wellenfunktionen bei $|x| = \frac{L}{2}$ geklärt werden. Da V endlich ist, gibt es keinen
Grund, dass die Wellenfunktion außerhalb des Potenzialtopfes verschwinden muss.

Abb. 6.3 Das endliche
Kastenpotenzial. Für $E > V$
gibt es freie Lösungen, die
Energie ist nicht quantisiert.
Für $E < V$ gibt es
mindestens eine gebundene
Lösung. Die Wellenfunktion
dringt mit exponentiellem
Abfall in den klassisch nicht
erlaubten Bereich ein

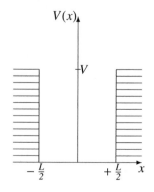

Lediglich für $x \rightarrow \pm\infty$ folgt dies aus der Quadratintegrabilität. Das Potenzial hat bei $x = \pm\frac{L}{2}$ einen Sprung, und wenn $\psi(x)$ an dieser Stelle nicht verschwindet, hat auch das Produkt $V(x)\psi(x)$ dort einen Sprung. Damit die Eigenwertgleichung gelöst werden kann, muss die zweite Ableitung von $\psi(x)$ (multipliziert mit $\frac{\hbar^2}{2m}$) an dieser Stelle den gleichen Sprung machen. Wenn aber die zweite Ableitung einen Sprung macht, muss die erste Ableitung einen Knick haben und daher muss die Wellenfunktion selbst an der Stelle einmal stetig differenzierbar sein.

Allgemein hat die Gleichung

$$\frac{d^2}{dx^2}\psi(x) = \alpha\psi(x) \tag{6.45}$$

folgende (reelle) Lösungen:

$$\text{für } \alpha > 0 : \quad \psi(x) = A\exp(\pm\sqrt{\alpha}x) \tag{6.46}$$

und

$$\text{für } \alpha < 0 : \quad \psi(x) = A\sin\sqrt{\alpha}x \quad \text{und} \quad \psi(x) = B\cos\sqrt{\alpha}x. \tag{6.47}$$

Der Fall $\alpha = 0$ tritt außerhalb des Kastens für $E = V$ auf. Quadratintegrabel ist nur die Wellenfunktion, die außerhalb des Kastens verschwindet: $\psi(x) = 0$ für $x \geq \frac{L}{2}$.

Statt die Anschlussbedingungen nun genauer zu analysieren, was eher ein mathematisches Problem ist, seien hier die wichtigsten Ergebnisse zusammengefasst:

$E > V$:
Für $E > V$ gibt es keine Quantisierung der Energie, sondern freie Teilchen. Sowohl im Inneren des Kastens als auch außerhalb erhält man als Lösungen harmonische Wellen, deren Wellenlänge im Inneren des Kastens (wegen des größeren Impulses der Teilchen) kleiner ist. Zu jedem Energiewert erhält man sogar zwei linear unabhängige Lösungen.

Wählt man die Lösungen auch für diese Energiewerte symmetrisch bzw. asymmetrisch, so hat man innerhalb des Kastens zu jedem Energiewert eine Sinusfunktion (zur asymmetrischen Lösung) und eine Kosinusfunktion (zur symmetrischen Lösung), und auch außerhalb des Kastens sind die Lösungen dann symmetrisch oder asymmetrisch und lassen sich als Sinus- bzw. Kosinusfunktion mit einer neuen Amplitude und einer Phase schreiben. Die Amplituden der Wellenfunktion sind innerhalb des Kastens kleiner als außerhalb. Dies zeigt auch eine quasiklassische Überlegung: Im äußeren Bereich sind die Teilchen langsamer als im inneren und haben dort (pro Längeneinheit) im Mittel eine größere Aufenthaltswahrscheinlichkeit als im Inneren des Kastens.

Zur Behandlung von Streuproblemen wählt man jedoch einen anderen Weg: Man betrachtet eine einlaufende Welle e^{ikx}, beispielsweise auf der linken Seite des Potenzials. Dieser Welle gibt man die Amplitude 1. Diese einlaufende Welle kann durch das Potenzial hindurchtreten und auf der rechten Seite mit einer anderen

Amplitude A auslaufen, oder sie kann reflektiert werden und mit einer Amplitude B zurücklaufen. Als Lösungen findet man somit:

$$\text{für } x > \frac{L}{2}: \quad \psi(x) = A \exp\left(\frac{ipx}{\hbar}\right) \tag{6.48}$$

$$\text{für } x < -\frac{L}{2}: \quad \psi(x) = \exp\left(\frac{ipx}{\hbar}\right) + B \exp\left(-\frac{ipx}{\hbar}\right) \tag{6.49}$$

$$\text{mit} \quad p = \sqrt{2mE} \tag{6.50}$$

Sowohl A als auch B können komplex sein, daher kann es eine relative Phasenverschiebung sowohl zwischen einlaufender und transmittierter als auch zwischen einlaufender und reflektierter Welle geben. $T = |A|^2$ bezeichnet man als *Transmissionskoeffizienten*, $R = |B|^2$ als *Reflexionskoeffizient*. Man findet $T + R = 1$, d. h., die Summe der Wahrscheinlichkeiten für ein Teilchen transmittiert oder reflektiert zu werden ist gleich eins. Diese beiden Koeffizienten sowie die relativen Phasenverschiebungen sind die einzigen asymptotisch beobachtbaren Größen. Das *inverse Streuproblem* besteht darin, aus diesen Parametern das Potenzial (das hier als kastenförmig angenommen wurde, doch die Überlegungen gelten allgemein) zu bestimmen.

$E = V$:

   In diesem (unphysikalischen) Grenzfall gibt es außerhalb des Kastens nur die (uneigentliche) Lösung $\psi(x) = $ const. Für die möglichen Sinus- und Kosinusfunktionen, die Lösungen im Inneren des Kastens darstellen, kann die Anschlussbedingung $\psi'(\pm\frac{L}{2}) = 0$ nur erfüllt sein, wenn eine halbe Wellenlänge gerade in den Kasten passt, d. h., wenn es eine natürliche Zahl n gibt, sodass $\sqrt{2mV}/\hbar = n\pi L$.

$E < V$:

   In diesem Fall sind die erlaubten Energieeigenwerte quantisiert. Es gibt immer mindestens eine diskrete Lösung. Im Inneren des Kastens, also dem klassisch erlaubten Bereich, erhält man wieder eine Winkelfunktion als Lösung, deren Wellenlänge über die Beziehung von de Broglie mit dem Impulsbetrag des Teilchens im Kasten zusammenhängt. Außerhalb des Kastens verschwindet die Wellenfunktion exponentiell nach folgender Beziehung:

$$\psi(x) \propto \exp\left(-\frac{\sqrt{2m(V-E)}}{\hbar}|x|\right) \quad (|x| > L/2) \tag{6.51}$$

Die möglichen Energien sind etwas kleiner als im Fall des unendlichen Kastenpotenzials derselben Breite, da die Wellenfunktion in den klassisch verbotenen Bereich eindringen kann und daher am Rand des Kastens nicht verschwinden muss. Aus demselben Grund sind auch die Amplituden kleiner als beim unendlichen Kastenpotenzial. Im Gegensatz zum unendlichen Kastenpotenzial sind die Amplituden nicht für alle Lösungen gleich, sondern nehmen mit wachsender Energie ab, da die Wahrscheinlichkeit, das Teilchen in dem klassisch verbotenen

Bereich anzutreffen, mit zunehmender Energie größer wird; damit nimmt aber die Wahrscheinlichkeit, das Teilchen innerhalb des Kastens anzutreffen, ab.

6.3.2   Der Tunneleffekt

Alle gebundenen Lösungen beim endlichen Kastenpotenzial haben die Eigenschaft, dass die Lösungen auch außerhalb des Kastens nicht identisch null sind, d. h., es gibt selbst für gebundene Teilchen eine nicht verschwindende Wahrscheinlichkeit, dass sie bei einer Messung außerhalb des Kastens angetroffen werden, allerdings nimmt diese Wahrscheinlichkeit mit zunehmendem Abstand exponentiell ab.

Zur quantitativen Behandlung des Tunneleffekts stellen wir uns vor, dass das Potenzial nach einer Dicke d wieder auf null fällt, also von folgender Form ist (vgl. Abb. 6.4):

$$
V(x) = \begin{cases} 0 & |x| \le \dfrac{L}{2} \\ V & \dfrac{L}{2} < |x| \le \dfrac{L}{2} + d \\ 0 & |x| > \dfrac{L}{2} + d \end{cases} \tag{6.52}
$$

Hinsichtlich der Bedingungen an den Grenzen des Potenzialwalls beschränke ich mich im Folgenden wieder auf den Fall $x > 0$, der durch eine symmetrische oder antisymmetrische Erweiterung der Lösungen auch immer auf den Fall $x < 0$ fortgesetzt werden kann. Außerdem betrachte ich nur Energien $0 < E < V$.

Die stationären Lösungen liefern keine Wahrscheinlichkeit für den Tunnelprozess, sondern beschreiben das System in einem zeitunabhängigen ‚Gleichgewichtszustand'. Daher wählen wir eine etwas andere Strategie. Wir nehmen an, dass der Kasten zunächst unendlich dick ist, wir es also mit einem richtigen Kastenpotenzial zu tun haben. Dann bestimmen wir das Integral über das Absolutquadrat des Teils der Wellenfunktion, der einen Abstand von mehr als $\frac{L}{2} + d$ vom Kastenmittelpunkt hat. Dies gibt uns eine Vorstellung, mit welcher Wahrscheinlichkeit sich das Teilchen außerhalb des Bereichs befindet, in dem das tatsächliche Kastenpotenzial liegt.

Abb. 6.4 Potenzial zur Beschreibung des Tunneleffekts

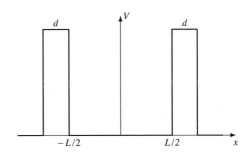

Nach den Überlegungen des Abschn. 6.3.1 hat die Wellenfunktion in den Kastenwänden die Form

$$\psi(x) \propto \exp\left(-\frac{\sqrt{2m(V-E)}}{\hbar}x\right) \quad \text{für } |x| > \frac{L}{2}. \tag{6.53}$$

Über den Bereich d im Inneren der Kastenwand fällt die Wellenfunktion daher um den Faktor

$$\frac{\psi(\frac{L}{2}+d)}{\psi(\frac{L}{2})} \approx \exp\left(-\frac{\sqrt{2m(V-E)}}{\hbar}d\right) \tag{6.54}$$

und damit die Wahrscheinlichkeit um den Faktor

$$w \propto \exp\left(-2\frac{\sqrt{2m(V-E)}}{\hbar}d\right) \tag{6.55}$$

ab. Diese Größe gibt ungefähr an, mit welcher Wahrscheinlichkeit ein Teilchen pro Zeiteinheit durch die Kastenwand hindurchtunneln kann. Im Exponenten stehen also sowohl die Wanddicke d als auch die Wurzel aus der Differenz zwischen der Energie des Teilchens und der Potenzialhöhe, $\sqrt{V-E}$. Die mittlere Zeit, bis ein Teilchen ein solches Kastenpotenzial verlassen hat, ist also proportional zu w^{-1} und somit exponentiell groß als Funktion der Wanddicke und der Wurzel der zu überwindenden Potenzialbarriere.

Das Rastertunnelmikroskop
Die exponentielle Abhängigkeit der Tunnelwahrscheinlichkeit von der Dicke d des zu überwindenden Potenzials spielt beim Rastertunnelmikroskop eine wichtige Rolle. Beim Rastertunnelmikroskop wird eine mikroskopisch feine Metallspitze dicht über eine abzutastende Oberfläche gebracht und zwischen der Metallspitze und der Oberfläche eine Spannung angelegt. Der Zwischenraum zwischen Metallspitze und Oberfläche entspricht der Potenzialwand, die von einem Elektron überwunden werden muss, damit ein Strom fließt. Durch den Tunneleffekt kommt es zu einem Elektronenfluss und damit zu einem Strom. Dieser Strom hängt exponentiell von dem Abstand d ab und erlaubt dadurch sehr feine Bestimmungen von d. In der Praxis hält man meist den Strom konstant, indem man mithilfe von Piezokristallen die Höhe der Spitze variiert, sodass der Abstand von der rauen Oberfläche konstant bleibt. Gerade wegen der exponentiellen Abhängigkeit vom Abstand d ist dieses Verfahren sehr empfindlich.

6.4 Der harmonische Oszillator

Dieser Abschnitt behandelt die Lösung der Schrödinger-Gleichung zum 1-dimensionalen harmonischen Oszillator. Dabei werden zwei Lösungswege betrachtet: 1) Die Lösung der Gleichung im Ortsraum durch Wellenfunktionen und 2) die rein algebraische Lösung der Eigenwertgleichung durch Auf- und Absteigeoperatoren. Auf Verallgemeinerungen in mehr als einer Dimension gehen einige Anmerkungen ein.

6.4.1 Lösung durch ‚geschicktes Raten‘

Die zeitunabhängige Schrödinger-Gleichung für den 1-dimensionalen harmonischen Oszillator lautet

$$\left(-\frac{\hbar^2}{2m}\frac{d^2}{dx^2} + \frac{m\omega^2}{2}x^2 \right)\psi(x) = E\psi(x), \tag{6.56}$$

wobei $\omega = \sqrt{k/m}$ die Eigenfrequenz des klassischen Oszillators ist und k im klassischen Fall die rücktreibende Kraftkonstante bezeichnet.

‚Geschicktes Raten‘ zeigt, dass eine Gauß-Funktion eine Lösung der Gleichung darstellen kann, da

$$\frac{d^2}{dx^2}e^{-\alpha x^2} = (-2\alpha + 4\alpha^2 x^2)e^{-\alpha x^2}. \tag{6.57}$$

Durch Vergleich mit der Schrödinger-Gleichung erhält man[4]

$$\psi_0(x) = A_0 \exp\left(-\frac{m\omega}{2\hbar}x^2 \right) \tag{6.58}$$

(A_0 ist eine geeignete Normierungskonstante) und

$$E_0 = \frac{1}{2}\hbar\omega. \tag{6.59}$$

Man kann nun einen Ansatz der Form

$$\psi(x) = H(x)e^{-\alpha x^2} \tag{6.60}$$

versuchen, wobei $H(x)$ ein Polynom in x ist. In diesem Fall erhält man wieder $\alpha = \frac{m\omega}{2\hbar}$ sowie für $H(x)$ die Differentialgleichung

$$H''(x) - \frac{2m\omega}{\hbar}x\,H'(x) + \left(\frac{2mE}{\hbar^2} - \frac{m\omega}{\hbar} \right)H(x) = 0, \tag{6.61}$$

---

[4]Ein theoretisch möglicher negativer Wert für α ergibt keine quadratintegrable Lösung.

die man nun durch geeignete Ansätze für Polynome in x lösen kann. Auf diese Weise findet man z. B. für die nächst höhere Potenz $H_1(x) = x$ als Lösung

$$\psi_1(x) = A_1 x \, \exp\left(-\frac{m\omega}{2\hbar}x^2\right) \tag{6.62}$$

(mit einer zu bestimmenden Normierungskonstante A_1) und

$$E_1 = \frac{3}{2}\hbar\omega. \tag{6.63}$$

Da das Potenzial des harmonischen Oszillators invariant unter einer Paritätstransformation $x \rightarrow -x$ ist (und die Gauß-Funktion ebenfalls invariant ist), kommen als nichtentartete Lösungen von Gl. (6.61) nur gerade bzw. ungerade Polynome in x infrage. $H_0 = 1$ (zur Lösung Gl. 6.58) und $H_1 = x$ erfüllen diese Bedingung. Die Polynome höherer Ordnung sind jeweils Linearkombinationen aus nur geraden bzw. nur ungeraden Potenzen von x (siehe Gl. 6.80).

6.4.2 Lösung durch Auf- und Absteigeoperatoren

Ein wesentlich eleganterer Weg, der allgemein von den algebraischen Eigenschaften des Hamilton-Operators und nicht von der konkreten Darstellung der Schrödinger-Gleichung abhängt, ist der folgende: Man schreibt

$$H = \hbar\omega\left(\frac{1}{2m\hbar\omega}P^2 + \frac{m\omega}{2\hbar}Q^2\right) \tag{6.64}$$

und definiert zunächst

$$a^\dagger = \sqrt{\frac{m\omega}{2\hbar}}Q - i\sqrt{\frac{1}{2m\hbar\omega}}P \quad \text{und} \quad a = \sqrt{\frac{m\omega}{2\hbar}}Q + i\sqrt{\frac{1}{2m\hbar\omega}}P, \tag{6.65}$$

sodass

$$H = \hbar\omega\, a^\dagger a - i\frac{\omega}{2}[Q, P] = \hbar\omega\left(a^\dagger a + \frac{1}{2}\right). \tag{6.66}$$

Für die Operatoren $a^\dagger$ und a verifiziert man leicht die Vertauschungsrelationen

$$[a^\dagger, a^\dagger] = [a, a] = 0 \quad \text{und} \quad [a^\dagger, a] = -1 \tag{6.67}$$

und daraus wiederum

$$[H, a^\dagger] = +\hbar\omega a^\dagger \quad \text{und} \quad [H, a] = -\hbar\omega a. \tag{6.68}$$

Sei nun $|E\rangle$ ein beliebiger Eigenvektor von H, also $H|E\rangle = E|E\rangle$, dann gilt offenbar

$$H\left(a^\dagger|E\rangle\right) = a^\dagger H|E\rangle + \hbar\omega a^\dagger|E\rangle = (E + \hbar\omega)\left(a^\dagger|E\rangle\right) \tag{6.69}$$

und entsprechend

$$H\left(a|E\rangle\right) = aH|E\rangle - \hbar\omega a|E\rangle = (E - \hbar\omega)\left(a|E\rangle\right). \tag{6.70}$$

Die Vektoren $a^\dagger|E\rangle$ und $a|E\rangle$ sind also wieder Eigenvektoren zu H und zwar mit den Eigenwerten $E + \hbar\omega$ bzw. $E - \hbar\omega$. Auf diese Weise lassen sich aus bekannten Eigenzuständen neue Eigenzustände konstruieren. Man bezeichnet $a^\dagger$ auch als *Aufsteigeoperator* und a als *Absteigeoperator*. Diese Operatoren erlangen in der Quantenfeldtheorie eine besondere Bedeutung (vgl. Kap. 14).

Es hat zunächst den Anschein, als ob man auf diese Weise nicht nur Energieeigenzustände zu beliebig hohen Energien konstruieren kann, sondern mithilfe der Absteigeoperatoren auch Energieeigenzustände zu beliebig negativen Energieeigenwerten. Das ist jedoch nicht der Fall, wie nun gezeigt wird. Sei $|E\rangle$ ein normierter Energieeigenzustand (also $\langle E|E\rangle = 1$), dann gilt für die Norm des Zustands $a|E\rangle$

$$\||a|E\rangle\|^2 = \langle E|a^\dagger a|E\rangle = \left(\frac{E}{\hbar\omega} - \frac{1}{2}\right)\langle E|E\rangle = \left(\frac{E}{\hbar\omega} - \frac{1}{2}\right) \tag{6.71}$$

(wobei $a^\dagger a = \frac{H}{\hbar\omega} - \frac{1}{2}$ ausgenutzt wurde.) Da nach einer Darstellung der algebraischen Beziehungen 6.67 und 6.68 in einem Hilbert-Raum mit positiv definitem Skalarprodukt gesucht wird, darf die rechte Seite nie negativ werden. Das ist aber nur der Fall, wenn die rechte Seite irgendwann einmal null wird, also ein Eigenvektor von H durch einen Absteigeoperator zum Nullvektor wird. Dann hat die Energie eine untere Grenze, die durch $E_0 = \frac{1}{2}\hbar\omega$ gegeben ist. Durch Anwendung von $a^\dagger$ auf diesen Zustand erhält man einen nach oben unbeschränkten Turm von Eigenzuständen von H mit Eigenwerten:

$$E_n = \hbar\omega\left(n + \frac{1}{2}\right) \quad n = 0, 1, 2, 3 \ldots \tag{6.72}$$

Andere Eigenwerte als diese kann es nicht geben, da man sonst durch wiederholte Anwendung der Absteigeoperatoren Zustände mit ‚negativer Norm' erzeugen könnte. Außerdem können diese Zustände nicht entartet sein (es sei denn, $|E_0\rangle$ wäre schon entartet).

Auf diese Weise haben wir schon das gesamte Energiespektrum des 1-dimensionalen harmonischen Oszillators gefunden. Außerdem kann man mithilfe des Aufsteigeoperators alle Eigenzustände konstruieren (bis auf die Normierung), wenn man von dem sogenannten *Grundzustand* zur Energie $E_0 = \frac{1}{2}\hbar\omega$ startet, dessen zugehörige Wellenfunktion schon bekannt ist (Gl. 6.58). Man erhält also (in der Ortsdarstellung) aus $\psi_0(x)$ die Wellenfunktion des ersten angeregten Zustands:

$$\psi_1(x) \propto a^\dagger \psi_0(x) = A_0\left(\sqrt{\frac{m\omega}{2\hbar}}x - \sqrt{\frac{\hbar}{2m\omega}}\frac{\mathrm{d}}{\mathrm{d}x}\right)\exp\left(-\frac{m\omega}{2\hbar}x^2\right) \tag{6.73}$$

$$= A_1\, 2x\, \exp\left(-\frac{m\omega}{2\hbar}x^2\right) \tag{6.74}$$

mit der neuen Normierungskonstanten A_1. Diese Lösung hatten wir zuvor schon erraten. Für die weiteren Überlegungen ist es hilfreich, eine neue (dimensionslose) Variable

$$y = \sqrt{\frac{m\omega}{\hbar}} x \qquad (6.75)$$

zu definieren, sodass

$$a^\dagger = \frac{1}{\sqrt{2}} \left(y - \frac{d}{dy} \right). \qquad (6.76)$$

Bis auf Normierungsfaktoren ist dann

$$\psi_0(y) = A_0 \exp\left(-\frac{1}{2} y^2 \right) \quad \text{und} \quad \psi_1(y) = A_1 2y \exp\left(-\frac{1}{2} y^2 \right) \qquad (6.77)$$

und durch erneute Anwendung von $a^\dagger$ folgt:

$$\psi_2(y) \propto a^\dagger \psi_1(y) = A_1 \frac{1}{\sqrt{2}} \left(y - \frac{d}{dy} \right) 2y \exp\left(-\frac{1}{2} y^2 \right) \qquad (6.78)$$

$$= A_2 \left(4y^2 - 2 \right) \exp\left(-\frac{1}{2} y^2 \right) \qquad (6.79)$$

(Die Wahl des Koeffizienten vor den Polynomen ist Konvention.) Auf diese Weise erhält man für $\psi_n(y)$ ein Polynom n-ter Ordnung multipliziert mit einer Gauß-Funktion. Diese Polynome bezeichnet man auch als *Hermite-Polynome:*

$$
\begin{aligned}
H_0(y) &= 1 \\
H_1(y) &= 2y \\
H_2(y) &= 4y^2 - 2 \\
H_3(y) &= 8y^3 - 12y \\
H_4(y) &= 16y^4 - 48y^2 + 12 \\
H_5(y) &= 32y^5 - 160y^3 + 120y \\
&\vdots \quad \vdots
\end{aligned}
\qquad (6.80)
$$

Insgesamt erhält man für die Eigenfunktionen des Hamilton-Operators zum harmonischen Oszillator:

$$\psi_n(x) = A_n H_n(y) \exp\left(-\frac{y^2}{2} \right) \quad \text{und} \quad y = \sqrt{\frac{m\omega}{\hbar}} x \qquad (6.81)$$

mit der Normierung (die hier nicht nachgerechnet werden soll; vgl. aber Übung 6.4)

$$A_n = \sqrt[4]{\frac{m\omega}{\hbar\pi}} \frac{1}{\sqrt{2^n n!}}. \qquad (6.82)$$

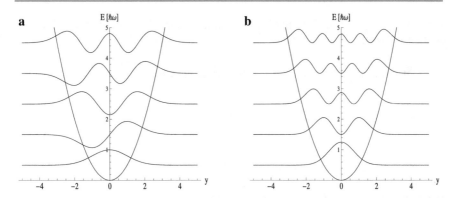

Abb. 6.5 Die niedrigsten Energieeigenfunktionen (**a**) und ihre Absolutquadrate (**b**) für den harmonischen Oszillator. Zu der Darstellung der Energieeigenwerte und Wellenfunktionen in diesem Diagramm vergleiche man die Anmerkung in Abb. 6.2

Abb. 6.5 zeigt die Wellenfunktionen und ihre Absolutquadrate zu den niedrigsten Energieeigenwerten.

Zusammenfassend können wir festhalten: Die Energieeigenwerte beim 1-dimensionalen harmonischen Oszillator sind äquidistant und haben den Abstand $\Delta E = \hbar\omega$. Es gibt eine Grundzustandsenergie $E_0 = \frac{1}{2}\hbar\omega$ zum Zustand niedrigster Energie, und die möglichen Energieeigenwerte sind $E_n = \hbar\omega(n + \frac{1}{2})$ ($n = 0, 1, 2, ...$). Die Parität des Grundzustands ist $+1$, ebenso die Parität aller Eigenfunktionen zu geraden n; die anderen Eigenfunktionen haben ungerade Parität:

$$\psi_{2n}(-x) = \psi_{2n}(x) \qquad \psi_{2n+1}(-x) = -\psi_{2n+1}(x) \tag{6.83}$$

6.4.3 Der Grenzwert großer Energien

Für sehr große Werte von n erhält man Eigenfunktionen, die außerhalb des klassischen Potenzialbereichs entsprechend der Gauß-Funktion schnell abfallen und im Inneren rasch oszillieren. Dabei ist die Amplitude an den Rändern etwas größer als in der Mitte. Das bedeutet, dass die Wahrscheinlichkeit größer ist, das System bei einer Messung in Randnähe zu finden, als in der Mitte. Das entspricht auch der klassischen Anschauung: Die Geschwindigkeit am Rand ist geringer und daher hat ein Oszillator dort im Durchschnitt eine höhere Aufenthaltswahrscheinlichkeit als in der Mitte.

Klassisch kann man diese Aufenthaltswahrscheinlichkeit aus der Lösung

$$x(t) = A \sin \omega t \tag{6.84}$$

leicht bestimmen. Aus der Geschwindigkeit

$$\frac{dx(t)}{dt} = \omega A \cos \omega t \tag{6.85}$$

ergibt sich folgende Beziehung für $\mathrm{d}t$ – dem Zeitintervall, für das sich ein Teilchen in dem Intervall $x + \mathrm{d}x$ aufhält:

$$\mathrm{d}x = \omega A \cos \omega t \, \mathrm{d}t = \omega \sqrt{A^2 - A^2 \sin^2 \omega t} \, \mathrm{d}t = \omega \sqrt{A^2 - x(t)^2} \, \mathrm{d}t \qquad (6.86)$$

oder

$$\mathrm{d}t = \frac{\mathrm{d}x}{\omega \sqrt{A^2 - x^2}} \qquad (6.87)$$

Mit der Periode $T = \frac{2\pi}{\omega}$ folgt für die relative Zeitspanne, die sich ein Teilchen im Intervall $\mathrm{d}x$ aufhält (es gibt noch einen zusätzlichen Faktor 2, da jedes Intervall $\mathrm{d}x$ in einer Periode T zweimal durchlaufen wird):

$$\omega(x)\mathrm{d}x = \frac{\mathrm{d}t}{T} = \frac{\mathrm{d}x}{\pi \sqrt{A^2 - x^2}} \qquad (6.88)$$

oder

$$w(x) = \frac{1}{\pi \sqrt{A^2 - x^2}}. \qquad (6.89)$$

Dies ist die Aufenthaltswahrscheinlichkeitsdichte des klassischen Teilchens am Ort x. Die Wahrscheinlichkeitsdichte ist zwar an den Umkehrpunkten $x = \pm A$ singulär, aber trotzdem integrabel. Dieser Funktion nähert sich das gemittelte Absolutquadrat der Wellenfunktion des harmonischen Oszillators für sehr große Werte von n an (siehe Abb. 6.6).

6.4.4 Semiklassische Bestimmung der Grundzustandsenergie

Wir hatten schon beim Kastenpotenzial gesehen, dass sich die Grundzustandsenergie als Folge der Unschärferelation deuten und zumindest bis auf konstante Faktoren auch berechnen lässt. Eine solche halbklassische Überlegung führt beim harmonischen Oszillator sogar zum exakten Ergebnis.

Abb. 6.6 Das Absolutquadrat der Energieeigenfunktion für einen harmonischen Oszillator zu $n = 50$. Gezeigt ist außerdem die klassische Aufenthaltswahrscheinlichkeitsdichte $w(x)$ für den entsprechenden Energiewert

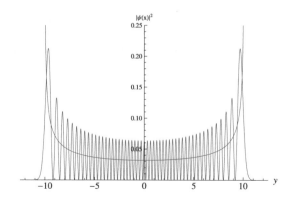

Wir ersetzen in dem klassischen Ausdruck für die Energie des Oszillators

$$E = \frac{1}{2m}p^2 + \frac{m\omega^2}{2}x^2 \tag{6.90}$$

den ‚Ort' x durch $\hbar/2p$, also das Minimum, das für einen gegebenen Impuls p nach der Unschärferelation zugelassen wäre. Damit erhalten wir

$$E = \frac{1}{2m}p^2 + \frac{m\omega^2\hbar^2}{8p^2}. \tag{6.91}$$

Diese Funktion hat ein Minimum für $p_0^2 = m\omega\hbar/2$, und die Energie für diesen Wert ist

$$E_0 = \frac{1}{2m}\frac{m\omega\hbar}{2} + \frac{m\omega^2\hbar^2}{8}\frac{2}{m\omega\hbar} = \frac{1}{2}\hbar\omega. \tag{6.92}$$

6.4.5 Der harmonische Oszillator in höheren Dimensionen

In mehr als einer Dimension kann man die Schrödinger-Gleichung des harmonischen Oszillators leicht durch einen Separationsansatz, beispielsweise $\psi(x, y, z) = \psi_1(x)\psi_2(y)\psi_3(z)$, lösen. Dieser Ansatz führt für die Funktionen ψ_i jeweils auf die Gleichung des 1-dimensionalen Oszillators mit einer Energie $E_i = \hbar\omega\left(n_i + \frac{1}{2}\right)$, und die Gesamtenergie ist die Summe der Teilenergien. Für einen 3-dimensionalen Oszillator lässt sich ein Energieeigenzustand somit durch drei Quantenzahlen n_1, n_2, n_3 charakterisieren. Die allgemeine Lösung hat die Form

$$\Psi_{n_1n_2n_3}(x, y, z) = NH_{n_1}(\alpha x)H_{n_2}(\alpha y)H_{n_3}(\alpha z)\exp\left(-\frac{\alpha^2}{2}(x^2 + y^2 + z^2)\right)$$

$$\text{mit } \alpha = \sqrt{\frac{m\omega}{\hbar}} \tag{6.93}$$

(H_i bezeichnet wieder die Hermite-Polynome) und die zugehörige Energie ist

$$E = \hbar\omega\left(n_1 + n_2 + n_3 + \frac{3}{2}\right) \qquad (n_i = 0, 1, 2, 3, \ldots). \tag{6.94}$$

Die möglichen Energien sind zunehmend entartet: Während der Grundzustand $E = \frac{3}{2}\hbar\omega$ (zu $n_i = 0$) eindeutig ist, ist der erste angeregte Zustand mit der Energie $E = \frac{5}{2}\hbar\omega$ schon dreifach entartet und der zweite angeregte Zustand ist sechsfach entartet mit den Quantenzahltripeln $\{(2, 0, 0), (0, 2, 0), (0, 0, 2), (1, 1, 0), (1, 0, 1), (0, 1, 1)\}$.

In Kap. 7 wird die Schrödinger-Gleichung für das Coulomb-Problem gelöst. In diesem Zusammenhang werden ganz allgemein radialsymmetrische Potenziale betrachtet. Dies führt auf die Kugelflächenfunktionen, die mit den Eigenzuständen zum Bahndrehimpuls in Beziehung stehen. Der 3-dimensionale harmonische

Oszillator lässt sich auch auf diese Weise lösen. Damit ergeben sich interessante Beziehungen zwischen den Hermite-Polynomen und den Kugelflächenfunktionen. Außerdem zeigt sich, dass die Entartung der Energiezustände unter anderem eine Folge der Rotationssymmetrie und der Drehimpulserhaltung ist (vgl. Übung 6.7).

6.4.6 Die Wärmekapazität eines harmonischen Oszillators

Abschließend soll angedeutet werden, wie die Quantentheorie das klassische Problem der spezifischen Wärmekapazität löst (siehe auch Abschn. 3.3.). Die Wärmekapazität C gibt an, wie viel Energie ΔE man einem Körper zuführen muss, um seine Temperatur um ΔT zu erhöhen: $\Delta E = C\,\Delta T$ bzw. $C = \frac{\partial E}{\partial T}$. Im thermodynamischen Gleichgewicht verteilt sich die Energie im Mittel auf jeden thermodynamischen Freiheitsgrad gleichermaßen und damit ist die Wärmekapazität im Wesentlichen gleich der Anzahl der thermodynamischen Freiheitsgrade f, die bei einer bestimmten Temperatur Energie aufnehmen können. Genauer gilt $C = \frac{1}{2} k_{\mathrm{B}} f$. Das klassische Problem bestand hauptsächlich darin, dass diese Anzahl unabhängig von der Temperatur sein sollte, da in der klassischen Physik jeder thermodynamische Freiheitsgrad beliebig kleine Mengen an Energie aufnehmen kann und somit schon bei beliebig kleinen Temperaturen zur spezifischen Wärme beiträgt.

Zur Illustration des ‚Einfrierens' von Freiheitsgraden in Quantensystemen betrachte ich einen 1-dimensionalen harmonischen Oszillator. Die möglichen Energien sind $E_n = \hbar\omega (n + \frac{1}{2})$. Damit ergibt sich für die Zustandssumme ($\beta = \frac{1}{k_{\mathrm{B}} T}$ mit der Boltzmann-Konstanten k_{B}):

$$Z = \sum_{n=0}^{\infty} \mathrm{e}^{-\beta E_n} = \exp\left(-\frac{\beta\hbar\omega}{2}\right) \sum_{n=0}^{\infty} \left(\mathrm{e}^{-\beta\hbar\omega}\right)^n \tag{6.95}$$

Hierbei handelt es sich um eine geometrische Reihe und man erhält:

$$Z = \frac{\exp\left(-\frac{\beta\hbar\omega}{2}\right)}{1 - \mathrm{e}^{-\beta\hbar\omega}} \tag{6.96}$$

Für den Erwartungswert der Energie folgt:

$$E = \frac{\sum_n E_n \exp(-\beta E_n)}{\sum_n \exp(-\beta E_n)} = -\frac{\partial}{\partial \beta} \ln Z = \frac{\hbar\omega}{2} + \frac{\hbar\omega}{\exp\left(\frac{\hbar\omega}{kT}\right) - 1} \tag{6.97}$$

Damit finden wir (vgl. auch Abb. 6.7)

für $T \to 0$: $E \to \frac{1}{2}\hbar\omega$, $C \to 0$: Einfrieren der Freiheitsgrade,

für $T \to \infty$: $E \to \frac{1}{2}\hbar\omega + k_{\mathrm{B}} T$, $C \to k_{\mathrm{B}}$: klassisches Ergebnis ($f = 2$).

Das Einfrieren der Freiheitsgrade erklärt sich aus der Quantisierung der Anregungsenergien. Für hohe Temperaturen erhält man das klassische Ergebnis: zwei

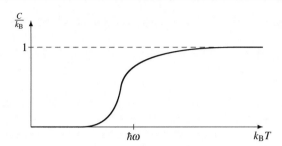

Abb. 6.7 Qualitatives Verhalten der Wärmekapazität als Funktion der Temperatur für einen quantisierten 1-dimensionalen harmonischen Oszillator. Man beachte den plötzlichen Anstieg von 0 auf k_B (klassischer Wert) bei einer Temperatur, die der Anregungsenergie $\hbar\omega$ entspricht

thermodynamische Freiheitsgrade für den 1-dimensionalen harmonischen Oszillator. Für niedrige Temperaturen geht der Erwartungswert der Energie gegen die Grundzustandsenergie und die Korrekturen sind exponentiell klein als Funktion von T.

Übungen

Übung 6.1 Eine Kugel (vernachlässigbarer Ausdehnung) habe eine Masse von $1\,g$ und befinde sich in einem ‚Kastenpotenzial‘ der Breite $1\,cm$. Die Energiedifferenz zwischen dem quantenmechanischen Grundzustand und dem ersten angeregten Zustand beträgt $\Delta E = 3\pi^2\hbar^2/(2mL^2)$. Berechnen Sie ΔE. Wie groß ist $\Delta t \approx \frac{1}{2}\hbar/\Delta E$, die Zeitdauer, die Sie für eine Messung bräuchten, um die angestrebte Energieschärfe zu erreichen? Vergleichen Sie dies mit dem Alter des Universums.

Übung 6.2 Gegeben sei das Kastenpotenzial

$$V(x) = \begin{cases} 0 & \text{für } |x| \leq \frac{L}{2} \\ \infty & \text{sonst} \end{cases}. \tag{6.98}$$

1. Bestimmen Sie die Eigenwerte und normierten Eigenfunktionen zum Hamilton-Operator. Zeigen Sie, dass $\psi_n(-x) = (-1)^{n-1}\psi_n(x)$ (der niedrigste Energieeigenwert gehöre zur Quantenzahl $n = 1$).
2. Zeigen Sie (z. B. unter Ausnutzung der Symmetrie der Eigenfunktionen), dass

$$\langle\psi_n|Q|\psi_m\rangle = 0 \quad \text{und} \quad \langle\psi_n|P|\psi_m\rangle = 0 \quad \text{für } |m-n| \text{ gerade.} \tag{6.99}$$

3. Weshalb ist $P = -i\hbar\frac{d}{dx}$ ein selbstadjungierter Operator auf dem Hilbert-Raum, der durch die Eigenfunktionen des Hamilton-Operators aufgespannt wird, obwohl diese Eigenfunktionen alle bei $x = \pm\frac{L}{2}$ verschwinden?

Übung 6.3 Gegeben sei ein 2-dimensionales unendliches Kastenpotenzial der Form

$$V(x, y) = \begin{cases} 0 & (x, y) \in [-L/2, +L/2] \times [-L/2, +L/2] \\ \infty & \text{sonst} \end{cases}. \tag{6.100}$$

1. Stellen Sie die zeitunabhängige Schrödinger-Gleichung auf. Wie lauten die Randbedingungen an die Lösungen bei $x, y = \pm L/2$?
2. Lösen Sie die zeitunabhängige Schrödinger-Gleichung durch einen Separationsansatz. Zeigen Sie, dass die erlaubten Energien die Form

$$E_{n,m} = \frac{\hbar^2 \pi^2}{2mL^2}(n^2 + m^2) \quad \text{mit } n, m = 1, 2, \ldots \tag{6.101}$$

haben. Bestimmen Sie die zugehörigen (normierten) Eigenfunktionen.
3. Bestimmen Sie alle Kombinationen (n, m), sodass $n^2 + m^2 < 30$. Wie viele Zustände gibt es mit dieser Eigenschaft?
4. Es sei $N(\varepsilon)$ die Anzahl der Energieeigenwerte, die kleiner als $E = (\hbar^2 \pi^2/2mL^2)\varepsilon$ sind. Ein einfaches, aber recht effektives Verfahren zur Abschätzung der Anzahl $N(\varepsilon)$, also der Anzahl der Zahlenpaare (n, m) mit $(n^2 + m^2) < \varepsilon$, besteht darin, sich die Quantenzahlen (n, m), die dieser Bedingung genügen, als Punkte in einer Ebene vorzustellen, die mit ganzzahligen Koordinaten innerhalb eines Kreises vom Radius $\sqrt{\varepsilon}$ liegen. Jeder Punkt definiert um sich herum ein Quadrat mit einer Fläche $\Delta n \cdot \Delta m = 1$, sodass man aus der Fläche des Kreises näherungsweise auf die Anzahl der Quadrate (und damit der Punkte) innerhalb des Kreises schließen kann. Man beachte allerdings, dass $n > 0$ und $m > 0$, also nur der positive Quadrant der Fläche berücksichtigt werden muss. Die Abschätzung wird noch besser, wenn man die Punkte mit $n = 0$ bzw. $m = 0$ herausnimmt.
Zeigen Sie mit diesem Argument, dass für die Anzahl $N(\varepsilon)$ der Punkte (und damit der Eigenwerte zum Energieoperator des 2-dimensionalen Kastenpotenzials) für große Werte von ε näherungsweise gilt

$$\frac{N(\varepsilon)}{\varepsilon} \longrightarrow \frac{\pi}{4} - \frac{1}{\sqrt{\varepsilon}}. \tag{6.102}$$

Vergleichen Sie diese Näherung mit den exakten Werten für $\varepsilon < 30$.

Übung 6.4 Betrachten Sie die Schrödinger-Gleichung des 1-dimensionalen harmonischen Oszillators (Gl. 6.56). Eine Lösung der Schrödinger-Gleichung ist:

$$\psi_0(x) = A_0 \exp\left(-\frac{m\omega}{2\hbar}x^2\right) \quad \text{mit} \quad E_0 = \frac{1}{2}\hbar\omega \tag{6.103}$$

(A_0 ist eine noch offene Normierungskonstante.)

1. Bestimmen Sie A_0 aus der Normierungsbedingung für Wellenfunktionen. (*Achtung:* In Formelsammlungen findet man meist eine Normierung für die Gauß-Funktion als Wahrscheinlichkeitsverteilung. Da hier aber das Absolutquadrat normiert sein soll, führt dies zu einer etwas anderen Normierungskonstanten.)
2. Zeigen Sie: Sei $|E_n\rangle$ ein normierter Energieeigenzustand zum Energieeigenwert $E_n = \hbar\omega(n + \frac{1}{2})$, dann folgt mit dem Aufsteigeoperator $a^\dagger$ bzw. dem Absteigeoperator a aus Abschn. 6.4.2:

$$\|a^\dagger|E_n\rangle\|^2 = n + 1 \quad \text{und} \quad \|a|E_n\rangle\|^2 = n \qquad (6.104)$$

3. Bestimmen Sie den Aufsteigeoperator $a^\dagger$ und den Absteigeoperator a in der Ortsdarstellung und berechnen Sie $a\psi_0(x)$ und $a^\dagger\psi_0(x)$.
4. Berechnen Sie $(a^\dagger)^2\psi_0(x)$, $(a^\dagger)^3\psi_0(x)$ und $(a^\dagger)^4\psi_0(x)$ und bestimmen Sie aus Gl. 6.104 (und einem Vergleich mit den Hermite-Polynomen) auch die korrekten Normierungskonstanten.
   Hinweis: Die in Abschn. 6.4.2 angegebenen Hermite-Polynome lassen sich folgendermaßen definieren:

$$H_n(y) = e^{y^2/2}\left(y - \frac{d}{dy}\right)^n e^{-y^2/2} \qquad (6.105)$$

Mit dieser Definition und den angegebenen Relationen lassen sich die Normierungskonstanten allgemein bestimmen.

Übung 6.5 Betrachten Sie den 1-dimensionalen harmonischen Oszillator. Klassisch hat dieser Oszillator die Periode $T = 2\pi/\omega$. Zeigen Sie, dass für eine allgemeine zeitabhängige Lösung $\psi(x, t)$ der Schrödinger-Gleichung zu diesem System gilt:

1. $\psi(x, 2T) = \psi(x, 0)$
2. $\psi(x, T) = -\psi(x, 0)$ und somit $|\psi(x, T)|^2 = |\psi(x, 0)|^2$
3. $\psi(x, \frac{T}{2}) = i\psi(-x, 0)$ und somit $|\psi(x, \frac{T}{2})|^2 = |\psi(-x, 0)|^2$

Übung 6.6 Die Eigenzustände des Hamilton-Operators zum harmonischen Oszillator bilden ein vollständiges Orthonormalsystem. In diesem Orthonormalsystem lassen sich die Operatoren Q und P als Matrizen schreiben.

1. Drücken Sie die Operatoren Q und P durch die Operatoren a und $a^\dagger$ aus.
2. Berechnen Sie die Matrixelemente

$$\langle E_n|Q|E_m\rangle \quad \text{und} \quad \langle E_n|P|E_m\rangle \qquad (6.106)$$

unter Ausnutzung von (vgl. Gl. 6.104)

$$a|E_n\rangle = \sqrt{n}|E_{n-1}\rangle \quad \text{und} \quad a^\dagger|E_n\rangle = \sqrt{n+1}|E_{n+1}\rangle. \qquad (6.107)$$

Übung 6.7 1. Wie lautet die zeitunabhängige Schrödinger-Gleichung zum Potenzial des 2-dimensionalen harmonischen Oszillators in den kartesischen Koordinaten x und y?

2. Lösen Sie die Gleichung durch einen Separationsansatz bzgl. x und y. Zeigen Sie, dass man die Lösungen in der Form

$$\psi_{n_1 n_2}(x, y) = N_{n_1 n_2} H_{n_1}(\alpha x) H_{n_2}(\alpha y) \exp\left(-\frac{\alpha^2}{2}(x^2 + y^2)\right) \quad (6.108)$$

$$\text{mit} \quad \alpha = \sqrt{\frac{m\omega}{\hbar}}$$

und den zugehörigen Energieeigenwerten

$$E = \hbar\omega(n_1 + n_2 + 1) \quad (6.109)$$

schreiben kann. (Die Normierungskonstanten $N_{n_1 n_2}$ sind durch das Integral über das Absolutquadrat dieser Funktionen festgelegt; sie folgen aus den Normierungskonstanten des 1-dimensionalen harmonischen Oszillators, Gl. 6.82.)

3. Wie oft ist der Energiewert $E_n = \hbar\omega(n + 1)$ für $n = 0, 1, 2, 3, \ldots$ entartet?

4. Bestimmen Sie $N(k)$, die Anzahl der Eigenzustände des Hamilton-Operators mit einer Energie $E/(\hbar\omega) - 1 \leq k$.

5. Drücken Sie die Lösungen der Schrödinger-Gleichung (Gl. 6.108) für die ersten drei Eigenwerte $E_n = \hbar\omega(n + 1)$ ($n = 0, 1, 2$) in Polarkoordinaten aus.

Übung 6.8 Betrachten Sie ein Teilchen im 1-dimensionalen Potential

$$V(x) = \begin{cases} \frac{1}{2}m\omega^2 x^2 & \text{für } x \geq 0 \\ \infty & \text{sonst} \end{cases}$$

1. Stellen Sie die stationäre Schrödinger-Gleichung für die Wellenfunktion $\psi(x)$ auf und geben Sie alle Randbedingungen an.

2. Geben Sie das Energiespektrum und die (normierten) Energieeigenfunktionen an. Gehen Sie dafür von den bekannten Lösungen des quantenmechanischen harmonischen Oszillators aus und beachten Sie die Randbedingungen.

3. Wie unterscheiden sich die Grundzustandsenergien des harmonischen Oszillators und des halben harmonischen Oszillators?

Übung 6.9 Betrachten Sie das verallgemeinerte Kastenpotenzial aus Abb. 6.8. Es sind vier mögliche Energiewerte $E_1, \ldots, E_4$ eingetragen.

1. Für welche Energiebereiche (d. h. in der Umgebung welcher Energien E_i) erwarten Sie ein kontinuierliches Spektrum; in welchen Bereichen erwarten Sie ein diskretes Spektrum?

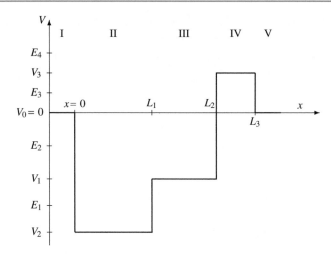

Abb. 6.8 Stückweise kastenförmiges Potenzial

2. In welchen Bereichen I–V erwarten Sie (in Abhängigkeit von der Energie E_i) Lösungen der Schrödinger-Gleichung durch Sinus- bzw. Kosinus-Funktionen? Wie lauten diese Lösungen (mit noch unbestimmter Amplitude) als Funktion von E und V?
3. In welchen Bereichen I–V erwarten Sie (in Abhängigkeit von der Energie E_i) Lösungen der Schrödinger-Gleichung durch eine Exponentialfunktion? Wie lauten diese Lösungen (mit noch unbestimmter Amplitude) als Funktion von E und V?
4. Man denke sich das ganze System in ein sehr großes (Abmessungen wesentlich größer als L_3), unendliches Kastenpotenzial eingebettet. Welche qualitativen Aussagen können Sie für die relativen Amplituden treffen? Wo würden Sie für reelle Lösungen in Abhängigkeit von den Bereichen I–V die größeren Amplituden vermuten?

Das Coulomb-Potenzial

7

Das Ziel dieses Kapitels ist die Lösung der Schrödinger-Gleichung zum nicht-relativistischen Wasserstoffatom. Dabei interessiert uns zunächst ganz allgemein die Behandlung rotationssymmetrischer Potenziale. Die Winkelabhängigkeit der Eigenfunktionen des Hamilton-Operators ist durch die Eigenschaften des quantenmechanischen Drehimpulsoperators gegeben. Schließlich geht es konkreter um die Beschreibung eines elektrisch geladenen Teilchens (Elektron) in einem Coulomb-Potenzial. Auf diese Weise gelangen wir zu den möglichen Energien im Wasserstoffatom. Außerdem betrachten wir in diesem Kapitel den Spin, wie er im Stern-Gerlach-Experiment gemessen und schließlich von Pauli mathematisch beschrieben wurde.

Was man wissen sollte

Bei radialsymmetrischen (3-dimensionalen) Potenzialen lässt sich die Winkelabhängigkeit in der Schrödinger-Gleichung geschlossen behandeln und führt auf die Quantenzahlen l und m (Drehimpuls und magnetische Quantenzahl). Die zugehörigen Eigenfunktionen sind die Kugelflächenfunktionen $Y_l^m(\theta, \varphi)$. Der Betrag des Drehimpulses kann nur die Werte $\hbar\sqrt{l(l+1)}$ annehmen, wobei $l = 0, 1, 2, \ldots$ ganzzahlig sein muss. Beim Coulomb-Problem bzw. Wasserstoffatom kann man auch die radiale Abhängigkeit angeben. Die (diskreten) Energieeigenwerte hängen nur von der Hauptquantenzahl n ab, welche die Werte $n = 1, 2, \ldots$ annimmt, und sind proportional zu $-\mathrm{Ry}/n^2$ mit der Rydberg-Konstanten $\mathrm{Ry} = 13,6\,\mathrm{eV}$ als Proportionalitätsfaktor. Für positive Energien ist das Spektrum kontinuierlich. Für die möglichen Quantenzahlen l des Drehimpulses gilt $l < n$, für die magnetische Quantenzahl m gilt $m = -l, -l+1, \ldots, +l$; m kann also $2l + 1$ verschiedene Werte annehmen. $\hbar m$ sind die möglichen Werte für die z-Komponente des Drehimpulses.

© Springer-Verlag GmbH Deutschland, ein Teil von Springer Nature 2019
T. Filk, *Quantenmechanik (nicht nur) für Lehramtsstudierende*,
https://doi.org/10.1007/978-3-662-59736-1_7

7.1   Radialpotenziale und Kugelflächenfunktionen

In drei Raumdimensionen spielen Potenziale, die nur vom Abstand eines massebe-
hafteten Körpers von einem Kraftzentrum abhängen, eine besonders wichtige Rolle.
In Abschn. 7.3 wird konkret das Wasserstoffatom (bzw. allgemeiner das Coulomb-
Potenzial) betrachtet. Zunächst geht es jedoch allgemeiner um die Behandlung der
Winkelabhängigkeit der Schrödinger-Gleichung bei Zentralkraftproblemen und die
Beziehung zum Bahndrehimpuls.

In drei Dimensionen lautet die zeitunabhängige Schrödinger-Gleichung für ein
Zentralpotenzial:

$$\left(-\frac{\hbar^2}{2m_e} \Delta + V(r) \right) \psi(x, y, z) = E\psi(x, y, z), \tag{7.1}$$

wobei Δ der Laplace-Operator ist und $r = \sqrt{x^2 + y^2 + z^2}$ der Radialabstand. m_e
bezeichnet die Masse des Teilchens, gedacht ist hier in erster Linie an ein Elektron. Da
wir in diesem Abschnitt die magnetische Quantenzahl m einführen werden, verwende
ich zur Vermeidung von Mehrdeutigkeiten die Bezeichnung m_e für die Masse.

Wie in der klassischen Mechanik ist es auch in der Quantenmechanik sinnvoll,
bei Zentralpotenzialen zu Kugelkoordinaten zu wechseln. Der Laplace-Operator hat
in Kugelkoordinaten die Form

$$\Delta\Psi(r, \theta, \varphi) = \frac{1}{r^2} \frac{\partial}{\partial r} \left(r^2 \frac{\partial\Psi}{\partial r} \right) + \frac{1}{r^2} \mathscr{D}\Psi, \tag{7.2}$$

wobei $\mathscr{D}$ ein Differenzialoperator in den Winkeln ist, d. h. nur von θ und φ sowie
deren Ableitungen abhängt:

$$\mathscr{D}\Psi(r, \theta, \varphi) = \frac{1}{\sin\theta} \frac{\partial}{\partial\theta} \left(\sin\theta \frac{\partial\Psi}{\partial\theta} \right) + \frac{1}{\sin^2\theta} \frac{\partial^2\Psi}{\partial\varphi^2} \tag{7.3}$$

Es bietet sich daher an, die Funktion $\Psi(r, \theta, \varphi)$ in einen Radial- und einen Winkelanteil zu separieren:

$$\Psi(r, \theta, \varphi) = R(r)Y(\theta, \varphi) \tag{7.4}$$

Das Skalarprodukt in Kugelkoordinaten ist nun

$$\langle \Psi_1, \Psi_2 \rangle = \int_0^\infty r^2 \, dr \int_0^\pi \sin\theta \, d\theta \int_0^{2\pi} d\varphi \, \Psi_1(r, \theta, \varphi)^* \Psi_2(r, \theta, \varphi) \tag{7.5}$$

$$= \int_0^\infty r^2 R_1(r)^* R_2(r) \, dr \int_0^\pi \int_0^{2\pi} Y_1(\theta, \varphi)^* Y_2(\theta, \varphi) \sin\theta d\theta \, d\varphi.$$

Das Skalarprodukt faktorisiert somit in einen Radial- und einen Winkelanteil. Im Folgenden werden die Funktionen sowohl bezüglich des Radialanteils als auch bezüglich
der Winkelanteile getrennt normiert.

Setzt man den Ansatz Gl. 7.4 in die Schrödinger-Gleichung ein, erhält man zwei Gleichungen:

$$\mathscr{D}Y(\theta, \varphi) = -l(l+1)Y(\theta, \varphi) \tag{7.6}$$

und

$$-\frac{\hbar^2}{2m_e}\left[\frac{1}{r^2}\frac{\partial}{\partial r}\left(r^2\frac{\partial R(r)}{\partial r}\right) - \frac{l(l+1)}{r^2}R(r)\right] + V(r)R(r) = ER(r) \tag{7.7}$$

Die freie Konstante, die bei dem Separationsansatz auftritt, wurde hier zunächst willkürlich mit $l(l+1)$ bezeichnet. Der Grund wird später offensichtlich (es wird sich zeigen, dass l eine natürliche Zahl ist). Zunächst könnte $l(l+1)$ noch eine beliebige reelle Zahl sein (reell, weil $\mathscr{D}$ bezüglich des Skalarprodukts in Kugelkoordinaten ein selbstadjungierter Operator ist).

Die Eigenwertgleichung

$$\frac{1}{\sin\theta}\frac{\partial}{\partial\theta}\left(\sin\theta\frac{\partial Y(\theta, \varphi)}{\partial\theta}\right) + \frac{1}{\sin^2\theta}\frac{\partial^2 Y(\theta, \varphi)}{\partial\varphi^2} = -l(l+1)Y(\theta, \varphi) \tag{7.8}$$

löst man wiederum durch einen Separationsansatz in den Winkelvariablen

$$Y(\theta, \varphi) = \Theta(\theta)\Phi(\varphi), \tag{7.9}$$

was für $\Phi(\varphi)$ auf die sogenannte *Azimutalgleichung*

$$\frac{d^2\Phi(\varphi)}{d\varphi^2} = -m^2\Phi(\varphi) \tag{7.10}$$

und für $\Theta(\theta)$ auf die *Polargleichung*

$$\frac{1}{\sin\theta}\frac{\partial}{\partial\theta}\left(\sin\theta\frac{\partial\Theta(\theta)}{\partial\theta}\right) - \frac{m^2}{\sin^2\theta}\Theta(\theta) + l(l+1)\Theta(\theta) = 0 \tag{7.11}$$

führt. Auch hier tritt wieder eine freie Konstante auf, die mit m^2 bezeichnet wurde. Die Lösungen der Azimutalgleichung sind komplexe Exponentialfunktionen (Winkelfunktionen):

$$\Phi(\varphi) = e^{\pm im\varphi}, \qquad m = 0, \pm1, \pm2, \ldots \tag{7.12}$$

Die Ganzzahligkeit der *magnetischen Quantenzahl m* folgt aus der Bedingung, dass die Funktion auf der Kugeloberfläche glatt bzw. eindeutig ist, d. h. in φ periodisch mit Periode 2π.

Die Lösungen der Polargleichung lassen sich als Polynome in $\cos\theta$ und $\sin\theta$ schreiben. Allerdings sind auch hier die Lösungen nur dann eindeutig, wenn die Quantenzahl l eine natürliche Zahl ($l = 0, 1, 2, 3, \ldots$) ist. Außerdem gibt es eine Einschränkung für die magnetische Quantenzahl: $m \leq l$.

Die Lösungen der Polargleichung bezeichnet man als zugeordnete Legendre-Polynome. Die führenden Polynome sind:

$$
\begin{aligned}
P_0^0(\cos\theta) &= 1 \\
P_1^0(\cos\theta) &= \cos\theta \\
P_1^1(\cos\theta) &= -\sin\theta \\
P_2^0(\cos\theta) &= \frac{1}{2}(3\cos^2\theta - 1) \\
P_2^1(\cos\theta) &= -3\sin\theta\cos\theta \\
P_2^2(\cos\theta) &= 3(1 - \cos^2\theta)
\end{aligned}
\tag{7.13}
$$

Allgemein gilt:

$$
P_l^m(\cos\theta) = \frac{(-1)^m}{2^l l!}(\sin\theta)^m \frac{\mathrm{d}^{l+m}(\cos^2\theta - 1)^l}{(\mathrm{d}\cos\theta)^{l+m}}
\tag{7.14}
$$

Insgesamt erhalten wir somit für die Lösung der Winkelabhängigkeit der Eigenfunktionen des Energieoperators zu einem rotationssymmetrischen Problem die Kugelflächenfunktionen:

$$
Y_l^m(\theta,\varphi) = \frac{1}{\sqrt{2\pi}} N_l^m \, P_l^m(\cos\theta) \, \exp(im\varphi), \qquad
\begin{aligned}
&l = 0, 1, 2, 3, \cdots \\
&m = 0, \pm 1, \pm 2, \cdots, \pm l
\end{aligned}
\tag{7.15}
$$

Die Normierungskonstanten N_l^m sind so zu wählen, dass die Orthonormalitätsrelationen gelten:

$$
\int_0^{2\pi} \mathrm{d}\varphi \int_0^{\pi} \sin\theta \, \mathrm{d}\theta \, (Y_{l'}^{m'}(\theta,\varphi))^* \, Y_l^m(\theta,\varphi) = \delta_{ll'}\delta_{mm'}
\tag{7.16}
$$

7.2   Der Bahndrehimpuls

Wie wir gesehen haben, tritt in der Schrödinger-Gleichung in Kugelkoordinaten ein Term der Form

$$
\frac{\hbar^2}{2m_e r^2}\mathscr{D}
\tag{7.17}
$$

auf, wobei $\mathscr{D}$ ein Differentialoperator in den Winkeln ist und die Eigenwerte $-l(l+1)$ (mit $l = 0, 1, \ldots$) hat. In der klassischen Mechanik erhält man für die Energie in Kugelkoordinaten (unter Ausnutzung der Drehimpulserhaltung):

$$
E_{\text{klass}} = \frac{1}{2}m_e \dot{r}^2 + \frac{L^2}{2m_e r^2} + V(r)
\tag{7.18}
$$

Ein Vergleich mit der quantenmechanischen Beschreibung führt zu der Deutung, dass $-\hbar^2 \mathscr{D} = \hat{L}^2$ der Operator zum Quadrat des Drehimpulses ist und die möglichen Eigenwerte für das Quadrat bzw. den Betrag des Drehimpulses durch

$$\text{Spec } \hat{L}^2 = \{\hbar^2 l(l+1)\} \quad \text{bzw.} \quad \text{Spec} |\hat{L}| = \{\hbar\sqrt{l(l+1)}\} \quad (l = 0, 1, 2, 3, \ldots) \tag{7.19}$$

gegeben sind.

Außerdem legt die Analogie zur klassischen Mechanik nahe, dass

$$-i\hbar \frac{\partial}{\partial \varphi} = \hat{L}_z \tag{7.20}$$

der Operator für die z-Komponente des Drehimpulses ist, denn in der klassischen Mechanik ist L_z der kanonisch konjugierte Impuls zur Winkelvariablen φ. Somit sind die Quantenzahlen für die z-Komponente des Drehimpulses gleich $l_z = \hbar m$ (mit $m = 0, \pm1, \pm2, .., \pm l$).

Diese Beziehungen lassen sich auch direkter ableiten. Klassisch sind die Komponenten des Drehimpulses gegeben durch

$$L_i = \sum_{j,k=1}^{3} \varepsilon_{ijk} x_j p_k \quad \text{bzw.} \quad \mathbf{L} = \begin{pmatrix} x_2 p_3 - x_3 p_2 \\ x_3 p_1 - x_1 p_3 \\ x_1 p_2 - x_2 p_1 \end{pmatrix}. \tag{7.21}$$

Für die Poisson-Klammer der Drehimpulskomponenten findet man (vgl. Übung 5.2):

$$\{L_i, L_j\} = \sum_{k=1}^{3} \varepsilon_{ijk} L_k, \tag{7.22}$$

was nach der kanonischen Quantisierungsvorschrift (vgl. Abschn. 5.2.2.3) die Vertauschungsrelationen

$$[\hat{L}_i, \hat{L}_j] = i\hbar \sum_{k=1}^{3} \varepsilon_{ijk} \hat{L}_k \tag{7.23}$$

impliziert. Diese Relationen lassen sich in der Ortsdarstellung (bei denen p_i durch $-i\hbar \partial_i$ ersetzt wird) auch direkt aus

$$\hat{L}_i = -i\hbar \sum_{j,k=1}^{3} \varepsilon_{ijk} x_j \frac{\partial}{\partial x_k} \quad \text{bzw.} \quad \hat{\mathbf{L}} = -i\hbar \begin{pmatrix} x_2 \dfrac{\partial}{\partial x_3} - x_3 \dfrac{\partial}{\partial x_2} \\ x_3 \dfrac{\partial}{\partial x_1} - x_1 \dfrac{\partial}{\partial x_3} \\ x_1 \dfrac{\partial}{\partial x_2} - x_2 \dfrac{\partial}{\partial x_1} \end{pmatrix} \tag{7.24}$$

ableiten. Eine etwas längere Rechnung, bei der diese Ausdrücke in Kugelkoordinaten übertragen werden, führt auf die schon bekannten Beziehungen für $\hat{L}_z$ (Gl. 7.20) und $\hat{L}^2$ (Gl. 7.8):

$$\hat{L}_z = -\mathrm{i}\hbar \frac{\partial}{\partial \varphi} \tag{7.25}$$

$$\hat{L}^2 = -\hbar^2 \left(\frac{1}{\sin \theta} \frac{\partial}{\partial \theta} \left(\sin \theta \frac{\partial}{\partial \theta} \right) + \frac{1}{\sin^2 \theta} \frac{\partial^2}{\partial \varphi^2} \right) \tag{7.26}$$

7.3   Das Wasserstoffatom

Bisher wurde der winkelabhängige Anteil der Schrödinger-Gleichung zu einem radialsymmetrischen Potenzial gelöst. Dies führte auf zwei Quantenzahlen l und m, die mit dem Betrag und der z-Komponente des Drehimpulses in Beziehung stehen. Nun betrachten wir den radialen Anteil der Schrödinger-Gleichung (Gl. 7.7), der von dem Potenzial $V(r)$ abhängt.

7.3.1   Die Lösung der Schrödinger-Gleichung

Ganz allgemein führt der Ansatz $u(r) = r R(r)$ in Gl. 7.7 auf folgende Gleichung:

$$-\frac{\hbar^2}{2m_\mathrm{e}} \frac{\partial^2 u(r)}{\partial r^2} + \left(\frac{\hbar^2}{2m_\mathrm{e}} \frac{l(l+1)}{r^2} + V(r) \right) u(r) = E u(r) \tag{7.27}$$

Dies ist eine 1-dimensionale Schrödinger-Gleichung für ein effektives Potenzial

$$V_\mathrm{eff}(r) = \frac{\hbar^2}{2m_\mathrm{e}} \frac{l(l+1)}{r^2} + V(r), \tag{7.28}$$

was im Vergleich mit der klassischen Mechanik nochmals die Rolle von $\hbar^2 l(l+1)$ als den möglichen Quantenzahlen zum Quadrat des Drehimpulsoperators unterstreicht.

Für das Wasserstoffatom – oder allgemeiner das Coulomb-Problem mit einer Kernladung Ze – setzen wir $V(r) = -\frac{Ze^2}{r}$ und erhalten als Radialgleichung[1]

$$-\frac{\hbar^2}{2m_\mathrm{e}} \frac{\partial^2 u(r)}{\partial r^2} + \left(\frac{\hbar^2}{2m_\mathrm{e}} \frac{l(l+1)}{r^2} - \frac{Ze^2}{r} \right) u(r) = E u(r). \tag{7.29}$$

---

[1]Ich habe hier der Einfachheit halber die Coulomb-Konstante $1/(4\pi\varepsilon_0)$ in die Ladung aufgenommen, also Gauß'sche Einheiten gewählt. Im Vergleich zu anderen Konventionen wird dieser Faktor daher auch im Ergebnis fehlen. Man gelangt in den folgenden Formeln zum SI-System, indem man konsequent e^2 durch $e^2/4\pi\varepsilon_0$ ersetzt.

Da es sich eigentlich um ein Zweikörperproblem handelt, ist streng genommen m_e die reduzierte Masse und r der Relativabstand zwischen Elektron und Atomkern. Wegen der großen Masse des Atomkerns im Vergleich zur Masse des Elektrons kann man aber in guter Näherung m_e gleich der Elektronenmasse setzen und den Atomkern als nahezu statisch ansehen.

Damit die Funktion $u(r)$ und damit auch der radiale Anteil $R(r) = u(r)/r$ der Wellenfunktion quadratintegrabel bei $r = 0$ bleibt, sollte $u(r)$ für $r \to 0$ nicht stärker divergieren als $r^{-\frac{1}{2}+\varepsilon}$ mit $\varepsilon > 0$. Verlang man, dass der Laplace-Operator auch in Kugelkoordinaten ein selbstadjungierter Operator sein soll, muss sogar gelten $u(0) = 0$ (vgl. Übung 7.3). Für $r \to 0$ beschreibe r^α das führende Verhalten von $u(r)$. Im Fall $l \neq 0$ dominiert in diesem Grenzfall der Anteil des Drehimpulses gegenüber dem des Coulomb-Potenzials (der Fall $l = 0$ wird in Übung 7.4 behandelt) und für eine Lösung von Gl. 7.29 muss gelten

$$\alpha(\alpha - 1) = l(l + 1) \tag{7.30}$$

mit den beiden Lösungen $\alpha = l + 1$ und $\alpha = -l$ oder

$$u(r) \xrightarrow{r \to 0} \begin{cases} r^{l+1} \\ r^{-l} \end{cases}. \tag{7.31}$$

Der Fall $\alpha = -l$ kann nicht auftreten, da die Lösung nicht quadratintegrabel wäre. Es bleibt somit nur $u(r) \xrightarrow{r \to 0}$ const. $\cdot r^{l+1}$ übrig (dies gilt auch für $l = 0$; vgl. Übung 7.4).

Für $r \to \infty$ kann man die beiden Potenzialterme vernachlässigen und findet

$$u(r) \xrightarrow{r \to \infty} \begin{cases} \exp\left(\pm i \frac{\sqrt{2m_e E}}{\hbar} r\right) & E > 0 \\ \exp\left(-\frac{\sqrt{2m_e |E|}}{\hbar} r\right) & E < 0. \end{cases} \tag{7.32}$$

Der Fall $E > 0$ führt auf asymptotisch freie Lösungen. Da hier beide Vorzeichen möglich sind, liefert die Randbedingung bei $r \to 0$ keine Einschränkung an den Energieeigenwert E. Diese Lösungen sind interessant, wenn man Streuprobleme an Coulomb-Potenzialen untersuchen möchte.

Der hier interessantere Fall ist $E < 0$. Die beiden Randbedingungen an $u(r)$ für $r \to \infty$ und für $r \to 0$ führen zu einer Quantisierungsbedingung für die möglichen Energien E.

Statt im Detail die Differentialgleichung zu lösen, gebe ich einfach die Lösung an und diskutiere das Verhalten. Wir definieren die sogenannten *Laguerre-Polynome*

$$L_n(y) = \frac{e^y}{n!} \frac{d^n}{dy^n}\left(e^{-y} y^n\right) \tag{7.33}$$

und die *assoziierten Laguerre-Polynome*[2]

$$L_n^k(y) = (-1)^k \frac{d^k}{dy^k} L_{n+k}(y).$$ (7.34)

Damit findet man folgende Lösungen für die radiale Wellenfunktion:

$$R_{nl}(r) = N_{nl} \, r^l \exp\left(-\frac{r}{na_0}\right) L_{n-l-1}^{2l+1}\left(\frac{2r}{na_0}\right),$$ (7.35)

wobei

$$a_0 = \frac{\hbar^2}{e^2 m_e} \approx 0,5291772 \cdot 10^{-10} \text{m}$$ (7.36)

der Bohr'sche Atomradius und N_{nl} eine Normierungskonstante ist. Außerdem folgen aus der Bedingung, dass die Wellenfunktionen quadratnormierbar sein sollen, die Einschränkungen $n = 1, 2, 3, \ldots$ und $l = 0, 1, \ldots, n - 1$. Die Energieeigenwerte zu einer Lösung $R_{nl}(r)$ sind

$$E_n = -\frac{m_e Z^2 e^4}{2\hbar^2} \cdot \frac{1}{n^2} \quad \text{mit} \quad n = 1, 2, 3, \ldots.$$ (7.37)

Sie hängen nicht von der Quantenzahl l ab. Die Quantenzahl n bezeichnet man als Hauptquantenzahl.

Für $Z = 1$ erhält man die Energieeigenwerte des Wasserstoffatoms,

$$E_n = -\frac{m_e e^4}{2\hbar^2} \cdot \frac{1}{n^2} = -\text{Ry} \frac{1}{n^2},$$ (7.38)

mit der *Rydberg-Konstanten*

$$\text{Ry} = \frac{m_e e^4}{2\hbar^2} = 13,6057 \, \text{eV}.$$ (7.39)

Dies ist gleichzeitig die Ionisierungsenergie für ein Wasserstoffatom. Nach neuerer Konvention bezeichnet man oft auch

$$R_\infty = \frac{\text{Ry}}{hc} = 10973731,57 \, \text{m}^{-1}$$ (7.40)

als Rydberg-Konstante.

Die Ionisierungsenergie von Wasserstoff entspricht über die Beziehung $E = k_B T$ einer Temperatur von ungefähr $T = 157600 \, \text{K}$ und über $E = h\nu$ einer Frequenz

---

[2]Die Definition der Laguerre-Polynome ist nicht immer einheitlich; manchmal fehlt in der Definition der Laguerre-Polynome der Faktor $1/n!$ oder die beiden Indizes in den assoziierten Laguerre-Polynomen haben eine andere Bezeichnung.

von $\nu = 3{,}29 \cdot 10^{15}$ Hz oder für elektromagnetische Wellen im Vakuum einer Wellenlänge von $\lambda = 1/R_\infty \approx 90\,\text{nm}$. Im Vergleich zu sichtbarem Licht (zwischen 380 und 750 nm) ist diese Wellenlänge also kürzer und liegt im Ultraviolettbereich. Die Übergänge in das Niveau zu $n = 2$ (die sogenannte Balmer-Serie) liegen größtenteils im sichtbaren Bereich.

7.3.2 Die Wellenfunktionen des Wasserstoffatoms

Im Folgenden sei $Z = 1$. Die normierten Radialwellenfunktion für die ersten drei Hauptquantenzahlen sind:

$$n = 1,\ l = 0 \qquad R_{10}(r) = \frac{2}{a_0^{3/2}} \exp\left(-\frac{r}{a_0}\right)$$

$$n = 2,\ l = 0 \qquad R_{20}(r) = \frac{1}{2\sqrt{2}a_0^{3/2}} \left(2 - \frac{r}{a_0}\right) \exp\left(-\frac{r}{2a_0}\right)$$

$$n = 2,\ l = 1 \qquad R_{21}(r) = \frac{1}{2\sqrt{6}a_0^{3/2}} \frac{r}{a_0} \exp\left(-\frac{r}{2a_0}\right) \qquad (7.41)$$

$$n = 3,\ l = 0 \qquad R_{30}(r) = \frac{2}{81\sqrt{3}a_0^{3/2}} \left(27 - 18\frac{r}{a_0} + 2\frac{r^2}{a_0^2}\right) \exp\left(-\frac{r}{3a_0}\right)$$

$$n = 3,\ l = 1 \qquad R_{31}(r) = \frac{4}{81\sqrt{6}a_0^{3/2}} \left(6 - \frac{r}{a_0}\right) \frac{r}{a_0} \exp\left(-\frac{r}{3a_0}\right)$$

$$n = 3,\ l = 2 \qquad R_{32}(r) = \frac{4}{81\sqrt{30}a_0^{3/2}} \frac{r^2}{a_0^2} \exp\left(-\frac{r}{3a_0}\right)$$

Für die vollständigen Wellenfunktionen zu den Quantenzahlen n, l, m müssen diese Funktionen noch mit den Kugelflächenfunktionen $Y_l^m(\theta, \varphi)$ multipliziert werden. Der abstrakte Vektor zu diesen elektronischen Zuständen im Wasserstoffatom wird meist durch $|n, l, m\rangle$ angegeben. Die Wellenfunktionen im Ortsraum in Polarkoordinaten sind dann:

$$\Psi_{nlm}(r, \theta, \varphi) = \langle r, \theta, \varphi | n, l, m \rangle = R_{nl}(r) Y_l^m(\theta, \varphi) \qquad (7.42)$$

$$= \sqrt{\left(\frac{2}{na_0^*}\right)^3 \frac{(n - l - 1)!}{2n((n + l)!)^3}}\ e^{-\rho/2}\ \rho^l\ L_{n-l-1}^{2l+1}(\rho)\ Y_l^m(\theta, \varphi)$$

$$\text{mit} \quad \rho = \frac{2r}{na_0^*}$$

Für die Wellenfunktion gibt $n - 1$ die Anzahl der Knotenflächen an, d. h., die Wellenfunktion zu $n = 1$ hat keine Knotenfläche (in diesem Fall gibt es nur die Quantenzahlen $l = 0$ und $m = 0$), die Wellenfunktionen zu $n = 2$ hat eine Knotenfläche etc. Zur Abzählung dieser Knotenflächen muss man sowohl den Radial- als auch die

Winkelanteile berücksichtigen. Die Kugelflächenfunktionen zu $l = 0$ haben keine Knotenfläche, der radiale Anteil $R_{n0}(r)$ hat $n - 1$ Nullstellen.

Für $n = 2$ und $l = 1$ hat der radiale Anteil keine Nullstelle (außer bei $r = 0$, was keiner Knotenfläche entspricht), allerdings haben die Kugelflächenfunktionen Knotenflächen. Für $l = 1$ und $m = 0$ ist dies offensichtlich die xy-Ebene (hier verschwindet $\cos\theta$). Die komplexen Eigenfunktionen zu $m = \pm 1$ haben zwar keine Knotenflächen – sie entsprechen rechts- bzw. linkszirkularem Drehimpuls bezüglich der z-Achse und beschreiben ringförimge Bereiche um die z-Achse –, aber ihre reellen Anteile $\sin\varphi$ und $\cos\varphi$ haben die xz- bzw. yz-Ebene als Knotenflächen. Für die höheren Hauptquantenzahlen und insbesondere die höheren Eigenzustände zum Drehimpuls ist die Bestimmung der Knotenflächen etwas komplizierter.

7.3.3 Ein semiklassisches Argument für die Energieniveaus

Die folgende ‚Herleitung' der Energieniveaus im Wasserstoffatom (Gl. 7.37) macht lediglich von klassischen Beziehungen sowie der de-Broglie-Wellenlänge Gebrauch. Wie nahezu alle Analogien birgt auch dieses Bild die Gefahr, dass es in seiner Anschaulichkeit zu ernst genommen wird, auch wenn die Überlegungen, die Bohr 1913 zu seinem Atommodell geführt haben, von dieser Art waren.

Die Herleitung der Formel für die erlaubten Energien erfolgt in drei Schritten:

1. Klassische Herleitung einer Beziehung zwischen p und r für eine Kreisbahn: Dazu setzen wir die Impulsänderung $\frac{dp}{dt} = \frac{mv^2}{r}$ (im rotierenden System ist das die Fliehkraft) gleich der Coulomb-Kraft $F = -Ze^2/r^2$:

$$\frac{Ze^2}{r^2} = \frac{p^2}{mr} \implies p^2 = \frac{Ze^2m}{r} \quad \text{oder} \quad r = \frac{Ze^2m}{p^2} \tag{7.43}$$

2. Die klassische Energie als Funktion von r: Dazu ersetzen wir p^2 im kinetischen Term der Energie durch obige Beziehung:

$$E = \frac{p^2}{2m} - \frac{Ze^2}{r} = \frac{Ze^2}{2r} - \frac{Ze^2}{r} = -\frac{Ze^2}{2r} \tag{7.44}$$

3. Wir bestimmen die erlaubten Radien durch die Bohr'sche Quantisierungsbedingung: Zunächst verlangen wir, dass ein Vielfaches der Wellenlänge $\lambda = h/p$ eines Teilchens mit Impuls p in den Umfang der Kreisbahn ($2\pi r$) passt:

$$2\pi r = n\lambda = n\frac{h}{p} \implies p = \frac{n\hbar}{r} \quad \text{oder} \quad pr = n\hbar \tag{7.45}$$

Dies ist gerade die Bohr'sche Quantisierungsbedingung: Der Drehimpuls muss ein ganzzahliges Vielfaches von $\hbar$ sein. Die erlaubten Radien ergeben sich, indem wir p nach Gl. 7.43 durch r ersetzen,

$$n^2\hbar^2 = r^2p^2 = Ze^2mr \tag{7.46}$$

und damit

$$r_n = \frac{n^2 \hbar^2}{Ze^2 m}. \tag{7.47}$$

Setzt man die erlaubten Bahnradien in die Energie (Gl. 7.44) ein, erhält man folgende erlaubte Energien:

$$E_n = -\frac{Ze^2}{2r_n} = -\frac{Z^2 e^4 m}{2\hbar^2 n^2} \tag{7.48}$$

Dies ist zwar die richtige Formel (einschließlich aller Faktoren), aber die Beziehung, dass die Quantenzahl n direkt mit dem Drehimpuls L zusammenhängt, ist in der Quantentheorie falsch, da es zu jedem Wert von n beispielsweise auch den Drehimpuls $L = 0$ geben kann.

Interessant ist jedoch die am Ende des Abschn. 7.3.2 angedeutete Beziehung zwischen der Hauptquantenzahl n und der Anzahl der Knotenflächen der Wellenfunktionen. Auch im Bohr'schen Postulat bezieht sich n auf die Anzahl der Nullstellen der Welle.

7.4 Der Spin

Nachdem Otto Stern und Walther Gerlach im Jahre 1922 überraschend festgestellt hatten, dass Silberatome ein magnetisches Moment besitzen, das in einem inhomogenen Magnetfeld zu einer Aufspaltung in zwei Strahlen führt (erwartet hatten sie entsprechend der Theorie von Lorentz eine Aufspaltung in drei Strahlen; vgl. Abschn. 3.7), postulierte Wolfgang Pauli 1925 eine weitere Quantenzahl für Elektronen in einem Atom: den Spin. Diese Quantenzahl sollte bezüglich einer vorgegebenen Richtung nur zwei Werte annehmen können.

Auch wenn Pauli beim Spin nicht an eine Eigendrehung des Elektrons dachte, hat der Spin etwas mit verallgemeinerten ,Drehungen' eines Systems zu tun, denn bei Systemen mit Spin-Freiheitsgraden ist der Gesamtdrehimpuls, der sich aus dem Bahndrehimpuls und dem Spin zusammensetzt, erhalten. In Abschn. 7.2 wurde gezeigt, dass der Drehimpuls mit den Generatoren der Drehgruppe SO(3) zusammenhängt und Bahndrehimpulse durch die $2l + 1$-dimensionalen Darstellungen dieser Generatoren beschrieben werden. Daher liegt es nahe, im Zusammenhang mit dem Spin nach 2-dimensionalen Darstellungen zu suchen. Diese führen allerdings nicht auf Darstellungen der Drehgruppe SO(3), sondern auf Darstellungen der unitären Gruppe SU(2) (vgl. Kap. 13).

Zweizustand-Systeme werden noch ausführlich in Kap. 9 behandelt, doch 2-dimensionale Spinoren, die Pauli-Matrizen, die Kopplung von Elektronen an ein Magnetfeld und das magnetische Moment von Elektronen sollen hier kurz im Rahmen der Atomphysik betrachtet werden.

Pauli schlug vor, ein Elektron mit Spinfreiheitsgrad durch eine 2-komponentige Wellenfunktion

$$\Psi(x) = \begin{pmatrix} \psi_1(x) \\ \psi_2(x) \end{pmatrix} \tag{7.49}$$

zu beschreiben. Formal sind diese sogenannten Spinoren Elemente des Tensorprodukts (vgl. Kap. 8) eines $\mathscr{L}_2$, dem Hilbert-Raum der quadratintegrablen Funktionen, und einem $\mathbb{C}^2$, dem 2-dimensionalen komplexen Vektorraum.

Auf dem Raum der Zweizustand-Systeme definieren wir einen Satz von Matrizen, der sich in diesem Zusammenhang als sehr hilfreich erwiesen hat. Dies sind die Pauli-Matrizen:

$$\sigma_1 = \begin{pmatrix} 0 & 1 \\ 1 & 0 \end{pmatrix} \qquad \sigma_2 = \begin{pmatrix} 0 & -i \\ i & 0 \end{pmatrix} \qquad \sigma_3 = \begin{pmatrix} 1 & 0 \\ 0 & -1 \end{pmatrix} \tag{7.50}$$

Es handelt sich um drei selbstadjungierte (hermitesche) Matrizen, die zusammen mit der Identitätsmatrix $\mathbf{1}$ den Raum aller 2×2 Matrizen aufspannen (im Sinne eines Vektorraums, d. h., jede 2×2–Matrix lässt sich als komplexe Linearkombination der vier genannten Matrizen schreiben).

Für die Kommutatoren findet man (vgl. auch Kap. 9):

$$[\sigma_i, \sigma_j] = 2i \sum_{k=1}^{3} \varepsilon_{ijk} \sigma_k \tag{7.51}$$

(ε_{ijk} ist der total antisymmetrische Levi-Civita ε-Tensor.)

Aus Gl. 7.51 ergibt sich sofort, dass die *Spin-Matrizen*

$$S_i = \frac{\hbar}{2} \sigma_i \qquad (i = 1, 2, 3) \tag{7.52}$$

eine Darstellung der Algebra der Drehimpulse (siehe Abschn. 13.3) bilden:

$$[S_i, S_j] = i\hbar \sum_{k=1}^{3} \varepsilon_{ijk} S_k \tag{7.53}$$

In einem statischen elektromagnetischen Feld, beschrieben durch ein Vektorfeld $\mathbf{A}$ mit $\mathbf{B} = \mathrm{rot}\mathbf{A}$ und ein Skalarfeld Φ mit $\mathbf{E} = -\mathrm{grad}\Phi$, lautet die (ansonsten freie) zeitunabhängige Schrödinger-Gleichung:

$$\left(\frac{(\mathbf{P} - e\mathbf{A})^2}{2m} \mathbf{1} + e\Phi \mathbf{1} - \frac{e\hbar}{2m} (\boldsymbol{\sigma} \cdot \mathbf{B}) \right) |\Psi\rangle = E |\Psi\rangle \tag{7.54}$$

mit

$$\boldsymbol{\sigma} \cdot \mathbf{B} = \sum_{i=1}^{3} \sigma_i B_i = \begin{pmatrix} B_3 & B_1 - iB_2 \\ B_1 + iB_2 & -B_3 \end{pmatrix} \tag{7.55}$$

Die ersten beiden Terme in Gl. 7.54 entsprechen der klassischen Energiefunktion eines geladenen Teilchens in einem elektromagnetischen Feld und sind bezüglich der zweikomponentigen Spinoren $|\psi\rangle$ diagonal (ausgedrückt durch die 2×2-Einheitsmatrix **1**). Der für den Spin relevante dritte Term bewirkt den Stern-Gerlach-Effekt (siehe auch Abschn. 3.7). Auch er entspricht der klassischen Vorschrift für die Kopplung eines magnetischen Moments an ein Magnetfeld, allerdings ist das magnetische Moment nun durch einen Spinoperator ersetzt. Die Eigenwerte dieses Terms sind $\pm \frac{e\hbar}{2m}|\mathbf{B}|$, unabhängig von der Wahl des Koordinatensystems. Meist wählt man der Einfachheit halber das Koordinatensystem so, dass das Magnetfeld nur eine 3-Komponente hat, sodass der obige Ausdruck zu $\sigma_3 B_3$ wird. Da es sich hier um den Beitrag zur Energie handelt, erhält man die Kraft aus dem Gradienten dieses Terms. Dieser verschwindet jedoch, wenn **B** ein konstantes Magnetfeld beschreibt. Daher haben Stern und Gerlach ein inhomogenes Magnetfeld verwendet, sodass die Kraft durch

$$\mathbf{F} = \pm \frac{e\hbar}{2m} \nabla |\mathbf{B}| \tag{7.56}$$

gegeben ist. Je nach der Spinorientierung des Teilchens wirkt die Kraft in Richtung des Gradienten oder in entgegengesetzter Richtung. Die Richtung von **B** bestimmt also, in welche Richtung der Spin des Systems ‚gemessen' wird, allerdings hat ‚gemessen' hier eine ähnliche Bedeutung wie bei Polarisationsexperimenten an Photonen: Die Richtung von **B** bestimmt, bezüglich welcher Richtung sich ein eindeutiger Spin ausrichtet.

Man kann den Spin also bezüglich jeder beliebigen Raumrichtung messen, und eine Messung des Spins in eine vorgegebene Richtung liefert immer nur einen von zwei Werten. Angegeben wird dieser Wert in Einheiten von $\hbar/2$, sodass der Spin eines Elektrons bezüglich einer beliebigen (aber durch das Experiment festgelegten) Richtung die Werte $+\hbar/2$ oder $-\hbar/2$ annehmen kann.

Speziell entsprechen die Pauli-Matrizen multipliziert mit $\hbar/2$ einer Spin-Messung in der Richtung **n** (vgl. Abschn. 9.1):

$$S_{\mathbf{n}} = \frac{\hbar}{2}(\mathbf{n} \cdot \boldsymbol{\sigma}) \tag{7.57}$$

Die Zustände ‚Spin-up' und ‚Spin-down' hinsichtlich der z-Richtung werden in der von uns gewählten Basis für die Pauli-Matrizen durch die Vektoren

$$|z^+\rangle = \begin{pmatrix} 1 \\ 0 \end{pmatrix} \qquad |z^-\rangle = \begin{pmatrix} 0 \\ 1 \end{pmatrix} \tag{7.58}$$

beschrieben. Statt der Bezeichnung $|z^+\rangle$ verwendet man manchmal auch die Notation $|z, \uparrow\rangle$ oder $|\uparrow_z\rangle$.

Damit folgen die Eigenvektoren zu σ_1 als die Eigenzustände des Spins bezüglich der x-Richtung,

$$|x^+\rangle = \frac{1}{\sqrt{2}} \begin{pmatrix} 1 \\ 1 \end{pmatrix} = \frac{1}{\sqrt{2}}(|z^+\rangle + |z^-\rangle) \tag{7.59}$$

$$|x^-\rangle = \frac{1}{\sqrt{2}} \begin{pmatrix} 1 \\ -1 \end{pmatrix} = \frac{1}{\sqrt{2}}(|z^+\rangle - |z^-\rangle), \tag{7.60}$$

und entsprechend die Eigenvektoren zu σ_2 als die Eigenzustände des Spins in Bezug auf die y-Richtung:

$$|y^+\rangle = \frac{1}{\sqrt{2}} \begin{pmatrix} 1 \\ i \end{pmatrix} = \frac{1}{\sqrt{2}}(|z^+\rangle + i|z^-\rangle) \tag{7.61}$$

$$|y^-\rangle = \frac{1}{\sqrt{2}} \begin{pmatrix} 1 \\ -i \end{pmatrix} = \frac{1}{\sqrt{2}}(|z^+\rangle - i|z^-\rangle) \tag{7.62}$$

Bei Spin-$\frac{1}{2}$-Zuständen beziehen sich die drei verschiedenen orthogonalen Basen somit auf die drei räumlichen Richtungen und geben jeweils Spin-up bzw. Spin-down bezüglich dieser Richtungen an.

7.5   Allgemeine Anmerkungen zur Quantisierung der Energie

Beim unendlichen Kastenpotenzial sowie beim harmonischen Oszillator sind alle erlaubten Energiewerte diskret. Beim endlichen Kastenpotenzial und beim Wasserstoffatom gibt es diskrete Energiewerte und ein Kontinuum an Energiewerten. An dieser Stelle soll nochmals allgemein untersucht werden, wann Energiewerte quantisiert (diskret) sind und welche Eigenschaften der Schrödinger-Gleichung für diese diskreten Werte verantwortlich sind.

Wir betrachten zunächst den 1-dimensionalen Fall, um die Gründe hinter der Energiequantisierung zu erläutern. Die 1-dimensionale Schrödinger-Gleichung lautet

$$\left(-\frac{\hbar^2}{2m} \frac{d^2}{dx^2} + V(x) \right) \psi_E(x) = E\,\psi_E(x). \tag{7.63}$$

Hierbei handelt es sich um eine gewöhnliche Differentialgleichung 2. Ordnung. Eigentlich würde man erwarten, dass es zu jedem beliebigen Wert von E zwei linear unabhängige Lösungen bzw. zwei Integrationskonstanten gibt. Eine dieser Konstanten wird durch die Normierung $\int |\psi(x)|^2 \, dx = 1$ festgelegt, doch was ist mit der anderen Konstanten?

Man kann nun mehrere Fälle unterscheiden:

1. Wenn die Energie E eines Teilchens zumindest asymptotisch (d. h. für große Werte von $|x|$) immer größer ist als das Potenzial $V(x)$, können asymptotisch freie Teilchen existieren (siehe endliches Kastenpotenzial, Abschn. 6.3 und das

Coulomb-Problem, Abschn. 7.3). Es gibt zwei linear unabhängige Lösungen der Schrödinger-Gleichung, die im Allgemeinen zwar nicht quadratintegrabel, aber im Sinne der allgemeinen Überlegungen (vgl. Abschn. 4.4.1) als Lösungen akzeptabel sind. Ist das Potenzial asymptotisch konstant, handelt es sich typischerweise um harmonische Wellen. In diesem Fall gibt es keine Energiequantisierung, streng genommen aber auch keine realisierbaren Eigenfunktionen zu einer festen Energie, sondern nur ‚Wellenpakete‘, für welche die Energie auf ein kleines Intervall beschränkt ist.

2. Ist die Energie E des Teilchens kleiner als das Potenzial $V(x)$ für $x \to \pm\infty$ (d. h., gibt es einen Wert x_0, sodass $E < V(x)$ für alle $|x| > x_0$), so gibt es zwar ebenfalls zwei linear unabhängige Lösungen, die aber im Allgemeinen für $|x| \to \infty$ exponentiell ansteigen. Durch geeignete Wahl der beiden freien Konstanten kann man zwar erreichen, dass eine Lösung für eine beliebige Energie E auf *einer* Seite (z. B. $x \to -\infty$) gegen null geht, doch nur für bestimmte diskrete Energiewerte bleibt sie auch am anderen Ende quadratintegrabel.

3. Ist keine der oben genannten Bedingungen erfüllt, d. h., gibt es für beliebig große Werte von $|x|$ immer noch Bereiche, für die manchmal $E > V(x)$ und manchmal $E < V(x)$ ist, so ist das Verhalten der möglichen Energieeigenwerte komplizierter.

Sehr gut untersucht sind periodische Potenziale, bei denen sich die Bedingungen $E > V(x)$ und $E < V(x)$ periodisch abwechseln. In solchen Fällen gibt es bestimmte Energieintervalle, in denen praktisch alle Werte für E erlaubt sind (sogenannte ‚Energiebänder‘), unterbrochen von Intervallen, in denen keine Energieeigenwerte liegen.

Ganz ähnlich begründen lassen sich die Quantisierungen von Eigenwerten bestimmter Operatoren in mehr als einer Dimension. Die Quantisierung des Drehimpulses folgt unter anderem daher, dass die Wellenfunktion in Abhängigkeit der Winkelvariablen (beispielsweise in drei Dimensionen auf einer Kugeloberfläche) eindeutig sein soll, also periodisch. Die Quantisierung der Energie folgt aus der Quadratintegrabilität für große Werte von $|\mathbf{x}|$ bzw. in Zylinder- oder Kugelkoordinaten für die zu fordernden Randbedingungen bei $r = 0$ und $r \to \infty$.

Übungen

Übung 7.1 Zeigen Sie, dass sich aus einer semiklassischen Überlegung analog zu der Herleitung in Abschn. 7.3.3 für den harmonischen Oszillator die möglichen Energien $E_n = \hbar\omega n$ ($n = 0, 1, 2, 3, \ldots$) ergeben.

Übung 7.2 Zeigen Sie, dass der Differentialoperator $\mathscr{D}$ (Gl. 7.3) bezüglich des Skalarprodukts für Funktionen auf der Kugeloberfläche (der winkelabhängige Anteil in Gl. 7.5) selbstadjungiert ist.

Übung 7.3 Zeigen Sie explizit, dass der radialabhängige Teil des Laplace-Operators bezüglich des Skalarprodukts für Radialfunktionen in Kugelkoordinaten selbstadjungiert ist. Welche Bedingung folgt daraus für $R(r)$ für $r \to 0$?

Übung 7.4 Zeigen Sie für das Wasserstoffatom, dass für den Fall $l = 0$ die führende Ordnung der Wellenfunktion als Funktion des Radius r im Grenzfall $r \to 0$ durch $\psi(r) \to cr$ (mit einer geeigneten Konstanten c) gegeben ist.

Übung 7.5 Zeigen Sie, dass allgemein für radialsymmetrische Potenziale folgende Auswahlregel gilt:

$$\langle n, l, m | Q_i | n', l', m' \rangle = 0 \begin{cases} \text{für } (m \neq m') & \text{für } i = 3 \\ \text{für } (m \neq m' \pm 1) & \text{für } i = 1, 2 \end{cases} \tag{7.64}$$

Übung 7.6 In kartesischen Koordinaten lautet die zeitunabhängige Schrödinger-Gleichung zum Potenzial des 2-dimensionalen harmonischen Oszillators:

$$E\psi(x, y) = \left(-\frac{\hbar^2}{2m} \left(\frac{d^2}{dx^2} + \frac{d^2}{dy^2} \right) + \frac{m\omega^2}{2}(x^2 + y^2) \right) \psi(x, y) \tag{7.65}$$

Durch einen Separationsansatz bzgl. x und y kann man das Problem auf 1-dimensionale Oszillatoren zurückführen (vgl. Übung 6.7) und erhält als Lösungen

$$\psi_{n_1 n_2}(x, y) = N_{n_1 n_2} H_{n_1}(\alpha x) H_{n_2}(\alpha y) \exp\left(-\frac{\alpha^2}{2}(x^2 + y^2) \right) \tag{7.66}$$

$$\text{mit} \qquad \alpha = \sqrt{\frac{m\omega}{\hbar}},$$

mit den zugehörigen Energieeigenwerten:

$$E = \hbar\omega(n_1 + n_2 + 1). \tag{7.67}$$

Dieses System besitzt Drehungen in der xy-Ebene als Symmetrie:

$$x \to x' = x \cos\varphi + y \sin\varphi \qquad y \to y' = -x \sin\varphi + y \cos\varphi \tag{7.68}$$

Zu dieser Symmetrie gehört als Erhaltungsgröße der Drehimpuls in einem 2-dimensionalen System (klassisch L, mit zugehörigem Operator $\hat{L}$):

$$L = xp_y - yp_x \qquad \Longrightarrow \qquad \hat{L} = i\hbar\left(x\frac{\partial}{\partial y} - y\frac{\partial}{\partial x} \right). \tag{7.69}$$

1. Zeigen Sie, dass in Polarkoordinaten,

$$r = \sqrt{x^2 + y^2} \quad \text{und} \quad \varphi = \arctan \frac{y}{x}, \tag{7.70}$$

gilt:

$$\hat{L} = -i\hbar \frac{\partial}{\partial \varphi} \tag{7.71}$$

2. Wie lauten die Eigenfunktionen von $\hat{L}$ (in Polarkoordinaten) und was sind die zugehörigen Eigenwerte (für Funktionen, die auf einem Kreis $[0, 2\pi)]$ wohldefiniert sind)?
3. Drücken Sie die Lösungen der Schrödinger-Gleichung (Gl. 7.66) für die Eigenwerte $E = \hbar\omega(n + 1)$ ($n = 0, 1, 2$) in Polarkoordinaten aus.
4. Wie lauten die Lösungen der Schrödinger-Gleichung (für die angegebenen ersten drei Energieniveaus), die gleichzeitig auch Eigenfunktionen von $\hat{L}$ sind?
   (Hinweis: Wenn Eigenwerte entartet sind, sind auch beliebige Linearkombinationen von Eigenvektoren zu diesen Eigenwerten wieder Eigenvektoren. Sie sollten also entsprechende Linearkombinationen aus Produkten der Hermite-Polynome zu festen Energiewerten bilden, die Eigenfunktion von $\hat{L}$ sind.)
5. Das Potenzial hat auch die Paritätsinvarianz: $(x, y) \to (-x, -y)$. Für Wellenfunktionen bedeutet dies $P\psi(x, y) = \psi(-x, -y)$.
   a) Welche Eigenschaften haben die Eigenfunktionen von P?
   b) Wie verhält sich der Operator $\hat{L}$ unter dieser Transformation? Was folgt daraus für die Eigenzustände von $\hat{L}$?
6. Wie lassen sich die Eigenzustände des Hamilton-Operators bezüglich der Eigenzustände von P klassifizieren? Was können Sie daraus für die Zerlegung der entarteten Eigenzustände von H nach Eigenzuständen von $\hat{L}$ schließen?

Übung 7.7

1. Wie lautet die Schrödinger-Gleichung für ein rotationssymmetrisches Potential $V(r)$ in zwei Dimensionen in Polarkoordinaten?
2. Machen Sie für die Wellenfunktionen einen Separationsansatz in einen Radial- und einen Winkelanteil. Lösen Sie den winkelabhängigen Anteil.
3. Wie lautet die radiale Differentialgleichung?
4. Betrachten Sie nun speziell das Potenzial des 2-dimensionalen harmonischen Oszillators $V(r) = \frac{1}{2}m\omega^2 r^2$. Machen Sie zur Lösung des radiusabhängigen Anteils den Ansatz $R(r) = F(r) \exp\left(-\frac{m\omega}{2\hbar}r^2\right)$. Wie lautet die Differentialgleichung für $F(r)$?
5. Zeigen Sie, dass die Lösungen für $F(r)$ Polynome sind. Wie lauten die Polynomfunktionen in r für die niedrigsten drei Energiezustände.
   (*Hinweis:* Da die Lösungen in kartesischen Koordinaten bekannt sind – vgl. Übung 6.7 –, kann man die Lösungen in Radialkoordinaten hinschreiben.)

Übung 7.8

1. Lösen Sie die Schrödinger-Gleichung zum 3-dimensionalen harmonischen Oszillator durch einen Separationsansatz in den drei kartesischen Koordinaten x, y, z.

2. Das Energiespektrum des 3-dimensionalen harmonischen Oszillators lässt sich in der Form $E_n = \hbar\omega(n + \frac{3}{2})$ schreiben. Wie oft ist ein Energiezustand zu einer Quantenzahl n entartet?

3. Konstruieren Sie die drei Eigenzustände des 3-dimensionalen harmonischen Oszillators zur Energie $E = \frac{5}{2}\hbar\omega$. Wie lauten die Eigenzustände zu dieser Energie, die gleichzeitig Eigenzustände zu L_z und L^2 sind?

4. Wiederholen Sie die Rechnung der letzten Teilaufgabe für die Zustände zu $n = 2$.

Übung 7.9

1. Wie lautet die Schrödinger-Gleichung des 3-dimensionalen harmonischen Oszillators in Kugelkoordinaten?

2. Was ist die Radialgleichung für dieses System?

3. Machen Sie den Ansatz $R(r) = F(r) \exp\left(-\frac{m\omega}{2\hbar}r^2\right)$. Wie lautet die Differentialgleichung für $F(r)$?

4. Betrachten Sie den Radialteil der Schrödinger-Gleichung des 3-dimensionalen harmonischen Oszillators. Wie lauten die Polynomfunktionen in r für die niedrigsten drei Energiezustände. (Da die Lösungen in kartesischen Koordinaten bekannt sind, kann man die Lösungen in Radialkoordinaten hinschreiben.)

Mehrteilchensysteme und Verschränkungen

8

Viele Aussagen der bisherigen Kapitel bezogen sich auf Systeme mit einem einzelnen Teilchen. Natürlich möchte man in der Quantenmechanik auch Mehrteilchensysteme oder aus Einzelsystemen zusammengesetzte Systeme beschreiben können.

In diesem Zusammenhang ergeben sich in der Quantentheorie zwei Besonderheiten: 1) Der Zusammenhang zwischen dem Spin von Teilchen und ihrer Statistik (das Spin-Statistik-Theorem) für Systeme aus identischen Teilchen und 2) die sogenannten Quantenkorrelationen von verschränkten Systemen. Gerade die Möglichkeit solcher neuartiger Korrelationen, die sich nicht auf eine direkte kausale Beziehung und auch nicht im klassischen Sinn auf eine gemeinsame Vergangenheit mit einer durchgängigen Kette von Ursache-Wirkungs-Rrelationen zurückführen lassen, ist immer noch Gegenstand grundlegender Diskussionen. 1935 haben Einstein, Podolsky und Rosen (EPR) auf die eigenartigen Konsequenzen dieser Korrelationen aufmerksam gemacht, und aufbauend auf der EPR-Arbeit hat John Bell in den 60er Jahren zeigen können, dass die Quantenmechanik in bestimmter Hinsicht eine nichtlokale Theorie ist. Für viele Physiker sind diese Quantenkorrelationen das einzig wirklich Besondere an der Quantentheorie.

Was man wissen sollte

Der Hilbert-Raum eines zusammengesetzten Systems ist das Tensorprodukt der beiden Hilbert-Räume zu den Einzelsystemen. Dieser Produkt-Hilbert-Raum wird erzeugt durch alle Paare von Basisvektoren der einzelnen Hilbert-Räume. Für einen Zustand im gesamten Hilbert-Raum kann man Teilspuren definieren, die effektiv zu einem (möglicherweise gemischten) Zustand in einem der beiden Teilräume führen und angeben, welche Eigenschaften eines Zustands sich durch lokale Messungen an einem Teilsystem bestimmen lassen.

Bei Mehrteilchenzuständen aus identischen Teilchen muss für Bosonen eine Symmetrisierung und für Fermionen eine Antisymmetrisierung des Zustands vorgenommen werden. Für Fermionen folgt aus dieser Antisymmetrisierung das Pauli'sche Ausschließungsprinzip. Die physikalischen Hilbert-Räume identischer Teilchen sind der total symmetrische bzw. der total antisymmetrische Unterraum des Produkt-Hilbert-Raums.

© Springer-Verlag GmbH Deutschland, ein Teil von Springer Nature 2019
T. Filk, *Quantenmechanik (nicht nur) für Lehramtsstudierende*,
https://doi.org/10.1007/978-3-662-59736-1_8

Zustände in einem Produkt-Hilbert-Raum, die sich nicht als Tensorprodukt von Zuständen aus den einzelnen Teilräumen schreiben lassen, bezeichnet man als verschränkt, andernfalls nennt man sie separabel. In verschränkten Zuständen kommen den Einzelsystemen oft keine wohldefinierten Eigenschaften zu, wohl aber dem Gesamtsystem. Bei einer Messung bestimmter Eigenschaften an den Teilsystemen eines verschränkten Zustands können unter bestimmten Umständen Korrelationen beobachtet werden, die sich nicht im klassischen Sinne aus einer Kausalbeziehung (weder zwischen den Teilsystemen direkt noch über eine gemeinsame Vergangenheit) erklären lassen. Bildet man bei einem verschränkten Zustand die Teilspur über einen der Hilbert-Räume, erhält man eine Dichtematrix. Bei einem separablen Zustand erhält man wieder einen reinen Zustand.

Das paradigmatische Beispiel eines verschränkten Zustands ist der EPR-Zustand (EPR bezieht sich auf Einstein, Podolsky und Rosen, genauer sollte man jedoch vom EPR-Bohm-Zustand sprechen), der ein System aus zwei Spin-$\frac{1}{2}$-Teilchen in einem Zustand zum Gesamtdrehimpuls 0 beschreibt. Den beiden Einzelteilchen kann man keine Spinorientierung bezüglich irgendeiner Richtung zuschreiben. Erst bei einer Messung der Spinorientierung bezüglich einer Richtung an einem Teilchen ‚erhält' auch das andere Teilchen eine eindeutige Spin-Komponente bezüglich derselben Richtung. Dieser Effekt ist nichtlokal und scheint der Einstein-Kausalität (keine Signalausbreitung außerhalb des Lichtkegels) zu widersprechen. Allerdings lassen sich diese Korrelationen nicht zur kontrollierten Signalübertragung verwenden.

Die Bell'schen Ungleichungen beziehen sich auf Relationen zwischen der relativen Häufigkeit für das Auftreten verschiedener Eigenschaften, die in jeder lokalen und objektiv realistischen Theorie erfüllt sein müssen. Ihre Verletzung in der Quantenmechanik bedeutet, dass 1) objektive Eigenschaften vor einer Messung im Allgemeinen nicht vorliegen und 2) die Quantenmechanik nichtlokal ist.

8.1   Mathematische Beschreibung von Mehrteilchensystemen

Dieser Abschnitt beschreibt den mathematischen Rahmen für Mehrteilchensysteme, d. h. die Darstellung von Zuständen und Observablen von zusammengesetzten Systemen, ausgedrückt durch die Zustände und Observablen der Teilsysteme.

8.1.1   Das Tensorprodukt von Vektorräumen

In der klassischen Mechanik ist der Phasenraum von N Teilchen das kartesische Produkt der Einteilchenphasenräume, d. h., ein reiner N-Teilchenzustand entspricht einem Punkt in einem $6N$-dimensionalen Phasenraum: jeweils drei Orts- und Impulskomponenten für jedes Teilchen. In der Quantentheorie wird der Zustandsraum über einen Hilbert-Raum definiert. Bei Vektorräumen ist der Produktraum das sogenannte *Tensorprodukt* der beiden Vektorräume: Dazu bildet man zunächst das kartesische Produkt von zwei Basen der Teilräume; dies definiert eine Basis des Produktraums.

Der Produkt-Hilbert-Raum besteht aus sämtlichen Linearkombinationen, die von dieser Basis aufgespannt werden.

Definition 8.1 Seien $\mathcal{H}_1$ und $\mathcal{H}_2$ zwei Hilbert-Räume über demselben Körper mit jeweiligen Basisvektoren $\{|e_i\rangle\}_{i \in I}$ und $\{|f_j\rangle\}_{j \in J}$ (die Indexmengen I für i und J für j müssen nicht gleich sein). Das *Tensorprodukt* $\mathcal{H} = \mathcal{H}_1 \otimes \mathcal{H}_2$ ist definiert als der Vektorraum, der durch die Paare von Basisvektoren $\{|e_i, f_j\rangle\}_{i \in I, j \in J}$ aufgespannt wird. Ein beliebiger Vektor $|x\rangle \in \mathcal{H}$ lässt sich somit immer in der Form

$$|x\rangle = \sum_{i,j} x_{ij} |e_i, f_j\rangle \qquad (8.1)$$

darstellen.

Statt $|e_i, f_j\rangle$ schreibt man manchmal auch $|e_i\rangle|f_j\rangle$ oder $|e_i\rangle \otimes |f_j\rangle$. Seien $|a\rangle = \sum_i a_i |e_i\rangle \in \mathcal{H}_1$ und $|b\rangle = \sum_j b_j |f_j\rangle \in \mathcal{H}_2$ Vektoren aus den einzelnen Hilbert-Räumen, dann ist

$$|a\rangle \otimes |b\rangle = \left(\sum_i a_i |e_i\rangle \right) \otimes \left(\sum_j b_j |f_j\rangle \right) = \sum_{i,j} a_i b_j |e_i, f_j\rangle \qquad (8.2)$$

das Tensorprodukt dieser beiden Vektoren.

Haben $\mathcal{H}_1$ und $\mathcal{H}_2$ jeweils die Dimensionen d_1 bzw. d_2, so hat $\mathcal{H}_1 \otimes \mathcal{H}_2$ die Dimension $d_1 \cdot d_2$. Man unterscheide zwischen dem Tensorprodukt von zwei Vektorräumen und dem kartesischen Produkt der Vektorräume (das man auch als direkte Summe $\mathcal{H}_1 \oplus \mathcal{H}_2$ schreibt). Das kartesische Produkt besteht aus allen Paaren (x, y) von Vektoren $x \in \mathcal{H}_1$ und $y \in \mathcal{H}_2$ mit komponentenweiser Addition und hat die Dimension $d_1 + d_2$.

Für das Skalarprodukt von zwei Vektoren des Tensorproduktraums

$$|x\rangle, |y\rangle \in \mathcal{H}; \quad |x\rangle = \sum_{i,j} x_{ij} |e_i, f_j\rangle; \quad |y\rangle = \sum_{k,l} y_{kl} |e_k, f_l\rangle \qquad (8.3)$$

gilt:

$$\langle y|x\rangle = \sum_{i,j,k,l} y_{lk}^* x_{ij} \langle e_i|e_k\rangle \langle f_j|f_l\rangle \qquad (8.4)$$

und, sofern es sich um Orthonormalbasen handelt

$$\langle y|x\rangle = \sum_{i,j} y_{ji}^* x_{ij}. \qquad (8.5)$$

Diese Definition des Tensorprodukts von Hilbert-Räumen ist nicht sehr elegant, da sie explizit auf Basissysteme in den jeweiligen Hilbert-Räumen Bezug nimmt. Es gibt in der Mathematik zwar eine elegantere Möglichkeit, das Tensorprodukt von zwei

Vektorräumen ohne Bezug auf eine Basis zu definieren, diese Definition ist aber für konkrete Berechnungen sehr unhandlich. Der Nachteil der obigen Definition ist, dass man von relevanten Konzepten (beispielsweise dem Konzept der Verschränkung, s. u.) eigentlich beweisen muss, dass sie nicht von der Wahl der Basisvektoren bei der Konstruktion des Tensorraums abhängen. Für das Folgende sollte man diese Aussage einfach glauben oder ein entsprechendes Mathematikbuch konsultieren.

Seien A_1 ein linearer Operator auf $\mathscr{H}_1$ und A_2 ein linearer Operator auf $\mathscr{H}_2$, dann ist $A_1 \otimes A_2$ ein linearer Operator auf $\mathscr{H}$, der folgendermaßen auf die Basisvektoren wirkt:

$$(A_1 \otimes A_2)(|e_i\rangle \otimes |f_j\rangle) = A_1|e_i\rangle \otimes A_2|f_j\rangle \qquad (8.6)$$

Durch diese Definition ist festgelegt, wie ein solcher Operator auf einen beliebigen Vektor im Tensorproduktraum wirkt. Insbesondere kann man sich leicht überzeugen, dass zwei Operatoren, die auf verschiedene Hilbert-Räume wirken, im Tensorprodukt immer kommutieren:

$$(A_1 \otimes \mathbf{1}_2)(\mathbf{1}_1 \otimes A_2) = (\mathbf{1}_1 \otimes A_2)(A_1 \otimes \mathbf{1}_2) \qquad (8.7)$$

Hier bezeichnet $\mathbf{1}_i$ die Identitätsabbildung in Hilbert-Raum $\mathscr{H}_i$. Oft findet man dafür vereinfacht die Schreibweise

$$[A_1, A_2] = 0, \qquad (8.8)$$

wobei aber betont werden muss, dass sich die Indizes auf verschiedene Vektorräume beziehen und mit A_1 eigentlich $A_1 \otimes \mathbf{1}_2$ gemeint ist und entsprechend A_2 für $\mathbf{1}_1 \otimes A_2$ steht.

Allgemein lässt sich ein Operator B auf $\mathscr{H}$ immer als eine Linearkombination solcher ‚Produktoperatoren' schreiben, d. h.

$$B = \sum_{ij} b_{ij}(A_i \otimes A_j). \qquad (8.9)$$

Nun wird auch die Bra-Ket-Notation für Operatoren einsichtiger: Lineare Abbildungen von einem Vektorraum V in einen Vektorraum W kann man abstrakt als Elemente von $W \otimes V^*$ auffassen, wobei V^* der Dualraum von V ist. Ein solches Element aus $W \otimes V^*$ hat die Eigenschaft, dass man es auf ein Element auf V anwenden muss (das ist der V^*-Anteil, er liefert zunächst eine Zahl) und das Ergebnis ist ein Vektor in W (der W-Anteil, der mit der vorher erhaltenen Zahl multipliziert wird). Diese sehr abstrakte Sichtweise steckt implizit hinter der Bra-Ket-Notation für Operatoren (vgl. Abschn. 4.3).

8.1.2 Separable Zustände und verschränkte Zustände

Ist ein Hilbert-Raum $\mathscr{H}$ das Tensorprodukt von zwei Hilbert-Räumen $\mathscr{H}_1$ und $\mathscr{H}_2$, kann man für Vektoren in dem Tensorproduktraum folgende Eigenschaften definieren:

Definition 8.2 Ein Vektor $|\Psi\rangle \in \mathcal{H}_1 \otimes \mathcal{H}_2$ heißt *separabel*, wenn es Vektoren $|\phi\rangle \in \mathcal{H}_1$ und $|\psi\rangle \in \mathcal{H}_2$ gibt, sodass

$$|\Psi\rangle = |\phi\rangle \otimes |\psi\rangle, \tag{8.10}$$

andernfalls heißt der Vektor $|\Psi\rangle$ (bezüglich des vorgegebenen Tensorprodukts) *verschränkt*.

Hierzu ein paar Anmerkungen:

- Die Begriffe *separabel* bzw. *verschränkt* sind nur in Bezug auf eine Tensorproduktdarstellung eines Hilbert-Raums definiert. Es macht keinen Sinn, von einem verschränkten Zustand *per se* zu sprechen. Ein Zustand kann immer nur *verschränkt in Bezug auf eine Partitionierung* (d. h. Aufteilung des Gesamtsystems in Teilsysteme) sein.
- Die Eigenschaften ‚separabel' und ‚verschränkt' wurden zwar für Vektoren definiert, aber man kann sich leicht davon überzeugen, dass sie auch für physikalische Zustände (also Strahlen bzw. 1-dimensionale lineare Unterräume im Hilbert-Raum) sinnvoll sind: Ist ein Vektor separabel (bzw. verschränkt), dann ist auch ein beliebiges komplexes Vielfaches dieses Vektors separabel (bzw. verschränkt). Die Produktzerlegung von Strahlen ist sogar eindeutig, wohingegen die Zerlegung eines separablen Vektors nicht eindeutig ist, da z. B. $\mathbf{x} \otimes \mathbf{y}$ und $(\frac{1}{\alpha}\mathbf{x}) \otimes (\alpha\mathbf{x})$ denselben Produktvektor definieren.
- Es ist wichtig zu betonen, dass die Konzepte der Separabilität und Verschränktheit nicht von den gewählten Basissystemen in den Hilbert-Räumen abhängen. Auch die Definition des Tensorprodukts hängt nicht von der Wahl der Basen ab.
- Auch wenn die Definitionen für einen separablen bzw. verschränkten Zustand sehr einfach sind, kann es in einem konkreten Fall durchaus schwierig sein zu entscheiden, ob ein gegebener Vektor in Bezug auf eine Tensorproduktzerlegung separabel oder verschränkt ist. In Abschn. 8.1.3 wird ein Kriterium eingeführt, mit dem sich diese Entscheidung zumindest im Prinzip treffen lässt.
- Ein Problem im Zusammenhang mit verschränkten Zuständen ist, dass weder die separablen noch die verschränkten Zustände einen Unterraum (also Vektorraum) von $\mathcal{H}$ bilden. Die Linearkombination zweier separabler Zustände ist meist verschränkt und die Linearkombination verschränkter Zustände kann separabel sein.

8.1.3 Die Teilreduktion von Zuständen

In Abschn. 5.6.2 hatten wir gesehen, dass sich jeder Zustand durch eine Dichtematrix darstellen lässt, wobei reine Zustände den Projektionsoperatoren entsprechen. Sämtliche Eigenschaften allgemeiner Dichtematrizen gelten natürlich auch in Tensorprodukträumen. Eine besondere Konstruktion ist jedoch, dass man ‚Teilreduktionen' vornehmen kann. Man bildet dabei die Spur über nur einen der beiden Hilbert-Räume. Physikalisch kann man das so deuten, dass man alle Information über bzw.

die Korrelationen mit dem ausreduzierten Teilraum ‚vergisst' und sich nur auf die Informationen beschränkt, die man durch lokale Messungen an dem verbliebenen Teilsystem gewinnen kann.

Sei A eine Matrix in einem Produkt-Hilbert-Raum, dann lässt sich (in Bezug auf beliebige orthonormale Basen $\{|e_i\rangle\}$ für $\mathcal{H}_1$ und $\{|f_j\rangle\}$ für $\mathcal{H}_2$) die Matrix folgendermaßen schreiben:

$$A = \sum_{i,j,k,l} a_{ijkl} \, |e_i\rangle|f_j\rangle \, \langle f_k|\langle e_l| \tag{8.11}$$

Wir definieren nun die *Spur* (oder auch *Teilspur*) über den Hilbert-Raum $\mathcal{H}_1$ durch

$$A_2 = \text{Sp}_1 \, A = \sum_n \langle e_n|A|e_n\rangle \tag{8.12}$$

$$= \sum_{ijkl} a_{ijkl} \sum_n \langle e_n|e_i\rangle|f_j\rangle\langle f_k|\langle e_l|e_n\rangle \tag{8.13}$$

$$= \sum_{jk} \left(\sum_n a_{njkn} \right) |f_j\rangle\langle f_k|. \tag{8.14}$$

A_2 ist ein Operator auf $\mathcal{H}_2$, der auf $\mathcal{H}_1$ wirkende Anteil von A wurde ‚ausgespurt'.

Ganz entsprechend kann die Spur über $\mathcal{H}_2$ gebildet werden und man erhält einen Operator auf $\mathcal{H}_1$:

$$A_1 = \text{Sp}_2 \, A = \sum_m \langle f_m|A|f_m\rangle \tag{8.15}$$

$$= \sum_{ijkl} a_{ijkl} \sum_m \langle f_m|f_j\rangle|e_i\rangle\langle e_l|\langle f_k|f_m\rangle \tag{8.16}$$

$$= \sum_{il} \left(\sum_m a_{imml} \right) |e_i\rangle\langle e_l| \tag{8.17}$$

Diese Operationen des teilweisen Ausspurens kann man auch für Dichtematrizen vornehmen. Handelt es sich um die Dichtematrix zu einem separablen reinen Zustand, also um das Tensorprodukt von zwei Projektionsoperatoren,

$$\rho = |\psi\rangle|\phi\rangle \, \langle\phi|\langle\psi| = P_\psi \otimes P_\phi, \tag{8.18}$$

dann erhält man durch die Teilspuren wieder Projektionsoperatoren zu reinen Zuständen:

$$\rho_1 = \text{Sp}_2 \, \rho = |\psi\rangle\langle\psi| = P_\psi \quad \text{und} \quad \rho_2 = \text{Sp}_1 \, \rho = |\phi\rangle\langle\phi| = P_\phi \tag{8.19}$$

Handelt es sich jedoch bei ρ um die Dichtematrix zu einem verschränkten Zustand (d. h., ρ ist zwar ein Projektionsoperator in Gesamt-Hilbert-Raum, aber es gibt keine Projektionsoperatoren P_ϕ und P_ψ, sodass $\rho = P_\phi \otimes P_\psi$), dann beschreiben ρ_1 und

ρ_2 gemischte Zustände. Auf diese Weise erhält man ein praktisches Kriterium zur Überprüfung, ob ein Zustand separabel oder verschränkt ist: Handelt es sich bei den Dichtematrizen der ausreduzierten Teilräume um Projektionsoperatoren, ist der Zustand separabel; sind es Dichtematrizen zu gemischten Zuständen, ist der Zustand verschränkt. Die *von Neumann-Entropie* der reduzierten Dichtematrizen

$$S = \sum_i p_{\alpha, i} \ln p_{\alpha, i} = \mathrm{Sp}\, \rho_\alpha \ln \rho_\alpha \qquad (\alpha = 1, 2) \tag{8.20}$$

wird oft als ein Verschränkungsmaß angesehen (für reine Zustände ist die von Neumann-Entropie null). Man kann beweisen, dass die von null verschiedenen Eigenwerte $\{p_{\alpha, i}\}$ der beiden reduzierten Dichtematrizen gleich sind, sodass auch die beiden von Neumann-Entropien gleich sind.

Physikalisch lässt sich die teilreduzierte Dichtematrix folgendermaßen verstehen: Durch lokale Messungen an einem Teilsystem (z. B. Teilsystem 1) kann man den verschränkten Zustand $|\Psi\rangle$ nicht von einem gemischten Zustand zu der ausreduzierten Dichtematrix unterscheiden. Anders ausgedrückt: Für alle Observablen der Form $A \otimes \mathbf{1}$ sind die Erwartungswerte in einem verschränkten Zustand dieselben wie für die Observable A bezüglich der reduzierten Dichtematrix $\rho_1 = \mathrm{Sp}_2\, P_\Psi A$, d. h., es gilt:

$$\langle \Psi | A \otimes \mathbf{1} | \Psi \rangle = \mathrm{Sp}\, (\rho_1 A) \tag{8.21}$$

Man kann ρ_1 sogar über diese Forderung definieren; das oben angegebene Verfahren ist aber konstruktiver. Eine entsprechende Beziehung gilt für die Dichtematrix, die man für das Teilsystem 2 durch Ausreduktion von Teilsystem 1 erhält.

Man kann auch Verschränkungsmaße für gemischte Zustände formulieren, allerdings handelt es sich hier um ein sehr komplexes Thema, das immer noch Teil der aktuellen Forschung ist. Ebenfalls ein schwieriges und noch nicht abgeschlossenes Forschungsgebiet ist die Untersuchung von Verschränkungsmaßen von (reinen und gemischten) Zuständen in Hilbert-Räumen, die das Tensorprodukt von mehr als zwei Zustandsräumen sind, d. h. bezüglich einer Partition des Gesamtsystems in mehr als zwei Teilsysteme. Ein guter Übersichtsartikel zu Verschränkungsmaßen ist [46].

8.2 Identische Teilchen und Statistik

Im Jahre 1925 formulierte Pauli sein *Ausschließungsprinzip*. Es besagt im Wesentlichen, dass keine zwei Elektronen in einem Atom denselben quantenmechanischen Zustand besetzen können, d. h., keine zwei Elektronen können in einem Atom dieselben Quantenzahlen (n, l, m, s) haben, wobei neben den Quantenzahlen (n, l, m) zur Beschreibung des räumlichen Zustands eines Elektrons noch die von Pauli postulierte zweiwertige Spinquantenzahl s berücksichtigt wird. Auf diese Weise konnte man erklären, weshalb in einem Atom nicht alle Elektronen den Grundzustand besetzen, was die beobachteten Spektrallinien nicht hätte erklären können. Dies führte gleichzeitig zu einem Verständnis des Periodensystems durch die Konfigurationen von Elektronen in einem Atom.

Hinter dem Pauli-Prinzip steht eine allgemeinere Forderung der Quantentheorie: Zustände, die sich physikalisch nicht unterscheiden lassen, sind zu identifizieren und werden mathematisch durch denselben Strahl beschrieben. Das bedeutet insbesondere, dass bei mehreren identischen Teilchen ein Austausch der Quantenzahlen für diese Teilchen den Zustand nicht verändert (wir können Elektronen nicht ‚markieren‘, außer durch ihre Quantenzahlen). Es zeigt sich, dass in diesem Fall ein Austausch von zwei Teilchen einen Zustandsvektor $|\psi\rangle$ nur um ein Vorzeichen verändern darf und dass dieses Vorzeichen von der Natur der Teilchen – Bosonen oder Fermionen – abhängt.

8.2.1 Bosonen, Fermionen und das Spin-Statistik-Theorem

Vereinfacht besagt das Spin-Statistik-Theorem, dass identische Fermionen durch einen total antisymmetrischen Zustand und identische Bosonen durch einen total symmetrischen Zustand beschrieben werden müssen.

In der Quantenmechanik müssen diese Eigenschaften für Fermionen und Bosonen zusätzlich gefordert werden, d. h., sie stellen ein zusätzliches Postulat der Quantenmechanik dar. In einer Theorie, bei der man Teilchensysteme durch Erzeuger- und Vernichteroperatoren von Teilchen beschreibt (d. h., die Mehrteilchenzustände erhält man aus einem Grundzustand durch Anwendung von entsprechenden Erzeugeroperatoren – man spricht in diesem Fall auch schon mal von einer *Zweitquantisierten Theorie*), lassen sich diese Postulate auf die Forderung zurückführen, dass die Erzeugeroperatoren (und entsprechend auch die Vernichteroperatoren) von Bosonen untereinander kommutieren, wohingegen die Erzeugeroperatoren und Vernichteroperatoren von Fermionen untereinander antikommutieren. In einer relativistischen Quantenfeldtheorie, bei der man unter anderem auch Lorentz-Invarianz fordert, lässt sich das *Spin-Statistik-Theorem* aus allgemeinen Forderungen sowie den Eigenschaften der Darstellungen der Lorentz-Gruppe beweisen (siehe z. B. [76]).

An dieser Stelle wird das Spin-Statistik-Theorem formuliert, in Abschn. 8.2.2 wird beschrieben, wie man in konkreten Fällen einen Zustand total symmetrisieren bzw. antisymmetrisieren kann.

Allgemein unterscheidet man zwei Arten von Teilchen:

1. *Bosonen* haben einen ganzzahligen Spin, sie genügen der sogenannten *Bose-Einstein*-Statistik, d. h., ein Zustand, der identische Bosonen beschreibt, ist total symmetrisch. Daraus folgt, dass beliebig viele Bosonen dieselben Einteilchenquantenzustände einnehmen können.[1]
   Die Bosonen im Standardmodell sind die ‚Austauschteilchen‘: das Photon (γ), die $W^{\pm}$-Bosonen, das Z-Boson und die Gluonen. Sie alle haben Spin 1. Außerdem gehört zum Standardmodell der Elementarteilchen noch das Higgs-Teilchen als

---

[1]Diese Aussage gilt streng genommen nur für wechselwirkungsfreie Teilchen, bei denen der Mehrteilchenzustand bis auf die Symmetrisierung ein Produkt aus Einteilchenzuständen ist.

Boson mit Spin 0. Sollte eine Theorie der Quantengravitation die Eigenschaften haben, die man aus der klassischen Relativitätstheorie vermuten würde, so gibt es ein Austauschteilchen der Gravitation, das sogenannte Graviton, das Spin 2 haben sollte. Außerdem gibt es natürlich zusammengesetzte Teilchen mit ganzzahligem Spin, beispielsweise die Mesonen oder auch ^{4}He-Atome.

2. *Fermionen* haben einen halbzahligen Spin, sie genügen der *Fermi-Dirac*-Statistik und der Zustand eines Systems aus identischen Fermionen ist total antisymmetrisch. Dies hat zur Folge, dass jeder Einteilchenzustand in einem System aus mehreren identischen (und näherungsweise wechselwirkungsfreien) Fermionen maximal nur einmal besetzt sein kann.

Ein Fermion hat immer einen halbzahligen Spin, also $s = \frac{1}{2}, \frac{3}{2}, \frac{5}{2}, \ldots$. Im Standardmodell der Elementarteilchen sind alle ‚Materieteilchen' Fermionen und tragen den Spin $s = \frac{1}{2}$. Dazu zählen die Leptonen (Elektronen, Myonen, Tau-Teilchen und die zugehörigen Neutrinos) und die Quarks (Up, Down, Strange, Charm, Top, Bottom) sowie die zugehörigen Antiteilchen. ‚Zusammengesetzte' Elementarteilchen wie Baryonen können auch höheren halbzahligen Spin haben, beispielsweise haben Δ, Σ und Ξ-Teilchen den Spin $s = \frac{3}{2}$. ^{3}He-Atome sind ebenfalls Fermionen.

8.2.2 Symmetrisierung und Antisymmetrisierung von Mehrteilchenzuständen

In diesem Abschnitt wird beschrieben, wie man einen total symmetrischen bzw. antisymmetrischen Zustand konstruiert und weshalb in einem Fall ein Einteilchenquantenzustand mit beliebig vielen Teilchen besetzt sein kann, im anderen Fall (Antisymmetrie) aber nur maximal mit einem Teilchen.

Wir betrachten zunächst der Einfachheit halber den Fall $N = 2$, d. h., es seien zwei ununterscheidbare Teilchen gegeben. Die zeitunabhängige Schrödinger-Gleichung könnte in diesem Fall lauten:

$$\left(-\frac{\hbar^2}{2m}\left(\Delta_x + \Delta_y \right) + V(\mathbf{x}, \mathbf{y}) \right) \psi(\mathbf{x}, \mathbf{y}) = E \psi(\mathbf{x}, \mathbf{y}) \tag{8.22}$$

Da es sich um identische Teilchen handelt, sind die Massen m gleich und auch das Potenzial ist symmetrisch, $V(\mathbf{x}, \mathbf{y}) = V(\mathbf{y}, \mathbf{x})$. Bei dem Potenzial kann es sich sowohl um ein externes Potenzial handeln, das dann die Form $V(\mathbf{x}) + V(\mathbf{y})$ annimmt, als auch um eine Wechselwirkung, beispielsweise der Form $V(|\mathbf{x} - \mathbf{y}|)$. Das bedeutet: Falls $\psi(\mathbf{x}, \mathbf{y})$ eine Lösung der Gleichung ist, ist auch $\psi(\mathbf{y}, \mathbf{x})$ eine Lösung der Gleichung zum selben Energieeigenwert.

Die symmetrisierte bzw. antisymmetrisierte Wellenfunktion, die als Lösung für identische Teilchen zu nehmen ist, lautet dann

$$\psi_{S/A}(\mathbf{x}, \mathbf{y}) = \mathcal{N}_{S/A}\Big(\psi(\mathbf{x}, \mathbf{y}) \pm \psi(\mathbf{y}, \mathbf{x}) \Big), \tag{8.23}$$

wobei sich die Vorzeichen $+$ auf den symmetrisierten und $-$ auf den antisymmetrisierten Fall beziehen. Die Normierungskonstanten $\mathcal{N}_{S/A}$ sind so zu wählen, dass die (anti-)symmetrisierten Wellenfunktionen auf 1 normiert sind:

$$\int_V d^3x \int_V d^3y \, |\psi_{S/A}(\mathbf{x}, \mathbf{y})|^2 = 1 \tag{8.24}$$

Im allgemeinen Fall soll es sich um N identische Fermionen bzw. Bosonen handeln. Daher ist der N-Teilchenzustand zunächst ein Element (ich verwende hier die Vektorsprechweise, das Gesagte lässt sich aber auch für Strahlen bzw. Dichtematrizen verallgemeinern) des N-fachen Tensorprodukts gleichartiger Hilbert-Räume $\mathcal{H}_\alpha$ ($\alpha = 1, \ldots, N$):

$$\mathcal{H}_{\text{ges}} = \mathcal{H}_1 \otimes \mathcal{H}_2 \otimes \ldots \otimes \mathcal{H}_N = \bigotimes_\alpha \mathcal{H}_\alpha \tag{8.25}$$

Sei $\{|e_i\rangle_\alpha\}$ eine Basis von $\mathcal{H}_\alpha$, so lässt sich ein Zustand in diesem Tensorproduktraum allgemein in folgender Form schreiben:

$$|\Psi\rangle = \sum_{i_1,\ldots,i_n} \psi_{i_1,i_2,\ldots,i_N} |e_{i_1}\rangle_1 \otimes |e_{i_2}\rangle_2 \otimes \ldots \otimes |e_{i_N}\rangle_N \tag{8.26}$$

Auf die Basisvektoren dieses Tensorproduktraums wirkt die Permutationsgruppe von N Elementen: Sei $P_\sigma \in S_N$ eine Permutation von N Elementen, d. h.

$$P_\sigma(i_1,\ldots,i_N) = (\sigma(i_1),\ldots,\sigma(i_N)), \tag{8.27}$$

dann ist

$$P_\sigma\Big(|e_{i_1}\rangle_1 \otimes |e_{i_2}\rangle_2 \otimes \ldots \otimes |e_{i_N}\rangle_N\Big) = |e_{\sigma(i_1)}\rangle_1 \otimes |e_{\sigma(i_2)}\rangle_2 \otimes \ldots \otimes |e_{\sigma(i_N)}\rangle_N. \tag{8.28}$$

(Ich habe hier dasselbe Symbol P_σ verwendet, obwohl es sich im oberen Fall um eine Darstellung der Permutationsgruppe auf geordneten Folgen von N Elementen handelt, im letzteren Fall um die Darstellung von P_σ auf den Basisvektoren des Produkt-Hilbert-Raums.) Eine Permutation ist also zunächst nur eine Abbildung auf der Menge der Basisvektoren – sie ordnet jedem Basisvektor einen (im Allgemeinen anderen) Basisvektor zu –, wird jedoch wegen der Linearität im Hilbert-Raum zu einer Transformation auf den Zuständen

$$P_\sigma|\Psi\rangle \equiv |\Psi^\sigma\rangle = \sum_{i_1,\ldots,i_n} \psi_{i_1,i_2,\ldots,i_N} |e_{\sigma(i_1)}\rangle_1 \otimes |e_{\sigma(i_2)}\rangle_2 \otimes \ldots \otimes |e_{\sigma(i_N)}\rangle_N. \tag{8.29}$$

Da auf der rechten Seite über alle Basisvektoren zu summieren ist, kann man die Wirkung von P_σ auch auf die Koeffizienten $\psi_{i_1,i_2,\ldots,i_N}$ zurückziehen. Für das Folgende macht dies keinen Unterschied.

Jede Permutation lässt sich als ‚gerade' oder ‚ungerade' klassifizieren, je nachdem, ob man sie durch eine gerade oder ungerade Anzahl von Paarvertauschungen darstellen kann. Diese Klassifikation ist eindeutig, d. h., es gibt keine Permutation, die man sowohl durch eine gerade als auch durch eine ungerade Anzahl von Paarvertauschungen ausdrücken kann. Diese Größe $(-1)^\sigma$ bezeichnet man auch als das Vorzeichen einer Permutation. Wir bezeichnen einen Zustand als *total antisymmetrisch*, wenn für alle Permutationen P_σ gilt

$$P_\sigma |\Psi\rangle = |\Psi^\sigma\rangle = (-1)^\sigma |\Psi\rangle, \tag{8.30}$$

und als *total symmetrisch*, wenn

$$P |\Psi\rangle = |\Psi^\sigma\rangle = |\Psi\rangle. \tag{8.31}$$

Das *Spin-Statistik-Theorem* besagt, dass Zustände zu identischen Fermionen immer total antisymmetrisch und Zustände zu identischen Bosonen immer total symmetrisch sein müssen.

Jeder Produkt-Hilbert-Raum $\mathcal{H}_{\text{ges}}$ lässt sich in eine Summe von Teilräumen zerlegen, die zu bestimmten Darstellungen der Permutationsgruppe gehören. Hier interessieren nur die beiden Teilräume zu den 1-dimensionalen Darstellungen, also die Teilräume mit den total antisymmetrischen und den total symmetrischen Zuständen. Bei Zweiteilchenzuständen lässt sich der gesamte Hilbert-Raum in diese beiden Teilräume zerlegen, bei Mehrteilchenzuständen treten auch nichttriviale Darstellungen der Permutationsgruppe auf, die aber bisher in der Quantentheorie keine Rolle zu spielen scheinen.[2]

Der physikalische Hilbert-Raum für ein System aus N identischen Fermionen besteht also aus dem Unterraum der total antisymmetrischen Zustände.

Betrachten wir dazu einige Beispiele:

1. Bei zwei Teilchen, die jeweils n verschiedene Zustände annehmen können, ist der Produkt-Hilbert-Raum n^2 dimensional. Der total antisymmetrische Unterraum hat $n(n-1)/2$ Dimensionen und der total symmetrische Unterraum $n(n+1)/2$ Dimensionen. Bei zwei Elektronen, für die nur der Spinfreiheitsgrad relevant ist (also $n = 2$), ist der total antisymmetrische Unterraum eindimensional (dies ist der EPR-Zustand für identische Teilchen, s. u.) und der total symmetrische Unterraum dreidimensional.

2. Für drei Teilchen, bei denen jeweils nur zwei Zustände möglich sind, gibt es keinen total antisymmetrischen Unterraum (da man drei Teilchen nicht auf zwei Zustände verteilen kann, ohne dass ein Zustand mindestens doppelbesetzt ist). Der total symmetrische Unterraum ist vierdimensional.

---

[2] Ausnahmen können bestimmte Quasiteilchen – sogenannte Anyonen – in zwei Raumdimensionen, z. B. bei Grenzflächen, sein.

Die folgende Vorschrift erlaubt es, zu einem beliebigen Zustand $|\Psi\rangle$ in $\mathscr{H}_{\text{ges}}$ den total antisymmetrisierten bzw. total symmetrisierten Zustand durch eine Projektion zu konstruieren: Dazu summiert man über die gesamte Permutationsgruppe, bei Fermionen zusammen mit den ‚Charakteren' $(-1)^\sigma$:

$$|\Psi\rangle^A = \frac{1}{\mathscr{N}_A} \sum_\sigma (-1)^\sigma P_\sigma |\Psi\rangle = \frac{1}{\mathscr{N}_A} \sum_\sigma (-1)^\sigma |\Psi^\sigma\rangle \qquad (8.32)$$

$$|\Psi\rangle^S = \frac{1}{\mathscr{N}_S} \sum_\sigma P_\sigma |\Psi\rangle = \frac{1}{\mathscr{N}_S} \sum_\sigma |\Psi^\sigma\rangle \qquad (8.33)$$

$\mathscr{N}_{A/S}$ sind Normierungsfaktoren.

Hat man also eine Lösung der Schrödinger-Gleichung zu einem N-Teilchen-problem gefunden und soll es sich bei den N Teilchen um identische Teilchen handeln, erhält man durch diese Projektionen auf den total antisymmetrischen bzw. total symmetrischen Unterraum die jeweiligen Lösungen für Fermionen bzw. Bosonen.

Man erkennt nun auch, weshalb keine zwei Fermionen einen Zustand mit denselben Quantenzahlen besetzen können. In diesem Fall wäre nämlich $\psi_{ij\dots}$ symmetrisch unter Vertauschung dieser beiden Fermionen, d. h. unter Vertauschung dieser Quantenzahlen, aber der Tausch der Basisvektoren ergibt ein Minus-Zeichen. Damit heben sich die beiden Terme insgesamt weg und der antisymmetrisierte Zustand verschwindet. Bei Bosonen hingegen addieren sich diese beiden Zustände. Bildet man anschließend das Absolutquadrat (zur Berechnung der Wahrscheinlichkeiten bzw. Intensitäten), so fallen solche mehrfach besetzten Zustände bei Bosonen besonders stark ins Gewicht. Die Symmetrisierung bzw. Antisymmetrisierung wirkt also scheinbar wie eine Wechselwirkung: Fermionen tendieren dazu, sich abzustoßen, Bosonen tendieren dazu, sich anzuziehen. Hierbei handelt es sich aber nicht um eine Wechselwirkung im üblichen Sinne (mit Energieaustausch), sondern um einen reinen Statistikeffekt.

8.3 EPR und Quantenkorrelationen

Im Jahre 1935 veröffentlichten Albert Einstein, Boris Podolsky und Nathan Rosen einen Artikel *Can quantum-mechanical description of physical reality be considered complete?* [26] Dieser Artikel machte die ungewöhnlichen und überraschenden Folgerungen aus der Existenz verschränkter Zustände in der Quantentheorie besonders deutlich und er ist immer noch Gegenstand von Grundsatzdiskussionen zur Quantentheorie. Der Angriff der drei Autoren – kurz EPR genannt – galt der Behauptung, die Quantenmechanik sei vollständig und würde allen Freiheitsgraden Rechnung tragen, die physikalisch von Bedeutung und sinnvoll sind. In ihrer Arbeit kamen sie zu dem Schluss, dass es gewisse ‚Elemente der Realität' geben müsse, die von der Quantenmechanik nicht beschrieben werden. Daher sei diese nicht vollständig.

EPR haben ursprünglich ihr scheinbares Paradoxon anhand eines Zweiteilchensystems beschrieben, bei dem die Orts- und Impulsvariablen der einzelnen Teilchen verschränkt sind. Lediglich der Gesamtimpuls und die Relativkoordinate liegen fest, was kein Widerspruch ist, da diese beiden Größen miteinander kommutieren. Ich beschreibe hier das Paradoxon anhand der Spinfreiheitsgrade von zwei Elektronen. Diese Version geht auf David Bohm zurück und vermeidet die formalen Schwierigkeiten im Zusammenhang mit den Eigenfunktionen zum Ort bzw. Impuls, die nichts mit dem eigentlichen Problem zu tun haben. Statt der Spinfreiheitsgrade kann man ebenso gut auch die Polarisationsfreiheitsgrade von Photonen betrachten.

Gegeben seien zwei Spin-$\frac{1}{2}$-Teilchen in dem Zustand, bei dem der Gesamtdrehimpuls $S = S_1 + S_2$ verschwindet. Dieser sogenannte EPR-Zustand hat die Form:

$$|\Psi_{EPR}\rangle = \frac{1}{\sqrt{2}} (|\uparrow\rangle_1 \otimes |\downarrow\rangle_2 - |\downarrow\rangle_1 \otimes |\uparrow\rangle_2) \qquad (8.34)$$

Die Indizes 1 und 2 beziehen sich dabei auf Teilchen 1 und Teilchen 2. Diese beiden Teilchen können unterscheidbar sein, entweder, weil sie einen großen Abstand voneinander haben und der Ort die Teilchen identifiziert, oder weil es sich um verschiedene Teilchenarten handelt – EPR setzen nicht voraus, dass die verschränkten Systeme ununterscheidbar sind. Die Symbole $\uparrow$ und $\downarrow$ in den Ket-Klammern bezeichnen die beiden möglichen Polarisationen des Spins bezüglich einer vorgegebenen Richtung, beispielsweise der z-Richtung. Allerdings ist der Zustand invariant unter beliebigen Drehungen (es handelt sich um den rotationssymmetrischen Zustand mit Gesamtdrehimpuls $S = 0$), die Antikorrelation gilt also bezüglich jeder Richtung (vgl. Übung 8.1).

Dieser Zustand ist verschränkt, d. h., es gibt keine Basis, in der dieser Zustand faktorisiert. Keinem der beiden Teilchen kann ein wohldefinierter Spinzustand zugesprochen werden. Bildet man die Teilspur über einen Spinfreiheitsgrad (siehe Übung 8.2) erhält man für den verbliebenen Freiheitsgrad $\rho = \frac{1}{2}\mathbf{1}$, also eine Dichtematrix zu ‚maximaler Unkenntnis'. Durch lokale Messungen, also Messungen an nur einem der Spinfreiheitsgrade, kann man diesen Zustand nicht von einem Gemisch von Spinzuständen unterscheiden.

Der EPR-Zustand ist eine Superposition von zwei Beiträgen, bei denen jeweils eine Spinkomponente eines Teilchens antikorreliert ist mit der entsprechenden Spinkomponente des anderen Teilchens. Wann immer man an einem Teilchen eine Messung des Spins bezüglich irgendeiner Richtung vornimmt, weiß man, dass die Spinkomponente des anderen Teilchens bezüglich derselben Richtung den entgegengesetzten Wert hat. Diese Eigenschaft kann man an beliebig vielen gleichartig präparierten Systemen kontrollieren: Bezüglich derselben Richtung sind die beiden Spinkomponenten immer antikorreliert!

EPR argumentieren nun folgendermaßen: Wenn wir an Teilchen 2 eine Spinmessung bezüglich irgendeiner Richtung vornehmen, können wir das Ergebnis der entsprechenden Messung an dem anderen Teilchen mit 100-prozentiger Sicherheit vorhersagen, ohne an diesem Teilchen irgendeine Veränderung (Messung) vorgenommen zu haben.[3] Da Teilchen 1 aber nicht ‚weiß', bezüglich welcher Richtung

---

[3]Hier hilft es, sich die beiden Teilchen in sehr großer Entfernung voneinander vorzustellen. Verschränkte Zustände wurden über mehr als 1200 km Abstand nachgewiesen [79]. Im Prinzip setzt

an Teilchen 2 eine Messung vorgenommen wird, wir aber trotzdem anschließend vorhersagen können, was eine Messung an diesem Teilchen bezüglich der (von dem Experimentator willkürlich gewählten) Richtung ergeben wird, muss dieses Ergebnis schon vorher festliegen. Es muss also einen bisher nicht bekannten Freiheitsgrad geben, der für dieses Ergebnis verantwortlich ist. Diese Forderung bezeichnen EPR als ‚Elemente der Realität'. Ihre Definition lautet: „Wenn wir an einem System, ohne dieses in irgendeiner Weise zu stören, mit Sicherheit … das Ergebnis einer Messung vorhersagen können, dann muss es ein Element der Realität geben, das diesem Freiheitsgrad entspricht". Da die Quantenmechanik diesem Element der Realität nicht Rechnung trägt, ist die Quantenmechanik nicht vollständig.

Zeitgenössische Reaktionen auf EPR

Die Reaktion der zeitgenössischen Physiker und Mitbegründer der Quantenmechanik auf den Artikel von Einstein, Podolsky und Rosen war sehr unterschiedlich. Wolfang Pauli schrieb unmittelbar nach der Veröffentlichung einen Brief an Werner Heisenberg, in dem er ihn aufforderte, eine Antwort auf den EPR-Artikel zu verfassen [64]. In diesem Brief bemerkt er unter anderem: *Einstein hat sich wieder einmal zur Quantenmechanik öffentlich geäußert … (gemeinsam mit Podolsky und Rosen – keine gute Kompanie übrigens). Bekanntlich ist das jedes Mal eine Katastrophe, wenn es geschieht. ‚Weil, so schließt er messerscharf - nicht sein kann, was nicht sein darf.' (Morgenstern). … Immerhin möchte ich ihm zugestehen, dass ich, wenn mir ein Student in jüngeren Semestern solche Einwände machen würde, diesen für ganz intelligent und hoffnungsvoll halten würde.*

Die Argumentation von EPR ist verblüffend einfach und dementsprechend hatte beispielsweise Niels Bohr große Schwierigkeiten, eine passende Antwort zu finden. Sein damaliger Assistent Léon Rosenfeld schreibt dazu „… this onslaught came down on us as a bolt from the blue", und er beschreibt die Schwierigkeiten, die Bohr bei der Formulierung der Antwort hatte.

In einem Artikel mit demselben Titel wie die EPR-Arbeit [14] schreibt Niels Bohr, dass eine physikalische Messung (hier an Teilchen 2) nicht unbedingt eine ‚mechanische Störung' für Teilchen 1 bedeuten muss (wie schon erwähnt, können die beiden Teilchen theoretisch Lichtjahre voneinander entfernt sein und die jeweiligen Messungen innerhalb der jeweiligen Lichtkegel – also im Sinne der Relativitätstheorie außerhalb der jeweiligen kausalen Einflussbereiche – stattfinden). Er fährt dann aber fort, dass eine solche Messung jedoch „einen Einfluss auf die Möglichkeiten der Vorhersagen zukünftiger Messungen" hat. Die Antwort von Bohr wird oftmals so gedeutet, dass er dem Quantenzustand eines Systems keine von unserer Erfahrung unabhängige Rea-

---

die Quantentheorie hier aber keine Grenzen, sodass auch Messungen an Teilchenpaaren – eines hier auf der Erde und das andere in einer anderen Galaxie – diese Ergebnisse liefern sollten.

lität zuschreibt und dieser somit subjektiv ist. Die Reduktion besteht für Bohr (und Heisenberg hat dies später explizit betont [42]) lediglich in der Änderung unseres Wissens über das System.

Der Begriff ‚Verschränkung' wurde von Erwin Schrödinger geprägt und erscheint zum ersten Mal in einer Reihe von Artikeln, die er als Antwort auf die EPR-Arbeit verfasste [73]. Auch Schrödinger betont die Subjektivität des Quantenzustands, indem er „die Wellenfunktion als Katalog von Erwartungen" beschreibt.

Interessant ist, dass EPR in ihrem Artikel nicht die Widerspruchsfreiheit des quantenmechanischen Formalismus angreifen. Sie hätten dies durch folgende Argumentation scheinbar leicht tun können: Angenommen, wir messen die Polarisation an Teilchen 2 in x-Richtung. Dann kennen wir damit auch die Polarisation von Teilchen 1 in x-Richtung (wegen der Antikorrelation). Messen wir nun die Polarisation von Teilchen 1 in z-Richtung, kennen wir sowohl seine Polarisation in z- als auch in x-Richtung, was nach den Unschärferelationen nicht möglich sein sollte. In ähnlicher Form hatte Einstein bei seinen früheren Angriffen auf die Quantenmechanik argumentiert. Bohr hatte immer damit gekontert, dass wir die Vorhersage, die wir für die x-Richtung der Polarisation von Teilchen 1 treffen, nicht mehr kontrollieren können, nachdem wir die z-Richtung gemessen haben. Somit sei diese Vorhersage nicht überprüfbar. EPR greifen in ihrem Artikel die scheinbare Unvollständigkeit der Quantenmechanik an, nicht ihre scheinbare Widersprüchlichkeit.

Es sollte abschließend noch betont werden, dass die Korrelationen bzw. Antikorrelationen von verschränkten Zuständen nicht zu einer kontrollierten Signalübertragung (und damit zu einer Kommunikation) verwendet werden können, da der Experimentator keinen Einfluss auf das Ergebnis einer Spinmessung hat. In diesem Sinne gleichen diese Korrelationen sogenannten Common-Cause-Korrelationen in klassischen Systemen, bei denen aufgrund einer gemeinsamen Ursache (dem Common Cause) eine Korrelation vorliegt. Beispielsweise kann eine Person zwei Briefe identischen Inhalts an zwei andere, weit voneinander entfernte Personen schicken, die diese Briefe gleichzeitig öffnen und somit zeitgleich wissen, was die andere Person in diesem Augenblick liest. Trotzdem kann die eine Person der anderen Person auf diese Weise keine Information senden. Es gibt in diesem Fall jedoch die ‚Elemente der Realität', denn der Inhalt der Briefe liegt ja schon vor, bevor die Personen die Briefe öffnen. Eine ähnliche ‚verborgene Variable' stellten sich wohl auch EPR vor, als sie das Paradoxon formulierten und zu dem Schluss kamen, die Quantentheorie sei nicht vollständig. Wie wir in Abschn. 8.4 sehen werden, kann es verborgene Variable dieser Art in der Quantentheorie nicht oder nur unter sehr eingeschränkten Bedingungen geben.

8.4   Bell'sche Ungleichungen

Mitte der 60er Jahre des 20. Jahrhunderts ging John Bell in mehreren Artikeln der Frage nach, ob es diese ‚Elemente der Realität' – heute würde man meist von ‚verborgenen Variablen' sprechen, da diese Freiheitsgrade nach der Quantentheorie nicht beobachtbar sein sollten – wirklich geben kann [5,6]. Zu diesem Zeitpunkt gab es bereits mehrere sogenannte No-Go-Theoreme, welche die Existenz verborgener Variabler auszuschließen schienen. Das bekannteste dieser No-Go-Theoreme stammte von Johann von Neumann und wurde 1932 in seinem Buch zu den mathematischen Grundlagen der Quantenmechanik [61] veröffentlicht. (Eine sehr frühe Kritik an diesem Theorem kam von der Philosophin und Mathematikerin Grete Hermann; siehe die ‚Grey Box' in Kap. 19.)

Nachdem David Bohm im Jahre 1952 eine Erweiterung der Quantenmechanik im Sinne von verborgenen Variablen gelang und somit das scheinbar Unmögliche wahr geworden war, machte sich John Bell an die Untersuchung der bisherigen No-Go-Theoreme, um deren Schwachstellen zu finden. Insbesondere war ihm bewusst, dass die Bohm'sche Mechanik keine lokale Theorie ist, d. h., physikalisch objektiv vorhandene Entitäten (das Führungsfeld, vgl. Kap. 19) ändern sich instantan und global als Folge einer Messung. Bells eigentliches Anliegen war die Frage, ob man nicht eine Theorie mit verborgenen Variablen konstruieren kann, die lokal, d. h., mit dem Kausalitätsverständnis der Relativitätstheorie vereinbar ist. Das Ergebnis seiner Überlegungen – die Bell'schen Ungleichungen – zeigen, dass keine lokale Theorie die experimentellen Vorhersagen der Quantenmechanik reproduzieren kann.

8.4.1   Bell'sche Ungleichungen – die Version von Wigner und d'Espagnat

Die folgende anschauliche Herleitung einer Bell'schen Ungleichung (es gibt mehrere verschiedene Versionen von Bell'schen Ungleichungen) geht ursprünglich auf Eugene Wigner und in der hier vorgestellten Form auf Bernard d'Espagnat zurück [28].

Wir nehmen an, es gebe drei verschiedene Observablen A, B und C, die als Ergebnisse jeweils nur zwei mögliche Werte (z. B. $+1$ und -1) zulassen. Ein klassisches Beispiel wäre ein System aus drei Münzen, die jeweils ‚Kopf' oder ‚Zahl' zeigen können. Aus einem tieferliegenden Grund (in der Quantentheorie aufgrund nicht kommutierender Observablen) kann man aber an einem System jeweils nur zwei dieser Observablen messen, dafür kann man aber an beliebig vielen gleichartig präparierten Systemen solche Messungen vornehmen. Wir teilen nun ein ausreichend großes Ensemble solcher Systeme in drei gleich große Gruppen. Bei der ersten Gruppe messen wir die Observablen A, B, bei der zweiten die Observablen B und C und bei der dritten die Observablen A und C.

Die Behauptung ist nun, dass die Häufigkeit der Systeme, bei denen die Observablen A und C gemessen werden und die Ergebnisse *verschieden* sind, immer kleiner ist als die Summe der Fälle, bei denen A und B bzw. B und C gemessen werden und die Ergebnisse verschieden sind. Anschaulich bedeutet das: Wann immer A und C verschieden sind, müssen auch entweder A und B oder aber B und C verschieden sein, bzw. in der Umkehrung: A und C können nicht verschieden sein, wenn sowohl A und B als auch B und C gleich sind. In diese Argumentation geht die wesentliche Annahme ein, dass die Messwerte für alle drei Observablen festliegen (dies sind die ‚verborgenen Variablen' bzw. die ‚Elemente der Realität'), auch wenn nur zwei dieser Observablen gemessen werden können.

Die Ungleichung lautet also:

$$N^-(A, C) \leq N^-(A, B) + N^-(B, C), \qquad (8.35)$$

wobei N^- andeuten soll, dass nur die Fälle gezählt werden, bei denen die beiden jeweiligen Observablen verschiedene Werte annehmen. Der Physiker John Clauser drückte diese Ungleichung einmal in der Form aus (aus [36]): „Die Anzahl der jungen Nichtraucher plus die Anzahl der weiblichen Raucher aller Altersstufen ist größer oder gleich der Gesamtzahl aller jungen Frauen (Raucher und Nichtraucher)." Es sei dem Leser überlassen, die Beziehung zu obiger Ungleichung herzustellen.

Man kann sich von der Richtigkeit dieser Ungleichung leicht anhand einer Tabelle überzeugen, die alle acht Möglichkeiten für die Werte der Observablen auflistet (vgl. Tab. 8.1a). Die Ereignisse, die zur linken Seite von Ungleichung 8.35 beitragen, sind eine Teilmenge der Ereignisse, die zur rechten Seite beitragen. Allerdings beachte man, dass es sich um eine statistische Ungleichung handelt. Überprüft man nur wenige Systeme oder misst man die Observablenpaare nicht mit derselben Häufigkeit, kann die Ungleichung verletzt sein.

Wie kann man aber in der Quantentheorie eine Situation finden, bei der die Ungleichungen verletzt sind? Da alle Observablen A, B, C paarweise gleichzeitig gemessen werden, müssen alle drei Observablen auch paarweise kommutieren, doch dann kann man auch alle drei Observablen gleichzeitig messen und die Ungleichung kann nicht verletzt sein.

Tab. 8.1 **a** Für die Ergebnisse von drei Observablen A, B, C, die jeweils nur zwei Werte annehmen können, gibt es insgesamt acht Möglichkeiten. In allen Fällen, in denen die Observablen A und C verschiedene Werte haben, haben entweder A und B oder A und C verschiedene Werte. **b** Dieselbe Tabelle nochmals für zwei Teilchen, die bezüglich aller Observablen antikorreliert sind. Da eine Observable an Teilchen 1 und die zweite Observable an Teilchen 2 gemessen wird, zählen nun die Ereignisse, bei denen die Messwerte gleich sind

a

A	B	C	$A \neq C$	$A \neq B$	$B \neq C$
+1	+1	+1			
+1	+1	−1	×		×
+1	−1	+1		×	×
+1	−1	−1	×	×	
−1	+1	+1	×	×	
−1	+1	−1		×	×
−1	−1	+1	×		×
−1	−1	−1			

b

A_1	B_1	C_1	A_2	B_2	C_2	$n^+(A,C)$	$n^+(A,B)$	$n^+(B,C)$
+1	+1	+1	−1	−1	−1			
+1	+1	−1	−1	−1	+1	×		×
+1	−1	+1	−1	+1	−1		×	×
+1	−1	−1	−1	+1	+1	×	×	
−1	+1	+1	+1	−1	−1	×	×	
−1	+1	−1	+1	−1	+1		×	×
−1	−1	+1	+1	+1	−1	×		×
−1	−1	−1	+1	+1	+1			

John Bell erkannte, dass sich die Frage nach den ‚Elementen der Realität' an verschränkten Teilchenpaaren (beispielsweise im EPR-Zustand) untersuchen lässt. Da die Werte bei Spinmessungen entlang derselben Richtung an den beiden Teilsystemen immer *anti*korreliert sind, kann man eine der beiden Observablen an Teilsystem 1 messen und die andere an Teilsystem 2. Wie wir gesehen haben, kommutieren Messungen an verschiedenen Teilsystemen immer, daher lassen sich zwei Observablen messen. Die drei Observablen beziehen sich nun auf Spinmessungen entlang verschiedener Richtungen. Bezeichnen wir mit $n^+(A, B)$ die Anzahl der Fälle, bei denen an Teilsystem 1 die Observable A gemessen wurde und an Teilsystem 2 die Observable B und die beiden Ergebnisse *gleich* sind (entsprechend für die anderen Observablenpaare), dann folgt aus Gl. 8.35 die Ungleichung

$$n^+(A, C) \leq n^+(A, B) + n^+(B, C). \tag{8.36}$$

Diese Ungleichung ist in Tab. 8.1b verdeutlicht, welche die möglichen verborgenen Variablen beider (vollständig antikorrellierter) Teilchen angibt. n^+ bezieht sich jeweils auf eine Messung an Teilchen 1 und eine an Teilchen 2, und es werden nur die Fälle gezählt, bei denen diese beiden Messungen dasselbe Ergebnis liefern. Allerdings gehen hier neben der Annahme, dass alle Ergebnisse möglicher Messungen zumindest im Prinzip schon festliegen, noch zwei weitere Annahmen ein: 1) Die Spin-Variable sind bezüglich derselben Richtungen auch dann antikorreliert, wenn sie an den beiden Teilchen nicht bezüglich derselben Richtung gemessen werden (dies bezeichnet man auch als ‚kontrafaktische Implikation'), und 2), es gibt keinen instantanen Einfluss der Messung an einem Teilchen auf das Messergebnis an dem anderen Teilchen (dies bezeichnet man als 'Lokalität). Auch in der Quantentheorie sollte jede Form von Einfluss den Einschränkungen der Relativitätstheorie unterliegen.

Ungleichung 8.36 kann in Quantensystemen, beispielsweise im EPR-Zustand, verletzt sein. Im Folgenden bezeichne die Observable A die Messung der Spinvariablen in $0°$-Richtung (z. B. relativ zur z-Achse), B die Messung in $60°$-Richtung und C die Messung in $120°$-Richtung. Die Wahrscheinlichkeit, an zwei im EPR-Zustand verschränkten Teilchen dasselbe Resultat zu erhalten, hängt nur von der Differenz der beiden Winkel α und β ab, in Bezug auf die an Teilchen 1 bzw. Teilchen 2 die Messung erfolgt:

$$w(\alpha, \beta) = \sin^2\left(\frac{\beta - \alpha}{2}\right) \tag{8.37}$$

Die Ungleichung 8.36 besagt somit, dass die Wahrscheinlichkeit für ein gleiches Ergebnis bei einer Spinmessung unter $0°$ und $120°$ kleiner sein muss als das Doppelte der Wahrscheinlichkeit, ein gleiches Ergebnis bei einer Spinmessung unter $0°$ und $60°$ (bzw. unter $60°$ und $120°$) zu erhalten. Diese Ungleichung ist jedoch in der Quantentheorie verletzt, da $\sin 60° = \sqrt{3}/2$ größer ist als das Doppelte von $\sin 30° = \frac{1}{2}$.

Für Photonen muss Gl. 8.37 durch $w(\alpha, \beta) = \sin^2(\beta - \alpha)$ ersetzt werden und man würde die Polarisationsfilter unter $0°$, $30°$ und $60°$ orientieren. Der Faktor $\frac{1}{2}$

hängt mit dem Unterschied zwischen Spin-Orientierung und Polarisation zusammen. Anschaulich bringt er zum Ausdruck, dass zwei entgegengesetzte Spin-Richtungen zu orthogonalen Zuständen gehören, wohingegen zwei unter 90° orientierte Polarisationsrichtungen orthogonalen Zuständen entsprechen.

In den 70er Jahren wurden mehrere Experimente zum Test der Bell'schen Ungleichung in der Quantenmechanik durchgeführt, allerdings war die Statistik sehr schlecht und die Ergebnisse waren teilweise widersprüchlich. Im Jahre 1982 bestätigten die Experimente von Alain Aspect [1, 2] an Photonen schließlich die klare Verletzung der Bell'schen Ungleichungen in der Quantentheorie. Insbesondere konnte Aspect auch zeigen, dass die Verletzung der Bell'schen Ungleichung bestehen bleibt, selbst wenn die Messungen an Teilsystem 1 und Teilsystem 2 innerhalb der jeweiligen kausalen Komplemente bezüglich einer Signalausbreitung mit Lichtgeschwindigkeit erfolgen. (Aspect verwendete Photonenpaare in einem Abstand von rund 10m, sodass die Messungen innerhalb von Nanosekunden stattfinden mussten, mittlerweile wurden ähnliche Experimente mit Photonenpaaren im Abstand von rund 80km wiederholt und die Vorhersagen der Quantentheorie bestätigt.)

Im Wesentlichen gehen drei Annahmen in die obige Form der Bell'schen Ungleichungen ein, von denen mindestens eine in der Quantenmechanik verletzt sein muss:

1. Kontrafaktische Implikation: Falls es die versteckten Variablen gibt, die im EPR-Zustand für die Antikorrelation der Spinkomponenten in dieselbe Richtung verantwortlich sind, so darf die Antikorrelation auch angenommen werden, wenn die Messungen an den Teilsystemen nicht unter denselben Richtungen erfolgen. In Abschn. 8.4.2 werden wir eine Version der Bell'schen Ungleichungen betrachten, bei der diese Annahme nicht notwendig ist. Daher wird sie auch selten diskutiert.

2. Einstein-Realität: Es ist sinnvoll anzunehmen, dass es die Elemente der Realität gibt, durch welche die Ergebnisse der Messungen schon festliegen, bevor die Messungen tatsächlich durchgeführt werden. (Die Antikorrelation wurde also schon bei der Präparation der verschränkten Teilsysteme festgelegt.) Insbesondere muss angenommen werden, dass die Messergebnisse bezüglich aller drei Richtungen, in die eine Messung erfolgen kann, festliegen.
Hier wird manchmal eingeworfen, dass das Ergebnis ja nur bezüglich der Richtungen festliegen muss, die tatsächlich gemessen werden. Doch das würde bedeuten, dass diese Richtung schon bei der Entstehung der Teilchen festliegt und nicht erst, wenn der Experimentator die Entscheidung trifft. In einer ‚superdeterministischen Welt' können die Bell'schen Ungleichungen verletzt sein, ohne dass eine der anderen Bedingungen infrage gestellt werden muss. Allerdings besitzt hier der Experimentator auch keinen ‚freien Willen'.

3. Lokalität: Die Information über das Ergebnis einer Messung breitet sich maximal mit Lichtgeschwindigkeit (bzw. einer Grenzgeschwindigkeit) aus, d.h., es findet keine instantane Signalübertragung von Teilsystem 1 zu Teilsystem 2 im Augenblick der Messung statt.
Hier wird vorausgesetzt, dass die Experimente in einer Minkowski-Raumzeit stattfinden. Es gibt Modelle, nach denen sich die Raumzeit auch erst in Expe-

rimenten manifestiert, und verschränkte Systeme sind in dieser ‚Prä'-Raumzeit noch unmittelbar benachbart, sodass ein instantaner gegenseitiger Einfluss möglich ist.

Die Ergebnisse von John Bell zeigen, dass die Messergebnisse der Spinrichtungen (oder von Polarisationsrichtungen) erst in dem Augenblick generiert werden, in dem die Messung stattfindet. Die Tatsache, dass die Messergebnisse bezüglich gleicher Richtungen im EPR-Zustand antikorreliert sind, zeigt, dass die Quantentheorie in einem sehr allgemeinen Sinn nichtlokal sein muss. Da die EPR-Korrelationen keine kontrollierte Signalübertragung ermöglichen, hat diese Nichtlokalität keine messbaren Konsequenzen. Insbesondere kann keine der beiden Messungen an einem Teilsystem als ‚Ursache' und keine als ‚Wirkung' angesehen werden. Die Quantentheorie gilt insofern als nichtlokal, als sich der Zustand eines verschränkten Systems instantan (d. h., möglicherweise über ein großes Gebiet verteilt bzw. in Gebieten, die einen großen Abstand voneinander haben) verändert. Ob man dies als Widerspruch zur Relativitätstheorie interpretiert, hängt sehr davon ab, welche ontologische Realität man dem Quantenzustand zuschreibt.

8.4.2 Bell'sche Ungleichungen – CHSH-Version

Nachdem John Bell seine Ungleichung abgeleitet und veröffentlich hatte, versuchten verschiedene Gruppen, diese Ungleichung experimentell zu testen. Dabei stellte sich jedoch heraus, dass die ursprüngliche Form von Bell nicht besonders gut für eine experimentelle Überprüfung geeignet war.

John Clauser, Michael Horne, Abner Shimony und Richard Holt formulierten eine Ungleichung [20], die experimentell leichter zu realisieren war, da sie für jedes der beiden Teilchen nur zwei verschiedene Möglichkeiten testete (damit waren die Schalter, die innerhalb von Nanosekunden zwischen den Möglichkeiten umschaltbar sein mussten, einfacher). Diese Ungleichung bezeichnet man heute als CHSH-Ungleichung bzw. CHSH-Form der Bell'schen Ungleichung. Die Herleitung dieser Ungleichung beruht lediglich auf der Annahme, dass die Ergebnisse zu den Messungen schon determiniert sind, bevor die Messungen tatsächlich durchgeführt werden. Der Nachweis der Verletzung in der Quantentheorie erfolgt wiederum an verschränkten Systemen.

Die Experimente werden meist an Photonen durchgeführt und der verschränkte Zustand entspricht dem EPR-Zustand; allerdings werden an Teilchen 1 nur die Polarisationen unter $0°$ und $45°$ gemessen und an Teilchen 2 die Polarisationen unter $22,5°$ und $67,5°$. Für die Ungleichung spielen die genauen Winkel keine Rolle, allerdings ist die Ungleichung für diese Winkel bei Photonen maximal verletzt.

Für das Folgende nehmen wir vier Eigenschaften an, die wir mit a, a', b und b' bezeichnen. Diese vier Eigenschaften werden an den beiden Teilchen eines EPR-Zustands gemessen, wobei an Teilchen 1 nur die Eigenschaften a und a' und an Teilchen 2 nur die Eigenschaften b und b' gemessen werden. Die möglichen Resultate einer Messung von jeder der vier Eigenschaften können nur $+1$ und -1 sein.

Tab. 8.2 listet alle 16 Möglichkeiten, die diese vier Eigenschaften in einem konkreten Fall einnehmen können. Ebenfalls angegeben ist jeweils die folgende Kombination:

$$S = ab - ab' + a'b + a'b' \tag{8.38}$$

Jeder Term in dieser Kombination ist ein Produkt aus einer der beiden Eigenschaften, die am ersten Teilchen gemessen werden (a oder a'), und einer der beiden Eigenschaften, die am zweiten Teilchen gemessen werden (b oder b'). Man erkennt, dass in allen 16 Fällen der Wert für S immer nur $+2$ oder -2 sein kann. Bildet man also den Erwartungswert von S über sehr viele Messungen (in jeder Einzelmessung kann immer nur einer der Terme in der Summe bestimmt werden), so sollte der Erwartungswert $E(S)$ schließlich zwischen -2 und $+2$ liegen. Wir erhalten also die Ungleichung:

$$-2 \le E(S) \le +2 \tag{8.39}$$

Experimentell erzeugt man ein Ensemble verschränkter Teilchen, beispielsweise im EPR-Zustand, und an jedem Teilchenpaar wird eine der vier Kombinationen (a, b), (a, b'), (a', b), (a', b') gemessen. Zu jeder dieser Kombinationen erhält man schließlich einen Erwartungswert für das Produkt der Messwerte, was zu der Ungleichung

$$-2 \le E(a, b) - E(a, b') + E(a', b) + E(a', b') \le +2 \tag{8.40}$$

führt.

Bei der experimentellen Umsetzung gibt es zwei Schwierigkeiten: Erstens benötigt man einen schnellen Schalter, mit dem man möglichst im Nanosekundenbereich zwischen den beiden Winkeln, unter denen an einem Teilsystem gemessen wird, hin- und herschalten kann. Dadurch kann ein Signalaustausch zwischen den beiden Teilsystemen ausgeschlossen werden. Das zweite Problem besteht in möglichst effizienten Detektoren, die jedes Photon auch tatsächlich nachweisen. Nach ersten, noch mit großen Fehlern behafteten Experimenten in den 70er Jahren veröffentlichte Alain Aspect [1,2] 1982 die Ergebnisse eines Experiments, das (fast) alle Zweifel an den richtigen Vorhersagen der Quantenmechanik ausräumte (Abb. 8.1 zeigt eine Skizze seines Experiments).

Seien N^{++}, N^{+-}, N^{-+}, N^{--} die Häufigkeiten, mit denen bei gegebener Winkeleinstellung der Filter die jeweiligen Detektoren reagiert haben (+ bedeutet einen

Tab. 8.2 In allen 16 Fällen, die für die Observablen a, a', b und b' möglich sind, hat die Variable $S = ab - ab' + a'b + a'b'$ den Wert $+2$ oder -2. Daher kann auch für ein beliebiges Ensemble aus Systemen, das diese 16 Möglichkeiten (möglicherweise mit unterschiedlichen Gewichtungen) realisiert, der Erwartungswert von S nur zwischen $+2$ und -2 liegen

a	a'	b	b'	S
+1	+1	+1	+1	+2
+1	−1	+1	+1	−2
−1	+1	+1	+1	+2
−1	−1	+1	+1	−2

a	a'	b	b'	S
+1	+1	+1	−1	+2
+1	−1	+1	−1	+2
−1	+1	+1	−1	−2
−1	−1	+1	−1	−2

a	a'	b	b'	S
+1	+1	−1	+1	−2
+1	−1	−1	+1	−2
−1	+1	−1	+1	+2
−1	−1	−1	+1	+2

a	a'	b	b'	S
+1	+1	−1	−1	−2
+1	−1	−1	−1	+2
−1	+1	−1	−1	−2
−1	−1	−1	−1	+2

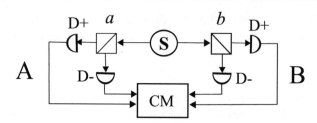

Abb. 8.1 Experimenteller Aufbau eines Experiments zum Nachweis der Verletzung der CHSH-Ungleichung: Eine Quelle (S) erzeugt zwei Photonen, die zu ‚Alice' (A) bzw. ‚Bob' (B) geschickt werden. Dort treffen die Photonen auf Polarisationsstrahlteiler (*a* bzw. *b*) und werden in Richtung der Detektoren (D^+ und D^-) abgelenkt. Ein Koinzidenzmessgerät (CM) registriert die eintreffenden Signale. (Wikipedia/ George Stamatiou based on png file of C. Thompson, CC BY-SA 3.0)

Teilchennachweis in Detektor D^+, $-$ einen Nachweis in Detektor D^-; vgl. Abb. 8.1), dann ist der zugehörige Erwartungswert für das Produkt der beiden Werte:

$$E = \frac{N^{++} + N^{--} - N^{+-} - N^{-+}}{N^{++} + N^{--} + N^{+-} + N^{-+}} \tag{8.41}$$

Für einen total antikorrelierten verschränkten EPR-Zustand sind die Erwartungswerte für eine Winkeldifferenz $\Delta\alpha$ in diesem Fall:

$$E(\Delta\alpha) = \sin^2 \Delta\alpha - \cos^2 \Delta\alpha = -\cos 2\Delta\alpha \tag{8.42}$$

$\sin^2 \Delta\alpha$ ist die Wahrscheinlichkeit, dass die beiden Teilchen denselben Messwert liefern (beide $+$ oder beide $-$) und $\cos^2 \Delta\alpha$ ist die Wahrscheinlichkeit, dass sie verschiedene Werte liefern ($+-$ bzw. $-+$).

Für die Winkel $a = 0°$, $a' = 45°$, $b = 22{,}5°$ und $b' = 67{,}5°$ gibt es letztendlich für $\Delta\alpha$ nur zwei Kombinationen: $(a, b') \rightarrow \Delta\alpha = 67{,}5°$ und (a, b), (a', b), $(a', b') \rightarrow \Delta\alpha = \pm 22{,}5°$. Damit folgt schließlich:

$$E(S) = \cos(2 \cdot 67{,}5°) - 3 \cdot \cos(2 \cdot 22{,}5°) = -\frac{4}{\sqrt{2}} = -2\sqrt{2} \approx -2{,}828 \tag{8.43}$$

Dieses Ergebnis liegt also um einen Faktor $\sqrt{2}$ außerhalb des Bereichs, der nach der CHSH-Ungleichung erlaubt wäre (man bezeichnet $2\sqrt{2}$ manchmal auch als ‚quantum bound'). Das erscheint im ersten Augenblick zwar viel, doch da sich jede Unsicherheit, beispielsweise bei der Ansprechgenauigkeit der Detektoren, zu Ungunsten des Ergebnisses auswirkt, war der experimentelle Nachweis der Verletzung nicht einfach.

In die CHSH-Ungleichung gehen nur zwei der drei in Abschn. 8.4.1 genannten Annahmen ein. Die kontrafaktische Implikation ist nicht erforderlich, da die Korrelation oder Antikorrelation bezüglich derselben Orientierungen nicht vorausgesetzt wurde. Allerdings kann die Ungleichung nur an einem verschränkten Zustand verletzt werden.

Übungen

Übung 8.1 Zeigen Sie, dass der EPR-Zustand

$$|\text{EPR}\rangle = \frac{1}{\sqrt{2}}\Big(|x\rangle \otimes |y\rangle - |y\rangle \otimes |x\rangle\Big) \tag{8.44}$$

invariant unter unitären Transformationen ist. Das bedeutet, dass die unitäre Tranformation $U \otimes U$ mit

$$U = \begin{pmatrix} a & b \\ -b^* & a^* \end{pmatrix} \qquad |a|^2 + |b|^2 = 1 \tag{8.45}$$

den Zustand unverändert lässt.

Übung 8.2 Bilden Sie die Teilspur der Projektionsmatrix zum EPR-Zustand $P_{\text{EPR}} = |\Psi_{\text{EPR}}\rangle\langle\Psi_{\text{EPR}}|$ über den ersten bzw. zweiten Spinfreiheitsgrad und zeigen Sie, dass das Ergebnis in beiden Fällen eine Dichtematrix ist, die proportional zur Identitätsmatrix ist.

Übung 8.3 Es sei $\mathcal{H} = \mathcal{H}_1 \otimes \mathcal{H}_2$ mit der Notation $|1\rangle = (1, 0)$ und $|2\rangle = (0, 1)$ als Basisvektoren in $\mathcal{H}_1$ bzw. $\mathcal{H}_2$ und $(1, 0, 0, 0) = |1\rangle|1\rangle$, $(0, 1, 0, 0) = |1\rangle|2\rangle$ etc. (Dass Vektoren hier als Zeilenvektoren unten aber als Spaltenvektoren geschrieben werden, hat nichts zu bedeuten.)

1. Welche der folgenden Vektoren sind verschränkt, welche separabel?

$$|a\rangle = \begin{pmatrix} 0 \\ 1 \\ 0 \\ 1 \end{pmatrix}, \begin{pmatrix} 0 \\ 1 \\ 1 \\ 0 \end{pmatrix}, \begin{pmatrix} 1 \\ 1 \\ 1 \\ -1 \end{pmatrix}, \begin{pmatrix} -1 \\ 1 \\ -1 \\ 1 \end{pmatrix}, \begin{pmatrix} 1 \\ 2 \\ 3 \\ 4 \end{pmatrix}, \begin{pmatrix} 1 \\ 2 \\ 2 \\ 4 \end{pmatrix}, \begin{pmatrix} 2 \\ 6 \\ 3 \\ 9 \end{pmatrix} \tag{8.46}$$

2. Formulieren Sie eine notwendige und hinreichende Bedingung dafür, dass ein 4-Vektor (a, b, c, d) bezüglich der angegeben Tensorproduktdarstellung einen separierbaren Zustand darstellt.

Übung 8.4

1. Es seien $|h\rangle$, $|v\rangle$, $|p\rangle$, $|m\rangle$ jeweils die linearen Photonpolarisationszustände zu $0°$ (horizontal), $90°$ (vertikal), plus $45°$ und minus $45°$ relativ zur horizontalen x-Achse. Gegeben seien die folgenden vier Zweiphoton-Zustände:

1. $|\Psi_1\rangle = \frac{1}{\sqrt{2}}\Big(|h\rangle_1|v\rangle_2 - |v\rangle_1|h\rangle_2\Big)$

2. $|\Psi_2\rangle = \frac{1}{\sqrt{2}}\Big(|h\rangle_1|h\rangle_2 + |v\rangle_1|v\rangle_2\Big)$

3. $|\Psi_3\rangle = \dfrac{1}{\sqrt{2}}\Big(|p\rangle_1|p\rangle_2 + |m\rangle_1|p\rangle_2\Big)$

4. $|\Psi_4\rangle = \dfrac{1}{2}\Big(|h\rangle_1|h\rangle_2 + |v\rangle_1|h\rangle_2 + |h\rangle_1|v\rangle_2 + |v\rangle_1|v\rangle_2\Big)$

a) Welche der vier genannten Zustände sind separierbar und welche sind verschränkt?

b) Geben Sie bei den separierbaren Zuständen die Darstellung des Zustands als Tensorprodukt von Einteilchenzuständen an.

c) Bestimmen Sie für alle Zustände die Matrizen, die sich nach Bildung der Teilspuren über einen der beiden Hilbert-Räume ergeben und zeigen Sie, dass es sich bei den separablen Zuständen um Projektionsoperatoren handelt, bei den verschränkten Zuständen jedoch nicht.

Übung 8.5 Gegeben seien die folgenden drei Dichtematrizen:

$$A = \frac{1}{3}\begin{pmatrix} 1 & 0 & -1 \\ 0 & 1 & 0 \\ -1 & 0 & 1 \end{pmatrix} \quad B = \frac{1}{2}\begin{pmatrix} 1 & 0 & -1 \\ 0 & 0 & 0 \\ -1 & 0 & 1 \end{pmatrix} \quad C = \frac{1}{3}\begin{pmatrix} 1 & 1 & -1 \\ 1 & 1 & -1 \\ -1 & -1 & 1 \end{pmatrix} \quad (8.47)$$

1. Welche der Dichtematrizen beschreiben reine Zustände? Geben Sie zugehörige normierte Vektoren an.

2. Alle Matrizen in dieser Liste, die keine reinen Zustände beschreiben, lassen sich durch eine Linearkombination von zwei (orthogonalen) Projektionsoperatoren schreiben, also $\rho = \alpha P_1 + (1 - \alpha)P_2$. Geben Sie jeweils die beiden Projektionsoperatoren, die zugehörigen normierten Vektoren sowie den Faktor α an.

Übung 8.6 Zeigen Sie, dass die Bell-Zustände

$$|B_1\rangle = \frac{1}{\sqrt{2}}\left(|x\rangle|x\rangle + |y\rangle|y\rangle\right), \quad |B_2\rangle = \frac{1}{\sqrt{2}}\left(|x\rangle|x\rangle - |y\rangle|y\rangle\right), \quad (8.48)$$

$$|B_3\rangle = \frac{1}{\sqrt{2}}\left(|x\rangle|y\rangle + |y\rangle|x\rangle\right), \quad |B_4\rangle = \frac{1}{\sqrt{2}}\left(|x\rangle|y\rangle - |y\rangle|x\rangle\right), \quad (8.49)$$

maximal verschränkt sind, d. h., die Teilspur über einen der Teil-Hilbert-Räume ergibt für den anderen Teilraum immer eine Dichtematrix, die proportional zur Identitätsmatrix ist.

Übung 8.7 Gegeben seien zwei Systeme mit jeweils zwei Zuständen. Es seien $|x_1\rangle$, $|x_2\rangle$ eine Basis für System 1 und $|y_1\rangle$, $|y_2\rangle$ eine Basis für System 2 (unterscheidbar). Betrachten Sie den folgenden Zustand des Gesamtsystems:

$$|\Phi\rangle = \alpha|x_1\rangle|y_1\rangle + \sqrt{1 - \alpha^2}|x_2\rangle|y_2\rangle$$

(der Einfachheit halber sei $\alpha \in \mathbb{R}$).

1. Für welche Werte von α ist der Zustand separierbar und für welche Werte verschränkt?
2. Berechnen Sie die Dichtematrix, die man erhält, wenn eines der beiden Teilsysteme „ausgespurt" wird.
3. Für welche Werte von α ist die Verschränkung maximal (d. h., die Dichtematrix ist proportional zur Identitätsmatrix).

Übung 8.8 Man betrachte zwei identische Teilchen in einer Raumdimension, deren normierte Ein-Teilchen-Wellenfunktionen durch

$$\varphi_R(x) \equiv \langle x | R \rangle = \left(\frac{\beta}{\pi} \right)^{1/4} e^{-\beta(x-a)^2/2} \tag{8.50}$$

und

$$\varphi_L(x) \equiv \langle x | L \rangle = \left(\frac{\beta}{\pi} \right)^{1/4} e^{-\beta(x+a)^2/2} \tag{8.51}$$

gegeben sind. Es handelt sich somit um Gauß-verteilte Wellenfunktionen mit den Zentren bei $x = a$ bzw. $x = -a$. (L und R beziehen sich in diesem Fall auf „Rechts" und „Links".) Der Parameter β bestimmt die Breite der Verteilungen. Der zugehörige Zweiteilchen-Zustand ist

$$|\Psi_\pm\rangle = N_\pm \Big(|R\rangle_1 |L\rangle_2 \pm |L\rangle_1 |R\rangle_2 \Big), \tag{8.52}$$

(+-Zeichen für Bosonen, − für Fermionen).

1. Bestimmen Sie die Zwei-Teilchen-Wellenfunktionen $\Psi_\pm(x_1, x_2)$ einschließlich der Normierungsfaktoren $N_\pm$ für beide Fälle.
2. Die beiden Graphiken auf der linken Seite von Abb. 8.2 zeigen einen Plot des Absolutquadrats der beiden Wellenfunktion für $\beta = 0,15$ und $a = 1$. Auf der rechten Seite sind die beiden Funktionen $|\Psi_\pm(x, -x)|^2$ dargestellt, also die Wahrscheinlichkeitsdichten, beide Teilchen im selben Abstand x vom Ursprung zu finden.

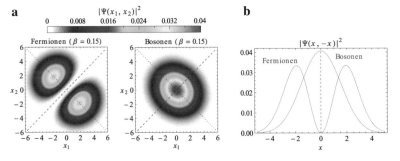

Abb. 8.2 Symmetrisierte und antisymmetrisierte Wellenfunktionen. **a** Die Funktionen $|\psi_\pm(x, y)|^2$ in einer 2-dimensionalen Darstellung. **b** Die Funktionen $|\psi_\pm(x, -x)|^2$

Für welche Werte von a (als Funktion von β) findet man in der bosonischen Verteilung zwei Maxima?

3. Bestimmen Sie jeweils die Wahrscheinlichkeiten (als Funktion von β), beide Teilchen am Ursprung $x = 0$ zu finden.
4. Wie verhalten sich die Wellenfunktionen für $a \gg 1/\beta$? Weshalb wird der Unterschied zwischen den beiden Wellenfunktionen für wachsendes a immer kleiner?

Übung 8.9 Gegeben seien drei Observablen A, B und C, die jeweils nur ± 1 als Messwerte annehmen können. Angenommen es lassen sich nur zwei dieser Observablen gleichzeitig bestimmen (dies kann bei einem EPR-Zustand realisiert werden, sofern man die totale Antikorrelation in Bezug auf gleiche Observable auch annehmen darf, wenn die zugehörigen Observablen nicht gemessen werden).

1. Zeigen Sie die folgende Ungleichung:

$$- 1 \leq E(AB) + E(AC) + E(BC) \leq +3, \qquad (8.53)$$

wobei $E(AB)$ der Erwartungswert für das Produkt der Ergebnisse von A und B ist (entsprechend für die anderen Kombinationen).
2. Für welchen Winkel α wird die Ungleichung im EPR-Zustand maximal verletzt? Welchen Wert erreicht man in diesem Fall für die Summe der drei Erwartungswerte?
3. Für welche Winkel α wird die Ungleichung überhaupt verletzt?

Anmerkung Die angegebene Ungleichung könnte man als die Ungleichung für den „Seher von Arba'ilu" ansehen (siehe Abschn. 17.5). In dem dort angegebenen Beispiel würde man für die Summe der drei Beiträge den Wert -3 erhalten; die Ungleichung wäre also verletzt.

Zweizustand-Systeme

9

Zweizustand-Systeme spielen in der Quantentheorie aus vielen Gründen eine wichtige Rolle. Zum einen handelt es sich um die einfachsten nichttrivialen Quantensysteme, daher sind sie schon allein aus pädagogischen Gründen von besonderem Interesse. Zur Darstellung der Zustände genügt ein komplex zweidimensionaler Vektorraum (für viele Fälle reicht sogar ein 2-dimensionaler reeller Vektorraum), d. h., die Observablen sind 2×2-Matrizen und die Zustände lassen sich durch zweidimensionale Vektoren darstellen. Trotz dieser Einfachheit kann man an diesen Systemen bereits sehr viele quantentheoretische Eigenheiten erläutern.

Aber auch aus physikalischen Gründen sind Zweizustand-Systeme wichtig. Wie wir gesehen haben, lassen sich die Polarisationszustände von Photonen durch ein solches System beschreiben, das Gleiche gilt für die Spin-Zustände von Elektronen bzw. allgemeiner von Spin-$\frac{1}{2}$-Systemen. Außerdem sind quantenmechanische Zweizustand-Systeme die natürliche Erweiterung der klassischen Bool'schen Variablen 0 und 1, also der elementaren Informationseinheit – dem Bit. Entsprechend sind quantenmechanische Zweizustand-Systeme die elementaren Einheiten der ‚Quanteninformation' und des ‚Quantum Computing' und beschreiben ein ‚Qubit'.

Schließlich sind Zweizustand-Systeme oftmals gute Näherungen für komplexere Systeme, bei denen z. B. aufgrund der Wechselwirkung dieser Systeme mit anderen Objekten oder einer Umgebung nur zwei Zustände, beispielsweise der Grundzustand und ein angeregter Zustand, physikalisch von Relevanz sind.

Was man wissen sollte
Man sollte die Pauli-Matrizen und ihre Vertauschungsrelationen kennen. Das Konzept der Bloch-Kugel sollte bekannt sein, auf deren Oberfläche die reinen Zustände und in deren Innerem die gemischten Zustände dargestellt werden können. Das Stern-Gerlach-Experiment sollte man beschreiben und auch die Gründe für die Inhomogenität des Magnetfelds angeben können. Die Parallelen sowie auch die Unterschiede zwischen der Spin-$\frac{1}{2}$-Darstellung beispielsweise für Elektronen und der Polarisationsdarstellung für Photonen sollten bekannt sein. Ebenso sollte man wissen, was das ‚No-Cloning'-Theorem aussagt. Man sollte den Begriff des Qubits (der ‚Einheit' der

© Springer-Verlag GmbH Deutschland, ein Teil von Springer Nature 2019
T. Filk, *Quantenmechanik (nicht nur) für Lehramtsstudierende*,
https://doi.org/10.1007/978-3-662-59736-1_9

Quanteninformation) kennen und seinen Bezug zu den Spin- bzw. den Polarisations-zuständen beschreiben können. Bell-Zustände und Bell-Messungen sollten bekannt sein. Außerdem sollte man das Prinzip der Quantenkryptographie an einem Beispiel bzw. in Bezug auf ein mögliches Protokoll beschreiben können, ebenso das Prinzip der Quantenteleportation.

9.1   Pauli-Matrizen

Zweizustand-Systeme werden in der Quantenmechanik in einem (komplex) zwei-dimensionalen Hilbert-Raum $\mathbb{C}^2$ mit dem kanonischen (hermiteschen) Skalarprodukt

$$\mathbf{y} \cdot \mathbf{x} = \langle y | x \rangle = y_1^* x_1 + y_2^* x_2 \tag{9.1}$$

beschrieben.

Die Pauli-Matrizen

$$\sigma_1 = \begin{pmatrix} 0 & 1 \\ 1 & 0 \end{pmatrix} \qquad \sigma_2 = \begin{pmatrix} 0 & -i \\ i & 0 \end{pmatrix} \qquad \sigma_3 = \begin{pmatrix} 1 & 0 \\ 0 & -1 \end{pmatrix} \tag{9.2}$$

wurden schon in Abschn. 7.4 eingeführt. Jede selbstadjungierte 2×2-Matrix lässt sich in der Form

$$A = \sum_{i=0}^{3} a_i \sigma_i = a_0 \mathbf{1} + a_1 \sigma_1 + a_2 \sigma_2 + a_3 \sigma_3 = \begin{pmatrix} a_0 + a_3 & a_1 - ia_2 \\ a_1 + ia_2 & a_0 - a_3 \end{pmatrix} \tag{9.3}$$

darstellen, wobei $a_i \in \mathbb{R}$. Die Eigenwerte einer solchen Matrix erhält man aus der charakteristischen Gleichung

$$\det(\lambda \mathbf{1} - A) = \lambda^2 - 2a_0\lambda + a_0^2 - (a_1^2 + a_2^2 + a_3^2) = 0 \tag{9.4}$$

mit den Lösungen

$$\lambda_{1/2} = a_0 \pm \sqrt{a_0^2 - (a_0^2 - \mathbf{a}^2)} = a_0 \pm |\mathbf{a}| \tag{9.5}$$

mit der Notation $\mathbf{a} = (a_1, a_2, a_3)$. Die Pauli-Matrizen erfüllen sehr einfache Multi-plikations- und Kommutatorregeln:

$$\sigma_1\sigma_2 = i\sigma_3 \quad \sigma_2\sigma_3 = i\sigma_1 \quad \sigma_3\sigma_1 = i\sigma_2 \quad \sigma_i^2 = \mathbf{1} \quad (i = 1, 2, 3)$$

$$[\sigma_1, \sigma_2] = 2i\sigma_3 \quad [\sigma_2, \sigma_3] = 2i\sigma_1 \quad [\sigma_3, \sigma_1] = 2i\sigma_2$$

bzw. zusammenfassend (vgl. auch Gl. 7.51)

$$\sigma_i\sigma_j = i\sum_{k=1}^{3} \varepsilon_{ijk}\sigma_k + \delta_{ij}\mathbf{1} \quad \sigma_i\sigma_j = -\sigma_j\sigma_i \quad (i \neq j)$$

$$[\sigma_i, \sigma_j] = 2i\sum_{k=1}^{3} \varepsilon_{ijk}\sigma_k. \tag{9.6}$$

9.2   Der Zustandsraum – Die Bloch-Kugel

Es wurde schon mehrfach betont, dass die reinen physikalischen Zustände den Strahlen, also den komplex eindimensionalen linearen Unterräumen in einem Hilbert-Raum entsprechen. Zur Charakterisierung der Zustände ist es oft sinnvoll, statt der Strahlen die zugehörigen selbstadjungierten Projektionsoperatoren zu verwenden: Jeder Strahl entspricht einem Projektionsoperator mit Spur 1 (d. h. einer Projektion auf einen 1-dimensionalen Vektorraum). Ein Projektionsoperator erfüllt immer die Gleichung $P^2 = P$ und hat damit die Eigenwerte 0 und 1. Die Projektionsoperatoren auf 1-dimensionale Unterräume in einem 2-dimensionalen Vektorraum sind somit genau die hermiteschen Matrizen, die einen Eigenwert 0 und einen Eigenwert 1 haben. Nach Gl. 9.5 bedeutet dies: $a_0 = \frac{1}{2}$ und $|\mathbf{a}| = \frac{1}{2}$. Die gesuchten Projektionsoperatoren haben somit die Form

$$P_{\mathbf{n}} = \frac{1}{2}(\mathbf{1} + \mathbf{n} \cdot \boldsymbol{\sigma}). \tag{9.7}$$

Man beachte, dass $\mathbf{n}$ ein reeller dreidimensionaler Einheitsvektor ist, aber $\boldsymbol{\sigma}$ ein dreidimensionaler Vektor, dessen Komponenten 2×2-Matrizen sind. Für den Kommutator zweier solcher Projektionsoperatoren gilt

$$[P_{\mathbf{n}}, P_{\mathbf{m}}] = \frac{1}{4} \sum_{i,j} n_i m_j [\sigma_i, \sigma_j] = \mathrm{i} \frac{1}{2} \sum_{i,j} n_i m_j \varepsilon_{ijk} \sigma_k = \mathrm{i}(\mathbf{n} \times \mathbf{m}) \cdot \boldsymbol{\sigma}. \tag{9.8}$$

Zwei Projektionsoperatoren kommutieren also genau dann, wenn die Einheitsvektoren $\mathbf{n}$ und $\mathbf{m}$ linear abhängig sind, d. h. wenn $\mathbf{n} = \pm\mathbf{m}$. Da

$$P_{\mathbf{n}} + P_{-\mathbf{n}} = \mathbf{1}, \tag{9.9}$$

projizieren diese beiden Projektionsoperatoren auf orthogonale Unterräume. Dies ist manchmal verwirrend, aber man muss sich dabei vor Augen halten, dass $\mathbf{n}$ nicht den Unterraum bezeichnet, auf den $P_{\mathbf{n}}$ im $\mathbb{C}^2$ projiziert.

Jeder reine physikalische Zustand in $\mathbb{C}^2$ kann also durch einen dreidimensionalen Einheitsvektor $\mathbf{n}$ gekennzeichnet werden, oder anders ausgedrückt: Die Menge der physikalischen (reinen) Zustände bildet eine 2-Sphäre.

Für die Dichtematrizen von Zweizustand-Systemen (also gemischten Zuständen) gilt, dass die Eigenwerte zwischen 0 und 1 liegen müssen, ihre Summe aber 1 sein muss. Damit erhalten wir die Dichtematrizen für Vektoren $\mathbf{n}$ mit $|\mathbf{n}| \leq 1$. Zusammenfassend gilt also, dass sich sämtliche gemischten und reinen Zustände durch einen Vektor im $\mathbb{R}^3$ charakterisieren lassen, dessen Länge kleiner oder gleich 1 ist. Diese Vektoren bilden eine Kugel, die man als *Bloch-Kugel* bezeichnet. Die Oberfläche der Kugel (die Vektoren $\mathbf{n}$ mit $|\mathbf{n}| = 1$) beschreibt die reinen Zustände. Im Zentrum der Kugel ist $\mathbf{n} = 0$ und man erhält $\rho = \frac{1}{2}\mathbf{1}$ als Dichtematrix zum maximal gemischten Zustand.

Schon 1892 hatte Henri Poincaré die Polarisationszustände von Licht durch eine Kugel dargestellt, die identisch zur Bloch-Kugel ist. Daher spricht man in der

Optik auch von der *Poincaré-Kugel* (seltener auch von der Poincaré-Bloch-Kugel). Wenn man überhaupt einem Unterschied machen möchte, dann bezieht sich die Bloch-Kugel auf die möglichen Zustände eines quantenmechanischen Zweizustand-Systems, wohingegen die Poincaré-Kugel die (in der klassischen Physik bekannten) Polarisationszustände von Licht beschreibt.

Es gibt noch eine zweite Möglichkeit, sich klarzumachen, weshalb der Raum der reinen Zustände für ein quantenmechanisches Zweizustand-System der Oberfläche einer Kugel entspricht: Jeder reine Zustand lässt sich durch einen normierten Vektor darstellen:

$$|\psi\rangle = \alpha|0\rangle + \beta|1\rangle \tag{9.10}$$

mit

$$|\alpha|^2 + |\beta|^2 = 1. \tag{9.11}$$

Schreiben wir $\alpha = a_1 + ia_2$ und $\beta = b_1 + ib_2$ (mit $a_i, b_i \in \mathbb{R}$), so wird aus der Normierungsbedingung

$$a_1^2 + a_2^2 + b_1^2 + b_2^2 = 1, \tag{9.12}$$

also die Gleichung einer 3-Sphäre (S^3) in einem 4-dimensionalen Raum. Durch eine geeignete Phasentransformationen kann man beispielsweise α reell wählen, sodass $a_2 = 0$ ist und wir die Gleichung einer 2-Sphäre erhalten.[1]

9.3   Physikalische Anwendungen

Spin-$\frac{1}{2}$-Systeme und die Polarisationszustände von Photonen wurden schon behandelt. Diese beiden Zweizustand-Systeme stehen hier als Vertiefung der Überlegungen am Anfang. Es gibt aber weitere Anwendungen von Zweizustand-Systemen.

9.3.1   Spin-$\frac{1}{2}$-Systeme

Auf Spin-$\frac{1}{2}$-Systeme, beispielsweise bei der Betrachtung der Spinfreiheitsgrade eines Elektrons, sind wir schon im Zusammenhang mit der Lösung des Wasserstoffatoms eingegangen (Abschn. 7.4). Hier sei nur nochmals auf den Zusammenhang zwischen der Darstellung der Zustände auf einer Bloch-Kugel (siehe Abb. 9.1) und im $\mathbb{C}^2$ eingegangen.

Die Eigenzustände zu den Pauli-Matrizen sind gleichzeitig die Eigenzustände zum Spin. Die Messung der Spinkomponente entlang der **n**-Achse wird durch den Operator

---

[1] Auf dieser 2-Sphäre sind Antipoden noch zu identifizieren, da eine Multiplikation mit (-1) den Polarisationszustand ebenfalls nicht ändert. Topologisch handelt es sich jedoch immer noch um eine 2-Sphäre.

Abb. 9.1 Die Bloch-Sphäre für Spin-$\frac{1}{2}$-Systeme. Die Kugeloberfläche repräsentiert die reinen Zustände, das Kugelinnere die gemischten Zustände. Gegenüberliegende Punkte repräsentieren Spinzustände zu entgegengesetzten Richtungen

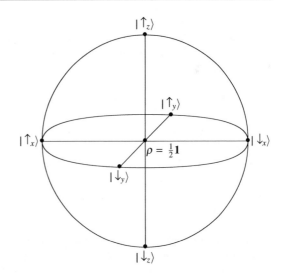

$$S_n = \frac{\hbar}{2}\sigma \cdot n \tag{9.13}$$

repräsentiert. Seine Eigenwerte, die gleichzeitig die möglichen Messwerte einer Spinmessung darstellen, sind $\pm\frac{\hbar}{2}$.

Die Spin-Eigenzustände entlang der drei Achsen sind:

$$|z^+\rangle = \begin{pmatrix} 1 \\ 0 \end{pmatrix} \qquad |z^-\rangle = \begin{pmatrix} 0 \\ 1 \end{pmatrix}$$

$$|x^+\rangle = \frac{1}{\sqrt{2}}\begin{pmatrix} 1 \\ 1 \end{pmatrix} \qquad |x^-\rangle = \frac{1}{\sqrt{2}}\begin{pmatrix} 1 \\ -1 \end{pmatrix} \tag{9.14}$$

$$|y^+\rangle = \frac{1}{\sqrt{2}}\begin{pmatrix} 1 \\ i \end{pmatrix} \qquad |y^-\rangle = \frac{1}{\sqrt{2}}\begin{pmatrix} 1 \\ -i \end{pmatrix}$$

Jedes dieser Paare kann als Basis für den Zustandsraum $\mathbb{C}^2$ gewählt werden. Man beachte jedoch, dass die Bloch-Kugel eine andere Darstellung der Zustände beschreibt, die zunächst nichts mit dem $\mathbb{C}^2$ zu tun hat: Orthogonale Zustände im $\mathbb{C}^2$ liegen sich auf der Bloch-Kugel gegenüber. Nur die Oberfläche der Bloch-Kugel repräsentiert reine Zustände, das Innere entspricht gemischten Zuständen, die im $\mathbb{C}^2$ gar nicht als Vektoren dargestellt werden können. Ein Punkt auf der Oberfläche der Bloch-Kugel entspricht dem Eigenzustand einer Spinmessung entlang der Achse n vom Ursprung zu diesem Oberflächenpunkt, insofern repräsentiert die Bloch-Kugel direkt die Spinrichtung im $\mathbb{R}^3$.

Das Zentrum entspricht einem Gemisch aus beliebigen gegenüberliegenden Spinrichtungen. Alle anderen Punkte im Inneren der Bloch-Kugel definieren eine eindeutige Achse durch diesen Punkt und das Zentrum. Die Punkte, bei denen diese Achse die Oberfläche durchstößt, repräsentieren die reinen Zustände, aus denen das Gemisch eines inneren Punktes zusammengesetzt ist, zumindest, sofern es sich nur um ein Gemisch aus zwei reinen Zuständen handelt. Allerdings beachte man, dass Gemische keine eindeutige Repräsentation durch Dichtematrizen haben: Ein Gemisch aus gleichen Teilen von $| \uparrow_z \rangle$ und $| \downarrow_z \rangle$ hat dieselbe Dichtematrix wie ein Gemisch aus gleichen Teilen von $| \uparrow_x \rangle$ und $| \downarrow_x \rangle$, nämlich in beiden Fällen die Matrix $\rho = \frac{1}{2}\mathbf{1}$.[2]

9.3.2 Polarisationszustände von Photonen

Die Spin-1-Darstellung für Photonen und die Spin-$\frac{1}{2}$-Darstellung für Elektronen sind zwar insofern ähnlich, als dass beide (komplex) zweidimensional sind und die auftretenden Matrizen daher häufig die gleichen sind, trotzdem sollte man betonen, dass es sich – im Sinne der Darstellungstheorie der Drehgruppe (oder genauer der Poincaré-Gruppe, von der die Drehgruppe eine Untergruppe ist) – um verschiedene Darstellungen handelt:

1. Elektronen haben eine Masse. Daher kann man von einem Ruhesystem eines Elektrons sprechen. Der Spin eines Elektrons bezieht sich immer auf dieses Ruhesystem. Photonen sind masselos und haben kein Ruhesystem.
2. Die Spin-1-Darstellung ist gewöhnlich 3-dimensional (siehe Kap. 13). Das bedeutet, dass es drei paarweise orthogonale Zustände gibt. Gewöhnlich beschreiben diese Zustände Schwingungen entlang der drei räumlichen Richtungen. Für Photonen (elektromagnetische Wellen) gibt es jedoch keinen longitudinalen Freiheitsgrad: Nach den klassischen Maxwell-Gleichungen stehen das $\mathbf{E}$- und das $\mathbf{B}$-Feld immer senkrecht auf der Ausbreitungsrichtung. Daher fehlt den masselosen Photonen ein Freiheitsgrad im Vergleich zur gewöhnlichen Spin-1-Vektordarstellung.
3. Bei Photonen entsprechen den drei Basissystemen zu den Pauli-Matrizen die Kombinationen horizontal/vertikal, $+45°/-45°$ und rechts-/linkszirkular polarisiert.

Entsprechend der letzten Bemerkung kann man bei Photonen die Eigenvektoren zu σ_3 mit der horizontalen bzw. vertikalen Polarisation eines Photons in Beziehung setzen:

$$|h\rangle = \begin{pmatrix} 1 \\ 0 \end{pmatrix} \qquad |v\rangle = \begin{pmatrix} 0 \\ 1 \end{pmatrix}, \qquad (9.15)$$

dann ist die Polarisation unter $+45°$ bzw. $-45°$ durch

$$|+45°\rangle = \frac{1}{\sqrt{2}} \begin{pmatrix} 1 \\ 1 \end{pmatrix} = \frac{1}{\sqrt{2}}(|h\rangle + |v\rangle) \qquad (9.16)$$

$$|-45°\rangle = \frac{1}{\sqrt{2}} \begin{pmatrix} 1 \\ -1 \end{pmatrix} = \frac{1}{\sqrt{2}}(|h\rangle - |v\rangle) \qquad (9.17)$$

---

[2]Gelegentlich unterscheidet man zwischen einem Gemisch und einem Gemenge: Ein Gemisch wir durch eine Dichtematrix dargestellt und Ensembles zu verschiedenen Gemischen lassen sich durch Messungen unterscheiden. Gemenge setzen voraus, dass aufgrund der Präparation bekannt ist, aus welchen Zuständen sie sich zusammensetzen. Verschiedene Gemenge lassen sich nicht immer durch Messungen unterscheiden.

Abb. 9.2 Die Bloch-Kugel (auch Poincaré-Kugel) für die Polarisationsfreiheitsgrade von Photonen. In diesem Fall repräsentieren gegenüberliegende Punkte zueinander orthogonale Polarisationsrichtungen

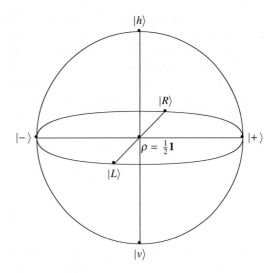

gegeben und für die zirkular polarisierten Zustände (rechtszirkular bzw. linkszirkular) folgt:

$$|R\rangle = \frac{1}{\sqrt{2}}\begin{pmatrix} 1 \\ i \end{pmatrix} = \frac{1}{\sqrt{2}}(|h\rangle + i|v\rangle) \tag{9.18}$$

$$|L\rangle = \frac{1}{\sqrt{2}}\begin{pmatrix} 1 \\ -i \end{pmatrix} = \frac{1}{\sqrt{2}}(|h\rangle - i|v\rangle) \tag{9.19}$$

Der Faktor $\pm i$ bedeutet hier eine Phasenverschiebung der entsprechenden Komponente um $\pm 90°$. (Manchmal definiert man die rechts- bzw. linkszirkular polarisierten Zustände relativ zu den obigen Konventionen noch zusätzlich mit einem Faktor i, der aber auf den gewählten Strahl keine Auswirkung hat.)

Die Antipoden auf der Bloch-Kugel (siehe Abb. 9.2) entsprechen orthogonalen Zuständen im $\mathbb{C}^2$, allerdings repräsentieren sie auch orthogonale Polarisationen von Licht. Die linearen Polarisationen bilden einen Großkreis auf der Bloch-Kugel. Je weiter man sich von diesem Großkreis entfernt, umso elliptischer wird die Polarisation (d. h., es gibt eine Phasenverschiebung zwischen den beiden orthogonalen Komponenten) und die Pole zu diesem Großkreis entsprechen den links- bzw. rechtszirkularen Polarisationen.

9.3.3 Zweiniveau-Systeme

Unter bestimmten Bedingungen kann es vorkommen, dass man auch bei komplexeren Systemen mit vielen Zuständen nur an zwei Zuständen interessiert ist; typischerweise handelt es sich dabei um den energetischen Grundzustand (mit der niedrigsten Energie) und einen angeregten Zustand. Eine solche vereinfachende Einschränkung des Zustandsraums ist immer dann gerechtfertigt, wenn für die betrachtete Dynamik bzw. Wechselwirkung des Systems (eventuell auch mit einer Umgebung) bevorzugt diese beiden Zustände von Relevanz sind. Hierbei kann es sich beispielsweise um die Schwingungszustände eines Moleküls handeln, von denen bei einer bestimmten Temperatur bestenfalls der erste angeregte Zustand vorliegt (d. h., die höheren Zustände können wegen ihrer hohen Energie vernachlässigt werden), oder es kann sich um bestimmte elektronische Anregungen in Molekülen oder Atomen handeln.

Es gibt also zwei Energieeigenzustände zur Energie E_0 und E_1, für die gilt:

$$H|{}^{-}_{\bullet}\rangle = E_0|{}^{-}_{\bullet}\rangle \quad \text{und} \quad H|{}^{\bullet}_{-}\rangle = E_1|{}^{\bullet}_{-}\rangle \tag{9.20}$$

Der Energieoperator ist in dieser Basis diagonal:

$$H = \begin{pmatrix} E_0 & 0 \\ 0 & E_1 \end{pmatrix} = \frac{1}{2}(E_0 + E_1)\mathbf{1} + \frac{1}{2}(E_0 - E_1)\sigma_3 \tag{9.21}$$

Für viele praktische Anwendungen interessiert nur der σ_3-Anteil, d. h., man setzt die Summe der beiden Energien (ein konstanter Beitrag zur Gesamtenergie) auf 0:

$$H = -\varepsilon\sigma_3 \tag{9.22}$$

Die Eigenzustände sind in dieser Darstellung:

$$|{}^{-}_{\bullet}\rangle = \begin{pmatrix} 1 \\ 0 \end{pmatrix} \qquad |{}^{\bullet}_{-}\rangle = \begin{pmatrix} 0 \\ 1 \end{pmatrix} \tag{9.23}$$

Für $\varepsilon > 0$ hat somit der Grundzustand $|{}^{-}_{\bullet}\rangle$ die kleinere Energie.

In dieser Interpretation sind die Eigenzustände von σ_1 und σ_2 von geringerer Bedeutung, allerdings kann man nun σ_1 bzw. σ_2 als Operatoren auffassen, die den Grundzustand in den angeregten Zustand und den angeregten Zustand in den Grundzustand überführen. Daher dienen diese Operatoren zur Darstellung einer Dynamik, bei der Übergänge zwischen diesen Zuständen beschrieben werden sollen.

Ebenfalls wichtig sind die Operatoren

$$\sigma^{+} = \frac{1}{2}(\sigma_1 + i\sigma_2) = \begin{pmatrix} 0 & 1 \\ 0 & 0 \end{pmatrix} \quad \text{und} \quad \sigma^{-} = \frac{1}{2}(\sigma_1 - i\sigma_2) = \begin{pmatrix} 0 & 0 \\ 1 & 0 \end{pmatrix}, \tag{9.24}$$

die als Auf- bzw. Absteigeoperatoren dienen: σ^{+} beschreibt den Übergang vom Grundzustand in den angeregten Zustand und σ^{-} den Übergang vom angeregten Zustand in den Grundzustand. Da $(\sigma^{+})^2 = 0$ und $(\sigma^{-})^2 = 0$, sind σ^{+} und σ^{-} Beispiele für ‚fermionische' Auf- und Absteigeoperatoren. Sie erfüllen ‚kanonische' Antikommutatorrelationen:

$$\sigma^{+}\sigma^{-} + \sigma^{-}\sigma^{+} = \mathbf{1} \tag{9.25}$$

Modelle dieser Art spielen eine besondere Rolle, wenn man mehrere Zweizustand-Systeme miteinander koppelt. Das folgende Beispiel bezieht sich auf den einfachen

Fall einer Kopplung von zwei Zweizustand-Systemen. Ohne eine Wechselwirkung wäre ein sinnvoller Energieoperator beispielsweise:

$$H_0 = -\varepsilon_1(\sigma_3 \otimes \mathbf{1}) - \varepsilon_2(\mathbf{1} \otimes \sigma_3) = \begin{pmatrix} -\varepsilon_1 - \varepsilon_2 & 0 & 0 & 0 \\ 0 & -\varepsilon_1 + \varepsilon_2 & 0 & 0 \\ 0 & 0 & \varepsilon_1 - \varepsilon_2 & 0 \\ 0 & 0 & 0 & \varepsilon_1 + \varepsilon_2 \end{pmatrix} \quad (9.26)$$

Die zugehörigen Eigenzustände sind (mit einer hoffentlich suggestiven Notation):

$$| \overrightarrow{\bullet} \ \overrightarrow{\bullet} \rangle = \begin{pmatrix} 1 \\ 0 \end{pmatrix} \otimes \begin{pmatrix} 1 \\ 0 \end{pmatrix} = \begin{pmatrix} 1 \\ 0 \\ 0 \\ 0 \end{pmatrix} \quad (9.27)$$

$$| \overrightarrow{\bullet} \ \overleftarrow{\bullet} \rangle = \begin{pmatrix} 1 \\ 0 \end{pmatrix} \otimes \begin{pmatrix} 0 \\ 1 \end{pmatrix} = \begin{pmatrix} 0 \\ 1 \\ 0 \\ 0 \end{pmatrix} \quad (9.28)$$

$$| \overleftarrow{\bullet} \ \overrightarrow{\bullet} \rangle = \begin{pmatrix} 0 \\ 1 \end{pmatrix} \otimes \begin{pmatrix} 1 \\ 0 \end{pmatrix} = \begin{pmatrix} 0 \\ 0 \\ 1 \\ 0 \end{pmatrix} \quad (9.29)$$

$$| \overleftarrow{\bullet} \ \overleftarrow{\bullet} \rangle = \begin{pmatrix} 0 \\ 1 \end{pmatrix} \otimes \begin{pmatrix} 0 \\ 1 \end{pmatrix} = \begin{pmatrix} 0 \\ 0 \\ 0 \\ 1 \end{pmatrix} \quad (9.30)$$

Man kann nun eine Wechselwirkung zwischen diesen beiden Systemen einführen, indem man Übergänge zwischen den Zuständen erlaubt:

$$H = H_0 + H_I \quad (9.31)$$

mit

$$H_I = J(\sigma^+ \otimes \sigma^- + \sigma^- \otimes \sigma^+). \quad (9.32)$$

Der erste Term beschreibt eine Wechselwirkung, bei der ein angeregter Zustand des zweiten Systems in den Grundzustand übergeht und dafür der Zustand des ersten Systems (das sich im Grundzustand befindet) angeregt wird. Der zweite Term beschreibt entsprechend den umgekehrten Prozess.

Solche und ähnliche, einfache gekoppelte Systeme lassen sich noch exakt lösen, zeigen aber schon eine überraschende Vielfalt an Quantenphänomenen. Koppelt man auf diese Weise mehr als zwei Systeme, beispielsweise eine ganze Kette von Zweizustand-Systemen, gelangt man zu den sogenannten *Quantenspinketten*.

9.4   Quanteninformation

Unter einem Bit versteht man in der klassischen Informationstheorie eine Variable, die nur die beiden Werte 0 und 1 annehmen kann. Der Zustandsraum eines klassischen Bits ist also die Menge $\{0, 1\}$. Ein Qubit – oder auch Quanten-Bit – ist eine ‚Quantisierung' dieses klassischen Zweizustand-Systems. Insofern kann jedes der physikalischen Beispiele aus Abschn. 9.3 für ein Zweizustand-System in der Quantentheorie als Realisation eines Qubits verstanden werden.

Die Idee eines ‚Quantencomputers', also eines Quantensystems, das Folgen von Qubits verarbeitet, geht auf Richard Feynman zurück [33]. Seit Mitte der 80er Jahre des 20. Jahrhunderts hat sich die Quanteninformation zu einem eigenständigen Gebiet entwickelt, und Begriffe wie ‚Quantenrechnung', ‚Quantenteleportation', ‚Quantenkryptographie' etc. gehören heute zum Alltag in der Informationstechnologie. Ein immer noch gutes Übersichtswerk zur Quanteninformation ist das Buch von Nielsen und Chuang [63].

Bevor ich jedoch kurz auf die Quanteninformationstheorie eingehe, soll der klassische Begriff des Bits nochmals angedeutet werden.

9.4.1   Klassische Information

Die elementare Einheit der Informationstheorie ist das *Bit,* ein Element der Menge $\mathbb{Z}_2 = \{0, 1\}$. Die Objekte der Informationstheorie sind Folgen von Bits, also Elemente von $\mathbb{Z}_2^N$. Die Operationen in der Informationstheorie bestehen aus Umformungen solcher Bit-Ketten. Die einfachste dieser Operation (neben der Identität) ist die Negation (NOT):

$$\text{NOT} : \mathbb{Z}_2 \to \mathbb{Z}_2 \quad \text{mit} \quad 0 \to 1 \quad \text{und} \quad 1 \to 0 \tag{9.33}$$

Man kann die Negation auch als einfache Permutationsmatrix ausdrücken:

$$\text{NOT} \sim \begin{pmatrix} 0 & 1 \\ 1 & 0 \end{pmatrix} \tag{9.34}$$

Außerdem gibt es verschiedene Abbildungen von $\mathbb{Z}_2 \times \mathbb{Z}_2 \to \mathbb{Z}_2$, von denen die wichtigsten in Tab. 9.1 zusammengefasst sind. Es lässt sich zeigen, dass sich sämtliche 16 Möglichkeiten für solche binären Bool'schen Funktionen durch ein einziges Gate (die NAND-Funktion oder auch die NOR-Funktion) realisieren lassen.

Besonders interessant ist die XOR-Transformation. Fasst man den Wert von x_1 als einen Kontrollparameter auf und ersetzt den Wert für x_2 durch das Ergebnis von XOR, so erhält man folgende Vorschrift: Wenn $x_1 = 0$ ist, wird x_2 nicht verändert. Ist $x_1 = 1$, wird x_2 negiert. Insbesondere gilt:

$$\text{XOR} : \quad (0, 0) \to (0, 0) \quad \text{und} \quad (1, 0) \to (1, 1) \tag{9.35}$$

Tab. 9.1 Einige binäre Bool'sche Funktionen

Bezeichnung/Bit-Paar x_1	0	0	1	1
x_2	0	1	0	1
Konjunktion (AND)	0	0	0	1
Disjunktion (OR)	0	1	1	1
Nicht und (NAND)	1	1	1	0
Nicht oder (NOR)	1	0	0	0
Äquivalenz	1	0	0	1
Antivalenz (XOR)	0	1	1	0
Implikation	1	0	1	1

Allgemein ausgedrückt:

$$(x, 0) \to (x, x) \tag{9.36}$$

Diese Vorschrift kann also eine Kopie des Zustands x herstellen. In der klassischen Informationstheorie lassen sich Zustände beliebig vervielfältigen. Man spricht in diesem Zusammenhang auch von ‚klonen'.

Auf eine Folge von N Bits können im Prinzip 2^N verschiedene Operationen wirken. Man kann allerdings sämtliche Kombinationen auf Operationen an zwei Bits sowie eine Shift-Operation (die zyklisch alle Bits um eine Stelle verschiebt) zurückführen.

9.4.2 Qubits und Bell-Zustände

Wir fassen nun die beiden klassischen Werte eines Bits – 0 und 1 – als die Basisvektoren in einem (komplexen) Hilbert-Raum auf und schreiben dafür $|0\rangle$ und $|1\rangle$. Einschließlich gemischter Zustände ist der Zustandsraum eines solchen Quantum-Bits durch die Bloch-Kugel gegeben. Im Folgenden interessieren uns jedoch nur die reinen Zustände, also die Oberfläche der Bloch-Kugel. (Gemischte Zustände sind in der Praxis natürlich ebenfalls von großer Bedeutung, insbesondere weil durch Dekohärenz bzw. Wechselwirkung mit der Umgebung reine Zustände in gemischte Zustände übergehen; dies zu verhindern bzw. geeignete Fehlerkorrekturen vorzunehmen ist eines der großen gegenwärtigen Forschungsziele auf diesem Gebiet).

Neben den beiden klassischen 1-Bit-Operationen – der Identität und der Negation (Gl. 9.34) – kann nun die gesamte SU(2) als Transformationsgruppe auf Zustände wirken. Die meisten dieser Transformationen überführen die Zustände $|0\rangle$ und $|1\rangle$ in Superpositionen.

Eine Folge von N Qubits entspricht nun einem Vektor im $(\mathbb{C}^2)^N$ (wobei hier das N-fache Tensorprodukt von $\mathbb{C}^2$ gemeint ist) und ein allgemeiner Zustand hat die Form:

$$|\psi\rangle = \sum_{x_i=0,1} c_{x_1,x_2,\ldots} |x_1, x_2, \ldots, x_N\rangle \qquad (x_i = 0, 1) \qquad (9.37)$$

Eine allgemeine Operation auf diesem Zustand ist ein Element der $SU(2^N)$. Auch hier lässt sich jedoch zeigen, dass alle Operationen auf spezielle Operationen an zwei Bits sowie eine Shift-Operation zurückgeführt werden können.

Ist N beispielsweise 10, so entspricht einer klassischen Folge aus 10 Bits eine Zahl zwischen 0 und $2^{10} - 1 = 1023$. Ein einzelner Quantenzustand ist nun in gewisser Hinsicht eine Superposition aus *sämtlichen* Zahlen zwischen 0 und 1023, und eine lineare Abbildung eines solchen Quantenzustands entspricht einer Operation, die gleichzeitig sämtliche Zahlen betrifft. Aus diesem Grund spricht man manchmal auch von einem *massiven Parallelismus*.

Ich betrachte im Folgenden speziell zwei Qubits. Eine mögliche Basis des zugehörigen Hilbert-Raums ist:

$$|0, 0\rangle = |0\rangle \otimes |0\rangle \qquad (9.38)$$
$$|0, 1\rangle = |0\rangle \otimes |1\rangle$$
$$|1, 0\rangle = |1\rangle \otimes |0\rangle$$
$$|1, 1\rangle = |1\rangle \otimes |1\rangle$$

Diese Basis hat die Eigenschaft, dass sämtliche Basisvektoren faktorisieren, also separierbar sind. Für viele Überlegungen benötigt man jedoch eine Basis, in der die Zustände maximal verschränkt sind. Die Elemente einer solchen Basis bezeichnet man auch als *Bell-Zustände*. Oft verwendet man die folgende Basis von Bell-Zuständen:

$$|\Phi_1\rangle = \frac{1}{\sqrt{2}}(|0, 1\rangle - |1, 0\rangle) \qquad (9.39)$$

$$|\Phi_2\rangle = \frac{1}{\sqrt{2}}(|0, 1\rangle + |1, 0\rangle)$$

$$|\Phi_3\rangle = \frac{1}{\sqrt{2}}(|0, 0\rangle - |1, 1\rangle)$$

$$|\Phi_4\rangle = \frac{1}{\sqrt{2}}(|0, 0\rangle + |1, 1\rangle)$$

$|\Phi_1\rangle$ ist der EPR-Zustand. $|\Phi_1\rangle$ und $|\Phi_2\rangle$ beschreiben jeweils eine totale Antikorrelation in der Verschränkung, während $|\Phi_3\rangle$ und $|\Phi_4\rangle$ eine totale Korrelation zum Ausdruck bringen. Da diese vier Zustände paarweise orthogonal sind, gibt es auch selbstadjungierte Operatoren, für die die Bell-Zustände Eigenzustände sind:

$$B = \sum_{i=1}^{4} a_i |\Phi_i\rangle\langle\Phi_i| \qquad (9.40)$$

Ein Messwert a_i zeigt an, dass sich das System im Zustand $|\Phi_i\rangle$ befindet. Einen solchen Operator zur Messung der Bell-Zustände bezeichnet man als *Bell-Operator* und die zugehörige Messvorschrift als *Bell-Messung*. Die physikalische Realisation solcher Bell-Messungen ist allerdings nicht immer einfach.

Da die Bell-Zustände eine Basis bilden, kann man die obige separierbare Basis nach Bell-Zuständen entwickeln:

$$|0, 0\rangle = \frac{1}{\sqrt{2}}(|\Phi_3\rangle + |\Phi_4\rangle) \tag{9.41}$$

$$|0, 1\rangle = \frac{1}{\sqrt{2}}(|\Phi_1\rangle + |\Phi_2\rangle)$$

$$|1, 0\rangle = \frac{1}{\sqrt{2}}(|\Phi_2\rangle - |\Phi_1\rangle)$$

$$|1, 1\rangle = \frac{1}{\sqrt{2}}(|\Phi_4\rangle - |\Phi_3\rangle)$$

Dies zeigt nochmals deutlich, dass Linearkombinationen aus verschränkten Zuständen nicht verschränkt sein müssen.

Interessant ist, dass man jeden dieser Bell-Zustände durch eine unitäre Transformation *an einem der beiden Teilsysteme* in jeden anderen dieser Bell-Zustände überführen kann. Betrachten wir als Beispiel $|\Phi_1\rangle$. Durch die Transformation

$$U_1 = \mathbf{1}_1 \otimes \sigma_3 \tag{9.42}$$

wird daraus $|\Phi_2\rangle$:

$$|\Phi_2\rangle = U_1|\Phi_1\rangle \tag{9.43}$$

Entsprechend gilt:

$$|\Phi_3\rangle = U_2|\Phi_1\rangle \quad \text{mit} \quad U_2 = \mathbf{1}_1 \otimes \sigma_1 \tag{9.44}$$

Und schließlich erhält man $|\Phi_4\rangle$ durch eine Kombination dieser beiden Operationen:

$$|\Phi_4\rangle = U_3|\Phi_1\rangle \quad \text{mit} \quad U_3 = \mathbf{1}_1 \otimes \sigma_3\sigma_1 \tag{9.45}$$

9.4.3 Das No-Cloning-Theorem

Das No-Cloning-Theorem besagt, dass man von einem beliebigen, unbekannten Quantenzustand keine Kopie erstellen kann. Etwas genauer heißt das:

Theorem 9.1 *Es gibt keine universelle ‚Zustandsverdopplungsmaschine' oder ‚Kloningmaschine', die einen beliebigen Zustand $|\varphi\rangle$ in einen Zustand $|\varphi\rangle \otimes |\varphi\rangle$ überführt.*

Auch wenn das No-Cloning-Theorem hier im Rahmen von Zweizustand-Systemen behandelt wird, gilt es in der Quantenmechanik allgemein. Entsprechend ist auch der folgende Beweis nicht auf Zweizustand-Systeme beschränkt.

Beweis Eine Kloning-Maschine entspräche einem linearen Operator V, der folgende Eigenschaft hat:

$$V(|\Phi\rangle \otimes |\varphi\rangle) = |\Phi'\rangle \otimes |\varphi\rangle \otimes |\varphi\rangle \quad \text{für alle } |\varphi\rangle \in \mathscr{H} \qquad (9.46)$$

Im Folgenden bezeichnen $|\Phi\rangle$, $|\Phi'\rangle$ etc. beliebige Zustände.
Für diesen Operator müsste einerseits gelten

$$\begin{aligned}
V\big(|\Phi\rangle \otimes (|\varphi_1\rangle + |\varphi_2\rangle)\big) &= V(|\Phi\rangle \otimes |\varphi_1\rangle) + V(|\Phi\rangle \otimes |\varphi_2\rangle) \\
&= |\Phi'\rangle \otimes |\varphi_1\rangle \otimes |\varphi_1\rangle + |\Phi''\rangle \otimes |\varphi_2\rangle \otimes |\varphi_2\rangle \quad (9.47)
\end{aligned}$$

und andererseits

$$V\big(|\Phi\rangle \otimes (|\varphi_1\rangle + |\varphi_2\rangle)\big) = |\Phi'''\rangle \otimes (|\varphi_1\rangle + |\varphi_2\rangle) \otimes (|\varphi_1\rangle + |\varphi_2\rangle). \qquad (9.48)$$

Offensichtlich können die Gl. (9.47) und (9.48) nicht für beliebige $|\varphi_1\rangle$ und $|\varphi_2\rangle$ gleichzeitig erfüllt sein.

Das No-Cloning-Theorem besagt natürlich nicht, dass man einen Quantenzustand überhaupt nicht kopieren kann. Ein bekannter Zustand lässt sich im Prinzip beliebig oft präparieren. Doch auch von einem unbekannten Zustand kann man beliebig viele Kopien herstellen, wenn bekannt ist, dass es sich um einen reinen Eigenzustand bezüglich einer bestimmten Observablen handelt. Etwas anders formuliert besagt das No-Cloning-Theorem, dass sich der unbekannte Zustand eines Einzelsystems nicht vollständig bestimmen lässt. Liegt ein Ensemble dieses Zustands vor, kann man ihn vollständig bestimmen.

9.4.4 Quantenteleportation

Ein unbekannter Zustand lässt sich zwar nicht verdoppeln, aber man kann von einem unbekannten Zustand eine Kopie an einem anderen Ort erzeugen. Der Preis ist allerdings, dass der Ausgangszustand dadurch zerstört wird.

Statt im Folgenden immer von Person A und Person B zu sprechen, übernehme ich den allgemeinen Brauch der Informationstheorie und spreche von zwei hypothetischen Personen *Alice* und *Bob*. Kommt noch eine dritte Person ins Spiel (beispielsweise in der Quantenkryptographie der unerwünschte Lauscher – auf englisch *eavesdropper*), so heißt diese Person meist *Eve*.

Angenommen, Alice möchte einen unbekannten Photonenzustand (also eine Realisation eines Qubits)

$$|\varphi\rangle_1 = c_0 |0\rangle_1 + c_1 |1\rangle_1$$

zu Bob teleportieren. Dieses Photon bezeichnen wir als Photon 1. Alice und Bob müssen sich zuvor ein verschränktes Photonenpaar (Photonen 2 und 3) teilen (beispielsweise im Bell-Zustand $|\Phi_4\rangle$). Eines der beiden Photonen (z. B. Photon 2) hat

Alice, das andere Bob. Das Gesamtsystem aus drei Photonen befindet sich nun im Zustand:

$$|\Psi\rangle = |\varphi\rangle_1 \otimes |\Phi_4\rangle_{2,3}$$

$$= \frac{1}{\sqrt{2}}\left(c_0|0\rangle_1 + c_1|1\rangle_1\right) \otimes \left(|0\rangle_2 \otimes |0\rangle_3 + |1\rangle_2 \otimes |1\rangle_3\right)$$

$$= \frac{1}{\sqrt{2}}\left(c_0|0\rangle_1 \otimes |0\rangle_2 \otimes |0\rangle_3 + c_0|0\rangle_1 \otimes |1\rangle_2 \otimes |1\rangle_3\right.$$

$$\left. + c_1|1\rangle_1 \otimes |0\rangle_2 \otimes |0\rangle_3 + c_1|1\rangle_1 \otimes |1\rangle_2 \otimes |1\rangle_3\right) \tag{9.49}$$

Diesen Zustand kann man bezüglich der Photonen 1 und 2 nach Bell-Zuständen zerlegen (vgl. Gl. 9.41):

$$|\Psi\rangle = \frac{1}{2}\left(c_0|\Phi_3\rangle_{1,2} + c_0|\Phi_4\rangle_{1,2} + c_1|\Phi_2\rangle_{1,2} - c_1|\Phi_1\rangle_{1,2}\right) \otimes |0\rangle_3$$

$$+ \left(c_0|\Phi_1\rangle_{1,2} + c_0|\Phi_2\rangle_{1,2} + c_1|\Phi_4\rangle_{1,2} - c_1|\Phi_3\rangle_{1,2}\right) \otimes |1\rangle_3$$

$$= \frac{1}{2}\left(|\Phi_1\rangle_{1,2} \otimes \left(-c_1|0\rangle_3 + c_0|1\rangle_3\right) + |\Phi_2\rangle_{1,2} \otimes \left(c_1|0\rangle_3 + c_0|1\rangle_3\right)\right.$$

$$\left. + |\Phi_3\rangle_{1,2} \otimes \left(c_0|0\rangle_3 - c_1|1\rangle_3\right) + |\Phi_4\rangle_{1,2} \otimes \left(c_0|0\rangle_3 + c_1|1\rangle_3\right)\right) \tag{9.50}$$

Man beachte, dass es sich immer noch um denselben Zustand $|\Psi\rangle$ handelt, der bezüglich der Photonen 2 und 3 verschränkt ist, wohingegen Photon 1 noch separierbar ist. Bisher wurde lediglich eine Basistransformation vorgenommen.

Alice führt nun an ihrem Photonenpaar 1 und 2 eine Bell-Messung durch. Dabei zerstört sie den unbekannten Photonenzustand $|\varphi\rangle_1$. Aus dem Messergebnis a_i kann sie ablesen, dass nun einer von vier möglichen Bell-Zuständen bei ihr vorliegt. Das bedeutet, dass sich das verbliebene Photon 3 bei Bob, je nach dem Ergebnis a_i, das Alice erhalten hat, in einem der folgenden Zustände befindet:

$$a_1: \quad |\psi_1\rangle_3 = -c_1|0\rangle_3 + c_0|1\rangle_3$$

$$a_2: \quad |\psi_2\rangle_3 = c_1|0\rangle_3 + c_0|1\rangle_3$$

$$a_3: \quad |\psi_3\rangle_3 = c_0|0\rangle_3 - c_1|1\rangle_3$$

$$a_4: \quad |\psi_4\rangle_3 = c_0|0\rangle_3 + c_1|1\rangle_3 \tag{9.51}$$

Alice schickt nun durch einen klassischen Informationskanal, beispielsweise in einem gewöhnlichen Telefonat, eine Nachricht an Bob und teilt ihm das Ergebnis ihrer Messung mit. Da es vier mögliche Ergebnisse gibt, handelt es sich um eine klassische 2-Bit-Nachricht. Diese klassische Übermittlung einer 2-Bit-Nachricht verhindet auch, dass die Quantenteleportation eine Kommunikation mit Überlichtgeschwindigkeit ermöglicht.

Je nachdem, welches Messergebnis a_i Alice erhalten hat, führt Bob eine von vier unitären Transformationen an seinem Photon aus:

$$a_1 : (\sigma_3\sigma_1)|\psi_1\rangle_3 = c_0|0\rangle_3 + c_1|1\rangle_3$$
$$a_2 : \sigma_1|\psi_2\rangle_3 = c_0|0\rangle_3 + c_1|1\rangle_3$$
$$a_3 : \sigma_3|\psi_3\rangle_3 = c_0|0\rangle_3 + c_1|1\rangle_3$$
$$a_4 : \mathbf{1}\,|\psi_4\rangle_3 = c_0|0\rangle_3 + c_1|1\rangle_3 \tag{9.52}$$

In allen vier Fällen erhält Bob für sein Photon nun den Zustand $|\varphi\rangle_3$, also eine identische Kopie des ursprünglichen Zustands $|\varphi\rangle_1$, der bei diesem Prozess zerstört wurde.

Man beachte, dass die Zustände $|\psi_i\rangle_3$ nicht orthogonal sind. Ansonsten hätte Bob durch eine Messung an seinem Photon feststellen können, welches Messergebnis Alice erhalten hat und der klassische Informationskanal wäre überflüssig. Dann wäre aber mithilfe der Quantenteleportation auch eine Signalübertragung mit Überlichtgeschwindigkeit möglich.

9.4.5 Quantenkryptographie

Ein vollkommen sicheres Verfahren der klassischen Nachrichtenübermittlung besteht darin, eine Nachricht, die wir uns immer als eine Bitfolge vorstellen können, mit einer Zufallsfolge aus 0 und 1 zu verschlüsseln. Dazu addiert man zum Klartext einfach den Schlüssel modulo 2 (d. h. als XOR Operation):

$$\begin{array}{ll}
\text{Klartext} & 1\ 1\ 1\ 0\ 0\ 0\ 1\ 1\ 1\ 0\ 0\ 0\ 1\ 1\ 1\ 0\ 0\ 0\ 1\ 1\ 1 \\
\text{Zufallsfolge} & 0\ 1\ 1\ 0\ 1\ 0\ 0\ 0\ 1\ 0\ 1\ 1\ 1\ 0\ 1\ 1\ 0\ 1\ 0\ 0\ 1 \\
\text{XOR-Kodierung} & 1\ 0\ 0\ 0\ 1\ 0\ 1\ 1\ 0\ 0\ 1\ 1\ 0\ 1\ 0\ 1\ 0\ 1\ 1\ 1\ 0
\end{array} \tag{9.53}$$

Die kodierte Nachricht ist nun ebenfalls eine Zufallsfolge, unabhängig davon, wie regulär der zu übermittelnde Klartext ist. Der Empfänger kann nun aus der ihm ebenfalls bekannten Zufallsfolge und der kodierten Nachricht durch eine XOR-Operation die ursprüngliche Nachricht zurückgewinnen:

$$\begin{array}{ll}
\text{XOR-kodierte Nachricht} & 1\ 0\ 0\ 0\ 1\ 0\ 1\ 1\ 0\ 0\ 1\ 1\ 0\ 1\ 0\ 1\ 0\ 1\ 1\ 1\ 0 \\
\text{Zufallsfolge} & 0\ 1\ 1\ 0\ 1\ 0\ 0\ 0\ 1\ 0\ 1\ 1\ 1\ 0\ 1\ 1\ 0\ 1\ 0\ 0\ 1 \\
\text{XOR-Dekodierung} = \text{Klartext} & 1\ 1\ 1\ 0\ 0\ 0\ 1\ 1\ 1\ 0\ 0\ 0\ 1\ 1\ 1\ 0\ 0\ 0\ 1\ 1\ 1
\end{array} \tag{9.54}$$

Die Sicherheit dieses Verfahrens hängt entscheidend davon ab, dass nur Sender und Empfänger (also Alice und Bob) die Schlüsselfolge kennen. In der Praxis ist das ein großes Problem, denn ein solcher Schlüssel darf nur einmal verwendet werden (daher spricht man auch von einem One-Time-Pad) und muss dieselbe Länge wie der Klartext haben. Noch schwieriger wird es, wenn Alice oder Bob den Schlüssel öffentlich austauschen wollen. Dann ist eine Geheimhaltung bei klassischen Kommunikationskanälen nicht mehr gewährleistet.

Hier kann die Quantenphysik helfen. Die Idee beruht darauf, dass jede Messung, die ein potenzieller Lauscher (Eve) an einem System in einem unbekannten Quantenzustand vornimmt, diesen Zustand in der Regel verändert. Diese Veränderung lässt sich aber feststellen und somit der Eingriff des Lauschers nachweisen.

Bei den meisten heutigen Verfahren dient die Quantenphysik den Beteiligten Alice und Bob lediglich dazu, sich auf eine Zufallsfolge zu einigen, die sie als Schlüssel verwenden können und von der sie überprüfen können, ob sie von einer dritten Person abgerufen wurde. Die eigentliche Nachrichtenübermittlung erfolgt auf klassischem Weg.

Von dieser Art der quantenbasierten Schlüsselübermittlung existieren verschiedene Varianten, die man auch als Protokolle bezeichnet. Das bekannteste Protokoll wurde 1984 von Charles H. Bennett und Gilles Brassard vorgeschlagen und trägt die Bezeichnung BB84 [10]. Der Schlüsselaustausch erfolgt in mehreren Schritten:

1. Alice erzeugt einen großen Satz Photonen mit zufällig gewählter h-, v-, p- oder m-Polarisation und schickt diese an Bob.
2. Bob analysiert diese Photonen mit zufällig gewählten h/v- bzw. p/m-Polwürfeln.
3. Alice und Bob tauschen über einen klassischen Kanal die Information aus, bezüglich welcher der beiden Basen sie die jeweiligen Photonen erzeugt bzw. gemessen haben (nur die Basis!, natürlich nicht die Zustände selbst). In ungefähr der Hälfte der Fälle sind die Basen verschieden; diese Ergebnisse sind daher nutzlos und werden verworfen.
4. Die Ergebnisse bezüglich der gleichen Basen liefern Alice und Bob nun eine gemeinsame Bit-Folge, die sie als Schlüssel für ihre Nachricht verwenden können.
5. Zum Test, dass die Folge nicht abgelauscht wurde, können Alice und Bob einen Teil ihrer Bitfolge über einen klassischen Kanal vergleichen. Dieser Teil wird natürlich nicht mehr für den Schlüssel verwendet.

Alice und Bob können zwar nicht verhindern, dass die zwischen ihnen ausgetauschten Photonen von einem potenziellen Lauscher untersucht wurden, aber durch den Test können sie feststellen, ob dies der Fall war. Die Sicherheit des Verfahrens beruht also auf der Unmöglichkeit, einen Quantenzustand zu messen (oder zu klonen), wenn die Basis bezüglich der Präparation dieses Zustands nicht bekannt ist.

Das Protokoll für einen potenziellen Lauscher (Eve) könnte nun folgendermaßen aussehen:

1. Eve fängt die Photonen ab, die Alice in Schritt 1 an Bob schicken wollte.
2. Sie nimmt an diesen Photonen Messungen mit zufällig gewählten h/v- oder p/m-Polarisationsstrahlteilern vor.
3. Sie schickt die von ihr gemessenen Photonen an Bob weiter (oder sie erzeugt Photonen in den entsprechenden Zuständen). Die Polarisation dieser Photonen sind nun Eigenzustände ihrer Wahl für den Polarisationsstrahlteiler und stimmen

in rund der Hälfte der Fälle nicht mehr mit den Polarisationszuständen überein, die Alice verschickt hat.

Bob empfängt in diesem Fall von Eve einen Satz von Photonen, von denen er glaubt, dieser sei von Alice. Er und Alice folgen nun den weiteren Schritten ihres Protokolls und erhalten ihre Zufallsfolge von Bits aus den Messergebnissen, von denen sie glauben, sie bezögen sich auf die gleiche Basis. Wenn sie nun aber einen Satz ihrer Zufallsfolge vergleichen, werden sie feststellen, dass die Bits gelegentlich (in rund einem Viertel der Fälle) nicht übereinstimmen. Daraus können sie schließen, dass der Schlüsselaustausch abgelauscht wurde. Sie werden nun einen neuen Schlüsselaustausch (vielleicht über andere Kanäle) vornehmen.

Die Sicherheit dieses Verfahrens beruht auf einigen Annahmen, die oft nicht explizit erwähnt werden. So wird vorausgesetzt, dass Alice und Bob ihre ‚Privatsphäre‘ haben, in denen sie die Photonenexperimente durchführen können und in denen sie vor Lauschangriffen sicher sind. Eve kann nur in die Übermittlung von Photonen oder den klassischen Informationsaustausch eingreifen, solange sich diese nicht in der Privatsphäre von Alice und Bob befinden. Weiterhin wird angenommen, dass die klassischen Austauschkanäle zwar abgehört werden können, aber nicht ‚vorgetäuscht‘. Alice und Bob können bei den klassischen Austauschkanälen also überprüfen, ob sie wirklich mit dem jeweiligen Partner kommunizieren und die ausgetauschte Information richtig ist.

Es ist jedoch zu beachten, dass in der Praxis jeder Austausch von Photonen und jede Polarisationsmessung an den Photonen mit einem gewissen Fehler behaftet ist. Das bedeutet, dass Alice und Bob bei ihrem abschließenden Vergleich eines Teils des Schlüssels mit gewissen Fehlern rechnen müssen. Da, falls die Übermittlung abgelauscht wurde, im Mittel nur in rund einem Viertel der überprüften Fälle ein Fehler auftreten wird,[3] muss man eine sehr große Anzahl von Bits vergleichen, um sicher sein zu können, das keine Unterbrechung erfolgt ist. Eine 100-prozentige Sicherheit gibt es nicht, aber man kann die verbliebene Unsicherheit beliebig klein halten.

Es gibt noch viele weitere Protokolle dieser Art. Beispielsweise könnten Alice und Bob auch eine sehr große Anzahl von Photonen in EPR-Zuständen austauschen und dann an diesen Zuständen ihre Messungen vornehmen. Die Schritte 3 bis 5 des Protokolls wären dann ähnlich wie bei BB84. Der Vorteil von BB84 ist, dass keine verschränkten Photonenpaare notwendig sind, da die Verschränkung oft schwierig aufrechtzuerhalten ist, wenn die Übermittlungsdistanzen groß werden. Ohne das No-Cloning-Theorem würde jedoch keines dieser Verfahren funktionieren.

---

[3]In der Hälfte der Fälle hat Eve dieselbe Basis gewählt wie Alice – hier wird sich kein Unterschied zeigen – und in der Hälfte der verbliebenen Fälle sind die Ergebnisse von Bob zufällig dieselben wie die von Alice.

Übungen

Die ersten beiden Übungen behandeln einen Effekt, der in anderen Situationen als *Inverser Quanten-Zeno-Effekt* bekannt ist. Übung 9.1 behandelt eine idealisierte Situation, wobei die Polarisationsfilter außer ihrer Projektion keine Absorption zeigen. Übung 9.2 betrachtet den realistischeren Fall, der einen Verlustfaktor der Polarisationsfilter berücksichtigt.

Übung 9.1

1. Betrachten Sie die Situation, bei der ein h-Filter, ein $+45°$-Filter und ein v-Filter hintereinander geschaltet werden. Welcher Prozentsatz der Photonen, die den ersten Filter passiert haben, passiert alle drei Filter? Offensichtlich wurde bei diesen Photonen die zunächst horizontale Polarisation in eine vertikale Polarisation gedreht.
2. Betrachten Sie nun die Situation, bei der zwischen dem h-Filter und dem v-Filter insgesamt $N - 1$ Polarisationsfilter so hintereinander geschaltet werden, dass zwischen zwei aufeinanderfolgenden Filtern der Winkel der Polarisationsachse um $\frac{\pi}{2N}$ weitergedreht wird. Leiten Sie eine Formel her für die Intensitätsminderung zwischen dem Licht nach dem ersten Filter und dem verbliebenen Licht nach dem letzten Filter. Berechnen Sie konkret diesen Faktor für die Fälle $N = 2$, $N = 3$ und $N = 4$.
3. Betrachten Sie nun den Fall $N \to \infty$. Zeigen Sie, wie eine Entwicklung nach Termen der Ordnung $1/N$ vorgenommen werden kann und bestimmen Sie neben der führenden Ordnung (für $N = \infty$) den Term zu $\mathcal{O}(1/N)$.

Übung 9.2 Jeder Polarisationsfilter hat einen qualitätsabhängigen Verlustfaktor, sodass der in Übung 9.1 betrachtete Grenzfall $N \to \infty$ in der Praxis nicht erreicht werden kann. Betrachten Sie nun den Fall, dass neben der Projektion noch eine Absorption stattfindet, sodass sich die Intensität von Licht beim Durchgang durch einen Filter um den Faktor $e^{-\varepsilon}$ verringert.

1. Bestimmen Sie den Gesamtfaktor für den Intensitätsverlust von N Filtern, die wie in Übung 9.1 orientiert sind.
2. Bestimmen Sie N als Funktion von ε, sodass die Absorption minimal wird.
3. Wir groß ist N (ganzzahlige Approximation) für $\varepsilon = 0,02$? Wie viel Prozent des einfallenden Lichts tritt in diesem Fall durch die Anordnung?

Übung 9.3 Betrachten Sie ein Ensemble von Photonen, die durch einen ersten Filter in einem planaren $|\alpha\rangle$-Zustand präpariert wurden. Bei einer h/v-Messung findet man in $\cos^2 \alpha$ der Fälle den Wert h (dies entspreche dem Messwert $\lambda = +1$) und in $\sin^2 \alpha$ der Fälle den Wert v (Messwert $\lambda = -1$). Entsprechend kann man auch eine p/m-Messung durchführen.

1. Zeigen Sie, dass die Mittelwerte $\mu(\alpha) = \langle\lambda\rangle$ für die beiden Messungen durch

$$\mu_{\text{hv}}(\alpha) = \cos 2\alpha \qquad \text{und} \qquad \mu_{\text{pm}}(\alpha) = \sin 2\alpha \qquad (9.55)$$

gegeben sind.
2. Berechnen Sie jeweils die Varianz $\Delta_{\text{hv}}(\alpha)^2 = \langle(\lambda - \mu_{\text{hv}})^2\rangle$ und $\Delta_{\text{pm}}(\alpha)^2 = \langle(\lambda - \mu_{\text{pm}})^2\rangle$.
3. Zeigen Sie, dass unabhängig vom Winkel α gilt:

$$\Delta_{\text{hv}}(\alpha)^2 + \Delta_{\text{pm}}(\alpha)^2 = 1 \qquad (9.56)$$

Es ist also nicht möglich, eine Polarisation zu finden, bei der die Varianzen in den Messwerten sowohl für eine h-v-Basis als auch eine p-m-Basis verschwinden.

Übung 9.4 Wir definieren allgemein für einen beliebigen Zustand $|\psi\rangle$ im $\mathbb{C}^2$:

$$\Delta_i(\psi)^2 = \langle\psi|\big(\sigma_i^2 - \langle\sigma_i\rangle^2\big)|\psi\rangle \qquad (9.57)$$

für $i = 1, 2, 3$. Zeigen Sie

$$\sum_{i=1}^{3} \Delta_i(\psi)^2 = 2, \qquad (9.58)$$

unabhängig von dem (normierten) Polarisationszustand $|\psi\rangle$.

Übung 9.5 Beweisen Sie für die Pauli-Matrizen σ_i die Relation:

$$\exp(i\alpha\mathbf{n} \cdot \boldsymbol{\sigma}) = \mathbf{1}\cos\alpha + i(\mathbf{n} \cdot \boldsymbol{\sigma})\sin\alpha \qquad (9.59)$$

(*Hinweis:* Hier kann man entweder eine Relation für Potenzen von $(\mathbf{n} \cdot \boldsymbol{\sigma})$ ableiten und dann die Potenzreihenentwicklung der Exponentialfunktion verwenden, oder man kann die Spektralzerlegung von $(\mathbf{n} \cdot \boldsymbol{\sigma})$ ausnutzen.)

Übung 9.6 $|\text{h}\rangle = (1, 0)$ und $|\text{v}\rangle = (0, 1)$ bezeichnen eine horizontale bzw. vertikale lineare Polarisation eines Photons. Das Tensorprodukt sei wie in Übung 8.3 bzw. Gl. 9.27–9.30 definiert. Betrachten Sie den folgenden 2-Photonenzustand (die Photonen können unterschiedliche Wellenlängen haben, es geht hier nicht um Ununterscheidbarkeit), sowie folgende Matrix U:

$$|2\gamma\rangle = \frac{1}{\sqrt{2}}\Big(|\text{h}\rangle|\text{v}\rangle + |\text{v}\rangle|\text{v}\rangle\Big) \qquad\qquad U = \begin{pmatrix} 1 & 0 & 0 & 0 \\ 0 & 1 & 0 & 0 \\ 0 & 0 & 0 & 1 \\ 0 & 0 & 1 & 0 \end{pmatrix}. \qquad (9.60)$$

1. Beweisen Sie: U ist unitär.
2. Beweisen Sie: $|2\gamma\rangle$ ist separabel. Geben Sie dazu die Zustände an, von denen $|2\gamma\rangle$ ein Produktzustand ist.
3. Wenden Sie U auf den Vektor $|2\gamma\rangle$ an. Wie lautet das Ergebnis?
4. Zeigen Sie, dass das Ergebnis ein verschränkter Zustand ist. Geben Sie zu diesem verschränkten Zustand die Dichtematrix an, die man erhält, wenn eines der beiden Teilsysteme ‚ausgespurt' wird.

Anmerkung Die Matrix U realisiert im Quantencomputing ein sogenanntes CNOT (controlled NOT)-Gate. Dazu gibt es kein direktes klassisches Analogon. Die Bedeutung dieses Gates liegt darin, dass separierte Zustände in verschränkte Zustände (und umgekehrt) überführt werden können.

Übung 9.7 Der Hamilton-Operator eines Zweizustand-Systems (Basis $\{|0\rangle, |1\rangle\}$) sei

$$H = \begin{pmatrix} E & \varepsilon \\ \varepsilon & E \end{pmatrix}. \tag{9.61}$$

Außerdem sei der Zustand $|\varphi\rangle = \frac{1}{\sqrt{5}}(|0\rangle + 2|1\rangle)$ gegeben.

1. Bestimmen Sie die Energieeigenwerte E_1 und E_2 und die zugehörigen normierten Eigenvektoren $|E_1\rangle$ und $|E_2\rangle$ in der durch $\{|0\rangle, |1\rangle\}$ definierten Basis.
2. Entwickeln Sie den Zustand $|\varphi\rangle$ nach den Eigenzuständen $|E_1\rangle$ und $|E_2\rangle$.
3. Welche möglichen Ergebnisse können Sie mit welcher Wahrscheinlichkeit bei *einer* Messung der Energie am Zustand $|\varphi\rangle$ erhalten? In welchem Zustand befindet sich das System unmittelbar nach der Messung?
4. Das System befinde sich zum Zeitpunkt $t = 0$ im Zustand $|\varphi\rangle$. Wie lautet dann der Zustand $|\varphi(t)\rangle$ nach der Zeit t in der $\{|0\rangle, |1\rangle\}$ Basis? Das System werde während dieser Zeit nicht gestört.
(*Hinweis:* Verwenden Sie Ihr Ergebnis aus Aufgabenteil (2.).)

Übung 9.8 Die Eigenzustände von σ_z definieren eine vollständige Orthonormalbasis. Bezüglich dieser Basis seien die folgenden drei Observablen gegeben:

$$A = \begin{pmatrix} 3 & 0 \\ 0 & -1 \end{pmatrix}; \quad B = \begin{pmatrix} 1 & 1 \\ 1 & -1 \end{pmatrix}; \quad C = \begin{pmatrix} 0 & 2i \\ -2i & 0 \end{pmatrix}. \tag{9.62}$$

An einem Zweizustand-System wurden die folgenden Erwartungswerte gemessen:

$$\langle A \rangle = 2; \quad \langle B \rangle = \frac{1}{2}; \quad \langle C \rangle = 0. \tag{9.63}$$

1. Bestimmen Sie die Dichtematrix ρ des Zweizustand-Systems in der angegebenen Basis.
2. Handelt es sich um einen reinen oder einen gemischten Zustand?
3. Wie groß ist die Wahrscheinlichkeit, bei einer Messung von σ_z den Zustand mit Messwert $+1$ zu finden?
4. Berechnen Sie $\langle \sigma_x \rangle$, $\langle \sigma_y \rangle$ und $\langle \sigma_z \rangle$.

Teil III

Ausgewählte und vertiefende Kapitel zur Quantentheorie

Die folgenden Kapitel enthalten eine Auswahl weiterführender Themen, die der Vertiefung des Grundwissens aus Teil II dienen. Sie können unabhängig voneinander gelesen werden, auch wenn gelegentlich ein Kapitel auf ein anderes verweist. Die Auswahl dieser weiterführenden Themen ist natürlich sehr subjektiv. Trotzdem hoffe ich, dass zumindest einige dieser Kapitel auch wertvolle Informationen für den Unterricht enthalten.

Die ersten drei Kapitel schließen sich unmittelbar an die bisher behandelten Themen an und dienen einer Vertiefung des Grundwissens: Kap. 10 geht auf einige Besonderheiten unendlichdimensionaler Hilbert-Räume ein, insbesondere den Raum der quadratintegrierbaren Funktion $\mathcal{L}_2$. Anschließend geht Kap. 11 nochmals auf den Zeitentwicklungsoperator der Quantentheorie ein und enthält eine (mathematisch nicht immer ganz rigorose) Ableitung des Feynman'schen Funktionalintegrals für ein allgemeines quantenmechanisches Potenzialsystem. Es folgt ein Kapitel zur Heisenberg-Darstellung der Zeitabhängigkeit in der Quantentheorie (Kap. 12).

Die nächsten beiden Kapitel sind eher mathematischer Natur: Kap. 13 behandelt die endlichdimensionalen Darstellungen der Drehgruppe und deutet zumindest an, woher die Additionsregeln für Drehimpulse in der Quantenmechanik kommen. Kap. 14 behandelt die lineare Kette und deutet damit den Übergang von der Quantenmechanik zu einer Quantenfeldtheorie an.

Es folgen zwei Kapitel, die zumindest teilweise nochmals die Polarisationszustände von Photonen für Einsichten in die Quantentheorie nutzen: Kap. 15 beschreibt einige Grundlagenexperimente aus der Quantenoptik, von denen manche gelegentlich auch in der Schule behandelt werden, und Kap. 16 vergleicht die Quantenphysik von Zweizustand-Systemen mit der Quantenphysik von Wellenfunktionen und verdeutlicht einige Analogien zwischen diesen Formalismen. Dieser Bezug erlaubt es, Grundlagenfragen der Quantenmechanik, insbesondere zur Wellennatur von Teilchen, in den Formalismus der Zwei-Zustandssysteme zu übersetzen, wo die Zusammenhänge oftmals offensichtlicher und die Fragen somit einfacher zu beantworten sind.

Die nächsten drei Kapitel sind eher grundlegender Natur. Kap. 17 widmet sich einigen Grundlagenfragen der Quantentheorie: Hier wird insbesondere das Problem des Messprozesses und der Zeigerbasis angesprochen, aber auch die berühmte ‚Schrödinger-Katze' oder die Bedeutung von Dekohärenz. Anschließend (Kap. 18) werden einige Deutungsansätze vorgestellt, unter anderem die Kopenhagener Deutung, Ensemble-Interpretationen, subjektive Interpretationen und die Many-Worlds-Interpretation. Eine besondere Formulierung der Quantenmechanik, die sogenannte Bohm'sche Mechanik, hat in den letzten Jahren an Bedeutung gewonnen und wird in Kap. 19 betrachtet.

Schließlich enthält Kap. 20 eine Einführung in den Formalismus der sogenannten ‚Quantenlogik'. In Kap. 21 wurden einige bekannte Zitate zur Quantentheorie zusammengetragen. Die Zitate verdeutlichen die unterschiedlichen Auffassungen nicht nur hinsichtlich der Deutung der Quantentheorie, sondern auch hinsichtlich der Frage, inwieweit man die Quantentheorie als ‚verstanden' auffassen kann.

Anmerkungen zu unendlichdimensionalen Vektorräumen

10

Dieses Kapitel spricht einige der Besonderheiten an, die in unendlichdimensionalen Vektorräumen auftreten können, insbesondere im Hilbert-Raum $\mathscr{L}_2$ der quadratintegrierbaren Funktionen. Es wird auch angedeutet, wie man die ‚uneigentlichen Eigenfunktionen' zu Operatoren mit einem kontinuierlichen Spektrum behandelt.

Dabei geht es mir weniger um mathematische Exaktheit oder Vollständigkeit – insbesondere als Lehrer/In wird man kaum jemals mit diesen Dingen wirklich konfrontiert werden – als um eine skizzenhafte Darstellung der Konzepte, die in unendlichdimensionalen Vektorräumen beachtet werden müss(t)en. Insbesondere kann es gelegentlich passieren, dass man auf einen scheinbaren Widerspruch stößt (für ein Beispiel siehe Abschn. 10.2.8), und dann sollte man sich bewusst sein, dass dieser scheinbare Widerspruch mit den Besonderheiten unendlichdimensionaler Vektorräume zusammenhängen könnte. Wesentlich ausführlichere und mathematisch rigorosere Darstellungen findet man in Lehrbüchern zur Funktionalanalysis.

10.1 Allgemeine Definitionen

10.1.1 Separable Hilbert-Räume

In Abschn. 4.1.1 wurde definiert:

Definition 10.1 Ein *separabler Hilbert-Raum* ist ein Vektorraum (über dem Körper $\mathbb{K} = \mathbb{C}$, seltener dem Körper $\mathbb{R}$) mit einem nicht entarteten Skalarprodukt, der bezüglich der durch das Skalarprodukt induzierten Topologie vollständig ist und eine abzählbare Basis besitzt.

Ganz allgemein definiert jede *Norm* auf einem Vektorraum auf diesem auch eine *Topologie,* die durch die Menge der offenen Bälle,

$$B_\varepsilon(x) = \{y \in \mathscr{H} \mid \|x - y\| < \varepsilon\}, \tag{10.1}$$

© Springer-Verlag GmbH Deutschland, ein Teil von Springer Nature 2019
T. Filk, *Quantenmechanik (nicht nur) für Lehramtsstudierende,*
https://doi.org/10.1007/978-3-662-59736-1_10

generiert wird. Das bedeutet, dass beliebige Vereinigungen und endliche Durchschnittsmengen solcher Bälle ebenfalls Teil dieser Topologie sind. Eine wichtige Eigenschaft topologischer Räume ist die Möglichkeit, Grenzwerte von Folgen zu definieren. Insbesondere erlaubt eine Norm – oder allgemeiner eine Topologie – auch die Definition einer *Cauchy-Folge:*

Definition 10.2 Ein Folge $\{x_n\}_{n\in\mathbb{N}}$ bezeichnet man als Cauchy-Folge bzw. Cauchy-konvergent, wenn es zu jedem $\varepsilon > 0$ ein $k \in \mathbb{N}$ gibt, sodass für alle $m, n \in \mathbb{N}$ mit $m, n > k$ gilt: $\|x_n - x_m\| < \varepsilon$.

Definition 10.3 Man bezeichnet einen topologischen Raum als *vollständig,* wenn jede Cauchy-konvergente Folge einen Grenzwert in diesem topologischen Raum hat.

Definition 10.4 Einen normierten Vektorraum (d. h. einen Vektorraum mit einer Topologie), der bezüglich der definierten Norm vollständig ist, nennt man *Banach-Raum.*

Definition 10.5 Ein *Hilbert-Raum* ist ein Vektorraum mit einem Skalarprodukt, der bezüglich der durch das Skalarprodukt induzierten Norm (also $\|x\| = \sqrt{\langle x|x\rangle}$) vollständig ist.

Insbesondere ist ein Hilbert-Raum auch immer ein Banach-Raum. Es gibt aber Banach-Räume, auf denen kein Skalarprodukt definiert ist.

Definition 10.6 Einen Hilbert-Raum $\mathscr{H}$ mit einer abzählbaren Basis bezeichnet man als *separabel.*

In einem solchen Vektorraum lässt sich jeder beliebige Vektor $|x\rangle \in \mathscr{H}$ nach dieser abzählbaren Basis $\{|e_n\rangle\}_{n\in\mathbb{N}}$ entwickeln. Die unendliche Summe einer solchen Entwicklung ist dabei folgendermaßen definiert:

$$|x\rangle = \sum_{n=1}^{\infty} a_n |e_n\rangle \quad \Leftrightarrow \quad \lim_{N\to\infty} \left\| |x\rangle - \sum_{n=1}^{N} a_n |e_n\rangle \right\| = 0 \tag{10.2}$$

Man kann beweisen, dass alle Hilbert-Räume über demselben Körper mit einer abzählbar unendlichen Basis isomorph sind. Für endlichdimensionale Vektorräume gilt diese Isomorphie, wenn die Vektorräume dieselbe Dimension haben.

Die beiden wichtigen Beispiele unendlichdimensionaler Hilbert-Räume, die in der Quantentheorie auftreten, sind der Hilbert-Raum ℓ_2 der quadratsummierbaren Folgen und der Hilbert-Raum $\mathscr{L}_2$ der quadratintegrierbaren Funktionen. Beide Hilbert-Räume wurden in Abschn. 4.1.1 definiert.

10.1.2 Lineare Abbildungen in Hilbert-Räumen

Definition 10.7 Eine *lineare Abbildung* auf einem Vektorraum $\mathcal{H}$ ist eine Abbildung $A : \mathcal{H} \to \mathcal{H}$, die folgende Bedingung erfüllt:

$$A(\alpha|x\rangle + \beta|y\rangle) = \alpha A|x\rangle + \beta A|y\rangle \ \forall x, y \in \mathcal{H} \text{ und } \alpha, \beta \in \mathbb{K} \tag{10.3}$$

Damit ist eine solche Abbildung eindeutig definiert, wenn sie auf einer Basis des Vektorraums definiert ist.

10.1.2.1 Unbeschränkte lineare Abbildungen

Es kann in unendlichdimensionalen Vektorräumen mit einer vorgegebenen Basis vorkommen, dass lineare Abbildungen zwar auf jedem Basiselement definiert sind, trotzdem aber keine linearen Abbildungen auf dem gesamten Vektorraum darstellen. Betrachten wir dazu folgendes Beispiel aus dem Raum ℓ_2. Auf der Standardbasis $e_n = (0, \ldots, 0, 1, 0, \ldots)$ (1 an der n. Stelle) sei die Abbildung

$$N e_n = n e_n \tag{10.4}$$

gegeben. (Im Prinzip ist der Hamilton-Operator des harmonischen Oszillators von dieser Form; vgl. Abschn. 6.4) Angewandt auf den quadratsummierbaren Vektor

$$|x\rangle = \left(1, \frac{1}{2}, \frac{1}{3}, \ldots, \frac{1}{n}, \ldots\right), \quad \|x\| = \sqrt{\sum_{n=1}^{\infty} \frac{1}{n^2}} = \frac{\pi}{\sqrt{6}} \tag{10.5}$$

folgt

$$N|x\rangle = (1, 1, 1, \ldots, 1, \ldots), \tag{10.6}$$

doch dieser Vektor ist nicht mehr quadratsummierbar und daher kein Element des Vektorraums der quadratsummierbaren Folgen. Die Menge der Vektoren, auf denen die lineare Abbildung N definiert ist, liegt jedoch dicht in dem Hilbert-Raum ℓ_2. Zum Beispiel ist N auf allen Folgen wohldefiniert, die ab einer bestimmten Stelle nur noch das Element 0 haben.

Offenbar kann selbst für Vektoren der Norm 1 das Bild von N eine beliebig große Norm haben, wie Gl. 10.4 zeigt.

Definition 10.8 Ein Operator A heißt *unbeschränkt*, wenn es keine endliche Zahl $C \in \mathbb{R}$ gibt, sodass gilt:

$$\||A|x\rangle\| \leq C \||x\rangle\| \ \forall |x\rangle \in \mathcal{H} \tag{10.7}$$

10.1.2.2 Die starke und schwache Operatornorm

Man kann für lineare Operatoren verschiedene Normen definieren. Ich beschränke mich hier auf die sogenannte *starke* und *schwache Operatornorm*. Mit jeder Norm erhält man auf der Menge der Operatoren auch eine entsprechende Topologie, aus den genannten Normen beispielsweise die sogenannte *starke* bzw. *schwache Operatortopologie.*

Definition 10.9 Die *starke Operatornorm* ist definiert als:

$$\|A\|_S = \sup_{|x\rangle} \frac{\||A|x\rangle\|}{\||x\rangle\|} = \sup_{|x\rangle} \frac{\sqrt{\langle x|A^\dagger A|x\rangle}}{\sqrt{\langle x|x\rangle}} = \sup_{\{|x\rangle \,|\, \langle x|x\rangle = 1\}} \sqrt{\langle x|A^\dagger A|x\rangle}$$

(10.8)

Die *schwache (weak) Operatornorm* ist:

$$\|A\|_W = \sup_{\||x\rangle\| = \||y\rangle\| = 1} |\langle y|A|x\rangle|$$

(10.9)

Bei endlichdimensionalen Hilbert-Räumen definieren beide Normen dieselbe Topologie auf der Menge der linearen Abbildungen. Dies ist bei unendlichdimensionalen Hilbert-Räumen nicht mehr der Fall.

Operatoren mit endlicher starker Norm sind beschränkt, andernfalls sind sie unbeschränkt. In endlichdimensionalen Vektorräumen sind alle linearen Abbildungen beschränkt.

10.1.2.3 Unitäre und isometrische Abbildungen

Definition 10.10 Für eine *isometrische Abbildung* $S : \mathcal{H} \to \mathcal{H}$ bleibt das Skalarprodukt invariant, also

$$\langle Sy|Sx\rangle = \langle y|x\rangle \; \forall \, |x\rangle, |y\rangle \in \mathcal{H}.$$

(10.10)

Für eine *unitäre Abbildung* verlangt man meist zusätzlich, dass diese Abbildung bijektiv ist.

Dass dies in unendlichdimensionalen Vektorräumen nicht immer der Fall sein muss, zeigt das Beispiel des Verschiebeoperators auf ℓ_2, der durch folgende Vorschrift definiert ist:

$$S(x_1, x_2, x_3, \ldots) = (0, x_1, x_2, x_3, \ldots)$$

(10.11)

Offensichtlich ist Gl. 10.10 für alle Vektoren in ℓ_2 erfüllt, aber beispielsweise besitzt der Vektor $(1, 0, 0, \ldots)$ kein Urbild; daher ist S nicht bijektiv. S ist also isometrisch, aber nicht unitär.

Überhaupt besitzt S weitere interessante Eigenschaften: Es gibt zu S eine linksinverse Abbildung, d. h., es gibt eine Abbildung S_L^{-1}, sodass $S_L^{-1} S = \mathbf{1}$ (dies ist die Verschiebung um eine Stelle nach links), aber es gibt keine rechtsinverse Abbildung S_R^{-1}, welche die Bedingung $S S_R^{-1} = \mathbf{1}$ erfüllt.

10.2 Der Raum $\mathscr{L}_2$

Der $\mathscr{L}_2$ ist der Hilbert-Raum der Wellenfunktionen in der Quantenmechanik. Die kurzen Anmerkungen in diesem Abschnitt können natürlich kein Lehrbuch zur Funktionalanalysis, Operatoranalysis, Theorie der Distributionen oder zur Fourier-Transformation ersetzen. Sie geben aber einen groben Einblick in einige der Besonderheiten, die mit diesem Vektorraum verbunden sind.

10.2.1 Der $\mathscr{L}_2$ als Raum von Äquivalenzklassen

Definition 10.11 Eine Funktion $f : \mathbb{R} \to \mathbb{C}$ heißt *quadratintegrierbar* (oder auch *quadratintegrabel*), wenn

$$\|f\|^2 = \int_{-\infty}^{+\infty} |f(x)|^2 \, \mathrm{d}x < \infty. \tag{10.12}$$

In Abschn. 4.1.1 wurde der Raum $\mathscr{L}_2$ einfach als der Vektorraum der quadratintegrierbaren Funktionen mit dem Skalarprodukt

$$\langle f | g \rangle = \int_{-\infty}^{+\infty} f^*(x) g(x) \, \mathrm{d}x \tag{10.13}$$

definiert. Die Norm ergibt sich somit aus dem Skalarprodukt: $\|f\|^2 = \langle f|f\rangle$. Außer der Bedingung der Quadratintegrierbarkeit wurde jedoch bisher nichts über die Eigenschaften der Funktionen f gesagt.

Da ein Hilbert-Raum vollständig sein muss (d. h., der Grenzwert aller Cauchy-konvergenten Folgen ist ein Element des Hilbert-Raums) ist beispielsweise die Einschränkung auf stetige Funktionen zu eng. Wir müssen auch Funktionen mit Sprungstellen zulassen (sogenannte stückweise stetige Funktionen, die in jedem endlichen Intervall nur endlich viele Sprungstellen besitzen). Es zeigt sich nämlich, dass sich diese Funktionen als Grenzwerte von Folgen stetiger Funktionen bilden lassen. Als Beispiel betrachte man die Folge $\{f_n(x)\}_{n \in \mathbb{N}}$ mit

$$f_n(x) = \tanh(nx) \, \mathrm{e}^{-x^2}. \tag{10.14}$$

Die Gauß-Funktion dient lediglich dazu, die Integrale über die gesamte reelle Achse endlich zu halten. Der hyperbolische Tangens nähert sich jedoch mit wachsendem n immer mehr der Signumsfunktion (+1 auf der positiven reellen Achse, −1 auf der negativen und 0 bei $x = 0$). Man kann sich leicht überzeugen, dass es sich hier um eine Cauchy-Folge bezüglich der durch das Skalarprodukt definierten Norm handelt, daher muss der Grenzwert dieser Folge, die Signumsfunktion multipliziert mit der Gauß-Funktion, zur Vervollständigung des Vektorraums hinzugenommen werden.

Der so vervollständigte Raum enthält allerdings zu viele Elemente. Beispielsweise ist der Grenzwert der Folge $\{f_n(x)\}_{n \in \mathbb{N}}$ mit

$$f_n(x) = e^{-nx^2} \tag{10.15}$$

die Funktion $f(x) = 0$ für $x \neq 0$ und $f(0) = 1$. Diese Funktion hat bezüglich des Skalarprodukts Gl. 10.13 jedoch die Norm 0. Ganz allgemein sind zwei Vektoren, für die gilt $\|f - g\| = 0$, zu identifizieren. Das bedeutet, dass man zunächst auf dem Vektorraum eine Äquivalenzrelation $f \sim g$ definiert durch die Bedingung

$$f \sim g \quad \Leftrightarrow \quad \int_{-\infty}^{+\infty} |f(x) - g(x)|^2 \, dx = 0. \tag{10.16}$$

Der vervollständigte Vektorraum ist dann der Quotientenraum bezüglich dieser Äquivalenzrelation. Die Elemente des $\mathscr{L}_2$ sind also keine Funktionen mehr, sondern Äquivalenzklassen integrierbarer Funktionen, die sich auf einer Menge vom Maß null unterscheiden können. Insbesondere ist der Wert eines Elements dieser Äquivalenzklassen von Funktionen an einem bestimmten Punkt nicht definiert.

10.2.2 Distributionen – verallgemeinerte Funktionen

Definition 10.12 Eine *Distribution* ist eine lineare Abbildung auf dem Vektorraum von Testfunktionen in den Körper dieses Vektorraums.

Distributionen sind also Elemente des Dualraums dieser Vektorräume. Oft wählt man als Testfunktionen den sogenannten Schwartz-Raum aller beliebig oft stetig differenzierbaren Funktionen, die zusammen mit ihren Ableitungen für $x \to \infty$ rascher als jede Potenz von x verschwinden.

Jede reguläre Funktion $g(x)$ (z. B. aus dem $\mathscr{L}_2$) definiert eine lineare Abbildung auf dem Raum der Schwartz-Funktionen durch die Vorschrift

$$f \mapsto g(f) \quad \text{mit} \quad g(f) = \int g(x)^* f(x) \, dx. \tag{10.17}$$

Nicht jede lineare Abbildung lässt sich aber in dieser Form mit einer regulären Funktion g schreiben. Ein Beispiel ist die Zuordnung eines Funktionswerts an einem bestimmten Punkt,

$$\delta_{x_0}(f) = f(x_0). \tag{10.18}$$

Man kann sich leicht überzeugen, dass dies eine lineare Abbildung ist. Um dennoch formal auch solche Abbildungen als Integral schreiben zu können, definiert man die Distribution $\delta(x - x_0)$ durch die Vorschrift

$$\int \delta(x - x_0) f(x) \, dx = f(x_0). \tag{10.19}$$

Man bezeichnet $\delta(x - x_0)$ gelegentlich als *verallgemeinerte Funktion,* jedoch meist als *Distribution.* Auch die Heaviside-Funktion ist eine Distribution:

$$\Theta(f) = \int_{-\infty}^{\infty} \Theta(x) f(x)\, dx := \int_{0}^{\infty} f(x)\, dx \tag{10.20}$$

Diese Distribution lässt sich aber auch als Funktion definieren, wobei der exakte Funktionswert an der Stelle $x = 0$ beliebig ist (oft wählt man $\Theta(0) = \frac{1}{2}$).

Die Delta-Distribution δ_{x_0} lässt sich ebenso wie die Heaviside-Funktion und viele andere Distributionen auch als Abbildung von beispielsweise $\mathscr{L}_2$ in sich selbst ansehen, wenn man x_0 nicht als festen Parameter auffasst, sondern als Variable. In diesem Fall ist $\delta(x - x_0)$ die Identitätsabbildung auf dem $\mathscr{L}_2$. Insofern sind auch verallgemeinerte Integralkerne $K(x, y)$ Distributionen im obigen Sinn, wenn man y als festen Parameter auffasst.

Jede Distribution lässt sich als Grenzwert einer Folge von regulären Funktionen definieren. Diese Folge konvergiert allerdings nicht notwendigerweise punktweise, sondern nur im Sinne eines Integrals. Beispielsweise hat die Delta-Distribution die folgenden Darstellungen als Grenzwert von regulären Funktionen:

- Kastenfunktion:

$$D_\varepsilon(x) = \begin{cases} \dfrac{1}{2\varepsilon} & \text{für } |x| < \varepsilon \\ 0 & \text{sonst} \end{cases} \tag{10.21}$$

- Gauß-Funktion:

$$D_\varepsilon(x) = \frac{1}{\sqrt{2\pi}\,\varepsilon} \exp\left(-\frac{x^2}{2\varepsilon^2}\right) \tag{10.22}$$

- Lorentz-Kurve:

$$D_\varepsilon(x) = \frac{1}{\pi} \frac{\varepsilon}{x^2 + \epsilon^2} \tag{10.23}$$

In allen drei Fällen läßt sich beweisen, dass für jede Testfunktion $f(x)$

$$\lim_{\varepsilon \to 0} \int_{-\infty}^{\infty} D_\varepsilon(x - x_0) f(x)\, dx = f(x_0). \tag{10.24}$$

In ähnlicher Weise ist auch die Heaviside-Funktion ein Grenzwert von stetigen Funktionen, beispielsweise

$$\Theta_\varepsilon(x) = \tanh\left(\frac{x}{\varepsilon}\right) + \frac{1}{2}. \tag{10.25}$$

10.2.3 Rechenregeln für Distributionen

Die Sprechweise, dass es sich bei Distributionen um verallgemeinerte Funktionen handelt, legt nahe, dass man mit Distributionen ähnlich rechnen kann wie mit Funktionen. Dies ist jedoch nur in einem eingeschränkten Sinne richtig.

Distributionen bilden wieder einen Vektorraum, d. h., sie lassen sich addieren und mit reellen Zahlen multiplizieren. Dies gilt immer für duale Vektorräume. Nicht definiert hingegen ist die Multiplikation von Distributionen. Es macht zunächst keinen Sinn, von $\delta(x)^2$ zu sprechen.[1] Während für die Testfunktionen also eine allgemeinere mathematische Struktur definiert ist, nämlich die punktweise Multiplikation, die den Vektorraum der Testfunktionen zu einer (kommutativen, assoziativen) Algebra macht, ist für Distributionen zunächst keine Multiplikation möglich.

Man kann Distributionen jedoch ableiten. Zur Motivation der Ableitungsregeln gehen wir von Gl. (10.17) aus. Zu jeder integrierbaren und ableitbaren Funktion $g(x)$ können wir auch $g'(x) = \mathrm{d}g(x)/\mathrm{d}x$ bilden und es gilt:

$$g'(f) = \int \frac{\mathrm{d}g(x)^*}{\mathrm{d}x} f(x)\,\mathrm{d}x = -\int g(x)^* \frac{\mathrm{d}f(x)}{\mathrm{d}x}\,\mathrm{d}x = -g(f') \qquad (10.26)$$

Die Randterme verschwinden, da die Testfunktion $f(x)$ für $|x| \to \infty$ schneller verschwindet als jede Potenz. Die obige Eigenschaft definiert die Ableitung einer Distribution. Insbesondere gilt für die δ-Funktion:

$$\delta'_{x_0}(f) = -\delta_{x_0}(f') = -f'(x_0) \qquad (10.27)$$

Formal schreibt man auch:

$$\int \delta'(x - x_0) f(x)\,\mathrm{d}x = -f'(x_0) \qquad (10.28)$$

Die Ableitungen von Distributionen sind somit durch die partielle Integration definiert.

Mit diesen Rechenregeln ergibt sich für die Ableitung der Heaviside-Funktion:

$$\Theta'(f) = -\Theta(f') = -\int_0^\infty \frac{\mathrm{d}f(x)}{\mathrm{d}x}\,\mathrm{d}x = -[f(\infty) - f(0)] = f(0) \qquad (10.29)$$

Die Ableitung der Heaviside-Funktion ist somit die δ-Distribution:

$$\frac{\mathrm{d}\Theta(x)}{\mathrm{d}x} = \delta(x) \qquad (10.30)$$

---

[1] In der Störungsreihe zu einer Quantenfeldtheorie treten Produkte von Distributionen auf und man kann die Renormierungstheorie als eine mathematische Definition solcher Produkte auffassen.

Weiterhin kann man zeigen, dass die Ableitung der stetigen Knickfunktion

$$T(x) = \begin{cases} x \text{ für } x > 0 \\ 0 \text{ für } x \leq 0 \end{cases} \tag{10.31}$$

bzw. in der Distributionsschreibweise

$$T(f) = \int_0^\infty x f(x) \, dx \tag{10.32}$$

gerade die Heaviside-Funktion ergibt, die zweite Ableitung daher die δ-Distribution:

$$T'(x) = \Theta(x) \qquad T''(x) = \delta(x) \tag{10.33}$$

Ein allgemeines Theorem aus der Theorie der Distributionen besagt, dass sich jede Distribution als Ableitung von stetigen Funktionen darstellen lässt.

10.2.4 Unbeschränkte Operatoren im $\mathscr{L}_2$

Die beiden wichtigen Operatoren $Q = x$ und $P = -i\frac{\partial}{\partial x}$ (in diesem Abschnitt lasse ich die Planck'sche Konstante weg) sind unbeschränkte Operatoren auf dem $\mathscr{L}_2(\mathbb{R})$. Betrachten wir zunächst die Multiplikation einer Funktion mit x.

Als Beispiel einer quadratintegrierbaren Funktion wählen wir

$$f(x) = \frac{1}{x + ia}, \tag{10.34}$$

sodass

$$|f(x)|^2 = \frac{1}{x^2 + a^2} \tag{10.35}$$

und somit

$$\int_{-\infty}^{+\infty} |f(x)|^2 \, dx = \frac{1}{a} \arctan \frac{x}{a} \Big|_{-\infty}^{+\infty} = \frac{\pi}{a}. \tag{10.36}$$

Diese Funktion ist also Teil des Hilbert-Raums. Anwendung des Operators ‚Multiplikation mit x' führt jedoch auf

$$xf(x) = \frac{x}{x + ia} \quad \text{und somit} \quad |xf(x)|^2 = \frac{x^2}{x^2 + a^2}. \tag{10.37}$$

Diese Funktion ist offensichtlich nicht mehr quadratintegrierbar.

Auch der Ableitungsoperator ist unbeschränkt. Man betrachte als Beispiel die Funktion $|\sqrt{x}| \exp(-x^2)$. Anschaulich bedeutet die Unbeschränktheit der Multiplikation mit x, dass es für die Koordinate des Orts eines Teilchens keine obere Schranke gibt (es sei denn, das Teilchen befindet sich in einem Kastenpotenzial), und die Unbeschränktheit des Impulsoperators bedeutet, dass es für den Impuls eines Teilchens keine obere Schranke gibt. Ähnliches gilt auch für den Energieoperator oder den Drehimpulsoperator.

Nach unserer Definition für lineare Abbildungen gehören die Beispiele unbeschränkter Operatoren streng genommen nicht zu den linearen Operatoren auf den jeweiligen Hilbert-Räumen, denn eine Minimalvoraussetzung für eine Abbildung ist, dass sie jedem Element des Urbildraums ein Element des Bildraums zuordnet, was aber in den Beispielen nicht erfüllt ist. Man kann diese Probleme umgehen, indem man diese Operatoren nicht auf dem gesamten Hilbert-Raum definiert, sondern nur auf jenem Teilraum D, auf dem die Bilder wieder im Hilbert-Raum liegen. Diesen Teilraum bezeichnet man als den Definitionsbereich der Operatoren. Besondere Vorsicht ist dann geboten, wenn man mehrere unbeschränkte lineare Abbildungen hintereinander ausführt.

Viele wichtige Beziehungen für lineare Operatoren (unter anderem auch die besonders wichtigen ‚kanonischen Vertauschungsrelationen‘) gelten nur auf den jeweiligen Definitionsbereichen der betrachteten Operatoren. Das wird allerdings nicht immer explizit erwähnt.

10.2.5 Lokale Operatoren in der Ortsraumdarstellung

Streng genommen lässt sich jeder lineare Operator A in der Ortsraumdarstellung in der Form

$$\langle x|A|y\rangle = K_A(x, y) \tag{10.38}$$

darstellen. $K_A(x, y)$ ist ein sogenannter Integralkern und seine Wirkung auf eine Wellenfunktion ist in der Ortsraumdarstellung (A_x bezeichnet formal den Operator A in der Ortsraumdarstellung)

$$\langle x|A|\psi\rangle = \int dy \, \langle x|A|y\rangle\langle y|\psi\rangle \tag{10.39}$$

oder

$$A_x \psi(x) = \int dy \, K_A(x, y)\psi(y). \tag{10.40}$$

Alle Ausdrücke gelten für beliebige Konfigurationsräume (z. B. auch den Impulsraum) sowie auch für Mehrteilchensysteme.

Bei vielen Operatoren, mit denen wir es bisher zu tun hatten (Ortsoperator, Impulsoperator, Drehimpulsoperator, Energieoperator), handelt es sich um räumlich *lokale* Operatoren, d. h., $K_A(x, y)$ liefert nur einen Beitrag für $x = y$. Im Sinne von Integralkernen handelt es sich also um Distributionen, welche die δ-Distribution und ihre Ableitungen enthalten. Beispielsweise ist

$$\langle x|Q|y\rangle = y\langle x|y\rangle = y\delta(x - y) \tag{10.41}$$

und

$$\langle x|P|y\rangle = -i\hbar\frac{d}{dy}\delta(x-y). \tag{10.42}$$

Hierbei ist die Ableitung der δ-Distribution im Sinne von Abschn. 10.2.3 zu verstehen, d. h., bei der Anwendung auf eine Testfunktion muss partiell integriert werden. Für solche räumlich lokalen Operatoren werden die Integralkerne oft zu gewöhnlichen Differentialoperatoren.

10.2.6 Kontinuierliches Spektrum

Wir haben in Abschn. 4.2.1.3 den Begriff des Eigenwerts definiert. Für endliche Matrizen sind die Eigenwerte diskret. Sie können zwar entartet sein, aber letztendlich bleibt die Menge der Eigenwerte eine diskrete Punktmenge.

In Abschn. 4.4.1 hatten wir auch schon im Zusammenhang mit dem Orts- und Impulsoperator den Begriff des ‚uneigentlichen Eigenvektors' eingeführt: Es handelt sich dabei allgemein um Lösungen $|x\rangle$ einer Eigenwertgleichung,

$$A|x\rangle = \lambda|x\rangle, \tag{10.43}$$

die zwar nicht Element des Hilbert-Raums sind, aber in einem zu definierenden Sinne ‚fast' im Hilbert-Raum liegen. Dieses ‚fast' wird in Abschn. 10.2.7 am Beispiel des $\mathscr{L}_2$ präzisiert. Wir hatten in Abschn. 4.4.1 auch festgestellt, dass die Werte für λ, die wir das Spektrum genannt haben, kontinuierlich sind.

Um den Begriff des Spektrums exakter definieren zu können, überlegen wir uns zunächst, dass die Eigenwertgleichung (Gl. 10.43)

$$(A - \lambda\mathbf{1})|x\rangle = 0 \tag{10.44}$$

impliziert, dass der Operator $(A - \lambda\mathbf{1})$ nicht invertiert werden kann. Diese Beobachtung kann man für Operatoren in einem unendlichdimensionalen Hilbert-Raum verallgemeinern:

Definition 10.13 Das *Spektrum* eines Operators A besteht aus allen komplexen Zahlen λ, für die der Operator $(A - \lambda\mathbf{1})^{-1}$ ein unbeschränkter Operator ist.

Gl. 10.44 hat zwar keine Lösung im Hilbert-Raum, aber offenbar gibt es Elemente $|x\rangle$, für die die rechte Seite der Gleichung beliebig klein wird. Diese Elemente sind im Wesentlichen die Wellenpakete.

Im Allgemeinen hat die Frage, ob ein Operator ein kontinuierliches Spektrum besitzt, nichts damit zu tun, ob dieser Operator unbeschränkt ist oder nicht. Es gibt unbeschränkte Operatoren mit diskreten Eigenwerten (beispielsweise der Operator N in Gl. 10.4), und es gibt beschränkte Operatoren, die keine Eigenwerte, sondern nur ein Spektrum besitzen (beispielsweise die Multiplikation mit $1/(x^2+a^2)$). Man kann allerdings beweisen, dass die diskreten Teile des Spektrums eines Operators auch gleichzeitig Eigenwerte sind, wohingegen ein kontinuierlicher Teil des Spektrums keine Eigenvektoren im Hilbert-Raum besitzt.

Mit etwas größerem Aufwand kann man auch zeigen, dass nicht nur die Eigenwerte, sondern auch das Spektrum von selbstadjungierten Operatoren reell ist. Ähnliches gilt für die Orthogonalität von uneigentlichen Eigenfunktionen (die keine wirklichen Eigenvektoren sind) zu verschiedenen Werten des Spektrums. Und auch die Spektraldarstellung (manchmal spricht man auch von Spektralzerlegung) lässt sich auf normale Operatoren mit einem kontinuierlichen Spektrum erweitern. Der Aufwand besteht darin, ein ‚operatorwertiges Integrationsmaß' dP_λ zu definieren, mit dem gilt:

$$A = \int \lambda \, dP_\lambda \tag{10.45}$$

Dazu definiert man für den selbstadjungierten Operator A zunächst den Projektionsoperator $P(< \lambda)$ als den Operator auf den Unterraum aller Vektoren $|x\rangle$, für die gilt $\| A |x\rangle \| < \lambda \| |x\rangle \|$. Man kann dann den Operator $\Delta P(\lambda) = P(< (\lambda + \Delta\lambda)) - P(< \lambda)$ betrachten. Dieser Operator ist wieder ein Projektionsoperator (dazu muss man sich überlegen dass der Unterraum zu $P(< \lambda)$ in dem Unterraum zu $P(< (\lambda + \Delta\lambda))$ enthalten ist, das Produkt dieser beiden Projektionsoperatoren also immer gleich $P(< \lambda)$ ist). Nun kann man das Integral als Grenzwert im ‚üblichen' Sinne definieren.

Auch in diesem Fall lassen sich Funktionen $f(A)$ definieren, sofern die Funktion f auf dem Spektrum von A definiert ist:

Definition 10.14 Sei A ein normaler Operator mit Spektrum $\{\lambda\}$ und der Spektraldarstellung

$$A = \sum_i \lambda_i \, P_{\lambda_i} \quad \text{bzw.} \quad A = \int \lambda \, dP_\lambda, \tag{10.46}$$

so ist für eine Funktion f (auf dem Spektrum von A) die Funktion $f(A)$ definiert durch

$$f(A) = \sum_i f(\lambda_i) \, P_{\lambda_i} \quad \text{bzw.} \quad f(A) = \int f(\lambda) \, dP_\lambda. \tag{10.47}$$

10.2.7 Das Gel'fand-Tripel

Wie in Kap. 4 schon erwähnt, ist der Dualraum V^* zu einem Vektorraum V der Raum aller linearen Abbildungen von dem Vektorraum V in den Körper des Vektorraums, in unserem Fall also in die komplexen (oder manchmal auch reellen) Zahlen. Während für endlichdimensionale Vektorräume der Dualraum dieselbe Dimension wie der Vektorraum hat und daher isomorph zu dem ursprünglichen Vektorraum ist, gilt dies für unendliche Vektorräume im Allgemeinen nicht mehr. Allerdings besagt der Riesz'sche Darstellungssatz (manchmal auch Satz von Fréchet-Riesz), dass die Dualräume von Hilbert-Räumen isomorph zu dem Hilbert-Raum sind.

Einem beliebigen Element $f \in \mathscr{L}_2$ (gemeint ist im Folgenden immer der Raum der quadratintegrierbaren Funktionen über den reellen Zahlen mit dem üblichen Integrationsmaß, also $\mathscr{L}_2(\mathbb{R}, \mathrm{d}x)$) können wir nach folgender Vorschrift ein Element des Dualraums zuordnen, $f \rightarrow \varphi_f$, das wiederum durch seine Wirkung auf eine Funktion $g \in \mathscr{L}_2$ definiert ist:

$$\varphi_f(g) = \int_{\mathbb{R}} f^*(x) g(x) \, \mathrm{d}x \qquad (10.48)$$

Es existiert also eine injektive Abbildung von $\mathscr{L}_2$ nach $\mathscr{L}_2^*$. Es zeigt sich, dass diese Abbildung sogar bijektiv ist und somit einen Isomorphismus definiert.

Man könnte sich nun fragen, weshalb $\mathscr{L}_2^*$ nicht noch weitere Elemente enthält, beispielsweise das Element δ_y, – die Dirac'sche Delta-Distribution – das folgendermaßen definiert ist (siehe Abschn. 10.2.2):

$$\delta_y(f) = f(y) \qquad (10.49)$$

Jedoch, wie schon in Abschn. 10.2.1 erwähnt, besteht der $\mathscr{L}_2$ aus Äquivalenzklassen von Funktionen, die sich in ihren Werten auf einer Menge vom Maß null unterscheiden dürfen. Daher haben die Elemente von $\mathscr{L}_2$ keinen wohldefinierten Funktionswert an einer bestimmten Stelle y und deshalb ist δ_y kein Element von $\mathscr{L}_2^*$.

Man umgeht diese Problematik, indem man einen Unterraum $\Phi \subset \mathscr{L}_2$ definiert, der aus Testfunktionen besteht, z. B. dem schon definierten Schwarz-Raum (siehe Abschn. 10.2.2). Unter anderem kann man auch die Wellenpakete als Elemente dieses Raums verstehen. Vervollständigt man diese Funktionen bezüglich der $\mathscr{L}_2$-Norm, gelangt man wieder zum $\mathscr{L}_2$. Φ liegt somit dicht in $\mathscr{L}_2$. Der Dualraum Φ^* enthält aber auch das δ_y-Funktional sowie weitere Distributionen, die nicht in $\mathscr{L}_2^*$ liegen. Man kann zeigen, dass die ‚uneigentlichen Eigenfunktionen' Elemente von Φ^* sind. In diesem Sinne liegen sie ‚fast' im $\mathscr{L}_2$. Das Tripel $(\Phi, \mathscr{L}_2, \Phi^*)$ bezeichnet man manchmal als Gel'fand-Tripel oder auch ‚rigged Hilbert space'.

10.2.8 Spurklasseoperatoren

Auch für Operatoren in einem unendlichdimensionalen Hilbert-Raum kann man eine Spur definieren.

Definition 10.15 Sei $\{|e_i\rangle\}_{i \in \mathbb{N}}$ eine (der Einfachheit halber orthonormale) Basis, so ist

$$\mathrm{Sp}\, A = \sum_i \langle e_i | A | e_i \rangle \qquad (10.50)$$

die *Spur* des Operators A.

Falls die Spur existiert, hängt sie nicht von der gewählten Orthonormalbasis ab. Operatoren, für welche die Spur endlich ist, bezeichnet man als *Spurklasseoperatoren*.

In unendlichdimensionalen Hilbert-Räumen muss die Spur eines linearen Operators nicht notwendigerweise existieren. Für unbeschränkte Operatoren existiert sie nie. Als Beispiel betrachte man den Operator N (Gl. 10.4). Aber auch für beschränkte Operatoren existiert die Spur nicht immer. Ein Beispiel ist der Identitätsoperator, dessen Spur gewöhnlich gleich der Dimension des jeweiligen Vektorraums ist.

Wenn Operatoren keine Spurklasseoperatoren sind, erhält man meist unsinnige Ergebnisse, wenn man trotzdem die Spur berechnet. Ein klassisches Beispiel sind die kanonischen Vertauschungsrelationen in der Quantenmechanik (siehe Abschn. 5.2.2):

$$[Q, P] = QP - PQ = i\hbar\mathbf{1} \tag{10.51}$$

Die Spur des Identitätsoperators auf der rechten Seite ist offenbar unendlich, für die linke Seite hat man zunächst den Eindruck, als ob die Spur null ergibt: Die Spur der Summe zweier Operatoren ist gleich der Summe der Einzelspuren und die Spur des Produkts der Operatoren hängt nicht von deren Reihenfolge ab. Damit erhielte man $0 = \infty$. Dieses unsinnige Ergebnis beruht darauf, dass keiner der Operatoren $(Q, P, \mathbf{1})$ ein Spurklasseoperator ist. Für Spurklasseoperatoren kann die obige Gleichung tatsächlich nie erfüllt werden. Daher gibt es auch keine (endlichen) Matrizen, welche die kanonischen Vertauschungsregeln erfüllen.

Eine Untermenge der Spurklasseoperatoren sind die Hilbert-Schmidt-Operatoren. Für sie ist

$$\mathrm{Sp}\,(A^\dagger A) < \infty. \tag{10.52}$$

Die Menge dieser Operatoren definiert sogar wieder einen Hilbert-Raum, indem man für das Skalarprodukt zweier Operatoren definiert:

$$(A, B) = \mathrm{Sp}\,(A^\dagger B) \tag{10.53}$$

10.3 Die Fourier-Transformation

Auf dem Raum der quadratintegrierbaren Funktionen kann man eine besondere unitäre Transformation definieren, die als Fourier-Transformation bekannt ist:

$$\tilde{\psi}(k) = \frac{1}{\sqrt{2\pi}} \int_{\mathbb{R}} \psi(x)\mathrm{e}^{-ikx}\,\mathrm{d}x \tag{10.54}$$

Die Fourier-Transformation ist invertierbar:

$$\psi(x) = \frac{1}{\sqrt{2\pi}} \int_{\mathbb{R}} \tilde{\psi}(k)\mathrm{e}^{ikx}\,\mathrm{d}k \tag{10.55}$$

Die entscheidende Formel für die Invertierbarkeit ist eine Integraldarstellung für die Delta-Distribution:

$$\delta(x - y) = \frac{1}{2\pi} \int_{\mathbb{R}} e^{-ik(x-y)} \, dk \tag{10.56}$$

Mit dieser Integralformel kann man folgende Identität beweisen:

$$\int_{\mathbb{R}} \tilde{\varphi}(k)^* \tilde{\psi}(k) \, dk = \int_{\mathbb{R}} \varphi(x)^* \psi(x) \, dx \tag{10.57}$$

Insbesondere ist die $\mathscr{L}_2$-Norm einer Funktion invariant, d. h., die Fourier-Transformation bildet Elemente des $\mathscr{L}_2$ wieder auf Elemente von $\mathscr{L}_2$ ab. Da das Skalarprodukt invariant unter der Fourier-Transformation ist und die Fourier-Transformation auf dem $\mathscr{L}_2$ invertierbar, ist die Fourier-Transformation auf dem $\mathscr{L}_2$ eine unitäre Abbildung.

Man beachte jedoch, dass Gl. 10.56 nicht im Sinne eines regulären Integrals zu verstehen ist (die Delta-Distribution ist als Funktion nicht definiert). Für einen endlichen Integrationsbereich (z. B. $[-L, +L]$) lässt sich das Integral berechnen:

$$\frac{1}{2\pi} \int_{-L}^{L} e^{-ik(x-y)} \, dk = \frac{1}{\pi} \frac{\sin((x - y)L)}{(x - y)} \tag{10.58}$$

Der Grenzwert $L \to \infty$ existiert jedoch nicht im Sinne einer punktweisen (also für jeden festen Wert $(x - y)$ eindeutigen) Konvergenz. Bildet man jedoch das Integral über eine Testfunktion $f(x)$, so kann man beweisen, dass

$$\lim_{L \to \infty} \frac{1}{\pi} \int_{\mathbb{R}} \frac{\sin((x - y)L)}{(x - y)} f(x) \, dx = f(y). \tag{10.59}$$

Zeitentwicklungsoperator und Funktionalintegral

11

Dieses Kapitel beschäftigt sich etwas eingehender mit dem Zeitentwicklungsoperator. Dieser wird zunächst für die freie Schrödinger-Gleichung bestimmt, also für ein nichtrelativistisches Teilchen, das sich nicht in einem Potenzial befindet und auch keine Wechselwirkung mit anderen Teilchen hat.

Ausgehend von der bekannten Zeitentwicklung für freie Systeme können wir dann eine Darstellung des Zeitentwicklungsoperators ableiten, die auf Richard Feynman zurückgeht und unter den Bezeichnungen ‚Funktionalintegral‘, ‚Summation über Wege‘, ‚Summation über Möglichkeiten‘ oder auch ‚Summation über Geschichten (Summation over Histories)‘ bekannt ist. Diese Darstellung liefert die Begründung für ein Verfahren zur Veranschaulichung der Amplitudenbestimmung, das Richard Feynman ursprünglich in seinem populärwissenschaftlichen Buch „QED: The strange theory of light and matter" [31] eingeführt hat, und das später als ‚Zeigermodell‘ bekannt und sogar zeitweise im Schulunterricht eingesetzt wurde. Hinter dem Zeigermodell steht das Funktionalintegral, das eine besondere Darstellung des Zeitentwicklungsoperators ist und heute nicht nur in der Quantenfeldtheorie weite Anwendung findet.

11.1 Der Zeitentwicklungsoperator

11.1.1 Allgemeine Darstellung

Allgemein hat die zeitabhängige Schrödinger-Gleichung für einen Quantenzustand $|\psi(t)\rangle$ folgende Form (vgl. Gl. 6.1):

$$i\hbar \frac{d}{dt}|\psi(t)\rangle = H|\psi(t)\rangle \tag{11.1}$$

© Springer-Verlag GmbH Deutschland, ein Teil von Springer Nature 2019
T. Filk, *Quantenmechanik (nicht nur) für Lehramtsstudierende*,
https://doi.org/10.1007/978-3-662-59736-1_11

Die formale Lösung dazu lautet (vgl. Gl. 5.34 aus Abschn. 5.2.5, von dem einige Inhalte hier kurz wiederholt werden):

$$|\psi(t)\rangle = U(t)|\psi(0)\rangle, \tag{11.2}$$

wobei $U(t)$ ein unitärer Operator ist, den man als *Zeitentwicklungsoperator* bezeichnet. Aus den Gl. 11.1 und 11.2 folgt, dass der Zeitentwicklungsoperator selbst die Schrödinger-Gleichung erfüllen muss:

$$i\hbar\frac{d}{dt}U(t) = HU(t) \tag{11.3}$$

Durch die Anfangsbedingung

$$U(0) = \mathbf{1} \tag{11.4}$$

(zum Zeitpunkt $t = 0$ hat noch keine Zeitentwicklung stattgefunden) wird diese Lösung eindeutig.

Falls H nicht explizit von der Zeit abhängt, kann man $U(t)$ in der Form

$$U(t) = \exp\left(-\frac{i}{\hbar}Ht\right) \tag{11.5}$$

schreiben und für die formale Lösung der Schrödinger-Gleichung erhält man:

$$|\psi(t)\rangle = e^{-\frac{i}{\hbar}Ht}|\psi(0)\rangle \tag{11.6}$$

Bei Systemen mit endlich vielen Zuständen, z. B. bei der Betrachtung von Spin- bzw. Polarisationsfreiheitsgraden, sind H und $U(t)$ Matrizen. Möchte man aber auch die räumlichen Freiheitsgrade eines Teilchens oder allgemeiner eines physikalischen Systems berücksichtigen, ist der Hilbert-Raum unendlichdimensional und H und $U(t)$ werden zu Operatoren.

11.1.2 Der Zeitentwicklungsoperator in der Ortsdarstellung

Der Zeitentwicklungsoperator in der Ortsdarstellung ist ein Integralkern, definiert durch

$$U(x, y; t) = \langle x|U(t)|y\rangle. \tag{11.7}$$

Der Energieoperator H ist zwar ein lokaler Operator, d. h., für $x \neq y$ verschwindet das Matrixelement $\langle x|H|y\rangle$ und H lässt sich als Differentialoperator in der Variablen x schreiben (vgl. auch Abschn. 10.2.5), das gilt jedoch für $t \neq 0$ für den Zeitentwicklungsoperator $U(x, y; t)$ nicht mehr. Daher lässt sich die Zeitentwicklung einer Wellenfunktion (Gl. 11.2) in der Ortsraumdarstellung allgemein in folgender Form schreiben:

$$\psi(x, t) = \int dy\, U(x, y; t)\, \psi(y, 0), \tag{11.8}$$

wobei $\psi(y, 0)$ den Zustand des Systems zum Zeitpunkt $t = 0$ beschreibt. Da es sich bei der Schrödinger-Gleichung um eine Differentialgleichung 1. Ordnung in der Zeit handelt, kann man eine beliebige Anfangskonfiguration vorgeben. Da $U(t)$ ein unitärer Operator ist, haben $\psi(x, t)$ und $\psi(0, t)$ dieselbe Norm. Ist also die Anfangskonfiguration eine normierte Wellenfunktion, bleibt diese Eigenschaft unter der Zeitentwicklung erhalten.

Von dem Integralkern $U(x, y; t)$ wissen wir, dass er selbst der Schrödinger-Gleichung genügen muss (vgl. Gl. 11.3). Diese lautet in der Ortsraumdarstellung

$$
i\hbar \frac{d}{dt} U(x, y; t) = \left(-\frac{\hbar^2}{2m} \frac{d^2}{dx^2} + V(x) \right) U(x, y; t). \tag{11.9}
$$

Außerdem muss der Integralkern für $t = 0$ zum Identitätsoperator werden, das bedeutet in der Ortsraumdarstellung

$$
U(x, y; 0) = \delta(x - y). \tag{11.10}
$$

Damit haben wir die (zeitabhängige) Schrödinger-Gleichung zu dieser Anfangs-bedingung zu lösen. Diese Anfangsbedingung legt gleichzeitig auch die Normierung von $U(x, y; t)$ fest. Man beachte, dass die Schrödinger-Gleichung 11.9 nicht auf den Parameter y wirkt; die Abhängigkeit von diesem Parameter kommt nur durch die Anfangsbedingung ins Spiel.

11.1.3 Der freie Zeitentwicklungsoperator

Wir interessieren uns zunächst für den freien Zeitentwicklungsoperator, es sei also $V(x) \equiv 0$. Außerdem sei H zeitunabhängig.

Ganz allgemein lässt sich der Zeitentwicklungsoperator nach Projektionen auf Energieeigenzustände entwickeln:

$$
U(t) = \exp\left(-\frac{i}{\hbar} H t \right) = \sum_i e^{-\frac{i}{\hbar} E_i t} |E_i\rangle\langle E_i| \tag{11.11}
$$

Dies ist die Spektraldarstellung des Zeitentwicklungsoperators. In der Ortsdarstel-lung gilt daher:

$$
U(x, y; t) = \langle x|U(t)|y\rangle = \sum_i e^{-\frac{i}{\hbar} E_i t} \langle x|E_i\rangle\langle E_i|y\rangle = \sum_i e^{-\frac{i}{\hbar} E_i t} \psi_{E_i}(x)\psi_{E_i}^*(y) \tag{11.12}
$$

Kennt man also alle Energieeigenwerte E_i und die zugehörigen Wellenfunktionen $\psi_{E_i}(x)$, kann man den Zeitentwicklungsoperator auf diese Weise berechnen. Im vorliegenden (freien) Fall hängt die Energie jedoch nur vom Impulsoperator ab und die Rechnung vereinfacht sich:

$$U(x, y; t) = \left\langle x | e^{-\frac{i}{\hbar} H t} | y \right\rangle = \int dp \left\langle x | e^{-\frac{i}{\hbar} H t} | p \right\rangle \langle p | y \rangle \tag{11.13}$$

$$= \int dp \exp \left(-\frac{i}{\hbar} \frac{p^2}{2m} t \right) \langle x | p \rangle \langle p | y \rangle \tag{11.14}$$

$$= \frac{1}{2\pi\hbar} \int dp \exp \left(-\frac{i}{\hbar} \frac{p^2}{2m} t \right) \exp \left(\frac{i}{\hbar} p(x - y) \right) \tag{11.15}$$

Im letzten Schritt wurde Gl. 4.103 verwendet, also die explizite Form der Eigenzustände $|p\rangle$ zum Impulsoperator in der Ortsraumdarstellung. Bei der Integration über p handelt es sich um ein Gauß'sches Integral mit einem zusätzlichen linearen Term. Ungeachtet der Problematik, dass das Integral entlang der imaginären Achse auszuführen ist, erhält man nach den Standardformeln für den Integralkern zum Zeitentwicklungsoperator der freien Schrödinger-Gleichung:[1]

$$U(x, y; t) = \sqrt{\frac{m}{2\pi i \hbar t}} \exp \left(-\frac{m(x - y)^2}{2\hbar i t} \right) \tag{11.16}$$

Man kann nun auch explizit nachrechnen, dass diese Funktion eine Lösung der Schrödinger-Gleichung ist. Die Anfangsbedingung ist etwas problematischer zu überprüfen: Man erkennt, dass im Grenzfall $t \to 0$ die Funktion $U(x, y; t)$ außer an der Stelle $x = y$ ‚unendlich rasch' oszilliert. Zum Beweis, dass

$$\lim_{t \to 0} \int_{-\infty}^{\infty} dy \, U(x, y; t) \psi(y) = \psi(x), \tag{11.17}$$

entwickelt man $\psi(y)$ um den Punkt x in eine Taylor-Entwicklung und zeigt, dass alle Terme außer dem führenden im Grenzfall $t \to 0$ verschwinden. Die Anfangsbedingung ist also nur im Sinne eines Integrals über eine Testfunktion erfüllt, nicht im Sinne einer punktweisen Konvergenz von Funktionen.

11.2   Zeitentwicklung und Funktionalintegral

In diesem Abschnitt wird für den Zeitentwicklungsoperator die Darstellung als Funktionalintegral abgeleitet. Man wird als Lehrer/In zwar kaum jemals in die Verlegenheit kommen, mit Funktionalintegralen rechnen zu müssen, aber es gibt gleich mehrere Gründe, eine Vorstellung von diesem Konzept zu haben. Zum einen hört

---

[1] Man umgeht das Problem der Konvergenz des Integrals, indem man den ‚freien' Parameter t durch $t - i\varepsilon$ ersetzt, also einen negativen Imaginärteil addiert. Nun ist das Integral konvergent und kann nach den Standardformeln berechnet werden. Abschließend betrachtet man den Grenzfall $\varepsilon \to 0$.

man diesen Ausdruck sehr häufig (das Funktionalintegral wird beispielsweise in der Quantenfeldtheorie sehr oft verwendet), und da schadet es nicht, eine Vorstellung davon zu haben. Zum anderen hat das Funktionalintegral eine ‚anschauliche' Bedeutung (‚Summation über alle Möglichkeiten'), die für die Interpretation der Quantentheorie eine neue Perspektive bietet. Und schließlich war das Funktionalintegral der Ausgangspunkt für das ‚Zeigermodell' der Quantenphysik, das auch im Schulunterricht verwendet wurde (vgl. Abschn. 11.3.2).

Der Zeitentwicklungsoperator $U(x, y; t)$ erfüllt ganz allgemein (für beliebige Potenziale und sogar für zeitabhängige Hamilton-Operatoren) die Halbgruppengleichung

$$U(x, y; t_1 + t_2) = \int dz \, U(x, z; t_1) \, U(z, y; t_2) \tag{11.18}$$

oder, bei zeitunabhängigen Hamilton-Operatoren,

$$\left\langle x \left| e^{-\frac{i}{\hbar} H(t_1 + t_2)} \right| y \right\rangle = \int dz \, \left\langle x \left| e^{-\frac{i}{\hbar} H t_1} \right| z \right\rangle \left\langle z \left| e^{-\frac{i}{\hbar} H t_2} \right| y \right\rangle. \tag{11.19}$$

Durch wiederholte Anwendung dieser Identität erhält man

$$U(x, y; t)$$
$$= \int dx_1 \ldots dx_{N-1} \, U(x, x_1; t/N) U(x_1, x_2; t/N) \ldots U(x_{N-1}, y; t/N). \tag{11.20}$$

Für sehr kurze Zeiten $t \to 0$ kann man den Propagator geeignet approximieren. Dazu verwendet man die sogenannte Baker-Campbell-Hausdorff-Formel:

$$e^X e^Y = e^{Z(X,Y)}$$
$$\text{mit } Z(X, Y) = X + Y + \frac{1}{2}[X, Y] + \frac{1}{12}([X, [X, Y]] - [Y, [X, Y]]) + \ldots \tag{11.21}$$

Für sehr kurze Zeiten folgt damit:

$$e^{-\frac{i}{\hbar}(H_0 + V)t} = e^{-\frac{i}{\hbar} H_0 t} \, e^{-\frac{i}{\hbar} V t + \mathcal{O}(t^2)} \tag{11.22}$$

Sei nun

$$U_0(x, y; t) = \left\langle x \left| e^{-\frac{i}{\hbar} H_0 t} \right| y \right\rangle$$
$$= \left(\frac{m}{2\pi i \hbar t} \right)^{\frac{1}{2}} \exp\left(\frac{i}{\hbar} \frac{m}{2} \frac{(x - y)^2}{t} \right) \tag{11.23}$$

der bereits bekannte Propagator der freien Schrödinger-Gleichung, dann erfüllt

$$U(x, y; t) = U_0(x, y; t) \exp\left(-\frac{i}{\hbar} V(x)t + \mathcal{O}(t^2)\right) \tag{11.24}$$

näherungsweise die volle Schrödinger-Gleichung für sehr kurze Zeiten t.

Man erhält so für den Propagator formal die Darstellung ($\mathcal{N}$ ist eine geeignete Normierung, die schließlich in der Definition des Maßes $\mathcal{D}x(\tau)$ absorbiert wird):

$$U(x, y; t)$$

$$= \mathcal{N} \lim_{N \to \infty} \int \prod_{i=1}^{N-1} dx_i \, \exp \frac{i}{\hbar} \sum_{i=0}^{N-1} \left[\frac{1}{2} m \left(\frac{x_{i+1} - x_i}{\Delta t} \right)^2 - V(x_i) \right] \Delta t$$

$$= \int_{y \to x} \mathcal{D}x(\tau) \exp \frac{i}{\hbar} \int_0^t \left[\frac{1}{2} m \dot{x}(\tau)^2 - V(x(\tau)) \right] d\tau \tag{11.25}$$

Mit der klassischen Wirkung (dem Integral der Lagrange-Funktion über die Zeit),

$$S_{cl}[x(\tau), t] = \int_0^t \left[\frac{1}{2} m \dot{x}(\tau)^2 - V(x(\tau)) \right] d\tau, \tag{11.26}$$

folgt schließlich

$$U(x, y; t) = \int_{y \to x} \mathcal{D}x(\tau) \exp\left(\frac{i}{\hbar} S_{cl}[x(\tau), t] \right). \tag{11.27}$$

Dies nennt man die *Funktionalintegraldarstellung* des Propagators. Andere Bezeichnungen sind ‚Summation über alle Wege', ‚Summation über alle Möglichkeiten', ‚Summation über alle Geschichten'.

Das Integral erfolgt formal über alle Wege, die zum Zeitpunkt $t = 0$ bei y beginnen und zum Zeitpunkt t bei x enden, und jeder Weg (Möglichkeit, Geschichte) wird mit einer Phase ‚gewichtet', die sich aus der klassischen Wirkung ergibt. Das Funktionalmaß $\mathcal{D}x(\tau)$ auf der Menge der Wege schließt eine Normierungskonstante ein, sodass $U(x, y; t)$ zu einem unitären Integralkern wird.[2]

Interessant ist auch, dass sich die Phase aus der klassischen Wirkung berechnet. Insbesondere tragen formal in einem Grenzfall $\hbar \to 0$ nur die stationären Punkte der klassischen Wirkung (also die Lösungen der Euler-Lagrange-Gleichung, die aus der klassischen Mechanik bekannt sind) zur Integration bei. Die Variation von Wegen um eine klassische Lösung ist Ausgangspunkt für eine Störungsentwicklung nach Potenzen von $\hbar$, d. h. nach zunehmenden ‚Quantenbeiträgen'.

---

[2]Viele technische Details wie die genaue Definition des Funktionalmaßes sowie die Spezifikation der Menge der Wege – stetig oder stetig differenzierbar? –, auf denen das Maß definiert ist, wurden hier unter den Teppich gekehrt.

11.3   Summation über Wege bei Spaltexperimenten

Die Darstellung des Zeitentwicklungsoperators als ‚Summation über alle Wege'
wurde in sehr vereinfachter Form als ‚Zeigermodell' auch in der Schule verwendet. Im Folgenden wird die Summation über alle Wege nochmals am Beispiel von
Spaltexperimenten betrachtet. Dies sind die Beispiele, die in der Schule behandelt
werden.

11.3.1   Doppel- und Mehrfachspalt

Wir betrachten zunächst einen Doppelspalt und Elektronen, die sich als ebene Welle
mit einem bestimmten Impuls p bzw. einer bestimmten de-Broglie-Wellenlänge $\lambda = \frac{2\pi\hbar}{p} = \frac{h}{p}$ diesem Doppelspalt nähern (vgl. Abb. 2.1).

Die Teilchen verlassen eine Quelle am Ort x. Man möchte die Intensität der Welle
an einem Ort z auf einem Detektorschirm bestimmen. In einer groben Näherung –
man vernachlässigt beispielsweise die endliche Spaltbreite oder auch die Tatsache,
dass die Amplitude mit zunehmendem Abstand von den Spalten kleiner wird –
erhält man die Amplitude an der Stelle z aus der Summe von zwei Beiträgen (siehe
Abb. 11.1): Einer Phase, die sich aus der optischen Weglänge entlang des Weges 1
vom Punkt x zum Spalt am Punkt x_1 zum Punkt z verläuft, und des Weges 2, der
vom Punkt x zum zweiten Spalt am Punkt x_2 zum Punkt z verläuft:

$$\psi(z) \approx e^{\frac{2\pi i}{\lambda}(|x-x_1|+|x_1-z|)} + e^{\frac{2\pi i}{\lambda}(|x-x_2|+|x_2-z|)} \tag{11.28}$$

Hierbei handelt es sich nur um eine Proportionalität, doch da man in der Quantenmechanik letztendlich nur an der ‚relativen' Verteilung auf dem abschließenden Schirm
interessiert ist, d. h. an der Verteilung der Teilchen, die den Spalt passiert haben,
muss man die abschließende Intensität nur neu normieren.

Abb. 11.1 Die Amplitude
einer Welle am Punkt z ist
näherungsweise gleich der
Summe der beiden Phasen zu
den beiden Wegen, die von
der Quelle am Punkt x durch
einen der beiden Spalte bei
x_1 bzw. x_2 zum Punkt z
führen

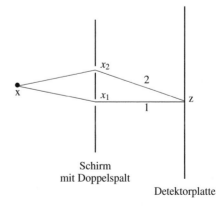

In dieser Näherung erhält man für die Intensität am einfachen Doppelspalt aus Gl. 11.28:

$$
\begin{aligned}
I(z) &= \frac{1}{N} \left| e^{\frac{2\pi i}{\lambda}(|x-x_1|+|x_1-z|)} + e^{\frac{2\pi i}{\lambda}(|x-x_2|+|x_2-z|)} \right|^2 \\
&= \frac{1}{N} \left(2 + 2\cos\left(\frac{2\pi}{\lambda}(|x-x_1| + |x_1 - z| - |x - x_2| - |x_2 - z|) \right) \right) \quad (11.29) \\
&= \frac{4}{N} \cos^2\left(\frac{\pi}{\lambda}(L_1 - L_2) \right), \quad (11.30)
\end{aligned}
$$

wobei $L_i = |x - x_i| + |x_i - z|$ die Weglänge entlang des Weges durch Spalt i ist. Die Normierung N ist so zu wählen, dass die Integration über den relevanten z-Bereich eins ergibt. Man erkennt, dass in das Interferenzmuster lediglich die Differenz der optischen Weglängen eingeht. Die Minima und Maxima der Interferenzverteilung erhält man aus den bekannten Bedingungen (vgl. Gl. 2.4 und 2.5).

Wir platzieren zwischen dem Doppelspalt und dem Schirm einen zweiten Doppelspalt, d. h. eine zweite Maske, die an den Punkten y_1 und y_2 ebenfalls wieder zwei Spalte hat (Abb. 11.2). Wir wollen nun die Amplitude auf einem Schirm hinter diesem zweiten Doppelspalt an einer Stelle z bestimmen. Man kann sich vorstellen, dass jeder der beiden Spalte bei y_1 und y_2 zum Ausgangspunkt einer neuen Welle wird, für die man jeweils die optische Weglänge bis zum Punkt z bestimmen muss. Insgesamt erhalten wir die Phase bei z, indem wir die Summe der Phasen zu den einzelnen optischen Weglängen entlang der vier möglichen Wege $(x \to x_1 \to y_1 \to z)$, $(x \to x_1 \to y_2 \to z)$, $(x \to x_2 \to y_1 \to z)$ und $(x \to x_2 \to y_2 \to z)$ bilden:

$$
\begin{aligned}
\psi(z) &\approx e^{\frac{2\pi i}{\lambda}(|x-x_1|+|x_1-y_1|+|y_1-z|)} + e^{\frac{2\pi i}{\lambda}(|x-x_2|+|x_2-y_1|+|y_1-z|)} \\
&+ e^{\frac{2\pi i}{\lambda}(|x-x_1|+|x_1-y_2|+|y_2-z|)} + e^{\frac{2\pi i}{\lambda}(|x-x_2|+|x_2-y_2|+|y_2-z|)} \quad (11.31)
\end{aligned}
$$

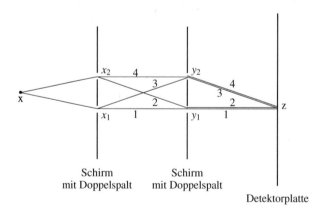

Schirm   Schirm
mit Doppelspalt   mit Doppelspalt

Detektorplatte

Abb. 11.2 Stellt man zwei Doppelspalte hintereinander auf, erhält man die relativen Amplituden an einem Punkt z auf dem Detektorschirm, indem man die Beiträge aller vier Wege vom Punkt x durch die Spalte bei x_1 bzw. x_2 und die Spalte bei y_1 bzw. y_2 zum Punkt z addiert. Insgesamt tragen vier Wege zu dieser Summe bei

Gl. (11.31) lässt sich sehr leicht verallgemeinern. Angenommen, der erste Schirm hat N_1 Spalte an den Positionen $x_{i_1}^1$, der zweite Schirm N_2 Spalte bei $x_{i_2}^2$ und es gibt weitere Schirme mit weiteren Spalten, dann ist die relative Phase an einem Punkt z auf dem abschließenden Schirm durch

$$\psi(z) \approx \sum_{i_1}^{N_1} \sum_{i_2}^{N_2} \dots e^{\frac{2\pi i}{\lambda} \sum_k \left| x_{i_k}^k - x_{i_{k-1}}^{k-1} \right|} \qquad (11.32)$$

gegeben. Dabei ist letztendlich über alle Wege zu summieren, die das Teilchen nehmen kann. Insbesondere kann es durch jeden der Spalte im ersten Schirm treten, anschließend durch jeden der Spalte im zweiten Schirm etc. Wir erhalten für die Amplitude also eine ‚Summe über alle möglichen Wege' des Teilchens und für jeden Weg erhalten wir als Beitrag eine Phase, die sich aus der gesamten optischen Weglänge dieses Wegs ergibt. Für die Bestimmung der Intensität muss man das Absolutquadrat dieses Ausdrucks bilden.

11.3.2 Das ‚Zeigermodell' der Teilchenpropagation

Das ‚Zeigermodell' geht auf Richard Feynman zurück [31]. Mit diesem anschaulichen Verfahren kann man im Prinzip die Amplitude einer ebenen Welle an einem Punkt bestimmen. Dabei stellt man sich vor, dass ein Teilchen eine Art ‚innere Uhr' besitzt, welche die momentane Phase des Zustands dieses Teilchens angibt. Wenn sich ein Teilchen entlang einer ganz bestimmten Trajektorie bewegt, schreitet diese Phase voran, d. h., die Zeiger der Uhr drehen sich. Die Feynman'sche Vorschrift lautet, dass man die Gesamtamplitude am Zielpunkt dadurch erhält, dass man von jedem möglichen Weg von Anfangs- zu Endpunkt die abschließende Zeigerstellung ermittelt (in Schulen wurde das oft mit einer Pizzaschneiderolle veranschaulicht, die man den Weg entlangrollt) und abschließend alle Zeigerstellungen, die man von allen möglichen Wegen erhält, addiert. Das Ergebnis ist die Amplitude und das Absolutquadrat entspricht der (relativen) Intensität.

Die Begründung hinter diesem Verfahren beruht auf der Funktionalintegraldarstellung des Zeitentwicklungsoperators, die wir in Abschn. 11.2 abgeleitet hatten. Hier wird tatsächlich zur Bestimmung der Amplitude über alle Wege bzw. Trajektorien summiert, und jeder Weg trägt eine Phase bei, die sich aus der klassischen Wirkung der entsprechenden Teilchentrajektorie ergibt (vgl. Gl. 11.27).

Das Verfahren mag für populärwissenschaftliche Darstellungen ganz anschaulich erscheinen, doch die Funktionalintegraldarstellung zeigt auch die Grenzen dieses Verfahrens: Zunächst bewegt sich der ‚Zeiger' im Allgemeinen nicht gleichmäßig entlang des Weges, sondern die Rotationsgeschwindigkeit des Zeigers hängt von dem Wert der Lagrange-Funktion an dem entsprechenden Punkt (d. h. sowohl von dem Ort, d. h. dem Wert des Potenzials, als auch von der momentanen Geschwindigkeit des Teilchens) ab. Noch kritischer wird die Zeigerdarstellung, wenn man beispielsweise den Tunneleffekt beschreiben möchte: Hier verläuft der Weg über einen Potenzialberg, der klassisch gar nicht überwunden werden kann. Streng genommen

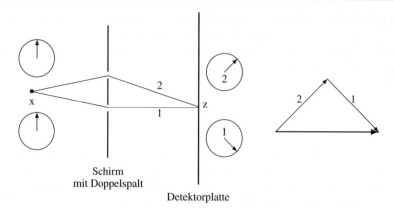

Abb. 11.3 Das Zeigermodell beim Doppelspaltexperiment. Von der Quelle am Punkt x zu einem Punkt z auf der Detektorplatte führen zwei Wege. Die ‚Pizzarollen' haben einen Umfang λ und die Zeiger (Markierungen) seien zu Beginn oben. Mit den Pizzarollen fährt man die beiden Wege 1 und 2 entlang und an der Zeigerstellung am Punkt z kann man die optische Weglänge modulo λ ablesen. Die Vektorsumme der beiden Zeigerstellungen ergibt die Gesamtamplitude an dieser Stelle; das Quadrat der Länge dieser Amplitude ist gleich der Gesamtintensität der Welle am Punkt z

wird die klassische Wirkung hier imaginär, was zu dem exponentiellen Abfall der Amplitude von Teilchen führt, die den Potenzialwall durchdringen.

Die einfache konstante Zeigerrotation ist lediglich für eine freie klassische Trajektorie begründet, bei der kein Potenzial vorhanden ist und bei der sich das Teilchen mit konstanter Geschwindigkeit fortbewegt. Das liefert bei Doppelspaltexperimenten sowie Verallgemeinerungen mit mehreren Spalten und Masken näherungsweise die richtigen Ergebnisse (vgl. Abb. 11.3).

Insgesamt muss die Zeigerdarstellung der Quantenmechanik also kritisch betrachtet werden. Sie hat zwar ihre theoretische Begründung, die aber nur in Spezialfällen mit einer ‚Pizzaschneiderolle' ermittelt werden kann. Außerdem besteht die Gefahr, dass die Vorstellung einer ‚inneren Uhr' zur Messung der Phase zu ernst genommen wird und zu einer ontologischen Vorstellung führt, die nicht gerechtfertigt ist.

Das Heisenberg-Bild der Quantenmechanik

12

Im Abschn. 5.2.5 wurde die zeitliche Entwicklung eines Vektors im Hilbert-Raum (als Repräsentant für einen Quantenzustand) untersucht und in diesem Zusammenhang auch das Heisenberg-Bild der Quantentheorie kurz angedeutet. Im Heisenberg-Bild bleiben die Zustände zeitlich unverändert und die Zeitabhängigkeit wird den Observablen zugeschrieben. Dieses Kapitel geht etwas ausführlicher auf die Heisenberg-Darstellung ein.

12.1 Die Heisenberg'schen Bewegungsgleichungen

Wie schon in Abschn. 5.2.5.3 angedeutet, erhalten wir aus der Zeitentwicklung eines Zustands,

$$i\hbar \frac{\mathrm{d}}{\mathrm{d}t}|\psi(t)\rangle = H|\psi(t)\rangle, \tag{12.1}$$

auch die Zeitentwicklung für den Erwartungswert einer Observablen A in diesem Zustand:

$$\langle A\rangle(t) = \langle\psi(t)|A|\psi(t)\rangle = \langle\psi(0)|U(t)^\dagger A U(t)|\psi(0)\rangle \tag{12.2}$$

Offensichtlich erhält man denselben zeitlichen Verlauf dieses Erwartungswerts, wenn man den Zustand $|\psi\rangle$ als zeitlich konstant annimmt und stattdessen für den Operator A die folgende zeitliche Entwicklung fordert:

$$A(t) = U(t)^\dagger A U(t) \tag{12.3}$$

Die beiden Formen von Zeitentwicklungen,

$$(|\psi\rangle, \ A) \longrightarrow (|\psi(t)\rangle = U(t)|\psi\rangle, \ A) \tag{12.4}$$

$$(|\psi\rangle, \ A) \longrightarrow (|\psi\rangle, \ A(t) = U(t)^\dagger A U(t)), \tag{12.5}$$

© Springer-Verlag GmbH Deutschland, ein Teil von Springer Nature 2019
T. Filk, *Quantenmechanik (nicht nur) für Lehramtsstudierende,*
https://doi.org/10.1007/978-3-662-59736-1_12

sind physikalisch äquivalent, da beide zur selben Zeitentwicklung für Erwartungswerte führen und sich letztendlich nur solche Erwartungswerte experimentell bestimmen lassen. Es handelt sich also lediglich um unterschiedliche Interpretationen des
Formalismus.

Wir können uns nun fragen, welche Bewegungsgleichung für einen Operator aus
der Zeitentwicklung (Gl. 12.3) folgt. Dazu berücksichtigen wir, dass der Zeitentwicklungsoperator $U(t)$ ebenfalls die Schrödinger-Gleichung erfüllt (vgl. Gl. 11.3):

$$\frac{\mathrm{d}}{\mathrm{d}t}U(t) = -\frac{\mathrm{i}}{\hbar}U(t)H \quad \text{und} \quad \frac{\mathrm{d}}{\mathrm{d}t}U(t)^\dagger = \frac{\mathrm{i}}{\hbar}HU(t)^\dagger \tag{12.6}$$

Diese Gleichungen gelten auch für explizit zeitabhängige Hamilton-Operatoren
$H(t)$, allerdings ist die Exponentialfunktion $U(t) = \mathrm{e}^{-\frac{\mathrm{i}}{\hbar}Ht}$ nur dann eine Lösung,
wenn H zeitunabhängig ist.

Nun können wir beide Seiten von Gl. 12.3 nach t ableiten und erhalten:

$$\frac{\mathrm{d}}{\mathrm{d}t}A(t) = \frac{\mathrm{i}}{\hbar}\Big(HU(t)^\dagger AU(t) - U(t)^\dagger AU(t)H\Big) \tag{12.7}$$

$$= \frac{\mathrm{i}}{\hbar}\Big(HA(t) - A(t)H\Big) = \frac{\mathrm{i}}{\hbar}[H, A(t)] \tag{12.8}$$

Die Gleichung

$$\frac{\mathrm{d}}{\mathrm{d}t}A(t) = -\frac{\mathrm{i}}{\hbar}[A(t), H] \tag{12.9}$$

bezeichnet man als *Heisenberg'sche Bewegungsgleichung*. Hat die Observable $A(t)$
noch eine explizite Zeitabhängigkeit, folgt (ähnlich wie in der klassischen Mechanik):

$$\frac{\mathrm{d}}{\mathrm{d}t}A(t) = \frac{\partial}{\partial t}A(t) - \frac{\mathrm{i}}{\hbar}[A(t), H] \tag{12.10}$$

Letztendlich kann man den Übergang vom Schrödinger-Bild zum Heisenberg-
Bild als ‚aktive' und ‚passive' Transformation in einem Vektorraum auffassen: Für
die Matrixelemente spielt es keine Rolle, ob die Vektoren gedreht werden und die
Matrix unverändert bleibt oder ob die Matrix ‚gedreht' wird und die Vektoren unverändert bleiben.

Noch eine Bemerkung zur Zeitentwicklung von Dichtematrizen (vgl. Abschn.
5.6.2): Dichtematrizen ρ sind keine Observablen, sondern Funktionale auf der Menge
der Observablen (sie sind Elemente des Dualraums zum Vektorraum der Observa-
blen). Sie ordnen jeder Observablen A über die Beziehung $\langle A\rangle_\rho = \text{Spur } A\rho$ eine
Zahl (den Erwartungswert) zu. Daher haben Dichtematrizen auch nicht dieselbe
Zeitentwicklung wie Observablen, sondern die ‚duale' Zeitentwicklung:

$$\rho(t) = U(t)\rho U(t)^\dagger \tag{12.11}$$

Auch hier sieht man nochmals die Äquivalenz von Schrödinger- und Heisenberg-
Bild:

$$\text{Spur } A\rho(t) = \text{Spur } AU(t)\rho U(t)^\dagger = \text{Spur } U(t)^\dagger AU(t)\rho = \text{Spur } A(t)\rho \tag{12.12}$$

12.2   Allgemeine Struktur der Heisenberg-Gleichung

Die Ähnlichkeit zwischen den Heisenberg-Gleichungen der Quantenmechanik (Gl. 12.9) und den klassischen Bewegungsgleichungen für Observablen (also Funktionen auf dem Phasenraum),

$$\frac{\mathrm{d}}{\mathrm{d}t} A(x(t), p(t)) = \{A(x(t), p(t)), \; H(x(t), p(t))\}, \tag{12.13}$$

mit den Poisson-Klammern

$$\{f(x, p), g(x, p)\} = \frac{\partial f(x, p)}{\partial x} \frac{\partial g(x, p)}{\partial p} - \frac{\partial f(x, p)}{\partial p} \frac{\partial g(x, p)}{\partial x} \tag{12.14}$$

legt nahe, dass die Struktur der Heisenberg-Gleichungen den klassischen Bewegungsgleichungen sehr ähnlich ist. Wir werden nun zeigen, dass die Form der Bewegungsgleichungen für den Orts- und Impulsoperator, $Q(t)$ und $P(t)$, sogar identisch ist zu den klassischen Gleichungen (bis auf Probleme der Reihenfolge von Operatoren, die jedoch bei den meisten Beispielen keine Rolle spielen). Im Unterschied zu den klassischen Bewegungsgleichungen sind jedoch nun *Operatoren* $Q(t)$ und $P(t)$ gesucht, die zusätzlich noch zu jedem Zeitpunkt die kanonischen Vertauschungsregeln erfüllen.

Wir beginnen mit den folgenden Relationen:

$$[Q, f(P)] = \mathrm{i}\hbar \, f'(P) \quad \text{und} \quad [P, g(Q)] = -\mathrm{i}\hbar \, g'(Q) \tag{12.15}$$

Von der Richtigkeit, zumindest für Funktionen f und g mit einer Potenzreihenentwicklung, überzeugt man sich leicht, indem man für f und g reine Potenzen P^n bzw. Q^m ansetzt. Die entsprechenden Relationen kann man dann induktiv über m bzw. n beweisen (vgl. Übung 4.3). Für einen Hamilton-Operator der Form

$$H = \frac{P^2}{2m} + V(Q) \tag{12.16}$$

folgt damit sofort als Bewegungsgleichung für die zeitabhängigen Orts- und Impulsoperatoren in der Heisenberg-Darstellung:

$$\frac{\mathrm{d}}{\mathrm{d}t} Q(t) = \frac{1}{m} P(t) \quad \text{und} \quad \frac{\mathrm{d}}{\mathrm{d}t} P(t) = -V'(Q(t)) \tag{12.17}$$

Offensichtlich treten in diesem Fall keine Ordnungsprobleme der Operatoren auf, und die Bewegungsgleichungen sind formidentisch zu den klassischen Bewegungsgleichungen.

Bilden wir auf beiden Seiten dieser Bewegungsgleichungen Erwartungswerte (in einem beliebigen Zustand $|\psi\rangle$), so folgt:

$$\frac{\mathrm{d}}{\mathrm{d}t}\langle Q\rangle_\psi(t) = \frac{\mathrm{d}}{\mathrm{d}t}\langle\psi|Q(t)|\psi\rangle = \frac{1}{m}\langle\psi|P(t)|\psi\rangle = \frac{1}{m}\langle P\rangle_\psi(t) \qquad (12.18)$$

$$\frac{\mathrm{d}}{\mathrm{d}t}\langle P(t)\rangle_\psi = \frac{\mathrm{d}}{\mathrm{d}t}\langle\psi|P(t)|\psi\rangle = -\langle\psi|V'(Q)|\psi\rangle = -\langle V'(Q)\rangle_\psi(t) \qquad (12.19)$$

Die Erwartungswerte von Observablen in der Quantentheorie folgen somit den klassischen Bewegungsgleichungen. Dies ist eine Form des Korrespondenzprinzips.

Wir finden hier eigentlich nur eine explizite Bestätigung dessen, was in die allgemeine axiomatische Formulierung ‚hineingesteckt' wurde: Die Kommutatorrelationen der Quantentheorie sollen den Poisson-Klammern der entsprechenden klassischen Observablen entsprechen. Dann kann man für die Erwartungswerte quantenmechanischer Observablen die klassischen Relationen erwarten.

Operatorlösungen sind von Bedeutung, wenn man an Erwartungswerten von Q und P (oder Funktionen von ihnen) zu verschiedenen Zeitpunkten interessiert ist. Beispielsweise spielen in der Quantenfeldtheorie Verallgemeinerungen von Erwartungswerten der Art $\langle Q(t_1)Q(t_2)\rangle$ eine große Rolle. Solche zeitlichen Korrelationsfunktionen lassen sich oft direkt mit experimentellen Messungen in Beziehung setzen.

12.3   Lineare Bewegungsgleichungen

Wir lösen nun die Heisenberg'schen Bewegungsgleichungen für zwei Fälle: 1) den freien Fall und 2) den harmonischen Oszillator.

12.3.1 Der Fall eines freien Teilchens

Betrachten wir zunächst den Fall eines freien Teilchens. Die Heisenberg'schen Bewegungsgleichungen lauten nun:

$$\dot{Q}(t) = \frac{1}{m}P(t) \quad \text{und} \quad \dot{P}(t) = 0 \qquad (12.20)$$

Die klassische Lösung der Gleichungen gilt auch für den Quantenfall:

$$Q(t) = \frac{1}{m}P(0)t + Q(0) \quad \text{und} \quad P(t) = P(0) \qquad (12.21)$$

Setzen wir für den Orts- und Impulsoperator zum Zeitpunkt $t = 0$ ihre kanonische Ortsraumdarstellung ein, so erhalten wir:

$$Q(t) = -\frac{\mathrm{i}\hbar t}{m}\frac{\mathrm{d}}{\mathrm{d}x} + x \qquad (12.22)$$

$$P(t) = -\mathrm{i}\hbar\frac{\mathrm{d}}{\mathrm{d}x} \qquad (12.23)$$

12.3.2 Harmonischer Oszillator

Auch für den harmonischen Oszillator erhalten wir die Form der klassischen Bewegungsgleichungen nun als Operatorgleichungen:

$$\dot{Q}(t) = \frac{1}{m} P(t) \quad \text{und} \quad \dot{P}(t) = -m\omega^2 Q(t) \tag{12.24}$$

bzw.

$$\ddot{Q}(t) = -\omega^2 Q(t) \tag{12.25}$$

Auch hier können wir die klassische Lösung übernehmen und die freien Anfangsbedingungen durch Operatoren ersetzen:

$$Q(t) = Q(0) \cos \omega t + \frac{1}{m\omega} P(0) \sin \omega t \tag{12.26}$$

$$P(t) = -m\omega Q(0) \sin \omega t + P(0) \cos \omega t \tag{12.27}$$

In der Ortsdarstellung folgt:

$$Q(t) = (\cos \omega t)\, x - \left(\frac{i\hbar}{m\omega} \sin \omega t \right) \frac{\mathrm{d}}{\mathrm{d}x} \tag{12.28}$$

$$P(t) = (-m\omega \sin \omega t)\, x - (i\hbar \cos \omega t)\, \frac{\mathrm{d}}{\mathrm{d}x} \tag{12.29}$$

Man überzeugt sich leicht, dass in beiden Fällen für alle t die kanonischen Vertauschungsrelationen gelten. Außerdem sieht man sofort, dass die Erwartungswerte von $Q(t)$ und $P(t)$ in beliebigen Zuständen die klassische Bewegung zeigen.

Bei linearen Bewegungsgleichungen lassen sich somit vergleichsweise leicht Operatorlösungen finden: Man nehme die klassische Lösung und ersetze die freien Anfangsbedingungen ($x(0)$ und $p(0)$) durch die entsprechenden quantenmechanischen Operatoren. Bei nichtlinearen Bewegungsgleichungen funktioniert dieses Prinzip nicht mehr, da dort die Anfangsbedingungen meist als komplizierte Funktionen auftreten und nicht als die Koeffizienten linearer Superpositionen von Lösungen. Dies ist der Ausgangspunkt für störungstheoretische Verfahren: Für die linearen Terme einer Bewegungsgleichung kann man die Lösungen angeben und die nichtlinearen Terme der Gleichung werden durch eine Störungsreihe berücksichtigt.

Darstellungen der Drehgruppe und die Addition von Drehimpulsen

13

In einer Tabelle der Elementarteilchen, z. B. in den regelmäßig erscheinenden Berichten der ‚Particle Data Group', findet man eine Vielzahl von Quantenzahlen, nach denen die Elementarteilchen – Quarks, Leptonen, Eichbosonen und mittlerweile auch das Higgs-Teilchen – sowie die beobachteten gebundenen Zustände dieser Teilchen – Baryonen, Mesonen etc. – klassifiziert werden. In allen Fällen handelt es sich dabei um Quantenzahlen, die wir (zumindest näherungsweise oder in Bezug auf bestimmte Wechselwirkungen) mit Symmetrien in Verbindung bringen und die daher Erhaltungsgrößen sind: die Ruhemasse m, der Spin s, die Ladung q, die Parität $(-1)^P$, die Ladungskonjugation $(-1)^C$ sowie weitere Quantenzahlen wie Leptonenzahl, Baryonenzahl, Isospin etc.

In diesem Kapitel geht es um die möglichen Quantenzahlen, die im Zusammenhang mit einer Symmetrie auftreten können. In Abschn. 5.4 wurde schon gezeigt, dass die Eigenwerte von Observablen S, die sich mit Symmetrien in Verbindung bringen lassen, für die also $[H, S] = 0$ gilt, Erhaltungsgrößen sind. Das folgt unmittelbar aus der Tatsache, dass Operatoren, die mit dem Hamilton-Operator kommutieren, auch mit dem Zeitentwicklungsoperator kommutieren. In diesem Kapitel untersuchen wir, wie man aus den Eigenschaften einer Symmetrie schon auf die möglichen Eigenwerte sowie Eigenschaften der Eigenzustände schließen kann. Dass dies grundsätzlich möglich sein sollte, zeigt das einfache Beispiel der Paritätstransformationen $P\psi(x) = \psi(-x)$, welche die Bedingung $P^2 = 1$ erfüllen und daher nur die Eigenwerte ± 1 haben können. Die Eigenfunktionen sind entsprechend symmetrische oder antisymmetrische Funktionen: $\psi_{S/A}(-x) = \pm\psi_{S/A}(x)$.

Da es hier nicht um eine Einführung in die Teilchenphysik geht, beschränke ich mich auf eine Quantenzahl – den Spin s. Ausgangspunkt ist zwar die Drehgruppe SO(3), doch im Wesentlichen geht es um eine Klassifikation der Darstellungen der Lie-Algebra dieser Gruppe, d. h. der Generatoren dieser Gruppe. Es wird sich zeigen, dass die Darstellungen zu halbzahligem Drehimpuls nicht zu Darstellungen der Drehgruppe führen, sondern zu Darstellungen der Gruppe SU(2), der sogenannten Überlagerungsgruppe der Drehgruppe.

© Springer-Verlag GmbH Deutschland, ein Teil von Springer Nature 2019
T. Filk, *Quantenmechanik (nicht nur) für Lehramtsstudierende*,
https://doi.org/10.1007/978-3-662-59736-1_13

Außerdem wird angedeutet, woher die Additionsvorschriften für quantenmechanische Drehimpulse kommen, die unter anderem in der Atomphysik eine sehr wichtige Rolle spielen.

13.1   Symmetrien, Gruppen und ihre Darstellungen

Für eine mathematische Definition von *Symmetrie* benötigt man zwei Konzepte: 1) Eine Gruppe von Transformationen und 2) eine Menge, auf die diese Transformationen wirken; eine solche Menge bezeichnet man auch als einen *Darstellungsraum* der Gruppe. Sind diese beiden Strukturen gegeben, kann man sagen, eine Größe – z. B. ein Element, eine Teilmenge von Elementen oder eine bestimmte Funktion dieser Elemente – ist *invariant* oder *symmetrisch* unter der Gruppe, wenn sie sich unter den Gruppentransformationen nicht verändert bzw. auf sich selber abgebildet wird. Man kann sich leicht vorstellen, dass die invarianten Punkte des Darstellungsraums bzw. die kleinsten invarianten Teilmengen (die man auch als *Orbits* bezeichnet) eine besondere Rolle spielen. Die Gruppe nennt man in solchen Fällen auch eine Symmetriegruppe.

Diese allgemeinen Aussagen sollen nun etwas konkretisiert werden.

Definition 13.1 Eine *Gruppe* ist eine Menge G mit einer Verknüpfung $\cdot : G \times G \to G$, sodass folgende Bedingungen gelten:

1. *Assoziativität:* Für je drei Elemente g_1, g_2, g_3 aus G gilt: $g_1 \cdot (g_2 \cdot g_3) = (g_1 \cdot g_2) \cdot g_3$.
2. Existenz eines *Einselements:* Es gibt ein Element $e \in G$, sodass $e \cdot g = g \cdot e = g$ für alle $g \in G$.
3. Existenz des *Inversen:* Zu jedem Element $g \in G$ gibt es ein Element $g^{-1} \in G$, sodass $g \cdot g^{-1} = g^{-1} \cdot g = e$.

Gilt außerdem noch die Kommutativität, d. h., für alle $g_1, g_2 \in G$ folgt $g_1 \cdot g_2 = g_2 \cdot g_1$, spricht man von einer *kommutativen Gruppe* oder *abelschen Gruppe* (benannt nach dem Mathematiker Niels Henrik Abel [1802–1829]). In diesem Fall schreibt man statt ‚$\cdot$' auch häufig ‚$+$'.

Definition 13.2 Ein *Darstellungsraum* einer Gruppe G ist eine Menge V zusammen mit einer Verknüpfung $\cdot : G \times V \to V$, sodass für alle $g_1, g_2 \in G$ und alle $v \in V$ gilt: $(g_1 \cdot g_2) \cdot v = g_1 \cdot (g_2 \cdot v)$ und $e \cdot v = v$. (Die Verwendung desselben Symbols für die Verknüpfung innerhalb der Gruppe und die Verknüpfung mit dem Darstellungsraum sollte zu keinen Problemen führen). Man sagt in diesem Fall auch, die Gruppe ‚wirkt' auf der Menge V.

Ganz allgemein ist eine *Darstellung* einer Gruppe G eine Abbildung $D : G \to M$, wobei M eine im Prinzip beliebige Menge von Objekten sein kann, auf denen eine Multiplikation erklärt ist, sodass für alle $g_1, g_2 \in G$ gilt:

$$D(g_1) \cdot D(g_2) = D(g_1 \cdot g_2) \tag{13.1}$$

Zumindest für das Bild von G muss in M somit ein Einselement erklärt sein und die Elemente $D(g)$ müssen bezüglich dieses Einselements auch invertierbar sein. Mit anderen Worten: Das Bild von G in M bildet selbst eine Gruppe.

In der Physik sind wir häufig an sogenannten *linearen Darstellungen* einer Gruppe interessiert, d. h. an Darstellungen der Gruppe durch invertierbare lineare Abbildungen auf einem Vektorraum V. Für endlichdimensionale Darstellungen sind dies Darstellungen durch invertierbare Matrizen. Wir suchen also Matrizen $\{M(g) \in GL(V)\}$, sodass

$$M(g_1)M(g_2) = M(g_1 \cdot g_2) \qquad \forall\, g_i \in G \tag{13.2}$$

(manchmal wählt man auf der linken Seite dieser Gleichung auch die umgekehrte Reihenfolge). Da diese Matrizen auf einem entsprechenden Vektorraum als lineare Abbildungen wirken, ist dieser Vektorraum gleichzeitig ein Darstellungsraum für die Gruppe.

Definition 13.3 Eine Matrixdarstellung einer Gruppe heißt *irreduzibel,* wenn Vielfache der Identitätsmatrix die einzigen Elemente sind, die mit allen Gruppenelementen in dieser Darstellung kommutieren.

In einer irreduziblen Darstellung lassen sich nicht alle Matrizen durch dieselbe unitäre Transformation auf Blockdiagonalgestalt bringen.

In Abschn. 5.4 wurde schon definiert, was wir unter einer Symmetrie verstehen: Eine Gleichung heißt symmetrisch unter einer Symmetriegruppe, wenn mit jeder möglichen Lösung x der Gleichung auch das transformierte Element x^g eine Lösung der Gleichung ist. Eine Funktion f hat eine Symmetrie (man sagt auch, die Funktion ist eine *Invariante* unter der Symmetriegruppe), wenn die Symmetriegruppe G auf dem Definitionsbereich D_f der Funktion wirkt und für jedes Element $x \in D_f$ gilt: $f(x) = f(x^g)$, wobei x^g das Bild von x unter G ist. Der Funktionswert ist also an zwei Punkten, die sich durch die Symmetriegruppe ineinander überführen lassen, derselbe.

Von besonderem Interesse sind in der Physik die *irreduziblen Darstellungen* einer Gruppe und insbesondere die Parameter, durch die sich diese irreduziblen Darstellungen charakterisieren lassen. Wir werden sehen, dass uns diese Parameter auf die Quantenzahlen führen, mit denen wir gewöhnlich Teilchen beschreiben. Diese Quantenzahlen sind die ‚Invarianten' zu der Gruppe, die zeitlich konstant bleiben. Daher eignen sie sich zur Charakterisierung physikalischer Zustände.

13.2   Die Drehgruppe SO(3)

Als Beispiel für eine Gruppe, die in der Physik häufig als Symmetriegruppe auftritt, betrachten wir die Drehgruppe, also die Gruppe aller Drehungen im 3-dimensionalen Raum. Diese Gruppe bezeichnet man auch als SO(3), das steht für *spezielle orthogonale Gruppe in 3 Dimensionen.*

Bei der Gruppe SO(3) handelt es sich um eine *Lie-Gruppe.* Etwas vereinfacht ausgedrückt ist eine Lie-Gruppe nicht nur eine Gruppe, sondern sie ist auch eine Mannigfaltigkeit, also ein topologischer Raum, der zumindest lokal (also in genügend kleinen Umgebungen) isomorph zu einer offenen Teilmenge des $\mathbb{R}^n$ ist. Man kann die Drehungen im $\mathbb{R}^3$ durch drei Winkel kennzeichnen, die sogenannten Euler-Winkel, und daher ist die Mannigfaltigkeit der Gruppe SO(3) 3-dimensional.

Eine bekannte lineare Darstellung der Drehgruppe SO(3) sind die 3-dimensionalen Rotationsmatrizen. Sie bilden die *definierende Darstellung* der Gruppe SO(3), d. h., durch die Relationen dieser Matrizen ist die Gruppe SO(3) definiert.

Wir können um jede der drei Raumachsen eine Drehung ausführen und jede beliebige Drehung lässt sich als eine Hintereinanderschaltung solcher Drehungen ausdrücken. Die Drehungen um die drei Achsen sind:

$$R_1(\alpha_1) = \begin{pmatrix} 1 & 0 & 0 \\ 0 & \cos\alpha_1 & -\sin\alpha_1 \\ 0 & \sin\alpha_1 & \cos\alpha_1 \end{pmatrix} \quad R_2(\alpha_2) = \begin{pmatrix} \cos\alpha_2 & 0 & \sin\alpha_2 \\ 0 & 1 & 0 \\ -\sin\alpha_2 & 0 & \cos\alpha_2 \end{pmatrix} \quad (13.3)$$

$$R_3(\alpha_3) = \begin{pmatrix} \cos\alpha_3 & -\sin\alpha_3 & 0 \\ \sin\alpha_3 & \cos\alpha_3 & 0 \\ 0 & 0 & 1 \end{pmatrix}$$

Das Vorzeichen vor der Sinusfunktion ist Konvention und in diesem Fall so gewählt, dass das Koordinatensystem ‚rechtshändig' ist und die Drehungen um eine Achse entsprechend der Rechte-Hand-Regel entgegen dem Uhrzeigersinn erfolgen.

Die drei Winkel α_i hängen zwar mit den Euler-Winkeln θ, φ, ψ zusammen, sind aber nicht mit ihnen identisch. Eine allgemeine Drehung im 3-dimensionalen Raum lässt sich als Hintereinanderausführung einer Drehung um die 1-Achse, einer Drehung um die 3-Achse und nochmals einer Drehung um die 1-Achse schreiben:

$$R(\theta, \varphi, \psi) = R_1(\theta) \cdot R_3(\varphi) \cdot R_1(\psi) \qquad (13.4)$$

Dies ist die Darstellung einer allgemeinen Drehung durch die Euler-Winkel.

13.3   Die Lie-Algebra zu SO(3)

Für jede Drehung um eine Achse (Gl. 13.3) betrachten wir nun die Terme bis zur linearen Ordnung in den Winkeln, d. h., wir betrachten Drehungen um sehr kleine Winkel und entwickeln nur bis zur ersten Ordnung. Dabei nutzen wir aus, dass

$$\cos\alpha = 1 + O(\alpha^2) \quad \text{und} \quad \sin\alpha = \alpha + O(\alpha^3) . \qquad (13.5)$$

Eine kurze Rechnung ergibt

$$R_i(\alpha_i) = 1 + i\alpha_i L_i + O(\alpha_i^2) \tag{13.6}$$

mit den drei *Generatoren:*

$$L_1 = \begin{pmatrix} 0 & 0 & 0 \\ 0 & 0 & -i \\ 0 & i & 0 \end{pmatrix} \quad L_2 = \begin{pmatrix} 0 & 0 & i \\ 0 & 0 & 0 \\ -i & 0 & 0 \end{pmatrix} \quad L_3 = \begin{pmatrix} 0 & -i & 0 \\ i & 0 & 0 \\ 0 & 0 & 0 \end{pmatrix} \tag{13.7}$$

Der Faktor i ist Konvention. In der vorliegenden Form sind die Generatoren L_i selbstadjungierte (hermitesche) Matrizen.

Man spricht in diesem Fall von Generatoren, weil man die Matrizen R_i durch Exponenzieren dieser Generatoren L_i wiedergewinnt:

$$R_i(\alpha_i) = \exp(i\alpha_i L_i) \tag{13.8}$$

Die Generatoren ‚erzeugen' also die Gruppe. Die folgenden Relationen zwischen den Generatoren L_i finden wir durch explizites Nachrechnen:

$$[L_1, L_2] = iL_3 \quad [L_2, L_3] = iL_1 \quad [L_3, L_1] = iL_2 \tag{13.9}$$

oder zusammengefasst:

$$[L_i, L_j] = i \sum_{k=1}^{3} \varepsilon_{ijk} L_k \tag{13.10}$$

Beliebige Linearkombinationen dieser drei Matrizen,

$$L = \alpha L_1 + \beta L_2 + \gamma L_3, \tag{13.11}$$

bilden einen Vektorraum – den (komplexifizierten) Tangentialraum an die Gruppe SO(3) bei der Identität. Auf diesem Vektorraum ist durch die Kommutatorrelationen (Gl. 13.10) ein antisymmetrisches Produkt definiert. Den Vektorraum mit diesem Produkt nennt man die *Lie-Algebra* der Drehgruppe SO(3) und bezeichnet sie gelegentlich durch $\mathfrak{so}(3)$.

Die Koeffizienten ε_{ijk} sind die Strukturkonstanten der Lie-Algebra. Dass im vorliegenden Fall gerade die bekannten Levi-Civita-Symbole die Strukturkonstanten bilden, ist kein Zufall: Aus der klassischen Mechanik ist bekannt, dass man jede infinitesimale Drehung eines Vektors $\mathbf{x}$ durch das Kreuzprodukt von $\mathbf{x}$ mit einem Drehvektor $\boldsymbol{\omega}$ schreiben kann. Weitere Beziehungen zum Kreuzprodukt werden später noch offensichtlich.

Gesucht sind also Matrizen, welche die Kommutatorrelationen (Gl. 13.9) erfüllen. Es zeigt sich, dass alle Lösungen dieser Bedingung für $d \times d$ Matrizen bis auf orthogonale bzw. unitäre Transformationen äquivalent sind, d. h., wir finden für einen festen Wert von d immer nur *eine* solche Darstellung. Dies ist ein Spezialfall für die Lie-Algebra $\mathfrak{so}(3)$ und muss im Allgemeinen nicht gelten: Erstens muss es für allgemeine Lie-Algebren nicht für jeden Wert von d eine (irreduzible) Darstellung geben, und zweitens kann es auch vorkommen, dass es in einer Dimension mehrere nichtäquivalente Darstellungen gibt.

Außerdem sollten wir noch erwähnen, dass die Lie-Algebra noch nicht eindeutig die zugehörige Lie-Gruppe festlegt, sondern nur die lokalen Eigenschaften der Gruppe. Die Lie-Algebra folgt ja nur aus den Eigenschaften der Gruppe in der Nähe der Identität (des Einselements), somit kann man nicht erwarten, dass auch globale topologische Aspekte der Gruppe von der Lie-Algebra erfasst werden. Tatsächlich gibt es zu der Lie-Algebra (Gl. 13.9) zwei wichtige, topologisch unterschiedliche Gruppenstrukturen: einmal die schon bekannte Gruppe SO(3) und dann die sogenannte Überlagerungsgruppe der Gruppe SO(3), die als SU(2) (spezielle unitäre Gruppe in 2 Dimensionen) bekannt ist.

13.4 Darstellungen der Lie-Algebra zu SO(3) für $d = 1$ und $d = 2$

Wir betrachten nun d-dimensionale Darstellungen der Lie-Algebra von SO(3). Der Fall $d = 1$ ist trivial. Die einzige ‚Darstellung' der Drehgruppe SO(3) ist die triviale Darstellung, bei der jedes Element durch die 1 repräsentiert wird. Die Generatoren sind in diesem Fall alle 0 und erfüllen somit ebenfalls trivialerweise die Kommutatorrelationen (Gl. 13.9).

Für den Fall $d = 2$ hatten wir in Abschn. 9.1 schon gesehen, dass die Pauli-Matrizen eine Lie-Algebra bilden, wobei die Kommutatorrelationen der Pauli-Matrizen durch

$$[\sigma_i, \sigma_j] = 2\mathrm{i} \sum_k \varepsilon_{ijk}\sigma_k \qquad (13.12)$$

gegeben sind (vgl. Gl. 7.51 bis 7.53). Multiplizieren wir diese Matrizen mit einem Faktor $\frac{1}{2}$, erhalten wir die Spinmatrizen in Einheiten von $\hbar$: $S_i/\hbar = \frac{1}{2}\sigma_i$. Diese Matrizen erfüllen die Vertauschungsrelationen (Gl. 13.10) und sind damit eine Darstellung der Lie-Algebra $\mathfrak{so}(3)$.

13.5 Die Gruppe SU(2)

Die Gruppe SU(2) ist die Gruppe der *speziellen unitären* Transformationen in zwei (komplexen) Dimensionen, also im $\mathbb{C}^2$. Die allgemeine Bedingung für eine unitäre Transformation (Gl. 4.67) wird für eine 2×2-Matrix zu:

$$U = \begin{pmatrix} a & b \\ -b^* & a^* \end{pmatrix} \qquad \text{mit } |a|^2 + |b|^2 = 1 \qquad (13.13)$$

Jede unitäre Matrix lässt sich als Exponentialfunktion einer selbstadjungierten Matrix schreiben (vgl. Abschn. 4.2.4). Für SU(2) gilt (vgl. Übung 9.5):

$$\exp\left(-i\frac{\alpha}{2}\mathbf{n} \cdot \boldsymbol{\sigma}\right) = \mathbf{1}\cos\frac{\alpha}{2} - i(\mathbf{n} \cdot \boldsymbol{\sigma})\sin\frac{\alpha}{2} \tag{13.14}$$

Man sieht, dass man für $\alpha = 2\pi$ die Matrix $-\mathbf{1}$, also eine Spiegelung am Ursprung, erhält. Erst eine ‚Drehung' um $\alpha = 4\pi$ führt wieder auf die Identität. Die Beziehungen zwischen der Drehgruppe SO(3) und der unitären Gruppe SU(2) lassen sich leicht aus den Spezialfällen

$$R_1(\alpha) = \begin{pmatrix} 1 & 0 & 0 \\ 0 & \cos\alpha & -\sin\alpha \\ 0 & \sin\alpha & \cos\alpha \end{pmatrix} \quad \longleftrightarrow \quad \pm\begin{pmatrix} \cos\frac{\alpha}{2} & i\sin\frac{\alpha}{2} \\ i\sin\frac{\alpha}{2} & \cos\frac{\alpha}{2} \end{pmatrix} \tag{13.15}$$

und

$$R_3(\beta) = \begin{pmatrix} \cos\beta & -\sin\beta & 0 \\ \sin\beta & \cos\beta & 0 \\ 0 & 0 & 1 \end{pmatrix} \quad \longleftrightarrow \quad \pm\begin{pmatrix} \exp\left(-i\frac{\beta}{2}\right) & 0 \\ 0 & \exp\left(+i\frac{\beta}{2}\right) \end{pmatrix} \tag{13.16}$$

gewinnen. Diese Beziehung ist nicht eindeutig, da einem Element der Gruppe SO(3) zwei Elemente der Gruppe SU(2) entsprechen. In der Gruppe SO(3) beschreibt der durch $\alpha \in [0, 2\pi]$ parametrisierte Weg $\alpha \to \exp(i\alpha\mathbf{n} \cdot \mathbf{L})$ einen geschlossenen Weg, der bei der Identität beginnt und endet. Dieser Weg lässt sich nicht stetig in den ‚trivialen' Weg deformieren, der konstant bei $\mathbf{1}$ bleibt. Der zugehörige Weg in der Gruppe SU(2) (wobei die Generatoren $\mathbf{L}$ durch die Generatoren $\frac{1}{2}\boldsymbol{\sigma}$ zu ersetzen sind) beginnt bei der Identität $\mathbf{1}$, endet aber bei $-\mathbf{1}$. Die Fortsetzung dieses Weges zu $\alpha \in [0, 4\pi]$ führt zu einem geschlossenen Weg, der bei $\mathbf{1}$ beginnt und endet und der sich stetig zum trivialen Weg verformen lässt. Daher bezeichnet man SU(2) auch als die Überlagerungsgruppe von SO(3).

13.6 Allgemeine Dimensionen

Wir wollen nun kurz skizzieren, wie man zeigen kann, dass es für beliebige Dimensionen d eine Darstellung der Kommutatorrelationen (13.9) gibt und wie man sie (im Prinzip) konstruieren kann. Dabei verwenden wir ein Verfahren, das auch in der Quantenmechanik oft Anwendung findet: die Konstruktion des Darstellungsraums durch Auf- und Absteigeoperatoren (siehe Abschn. 6.4.2 zum harmonischen Oszillator). In der Mathematik bezeichnet man die so konstruierten Darstellungen auch manchmal als ‚Heighest-Weight-Darstellungen'.

Zunächst überzeugt man sich durch direktes Nachrechnen, dass aus den Kommutatorrelationen sofort folgt, dass für jede Darstellung die Größe

$$L^2 = L_1^2 + L_2^2 + L_3^2 \tag{13.17}$$

mit allen drei Generatoren kommutiert:

$$[L^2, L_i] = 0 \tag{13.18}$$

Man bezeichnet L^2 als einen *Casimir-Operator*. Allgemein ist ein Casimir-Operator einer Lie-Algebra eine Funktion der Generatoren, die mit allen Generatoren der Algebra kommutiert. Wenn die Darstellung irreduzibel ist, wird ein Casimir-Operator durch ein Vielfaches der Identitätsmatrix **1** repräsentiert. Tatsächlich lässt sich für die beiden Darstellungen in $d = 2$ und $d = 3$ Dimensionen, die wir für die Matrizen L_i bereits kennen, sofort nachrechnen:

$$(d = 2) \quad L^2 = \frac{3}{4} \cdot \mathbf{1} \qquad\qquad (d = 3) \quad L^2 = 2 \cdot \mathbf{1} \tag{13.19}$$

Allgemein schreiben wir

$$L^2 = l(l + 1)\,\mathbf{1}. \tag{13.20}$$

Da sich L^2 als Summe von drei Quadraten von hermiteschen Matrizen schreiben lässt, kann der Faktor nicht negativ sein. Für die beiden genannten Fälle ist $l = \frac{d-1}{2}$ bzw. $d = 2l + 1$. Diese Relation wird sich auch allgemein als richtig erweisen.

Als nächstes betrachten wir die beiden Operatoren

$$L_+ = L_1 + iL_2 \qquad \text{und} \qquad L_- = L_1 - iL_2 \tag{13.21}$$

und überzeugen uns (wieder durch Ausnutzung der Kommutatorbeziehungen) von den Kommutatorrelationen

$$[L_3, L_+] = L_+ \qquad \text{und} \qquad [L_3, L_-] = -L_-. \tag{13.22}$$

Da wir nach Darstellungen von L_3 durch hermitesche Matrizen suchen (also $L_3^\dagger = L_3$), können wir für jede Darstellung eine Basis finden, in der L_3 diagonal ist. Seien $|m\rangle$ die Eigenzustände zu L_3 mit (reellem) Eigenwert m:

$$L_3|m\rangle = m|m\rangle \tag{13.23}$$

Offenbar folgt aus den Kommutatorrelationen (Gl. 13.22)

$$L_3\,L_+|m\rangle = L_+L_3|m\rangle + L_+|m\rangle = (m + 1)L_+|m\rangle \tag{13.24}$$

und entsprechend

$$L_3\,L_-|m\rangle = (m - 1)L_-|m\rangle. \tag{13.25}$$

$L_+|m\rangle$ und $L_-|m\rangle$ sind also ebenfalls Eigenvektoren von L_3, sofern $|m\rangle$ Eigenvektor ist, und zwar jeweils zu den Eigenwerten $m + 1$ und $m - 1$. L_+ und L_- sind demnach Auf- und Absteigeoperatoren im Sinne von Abschn. 6.4.2.

Wir verwenden nochmals die allgemeinen Kommutatorbeziehungen der Lie-Algebra für die Identität

$$L_-L_+ = (L_1 - iL_2)(L_1 + iL_2) = L_1^2 + L_2^2 + i[L_1, L_2] \qquad (13.26)$$

oder

$$L_-L_+ = L^2 - L_3(L_3 + 1). \qquad (13.27)$$

Nun kommt das entscheidende Argument: Angenommen, $|m\rangle$ sei ein normierter Eigenvektor, also $\langle m|m\rangle = 1$, dann gilt für das Normquadrat von $L_+|m\rangle$ (man beachte, dass $(L_+)^\dagger = L_-$):

$$\|L_+|m\rangle\|^2 = \langle m|L_-L_+|m\rangle = \langle m|[L^2 - L_3(L_3 + 1)]|m\rangle = l(l + 1) - m(m + 1) \qquad (13.28)$$

oder

$$\|L_+|m\rangle\| = \sqrt{l(l + 1) - m(m + 1)} \qquad (13.29)$$

Damit dieser Vektor aber normierbar bleibt (wir suchen nur Darstellungen in einem Vektorraum mit positiv definitem Skalarprodukt), muss $m \le l$ sein. Da wir andererseits aber durch wiederholte Anwendung von L_+ auf einen Eigenzustand von L_3 den Wert von m beliebig groß werden lassen können, muss es einen Vektor $|m\rangle$ geben, für den $L_+|m\rangle = 0$. Das ist genau dann der Fall, wenn $l = m$.

Umgekehrt (indem wir $L_-|m\rangle$ betrachten) folgt nach demselben Argument, dass $m \ge -l$ und der Wert $m = -l$ auch angenommen werden muss. Da L_+ bzw. L_- die Eigenwerte m von L_3 aber in ganzzahligen Schritten verändern, muss somit $2l$ ganzzahlig sein und die Eigenwerte m können die Werte $-l, -l + 1, -l + 2, \ldots, +l$ annehmen.

Lediglich durch Ausnutzung der Kommutatorrelationen (Gl. 13.9) und der Forderung, dass wir nach hermiteschen Darstellungen der Matrizen L_i in positiv definiten Vektorräumen suchen, sind wir also zu folgendem Schluss gekommen:

1. Die Darstellungen der Drehgruppe werden durch eine Zahl l charakterisiert, wobei der Wert des Casimir-Operators L^2 in einer solchen Darstellung den Wert $l(l + 1)$ hat und l nur die Werte $l = 0, \frac{1}{2}, 1, \frac{3}{2}, 2, \ldots$ annehmen kann.
2. Für festes l gibt es $2l + 1$ verschiedene Eigenvektoren zu L_3 und damit ist die Darstellung $2l + 1$-dimensional. Insbesondere finden wir für jede Dimension d eine Darstellung mit $l = (d - 1)/2$.
3. Für ein gegebenes l nimmt der Eigenwert m zu L_3 die Werte $l, l-1, l-2, \ldots, -l$ an.

Zur Veranschaulichung betrachten wir nochmals die beiden Fälle $d = 2$ und $d = 3$. Für $d = 2$ ist $S_3 = \sigma_3/2$ bereits eine Diagonalmatrix (vgl. Gl. 9.2) mit den beiden Eigenwerten $m = \pm\frac{1}{2}$. Für $d = 3$ ist L_3 (aus Gl. 13.7) noch nicht diagonal, doch ein Vergleich von L_3 mit der Pauli-Matrix σ_2, welche die Eigenwerte ± 1 hat, zeigt sofort, dass L_3 tatsächlich die Eigenwerte $+1, 0, -1$ hat.

Wir können nun auch die Darstellungen der Drehgruppe zu beliebiger Dimension d explizit konstruieren (zumindest im Prinzip): Wir beginnen mit L_3 als Diagonalmatrix mit den Elementen $m = l, l - 1, \ldots, -l$ auf der Diagonalen. Nun konstruieren wir die beiden Matrizen L_+ und L_-, die als Auf- bzw. Absteigematrizen nur Elemente auf der ersten Nebendiagonalen haben (L_+ auf der oberen Nebendiagonalen und L_- auf der unteren), und diese Elemente sind durch Gl. 13.29 (und eine entsprechende Gleichung für L_-) gegeben. Aus L_+ und L_- erhalten wir durch Umkehrung der Linearkombinationen in Gl. 13.21 L_1 und L_2 zurück.

13.7   Drehimpuls und Spin in der Quantenmechanik

Die Drehgruppe gehört zu den zentralen Invarianzgruppen der Physik, sowohl in der Newton'schen als auch der Relativistischen Mechanik. Wenn ein quantenmechanisches System rotationsinvariant ist, bedeutet dies, dass mit jeder Lösung $\psi(x)$ (ausgedrückt als Wellenfunktion im Ortsraum) der Schrödinger-Gleichung auch die transformierte Lösung $\psi(Rx)$ (wobei Rx den mit der Rotationsmatrix R rotierten Punkt darstellt) eine Lösung ist. Die Transformation $\psi(x) \rightarrow \psi(Rx)$ impliziert eine (unitäre) Darstellung der Rotationsgruppe $U(R)$ auf dem Raum der Wellenfunktionen bzw. dem Raum der Zustände und die Invarianz bedeutet, dass der Hamilton-Operator und $U(R)$ kommutieren.

Nun sind die Operatoren $U(R)$ im Allgemeinen keine selbstadjungierten Abbildungen und somit keine Observablen. Allerdings sind die Generatoren von $U(R)$ Observablen, nämlich die Observablen zum Drehimpuls. Daher kommutieren die Drehimpulsoperatoren mit dem Hamilton-Operator, wenn der Hamilton-Operator rotationsinvariant ist. Wie üblich führt dies zu Erhaltungsgrößen, d. h., wie schon in den Abschn. 5.4 und 7.1 angedeutet, die Quantenzahlen des Drehimpulses sind erhalten bzw. man kann die Energieeigenzustände auch nach den Quantenzahlen des Drehimpulses klassifizieren.

Betrachten wir zunächst die Kommutatorbeziehungen zwischen den Drehimpulsoperatoren der Quantentheorie (vgl. auch Abschn. 7.2): Seien

$$L_1 = Q_2 \times P_3 - Q_3 \times P_2, \ L_2 = Q_3 \times P_1 - Q_1 \times P_3, \ L_3 = Q_1 \times P_2 - Q_2 \times P_1 \tag{13.30}$$

bzw. allgemein

$$L_i = \sum_{jk} \varepsilon_{ijk} Q_j P_k \tag{13.31}$$

die Komponenten des Drehimpulsoperators (noch unabhängig von einer Basis). Dann folgt aus den kanonischen Vertauschungsrelationen

$$\begin{aligned}
[L_1, L_2] &= [(Q_2 P_3 - Q_3 P_2), (Q_3 P_1 - Q_1 P_3)] \\
&= i\hbar(-Q_2 P_1 + P_2 Q_1) \\
&= i\hbar L_3
\end{aligned}$$

und ganz entsprechend

$$[L_2, L_3] = i\hbar L_1, \quad [L_3, L_1] = i\hbar L_2 \qquad (13.32)$$

bzw. allgemein

$$[L_i, L_j] = i\hbar \sum_k \varepsilon_{ijk} L_k. \qquad (13.33)$$

Wir erhalten also für die Komponenten des Drehimpulses dieselben Kommutatorbeziehungen (bis auf einen Faktor $\hbar$) wie für die Generatoren der Drehgruppe (Gl. 13.9). Das ist auch nicht überraschend, denn der Drehimpuls ist ja gerade die Erhaltungsgröße zur Rotationsinvarianz und damit der Generator zur Darstellung der Drehgruppe auf den physikalischen Zuständen.

Wir können somit die Schlussfolgerungen aus Abschn. 13.6 direkt übernehmen und schließen:

1. Die Eigenwerte zum Betrag des Drehimpulses $|L| = \sqrt{L^2}$ nehmen die Werte $\hbar\sqrt{l(l+1)}$ an, wobei $l = 0, \frac{1}{2}, 1, \frac{3}{2}, 2, \dots$
2. Für festes l gibt es $2l + 1$ verschiedene Eigenzustände von L_3 mit den Quantenzahlen $l_3 = \hbar m$ mit $m = l, l - 1, l - 2, \dots, -l$.

Wie schon gegen Ende von Abschn. 13.3 angedeutet, bestimmt die Zahl l nur die Darstellungen der Lie-Algebra und diese müssen nicht immer auch Darstellungen der Drehgruppe SO(3) sein, sondern es kann sich dabei auch um Darstellungen von SU(2) (der Überlagerungsgruppe der Drehgruppe) handeln. SU(2) ist in gewisser Hinsicht ‚doppelt' so groß wie SO(3): Eine Drehung um 360° führt nicht wieder an den Ausgangspunkt zurück, sondern erst eine Drehung um 720°.

Ist man daher konkret an Darstellungen der Drehgruppe SO(3) interessiert, kommen nur die ganzzahligen Werte für l infrage. Dies ist auch der Grund, weshalb wir bei unseren Überlegungen zum Wasserstoffatom (Abschn. 7.1) nur auf die Darstellungen zu ganzzahligen Werten von l gestoßen sind: Die Forderung, dass die Kugelflächenfunktionen $Y_{lm}(\theta, \varphi)$ auf der Kugeloberfläche eindeutig und stetig sind, führte auf diese Auswahl. Wir können daher nochmals zusammenfassen:

• Die Darstellungen der Drehgruppe SO(3), wie sie bei der Behandlung des *Bahndrehimpulses* von Teilchen auftreten, lassen für den Betrag des Drehimpulses $|\mathbf{L}|$ nur die Werte $\hbar\sqrt{l(l+1)}$ zu, wobei l *ganzzahlig* ist.

Damit stellt sich die Frage, ob die anderen Darstellungen der Lie-Algebra, die zu halbzahligen Werten für l gehören und zu Darstellungen der Überlagerungsgruppe SU(2) führen, in der Physik eine Bedeutung haben. Dies ist tatsächlich der Fall: Der *Spin* von Elementarteilchen, der einer intrinsischen Eigenschaft dieser Teilchen entspricht, kann in der Tat auch halbzahlige Werte annehmen. Bei Teilchen mit halbzahligem Spin spricht man von *Fermionen*, bei Teilchen mit ganzzahligem Spin von *Bosonen*. Beispielsweise ist das Elektron ein Fermion mit Spin $s = \frac{1}{2}$.

Daraus ergeben sich zwei Fragestellungen: 1) Was hat der Spin von Teilchen mit dem Drehimpuls zu tun? und 2) Weshalb spielt hier die Lie-Algebra bzw. die Überlagerungsgruppe SU(2) die wichtige Rolle und nicht die Gruppe SO(3) der Drehungen?

Zur ersten Frage stellt man experimentell fest, dass der Gesamtdrehimpuls eines abgeschlossenen Systems (beispielsweise bei Zerfallsprozessen) nur dann erhalten ist, wenn man auch den Spin eines Teilchens berücksichtigt. Beispielsweise trägt ein Photon den Spin 1 und ist damit für die Auswahlregel $\Delta l = \pm 1$ (in Einheiten von $\hbar$) bei vielen elektronischen Übergängen im Atom verantwortlich. Die bekannte 21 cm-Linie des Wasserstoffs beruht auf dem Umklappen des Spins des Elektrons im Grundzustand von Wasserstoff, was gerade einer Änderung des Drehimpulses des Wasserstoffatoms um $\Delta l = \pm 1$ entspricht. Die Tatsache, dass Spin und Bahndrehimpuls zu einem Gesamtimpuls koppeln, zeigt, dass der Spin zum Drehimpuls beiträgt. Allerdings sollte man sich den Spin nicht als eine Eigendrehung von Teilchen vorstellen, wie es oft in populärwissenschaftlichen Darstellungen suggeriert wird.

Zur zweiten Frage: Ein quantenmechanischer Zustand wird durch Strahlen in einem Hilbert-Raum beschrieben, daher sucht man nicht nur nach Vektorraumdarstellungen der Gruppe SO(3), sondern nach sogenannten projektiven Darstellungen. In diesem Fall muss eine Drehung um 360° einen Strahl wieder in denselben Strahl zurückführen, nicht aber in denselben Vektor. Die Darstellungen von SU(2) überführen einen Vektor bei einer Drehung um 360° in sein Negatives, dies entspricht aber physikalisch demselben Zustand.

13.8 Addition von Drehimpulsen

Aus der Atomphysik ist bekannt, dass sich Drehimpulse ‚addieren‘ können. Dabei kann es sich um den Spin und den Bahndrehimpuls eines Teilchens handeln, um den Spin von zwei Teilchen oder auch um die Bahndrehimpulse von zwei Teilchen. Die Regeln dieser Addition entsprechen nicht der Addition von gewöhnlichen Vektoren, was schon alleine wegen der Quantisierung des Drehimpulses und seiner z-Komponente nicht möglich ist. In diesem Abschnitt soll angedeutet werden, welche mathematische Struktur hinter den Additionsregeln von Drehimpulsen steckt.

13.8.1 Allgemeine Zerlegung des Tensorprodukts zweier Darstellungen

Es sei G eine Gruppe und $D_1 : G \to GL(d_1)$ und $D_2 : G \to GL(d_2)$ seien zwei (der Einfachheit halber als irreduzibel angenommene) lineare Darstellungen von G. Hierbei bezeichnet $GL(d)$ die *allgemeine lineare Gruppe* der invertierbaren

$d \times d$-Matrizen. Wir können das Tensorprodukt dieser beiden Darstellungen bilden:

$$D_1 \otimes D_2 : G \longrightarrow GL(d_1) \otimes GL(d_2) \subset GL(d_1 d_2) \ \text{ mit } g \mapsto D_1(g) \otimes D_2(g)$$
(13.34)

Auch das Tensorprodukt ist eine Darstellung von G, da

$$\Big(D_1(g_1) \otimes D_2(g_1)\Big) \cdot \Big(D_1(g_2) \otimes D_2(g_2)\Big) = \Big(D_1(g_1) \cdot D_1(g_2)\Big) \otimes \Big(D_2(g_1) \cdot D_2(g_2)\Big)$$

$$= D_1(g_1 \cdot g_2) \otimes D_2(g_1 \cdot g_2). \tag{13.35}$$

Im Allgemeinen ist diese Darstellung jedoch nicht irreduzibel. Das bedeutet, dass es eine unitäre Transformation auf $GL(d_1 d_2)$ gibt, sodass alle Matrizen $D_1(g) \otimes D_2(g)$ auf eine Blockdiagonalgestalt gebracht werden können und jeder Block eine irreduzible Darstellung der Gruppe ist. Die Tensorproduktdarstellung lässt sich daher nach einer direkten Summe aus irreduziblen Darstellungen zerlegen

$$D_1(g) \otimes D_2(g) = \bigoplus_j D_j(g), \tag{13.36}$$

wobei $D_j(g)$ (nicht unbedingt verschiedene) irreduzible Darstellungen der Gruppe G in den Matrizen $GL(d_j)$ sind.

Es sei G eine Lie-Gruppe und D_1 und D_2 seien Matrixdarstellungen von G. Diese Matrixdarstellungen der Gruppe G definieren auch Darstellungen der Lie-Algebra $\mathfrak{g}$ zu G. Ein Element $L \in \mathfrak{g}$ hat die Darstellung $D_1(L)$ und $D_2(L)$.

Die oben definierte Tensorproduktdarstellung für die Gruppe G induziert auch eine Produktdarstellung für die Lie-Algebra $\mathfrak{g}$ von G, wobei das Element $L \in \mathfrak{g}$ auf das Element $D_1(L) \otimes \mathbf{1}_2 + \mathbf{1}_1 \otimes D_2(L)$ abgebildet wird.

13.8.2 Zerlegung für die Darstellungen der Gruppe SU(2)

Wir betrachten im Folgenden ganz konkret die Darstellungen der Gruppen SU(2) bzw. SO(3). Wir hatten gesehen, dass es zu jedem ganz- oder halbzahligen Wert für j eine $2j + 1$-dimensionale Darstellung der Gruppe gibt. Für das Tensorprodukt von zwei solchen Darstellungen kann man zeigen:

$$D_{j_1}(g) \otimes D_{j_2}(g) = \bigoplus_{J = |j_1 - j_2|}^{j_1 + j_2} D_J(g) \tag{13.37}$$

Das Tensorprodukt der $(2j_1 + 1)$- und $(2j_2 + 1)$-dimensionalen Darstellungen von SU(2) lässt sich also in eine direkte Summe von irreduziblen Darstellungen zerlegen, wobei alle Darstellungen zu einem Wert J auftreten, für den gilt $|j_1 - j_2| \leq J \leq$

$|j_1 + j_2|$. Jede dieser Darstellungen ist genau einmal in der Zerlegung vorhanden. Man kann sich auch überzeugen, dass für die Dimensionen gilt:

$$(2j_1 + 1)(2j_2 + 1) = \sum_{J=|j_1-j_2|}^{j_1+j_2} 2J + 1 \tag{13.38}$$

Betrachten wir nun die zugehörigen Lie-Algebren und sei L ein Element der Lie-Algebra $\mathfrak{so}(3)$ bzw. $\mathfrak{su}(2)$. Dann folgt aus der Tensorproduktzerlegung der Gruppe folgende Identität für die Darstellungen der Lie-Algebra:

$$D_{j_1}(L) \otimes \mathbf{1}_{j_2} + \mathbf{1}_{j_1} \otimes D_{j_2}(L) = \bigoplus_{J=|j_1-j_2|}^{j_1+j_2} D_J(L) \tag{13.39}$$

Dies erklärt die allgemeine Struktur der Drehimpulsaddition in der Quantentheorie: Zwei Drehimpulse j_1 und j_2 können sich zu einem Gesamtdrehimpuls J addieren, wobei $J \in \{|j_1 - j_2|, |j_1 - j_2| + 1, |j_1 - j_2| + 2, \ldots, j_1 + j_2\}$.

Wir können nun in dem Vektorraum $\mathbb{C}^{d_1 d_2}$ entweder die Tensorproduktbasis zu den Darstellungen wählen, also die Basis $\{|j_1, m_1; j_2, m_2\rangle = |j_1, m_1\rangle \otimes |j_2, m_2\rangle\}$ mit $m_i = -j_i, -j_i + 1, \ldots, +j_i$, oder wir können die Basis $|J, M_J\rangle$ wählen, wobei J die oben angegebenen Werte annehmen kann und M_J zu jedem J die Werte $-J, -J + 1, \ldots, +J$. Beides sind Orthonormalbasen, d.h., es gibt eine unitäre Transformation, die diese beiden Basen ineinander überführt. Die Elemente dieser unitären Transformation bezeichnet man als *Clebsch-Gordan-Koeffizienten*. Genauer gilt:

$$|J, M; j_1, j_2\rangle = \sum_{m_1, m_2} |j_1, m_1; j_2, m_2\rangle \langle j_1, m_1; j_2, m_2 | J, M, j_1, j_2\rangle \tag{13.40}$$

Die Koeffizienten hängen natürlich davon ab, welche zwei Drehimpulse j_1, j_2 kombiniert werden; daher werden diese Drehimpulse in der $|J, M\rangle$-Basis nochmals explizit angeführt.

Damit die Transformation für den Basiswechsel bzw. die Wahl der Basis $|J, M\rangle$ eindeutig ist, trifft man gewisse Konventionen: Alle Koeffizienten sind reell und für $M = J$, $m_1 = j_1$ und $m_2 = J - j_1$ sind die Koeffizienten positiv.

13.8.3 Beispiel: Der Gesamtdrehimpuls zu zwei Spin-$\frac{1}{2}$-Systemen

Zwei Spins können sich zu einem Gesamtspin addieren. Das Tensorprodukt von zwei 2-dimensionalen Darstellungen ist eine 4-dimensionale Darstellung. Diese 4-dimensionale Darstellung wird zu einer direkten Summe aus einer 1-dimensionalen Darstellung zum Gesamtspin $S = 0$ und einer 3-dimensionalen Darstellung zum Gesamtspin $S = 1$. Die Zustände sind uns bereits bekannt:

$$S = 0: \qquad |0, 0\rangle = \frac{1}{\sqrt{2}}\Big(|+\rangle \otimes |-\rangle - |-\rangle \otimes |+\rangle\Big) \tag{13.41}$$

und

$$S = 1 \; : \quad \begin{aligned} |1, +1\rangle &= |+\rangle \otimes |+\rangle \\ |1, 0\rangle &= \frac{1}{\sqrt{2}}\Big(|+\rangle \otimes |-\rangle + |-\rangle \otimes |+\rangle\Big) \\ |1, -1\rangle &= |-\rangle \otimes |-\rangle \end{aligned} \qquad (13.42)$$

In diesem Fall beziehen sich $|\pm\rangle$ auf die Zustände $|j_i = \frac{1}{2}, m_i = \pm\frac{1}{2}\rangle$. Der Zustand zu $S = 0$ ist der EPR-Zustand.

Die lineare Kette und der Weg zur Quantenfeldtheorie

14

Die lineare Kette, bestehend aus N harmonisch gekoppelten Punktmassen, und der Grenzfall zu einer kontinuierlichen, schwingenden Saite sind ein Paradigma für den Übergang von der Quantenmechanik zur Quantenfeldtheorie. Das Modell lässt sich sowohl in seiner klassischen als auch quantenmechanischen Formulierung vergleichsweise einfach explizit lösen. Da die lineare Kette endlich viele Freiheitsgrade hat, handelt es sich um eine herkömmliche Punktmechanik bzw. Quantenmechanik von N Objekten.

Das Ergebnis der teilweise sehr ausführlichen Rechnungen auf den kommenden Seiten ist Folgendes: Der Hamilton-Operator der linearen Kette lässt sich in der Form

$$H = \sum_k \hbar\omega_k \left(a(k)^\dagger a(k) + \frac{1}{2} \right) \tag{14.1}$$

schreiben. $a(k)^\dagger$ und $a(k)$ sind Auf- bzw. Absteigeoperatoren zu den möglichen harmonischen Schwingungen der Kette mit den Frequenzen

$$\omega_k = +\sqrt{\Omega_0^2 + 4\sin^2 \frac{k}{2}} \quad \text{mit} \quad k = \frac{2\pi l}{N} \ (l = 0, 1, 2, \dots, N-1). \tag{14.2}$$

k sind die Wellenzahlen der möglichen Schwingungsmoden und Ω_0 ist in diesem Fall ein Parameter, der ein zusätzliches externes harmonisches Potenzial charakterisiert. Die Kommutatorbeziehungen für die Operatoren $a(k)^\dagger$ und $a(k)$ lauten

$$[a(k), a(k')] = 0 = [a(k)^\dagger, a(k')^\dagger] \quad \text{und} \quad [a(k), a(k')^\dagger] = \delta_{kk'}. \tag{14.3}$$

In Abschn. 14.1 werden die Lagrange-Funktion und die Bewegungsgleichung des Systems aufgestellt. Im Kontinuumsgrenzfall besitzt dieses System formal eine Lorentz-Symmetrie, die in diesem Zusammenhang kurz betrachtet wird. Anschließend folgen zwei sehr technische Abschnitte, in denen zunächst die klassische Theorie und anschließend der Hamilton-Operator der quantisierten Theorie abgeleitet

© Springer-Verlag GmbH Deutschland, ein Teil von Springer Nature 2019
T. Filk, *Quantenmechanik (nicht nur) für Lehramtsstudierende*,
https://doi.org/10.1007/978-3-662-59736-1_14

werden. Wer an den expliziten Rechnungen nicht interessiert ist und das oben angegebene Ergebnis akzeptiert, kann die Abschn. 14.2 und 14.3 auch überspringen und gleich zu Abschn. 14.4 übergehen, in dem das Ergebnis in einem allgemeineren Rahmen diskutiert wird.

14.1 Die klassische Lagrange-Funktion und die Bewegungsgleichung

Wir betrachten eine periodische Kette von N harmonisch gekoppelten Punktteilchen der Masse m, wobei der Einfachheit halber nur longitudinale Schwingungen berücksichtigt werden. Man kann sich dieses System als Modell eines „eindimensionalen Kristalls" vorstellen. Neben der harmonischen Kopplung sollen sich diese Massepunkte noch in einem externen harmonischen Potenzial mit Eigenfrequenz Ω_0 befinden. Die klassische Lagrange-Funktion lautet:

$$L = \sum_{n=1}^{N} \left(\frac{1}{2} m \dot{q}_n(t)^2 - \frac{1}{2} D \Big(q_n(t) - q_{n-1}(t) \Big)^2 - \frac{m \Omega_0^2}{2} q_n(t)^2 \right) \qquad (14.4)$$

$q_n(t)$ beschreibt die Zeitabhängigkeit der räumlichen Auslenkung des n-ten Massepunktes aus seiner Ruhelage und D die „Federkonstante" der harmonischen Kopplungen zwischen den Teilchen. Die folgenden Gleichungen und Rechnungen werden einfacher durch die Wahl periodischer Randbedingungen, d. h. $q_0(t) \equiv q_N(t)$ bzw. $q_{n+N}(t) \equiv q_n(t)$.

Für die Bewegungsgleichung des n-ten Teilchens folgt:

$$m \ddot{q}_n(t) = D \Big(q_{n+1}(t) - 2 q_n(t) + q_{n-1}(t) \Big) - m \Omega_0^2 q_n(t) \qquad (14.5)$$

In einem Kontinuumslimes für die Kette wird der erste Term auf der rechten Seite zu einer zweiten Ableitung und die Gleichung somit zu einer (1+1-dimensionalen) Klein-Gordon-Gleichung:

$$\frac{1}{c^2} \frac{\partial^2 \varphi(x,t)}{\partial t^2} = \frac{\partial^2 \varphi(x,t)}{\partial x^2} - M^2 \varphi(x,t)^2 \qquad (14.6)$$

mit

$$c^2 = \frac{D a^2}{m} \quad \text{und} \quad M^2 = \frac{m \Omega_0^2}{D a^2}, \qquad (14.7)$$

wobei a der Abstand zwischen zwei benachbarten Massepunkten auf der Kette ist (dieser Parameter kommt bei der Ersetzung des zweiten Differenzenquotienten durch die zweite Ableitung in die Gleichung). Der Parameter n, der bisher die Teilchen durchnummerierte, wurde zu dem kontinuierlichen Parameter x und die Auslenkung $q_n(t)$ zu einem Auslenkungsfeld $\varphi(x,t)$. Der Parameter c hat die Dimension einer Geschwindigkeit. Ohne das externe Potenzial, also für $\Omega_0 = 0$, entspricht c

der Ausbreitungsgeschwindigkeit von Wellen entlang der Kette. Mit dem Potenzial
($\Omega_0 \neq 0$) handelt es sich um eine Grenzgeschwindigkeit für solche Ausbreitungen.
M hat die Dimension einer inversen Länge. In der Klein-Gordon-Gleichung, die in
ihrer quantisierten Version freie skalare Teilchen beschreibt, handelt es sich um die
inverse Compton-Länge dieser Teilchen; im Wesentlichen steht M somit für eine
Masse der Anregungen. Der Fall $\Omega_0 = 0$, also ohne externe Kopplung, beschreibt
Schallwellen in einem (eindimensionalen) Kristall und in der quantisierten Theorie
sind die zugehörigen Teilchen – die Phononen – masselos.

Interessant ist, dass Gl. 14.6 eine Lorentz-Symmetrie besitzt, also die Eigenschaften einer relativistischen Gleichung hat. Für langwellige Anregungen („lang" ist
im Vergleich zu a zu verstehen, also dem Abstand zwischen zwei benachbarten
Massepunkten auf der Kette) besitzt schon die diskrete Kette näherungsweise diese
Symmetrie. Es mag zunächst erstaunlich sein, dass ein nichtrelativistisches System,
wie die Kette harmonisch gekoppelter Pendel, eine relativistische Symmetrie haben
kann, wobei die Rolle der Lichtgeschwindigkeit im Vakuum hier durch die Grenzgeschwindigkeit für die Ausbreitung von Anregungen entlang der Kette übernommen
wird.

Die Symmetrie ist zunächst eine Symmetrie der Lösungsmenge. Für die Klein-
Gordon-Gleichung gilt folgende Aussage: Für jede Lösung $\varphi_0(x, t)$ der Klein-
Gordon-Gleichung ist auch

$$\varphi_v(x, t) = \varphi_0 \left(\gamma(v)(x - vt), \gamma(v) \left(t - \frac{v^2}{c^2} x \right) \right) \tag{14.8}$$

mit

$$\gamma(v) = \frac{1}{\sqrt{1 - \frac{v^2}{c^2}}} \tag{14.9}$$

für jedes v mit $-c < v < c$ eine Lösung der Gleichung. Auf beiden Seiten von
Gl. 14.8 stehen die klassischen (Newton'schen) Orts- und Zeitkoordinaten x und t.
Die Lorentz-Invarianz bedeutet also zunächst keine Invarianz der Raumzeit. Erst
wenn auch die Gleichungen für Uhren und Maßstäbe, mit denen „Zeit" und „Raum"
ausgemessen werden, dieselbe Invarianz haben, kann man die Invarianz der Lösungsmenge als eine Invarianz der Raumzeit postulieren.

14.2   Lösung des klassischen Systems

Die Gl. 14.5 bilden ein gekoppeltes lineares Differentialgleichungssystem. Für die
folgenden Rechnungen setzen wir die Parameter $D = 1$ und $m = 1$, sodass nur noch
Ω_0^2 als variabler Parameter bleibt. Über den Ansatz

$$q_n(t) = \frac{1}{\sqrt{N}} \sum_k a_k(t) e^{ikn} \tag{14.10}$$

kann man die neuen Freiheitsgrade $a_k(t)$ einführen und so die Freiheitsgrade entkoppeln. Wegen der periodischen Randbedingungen muss gelten:

$$e^{ikN} = 1 \quad \text{bzw.} \quad k = \frac{2\pi}{N} l \tag{14.11}$$

Der Index l nimmt die zyklischen Werte $l = 0, 1, \ldots, N - 1$ an, allerdings erweist es sich als vorteilhaft, die Werte für l symmetrisch zu $l = 0$ zu wählen. Dabei ist zu unterscheiden, ob N gerade oder ungerade ist. Im Folgenden wählen wir

$$l = \begin{cases} 0, \pm 1, \pm 2, \ldots, \pm \frac{N-1}{2} & \text{für } N \text{ ungerade} \\ 0, \pm 1, \pm 2, ,, . \pm \frac{N-2}{2}, +\frac{N}{2} & \text{für } N \text{ gerade.} \end{cases} \tag{14.12}$$

Diese Bedingungen legen auch fest, über welche Werte von $k = \frac{2\pi l}{N}$ in Gl. 14.10 zu summieren ist. Die Normierung in dieser Entwicklung ist so gewählt, dass die Umkehrung dieser diskreten Fourier-Transformation die gleiche Form hat:

$$a_k(t) = \frac{1}{\sqrt{N}} \sum_n q_n(t) e^{-ikn} , \tag{14.13}$$

wobei sich die Summe über die Werte $n = 1, 2, \ldots, N$ erstreckt.[1] Setzt man die Entwicklung Gl. 14.10 in die Bewegungsgleichung ein, so erhält man

$$\ddot{a}_k(t) = -\left(\Omega_0^2 + 4\sin^2 \frac{k}{2}\right) a_k(t) = -\omega_k^2 a_k(t) \tag{14.14}$$

mit

$$\omega_k = +\sqrt{\Omega_0^2 + 4\sin^2 \frac{k}{2}}. \tag{14.15}$$

Bevor in Abschn. 14.3 dieses System quantisiert werden soll, betrachten wir zunächst die Hamilton-Funktion und die Hamilton'schen Bewegungsgleichungen. Aus den allgemeinen Beziehungen

$$p_n(t) = \frac{\partial L}{\partial \dot{q}_n(t)} \quad \text{und} \quad H = \sum_n p_n \dot{q}_n - L(q_n, \dot{q}_n) \tag{14.16}$$

(wobei $\dot{q}_n$ als Funktion von p_n aufzufassen ist) erhalten wir $p_n(t) = \dot{q}_n(t)$ und

$$H = \frac{1}{2} \sum_n p_n^2 + \frac{1}{2} \sum_n (q_n - q_{n-1})^2 + \frac{\Omega_0^2}{2} \sum_n q_n^2. \tag{14.17}$$

---

[1] Wegen der periodischen Randbedingungen sind auch diese Werte zyklisch und könnten ähnlich wie die Werte für l (Gl. 14.12) gewählt werden. Dies ist von Vorteil, wenn man nicht nur einen Kontinuumslimes, sondern auch den Grenzfall einer unendlich langen Kette betrachten möchte.

Die Hamilton'schen Bewegungsgleichungen

$$\dot{q}_n = \frac{\partial H}{\partial p_n} \quad \text{und} \quad \dot{p}_n = -\frac{\partial H}{\partial q_n} \tag{14.18}$$

werden zu

$$\dot{q}_n = p_n \quad \text{und} \quad \dot{p}_n = -(q_{n+1} - 2q_n + q_{n-1}) + \Omega_0^2 q_n. \tag{14.19}$$

Im nächsten Schritt wird die Lagrange-Funktion durch die Variablen $a_k(t)$ ausgedrückt. Dazu betrachten wir zunächst den Term

$$\frac{1}{2} \sum_n \dot{q}_n(t)^2 = \frac{1}{2N} \sum_n \sum_k \sum_{k'} \dot{a}_k(t)\dot{a}_{k'}(t) e^{ikn} e^{ik'n}. \tag{14.20}$$

Da

$$\frac{1}{N} \sum_n e^{ikn} e^{ik'n} = \begin{cases} 1 \text{ für } k + k' = 0 \\ 0 \text{ sonst} \end{cases} \tag{14.21}$$

folgt

$$\frac{1}{2} \sum_n \dot{q}_n(t)^2 = \frac{1}{2} \sum_k \dot{a}_k(t)\dot{a}_{-k}(t). \tag{14.22}$$

Hier erweist sich die Wahl $l = 0, \pm 1, \pm 2 \ldots$ für $k = 2\pi l/N$ als Vorteil. Ansonsten müsste man a_{-k} durch $a_{2\pi - k}$ ersetzen, was eine umständlichere Notation erfordert, aber natürlich keinen Einfluss auf das Ergebnis hat. Da $q_n(t)$ reell ist, folgt

$$a_{-k} = a_k^*, \tag{14.23}$$

denn

$$a_k(t)^* = \frac{1}{\sqrt{N}} \sum_n q_n(t) e^{+ikn} = \frac{1}{\sqrt{N}} \sum_n q_n(t) e^{-i(-k)n} = a_{-k}. \tag{14.24}$$

Die Realitätsbedingung (Gl. 14.23) ist eine Einschränkung an die möglichen Werte der Koeffizienten a_k. Diese Koeffizienten sind im Allgemeinen komplexe Zahlen. Damit scheint sich zunächst die Anzahl der Freiheitsgrade bei der Transformation von q_n zu a_k zu verdoppeln, doch die Realitätsbedingung halbiert die Anzahl dieser Freiheitsgrade wieder. Für komplexe Variablen q_n (ein solcher Fall kann in einer Feldtheorie für geladene Teilchen auftreten) gibt es diese Einschränkung an die Koeffizienten a_k nicht.

In Analogie zu Gl. 14.22 folgt auch

$$\frac{1}{2} \sum_n q_n(t)^2 = \frac{1}{2} \sum_k a_k(t) a_{-k}(t). \tag{14.25}$$

Wir betrachten nun noch die harmonische Kopplung:

$$\frac{1}{2}\sum_n (q_n(t) - q_{n-1}(t))^2 = \frac{1}{2N}\sum_n\sum_{k,k'} a_k(t)a_{k'}(t)\left(e^{ikn} - e^{ik(n-1)}\right)\left(e^{ik'n} - e^{ik'(n-1)}\right)$$

$$= \frac{1}{2N}\sum_n\sum_{k,k'} a_k(t)a_{k'}(t)e^{i(k+k')n}\left(1 - e^{-ik} - e^{-ik'} - e^{i(k+k')}\right)$$

$$= \frac{1}{2}\sum_k a_k(t)a_{-k}(t)\left(1 - e^{-ik} - e^{ik} + 1\right)$$

Mit

$$\left(1 - e^{-ik} - e^{ik} + 1\right) = 2 - 2\cos k = 4\sin^2\frac{k}{2} \qquad (14.26)$$

erhalten wir schließlich:

$$\frac{1}{2}\sum_n (q_n(t) - q_{n-1}(t))^2 = \frac{1}{2}\sum_k \left(4\sin^2\frac{k}{2}\right)a_k(t)a_{-k}(t) \qquad (14.27)$$

Damit lautet die Lagrange-Funktion – ausgedrückt durch die Variablen $a_k(t)$ –

$$L = \frac{1}{2}\sum_k \dot{a}_k(t)\dot{a}_{-k}(t) - \frac{1}{2}\sum_k \left(\Omega_0^2 + 4\sin^2\frac{k}{2}\right)a_k(t)a_{-k}(t). \qquad (14.28)$$

Man beachte, dass in diesen Summen jeder Term zweimal auftritt (außer für $k = 0$ und eventuell $k = \pi$). Dies ist relevant, wenn man Freiheitsgrade abzählt.

Der kanonisch konjugierte Impuls zu $a_k(t)$ ist

$$\pi_k(t) = \frac{\partial L}{\partial \dot{a}_k(t)} = \dot{a}_{-k}(t). \qquad (14.29)$$

Damit wird aus der Hamilton-Funktion

$$H = \frac{1}{2}\sum_k \pi_k\pi_{-k} + \frac{1}{2}\sum_k \left(\Omega_0^2 + 4\sin^2\frac{k}{2}\right)a_k a_{-k}. \qquad (14.30)$$

14.3   Die Quantisierung der linearen Kette

Für die Quantisierung der linearen Kette kann man den Schritten aus Abschn. 14.2 nahezu uneingeschränkt folgen und erhält im Wesentlichen dasselbe Ergebnis, allerdings ausgedrückt durch Operatoren. Im Folgenden nehmen wir jedoch für die Auslenkungen $q_n(t)$ bzw. die Operatoren $Q_n(t)$ direkt einen Exponentialansatz bezüglich n und t vor:

$$Q_n(t) = \frac{1}{\sqrt{N}}\sum_{\omega,k} A(\omega, k)e^{ikn}e^{i\omega t} \qquad (14.31)$$

Über welche Werte von ω diese Summation läuft, wird sich noch erweisen. Für k erstreckt sich wegen der Periodizitätsbedingung die Summation über dieselben Werte wie in Abschn. 14.2. Die $Q_n(t)$ sind nun Operatoren, die mit ihren kanonisch konjugierte Operatoren $P_n(t) = \dot{Q}_n(t)$ die gleichzeitigen Vertauschungsregeln

$$[Q_n(t), Q_m(t)] = [P_n(t), P_m(t)] = 0 \quad \text{und} \quad [Q_n(t), P_m(t)] = \mathrm{i}\hbar\delta_{mn} \quad (14.32)$$

erfüllen. Die daraus resultierenden Vertauschungsregeln für die Koeffizienten $A(\omega, k)$ werden noch abgeleitet.

Setzt man den Ansatz 14.31 in die Bewegungsgleichung 14.5 ein, die für die Quantenoperatoren dieselbe ist wie für das klassische System, erhält man die Gleichung

$$- \omega^2 A(\omega, k) = - \left(\Omega_0^2 + 4\sin^2 \frac{k}{2} \right) A(\omega, k). \quad (14.33)$$

Die Koeffizienten $A(\omega, k)$ müssen somit verschwinden, es sei denn, es ist $\omega = \pm\sqrt{\Omega_0^2 + 4\sin^2 \frac{k}{2}}$. Wir definieren zunächst zwei Koeffizienten $A_+(k)$ und $A_-(k)$, wobei sich das Vorzeichen auf das Vorzeichen von ω bezieht. Die Lösung der Bewegungsgleichung lautet also

$$Q_n(t) = \frac{1}{\sqrt{N}} \sum_k \left(A_+(k)\mathrm{e}^{\mathrm{i}\omega_k t + \mathrm{i}kn} + A_-(k)\mathrm{e}^{-\mathrm{i}\omega_k t + \mathrm{i}kn} \right) \quad (14.34)$$

und ω_k ist im Folgenden immer positiv:

$$\omega_k = +\sqrt{\Omega_0^2 + 4\sin^2 \frac{k}{2}} \quad (14.35)$$

Für den Impulsoperator folgt:

$$P_n(t) = \dot{Q}_n(t) = \frac{1}{\sqrt{N}} \sum_k \mathrm{i}\omega_k \left(A_+(k)\mathrm{e}^{\mathrm{i}\omega_k t + \mathrm{i}kn} - A_-(k)\mathrm{e}^{-\mathrm{i}\omega_k t + \mathrm{i}kn} \right) \quad (14.36)$$

Im nächsten Schritt werden diese Gleichungen nach $A_\pm(k)$ aufgelöst und die Kommutatorbeziehungen für diese Operatoren bestimmt. Zunächst kehren wir die diskrete Fourierzerlegung bezüglich der räumlichen Punkte n um:

$$A_+(k)\mathrm{e}^{\mathrm{i}\omega_k t} + A_-(k)\mathrm{e}^{-\mathrm{i}\omega_k t} = \frac{1}{\sqrt{N}} \sum_n Q_n(t)\mathrm{e}^{-\mathrm{i}kn} \quad (14.37)$$

$$\mathrm{i}\omega_k \left(A_+(k)\mathrm{e}^{\mathrm{i}\omega_k t} + A_-(k)\mathrm{e}^{-\mathrm{i}\omega_k t} \right) = \frac{1}{\sqrt{N}} \sum_n P_n(t)\mathrm{e}^{-\mathrm{i}kn} \quad (14.38)$$

Diese Gleichungen können nach den Koeffizienten aufgelöst werden:

$$A_+(k) = \frac{1}{2}\left(\frac{1}{\sqrt{N}}\sum_n \left(Q_n(t) + \frac{1}{i\omega_k}P_n(t)\right)e^{-ikn}e^{-i\omega_k t}\right) \tag{14.39}$$

$$A_-(k) = \frac{1}{2}\left(\frac{1}{\sqrt{N}}\sum_n \left(Q_n(t) - \frac{1}{i\omega_k}P_n(t)\right)e^{-ikn}e^{i\omega_k t}\right) \tag{14.40}$$

Indem wir die Kommutatorbeziehungen für $Q_n(t)$ und $P_n(t)$ ausnutzen, können wir nun die Kommutatoren für die Koeffizienten $A_\pm(k)$ bestimmen:

$$[A_+(k), A_+(k')] = [A_-(k), A_-(k')] = 0 \tag{14.41}$$

und

$$[A_-(k), A_+(k')] = \begin{cases} \dfrac{\hbar}{2\omega_k} & \text{falls}\quad k + k' = 0 \quad (\mathrm{mod}\,2\pi) \\ 0 & \text{sonst} \end{cases} \tag{14.42}$$

Bei der Herleitung ist lediglich zu beachten, dass $[Q_n, P_m] = -i\hbar\delta_{nm}$. Außerdem ist $\omega_k = \omega_{k'}$ für $k + k' = 0$ (mod 2π).

Statt der Operatoren $A_\pm(k)$ definieren wir neue Operatoren

$$a_\pm(k) = \sqrt{\frac{2\omega_k}{\hbar}}A_\pm(k), \tag{14.43}$$

welche die folgenden Kommutatorbeziehungen erfüllen:

$$[a_+(k), a_+(k')] = [a_-(k), a_-(k')] = 0 \tag{14.44}$$

und

$$[a_-(k), a_+(k')] = \begin{cases} 1 & \text{falls}\quad k + k' = 0 \quad (\mathrm{mod}\,2\pi) \\ 0 & \text{sonst} \end{cases} \tag{14.45}$$

Auch im Operatorformalismus gibt es noch eine Realitätsbedingung. Da Q_n und P_n hermitesche Operatoren sind, folgt

$$A_+(k)^\dagger = \frac{1}{2\sqrt{N}}\sum_n \left(Q_n(t) - \frac{1}{i\omega_k}P_n(t)\right)e^{-i(-k)n}e^{i\omega_k t} = A_-(-k). \tag{14.46}$$

Das bedeutet für die Operatoren $a_\pm(k)$:

$$a_+(k)^\dagger = a_-(-k) \quad \text{und} \quad a_-(k)^\dagger = a_+(-k) \tag{14.47}$$

Damit können wir die Operatoren $a_+(k)$ durch $a_-(-k)^\dagger$ ersetzen und erhalten für den Ortsoperator:

$$Q_n(t) = \sqrt{\frac{\hbar}{2N}} \sum_k \frac{1}{\sqrt{\omega_k}} \left(a_-(k)^\dagger e^{\mathrm{i}(\omega_k t - kn)} + a_-(k) e^{-\mathrm{i}(\omega_k t - kn)} \right) \qquad (14.48)$$

Dieser Operator ist offensichtlich hermitesch. Im Folgenden lasse ich den Index weg und verwende nur noch den Operator $a(k) = a_-(k)$ und seinen adjungierten Operator $a(k)^\dagger = a_+(-k)$. Die Kommutatorregeln für diese Operatoren lauten:

$$[a(k), a(k')] = [a(k)^\dagger, a(k')^\dagger] = 0 \quad \text{und} \quad [a(k), a(k')^\dagger] = \delta_{kk'} \qquad (14.49)$$

Für $P_n(t)$ erhalten wir entsprechend

$$P_n(t) = \sqrt{\frac{\hbar}{2N}} \sum_k \mathrm{i}\sqrt{\omega_k} \left(a(k)^\dagger e^{\mathrm{i}(\omega_k t - kn)} - a(k) e^{-\mathrm{i}(\omega_k t - kn)} \right). \qquad (14.50)$$

Im nächsten Schritt drücken wir den Hamilton-Operator

$$H = \frac{1}{2} \sum_n P_n(t)^2 + \frac{1}{2} \sum_n (Q_n(t) - Q_{n-1}(t))^2 + \frac{\Omega_0^2}{2} \sum_n Q_n(t)^2 \qquad (14.51)$$

durch die Operatoren $a(k)$ und $a(k)^\dagger$ aus. Die Rechnung ist etwas langwierig, aber ohne besondere Komplikationen: Die Summation über n gibt Einschränkungen der Form $k + k' = 0$ oder $k = k'$. Bei der Summe über $P_n(t)^2$ erhalten wir einen Term ω_k, bei der Summe über $Q_n(t)^2$ zunächst einen Term $1/\omega_k$ (von der Normierung), aber durch die Beiträge der nächsten Nachbarn etc. (die einen Beitrag ω_k^2 liefern) bleibt auch hier ein ω_k im Zähler. Insgesamt erhalten wir:

$$H = \frac{1}{2} \sum_k \hbar\omega_k (a(k)^\dagger a(k) + a(k) a(k)^\dagger) \qquad (14.52)$$

Durch Ausnutzung der Kommutatorbeziehungen folgt schließlich

$$H = \sum_k \hbar\omega_k \left(a(k)^\dagger a(k) + \frac{1}{2} \right). \qquad (14.53)$$

Nun ist es leicht, in Analogie zum harmonischen Oszillator in der Quantenmechanik zu zeigen, dass

$$[H, a(k)^\dagger] = \hbar\omega_k a(k)^\dagger \quad \text{und} \quad [H, a(k)] = -\hbar\omega_k a(k). \qquad (14.54)$$

$a(k)^\dagger$ und $a(k)$ sind somit Auf- bzw. Absteigeoperatoren zu der Frequenz ω_k.

Die Eigenzustände von H lassen sich in der Besetzungszahldarstellung einfach angeben. Im Grundzustand sind alle Moden unbesetzt. Dieser Zustand hat die Grundzustandsenergie

$$E_0 = \frac{\hbar}{2} \sum_k \omega_k = \frac{\hbar}{2} \sum_{l=1}^{N} \sqrt{\Omega_0^2 + 4\sin^2 \frac{\pi l}{N}}. \tag{14.55}$$

Für sehr große Werte von N kann diese Summe sehr groß werden und im Grenzfall $N \to \infty$ wird diese Summe sogar unendlich. Dies ist nur eine von vielen Unendlichkeiten, denen man in der Quantenfeldtheorie begegnet. Da man immer nur Energiedifferenzen beobachten kann, ist die Grundzustandsenergie ohnehin nicht absolut messbar.

Die angeregten Eigenzustände von H sind in der Besetzungszahldarstellung durch $|\{n_i\}\rangle = |n_1, n_2, \ldots, n_l, \ldots, n_N\rangle$ (mit $n_i = 0, 1, 2, \ldots$) charakterisierbar. Die Energie dieses Zustands (abzüglich der Grundzustandsenergie) ist

$$(H - E_0)|\{n_l\}\rangle = \left(\hbar \sum_l n_l \sqrt{\Omega_0^2 + 4\sin^2 \frac{\pi l}{N}} \right) |\{n_l\}\rangle. \tag{14.56}$$

Die Frequenzen ω_k entsprechen den Frequenzen der erlaubten Schwingungen. Die diskreten Anregungen dieser Schwingungen bezeichnet man als Phononen. Ein Zustand $|\{n_l\}\rangle$ enthält also n_1 Phononen mit der Frequenz ω_1, n_2 Phononen mit der Frequenz ω_2 etc. Bei der hier behandelten harmonischen Kette haben die Phononen untereinander keine Wechselwirkung.

14.4   Auf- und Absteigeoperatoren in der Quantenfeldtheorie

In den Abschn. 14.2 und 14.3 haben wir im Wesentlichen die beiden Gleichungen zu Beginn des Kapitels, Gl. 14.1 und 14.2, abgeleitet. In einer Quantenfeldtheorie betrachtet man von diesen Ausdrücken zwei Grenzwerte:

1. Kontinuumsgrenzfall $N \to \infty$: Dieser definiert den Übergang von einer Kette, bestehend aus diskreten Punktmassen, zu einer schwingenden Saite. Der Abstand a zwischen den Punktmassen geht gegen null, die Anzahl N gegen unendlich, sodass $Na = L$ als Saitenlänge konstant bleibt. $k = \frac{2\pi l}{N} \to \frac{2\pi l}{L}$ und das Produkt kn, das im Exponenten der Fourier-Summen auftritt, wird zu kx, wobei $x = an$ in diesem Grenzfall zu einer kontinuierlichen Koordinate für den Ort auf der Saite wird. Außerdem betrachtet man die Grenzfälle $m \to 0$ und $D \to \infty$, sodass die Grenzgeschwindigkeit c und die Gesamtmasse der Saite konstant bleiben.
2. Grenzfall $L \to \infty$: Dieser definiert eine Quantenfeldtheorie in einer Dimension über der reellen Achse. Die Parameter x und k erstrecken sich über $\mathbb{R}$. Die möglichen Frequenzen werden zu

$$\omega(k) = \sqrt{\Omega_0^2 + c^2 k^2}. \tag{14.57}$$

Hierbei wurde die Grenzgeschwindigkeit c wieder eingefügt, sodass die Dimensionen übereinstimmen. Die Größe $c/\Omega_0 = \lambda$ hat die Dimension einer Länge, und in der quantisierten Theorie wird dies die Compton-Wellenlänge zu einem Teilchen der Ruhemasse $M = \hbar\Omega_0/c^2$. Multipliziert man beide Seiten von Gl. 14.57 mit $\hbar$, erhält man eine Beziehung für die möglichen Energien $E = \hbar\omega$:

$$E = \sqrt{M^2c^4 + p^2c^2} \tag{14.58}$$

Dies ist die aus der Relativitätstheorie bekannte Beziehung zwischen der Energie, der Ruhemasse und dem Impuls eines freien Teilchens.

Quantenfeldtheorien werden gewöhnlich in drei Raumdimensionen formuliert, obwohl es auch Anwendungen von zweidimensionalen Quantenfeldtheorien (z. B. für Quasiteilchen auf Grenzflächen) oder mehrdimensionalen Quantenfeldtheorien (wobei dann die überzähligen Dimensionen oft „kompaktifiziert" sind, d. h. kleinen Kreisen oder mehrdimensionalen kompakten Mannigfaltigkeiten entsprechen) gibt. Entsprechend werden Ort und Wellenzahlen zu Vektoren $\mathbf{x}$ bzw. $\mathbf{k}$. Im einfachsten Fall einer Quantenfeldtheorie, die nur freie Teilchen ohne Wechselwirkung beschreibt, kann jede Mode n-fach besetzt sein. Dies interpretiert man als n Teilchen mit der Wellenzahl $\mathbf{k}$ bzw. der Energie $\hbar\omega(\mathbf{k})$.

Der Grundzustand, d. h. der Zustand niedrigster Energie, bildet das Vakuum. Wie wir gesehen haben, ist die Vakuumenergie in diesem Modell formal unendlich. Umstritten ist, ob diese Grundzustandsenergie im Rahmen einer Quantentheorie der Gravitation eine Rolle spielt (z. B. in Form der kosmologischen Konstanten). Anteile dieser Grundzustandsenergie sind messbar: Die möglichen Moden einer Quantenfeldtheorie in einem endlichen (kleinen Volumen) hängen von den Abmessungen des Volumens ab. Daher erwartet man eine Kraft auf zwei sehr eng beieinanderliegende leitende Platten im Vakuum. Diese Kraft wurde tatsächlich gemessen und ist als Casimir-Effekt bekannt [18,55].

Durch Anwendung von $a^\dagger(\mathbf{k})$ auf einen Zustand erzeugt man zusätzlich einen Mod mit der Wellenzahl $\mathbf{k}$. Dieser Mod wird als Teilchen mit dem Impuls $\mathbf{p} = \hbar\mathbf{k}$ interpretiert. Da es auch in der Quantenfeldtheorie streng genommen den Zustand mit scharfem Impuls $\mathbf{p}$ nicht gibt, muss man diese Zustände „verschmieren": $\Phi_f^\dagger = \int f(\mathbf{k})a^\dagger(\mathbf{k})\,d\mathbf{k}$ erzeugt ein Teilchen mit der Wellenfunktion $f(\mathbf{k})$. Wegen ihrer Rollen als Erzeuger bzw. Vernichter von Teilchen bezeichnet man die Aufsteigeoperatoren auch als Erzeugeroperatoren und entsprechend die Absteigeoperatoren als Vernichteroperatoren (engl. creation und annihilation operators).

Die Kommutatorregeln der Auf- und Absteigeoperatoren bestimmen ihre Statistik: Bei Bosonen kommutieren die Auf- und Absteigeoperatoren zu verschiedenen Moden $\mathbf{k}$, wie es in den Regeln aus Gl. 14.49 zum Ausdruck kommt. Bei Fermionen fordert man stattdessen Antikommutatorrelationen. Auf diese Weise sind Mehrteilchenzustände nach Konstruktion symmetrisch oder antisymmetrisch unter Permutation der Teilchen (vgl. Kap. 8).

Wechselwirkungen zwischen Teilchen lassen in den meisten Fällen nur störungstheoretisch behandeln. Dabei treten Kombinationen aus mehreren Auf- und Absteigeoperationen auf. Beispielsweise beschreibt ein Term der Form $a^\dagger(\mathbf{k}_1)a^\dagger(\mathbf{k}_2)a(\mathbf{k}_3)$ die Vernichtung eines Teilchens zum Mod $\mathbf{k}_3$ und gleichzeitige die Erzeugung zweier Teilchen mit den Moden $\mathbf{k}_1$ und $\mathbf{k}_2$. Energie- und Impulserhaltung erfordern gewisse Einschränkungen and die möglichen Moden bei solchen Wechselwirkungen.

Optische Experimente zur Quantentheorie

Optische Experimente gewinnen zunehmend an Bedeutung sowohl in der Grundlagenforschung der Physik als auch in ihren Anwendungen. Außerdem lassen sie sich in vielfältiger Weise im Schulunterricht einsetzen. Daher ist ihnen hier ein spezielles Kapitel gewidmet. Optische Experimente in Bezug auf den Polarisationsfreiheitsgrad von Photonen bzw. Licht haben den Vorteil, dass die Mathematik oft auf die Eigenschaften von Vektoren und Matrizen in 2-dimensionalen Räumen beschränkt und somit auch der Schulmathematik zugänglich ist. Schwierigkeiten in der Praxis bereiten lediglich noch Experimente, die mit einzelnen Photonen durchgeführt werden müssen, da Einphotonenquellen und -detektoren immer noch sehr teuer sind.

Bevor ich auf verschiedene optische Experimente eingehe, erörtere ich einige grundlegende Elemente der experimentellen Anordnungen.

15.1 Experimentelle Bausteine

Zu Beginn dieses Kapitels erfolgt eine kurze und skizzenhafte Beschreibung einiger Elemente optischer Experimente. Dabei geht es mir nicht um die Darstellung der neuesten Technologien, sondern eher um einfache und leicht nachvollziehbare experimentelle Möglichkeiten, mit denen sich das angestrebte Ziel erreichen lässt. Wichtig ist, dass es die Bauteile für die angegebenen Aufgaben tatsächlich gibt. Polarisationsfilter, Polwürfel (polarisationsabhängige Strahlteiler) sowie die Möglichkeiten des Einzelphotonennachweises wurden schon in Abschn. 1.2.2 behandelt.

15.1.1 Laser

Zur Theorie der Laser gibt es eine sehr umfangreiche Literatur, sodass an dieser Stelle nicht auf die Einzelheiten eingegangen wird. Ein Laser besteht typischerweise aus einem Resonator – oft zwei Spiegel, von denen einer schwach durchlässig (im Prozentbereich) ist – und einem Medium. Das Medium besitzt (mindestens) drei

T. Filk, *Quantenmechanik (nicht nur) für Lehramtsstudierende*,
https://doi.org/10.1007/978-3-662-59736-1_15

für die Funktionsweise relevante Energieniveaus: einen Grundzustand A, einen sehr kurzlebigen angeregten Zustand B, der schnell in einen metastabilen, ebenfalls angeregten Zustand C übergeht. Durch optisches Pumpen wird zunächst der Zustand B und damit sehr rasch der Zustand C bevölkert, sodass der Zustand C häufiger besetzt ist als der Grundzustand A. Man spricht hier von Besetzungsinversion. Eine auf das Medium einwirkende elektromagnetische Welle mit exakt der Wellenlänge zu dem Übergang C→A kann eine induzierte Emission auslösen. Auf diese Weise entsteht in dem Resonator eine stehende Welle zu der Wellenlänge dieses Übergangs, von der ein kleiner Anteil durch den leicht durchlässigen Spiegel nach außen dringt. Mithilfe geeigneter Interferometer kann man aus den vielen Wellenlängen, die der Resonator zulässt, gezielt einzelne Wellenlängen herausfiltern.

Die wesentlichen Merkmale von Laserlicht sind, dass es sehr monochromatisch ist (also eine sehr scharfe und wohldefinierte Wellenlänge hat) und außerdem sehr kohärent, d. h., das austretende Licht besteht aus Wellenzügen, die alle in Phase sind.

Für typische Quantenexperimente möchte man oft sehr schwaches Laserlicht einsetzen, im Extremfall Licht, das aus Einzelphotonen besteht. Diese erzeugt man häufig durch einzelne, fluoreszierende Atome, z. B. als Defektstellen in transparenten Medien oder in Ionenfallen.

15.1.2 Doppelspalt und Gitter

Beugungsexperimente werden meist an Doppelspalten oder Gittern ausgeführt. Die Spaltbreite sollte (im Idealfall) klein gegen den Spaltabstand sein und der Spaltabstand sollte nicht wesentlich größer als einige Wellenlängen sein, wenn man ein deutliches Beugungsbild und Interferenzmuster beobachten möchte. (Je nach angestrebter Ablenkung können zwischen der Wellenlänge der elektromagnetischen Strahlung und dem Abstand der Spalte aber auch mehrere Größenordnungen liegen.) Die Beugungsbedingung für konstruktive und destruktive Interferenz wurde schon in Abschn. 2.1 besprochen (Gl. 2.4 und 2.5).

Da Licht unterschiedlicher Wellenlänge auch unterschiedlich stark gebeugt wird, kann man Gitter (ähnlich wie Prismen) auch dazu verwenden, um näherungsweise monochromatische elektromagnetische Wellen zu erhalten oder um eine Spektralanalyse vorzunehmen.

15.1.3 Strahlteiler

Strahlteiler sind entweder speziell beschichtete Gläser oder auch aus zwei Prismen zusammengesetzte Würfel, deren Grenzschichten besonders behandelt wurden. Es gibt polarisationsabhängige Strahlteiler – bei ihnen wird das einfallende Licht in seine Polarisationsanteile senkrecht zur Grenzfläche und parallel zur Grenzfläche getrennt – und nichtpolarisierende Strahlteiler, bei denen sowohl das reflektierte als auch das durchgelassene Licht die Polarisation des einfallenden Lichts haben. Bei nichtpolarisierenden Strahlteilern kann man durch die Beschichtung der Grenzfläche den Reflexions- und den Transmissionsanteil beeinflussen. Während wir in Kap. 1 hauptsächlich polarisationsabhängige Strahlteiler betrachtet haben, verwenden die in diesem Kapitel beschriebenen Experimente meist nichtpolarisierende Strahlteiler. Umgekehrt kann man mit einem Strahlteiler Lichtstrahlen auch wieder zusammenführen: Treffen zwei Lichtstrahlen jeweils unter einem Winkel von 45° von beiden Seiten auf den Strahlteiler, wird von jedem der beiden Strahlen ein Teil des Lichts durchgelassen und ein Teil reflektiert. Die beiden austretenden Strahlen sind somit im Allgemeinen eine Superposition der beiden einfallenden Strahlen. Bei polarisationsabhängigen Strahlteilern lassen sich auf diese Weise die beiden polarisierten Anteile eines Strahls wieder zu dem ursprünglichen Strahl zusammenführen.

Zwischen dem reflektierten Lichtstrahl und dem durchgelassenen Lichtstrahl besteht eine Phasenverschiebung. Im Idealfall ist die Phasenverschiebung (relativ zum einfallenden Strahl) beim durchgelassenen Strahl 0° und bei einem unter 90° reflektierten Strahl $\pi/2$ oder 90°. Das bedeutet, dass der Zustand des reflektierten Strahls einen zusätzlichen Faktor $\mathrm{i} = \sqrt{-1}$ relativ zum durchgelassenen Strahl erhält.

15.1.4 $\lambda/4$- und $\lambda/2$-Plättchen

$\lambda/4$- und $\lambda/2$-Plättchen verzögern die Ausbreitung von elektromagnetischen Wellen um eine viertel bzw. halbe Wellenlänge in einer Polarisationsrichtung im Vergleich zur dazu orthogonalen Polarisationsrichtung. Auf diese Weise kann ein $\lambda/4$-Plättchen aus linear polarisiertem Licht zirkular polarisiertes Licht machen. Ein $\lambda/2$-Plättchen kann linear polarisiertes Licht um einen Winkel von 90° drehen.

Die Kristallgitter dieser Plättchen sind anisotrop, d. h., ihr optischer Brechungsindex hängt von der Polarisationsrichtung der Strahlung ab. Auf diese Weise können sich elektromagnetische Wellen, je nach ihrer Polarisationsrichtung zur Kristallachse, schneller oder langsamer durch den Kristall bewegen und erhalten dadurch bezüglich dieser Achsen eine unterschiedliche Phase.

Ob ein $\lambda/4$-Plättchen tatsächlich aus planar polarisiertem Licht zirkular polarisiertes Licht macht, hängt von den Polarisationsrichtungen des Plättchens relativ zu der Polarisationsrichtung des einfallenden Photons ab. Sei beispielsweise die ‚schnelle' Achse des $\lambda/4$-Plättchens die +45°-Achse und die ‚langsame' Achse die −45°-Achse. Ein solches Plättchen nennen wir $\lambda^+/4$-Plättchen. (Entsprechend hat ein $\lambda^-/4$-Plättchen die −45°-Achse als schnelle Achse und die +45°-Achse als langsame Achse). Trifft Licht auf ein $\lambda^+/4$-Plättchen, passiert je nach dem Polarisationszustand des Photons folgendes:

$$|+\rangle \longrightarrow |+\rangle \tag{15.1}$$

$$|-\rangle \longrightarrow -\mathrm{i}|-\rangle \tag{15.2}$$

$$|h\rangle = \frac{1}{\sqrt{2}}(|+\rangle + |-\rangle) \longrightarrow \frac{1}{\sqrt{2}}(|h\rangle - \mathrm{i}|v\rangle) = |R\rangle \tag{15.3}$$

$$|v\rangle = \frac{1}{\sqrt{2}}(|+\rangle - |-\rangle) \longrightarrow \frac{1}{\sqrt{2}}(|h\rangle + \mathrm{i}|v\rangle) = |L\rangle \tag{15.4}$$

Ist das einfallende Photon also bezüglich der Eigenachsen des λ/4-Plättchens polarisiert, ändert sich an dem Polarisationszustand nichts, allerdings wird er eventuell um eine viertel Wellenlänge verzögert. Ist die Polarisation des einfallenden Photons komplementär zu den Eigenachsen des λ/4-Plättchens (also um ±45° gedreht), wird aus dem planar polarisierten, einfallenden Photon ein zirkular polarisiertes Photon. In Abschn. 4.2.5 wurde gezeigt, dass sich die Wirkungen solcher anisotroper Kristalle auf die Polarisationszustände von Licht als unitäre Transformationen darstellen lassen.

15.1.5 Down-Conversion-Kristalle

Bei der ‚parametric down conversion' (im Deutschen spricht man auch von parametrischer Fluoreszenz) handelt es sich um einen nichtlinearen optischen Effekt in Kristallen: Ein einzelnes Photon der Wellenlänge λ und zugehöriger Energie $E = hc/\lambda$ tritt in den Kristall. Es wird von dem Kristall absorbiert, wodurch Schwingungen im Kristallgitter angeregt werden. Durch nichtlineare Effekte können diese Schwingungen ihre Energie wieder durch Emission von Photonen abgeben, wobei diesmal allerdings zwei Photonen der halben Energie (und damit doppelten Wellenlänge) emittiert werden. Diese beiden Photonen können unter bestimmten Austrittswinkeln sogar verschränkt sein und dem EPR-Zustand entsprechen.

Ein bekannter und in optischen Experimenten oft verwendeter Kristall mit diesen Eigenschaften ist Beta-Bariumborat (β-BaB$_2$O$_4$, häufig schreibt man kurz BBO). Die Einsatzmöglichkeiten sind vielfältig: In manchen Fällen dient der Nachweis eines der beiden emittierten Photonen als Indikator, dass ein zweites Photon ‚auf dem Weg ist'. Durch diesen Trigger-Effekt kann man den Zeitpunkt, zu dem ein Photon in eine experimentelle Anordnung eintritt, sehr genau bestimmen. Eine zweite Anwendung besteht in der Erzeugung verschränkter Photonenpaare, an denen sich typische EPR-Studien durchführen lassen, beispielsweise der Nachweis der Verletzung Bell'scher Ungleichungen in der Quantentheorie oder auch ‚Quantenradierer'-Experimente.

15.2   Das Mach-Zehnder-Interferometer

Das Mach-Zehnder-Interferometer wird meist eingesetzt, wenn man ‚Doppelspaltexperimente' mit elektromagnetischen Wellen (Licht) mit ‚Spaltbreiten' von makroskopischer Größenordnung (mehrere Meter bis Kilometer) durchführen möchte. Die beiden Teilstrahlen lassen sich im Prinzip beliebig weit voneinander trennen.

Beim Mach-Zehnder-Interferometer (siehe Abb. 15.1) trifft ein einfallendes Photon $|\gamma\rangle$ zunächst auf einen nichtpolarisierenden Strahlteiler. Ein Teil des Strahls wird durchgelassen (wir bezeichnen ihn mit $|t\rangle$ für ‚transmittiert') und einer wird unter einem Winkel von 90° reflektiert (Lichtstrahl $|r\rangle$). Die beiden Teilstrahlen trennen sich also unter einem Winkel von 90° und werden anschließend von zwei Spiegeln ebenfalls unter einem Winkel von 90° reflektiert. Schließlich treffen sie bei einem

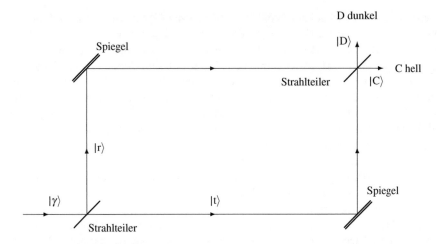

Abb. 15.1 Mach-Zehnder-Interferometer

zweiten Strahlteiler wieder zusammen. Hinter diesem zweiten Strahlteiler kann das Licht im Prinzip an zwei verschiedenen Stellen beobachtet werden (D und C).

Bei jeder Reflexion eines Photonzustands an einem der Spiegel oder Strahlteiler um 90° tritt eine Phasenverschiebung von $\pi/2$ auf (siehe Abschn. 15.1.3), wohingegen der durchgelassene Zustand diese Phasenverschiebung nicht erhält. Eine Phasenverschiebung von 90° bedeutet eine Multiplikation des Zustands mit $e^{i\pi/2} = i$. Aus dem einfallenden Zustand $|\gamma\rangle$ wird somit nach dem ersten Strahlteiler (ST) der Zustand

$$|\gamma\rangle \xrightarrow{\text{1. ST}} \frac{1}{\sqrt{2}}(|t\rangle + i|r\rangle). \tag{15.5}$$

Anschließend werden beide Strahlen an den Spiegeln reflektiert, was für jeden der Teilzustände eine Multiplikation mit i bedeutet:

$$|\gamma\rangle \xrightarrow{\text{1. ST}} \frac{1}{\sqrt{2}}(|t\rangle + i|r\rangle) \xrightarrow{\text{Spiegel}} \frac{i}{\sqrt{2}}(|t\rangle + i|r\rangle) \tag{15.6}$$

Am zweiten Strahlteiler werden beide Teilstrahlen wiederum aufgespalten, wobei der jeweils reflektierte Anteil wieder einen Faktor i erhält. Der Gesamtzustand ist eine Superposition der beiden Strahlen, die in Richtung D und in Richtung C abgelenkt wurden:

$$|\gamma\rangle \xrightarrow{\text{1. ST}} \frac{1}{\sqrt{2}}(|t\rangle + i|r\rangle) \xrightarrow{\text{Spiegel}} \frac{i}{\sqrt{2}}(|t\rangle + i|r\rangle) \tag{15.7}$$

$$\xrightarrow{\text{2. ST}} \frac{i}{\sqrt{2}}\left(\frac{1}{\sqrt{2}}(|D\rangle + i|C\rangle) + \frac{i}{\sqrt{2}}(i|D\rangle + |C\rangle)\right) \tag{15.8}$$

$$= \frac{i}{2}|D\rangle + \frac{i^2}{2}|C\rangle + \frac{i^3}{2}|D\rangle + \frac{i^2}{2}|C\rangle \tag{15.9}$$

$$= -|C\rangle \tag{15.10}$$

Zeile (15.9) dieser Gleichung kann man im Sinne von Richard Feynman als ‚Summation über alle Pfade' verstehen (vgl. Abschn. 11.2): Es gibt insgesamt vier gleichberechtigte Wege für das Photon (daher ist das Absolutquadrat der Amplituden immer $\frac{1}{4}$) und jeder Weg wird gewichtet mit einer Phase, die sich aus der Anzahl der Reflexionen an Spiegeln zusammensetzt – jede Reflexion ergibt einen Faktor i. Zwei dieser Wege enden im Detektor D, allerdings haben diese Wege einen Phasenunterschied von $i^2 \simeq 180°$ und heben sich somit auf; in diesem Detektor sollte aufgrund einer destruktiven Interferenz kein Photon nachgewiesen werden. Die beiden anderen Wege enden im Detektor C, sie haben keinen relativen Phasenunterschied und es kommt zu konstruktiver Interferenz.

Sind die beiden optischen Wegstrecken der Strahlen also exakt gleich lang, beobachtet man bei D hinter dem Mach-Zehnder-Interferometer gerade eine Auslöschung der Teilstrahlen (destruktive Interferenz) und an der anderen Stelle eine Verstärkung (konstruktive Interferenz). Verändert man die optischen Wegstrecken der Strahlen, sodass zu den Phasen, die bei den Reflexionen auftreten, noch eine optische Wegdifferenz Δx hinzukommt, kann man die relative Intensität der gemessenen Photonen bei D und C variieren. Ist Δx ein Vielfaches der Wellenlänge, findet man bei D destruktive Interferenz (keine Photonen) und bei C konstruktive Interferenz (alle Photonen). Ist Δx gleich einem Vielfachen der Wellenlänge plus einer halben Wellenlänge, so findet man alle Photonen bei D und keines bei C. Als Funktion von Δx beobachtet man somit an jedem der beiden Detektoren ein Interferenzmuster.

15.3 Wechselwirkungsfreie Messung – das ‚Knallerexperiment'

Im Jahre 1993 veröffentlichten Avshalom Elitzur und Lev Vaidman einen Artikel mit dem Titel *Quantum mechanical interaction-free measurements* [27]. Die Idee der wechselwirkungsfreien Messung ist jedoch schon ziemlich alt: Erwin Schrödinger erwähnt die Möglichkeit eines Informationsgewinns (und damit einer Reduktion des Quantenzustands) ohne direkte Wechselwirkung in einem Artikel von 1934 [74] und bekannt wurde sie durch einen Artikel von Mauritius Renninger im Jahre 1960 [72]. Elitzur und Vaidman haben die Idee jedoch sehr ‚werbeträchtig' aufgezogen, indem sie daraus einen Test für den Status einer Superbombe gemacht haben. Im Schulunterricht wurde dieses Gedankenexperiment gelegentlich ‚Knallerexperiment' genannt.

Gegeben sei ein Arsenal von Superbomben, die sofort detonieren, wenn ein Lichtstrahl (ein einzelnes Photon) auf einen Auslöser trifft. Es gibt nun Vermutungen, dass einige der Bomben nicht mehr funktionieren, weil die Auslöser fehlen. Durch einen Blick auf den Auslöser ließe sich das zwar überprüfen, allerdings würde eine intakte Bombe dabei explodieren. Bei den defekten Bomben, bei denen der Auslöser fehlt, tritt ein Photon durch die Vorrichtung ungehindert hindurch, bei den intakten Bomben löst das Photon die Bombe aus.

Elitzur und Vaidman schlagen nun folgenden ‚Bombentest' vor: Man bringe die Auslösevorrichtung der Bombe in einen der beiden Strahlgänge eines Mach-Zehnder-Interferometers (siehe Abb. 15.2). Fehlt der Auslöser, ist die Bombe also defekt, tritt

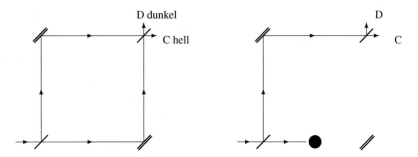

Abb. 15.2 Mach-Zehnder Interferometer ohne und mit Hindernis in einem Strahlgang

ein Photon ungehindert hindurch und das Interferometer reagiert so, wie es auch ohne die Bombe reagieren würde, und damit sollte man nie ein Photon in Detektor D des Interferometers messen. Ist die Bombe aber intakt, kann folgendes passieren (ich verwende hier die Sprache der ‚Summation über alle Pfade'): Entweder trifft das Photon auf den Auslöser und die Bombe explodiert – dies passiert in rund der Hälfte der Fälle (falls der erste Strahlteiler eine 50-prozentige Durchlasswahrscheinlichkeit hat). Oder aber das Photon trifft nicht auf den Auslöser, es durchläuft den anderen Teilstrahl und kann am zweiten Strahlteiler entweder abgelenkt oder reflektiert werden; da der andere Strahlengang blockiert ist, kann es nicht zu einer Interferenz mit diesem zweiten Anteil des Photonenzustands kommen. Trifft das Photon auf Detektor C, können wir keine Aussage über den Zustand der Bombe machen. Trifft es aber auf Detektor D, wissen wir, dass die Bombe intakt ist. Da das Photon aber im Detektor gelandet ist, konnte es seine Energie nicht auf den Auslöser der Bombe übertragen (es fand keine Wechselwirkung statt) und damit auch die Bombe nicht auslösen.

Insgesamt tritt der günstige Fall – Nachweis des Photons in Detektor D – bei einer intakten Bombe in einem Viertel der Fälle auf. In der Hälfte der Fälle explodiert die Bombe und in einem Viertel der Fälle können wir keine Aussage treffen, weil das Photon in Detektor C gelandet ist. Wird für ein Photon bei Ausgang C jeweils ein neues Photon in das Interferometer geleitet, kann man erreichen, dass in zwei Drittel der Fälle die intakte Bombe explodiert und in einem Drittel der Fälle der Nachweis in Detektor D erfolgt. Zumindest ein Drittel der intakten Bomben könnte dadurch gerettet werden. (Bei einer defekten Bombe kann man beliebig viele Photonen in das Interferometer lenken: Trifft nie eines auf Detektor D, kann man sicher sein, dass die Bombe defekt ist.) Durch eine Kopplung von Mach-Zehnder-Interferometer und der Idee des Quanten-Zenon-Effekts kann man sogar erreichen, dass man bei einer intakten Bombe in nahezu 100 % der Fälle die entsprechende Information erhält, ohne dass die Bombe explodiert [53].

Die praktische Anwendung solcher Verfahren wird sich in den seltensten Fällen auf Bomben beziehen, aber vielleicht lassen sich in Zukunft unter Ausnutzung dieses Effekts beispielsweise Röntgen-Aufnahmen oder auch γ-Strahlaufnahmen ohne gesundheitsschädliche Nebenwirkungen machen.

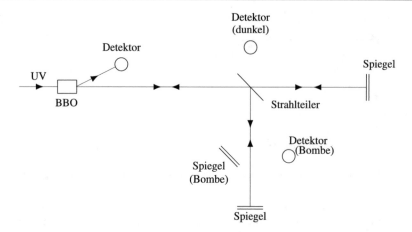

Abb. 15.3 Experimentelle Realisierung von Interferenzexperimenten. In einem BBO-Kristall ent-
stehen zwei Photonen, von denen eines nachgewiesen wird. Dadurch ist bekannt, dass sich ein
zweites Photon in der experimentellen Anordnung befindet. Der bewegliche Spiegel (Bombe) kann
nach rechts in den Strahlengang geschoben werden und lenkt das Photon auf den Detektor (Bombe).
Der obere Detektor (dunkel) sollte nur Ereignisse anzeigen, bei denen ein Hindernis im zweiten
Strahlengang vorhanden ist. Der untere Detektor (Bombe) zeigt an, ob das Hindernis getroffen
wurde. Auf diese Weise ist der Detektor ‚hell‘ überflüssig

    In der Praxis verwendet man oft eine etwas andere Anordnung (Abb. 15.3),
die aber dem Prinzip des Mach-Zehnder-Interferometers entspricht [53]. Zunächst
erzeugt man durch parametrische Fluoreszenz (beispielsweise an einem BBO-
Kristall) ein Photonenpaar. Wird eines dieser beiden Photonen in einem Detektor
nachgewiesen, weiß man, dass ein zweites Photon in die experimentelle Anordnung
getreten ist.

    Dieses zweite Photon trifft auf einen Strahlteiler und kann diesen durchlaufen
oder es kann reflektiert werden. In beiden Fällen wird es an Spiegeln reflektiert und
trifft wieder auf den Strahlteiler. Die Anordnung ist so justiert, dass ohne Hindernis
aufgrund von destruktiver Interferenz kein Photon auf den Detektor (dunkel) gelenkt
wird. Die Photonen treten also mit Sicherheit nach links wieder aus. Als Hindernis im
unteren Strahlgang dient ein Spiegel, der, sofern er in den Strahlengang geschoben
und von einem Photon getroffen wird, dieses auf einen zweiten Detektor ablenkt.

15.4   Das Experiment von Hong, Ou und Mandel

Der Hong-Ou-Mandel-Effekt [44] zeigt die Ununterscheidbarkeit identischer Teilchen, in diesem Fall von Photonen, und ihre bosonische Statistik. Es handelt sich um
ein Zwei-Photonen-Experiment an einem Strahlteiler.

    Zwei Photonen treffen jeweils aus einem Winkel von 45° von oben bzw. unten
auf einen Strahlteiler. Im Prinzip kann jedes der beiden Photonen durch den Strahlteiler abgelenkt oder auch durchgelassen werden. Bei einer Ablenkung erhält der
entsprechende Zustand wieder einen Phasenfaktor von $e^{i\pi/2} = i$. In klassischer

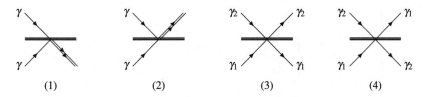

Abb. 15.4 Der Hong-Ou-Mandel-Effekt. Die Prozesse (3) und (4) unterscheiden sich lediglich im Vorzeichen und sind ansonsten ununterscheidbar, daher heben sie sich gegenseitig auf. Es werden immer nur beide Photonen im oberen oder beide im unteren Detektor nachgewiesen, nie eines im oberen und eines im unteren

Vorstellungsweise können nun vier Möglichkeiten auftreten (siehe Abb. 15.4): (1) Das obere Photon wird durchgelassen und das untere abgelenkt – beide Photonen treffen also auf den unteren Detektor; (2) das obere Photon wird abgelenkt und das untere durchgelassen – beide Photonen treffen auf den oberen Detektor; (3) beide Photonen werden abgelenkt oder (4) beide Photonen werden durchgelassen. Für den Nachweis sind die beiden letzteren Situationen aber ununterscheidbar, da jeweils ein Photon im oberen Detektor und eines im unteren Detektor nachgewiesen würde. Wegen der Ununterscheidbarkeit der Teilchen müssen die beiden Anteile von Prozess (3) und (4) addiert werden. Da aber in Prozess (3) beide Photonen abgelenkt und damit beide jeweils eine Phasenverschiebung von 90° (also insgesamt einen Faktor von $i^2 = -1$) erhalten, sind Zustand (3) und Zustand (4) bis auf ein Vorzeichen identisch und heben sich in der Summe gegenseitig auf. Würde es sich bei Photonen um Fermionen handeln, würde die Vertauschung der beiden Teilchen einen zusätzlichen Faktor (-1) liefern und die beiden Beiträge würden sich somit addieren. Das Experiment zeigt also gleichzeitig den bosonischen Charakter von Photonen.

Experimentell sollte man im Idealfall nie ein Photon im oberen Detektor und eines im unteren Detektor nachweisen, da zu diesem Prozess zwei Möglichkeiten beitragen, die sich im Vorzeichen unterscheiden und damit aufheben. Nachgewiesen werden also immer zwei Photonen im oberen Detektor (Fall 2) oder zwei Photonen im unteren Detektor (Fall 1).

15.5 Experimente mit verzögerter Wahl

Unter Experimenten mit verzögerter Wahl (oder auch ‚Delayed-Choice'-Experimenten) versteht man allgemein eine Klasse von Experimenten, bei denen die Entscheidung, welche von zwei komplementären Eigenschaften an einem Quantensystem gemessen wird, erst gefällt wird, wenn der entscheidende Quantenprozess bereits stattgefunden hat.

Der Begriff wurde ursprünglich von John A. Wheeler (1911–2008) geprägt und bezog sich auf eine besondere Version des Doppelspaltexperiments. Wir wissen, dass die Verteilung von sehr vielen Teilchen (beispielsweise von Photonen) hinter einem Doppelspalt zu einem Interferenzmuster führt, das wir dadurch erklären, dass wir Photonen durch eine Welle beschreiben, die durch beide Spalte getreten ist. Andererseits können wir hinter den Doppelspalt auch eine Linse und hinter dieser Linse

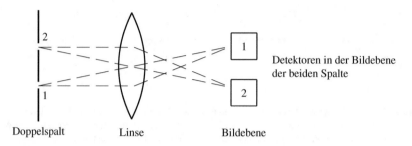

Doppelspalt   Linse   Bildebene

Abb. 15.5 Optische Apparatur zur Messung des Spalts, durch den ein Photon getreten ist

in der Bildebene zum Doppelspalt zwei Detektoren aufstellen (vgl. Abb. 15.5). In einem solchen Fall erwarten wir, dass der Detektor, in dem ein Photon nachgewiesen wird, anzeigt, ob das Photon durch den linken oder den rechten Spalt getreten ist.

Wheelers Idee war, dass die Entscheidung, ob man mit einer photographischen Platte das Interferenzmuster misst oder mit einer Linse und Detektoren den Spalt, durch den das Photon getreten ist, erst dann gefällt wird, wenn das Photon den Doppelspalt bereits passiert hat. Auf diese Weise kann man Theorien ausschließen, bei denen das Photon schon vorher ‚weiß‘, welche Messung hinter dem Spalt vorgenommen wird und sich entsprechend bei seinem Durchtritt durch den Spalt als Teilchen oder als Welle verhält.[1]

Wheeler fand sogar eine ‚kosmische‘ Version seines Experiments: Angenommen, ein Quasar in einem Abstand von einigen Milliarden Lichtjahren sendet Licht aus, das wir hier auf der Erde empfangen können. Zwischen dem Quasar und der Erde befinde sich ein Galaxiencluster, dessen Gravitationsfeld als optische Linse wirke, d. h., das Licht werde abgelenkt wie an einer Linse. Theoretisch können wir auf der Erde mit dem Licht des Quasars Interferenzexperimente durchführen, die zeigen, dass jedes einzelne Photon den Galaxiencluster auf beiden Seiten passiert hat. Andererseits können wir mit einem anderen experimentellen Aufbau die Richtung messen, aus der ein Photon gekommen ist. Auf diese Weise können wir im Prinzip noch nach Milliarden Jahren die Entscheidung fällen, ob wir den Weg eines Photons rekonstruieren wollen oder ob das Photon an Interferenzexperimenten teilnehmen soll.

In der Praxis ist ein solches Experiment nahezu unmöglich. Die Kohärenzlänge typischer Photonen liegt im Bereich von einigen Metern. Wir würden also nur dann ein Interferenzmuster beobachten, wenn sich die optischen Weglängen um bzw. durch die Gravitationslinse nur im Meterbereich unterscheiden.

Es wurden allerdings Experimente mit verzögerter Wahl an Mach-Zehnder-Interferometern durchgeführt [47]. Dabei wurde ein Detektor zum Nachweis eines Photons erst dann in den Strahlengang geschoben – oder auch nicht in den Strahlengang geschoben –, nachdem das Photon den ersten Strahlteiler passiert hatte.

---

[1]Diese zunächst seltsam anmutende Möglichkeit wirkt weniger absurd, wenn man bedenkt, dass Teilchen in einer Quantenfeldtheorie Anregungen eines Felds sind, das sich über den gesamten Raum erstreckt. Die Information über den experimentellen Aufbau könnte sich also über dieses Feld auf die Anregungen übertragen.

15.6   Der Quantenradierer

Es gibt viele Versionen des Quantenradierers (oft übernimmt man auch die englische Bezeichnung ‚quantum eraser'). Doch ganz allgemein handelt es sich bei Quantenradierern um eine Klasse von Delayed-Choice-Experimenten, bei denen zunächst die Information über den Weg eines Teilchens prinzipiell vorhanden ist und auch durch eine geeignete Messung gewonnen werden könnte. Daher wird kein Interferenzmuster gemessen. Wird diese Information aber durch eine komplementäre Messung unwiderruflich gelöscht, kann man im Gegenzug eine andere Information gewinnen, mit der man das Interferenzmuster zurückgewinnen kann.

Abb. 15.6 zeigt eine typische Quantum-Eraser-Anordnung. Aus einer Photonenquelle treffen Photonen auf einen BBO-Kristall (siehe Abschn. 15.1.5), an dem durch Down-Conversion zwei in einem EPR-Zustand verschränkte Photonen der halben Energie erzeugt werden. Eines der Photonen (in der Abbildung oben) trifft auf einen Polarisationsdetektor (1), d. h. einen Polarisationsstrahlteiler, hinter dessen beiden Strahlgängen Detektoren stehen, sodass wir die Polarisation des Photons bezüglich einer voreingestellten Basis (beispielsweise horizontal/vertikal, also $|h\rangle$ und $|v\rangle$, oder $\pm 45°$, d. h. $|+\rangle$ und $|-\rangle$) messen können. Dieser Strahlteiler kann auch sehr weit hinter der Apparatur stehen, d. h., die entsprechende Information über das Photon kann theoretisch nach einer beliebig langen Zeit eingeholt werden.

Das zweite Photon trifft auf einen Doppelspalt. Hinter jedem der beiden Spalte befindet sich jeweils ein $\lambda/4$-Plättchen, wobei die ‚schnellen' Achsen der beiden Plättchen orthogonal zueinander sind. Die Eigenachsen der Plättchen seien wie in Abschn. 15.1.4 gewählt. Photonen, die vor dem Doppelspalt bezüglich der $+$ oder $-45°$-Achse polarisiert sind (also im Zustand $|+\rangle$ oder $|-\rangle$), erfahren durch die $\lambda/4$-

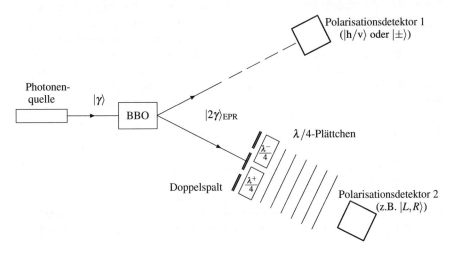

Abb. 15.6 Aufbau eines Quantenradierers. Photonen aus einer Photonenquelle treffen auf einen BBO-Kristall, der zwei im EPR-Zustand verschränkte Photonen der halben Energie erzeugt. Eines der Photonen trifft auf einen Doppelspalt, hinter dem $\lambda/4$-Plättchen eine ‚Markierung' eines Photons ermöglichen, die es im Prinzip erlaubt, später festzustellen, durch welchen Spalt es getreten ist

Plättchen keine Änderung ihres Polarisationszustands sondern lediglich (je nach Spalt) eine Phasenverschiebung um $\pm\pi/2$. Sind die Photonen vor dem Doppelspalt jedoch bezüglich der h- oder v-Achsen polarisiert (also im Zustand $|h\rangle$ oder $|v\rangle$), haben sie hinter den Plättchen einen $|R\rangle$- oder $|L\rangle$-Zustand. Diesen Unterschied kann Polarisationsdetektor 2 bestimmen, d. h., dieser Detektor misst nicht nur, an welcher Stelle ein Photon ankommt, sondern auch, ob es links- bzw. rechtszirkular polarisiert ist.[2] In allen Fällen misst der Detektor 2 zunächst eine breite, unstrukturierte Verteilung ohne Anzeichen einer Interferenz.

Wir können nun entscheiden, ob wir die Information über den Spalt, durch den ein Photon getreten ist, messen wollen oder nicht. Wenn wir für das erste Photon die Basis des Polarisationsdetektors 1 auf $|h\rangle$ bzw. $|v\rangle$ einstellen, ist wegen der Verschränkung auch das zweite Photon, das durch den Spalt tritt, in dieser Basis polarisiert. Die $\lambda/4$-Plättchen machen aus dieser Polarisation eine zirkulare Polarisation, die für den rechten und linken Spalt jeweils entgegengesetzt ist. Kenn man also die h/v-Polarisation vor dem Spalt und misst die L/R-Polarisation hinter dem Spalt an Detektor 2, kann man von jedem Photon angeben, durch welchen Spalt es getreten ist. Die ‚Welcher-Weg‘-Information ist also vorhanden und die Photonen zeigen kein Interferenzmuster.

Doch die Messung an Photon 1 (oben) kann sehr spät erfolgen (theoretisch Jahre später). Trotzdem ist die Information ‚irgendwo in unserem Kosmos‘. Daher findet man auch kein Interferenzmuster für Photon 2, auch wenn die Messung der zirkularen Polarisation allein, ohne die zusätzliche Information der Polarisation vor dem Spalt, noch keinen Rückschluss auf den Spalt zulässt, durch den ein Photon getreten ist.

Angenommen, wir messen an Detektor 1 (möglicherweise wieder ‚Jahre später‘) nicht die Polarisation bezüglich h und v, sondern bezüglich der Basis $+$ bzw. $-$. Wegen der Verschränkung der beiden Photonen wissen wird damit auch, welche Photonen bei Detektor 2 vor ihrem Eintritt in den Doppelspalt im Zustand $|+\rangle$ bzw. $|-\rangle$ waren. In diesem Fall ist die ‚Welcher-Weg‘-Information zwar endgültig verloren, doch nun können wir die Ereignisse, die von Detektor 2 aufgenommen wurden, hinsichtlich der Zustände $+$ bzw. $-$ nachträglich trennen (wir sortieren also den gesamten Datensatz nachträglich entsprechend der gewonnenen Information in zwei Klassen). Für jede der so gewonnenen Klassen finden wir nun das Interferenzmuster, denn für jede dieser Klassen ist die ‚Welcher-Weg‘-Information gelöscht. Auf diese Weise können wir nachträglich die Interferenzmuster sichtbar machen. Da die beiden Interferenzmuster zu den beiden Klassen von Ereignissen jedoch um eine halbe Wellenlänge relativ zueinander verschoben sind, ist ihre Summe eine breite Verteilung ohne Interferenzstreifen.

Abb. 15.7 fasst diese Situation nochmals in stilisierter Form zusammen. Teil a zeigt die gemessene zirkulare Polarisation der Photonen, nachdem sie durch den Doppelspalt mit den $\lambda/4$-Plättchen getreten sind. Die Verteilung der R- bzw. L-zirkular

---

[2]Ein solches Nachweisgerät lässt sich im Prinzip aus einem $\lambda/4$-Plättchen und einem Polarisationsstrahlteiler für planare Polarisation – orientiert entsprechend der schnellen und langsamen Achse des $\lambda/4$-Plättchens – mit dahinter platzierten Detektoren herstellen. Wichtig ist nicht die konkrete Realisation, sondern dass diese Information tatsächlich gewonnen werden kann.

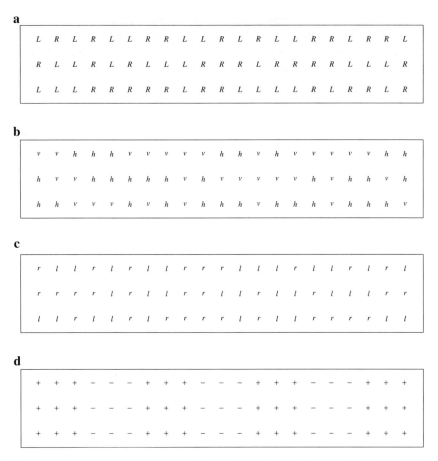

Abb. 15.7 Stilisierte Darstellung der möglichen Ereignisse beim Quantenradierer. Jeder Buchstabe bzw. jedes Symbol repräsentiert ein gemessenes Ereignis. Gleiche Orte auf dem ‚Schirm' entsprechen auch gleichen Ereignissen. Erörterungen siehe Text

polarisierten Photonen ist zufällig und zeigt keinerlei Interferenz. Entscheiden wir uns, an dem Detektor für Photon (1) die h/v-Polarisation zu messen, kennen wir auch die h/v-Polarisation der Photonen in Strahl 2, bevor sie auf den Doppelspalt getreten sind (diese Information ist in Abb. 15.7b wiedergegeben). Aus diesen beiden Informationen können wir den Spalt bestimmen, durch den jedes einzelne Photon getreten ist. Hatte ein Photon vor dem Spalt eine h-Polarisation und wurde es nach dem Spalt mit einer R-Polarisation gemessen, wissen wir, dass das entsprechende Photon durch den rechten Spalt getreten ist (entsprechend bei einer L-Polarisation durch den linken Spalt). War es vorher v-polarisiert, ist die Situation umgekehrt (Abb. 15.7c). Man beachte, dass erst beide Informationen zusammengenommen (h/v-Polarisation vor dem Spalt und R/L-Polarisation hinter dem Spalt) die ‚Welcher-Weg'-Information liefern.

Wird jedoch an Photon (1) die Polarisation bezüglich einer $+/-$-Basis gemessen, ändern die $\lambda/4$-Plättchen die Polarisation nicht und wir erhalten aus einer Messung der L/R-Polarisation hinter dem Spalt keine ‚Welcher-Weg'-Information. Stattdessen zeigen sowohl die $+$- als auch die $-$-polarisierten Photonen jeweils ein Interferenzmuster (Abb. 15.7d), die jedoch gegeneinander um eine halbe Interferenzbreite verschoben sind, sodass die Gesamtmenge aller Photonen eine interferenzfreie Verteilung hat.

Von Wellenfunktionen zum Zweizustand-System

Die kanonischen Vertauschungsregeln zwischen Orts- und Impulsoperator lassen sich in endlichdimensionalen Vektorräumen nicht realisieren. Beschränkt man daher den Begriff der Komplementarität auf kanonische konjugierte Größen, lassen sich keine endlichdimensionalen Beispiele für Komplementarität finden. Doch gerade Konzepte im Zusammenhang mit der Komplementarität oder des Welle-Teilchen-Dualismus bereiten Schülern und Schülerinnen oft Probleme. Fragen wie „Weshalb kann man Ort und Impuls nicht gleichzeitig messen?" oder „Wo befindet sich das Elektron, wenn man es nicht beobachtet?" lassen sich kaum beantworten, ohne auf den komplizierten mathematischen Rahmen von Wellenfunktionen zurückzugreifen.

Es gibt jedoch eine einfache Verallgemeinerung der kanonischen Vertauschungs-relationen, zu der es auch in endlichdimensionalen komplexen Vektorräumen Darstellungen gibt. Dies erlaubt den Übergang von Zweizustand-Systemen zu N-Zustand-Systemen und schließlich – in einem formalen und hier nicht mathe-matisch rigoros durchgeführten Schritt – zu Wellenfunktionen, also zu Systemen mit einem Kontinuum an möglichen Ortszuständen. Durch die Möglichkeit eines Vergleichs von Zweizustand-Systemen mit der Quantenmechanik der Wellenfunk-tionen lassen sich grundlegende Fragen zur Quantenmechanik auf ein einfaches Beispielsystem übertragen, nämlich das System der linearen Polarisationszustände von Licht.

16.1   *N*-Zustand-Systeme

In diesem Abschnitt wird gezeigt, in welchem Sinne die Ortsraumdarstellung und die Impulsraumdarstellung – also im Grunde genommen die beiden Basissysteme, die mit dem Teilchen- und dem Wellenbild der Quantenmechanik in Verbindung gebracht werden – in einer ähnlichen Beziehung zueinander stehen wie die h/v-Basis und die p/m-Basis bei der Polarisation von Licht. Dies erlaubt es, Grundlagenfragen im Zusammenhang mit dem Welle-/Teilchenbild in Fragen zur Polarisation zu über-setzen. Die Antworten dort erlauben oftmals eine neue Perspektive, die gerade für die

© Springer-Verlag GmbH Deutschland, ein Teil von Springer Nature 2019
T. Filk, *Quantenmechanik (nicht nur) für Lehramtsstudierende,*
https://doi.org/10.1007/978-3-662-59736-1_16

Vermittlung in der Schule von Bedeutung sein kann. Nebenbei gibt dieser Abschnitt einen groben Überblick zu diskreten Fourier-Transformationen, sodass die Beziehungen bei Wellenfunktionen hier an endlichdimensionalen Beispielen (bei denen es das Problem der Nichtnormierbarkeit und der uneigentlichen Eigenfunktionen nicht gibt) nochmals beleuchtet werden.

16.1.1 Die Operatoren $e^{i\alpha Q}$ und $e^{i(\beta/\hbar)P}$

Die kanonischen Vertauschungsrelationen

$$[Q, P] = i\hbar\mathbf{1} \tag{16.1}$$

lassen sich nicht durch endlichdimensionale Matrizen realisieren, denn die Spur des Kommutators von endlichen Matrizen A und B verschwindet immer, da

$$\mathrm{Sp}(AB - BA) = \mathrm{Sp}(AB) - \mathrm{Sp}(BA) \quad \text{und} \quad \mathrm{Sp}(AB) = \mathrm{Sp}(BA). \tag{16.2}$$

Andererseits ist in endlichen Dimensionen die Spur der Einheitsmatrix – die rechte Seite von Gl. 16.1 – immer gleich der Dimension des Vektorraums. Da die Relationen 16.2 nur für sogenannte Spurklasseoperatoren beweisbar sind, also für Operatoren, deren Spur – die Summe über die Diagonalelemente – endlich ist, können die kanonischen Vertauschungsrelationen durchaus für Operatoren, die nicht zur Klasse der Spurklasseoperatoren gehören, erfüllt sein, wie wir in Abschn. 4.4.3 gesehen haben.

Die Operatoren Q und P sind natürlich keine Spurklasseoperatoren, aber schlimmer noch: Sie sind im Allgemeinen unbeschränkte Operatoren. Das bedeutet, dass sie streng genommen gar nicht auf dem gesamten Hilbert-Raum definiert sind. Zur Umgehung der Probleme mit unbeschränkten Operatoren kann man stattdessen die folgenden Operatoren betrachten:

$$\hat{p} = e^{i\frac{\alpha}{\hbar}P} \quad \text{und} \quad \hat{q} = e^{i\beta Q} \tag{16.3}$$

Die Parameter α und β sind zunächst beliebig. $\hat{q}$ hat dieselben Eigenräume wie Q (also die Ortsraumbasis); das Gleiche gilt für die Eigenräume von $\hat{p}$ und P (die Impulsraumbasis).

Da P und Q selbstadjungierte Operatoren sind, handelt es sich bei $\hat{p}$ und $\hat{q}$ um unitäre Operatoren. Sie sind somit beschränkt und auf dem gesamten Hilbert-Raum definiert. Tatsächlich handelt es sich bei $\hat{p}$ um einen ‚Verschiebeoperator' für Ortseigenzustände (s. u. Gl. 16.8):

$$\hat{p}|x\rangle = |x + \alpha\rangle. \tag{16.4}$$

In diesem Sinne ist der Impulsoperator P der Generator von Ortstranslationen. In der Ortsdarstellung wird aus der Anwendung von $\hat{p}$ auf eine Funktion gerade die Taylor-Entwicklung dieser Funktion:

$$\hat{p}\psi(x) = e^{\alpha\frac{d}{dx}}\psi(x) = \sum_{n=0}^{\infty} \frac{\alpha^n}{n!}\frac{d^n}{dx^n}\psi(x) = \psi(x + \alpha) \tag{16.5}$$

Umgekehrt folgt aus den kanonischen Vertauschungsrelationen, dass auch $\hat{q}$ ein Verschiebeoperator für Impulseigenzustände ist.

Die beiden Operatoren $\hat{q}$ und $\hat{p}$ haben die Vertauschungsrelationen

$$\hat{q} \cdot \hat{p} = \hat{p} \cdot \hat{q} \exp\left(-\mathrm{i}\alpha\beta\right). \tag{16.6}$$

Dies beweist man z. B., indem man aus den kanonischen Vertauschungsrelationen sukzessive die folgenden Relationen ableitet:

$$[Q, f(P)] = \mathrm{i}\hbar f'(P) \tag{16.7}$$

$$\Longrightarrow \quad [Q, \hat{p}] = -\alpha\hat{p} \quad \text{bzw.} \quad Q\hat{p} = \hat{p}(Q - \alpha) \tag{16.8}$$

$$\Longrightarrow \quad Q^n\hat{p} = \hat{p}(Q - \alpha)^n \quad \text{bzw. allgemeiner} \quad f(Q)\hat{p} = \hat{p}f(Q - \alpha) \tag{16.9}$$

$$\Longrightarrow \quad \hat{q}\,\hat{p} = \hat{p}\,\hat{q}\,\mathrm{e}^{-\mathrm{i}\alpha\beta} \tag{16.10}$$

Gl. 16.8 zeigt nochmals, dass $\hat{p}$ ein Verschiebeoperator zu Eigenzuständen von Q ist. Man vergleiche diese Relationen auch mit den Kommutatorbeziehungen zwischen dem Hamilton-Operator und den Auf- und Absteigeoperatoren beim harmonischen Oszillator (Abschn. 6.4.2).

16.1.2 Endlichdimensionale Darstellungen

Für bestimmte Werte von α und β gibt es zu den Vertauschungsrelationen 16.6 auch endlichdimensionale Darstellungen durch Matrizen. Für eine feste Dimension N definieren wir die $N \times N$-Matrizen:

$$\hat{q}_N = \begin{pmatrix} \exp\left(\mathrm{i}\frac{2\pi}{N}\right) & 0 & 0 & \cdots 0 \\ 0 & \exp\left(\mathrm{i}\frac{4\pi}{N}\right) & 0 & \cdots 0 \\ 0 & 0 & \exp\left(\mathrm{i}\frac{6\pi}{N}\right) & \cdots 0 \\ \vdots & \vdots & \vdots & \ddots \vdots \\ 0 & 0 & 0 & \cdots 1 \end{pmatrix} \tag{16.11}$$

und

$$\hat{p}_N = \begin{pmatrix} 0 & 1 & 0 & \cdots & 0 \\ 0 & 0 & 1 & \cdots & 0 \\ \vdots & \vdots & \vdots & \ddots & \vdots \\ 0 & 0 & 0 & \cdots & 1 \\ 1 & 0 & 0 & \cdots & 0 \end{pmatrix} \tag{16.12}$$

Man überprüft leicht, dass $\hat{q}_N$ und $\hat{p}_N$ unitäre Matrizen sind. Sie erfüllen die Vertauschungsrelationen

$$\hat{q}_N \cdot \hat{p}_N = \hat{p}_N \cdot \hat{q}_N \exp\left(-\mathrm{i}\frac{2\pi}{N}\right). \tag{16.13}$$

Für die Matrix $\hat{q}_N$ kann man auch schreiben

$$\hat{q}_N = \exp(\mathrm{i}\hat{\Phi}_N) \quad \text{mit} \quad \hat{\Phi}_N = \mathrm{diag}\left(\frac{2\pi}{N}, \frac{4\pi}{N}, \ldots, \frac{2N\pi}{N} \equiv 0 \bmod 2\pi\right).$$
(16.14)

$\hat{\Phi}_N$ ist also eine Diagonalmatrix, deren Einträge diskreten Winkelvariablen auf dem Kreis entsprechen. In diesem Sinne ist es ein ‚Ortsoperator' für diskrete zyklische Positionen. Die Eigenzustände zu $\hat{q}_N$ bzw. $\hat{\Phi}_N$ sind die kanonischen Basisvektoren $|n\rangle = (0, \ldots, 1, \ldots, 0)$ (mit der 1 an der n-ten Stelle).

Die Matrizen $\hat{p}_N$ sind diskrete, zyklische ‚Verschiebematrizen', d. h., angewandt auf einen Vektor $\mathbf{x} = (x_1, x_2, \ldots, x_N)$ erhält man $\hat{p}_N\mathbf{x} = (x_N, x_1, x_2, \ldots, x_{N-1})$. Daraus ergibt sich für die Eigenvektoren

$$|k\rangle = \frac{1}{\sqrt{N}} \left(\exp\left(\mathrm{i}\frac{2\pi k}{N}\right), \exp\left(\mathrm{i}\frac{4\pi k}{N}\right), \exp\left(\mathrm{i}\frac{6\pi k}{N}\right), \ldots, \exp\left(\mathrm{i}\frac{2N\pi k}{N}\right) = 1\right)$$
(16.15)

und es gilt:

$$\hat{p}_N|k\rangle = \exp\left(-\mathrm{i}\frac{2\pi k}{N}\right)|k\rangle$$
(16.16)

$\hat{p}_n$ und $\hat{q}_N$ haben somit dieselben Eigenwerte. Tatsächlich sind die beiden Matrizen unitär äquivalent, d. h., es gibt eine unitäre Transformation (die diskrete Fourier-Transformation, siehe Abschn. 16.1.3) die $\hat{p}_N$ in $\hat{q}_N$ und $\hat{q}_N$ in $\hat{p}_N$ überführt.

Das Skalarprodukt von Basisvektoren zu $\hat{q}_N$ und $\hat{p}_N$ ist

$$\langle n|k\rangle = \frac{1}{\sqrt{N}} \exp\left(\mathrm{i}\frac{2\pi nk}{N}\right).$$
(16.17)

Insbesondere ist $|\langle n|k\rangle| = 1/\sqrt{N}$ für alle n und k. Die Komponenten der einen Basis verteilen sich also gleichmäßig auf alle Basisvektoren der jeweils anderen Basis. In diesem Sinne sind die beiden Basissysteme maximal verschieden.

Für den speziellen Fall $N = 2$ gilt:

$$\hat{q}_2 = \sigma_3 \quad \text{und} \quad \hat{p}_2 = \sigma_1$$
(16.18)

In zwei Dimensionen entsprechen die beiden Pauli-Matrizen σ_3 und σ_1 also den Operatoren $\hat{q}$ und $\hat{p}$ und die zugehörigen Basen (h/v- bzw. p/m-Basis) entsprechen der Ortsraum- und Impulsraum-Basis.

16.1.3 Diskrete Fourier-Transformation

Die Vektoren $|n\rangle$ beschreiben die Eigenzustände zu diskreten, zyklisch angeordneten ‚Orten' und sie sind normiert: $\langle n|n'\rangle = \delta_{nn'}$. Die Vektoren $|k\rangle$ sind die Eigenzustände zum diskreten Verschiebeoperator und damit das Analogon des Ableitungsoperators (dem Generator von kontinuierlichen Verschiebungen), ebenfalls normiert: $\langle k|k'\rangle = \delta_{kk'}$. Eine ‚diskrete Wellenfunktion im Ortsraum' ist ein Vektor, ausgedrückt in der Basis $\{|n\rangle\}$:

$$|\psi\rangle = \sum_{n=1}^{N} \psi(n)|n\rangle \quad \text{mit} \quad \psi(n) = \langle n|\psi\rangle \tag{16.19}$$

Die diskrete Fourier-Transformierte erhält man, wenn man den Vektor $|\psi\rangle$ in der $\{|k\rangle\}$-Basis ausdrückt:

$$|\psi\rangle = \sum_{k=1}^{N} \tilde{\psi}(k)|k\rangle = \sum_{k=1}^{N} \tilde{\psi}(k)\left(\sum_{n=1}^{N} |n\rangle\langle n|k\rangle\right) \tag{16.20}$$

Offensichtlich gilt:

$$\psi(n) = \sum_{k=1}^{N} \tilde{\psi}(k)\langle n|k\rangle = \frac{1}{\sqrt{N}} \sum_{k=1}^{N} \tilde{\psi}(k)\exp\left(\mathrm{i}\frac{2\pi nk}{N}\right) \tag{16.21}$$

Umgekehrt erhält man entsprechend:

$$\tilde{\psi}(k) = \sum_{n=1}^{N} \psi(n)\langle k|n\rangle = \frac{1}{\sqrt{N}} \sum_{n=1}^{N} \psi(n)\exp\left(-\mathrm{i}\frac{2\pi nk}{N}\right) \tag{16.22}$$

Dies sind die diskreten Fourier-Transformationen.

16.2 Analoga: Polarisation und Wellenfunktionen

Abschn. 16.1.2 beschrieb einen formalen Bezug zwischen den Eigenzuständen der Pauli-Matrizen σ_3 und σ_1 in Zweizustand-Systemen und der Ortsraumbasis bzw. der Impulsraumbasis in der Quantenmechanik von Punktteilchen. Dieser formale Bezug soll nun genutzt werden, um Grundlagenfragen zur Quantenmechanik, die gerade Schülern und Schülerinnen, aber auch Studierenden oftmals Probleme bereiten, zu übersetzen in Fragen zur Polarisation von Licht. Es zeigt sich, dass in diesem Fall die Antworten oft überraschend einfach und offensichtlich sind.

16.2.1 Einmal mehr: Die Postulate der Quantentheorie

Wir beginnen mit den Axiomen der Quantenmechanik und zeigen, dass diese eine natürliche Deutung im Zusammenhang mit linearen Polarisationen haben. Dies wurde teilweise schon in der Zusammenfassung von Kap. 1 deutlich gemacht. Der nun folgende Abschnitt geht insofern über die damaligen ersten Einsichten hinaus, als nun der Bezug zur Quantenmechanik – hier wieder wörtlich genommen als die Quantentheorie zur klassischen Mechanik – deutlich gemacht werden kann.

16.2.1.1 Zustände

Postulat 1 Zustände werden durch 1-dimensionale Teilräume eines Hilbert-Raums dargestellt.

Die linearen Polarisationen lassen sich durch Richtungen in einer Ebene kennzeichnen; damit ist dieses Axiom bei Polarisationszuständen unmittelbar anschaulich. Es zeigt auch deutlich, weshalb ein (normierter) Vektor nur ein Repräsentant sein kann, denn ein Einheitsvektor **e** und sein Negatives −**e** definieren dieselbe Polarisationsrichtung.

Man beachte in diesem Zusammenhang die unterschiedlichen Vorstellungen, die wir mit verschiedenen Zweizustand-Systemen verbinden: Bei den Polarisationsfreiheitsgraden ist die Identifikation der möglichen Polarisationszustände mit den Strahlen leicht nachvollziehbar − hier sind eher die zyklischen Polarisationen und ihre Darstellung durch Strahlen in einem komplexen Vektorraum das Problem.

Bei Spinzuständen fällt es schon schwerer, zwei entgegengesetzte Spins mit orthogonalen Strahlen zu verbinden. Denkt man aber an das ‚Zwei-Orte-System' − also ein Teilchen, dem nur zwei mögliche Orte zur Verfügung stehen −, so ist schon die Vorstellung von Superpositionen zu diesen Ortszuständen problematisch.

Die Probleme scheinen damit zusammenzuhängen, dass wir sowohl mit dem Spin als auch mit dem Zwei-Orte-System klassische Vorstellungen verbinden: Beim Spin denken wir gerne an einen Vektor, der eine Rotationsachse bezeichnet, und beim Zwei-Orte-System an ein Punktteilchen, das sich nur an zwei Orten befinden kann. Sowohl der Spin als Eigenrotation wie auch das Konzept eines lokalisierten Teilchens scheinen dem Formalismus der Quantentheorie zu widersprechen. Der Übergang von einem Zwei-Orte-System zu einem N-Orte-System bis hin zu einem System, bei dem ein Kontinuum an Orten möglich ist, fällt dabei leichter als die Analogie zwischen der Polarisation und einem Zwei-Orte-System.

16.2.1.2 Observablen

Postulat 2 Observablen werden durch selbstadjungierte Operatoren (Matrizen) dargestellt.

Eine selbstadjungierte Matrix zeichnet ein Orthogonalsystem von Richtungen aus. Zu jeder dieser Richtungen gehört ein Eigenwert λ_i, der anzeigt, welche der Richtungen nach einer Messung der zugehörigen beobachtbaren Größe vorliegt. Umgekehrt ist eine selbstadjungierte Matrix auch durch die Vorgabe ihres vollständigen Orthogonalsystems von Eigenräumen sowie der zugehörigen Eigenwerte eindeutig bestimmt. Bei Zweizustand-Systemen lässt sich die Menge der Orthogonalsysteme durch die Menge der Antipoden auf der Bloch-Kugel darstellen. Zu je zwei solchen Antipoden kann man entsprechende ‚Polarisationsstrahlteiler' konstruieren: Für die Antipoden zu linearen Polarisationen sind dies entsprechend orientierte gewöhnliche Polarisationsstrahlteiler; für andere Antipoden muss man mit geeigneten Phasenverschiebern (z. B. $\lambda/4$-Plättchen bei zirkularer Polarisation) die Bloch-Kugel erst drehen. Bei Spinmessungen bestimmt die Richtung des Magnetfelds in einem Stern-Gerlach-Experiment die Antipoden. Hier ist offensichtlich, dass man zu jedem Orthogonalsystem auch eine entsprechende Messanordnung findet, die diese Aufspaltung vornimmt. Für Systeme mit mehr als zwei Zuständen ist dies nicht mehr so offensichtlich.

Statt bei Eigenzuständen von σ_3 an die h/v-Basis zu denken, kann man sich nach den Überlegungen aus Abschn. 16.1 ein System vorstellen, das nur zwei Orte (z. B. 0 und π auf einem Kreis) zulässt. Die Eigenzustände zu σ_3 können dann die Vektoren sein, die einen eindeutigen Ort charakterisieren (z. B. $(1, 0)$ und $(0, 1)$). Die Eigenzustände zu σ_1 (die p/m-Polarisationen) sind in dieser Interpretation zwei Zustände, die jeweils über diese beiden Orte verschmiert sind: $\frac{1}{\sqrt{2}}(1, 1)$ und $\frac{1}{\sqrt{2}}(1, -1)$. Dies sind aber Eigenzustände zu zyklischen Verschiebungen, und bei zwei Punkten ist das lediglich der Austausch dieser beiden Punkte.

16.2.1.3 Messwerte und Wahrscheinlichkeiten

Postulat 3   Die Eigenwerte einer selbstadjungierten Matrix entsprechen den möglichen Messwerten. Die Wahrscheinlichkeit für das Auftreten eines Messwerts β bei einer Messung im Zustand $|\alpha\rangle$ ist gleich $|\langle\beta|\alpha\rangle|^2 = \cos^2(\alpha - \beta)$.

Wir hatten schon erwähnt, dass die Zuweisung von Messwerten zu den möglichen Polarisationsrichtungen eines Strahlteilers willkürlich ist. Eine physikalische Zuordnung erhalten wir erst, wenn wir den Drehimpuls messen, der durch das Photon auf den Strahlteiler übertragen wird. Dies ist zwar bei einem makroskopischen Strahlteiler nicht möglich, aber bei der Absorption bzw. Emission von Photonen durch Atome kann man entsprechende Effekte beobachten.

Die Wahrscheinlichkeiten ergeben sich aus den bekannten Gesetzen bei der Polarisation von Licht: Das Skalarprodukt der Einheitsvektoren $|\alpha\rangle = \mathbf{e}_\alpha$ (der die Polarisation eines präparierten Lichtstrahls angibt) und $\mathbf{e}_\beta$ (der die Polarisationsrichtung eines Filters bzw. einer Achse des Strahlteilers angibt) entspricht der neuen Amplitude, und ihr Quadrat ist gleich der Intensität. Diese wird aber bei Einzelphotonen zu einer Wahrscheinlichkeit.

16.2.1.4 Die Reduktion des Quantenzustands

Postulat 4   Nach einer Messung mit Messwert β liegt der Eigenzustand $|\beta\rangle$ der Observablen zu diesem Messwert vor.

Auch dies entspricht den Erfahrungen bei Polarisationsfiltern bzw. Strahlteilern: Licht hat nach dem Passieren eines Filters genau die von dem Filter vorgegebene Polarisation. Erst diese Erfahrungstatsache erlaubt es uns, im Zusammenhang mit der Polarisation von einer ‚Eigenschaft' zu sprechen.

Auch hier wird wieder ein Unterschied in den verschiedenen Interpretationen deutlich: Bei der Polarisation von Licht akzeptieren wir leichter, dass beispielsweise ein Filter diesen Zustand erst erzeugt und wir durch das Messergebnis zwar den Zustand hinter dem Filter kennen, aber nur wenig über den Zustand vor dem Filter wissen. Darauf beruht ja auch das Prinzip der Quantenkryptographie. Bei einem Zwei-Orte-System fällt es schwerer anzunehmen, dass durch die Messung dem Teilchen erst ein bestimmter Ort zugewiesen wurde, obwohl es sich um dieselben mathematischen Gleichungen handelt.

Es ist die klassische Vorstellung von Teilchen, die hier zu einer Schwierigkeit führt. Eine Ortsmessung zwingt ein Quantenobjekt an einen bestimmten Ort, ähnlich wie ein h/v-Polarisationsstrahlteiler die Polarisation in eine der Möglichkeiten (h oder v) zwingt. Möglicherweise sollte man sich unter einem ‚Teilchen' grundsätzlich immer nur das Ereignis vorstellen, bei dem ein Quantenobjekt in einer Messung an einem bestimmten Ort nachgewiesen wird.

Oft hört man den Einwand, dass Teilchen schließlich immer als lokalisierte Objekte nachgewiesen werden, daher sei es legitim, sie sich auch als lokalisierte Objekte vorzustellen. Doch nehmen Sie auch an, dass in einem Kühlschrank immer das Licht brennt, nur weil es immer an ist, wenn man ihn öffnet?

16.2.1.5 Die Schrödinger-Gleichung

Postulat 5 Die zeitliche Entwicklung eines reinen Quantenzustands erfolgt nach einer Schrödinger-Gleichung.

Da die Polarisation von Licht im Vakuum eine Erhaltungsgröße ist, findet gewöhnlich nur eine triviale Zeitentwicklung statt, d. h., die Polarisation ändert sich nicht ($H = 0$). In Abschn. 4.2.5 hatte ich jedoch Beispiele angegeben, wie man den Polarisationszustand verändern kann.

Die Wirkung des Faraday-Effekts lässt sich durch eine Drehmatrix $R(\alpha)$ charakterisieren, wobei der Drehwinkel α proportional zur Strecke (und damit zu der Zeit) ist, die der Strahl innerhalb des transparenten Materials zurückgelegt hat. Diese pro Zeiteinheit konstante Drehung lässt sich durch eine Schrödinger-Gleichung beschreiben. Der Generator von $R(\alpha)$ ist

$$L = -\mathrm{i}\frac{\mathrm{d}}{\mathrm{d}\alpha}\left(\begin{array}{cc} \cos\alpha & -\sin\alpha \\ \sin\alpha & \cos\alpha \end{array}\right)\bigg|_{\alpha=0} = \left(\begin{array}{cc} 0 & \mathrm{i} \\ -\mathrm{i} & 0 \end{array}\right) = -\sigma_2. \qquad (16.23)$$

Der Winkel α ist proportional zum angelegten Magnetfeld B, zur zurückgelegten Strecke d in dem Material sowie zu einer Materialkonstanten V (die sogenannte Verdet-Konstante). Die zurückgelegte Strecke wiederum ist proportional zur Zeit und zu c_n (der Lichtgeschwindigkeit in dem Medium). Damit folgt $\alpha = VBc_nt$. Damit könnte die Schrödinger-Gleichung in der σ_3-Basis (der h/v-Basis) folgende Form haben:

$$\mathrm{i}\hbar\frac{\mathrm{d}}{\mathrm{d}t}|\psi\rangle = H|\psi\rangle \quad \text{mit} \quad H = \hbar VBc_n\sigma_2 \qquad (16.24)$$

Die Lösung dieser Gleichung lässt sich durch einen ‚unitären Zeitentwicklungsoperator' darstellen, das ist in diesem Fall einfach die Drehmatrix $R(\alpha)$ mit $\alpha = VBc_nt$, die eine kontinuierliche Drehung der Polarisationsachse beschreibt. Interpretiert man das Zweizustand-System als Zwei-Orte-System im Sinne des letzten Abschnitts, so oszilliert der Zustand des Teilchens zwischen den beiden Orten 0 und π hin und her. Dazwischen befindet er sich in Superpositionszuständen zu den beiden Orten.

Auch der Einfluss anisotroper Kristalle, die beispielsweise für $\lambda/4$-Plättchen verwendet werden, auf den Polarisationszustand von Licht lässt sich durch eine Schrödinger-Gleichung beschreiben. In diesem Fall ist der unitäre Zeitentwicklungsoperator in der Basis der schnellen und langsamen Achse durch

$$U(\theta) = \begin{pmatrix} 1 & 0 \\ 0 & e^{i\theta} \end{pmatrix} \tag{16.25}$$

gegeben. Es ist $\theta = 2\pi(c_1 - c_2)t/\lambda$, wobei c_1 bzw. c_2 jeweils die Lichtgeschwindigkeit entlang der schnellen und der langsamen Achse ist. Damit ist der ‚Hamilton-Operator' für die Schrödinger-Gleichung gleich

$$H = -i\hbar \frac{d}{dt} \begin{pmatrix} 1 & 0 \\ 0 & e^{i\theta} \end{pmatrix} \bigg|_{t=0} = \begin{pmatrix} 0 & 0 \\ 0 & \frac{2\pi\hbar(c_1-c_2)}{\lambda} \end{pmatrix} = \pi\hbar \frac{(c_1 - c_2)}{\lambda}(1 - \sigma_3). \tag{16.26}$$

Für die Ausbreitung in Medien, die den Polarisationszustand von Licht verändern, kann man daher ebenfalls eine Schrödinger-Gleichung formulieren.

16.2.2 Weitere Konzepte und Parallelen

Wir können noch weitere fundamentale Begriffe anhand der Polarisation verdeutlichen. Vielfach handelt es sich um Begriffe, die schon bei den Postulaten auftreten, sodass sich manche Aussagen wiederholen.

16.2.2.1 Komplementarität
Wenn wir Komplementarität im Sinne von Abschn. 16.1 als ‚maximal verschiedene Eigenräume' interpretieren, dann sind Messungen mit einem h/v-Polarisationsstrahlteiler und Messungen mit einem p/m-Polarisationsstrahlteiler komplementär. Die zugehörigen Polarisationsrichtungen sind komplementäre Eigenschaften.

Es ist auch offensichtlich, dass einem Photon, das die Eigenschaft der h/v-Polarisierung hat (also entweder h oder v), die Eigenschaft p oder m überhaupt nicht zukommt. Es ist keine Unkenntnis, die bezüglich dieser Eigenschaften vorliegt, sondern es macht gar keinen Sinn, in diesem Fall von einer p/m-Eigenschaft zu sprechen.

16.2.2.2 Unbestimmtheitsrelationen

Wir betrachten die beiden komplementären Strahlteileranordnungen h/v und p/m. Ist ein Strahl bezüglich der Achsen h/v polarisiert, ist die ‚Unschärfe' in Bezug auf diese Richtungen null. Bezüglich der p/m-Richtungen misst man für solche Strahlen aber eine maximale Unschärfe (statistisch gleichmäßig verteilte Werte).

In Übung 9.3 zu Kap. 9 wurde gezeigt, dass bei linearen Polarisationszuständen die Summe der Varianzen bezüglich der h/v-Richtung und der p/m-Richtung den Wert 1 hat, unabhängig von dem linearen Polarisationszustand, in dem diese Varianzen gemessen werden. Beide Varianzen können also nicht gleichzeitig beliebig klein gemacht werden. Allgemeiner wurde in Übung 9.4 gezeigt, dass für einen beliebigen Polarisationszustand (oder auch Spinzustand) $|\psi\rangle$ gilt: Sei

$$\Delta_i^2 = \langle\psi|\left(\sigma_i^2 - \langle\sigma_i\rangle^2\right)|\psi\rangle \tag{16.27}$$

$(i = 1, 2, 3)$, dann folgt

$$\sum_{i=1}^{3} \Delta_i^2 = 2. \tag{16.28}$$

Auch dies sind Beispiele für Unschärferelationen.

Eine typische Frage wie „Weshalb kann man Ort und Impuls nicht gleichzeitig messen?" überträgt sich im Polarisationsbild zu einer Frage der Form „Weshalb kann man nicht gleichzeitig eine h/v- und eine p/m-Messung vornehmen?"

16.2.2.3 Superpositionen

Man kann sich jede Polarisation als Superposition von zwei Anteilen bezüglich orthogonaler Achsen denken. Wie wir in Abschn. 1.4.3 gesehen haben, kann man eine solche Zerlegung mit einem Polarisationsstrahlteiler explizit realisieren. Und man kann die beiden Anteile auch wieder (durch einen zweiten Polarisationsstrahlteiler) ‚addieren' und erhält auf diese Weise den ursprünglichen Zustand zurück.

16.2.2.4 Messungen sind invasiv – Messungen kommutieren nicht

Auch diese Feststellungen lassen sich bei Polarisationsfiltern oder Polarisationsstrahlteilern leicht einsehen. Das schon in Kap. 1 erwähnte Beispiel von drei hintereinander aufgestellten Polarisationsfiltern, einer in h-Orientierung, einer in p-Orientierung und einer in v-Orientierung, zeigt dies deutlich. In der genannten Reihenfolge tritt noch rund ein Viertel des einfallenden Lichts hindurch. Ändert man die Reihenfolge der hinteren beiden Filter, tritt kein Licht mehr durch.

16.2.2.5 Eigenschaften entstehen im Augenblick der Messung

Ein linear diagonal polarisiertes Photon hat die Eigenschaft h/v nicht. Diese Eigenschaft entsteht erst, wenn man dieses Photon durch einen h/v-Polarisationsstrahlteiler treten lässt.

David Mermin schrieb 1985 einen Artikel mit dem provozierenden Titel *Is the moon there when nobody looks? Reality and the quantum theory.* Der Titel geht angeblich auf eine Frage Albert Einsteins an den Physiker Abraham Pais zurück: „…glauben Sie wirklich, dass der Mond nicht da ist, wenn niemand hinschaut?" David Mermin kommt in diesem Artikel im Wesentlichen zu dem Schluss, dass für mikroskopische Systeme – beispielsweise Photonen – tatsächlich erst die Beobachtung einer Eigenschaft diese Eigenschaft erzeugt. Er betrachtet in diesem Zusammenhang die Verletzung der Bell'schen Ungleichungen (Abschn. 8.4), aber auch die Experimente mit hintereinander aufgestellten Polarisationsfiltern lassen diesen Schluss plausibel erscheinen.

Probleme der Quantentheorie und offene Fragen

17

Es gibt viele Physiker, die behaupten, die Quantenmechanik habe keine Probleme. Die Begründungen dafür fallen sehr unterschiedlich aus. Positivisten oder Empiriker stellen sich auf den Standpunkt, das ‚Kochrezept' aus Kap. 5 erfülle alle Anforderungen, die man an eine physikalische Theorie stellen kann: Es erlaubt prinzipiell die Vorhersage der Ergebnisse (im Sinne von Erwartungswerten vieler Messungen) von jeder im Rahmen der Quantenmechanik denkbaren Messung an jedem physikalischen System, auf das die Quantentheorie anwendbar ist. Nach diesen Vorstellungen enthält der Formalismus der Quantentheorie auch keine Wahrscheinlichkeitsaussagen, sondern die Born'sche Regel bezieht sich auf relative Häufigkeiten, die sich an einem Ensemble von Systemen überprüfen lassen. Jede physikalische Deutung oder Interpretation der mathematischen Objekte wird als Metaphysik und nicht Teil des formalen Rahmens eingestuft. Auf der anderen Seite sieht beispielsweise ein ‚Bohmianer' (ein Anhänger der Bohm'schen Mechanik, siehe Kap. 19) ebenfalls keine Grundlagenprobleme in der Quantenmechanik. Er verwendet ein ontologisch abgeschlossenes und deterministisches Modell, von dem allerdings wesentliche Elemente experimentell nicht überprüft werden können. Seine Schwierigkeiten sind eher technischer Natur, doch für praktische Anwendungen kann er das ‚Kochrezept' ebenso verwenden wie jeder andere auch.

Wenn ich im Folgenden von ‚Quantentheorie' spreche, beziehe ich mich im Wesentlichen auf die Formulierung der Postulate aus Kap. 5 (das ‚Kochrezept der Quantentheorie'), wobei ich allerdings annehme, dass sich die Quantentheorie auch auf Einzelsysteme anwenden lässt und ihre Vorhersagen dort den Charakter von Wahrscheinlichkeiten für das Eintreffen von Ereignissen haben. Diese Anwendbarkeit der Quantentheorie auf Einzelsysteme um den Preis der Einführung einer ontologischen Wahrscheinlichkeit ist für manche Physiker das Wesentliche der Kopenhagener Deutung (vgl. Kap. 18). Ohne diesen Schritt fällt es mir allerdings schwer, die Quantentheorie als eine fundamentale Theorie zu begreifen (vgl. auch Abschn. 18.2.1).

© Springer-Verlag GmbH Deutschland, ein Teil von Springer Nature 2019
T. Filk, *Quantenmechanik (nicht nur) für Lehramtsstudierende*,
https://doi.org/10.1007/978-3-662-59736-1_17

Viele Physiker, insbesondere wenn sie einer eher traditionellen (z. B. der Kopenhagener) Interpretation der Quantenmechanik zuneigen, werden vermutlich zustim-
men, dass es Grundlagenprobleme der Quantenmechanik gibt. Zumindest das
Messproblem bzw. das Kollaps- oder Reduktionsproblem dürfte in diesem Zusammenhang genannt werden. Dieses Kapitel versucht einen groben Überblick über die
Probleme und die Grundlagenfragen zu geben, welche die Quantenmechanik (zumindest auf einer Metaebene) offen lässt. Dabei beschränke ich mich im Wesentlichen
auf das Messproblem und verwandte Konzepte sowie auf das Problem der Zeigerbasis. Im Abschn. 17.5 gehe ich kurz auf das Problem der Quantenkorrelationen und
den Begriff der ‚Kontextualität' ein. In Kap. 18 werden verschiedene Interpretationen, Modelle und Erweiterungen der Quantenmechanik und ihr Umgang mit diesen
Fragen und Problemen angesprochen.

17.1   Das Messproblem

Das schwerwiegendste unter den Problemen der Quantentheorie und für viele Physiker die einzige Inkonsistenz der Quantentheorie ist das Messproblem. Im Wesentlichen geht es darum, dass das ‚Kochrezept' der Quantentheorie aus Kap. 5 keine in
sich geschlossene Theorie bildet, sondern zu seiner Formulierung die Ankopplung an
eine ‚klassische Welt' benötigt, in der es keine beobachtbaren Superpositionen von
Zuständen gibt, insbesondere keine Superpositionen von Messergebnissen. In einer
fundamentalen Theorie sollte sich diese klassische Beschreibung aber als Grenzfall
einer quantentheoretischen Beschreibung ergeben, was jedoch auf Schwierigkeiten
stößt. Daher ist für viele Physiker die Quantentheorie keine fundamentale, sondern
nur eine phänomenologische Theorie.

17.1.1 Allgemeine Charakterisierung des Messproblems

Die Axiome der Quantentheorie (vgl. Kap. 5) unterscheiden zwei grundsätzli-
che Dynamiken, nach denen sich ein quantenmechanischer Zustand verändern
kann: 1) die zeitliche Entwicklung abgeschlossener Systeme, beschrieben durch die
Schrödinger-Gleichung, und 2) die Reduktion des Quantenzustands nach einer Messung. Das Messproblem entsteht, wenn man den Vorgang der Messung ebenfalls
durch eine Schrödinger-Gleichung beschreiben möchte, bei der das Messgerät als
Teil des zu beschreibenden Systems aufgefasst wird.

Etwas vereinfacht ausgedrückt kann man das ‚Messproblem' folgendermaßen
beschreiben: Die Zeitentwicklung abgeschlossener physikalischer Systeme ist deterministisch und folgt der Schrödinger-Gleichung. Der Kollaps (bzw. die Reduktion)
eines Quantenzustands nach einer Messung erfolgt nach einem probabilistischen
Gesetz und lässt sich *nicht* durch eine Schrödinger-Gleichung beschreiben. Doch
von einer Theorie, die den Anspruch erhebt, eine fundamentale Theorie der Natur-
beschreibung zu sein, würde man erwarten, dass auch Messgeräte und theoretisch
sogar die gesamte Umgebung (der gesamte Kosmos) zumindest im Prinzip durch

sie beschrieben werden können. Daher sollte sich auch im Rahmen der Quantentheorie erklären lassen, weshalb wir nach einer Messung einen reduzierten Zustand wahrnehmen.

In der axiomatische Formulierung der Quantentheorie (Kap. 5) beziehen sich zwei Postulate auf ‚Messungen‘: Postulat 4 fordert die Reduktion des Quantenzustands nach einem Messprozess und Postulat 3 bezieht sich auf die möglichen Messwerte und die Wahrscheinlichkeiten, bei einer Messung bestimmte Werte zu finden. Niels Bohr hat immer wieder betont, dass wir das Ergebnis von Messungen in der Sprache der klassischen Physik ausdrücken müssen. Die herkömmliche Formulierung der Quantentheorie setzt somit eine Unterteilung der Welt in das untersuchte Quantensystem und ein untersuchendes, klassisch zu beschreibendes System voraus. Dieses ‚klassisch zu beschreibend‘ ist ein *Muss*, kein *Kann*. Doch ohne die Möglichkeit einer geschlossenen quantentheoretischen Beschreibung auch des Messprozesses ist die Quantentheorie zumindest in dieser Hinsicht nur eine phänomenologische Theorie. Die Axiome, die sich auf den Messprozess beziehen, sollten eigentlich aus den Grundgleichungen für quantenmechanisch zu beschreibende Systeme ableitbar sein. John Bell schreibt dazu:

> The fact [...] that observation implies a dynamical interference, together with the belief that instruments after all are no more than large assemblies of atoms, and that they interact with the rest of the world largely through well-known electromagnetic interactions, seems to make this a distinctly uncomfortable level at which to replace analysis by axioms. [8]

Die Natur ist uns nicht in zwei Versionen gegeben und wir können uns nicht aussuchen, ob wir ein physikalisches System als klassisches oder als quantenmechanisches System vorliegen haben möchten. Jedes physikalische System besteht aus atomaren Bestandteilen bzw. Elementarteilchen und muss daher auf diesem Niveau durch eine Quantentheorie beschrieben werden können, zumindest wenn die Quantentheorie für sich den Anspruch einer fundamentalen Theorie erheben möchte. Was wir als ‚klassische Physik‘ bezeichnen, sollte sich als Grenzfall aus einer quantentheoretischen Beschreibung ergeben. Wenn wir von einem ‚klassischen System‘ sprechen, meinen wir lediglich, dass wir zur Beschreibung der uns interessierenden Eigenschaften dieses Systems den Formalismus der klassischen Physik verwenden können. Streng genommen gibt es keine ‚klassischen Systeme‘, sondern lediglich eine klassische Beschreibung bestimmter Eigenschaften eines physikalischen Systems. Entsprechend steht der Begriff ‚Quantensystem‘ vereinfacht für ein physikalisches System, zu dessen Beschreibung der Formalismus der Quantentheorie verwendet werden muss.

Damit hängen beim Messprozess die beiden Probleme – Reduktion des Quantenzustands und der Bezug der Quantenmechanik auf eine klassische, superpositionsfreie Beschreibung der Welt – eng zusammen.

17.1.2 Mathematische Formulierung des Messproblems

Betrachten wir nun das Problem etwas genauer im Rahmen des quantentheoretischen Formalismus. Wir unterscheiden zunächst zwei Teilsysteme (später wird noch ein drittes System – die Umgebung – hinzukommen): (1) das zu messende Quantensystem (S) und (2) das Messgerät (M), das mit dem Quantensystem in Wechselwirkung steht und schließlich durch eine Zeigerstellung (oder etwas Äquivalentes) Auskunft über den Zustand von S gibt. S wird als Quantensystem beschrieben. M wird zunächst ebenfalls quantenmechanisch beschrieben, soll als makroskopisches System jedoch die klassische Eigenschaft haben, nie in Superpositionszuständen bezüglich seiner Ergebnisanzeige vorzuliegen.

Der Anfangszustand des Quantensystems S,

$$|\phi\rangle_S = \sum_i \alpha_i |s_i\rangle_S, \qquad (17.1)$$

sei eine Superposition bezüglich der Eigenschaften $\{s_i\}$, die von M gemessen werden können. Das Messgerät selbst sei zunächst in einem neutralen Anfangszustand $|0\rangle_M$ und nehme die Zustände $|\varphi_i\rangle_M$ ein, wenn S im Zustand $|s_i\rangle_S$ ist. Die Alternativen $\{\varphi_i\}$ entsprechen den verschiedenen Zeigerstellungen. Der Anfangszustand des Gesamtsystems ist

$$|\Psi\rangle = \left(\sum_i \alpha_i |s_i\rangle_S\right) \otimes |0\rangle_M. \qquad (17.2)$$

Nun finde eine Wechselwirkung zwischen dem Quantensystem S und dem Messgerät M statt, sodass der Zustand des Messgeräts (die Zeigerstellung) mit dem Zustand des Quantensystems korreliert ist:

$$|\Psi\rangle \overset{\text{Wechselwirkung}}{\longrightarrow} \sum_i \left(\alpha_i |s_i\rangle_S \otimes |\varphi_i\rangle_M\right) \qquad (17.3)$$

Das Quantensystem und das Messgerät bilden nun einen gemeinsamen, verschränkten Zustand. Nach den Postulaten der Quantentheorie kommt es nun zu einer Reduktion des Quantenzustands, und zwar mit der Wahrscheinlichkeit $|\alpha_k|^2$ in den Zustand k:

$$|\Psi\rangle \overset{\text{Wechselwirkung}}{\longrightarrow} \left(\sum_i \alpha_i |s_i\rangle_S \otimes |\varphi_i\rangle_M\right) \overset{\text{Reduktion}}{\longrightarrow} |s_k\rangle_S \otimes |\varphi_k\rangle_M \qquad (17.4)$$

Während der erste Schritt – durch die Wechselwirkung entsteht ein verschränkter Zustand zwischen dem Quantenssystem und dem Messgerät – im Rahmen der Quantentheorie problemlos durch eine Schrödinger-Gleichung beschrieben werden kann, ist eine Beschreibung des zweiten Schritts – die Reduktion des Zustands – durch eine Schrödinger-Gleichung nicht möglich. Das ist schon alleine deshalb offensichtlich, weil der zweite Schritt ein stochastischer ist, wohingegen die Schrödinger-Gleichung deterministisch ist.

Hier hilft auch der Einwand nicht, das Messgerät könne nie zweimal in exakt demselben Zustand präpariert werden und die unkontrollierbaren Freiheitsgrade des Messgeräts seien für den stochastischen Ausgang verantwortlich. Anders ausgedrückt: Das Messgerät darf nicht durch einen reinen Zustand beschrieben werden, sondern muss durch eine Dichtematrix dargestellt werden. Wenn das Messgerät an Quantensysteme gekoppelt wird, die in reinen Zuständen $|s_k\rangle$ vorliegen, muss das Ergebnis immer φ_k sein, sonst handelt es sich nicht um ein gutes Messgerät. Auf diese Eigenschaft dürfen die unkontrollierbaren Freiheitsgrade keinen Einfluss haben, und an dem wesentlichen Ergebnis ändert auch die Beschreibung des Messgeräts durch eine Dichtematrix nichts.

Die Begründung für den zweiten Schritt lautet: Das Messgerät ist ein makroskopisches System und kann sich nicht in einem Superpositionszustand bezüglich seiner Zeigerstellungen befinden. Es muss eine wohldefinierte Zeigerstellung einnehmen. Die Wahrscheinlichkeit dafür ergibt sich nach der Born'schen Regel. Streng genommen ist schon der Zwischenzustand, bei dem das Quantensystem und das Messgerät verschränkt sind, physikalisch nicht realisiert. Hier wird also der Kollaps hineingeschmuggelt.

Was hindert uns jedoch, auch das Messgerät (einschließlich der Zeigerstellung) quantenmechanisch zu beschreiben? In diesem Fall, so lautet die herkömmliche Argumentation, muss neben dem quantenmechanischen Messgerät noch eine klassisch zu beschreibende Umgebung E (anfänglich im Zustand $|\psi\rangle_E$) berücksichtigt werden. Nun ist der Anfangszustand des Gesamtsystems

$$|\Psi\rangle = \left(\sum_i \alpha_i |s_i\rangle_S\right) \otimes |0\rangle_M \otimes |\psi\rangle_E \tag{17.5}$$

und nach der Wechselwirkung zwischen Quantensystem und Messgerät liegt der Zustand

$$|\Psi\rangle \overset{\text{Wechselwirkung}}{\longrightarrow} \left(\sum_i \alpha_i |s_i\rangle_S \otimes |\varphi_i\rangle_M\right) \otimes |\psi\rangle_E \tag{17.6}$$

vor. Doch es gibt natürlich auch eine Wechselwirkung zwischen dem Messgerät und der Umgebung, sodass auch der Zustand der Umgebung mit dem Zustand des Messgeräts korreliert wird (beispielsweise wird unser Gehirnzustand mit dem Messgerät korreliert, wenn wir die Zeigerstellung ablesen):

$$|\Psi\rangle \overset{\text{Wechselwirkung}}{\longrightarrow} \left(\sum_i \alpha_i |s_i\rangle_S \otimes |\varphi_i\rangle_M\right) \otimes |\psi\rangle_E \tag{17.7}$$

$$\overset{\text{Wechselwirkung}}{\longrightarrow} \left(\sum_i \alpha_i |s_i\rangle_S \otimes |\varphi_i\rangle_M \otimes |\psi_i\rangle_E\right) \tag{17.8}$$

$$\overset{\text{Reduktion}}{\longrightarrow} |s_k\rangle_S \otimes |\varphi_k\rangle_M \otimes |\psi_k\rangle_E \tag{17.9}$$

Die Argumentation ist ähnlich wie vorher: Während die Messapparatur quantenmechanisch beschrieben wird, ist nun die Umgebung E als klassisches System zu beschreiben und darf sich daher nicht in einem Superpositionszustand befinden. Das Ergebnis ist dasselbe: Nach der Messung liegt ein reiner Zustand vor, bei dem sich das Quantensystem S in dem Zustand $|s_k\rangle$ befindet, das Messgerät hat entsprechend die Zeigerstellung φ_k und die Umgebung ist mit diesem Messergebnis ‚konform'.

Wir sehen somit, dass es keinen Unterschied macht, ob wir den Schnitt zwischen quantentheoretischer und klassischer Beschreibung – diesen Schnitt bezeichnet man auch oft als Heisenberg-Schnitt – zwischen das Quantensystem S und das Messgerät M legen oder zwischen das Messgerät M und die Umgebung E. Wir sind frei in der Wahl, wo wir die Trennung zwischen quantenmechanisch zu beschreibender und klassisch zu beschreibender Welt ziehen. Irgendwo in unserem Gehirn entsteht jedoch das, was wir eine bewusste Wahrnehmung nennen, und diese erfahren wir nicht als Superpositionszustand. Zumindest diese subjektive Wahrnehmung gehört auf die Seite der klassischen Beschreibungsebene.

17.2 Dekohärenz

Offensichtlich können wir das Postulat zur Reduktion des Quantenzustands nicht aus der Dynamik einer Schrödinger-Gleichung ableiten. Streng genommen müssen wir jedoch nicht erklären, wie es zu einer Reduktion eines Quantenzustands kommt, sondern nur, weshalb wir nie eine Superposition makroskopischer Eigenschaften (beispielsweise von Zeigerstellungen an einem Messgerät) *beobachten*. Hierzu wurden gerade in den letzten 40 bis 50 Jahren Fortschritte gemacht, und das Zauberwort in diesem Zusammenhang lautet ‚Dekohärenz'. Vereinfacht ausgedrückt bedeutet dies, dass sich in einem Superpositionszustand aus klassisch unterscheidbaren Möglichkeiten (z. B. verschiedene Zeigerstellungen eines Messgeräts) keine Interferenzen beobachten lassen, weil diese Beiträge zu verschieden (‚dekohärent') sind.

Es existieren verschiedene Vorstellungen und dementsprechend verschiedene Definitionen von Dekohärenz, und das Problem einer mathematisch präzisen Definition gleicht in mehrfacher Hinsicht dem Problem der Definition der Entropie in der klassischen statistischen Mechanik. Wird ein Quantensystem durch eine Dichtematrix ρ beschrieben (vgl. Abschn. 5.6), ist ein mögliches Maß für Dekohärenz die *von Neumann-Entropie:*

$$S = -\text{Spur}\,\rho \ln \rho = -\sum_i p_i \ln p_i \qquad (17.10)$$

$\{p_i\}$ sind die Eigenwerte von ρ. Handelt es sich bei ρ um einen reinen Zustand, wäre nach dieser Definition die Entropie und somit das Dekohärenzmaß null.

Das bedeutet jedoch nicht, dass für einen reinen Zustand $|\psi\rangle$ – ausgedrückt z. B. durch einen Projektionsoperator $P = |\psi\rangle\langle\psi|$ – die Dekohärenz immer verschwindet. Ich gebe nun eine Definition für ein Dekohärenzmaß an, mit der auch reine Zustände eine von null verschiedene Dekohärenz haben können.

Während von den Gründern der Quantenmechanik zunächst nur gefordert wurde, dass eine Observable in der Quantenmechanik durch einen selbstadjungierten Operator dargestellt wird, hat Dirac auch das Umgekehrte gefordert: Jeder selbstadjungierte Operator repräsentiert eine Observable. Versteht man unter einer Observablen, dass es zu ihr eine realisierbare Messvorschrift geben muss, ist diese Aussage vermutlich falsch. Nur von den wenigsten selbstadjungierten Operatoren kennen wir die zugehörigen Messvorschriften, und bei Vielteilchensystemen ist es praktisch unmöglich, eine vollständige (maximale) Messung (siehe Abschn. 5.5) vorzunehmen. Denken wir an ein makroskopisches System mit rund 10^{23} Teilchen, ist eine vollständige Messung bzw. kontrollierte Beeinflussung des Systems unmöglich.

Statt der Annahme, alle selbstadjungierten Operatoren seien auch Observablen, betrachten wir einen Satz $\{A_i\}$ von selbstadjungierten Operatoren, von denen wir annehmen, dass sie im Prinzip beobachtbar sind. Dieser Satz muss nicht endlich sein, beispielsweise rechnet Kurt Gottfried in seinem Lehrbuch der Quantenmechanik [38] alle räumlich lokalen (vgl. Abschn. 10.2.5) selbstadjungierten Operatoren zu den Observablen. Wir können nun Äquivalenzklassen von Dichtematrizen definieren, die sich bezüglich dieses Satzes von Operatoren nicht unterscheiden lassen:

$$\rho_1 \sim \rho_2 \iff \text{Sp}\,\rho_1 A_i = \text{Sp}\,\rho_2 A_i \quad \text{für alle } i \tag{17.11}$$

Bezüglich aller uns zur Verfügung stehenden Observablen sind ρ_1 und ρ_2 damit gleichwertig. John Bell hat in diesem Zusammenhang den Begriff FAPP ('for all practical purposes') geprägt: ρ_1 und ρ_2 sind FAPP gleich.

Nun definieren wir als ein Maß für die Dekohärenz eines (möglicherweise reinen) Zustands P die maximale von Neumann-Entropie einer Dichtematrix ρ, die zur selben Äquivalenzklasse wie P gehört. ρ und P sind also durch die uns zur Verfügung stehenden Observablen nicht zu unterscheiden. Der Vorteil dieser Definition, auch auf reine Zustände anwendbar zu sein, ist durch den Nachteil erkauft, dass Dekohärenz – zumindest im Prinzip – nur relativ zu einer Observablenmenge definiert wird. Dies gilt aber auch für die meisten Definitionen der Entropie in der klassischen statistischen Mechanik.

Der Schritt aus Gl. 17.9 wird nun folgendermaßen begründet: Der reine Zustand aus Gl. 17.8 ist durch keine uns zur Verfügung stehende Observable von einer Dichtematrix

$$\rho = \sum_i |\alpha_i|^2 \, |s_i\rangle_S \otimes |\varphi_i\rangle_M \otimes |\psi_i\rangle_E \, _E\langle\psi_i| \otimes _M\langle\varphi_i| \otimes _S\langle s_i| \tag{17.12}$$

zu unterscheiden, da die durch $|\psi\rangle_E$ beschriebenen Umgebungsvariablen gerade die Freiheitsgrade bezeichnen, die von uns nicht beobachtet bzw. beeinflusst werden können. FAPP dürfen wir den reinen Zustand aus Gl. 17.8 durch die Dichtematrix in Gl. 17.12 ersetzen.

Allerdings ist damit immer noch nicht der Schritt der Reduktion erklärt. Wie John Bell in einer seiner berühmten Kritiken am Messprozess betonte [8], handelt es sich immer noch um eine Superposition (im Sinne eines logischen UND) von verschiedenen Möglichkeiten und nicht um klassische Alternativen (im Sinne logischer ODER):

The idea that elimination of coherence, in one way or another, implies the replacement of 'and' by 'or', is a very common one among solvers of the 'measurement problem'. Tatsächlich betrachten die meisten Physiker heute die Dekohärenz nicht als Erklärung für das Kollapspostulat, sondern nur als Erklärung für die fehlende Interferenz zwischen makroskopisch verschiedenen Möglichkeiten.

Wir haben zwar geklärt, weshalb wir eine klassische Welt – wie bei einem reduzierten, reinen Zustand – wahrnehmen, nicht aber, weshalb der quantentheoretische Zustand tatsächlich in diesen reduzierten Zustand übergeht. Eine extreme Folgerung aus dem Gesagten führt unweigerlich auf die Viele-Welten-Theorie (siehe Abschn. 18.2.4).

17.3 Schrödingers Katze

Eine der Reaktionen auf den Artikel von Einstein, Podolsky und Rosen (siehe Abschn. 8.3) war ein Artikel von Erwin Schrödinger im selben Jahr 1935. Hier nimmt Schrödinger eine Bestandsaufnahme der Quantenmechanik vor. Unter anderem argumentiert er, dass wir die Quantenmechanik nicht vollständig von der klassischen Physik trennen können [73]. Er wollte damit dem Einwand entgegentreten, dass die Quantenmechanik nur atomare Vorgänge betrifft und daher keinerlei Einfluss auf makroskopische Phänomene haben kann. Schrödinger wollte durch sein etwas makabres Beispiel deutlich machen, dass dieser Einwand falsch ist und Quanteneffekte durchaus einen makroskopischen Einfluss haben können. Schrödinger selbst gibt folgendes Beispiel:

> Man kann auch ganz burleske Fälle konstruieren. Eine Katze wird in eine Stahlkammer gesperrt, zusammen mit folgender Höllenmaschine (die man gegen den direkten Zugriff der Katze sichern muß): in einem GEIGERschen Zählrohr befindet sich eine winzige Menge radioaktiver Substanz, *so* wenig, daß im Lauf einer Stunde *vielleicht* eines von den Atomen zerfällt, ebenso wahrscheinlich aber auch keines; geschieht es, so spricht das Zählrohr an und betätigt über ein Relais ein Hämmerchen, das einen Kolben mit Blausäure zertrümmert. Hat man dieses ganze System eine Stunde lang sich selbst überlassen, so wird man sich sagen, daß die Katze noch lebt, *wenn* inzwischen kein Atom zerfallen ist. Der erste Atomzerfall würde sie vergiftet haben. Die ψ-Funktion des ganzen Systems würde das so zum Ausdruck bringen, daß in ihr die lebende und die tote Katze (s.v.v.) zu gleichen Teilen gemischt oder verschmiert sind.

Natürlich erscheint es absurd, dass die Katze gleichzeitig in einem Superpositionszustand aus ‚tot' *und,* ‚lebendig' existieren soll, und erst die Beobachtung, beispielsweise durch das Öffnen der Kammer, zu einer Reduktion auf ‚tot' *oder,* ‚lebendig' führt. Meist wird argumentiert, dass schon lange bevor ein Beobachter die Kammer öffnet, das makroskopische Innere der Kammer durch Dekohärenzeffekte in einen reinen Zustand übergegangen ist, doch damit ist das Problem nicht wirklich gelöst: Wenn die Kammer vollkommen von ihrer Umgebung isoliert, d. h. keinerlei Wechselwirkung (auch nicht indirekt über die Bestandteile der Kammerwand) zwischen dem

Inneren der Kammer und der Umgebung des Beobachters möglich ist, sollte die Kammer als Gesamtsystem immer noch durch einen Superpositionszustand beschrieben werden. Wie schon in Abschn. 17.2 betont wurde, führen Dekohärenzeffekte lediglich dazu, dass keinerlei Interferenzen zwischen den beiden Möglichkeiten mehr nachweisbar sind, nicht aber zu einer Reduktion auf eine der beiden Möglichkeiten.

Gelegentlich wurde auch folgende Variante vorgeschlagen, mit der man den Unterschied zwischen Superposition und reinem Zustand nachweisen wollte: Statt der Katze befindet sich in der Kammer eine Uhr, die über einen geeigneten Mechanismus durch den Geigerzähler gestoppt wird, sobald das Atom zerfallen ist. Öffnet man nun den Kasten, kann man an der Uhr ablesen, wann das Atom zerfallen ist und somit scheinbar nachweisen, dass eventuell schon seit längerem kein Superpositionszustand mehr vorliegt. Dieses Argument ist aber falsch. Nach dem Formalismus der Quantentheorie befindet sich bei einer vollkommen isolierten Kammer das System in einer Superposition aus sehr vielen Zuständen: Zu jedem möglichen Zerfallszeitpunkt und damit zu jeder möglichen Zeigerstellung der Uhr gibt es einen Beitrag zum Gesamtzustand. Durch die Beobachtung wird aus diesem verschmierten Kontinuum superponierter Zustände ein Zustand zum Fakt, und das kann auch ein Zustand sein, bei dem die Uhr schon vor langer Zeit angehalten wurde.

Letztendlich ist Schrödingers Katze also nur eine besondere Variante des Messproblems, auch wenn Schrödinger sein Beispiel ursprünglich für eine andere Argumentation gedacht hatte.

17.4 Das Zeigerbasis-Problem

Wir haben bei der Formulierung des Messproblems sehr suggestiv eine Entwicklung des Quantenzustands nach Basiszuständen vorgenommen, bezüglich derer ein klassisch zu beschreibendes Messgerät seine verschiedenen Zeigerstellungen einnimmt. Doch was zeichnet diese Basis aus? Anders ausgedrückt: Weshalb entwickelt sich der Quantenzustand eines Messgeräts gerade so, dass er bezüglich der Zeigerbasis dekohärent wird?

Betrachten wir nochmals Gl. 17.4:

$$|\Psi\rangle \xrightarrow{\text{Wechselwirkung}} \left(\sum_i \alpha_i |s_i\rangle_S \otimes |\varphi_i\rangle_M \right) \xrightarrow{\text{Reduktion}} |s_k\rangle_S \otimes |\varphi_k\rangle_M \qquad (17.13)$$

Wir entwickeln nun jeden Eigenzustand zur Zeigerbasis $|\varphi_i\rangle_M$ nach einer anderen Basis

$$|\varphi_i\rangle_M = \sum_a b_a^i |\phi_a\rangle_M \qquad (17.14)$$

und setzen diese Entwicklung in den verschränkten Zustand unmittelbar nach der Wechselwirkung zwischen Messgerät und Quantensystem ein:

$$\sum_i \alpha_i |s_i\rangle_S \otimes |\varphi_i\rangle_M = \sum_i \alpha_i |s_i\rangle_S \otimes \left(\sum_a b_a^i |\phi_a\rangle_M \right) \qquad (17.15)$$

$$= \sum_a \left(\sum_i b_a^i \alpha_i |s_i\rangle_S \right) \otimes |\phi_a\rangle_M \qquad (17.16)$$

Derselbe verschränkte Zustand erlaubt also einmal eine Entwicklung bezüglich der Zeigerbasis $\{|\varphi_i\rangle_M\}$ des Messgeräts und einmal eine Entwicklung nach der Basis $\{|\phi_a\rangle_M\}$. Dabei braucht uns die Tatsache, dass im Allgemeinen die Zustände

$$|\sigma_a\rangle_S = \sum_i b_a^i \alpha_i |s_i\rangle_S \qquad (17.17)$$

keine Orthonormalbasis bilden, nicht weiter zu stören. Erstens gibt es Transformationen der genannten Art, die wieder auf Orthonormalbasen führen, und zweitens muss die Entwicklung eines Quantenzustands nicht nach einer Orthonormalbasis erfolgen.

Betrachten wir nun die Zerlegung des Gesamtzustands in der Form von Gl. 17.16, so könnte die Dekohärenz ebenso gut nach der neuen (makroskopischen) Basis $\{|\phi_a\rangle_M\}$ erfolgen. Was zeichnet die Zeigerbasis aus, dass der Gesamtzustand keine Superposition von Zuständen mit einer wohldefinierten Zeigerstellung ist?

Auch wenn noch nicht alle Einzelheiten dieser Frage gelöst und verstanden sind, herrscht doch ein gewisser Konsens, dass die Art der Wechselwirkungen zwischen physikalischen Objekten diese Basis festlegt. Die Wechselwirkungen zwischen Elementarteilchen sind in der Raumzeit lokal (dies ist eine Folgerung aus der relativistischen Invarianz und wird manchmal auch als Mikrokausalität bezeichnet). Diese Lokalität könnte die Ortsraumbasis auszeichnen, sodass eine Dekohärenz durch die Wechselwirkung mit der Umgebung bezüglich räumlich verschiedener Zeigerstellungen erfolgt. Anders ausgedrückt: Wegen der Mikrokausalität der fundamentalen Wechselwirkungen nehmen wir keine Superpositionen von makroskopischen, räumlich verschiedenen Materieverteilungen wahr.

17.5 Quantenkorrelationen und Kontextualität

Quantenkorrelationen wurden schon in Kap. 9 im Zusammenhang mit verschränkten Zuständen und den Bell'schen Ungleichungen angesprochen. Sie bilden kein Problem der Quantentheorie, allerdings wird immer noch diskutiert, inwieweit solche Korrelationen im Einklang bzw. Widerspruch zur Relativitätstheorie stehen. Die wesentliche Schlussfolgerung aus den Verletzungen der Bell'schen Ungleichungen in der Quantentheorie ist, dass die Ergebnisse von Messungen an zwei verschränkten

Systemen nicht schon vor der Messung feststehen können, sondern erst im Augenblick der Messung generiert werden. Doch wenn diese verschränkten Systeme sehr weit voneinander entfernt sind und die Messungen außerhalb der jeweiligen Lichtkegel erfolgen, erhebt sich die Frage, wie diese Ergebnisse korreliert sein können. Quantenkorrelationen werden also erst zu einem ‚Problem‘, wenn man einen objektiven Realismus bezüglich der gemessenen Attribute mit einem strengen Lokalitätsbegriff der Relativitätstheorie verbinden möchte. Daher gelten die Verletzungen von Bell'schen Ungleichungen auch als einschneidende Einschränkung an Modelle mit verborgenen Variablen.

Man kann die Schlussfolgerungen aus den Verletzungen der Bell'schen Ungleichungen auch unter einem anderen Gesichtspunkt betrachten, der weniger die Nichtlokalität der Quantentheorie betont, sondern das, was man Kontextualität (oder manchmal auch Quantenkontextualität) nennt. Meist wird dieses Konzept neben John Bell den Mathematikern Simon Kochen und Ernst Specker zugeschrieben [51] und ist als Kochen-Specker-Theorem bekannt. Im Prinzip geht das Theorem allerdings auf Andrew Gleason zurück [37] und in Bezug auf diese Arbeit hat John Bell auch die Folgerungen für die Quantentheorie diskutiert [6].

Das Kochen-Specker-Theorem besagt vereinfacht Folgendes: Gegeben seien drei Observablen (selbstadjungierte Matrizen) A, B und C in einem Hilbert-Raum von mindestens drei Dimensionen. Es sei $[A, B] = 0$ und $[A, C] = 0$ (die Größe A kann also sowohl gleichzeitig mit B als auch mit C gemessen werden), allerdings sei $[B, C] \neq 0$ (B und C können also nicht gleichzeitig gemessen werden). Dann kann der gemessene Wert von A davon abhängen, ob A zusammen mit B oder zusammen mit C gemessen wird.

Die angegebenen Kommutatorbeziehungen können in zweidimensionalen Vektorräumen nicht auftreten, allerdings in dreidimensionalen Vektorräumen schon, sofern die Matrizen A, B und C jeweils nur zwei Messwerte zulassen, also entartete Eigenräume haben.

Kontextualität oder, etwas umgangssprachlicher ausgedrückt, Kontextabhängigkeit ist uns aus dem Alltag geläufig: Worte können je nach Kontext eine andere Bedeutung haben (z. B. hat das Wort ‚Jaguar‘ im Kontext ‚Auto‘ eine andere Bedeutung als im Kontext ‚Raubtier‘) und auch Symbole oder Bilder können kontextabhängig sein. Aber in der Physik würde man nicht erwarten, dass beispielsweise das Ergebnis einer Spinmessung an einem Teilchen davon abhängt, welche Observable an einem anderen Teilchen gemessen wird. Genau das ist aber beispielsweise bei verschränkten Systemen der Fall: Das Ergebnis einer Polarisationsmessung an einem Photon kann davon abhängen, welche Polarisationsrichtung an einem anderen (mit dem ersten verschränkten) Photon gemessen wird. Anders lassen sich die Verletzungen von Bell'schen Ungleichungen an verschränkten Photonen, wie sie in Abschn. 8.4 behandelt wurden, nicht erklären.

Bereits 1960 hatte Ernst Specker in einem sehr mathematischen Artikel auf die seltsame ‚Logik‘ der Quantentheorie verwiesen und in diesem Zusammenhang die Parabel des ‚Sehers von Arba'ilu‘ formuliert (für einen mathematischen Artikel sehr ungewöhnlich) [75]. Die graue Box enthält den Originaltext von Ernst Specker. Der physikalische Hintergrund dieser Geschichte ist die Ungleichung von d'Espagnat (vgl. Abschn. 8.4.1): Die drei Kästchen in Speckers Geschichte entsprechen drei Eigenschaften eines Quantensystems, z. B. drei verschiedenen Polarisationsrichtungen eines Photons. Nur zwei dieser Eigenschaften können an dem System gemessen werden. Für ein Photon ist dies nicht direkt möglich, aber wenn zwei Photonen in einem EPR-Zustand präpariert wurden und man annehmen darf, dass man aus der Messung einer bestimmten Polarisationsrichtung an einem der beiden Photonen auf die entgegengesetzte Polarisationseigenschaft bezüglich dieser Richtung an dem anderen Photon schließen darf, können wir zwei Polarisationsrichtungen an einem Photon gleichzeitig messen: die eine Richtung an dem Photon selbst und die andere Richtung indirekt, indem wir sie an dem zweiten Photon messen. Es kann also (indirekt) die Polarisation in Bezug auf zwei Richtungen an einem Photon bestimmt werden. In Speckers Parabel stellt sich nun heraus, dass man bezüglich beider Richtungen immer verschiedene Ergebnisse erhält, was zwar in Einzelfällen möglich ist, aber bei sehr vielen Messungen (an vielen verschränkten Photonenpaaren) sollten auch mal Fälle auftreten, bei denen beide Messungen dasselbe Ergebnis liefern: Bei drei Eigenschaften, die jeweils nur zwei mögliche Messergebnisse erlauben, müssen immer mindestens zwei gleich sein.

Der Seher von Arba'ilu

An der assyrischen Prophetenschule in Arba'ilu unterrichtete zur Zeit des Königs Asarhaddon ein Weiser aus Ninive. Er war ein hervorragender Vertreter seines Faches (Sonnen- und Mondfinsternisse), der ausser an den Himmelskörpern fast nur an seiner Tochter Anteil nahm. Sein Lehrerfolg war bescheiden, das Fach galt als trocken und verlangte wohl auch mathematische Vorkenntnisse, die kaum vorhanden waren. Fand er so im Unterricht bei den Schülern nicht das Interesse, das er sich gewünscht hatte, so wurde es ihm auf anderem Gebiet in überreichem Masse zu Teil: Kaum hatte seine Tochter das heiratsfähige Alter erreicht, so wurde er von Schülern und jungen Absolventen mit Heiratsanträgen für sie überhäuft. Und wenn er auch nicht glaubte, dass er sie für immer bei sich behalten wollte, so war sie doch noch viel zu jung und die Freier ihrer auch keineswegs würdig. Und damit sich jeder gleich selbst von seiner Unwürdigkeit überzeugen konnte, versprach er sie demjenigen zur Frau, der eine ihm gestellte Aufgabe im Prophezeien löse. Der Freier wurde vor einen Tisch geführt, auf dem reihweis drei Kästchen standen, und aufgefordert, anzugeben, welche Kästchen einen Edelstein enthalten und welche leer seien. Und wie mancher es auch versuchte, es schien unmöglich, die Aufgabe zu lösen. Nach seiner Prophezeiung wurde nämlich jeder Freier vom Vater aufgefordert, zwei Kästchen zu öffnen, welche er beide als leer oder beide als nicht leer bezeichnet hatte: es stellte sich stets heraus, dass das eine einen Edelstein enthielt und das andere nicht, und zwar lag der Edelstein bald im ersten, bald im zweiten der geöffneten Kästchen. Wie aber sollte es möglich sein, von drei Kästchen weder zwei als leer noch zwei als nicht leer zu bezeichnen? Die Toch-

ter wäre so wohl bis zum Tode ihres Vaters ledig geblieben, hätte sie nicht nach der Prophezeiung eines Prophetensohnes hurtig selbst zwei Kästchen geöffnet, und zwar eines von den als gefüllt und eines von den als leer bezeichneten, welche sich denn auch wirklich als solche erwiesen. Auf den schwachen Protest des Vaters, dass er zwei andere Kästchen geöffnet haben wollte, versuchte sie auch noch das dritte Kästchen zu öffnen, was sich aber als unmöglich erwies, worauf der Vater die nicht widerlegte Prophezeiung brummend als gelungen gelten liess [75].

Die Situation aus Speckers Parabel lässt sich nicht erklären, wenn man annimmt, dass die Eigenschaften schon vor der Messung festliegen (wie man es bei der Eigenschaft ‚enthält einen Edelstein' erwarten würde), und die Freier in ihrer Wahl der Kästchen auch von dem Seher nicht beeinflusst wurden. Kontextualität bedeutet, dass die Eigenschaft erst in dem Augenblick entsteht, in dem sie gemessen wird, oder anders ausgedrückt, dass die Entscheidung, ob sich in einem Kästchen ein Edelstein befindet oder nicht, erst im Augenblick des Öffnens entschieden wird, und dann hängt das Ergebnis der zweiten Messung davon ab, welches Ergebnis bei der ersten erzielt wurde. Tatsächlich drückt die Ungleichung von Wigner und d'Espagnat zwar keine vollständige Antikorrelation der Variablen aus (wie es in der Parabel von Specker der Fall ist), aber die Wahrscheinlichkeit, zwei verschiedene Ergebnisse zu erhalten, ist größer, als man es bei der Annahme einer objektiven Realität, bei der die Ergebnisse schon vor der Messung festliegen, erwarten kann (siehe auch Übung 8.9).

Interpretationen der Quantentheorie   18

Im diesem Kapitel werden verschiedene Deutungen bzw. Modelle und Erweiterungen der Quantenmechanik und ihr Umgang mit den in Kap. 17 angesprochenen Fragen und Problemen betrachtet. Dabei kann ich hier nur auf die gängigsten Ansätze eingehen: die Kopenhagener Deutung, Ensemble-Interpretationen, Kollapsmodelle, die ‚Viele-Welten'-Interpretation und QBism. Der Bohm'schen Mechanik ist ein eigenes Kapitel gewidmet. Das ist nur eine kleine Auswahl aus einer mittlerweile fast unüberschaubaren Menge an Interpretationen und Deutungsansätzen. Einen recht guten Einstieg findet man auf der Wikipedia-Seite ‚Interpretations of quantum mechanics' sowie in den vielen dort angegebenen Links und Referenzen (insbesondere enthält der ‚Biographic Guide' von Cabello [17] eine sehr umfangreiche Literaturliste).

18.1   Die Kopenhagener Deutung

Obwohl die sogenannte ‚Kopenhagener Deutung' oft als die Standardinterpretation oder auch traditionelle Interpretation der Quantenmechanik bezeichnet wird, gibt es keine allgemein anerkannte Definition, worin diese Deutung genau besteht. Man kann bestenfalls eine Sammlung von Konzepten angeben, die von den meistern Physikern als kennzeichnend für die Kopenhagener Deutung angesehen werden. Dazu zählen in jedem Fall die in Kap. 5 angegebenen Postulate, insbesondere das Kollapspostulat und die Born'sche Regel, die das Quadrat von Skalarprodukten als Wahrscheinlichkeiten deutet.

Der bekannte Physiker und Wissenschaftsphilosoph David Mermin hat einmal geschrieben: „If I were forced to sum up in one sentence what the Copenhagen interpretation says to me, it would be 'Shut up and calculate!'"[59]. In gewisser Hinsicht ist die Kopenhagener Deutung somit eine phänomenologische Theorie mit klaren Vorschriften, wie man den Bezug zwischen Experiment und Theorie herstellen und Dinge berechnen kann. Doch jede Deutung versucht auch, hinter diesen Regeln anschauliche Konzepte zu sehen, die mit gewissen Grundvorstellungen über ‚Wissenschaft', ‚Realität', ‚Verständnis' etc. verträglich sind.

© Springer-Verlag GmbH Deutschland, ein Teil von Springer Nature 2019   335
T. Filk, *Quantenmechanik (nicht nur) für Lehramtsstudierende,*
https://doi.org/10.1007/978-3-662-59736-1_18

Neben den schon behandelten Postulaten zählen viele Wissenschaftler zur Kopenhagener Deutung noch verschiedene, teilweise philosophische Konzepte. Viele davon
wurden von Niels Bohr und Werner Heisenberg in der Zeit um 1926/1927 in Kopen-
hagen in gemeinsamen Diskussionen und Arbeiten entwickelt. Im Oktober 1927
wurde diese Deutung der Quantentheorie auf der Solvay-Konferenz von ihnen vertreten und – teilweise gegen den Widerstand von Einstein, Schrödinger, Planck, de
Broglie und anderen – zum Standard erhoben. Die folgenden Konzepte spielen dabei
eine herausragende Rolle.

18.1.1 Komplementarität

Auf die Bedeutung des Komplementaritätsbegriffs für die philosophischen Vorstellungen von Bohr bin ich schon kurz eingegangen (Abschn. 5.3.1, siehe auch die ‚grey
box' in Abschn. 1.3.1). Für ihn handelte es sich dabei um ein grundlegendes Konzept
der Naturerkenntnis, das er auch in vielen anderen Bereichen zu erkennen glaubte.
Eng verknüpft mit der Komplementarität war für Bohr ein ‚relationales' Naturverständnis: Eigenschaften eines Systems lassen sich nur *relativ* zu einer Beobachtungs-
situation verstehen und zu komplementären Beobachtungssituationen gehören auch
komplementäre Eigenschaften.

18.1.2 Der Bezug auf eine klassische Welt

Auf diesen Aspekt bin ich schon im Zusammenhang mit dem Messprozess eingegangen (Abschn. 17.1). Bohr betonte immer, dass wir über das Ergebnis von Messungen
oder Experimenten ausschließlich in der Sprache der klassischen Physik reden können. Diese Eindeutigkeit klassischer Zustände bezüglich beliebiger Messgrößen (das
Fehlen jeglicher Superpositionen) ist für Bohr unumgänglich, um über Physik sprechen zu können. Letztendlich war es vielleicht die einzige Möglichkeit, das Problem
der Reduktion des Quantenzustands zu umgehen. Sofern sich die Postulate der Quantentheorie auf Messergebnisse beziehen, beruht die Kopenhagener Deutung immer
auf einer Quantentheorie von offenen Systemen, die an eine klassisch zu beschreibende Umgebung ankoppeln.

18.1.3 Die Born'sche Regel als Ausdruck einer ontologischen
Wahrscheinlichkeit

Das Wesen von ‚Wahrscheinlichkeit' ist immer noch Gegenstand unzähliger philosophischer Diskussionen. Die Mathematik hat sich mit der Aufstellung der Kolmogorow'schen Axiome insofern dieser Diskussion entzogen, als sie gar nicht mehr den
Anspruch erhebt zu erklären, *was* Wahrscheinlichkeit ist. Sie legt nur fest, welche
Eigenschaften eine bestimmte mathematische Struktur haben muss, damit man von
einer Wahrscheinlichkeit sprechen kann.

Insbesondere in der Naturphilosophie wird diskutiert, ob es eine ontologische (objektive) Wahrscheinlichkeit überhaupt geben kann oder ob nicht jede Wahrscheinlichkeitsaussage nur ein Ausdruck unserer Unkenntnis zu einem bestimmten Sachverhalt ist. In ihrer gewöhnlichen (Kopenhagener) Deutung verletzt die Quantenmechanik das Leibniz'sche Prinzip vom hinreichenden Grund: Selbst nachdem ein bestimmter experimenteller Sachverhalt festgestellt wurde (z. B. die Ablenkung eines Elektrons in einem Stern-Gerlach-Magneten in eine bestimmte Richtung) ist es prinzipiell unmöglich, Gründe dafür anzugeben, weshalb das Elektron nach oben und nicht nach unten abgelenkt wurde.

Im Rahmen der Kopenhagener Deutung sind die Wahrscheinlichkeitsaussagen der Quantentheorie ontologischer Natur. Das bekannte Einstein'sche Diktum „Gott würfelt nicht" bringt sein Unbehagen in diesem Zusammenhang zum Ausdruck. Es war immer schon eines der wesentlichen Ziele von Modellen mit verborgenen Variablen, den ontologischen Indeterminismus zu einem rein epistemischen Indeterminismus (also nur einem unserer Kenntnis entzogenen Determinismus) zu machen. Dass etwas ohne irgendeinen Grund geschehen soll, ist für viele aus philosophischen Gründen undenkbar, doch genau das behauptet die traditionelle Deutung der Quantentheorie.

Auf die Überprüfung von Wahrscheinlichkeitsaussagen durch relative Häufigkeiten an sehr vielen, gleichartig präparierten Systemen bin ich schon mehrfach eingegangen. Für manche Wissenschaftsphilosophen ist der Schritt von einer Quantentheorie, die sich nur an einem Ensemble von Systemen überprüfen lässt, zu einer Quantentheorie von Einzelsystemen, und damit der Schritt von relativen Häufigkeiten zu Wahrscheinlichkeiten, der entscheidende Schritt der Kopenhagener Interpretation.

18.1.4 Die Heisenberg'schen Unschärferelationen

Während Bohr oft den Begriff der Komplementarität in den Vordergrund stellte, wenn er das Wesen und das Besondere der Quantentheorie betonen wollte, waren es für Heisenberg eher die Unbestimmtheits- bzw. Unschärferelationen (siehe Abschn. 5.3). Zu Beginn – sicherlich vor 1930 – war Heisenberg der Überzeugung, dass die Unschärferelationen ein Ausdruck der unkontrollierbaren Einwirkungen eines Messgeräts auf ein zu messendes System darstellten. Erst später kam er zu der Überzeugung, dass die Eigenschaften, deren Unbestimmtheit in die Relationen eingehen, tatsächlich als solche gar nicht schärfer definierbar sind. Es geht nicht um eine *Unkenntnis,* beispielsweise des Ortes eines Teilchens oder des Impulsübertrags bei einer Messung, sondern darum, dass es überhaupt keinen Sinn macht, einem Teilchen das Konzept ‚Ort' und ‚Impuls' in einer präziseren Weise zuzuschreiben, als es die Unschärferelationen erlauben. Ein ‚Teilchen' mit einem scharfen Impuls *hat* keinen Ort.

18.1.5 Das Korrespondenzprinzip

Wie so viele Konzepte, die über eine rein mathematische Definition hinausgehen, gibt
es auch keine präzise Formulierung, was genau das Korrespondenzprinzip aussagt.
Allgemein stellt es eine Beziehung zwischen der Quantentheorie und der klassischen
Theorie her. Meist versteht man unter dem Korrespondenzprinzip die (sicherlich
nicht selbstverständliche) Tatsache, dass die klassischen Observablen – Ort, Impuls,
Energie, Drehimpuls etc. – auch in der Quantenmechanik noch sinnvolle Konzepte
darstellen.

Wenn man von ‚Quantisierung' spricht, meint man damit oft die Formulierung einer Quantentheorie, ausgehend von einer klassischen Theorie. Die Vorschrift
besteht im Wesentlichen aus der Ersetzung der klassischen Observablen x und p
durch Operatoren Q und P – ebenso für andere Observablen $f(x, p) \rightarrow f(Q, P)$
(bis auf die schon angesprochenen Ordnungsprobleme, siehe Abschn. 5.2.2.3) –
sodass die klassischen Bewegungsgleichungen nun für die Operatoren gelten und
die Kommutatorbeziehungen dieser Operatoren sich aus den klassischen Poisson-
Klammern ergeben. Streng genommen sollte sich aber die Quantentheorie nicht aus
der klassischen Theorie ergeben, sondern die klassische Theorie sollte ein Grenzfall
der Quantentheorie sein.

Die Idee der ‚Quantisierung' ist also eigentlich die Folgende: Die genannte Vorschrift erlaubt es, aus einer klassischen Theorie eine Quantentheorie zu formulieren,
welche die Eigenschaft hat, in einem (zu definierenden) klassischen Grenzfall *wieder die klassische Theorie zu ergeben*. Ein wesentliches Element dabei ist, dass die
Erwartungswerte quantenmechanischer Operatoren bei dieser Quantisierungsvorschrift wieder die klassischen Bewegungsgleichungen bzw. die klassischen Beziehungen zwischen Observablen erfüllen (siehe Abschn. 12.2). Daher bezeichnet man
auch diese Tatsache manchmal als Korrespondenzprinzip.

Während für die Gründungsväter der Quantenmechanik das Korrespondenzprinzip noch eine herausragende Rolle spielte, ist es heute in erster Linie in der Quantisierungsvorschrift von Bedeutung. Allgemein ungeklärt ist aber die Frage, ob die
Quantisierungsvorschrift (abgesehen von den Ordnungsproblemen) immer eindeutig ist. Die Formulierung einer Quantengravitation scheint sich z. B. nicht so ohne
weiteres aus einer kanonischen Quantisierung der Allgemeinen Relativitätstheorie
in der üblichen Form zu ergeben.

18.2   Weitere Interpretationen

Es folgen einige weitere Deutungen, die auf den Postulaten der Quantentheorie beruhen. Diese Deutungen haben oft eigene Bezeichnungen erlangt, obwohl sie sich oft
nur in einer Hinsicht von der Kopenhagener Deutung unterscheiden.

18.2.1 Ensemble-Interpretation

Die Quantenmechanik erlaubt größtenteils nur Wahrscheinlichkeitsaussagen bezüglich zukünftiger Ereignisse, z. B. in Bezug auf Messergebnisse. Will man Wahrscheinlichkeitsaussagen experimentell testen, muss man sehr viele Experimente unter möglichst gleichen Bedingungen vornehmen und die relativen Häufigkeiten der Ergebnisse bestimmen. Daher lassen sich die meisten Vorhersagen der Quantentheorie nur an sehr vielen gleichartig präparierten Systemen überprüfen. Bedeutet dies, dass die Quantenmechanik auch nur auf solche Ensembles gleichartig präparierter Systeme angewandt werden darf, also für Einzelsysteme überhaupt keine Gültigkeit in Anspruch nehmen kann?

Vertreter einer Ensemble-Interpretation behaupten genau dies. Der Quantenzustand beispielsweise eines Elektrons beschreibt nach dieser Vorstellung gar kein einzelnes Elektron, sondern nur ein im Idealfall unendlich großes Ensemble von gleichartig präparierten Elektronen. Damit werden die Wahrscheinlichkeitsaussagen der Quantenmechanik zu Aussagen über relative Häufigkeiten. Der Begriff der Wahrscheinlichkeit tritt in einer strengen Ensemble-Interpretation überhaupt nicht mehr auf.

Auf diese Weise ist gleichzeitig auch das Kollaps- bzw. Messproblem gelöst. In gewisser Hinsicht ist es der Experimentator selbst, der diesen ‚Kollaps' bewirkt, wenn er entscheidet, nach einer Messung aus dem Gemisch vieler Systeme (das beispielsweise durch eine Dichtematrix beschrieben wird) eine Untermenge von Systemen mit einer wohldefinierten Eigenschaft für weitere Experimente herauszunehmen. In seinem bekannten Lehrbuch zur Quantenmechanik [21] schreibt Dawydow zur ‚Änderung' der Wellenfunktion nach einer Messung:

In diesem Falle handelt es sich eigentlich nicht um eine Änderung der Wellenfunktion, sondern es wird vielmehr eine Wellenfunktion durch eine andere ersetzt, weil die Aufgabenstellung geändert wird – es ändern sich die Anfangsbedingungen.

Überhaupt war die Ensemble-Interpretation gerade unter den sowjetischen Physikern der Nachkriegszeit (Dawydow, Blochinzew, Fock) weit verbreitet und galt als die einzige Interpretation, die im Einklang mit einem ‚realistischen, marxistisch-leninistischen Materialismus' steht.

Durch die Einschränkung der Anwendbarkeit der Quantentheorie ausschließlich auf Ensembles von gleichartig präparierten Systemen fällt es jedoch schwer, die Quantenmechanik als eine fundamentale Theorie anzusehen. In diesem Sinne war vermutlich auch Einstein ein Anhänger der Ensemble-Interpretation. Für ihn war die Quantentheorie lediglich eine phänomenologische Theorie und er hatte immer gehofft, dass sich eine fundamentale Theorie im Einklang mit seiner Vorstellung von objektivem Realismus finden lassen würde.

Streng genommen bezieht sich eine Ensemble-Interpretation auf Entitäten, die sich in unserer Welt gar nicht realisieren lassen: unendlich viele, gleichartig präparierte Systeme. Dies ist praktisch gar nicht möglich. Jede Realisierung eines Ensembles besteht aus endlich vielen Systemen und ist daher nur eine Näherung für das, auf das sich die Ensemble-Interpretation bezieht. Die angestrebte Messgenauigkeit entscheidet, ab wann ein Ensemble groß genug ist. Und auf Systeme, die sich nicht in gleichartigen Zuständen präparieren lassen (z. B. das Universum als Ganzes oder aber die meisten biologischen Systeme etc.) ist die Quantentheorie überhaupt nicht anwendbar. Eine ‚Quantenkosmologie' kann es in einer Ensemble-Interpretation nicht geben. In diesem Sinne kann eine Ensemble-Theorie nur bedingt als fundamentale Theorie betrachtet werden.

18.2.2 Der Quantenzustand als ‚Katalog von Erwartungen'

Scheinbar vollkommen entgegengesetzt zu der materialistischen Ensemble-Interpretation und doch konzeptuell eng mit ihr verwandt sind verschiedene Formen von subjektiven Deutungen der Quantentheorie. All diesen Formen gemeinsam ist die Interpretation der Wellenfunktion bzw. des Quantenzustands als eine ‚Kodierung unseres Wissens' bzw. unserer Erwartungen über die Welt. Die Wellenfunktion, bzw. genauer der Quantenzustand, enthält das gesamte Wissen, das wir über die Vergangenheit (d. h. die Präparation) eines Systems haben. Sie hat damit einen ähnlichen Status wie eine klassische Wahrscheinlichkeitsverteilung, die im Grunde unsere Teilkenntnis über ein System zum Ausdruck bringt, aber keinen ontologischen Status hat. Auch in der klassischen Physik findet ein ‚Kollaps' statt, nämlich wenn ein Experiment oder Versuch ausgeführt – beispielsweise ein Würfel geworfen wird – und aus den anfänglichen Möglichkeiten eine bestimmte als Faktum realisiert wird.

In gewisser Hinsicht gehörten auch Vertreter der Kopenhagener Deutung zu dieser Gruppe, beispielsweise Schrödinger, der die Wellenfunktion als ‚Katalog der Erwartungen' bezeichnet [73], oder Bohr in seiner berühmten Antwort auf den EPR-Artikel, wo er die Reduktion des Quantenzustands nach einer Messung als „influence on the very conditions which define the possible types of predictions regarding the future behavior of the system" beschreibt [14]. Auch Heisenberg hat sich, zumindest in späteren Jahren, dieser Meinung angeschlossen. Er schreibt in einem Brief an Mauritius Renninger (aus [72]):

Der Akt der Registrierung andererseits, der zur Zustandsreduktion führt, ist ja nicht ein physikalischer, sondern sozusagen mathematischer Vorgang. Mit der unstetigen Änderung unserer Kenntnis ändert sich natürlich auch die mathematische Darstellung unserer Kenntnis unstetig.

Auch in dieser Interpretation hat die Zustandsreduktion nach einer Messung somit eine elegante Lösung erfahren.

Auch ich habe in Kap. 5 einen Zustand als ‚Wissen über ein System' und eine Observable sogar als ‚mögliche Information, die bei einem Messprozess gewonnen werden kann' definiert. Doch das eigentliche Problem dieser subjektiven Interpretationen lautet: Bezieht sich unser Wissen auf *etwas*? Gibt es eine ontologische Realität, über die wir ein gewisses Wissen haben können, das wir dann durch den Quantenzustand kodieren? Wenn ‚ja', dann übertragen sich die Probleme mit dem Kollaps oder die Nichtlokalität bei EPR etc. auf dieses ontologische Etwas, und eigentlich wurde nichts gelöst. Falls ‚nein', dann landet man im Extremfall bei einem Solipsismus oder zumindest bei einem Idealismus im Sinne von George Berkeley.

18.2.3 QBism – Quantum-Bayesianismus

Eine moderne und in gewisser Hinsicht extreme Variante der subjektiven Interpretation des Quantenzustands ist ‚QBismus' (eine Kurzform von Quanten-Bayesianismus). Der Ursprung dieser Interpretation liegt in einer Arbeit von Carlton M. Caves, Christopher Fuchs und Ruediger Schack aus dem Jahr 2002 [19]. Heute gilt Christopher Fuchs als ihr Hauptvertreter.

In mehrfacher Hinsicht unterscheidet sich dieser Zugang von den älteren subjektiven Deutungen:

1. Wahrscheinlichkeit wird nicht im klassisch-wissenschaftlichen Sinne als relative Häufigkeit von Ereignissen, sondern im Bayes'schen Sinne als ‚belief function', also als ein Maß für die subjektive Überzeugung bzw. den Glauben einer Person an das Eintreffen eines Ereignisses interpretiert. Quantifizieren lässt sich diese Funktion (zumindest theoretisch) durch die Wettbereitschaft einer Person bei einer bestimmten Auszahlungsquote. Damit umgeht man Probleme mit Ereignissen, die sich nicht beliebig oft reproduzieren lassen.
2. Die Subjektivität bezieht sich nicht auf ‚unsere' Erwartungen über zukünftige Messungen an einem Quantensystem, also das, was beispielsweise die Personen, die an einem Experiment beteiligt sind, aus ihrer Kenntnis der Präparation erwarten, sondern konkret auf ‚mein' Wissen. Das bedeutet, dass jede Person eine andere Wellenfunktion entsprechend ihrem Wissen über ein System verwendet. Das nimmt in Zusammenhang mit EPR-Korrelationen extreme Züge an, wie folgendes Beispiel zeigt:
   Alice und Bob teilen sich ein EPR-verschränktes Photonenpaar. Beide beschreiben dieses Photonenpaar durch einen EPR-Zustand (Gl. 8.34, allerdings für Polarisationsfreiheitsgrade). Alice nimmt an ihrem Photon eine Messung vor und erhält den Messwert h, also horizontale Polarisation. Durch dieses Wissen kann sie nun das Photon von Bob durch den Zustand $|v\rangle$ beschreiben: Sie weiß, dass dieses Photon mit Sicherheit eine vertikale Polarisation hat. Doch hat sich dadurch irgendetwas an dem Photon von Bob verändert?
   Auch die Anhänger des Qbismus interpretieren die Verletzungen der Bell'schen Ungleichungen so, dass Messergebnisse erst im Augenblick der Messung erzeugt werden. Das Photon von Bob hatte also vor der Messung von Alice noch nicht die Eigenschaft, vertikal polarisiert zu sein. Insbesondere hat für Bob das Photon, bevor er seine Messung durchführt, nicht diese Eigenschaft, obwohl möglicherweise Alice ihre Messung schon vorgenommen hat. Sofern sich die Quantentheorie nur auf unser persönliches Wissen bezieht, ist das alles nachvollziehbar. Doch wenn sich das Wissen auf ein ‚Etwas' bezieht, hat dieses Etwas sich durch die Messung von Alice verändert? Oder sind alle Eigenschaften relational, d. h. relativ zu Alice ist das Photon vertikal polarisiert, relativ zu Bob erst, wenn er seine Messung durchführt.
   Alice erfährt von den Ergebnissen von Bob natürlich über klassische Kanäle, also nicht schneller, als sich ein Signal mit Lichtgeschwindigkeit ausbreiten kann. Das Gleiche gilt umgekehrt für Bob. Erst wenn Alice und Bob ihre Ergebnisse

vergleichen, werden diese Korrelationen für sie Wirklichkeit. Ein ‚Zurückrechnen' im Sinne von ‚dann gab es diese Korrelationen ja schon vorher' ist nach dieser Interpretation nicht zulässig. Solange ich von einem Ereignis nichts weiß, gibt es dieses Ereignis in meiner Welt auch nicht.

3. Die mathematische Formulierung beruht nicht auf einer Wahrscheinlichkeit im Sinne von Kolmogorow, sondern wird durch ‚symmetric, informationally-complete, positive operator-valued measures (SIC-POVMs)' ausgedrückt. Dabei handelt es sich um eine operatorwertige Maß- bzw. Wahrscheinlichkeitstheorie; Ereignismengen werden also bestimmte Operatoren und nicht klassische Wahrscheinlichkeiten zugeordnet.
Dies ist allerdings eher ein technischer Aspekt, der streng genommen unabhängig von der Deutung der Quantentheorie ist. Mit diesem mathematischen Formalismus versucht man, der Realität des Messprozesses – einschließlich fehlerhafter Messungen bzw. gelegentlich nicht ansprechender Detektoren etc. – gerecht zu werden.

Letztendlich bleibt aber die Frage, ob sich dieser ‚Glauben' auf etwas ‚Reales' bezieht – und wenn ja, auf was. Für die Anhänger des QBism ist unser Wissen die einzige Realität.

18.2.4 Die Viele-Welten-Interpretation

Die Viele-Welten- oder auch Many-Worlds-Interpretation gehört zu den polarisierendsten Deutungen der Quantenmechanik. Viele Physiker, die sich mit Grundlagenproblemen beschäftigen, sind entweder Anhänger dieser Interpretation oder aber sie gehören zu den entschiedenen Gegnern und bezeichnen sie als ‚vollkommen absurd'.

Nach der Viele-Welten-Theorie kommt es überhaupt nicht zu einem Kollaps. Die Ontologie dieser Welt *ist* eine Wellenfunktion (bzw. ein Quantenzustand). Diese entwickelt sich nach der Schrödinger-Gleichung – fertig! Es findet nie ein Kollaps statt; damit ist dieses Axiom überflüssig. Dass wir subjektiv den Eindruck haben, einen reduzierten Quantenzustand wahrzunehmen, liegt an der Dekohärenz verschiedener Zweige der Wellenfunktion (vgl. Abb. 18.1). Alle diese Zweige (bzw. Universen, denen diese Zweige entsprechen) sind ‚ebenso real' wie der, den wir wahrnehmen. Die Wellenfunktion des Universums verzweigt sich ständig und im Grunde genommen kann man sagen, dass sich alle Universen, die sich seit Anbeginn des Kosmos hätten entwickeln können, auch tatsächlich entwickelt haben. In jeder Sekunde spaltet sich die Wellenfunktion unseres Universums in unzählige neue Zweige auf und wir befinden uns in jedem dieser Zweige und haben in jedem das Gefühl, nur eine einzige Realisierung des Universums wahrzunehmen.

Der Ursprung dieser Interpretation liegt in einer Arbeit von Hugh Everett aus dem Jahre 1957 [29, 30]. Bekannt gemacht (und auch die Bezeichnung Many-Worlds eingeführt) hat sie Bryce Seligman DeWitt rund 15 Jahre später [24]. Während Everett in seiner Arbeit daran interessiert war, die Entwicklung der Wellenfunktion aus einer externen Sicht zu beschreiben (und den physikalischen Beobachter als Teil

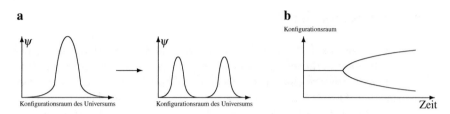

Abb. 18.1 **a** Aufspaltung einer Wellenfunktion in Bereiche mit unterschiedlichem Träger, denen nach der Viele-Welten-Interpretation alle derselben Grad an ‚Realität' zugesprochen werden muss. Ein Kollaps findet nicht statt. **b** Die gleiche Situation wird manchmal als Verzweigung der Wellenfunktion dargestellt. Die beiden Zweige beschreiben dekohärenten Welten

der Welt, die von der Wellenfunktion repräsentiert wird, ansah), war DeWitt an einer Quantentheorie des gesamten Kosmos interessiert. Er hatte wenige Jahre zuvor die Wheeler-DeWitt-Gleichung für ein solches kosmologisches Modell entwickelt und verwendete nun die Interpretation von Everett, die den Beobachter als Teil des Quantensystems auffasst.

Im Grunde genommen ist die Viele-Welten-Interpretation das notwendige Ergebnis einer konsequenten, ganzheitlichen Anwendung der Quantentheorie. Wenn die Schrödinger-Gleichung den Quantenzustand des gesamten Universums beschreibt, dann kann es nicht zu einem Kollaps kommen. Die Dekohärenztheorie erklärt, weshalb wir trotzdem einen reduzierten Zustand wahrzunehmen glauben. Trotz dieser lediglich bis zu Ende gedachten Konsequenzen aus der herkömmlichen Formulierung der Quantentheorie gilt die Viele-Welten-Interpretation vielen Physikern als absurd oder okkult. Allerdings gibt es keine wissenschaftlichen Argumente gegen diese Interpretation. Die einzige (eher technische) Einschränkung ist, dass die Born'sche Regel keine unmittelbare Folgerung aus der konsequenten Anwendung der Schrödinger-Gleichung ist, sondern in Form eines ‚Maßes auf dem Raum aller Möglichkeiten' einer Zusatzannahme bedarf.

Absurd erscheint natürlich den meisten Gegnern, dass jedes ‚Ich' in beliebig vielen Kopien bzw., im wahrsten Sinne des Wortes, ‚allen möglichen Kopien' existiert. Der Nobelpreisträger Antony J. Leggett meinte bei einem Vortrag in Freiburg dazu [57]:

> Well, I wish I could say something intelligent about that interpretation, but I guess I can't, and the reason is quite simply that quite literally I do not understand it. And I mean that very, very literally. When it is said by the adherents of this interpretation that these so-called parallel universes are ‚equally real' to the ones I think I inhabit, those words ‚equally real' sound like English. What do they actually suppose to mean? I really think that it is impossible to attach any intelligible meaning to that statement.

18.3   Kollapsmodelle

Da das Reduktionsproblem im Rahmen der herkömmlichen Formulierung der Quantenmechanik unvermeidbar zu sein scheint, wurden viele Ansätze entwickelt, die Quantenmechanik um einen dynamischen ,Kollapsprozess' zu erweitern. Der Formalismus der Quantentheorie, insbesondere die Schrödinger-Gleichung, müssen dazu explizit abgeändert werden. Bei den meisten dieser Ansätze wird die Schrödinger-Gleichung um einen Term erweitert, der nichtlinear von der Wellenfunktion abhängt und dynamisch zu einem Kollaps führt. Solche Modelle machen Vorhersagen, die auf bestimmten Skalen von der quantenmechanischen Beschreibung abweichen, allerdings sind solche Abweichungen bis heute noch nicht experimentell nachweisbar.

Die verschiedenen Modelle unterscheiden sich im Wesentlichen in der Natur der Entität, die den Kollaps der Wellenfunktion bewirkt. Bei den im Folgenden kurz skizzierten Modellen sind das 1) das Bewusstsein, 2) die Gravitation und 3) stochastische Kollapszentren. Der Vorteil solcher dynamischer Kollapsmodelle liegt darin, dass sie zu ihrer Formulierung keine ,klassische Welt' oder einen ,Beobachter' fordern müssen. Sie beschreiben in diesem Sinne also eine konsistente Ontologie, ähnlich wie die Bohm'sche Mechanik (siehe Kap. 19).

18.3.1 Wigner und der Einfluss des Bewusstseins

Erste Versuche, die Reduktion des Quantenzustands als dynamischen Einfluss des Bewusstseins auf die Wellenfunktion zu interpretieren, gehen auf Eugene Paul Wigner (1902–1995) zurück. Er postulierte dazu eine Wechselwirkung zwischen der materiellen Seite der Realität (dieser rechnete Wigner auch die Wellenfunktion zu) und einer mentalen oder geistigen Seite, die er als Träger von Bewusstsein ansah. Dabei stieß er allerdings auf gewisse Paradoxien.

Eine dieser Paradoxien wurde unter der Bezeichnung ,Wigners Freund' bekannt: Nach einer Messung an einem Quantensystem (bei der sich System und Messgerät in einem verschränkten Zustand befinden) liest ein erster Beobachter das Messgerät ab. Durch seine bewusste Wahrnehmung wird der Zustand reduziert. Wie beschreibt nun ein zweiter Beobachter, der das Ergebnis noch nicht kennt, den Zustand? Sind für ihn nun das Quantensystem, das Messgerät und der erste Beobachter in einem verschränkten Superpositionszustand und erst durch seine Kenntnisnahme wird der Zustand reduziert, oder hat bereits der erste Beobachter eine allgemeine Reduktion herbeigeführt?

Noch verwirrender wird die Lage, wenn der zweite Beobachter nicht weiß, dass das Ergebnis schon von einem ersten Beobachter abgelesen wurde. Er verwendet eine unreduzierte Wellenfunktion zur Beschreibung des Systems, der erste Beobachter eine reduzierte. Experimentell lässt sich kein Widerspruch herbeiführen: Man kann nicht messen, ob eine Wellenfunktion schon reduziert ist.

Diese scheinbaren Paradoxien treten nur auf, wenn dem Quantenzustand bzw. der Wellenfunktion ein vom Bewusstsein unabhängiger materieller Status zugeschrieben

wird. In einer subjektiven Interpretation der Wellenfunktion, z. B. als ‚Katalog von
Erwartungen', ist es tatsächlich die bewusste Kenntnisnahme des Beobachters, die
den Kollaps der Wellenfunktion – die Einbeziehung neuen Wissens über ein System
– bewirkt.

Versucht man Wigners Theorie einer Einflussnahme des Bewusstseins auf ein
System konkreter zu formulieren, stellt sich auch die Frage, was genau Bewusstsein
ist. Würde schon das Bewusstsein einer Katze, die zwar den Zeiger am Messgerät betrachten, allerdings aus dem Beobachteten vermutlich keine Schlüsse ziehen
kann, den Kollaps herbeiführen? Oder bedarf es einer gewissen Intelligenz und insbesondere eines Verständnisses, was die Zeigerstellung aussagt? Befand sich das
Universum für viele Milliarden Jahre in einer Superposition, bis ein erstes Wesen
mit ausreichendem Bewusstsein die Welt beobachtete? Oder, wie John Bell es einmal
ausdrückte:

Was the world wave function waiting to jump for thousands of millions of years
until a single-celled living creature appeared? Or did it have to wait a little longer
for some more highly qualified measurer – with a Ph.D.? [7]

Wigner hat sich in den 70er Jahren von diesen Vorstellungen distanziert, nachdem er mit den Dekohärenztheorien vertraut wurde. Doch auch heute gibt es noch
Anhänger der Idee, dass eine Wechselwirkung zwischen Bewusstsein und Materie
zur Reduktion des Quantenzustands führt (siehe z. B. [77]).

18.3.2 Die Gravitation als Auslöser der Reduktion

Streng genommen ist die Quantentheorie nicht vollständig, solange die Gravitation
bzw. die Geometrie der Raumzeit nicht Teil des Formalismus' geworden sind. Für
manche Physiker wird eine Einbeziehung der Gravitation auch das Problem der
Quantenzustandsreduktion lösen.

Erste Ansätze gehen hier auf Frigyes Károlyházy (1929–2012) zurück [50]. Später
wurde eine ähnliche Idee von Roger Penrose entwickelt [67]. Will man Gravitation
in die Quantentheorie einbeziehen, muss man nach den gängigen Vorstellungen auch
Superpositionszustände bezüglich der Geometrie der Raumzeit zulassen. Befindet
sich beispielsweise ein Teilchen in einem Superpositionszustand zu verschiedenen
Orten (wie z. B. beim Doppelspaltexperiment), so muss dieser Zustand verschränkt
sein mit einer Raumzeitgeometrie zu unterschiedlichen Krümmungen. Die Annahme
der Vertreter dieser Modelle ist, dass die Gravitation solche Superpositionszustände
über ein gewisses Maß hinaus nicht zulässt und damit auch zu einer dynamischen
Reduktion des Superpositionszustands der Materie führt.

In diesen Modellen wird die Grundidee der Quantentheorie also abgeändert,
indem nichtlineare Effekte (in diesem Fall induziert durch die Gravitation) zu einem
Kollaps der Wellenfunktion führen.

18.3.3 GRW – stochastische Kollapszentren

Im Jahre 1985 formulierten Giancarlo Ghirardi, Alberto Rimini und Tullio Weber [34, 35] ebenfalls ein dynamisches Kollapsmodell, bei dem die Schrödinger-Gleichung um einen in der Wellenfunktion nichtlinearen stochastischen Term erweitert wird. Dieser zusätzliche Term beschreibt den Einfluss von stochastisch im Raum verteilten Kollapszentren auf die Wellenfunktion. Trifft die Wellenfunktion auf eines dieser Kollapszentren, kommt es zu einer dynamischen Reduktion um dieses Zentrum herum.

Die zusätzlichen Parameter dieses Modells, das heute als GRW-Modell bekannt ist, sind die mittlere Dichte der Kollapszentren sowie eine mittlere Reichweite, auf welche die Wellenfunktion bei einem Kollapszentrum reduziert wird. Beide Parameter sind so gewählt, dass für kleine Massen oder wenige Teilchen ein spürbarer Einfluss dieser Kollapszentren erst in Tausenden bis Millionen von Jahren auftritt, wohingegen für makroskopische Massen bzw. Teilchenzahlen dieser Einfluss nahezu instantan ist. Das Modell macht zwar prinzipielle Vorhersagen zu Abweichungen von der herkömmlichen Quantenmechanik, allerdings liegen diese noch um mehrere Größenordnungen außerhalb der heutigen experimentellen Möglichkeiten.

Wie die meisten dynamischen Kollapsmodelle hat auch die Theorie von Ghirardi-Rimini-Weber Probleme mit einer relativistischen Formulierung. Nach der Quantentheorie sollte der Kollaps instantan im gesamten Raum erfolgen. Der Nachweis der Verletzung der Bell'schen Ungleichungen beispielsweise in den Experimenten von Aspect [1,2] auch über Bereiche, die keinen relativistischen Signalaustausch zulassen, zeigt, dass auch GRW nichtlokal sein muss. Tatsächlich wurden bis heute nur Verallgemeinerungen von GRW auf *freie* relativistische Teilchen formuliert [78]. GRW ist eine nichtlokale Theorie in dem Sinne, dass die Kollapszentren nichtlokal korreliert sein müssen, um beispielsweise die EPR-Phänomene beschreiben zu können.

Bohm'sche Mechanik 19

Eines der bekanntesten Modelle und sicherlich das am weitesten ausgearbeitete Modell für eine Formulierung der Quantenmechanik mit verborgenen Variablen stammt von David Bohm [12] aus dem Jahre 1952. Ähnliche Ideen wurden schon 1926 von Louis de Broglie [22,23] (siehe auch [3]) und – in einer hydrodynamischen Interpretation – von Erwin Madelung [58] geäußert. Nach kritischen Bemerkungen von Pauli im Anschluss an einen Vortrag von de Broglie auf der Solvay Konferenz 1927 (siehe auch [65]) wurden diese Ideen aber nicht weiter verfolgt. Vermutlich kannte Bohm die Arbeiten von de Broglie nicht, als er seine Theorie entwickelte. Interessant ist auch, dass Bohm diesen Ansatz in seinem Lehrbuch zur Quantentheorie [11] aus dem Jahre 1951 nicht erwähnt. Als Bezeichnung für diese Modelle findet man manchmal auch ‚Führungsfeldtheorie' oder ‚Doppellösunginterpretation'.

J. Robert Oppenheimer, der zu den Lehrern von Bohm gehörte, soll über die Bohm'sche Formulierung der Quantenmechanik einmal gesagt haben [66]: „If we cannot disprove Bohm, then we must agree to ignore him". Auch wenn ich selbst kein Anhänger der Bohm'schen Mechanik bin, möchte ich diesen Fehler nicht begehen. Außerdem hat die Bohm'sche Mechanik in den letzten Jahren an Bedeutung zugenommen und man sollte in der Lage sein, sich selbst eine Meinung bilden zu können.

19.1 Die allgemeine Idee

Die grundlegende Idee der Bohm'schen Mechanik besteht darin, das Schrödinger-Feld *und* das zugehörige Teilchen als zwei verschiedene, real existierende Entitäten anzusehen. Das Feld $\Psi(x)$ genügt der Schrödinger-Gleichung und das Teilchen folgt einer Trajektorie $x(t)$, die durch das Feld determiniert wird. Die Dynamik stellt sicher, dass die Wahrscheinlichkeit, mit der das Teilchen im Fall einer Messung an einem Punkt x nachgewiesen wird, proportional zu $|\Psi(x)|^2$ ist. Da sich vor einer Messung der Ort des Teilchens nicht bestimmen lässt – dies ist für Bohm kein Postulat, sondern es ergibt sich aus seiner Theorie des Messprozesses –, muss

© Springer-Verlag GmbH Deutschland, ein Teil von Springer Nature 2019
T. Filk, *Quantenmechanik (nicht nur) für Lehramtsstudierende*,
https://doi.org/10.1007/978-3-662-59736-1_19

mit einem Teilchenensemble gerechnet werden, dessen Verteilung ebenfalls durch $|\Psi(x)|^2$ gegeben ist. Dieser statistische Aspekt der Bohm'schen Theorie ist allerdings nur Ausdruck unserer Unkenntnis der Anfangsbedingungen (und damit der Trajektorien) der einzelnen Teilchen.

Die Mathematik der Bohm'schen Mechanik ergibt sich nahezu ausschließlich aus der Schrödinger-Gleichung. Daher kann man auch beweisen, dass die Vorhersagen der Bohm'schen Mechanik identisch zu denen der Quantenmechanik sind. Die Gleichungen der Quantenmechanik werden lediglich um eine Gleichung erweitert, welche die Trajektorie des Teilchens festlegt. Außerdem bedarf es einer Theorie des Messprozesses. Man kann allerdings darüber streiten, was genau im Bohm'schen Modell die ‚verborgenen Variablen' sind: Der (im Sinne einer klassischen Theorie) Zustandsraum eines Einteilchensystems ist durch $\{(\Psi, x)\}$ gegeben, d.h., neben der Wellenfunktion gibt es zusätzlich noch den Ort des Teilchens. In diesem Sinne wäre also die Teilchenposition $x(t)$ die verborgene Variable, die es in der Quantenmechanik nicht gibt. Trotzdem ist nach der Bohm'schen Theorie der Ort des Teilchens nicht ‚verborgen', da bei einer Messung gerade dieser Ort in Erscheinung tritt.

Das Modell beschreibt insbesondere Einteilchensysteme ausgezeichnet. Betrachten wir als Beispiel das Doppelspaltexperiment: Von der Quelle werden sowohl die Schrödinger-Welle als auch das Elektron emittiert. Der exakte Ort und damit die exakte Trajektorie des Teilchens sind allerdings nicht bekannt. Die Schrödinger-Welle breitet sich nach der Schrödinger-Gleichung aus, d.h., es kommt hinter den beiden Spalten zu einer Superposition der beiden Anteile dieser Welle und zu den bekannten Interferenzmustern. Da aufgrund der dynamischen Gesetze die Aufenthaltswahrscheinlichkeit des Teilchens proportional zu $|\Psi(x)|^2$ ist und da die Anfangsbedingungen verschiedener Teilchen nicht genau bekannt sind und über diese gemittelt werden muss, treffen die Teilchen genau dem Interferenzmuster der Welle entsprechend auf der Detektorplatte auf.

Die Schrödinger-Welle bestimmt somit die Ausbreitung des Teilchens und seine Aufenthaltswahrscheinlichkeit an einem bestimmten Ort. Trifft das Teilchen auf einen Detektor, wechselwirkt es unmittelbar mit den dortigen Atomen und bewirkt so einen punktförmigen Nachweis.

Bohm diskutiert in seiner Arbeit auch den Messprozess und seine Auswirkungen auf das Verhalten der Schrödinger-Welle ausführlich. Er betont insbesondere den Einfluss der verborgenen Variablen des Messinstruments auf das Ergebnis. Darin liegt für ihn die Ursache, warum sein Modell nicht unter die Einschränkungen des von Neumann'schen Beweises sowie anderer No-Hidden-Variables-Theoreme fällt.

Grete Hermann und das No-Go-Theorem von Johann von Neumann

Grete Hermann (1901–1984) hatte bei Emmy Noether in Mathematik promoviert und außerdem im Rahmen ihrer Ausbildung als Lehrerin Philosophie studiert. Als Anhängerin einer Kant'schen Philosophieschule glaubte sie, die Quantentheorie – insbesondere die Verletzung des Kausalgesetztes in der Quantentheorie – stünde im Widerspruch zur Kant'schen Philosophie. Sie verbrachte im Jahr 1934/1935 ein Semester in der Gruppe von Werner Heisenberg in Leipzig, um mehr über die Quantentheorie zu erfahren und mit Physikern (unter anderem mit Carl Friedrich von Weizsäcker) die philosophischen Grundlagen der Quantentheorie diskutieren zu können. Sie verfasste 1935 einen längeren Artikel mit dem Titel *Naturphilosophische Grundlagen der Quantentheorie,* der in der philosophischen Fachzeitschrift *Abhandlungen der Fries'schen Schule* veröffentlicht wurde [43].

In seinem Buch *Mathematische Grundlagen der Quantentheorie* aus dem Jahre 1932 hatte Johann von Neumann bewiesen, dass die Phänomene der Quantentheorie nicht durch klassische Modelle mit verborgenen Variablen erklärt werden können. Auf dieses No-Go-Theorem haben sich im Anschluss viele Physiker bezogen, selbst wenn jemand behauptete, ein solches Modell gefunden zu haben.

Grete Hermann hatte jedoch in ihrem Artikel auf eine Annahme in dem Beweis von Johann von Neumann aufmerksam gemacht, die in einer physikalischen Theorie nicht erfüllt sein muss. Von Neumann hatte angenommen, dass die Erwartungswerte in der Quantentheorie für beliebige Observablen linear sein müssen, also

$$\mathrm{Erw}(A + B) = \mathrm{Erw}(A) + \mathrm{Erw}(B), \qquad (19.1)$$

wobei $\mathrm{Erw}(A)$ das Erwartungswertfunktional (in einem Zustand) für die Observable A bezeichnet. Diese Linearität von Erwartungswerten ist in der Quantentheorie erfüllt, lässt sich aber für nichtkommutierende Observablen nicht überprüfen, da die Messung der Observablen $A + B$ nach einem anderen Messprotokoll erfolgt als die Messung von A bzw. die Messung von B. Daher muss in einer physikalischen Theorie mit nichtkommutierenden Observablen diese Gleichung nicht allgemein gelten. (In der klassischen Mechanik bzw. in Situationen, in denen die drei Observablen A, B und $A + B$ gleichzeitig gemessen werden können, kann die Gleichung direkt überprüft werden.) Auf diese Annahme in von Neumanns Beweis hatte Grete Hermann hingewiesen und sogar behauptet, der von Neumann'sche Beweis würde dadurch ‚zirkulär', d. h., das zu Beweisende werde durch diese Annahme schon in den Beweis ‚hineingesteckt'.

Die Arbeit von Grete Hermann blieb viele Jahre nahezu verschollen. Erst nachdem John Bell festgestellt hatte, dass in der Bohm'schen Mechanik die allgemeine Linearität von Erwartungswerten nicht erfüllt ist und daher diese Theorie nicht unter das No-Go-Theorem von von Neumann fällt, wurde er durch Max Jammer auf den Artikel von Grete Hermann aufmerksam gemacht. Möglicherweise wäre Grete Hermann in der Physik ganz in Vergessenheit geraten, hätte nicht Werner Heisenberg in seinem Buch *Der Teil und das Ganze* den

philosophischen Diskussionen mit Grete Hermann ein ganzes Kapitel gewidmet (ohne allerdings ihre Einwände gegen die Annahmen in von Neumanns
Beweis zu erwähnen).

Ich werde im Folgenden nur die wesentlichen mathematischen Aspekte der
Bohm'schen Theorie behandeln sowie einige Kritikpunkte aufzählen. Die Arbeit
von Bohm ist wesentlich ausführlicher und die Rechnungen sind detaillierter.

19.2 Das Quantenpotenzial

Ausgangspunkt der Bohm'schen Mechanik ist die Schrödinger-Gleichung in der
bekannten Form

$$i\hbar \frac{\partial \Psi}{\partial t} = -\frac{\hbar^2}{2m} \Delta \Psi + V(x)\Psi. \tag{19.2}$$

Für die Wellenfunktion wählen wir nun die Darstellung

$$\Psi(x, t) = R(x, t) \exp\left(\frac{i}{\hbar} S(x, t)\right) \tag{19.3}$$

mit reellen Funktionen $R(x, t)$ und $S(x, t)$. Die Trennung in Real- und Imaginärteil
der Schrödinger-Gleichung führt auf folgende Differentialgleichungen:

$$\frac{\partial R(x, t)}{\partial t} = -\frac{1}{2m}\Big(R(x, t)\Delta S(x, t) + 2\nabla R(x, t) \cdot \nabla S(x, t)\Big) \tag{19.4}$$

$$\frac{\partial S(x, t)}{\partial t} = -\left[\frac{(\nabla S(x, t))^2}{2m} + V(x) - \frac{\hbar^2}{2m}\frac{\Delta R(x, t)}{R(x, t)}\right] \tag{19.5}$$

Statt der Amplitude $R(x, t)$ führen wir das Absolutquadrat der Wellenfunktion ein,
$P(x, t) = R(x, t)^2$, und erhalten die Differentialgleichungen:

$$\frac{\partial P(x, t)}{\partial t} + \nabla \cdot \left(P(x, t)\frac{\nabla S(x, t)}{m}\right) = 0 \tag{19.6}$$

$$\frac{\partial S(x, t)}{\partial t} + \frac{(\nabla S(x, t))^2}{2m} + V(x) - \frac{\hbar^2}{4m}\left[\frac{\Delta P(x, t)}{P(x, t)} - \frac{1}{2}\frac{(\nabla P(x, t))^2}{P(x, t)^2}\right] = 0 \tag{19.7}$$

Bisher handelt es sich lediglich um eine Umformulierung der Schrödinger-
Gleichung. Die formalen Ähnlichkeiten zu Gleichungen aus der klassischen Physik

(beispielsweise Gleichungen aus der Hydrodynamik sowie dem Hamilton-Jacobi-Formalismus) haben jedoch immer wieder Anlass für klassische Interpretationen der Quantenmechanik gegeben. Die Bohm'sche Mechanik ist nur eine Möglichkeit. Vernachlässigt man in Gl. 19.7 den Term proportional zu $\hbar^2$, haben die beiden Gl. (19.6) und (19.7) eine einfache physikalische Interpretation: Die Differentialgleichung für S entspricht einer Hamilton-Jacobi-Gleichung mit Potenzial $V(x)$. Aus der klassischen Mechanik ist dann Folgendes bekannt: Das Gradientenfeld für eine Lösung $S(x, t)$ der Hamilton-Jacobi-Gleichung ist gleich dem Impulsfeld $p(x, t)$ von Lösungen der Newton'schen Bewegungsgleichungen:

$$p(x, t) = \nabla S(x, t) \tag{19.8}$$

Das bedeutet: Die Tangente einer Bahnkurve, die eine Lösung der zugehörigen Newton'schen Bewegungsgleichung ist, steht immer senkrecht auf den Äquipotenziallinien des Felds $S(x, t)$. Zur Bestimmung der Bahnkurve muss man nur noch eine Differentialgleichung erster Ordnung lösen:

$$\dot{x}(t) = \frac{\nabla S(x(t), t)}{m} \tag{19.9}$$

Die sich daraus ergebende Differentialgleichung für $P(x, t)$,

$$\frac{\partial P(x, t)}{\partial t} + \nabla \cdot (Pv) = 0, \tag{19.10}$$

ist eine Kontinuitätsgleichung für die Wahrscheinlichkeitsdichte (bwz. Ensembledichte) P und den ‚Wahrscheinlichkeitsstrom' (bzw. Teilchenstrom im Ensemble) Pv.

Diese Beziehung zwischen der Schrödinger-Gleichung und der zugehörigen klassischen Mechanik im formalen Grenzfall $\hbar \rightarrow 0$ lässt sich zu einer systematischen Behandlung des klassischen Grenzfalls erweitern und ist (in erster nicht-trivialer Ordnung von $\hbar$) als WKB-Näherung bekannt. In der Wellenoptik kennt man eine ähnliche Näherung als ‚Kurzwellenasymptotik'; sie beschreibt den Übergang von der Wellenoptik zur geometrischen Optik.

Bohm stellte nun fest, dass diese Interpretation der Gl. (19.7) und (19.6) auch für $\hbar \neq 0$ aufrechterhalten werden kann. Gl. (19.7) ist immer noch eine Hamilton-Jacobi-Gleichung, allerdings kommt zu dem klassischen Potenzial $V(x)$ noch ein sogenanntes Quantenpotenzial (siehe Abb. 19.1a)

$$Q(x) = -\frac{\hbar^2}{2m} \cdot \frac{\Delta R}{R} = \left[\frac{\Delta P}{P} - \frac{1}{2} \frac{(\nabla P)^2}{P^2} \right] \tag{19.11}$$

hinzu. Zur Schrödinger-Gleichung – aufgefasst als Gleichungen für $S(x)$ und $P(x)$ – tritt nun noch Gl. 19.9 hinzu, deren Lösungen Bahnkurven sind, die als physikalische Bahnkurven real existierender Teilchen aufgefasst werden können (vgl. Abb. 19.1b).

a   b

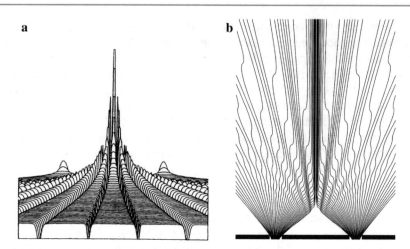

Abb. 19.1 a Das Quantenpotenzial hinter einem Doppelspalt. **b** Die Trajektorien in der Bohm'schen Mechanik hinter einem Doppelspalt [68]

Gl. (19.6) ist nach wie vor eine Kontinuitätsgleichung für die Wahrscheinlichkeitsdichte P.

Zu der Differentialgleichung für die Teilchenbahnen (Gl. 19.9) gibt es natürlich auch eine Newton'sche Bewegungsgleichung, die das Quantenpotenzial enthält und in manchen Situationen eine gewisse Anschauung vermittelt:

$$m\frac{\mathrm{d}^2 x}{\mathrm{d}t^2} = -\nabla\left(V(x) - \frac{\hbar^2}{2m}\frac{\Delta R}{R}\right) \tag{19.12}$$

Das sollte jedoch nicht darüber hinwegtäuschen, dass die eigentliche Gleichung für die Bahnkurven (Gl. 19.9) erster Ordnung in der Zeit ist. Daraus ergeben sich weitreichende Konsequenzen, beispielsweise auch ein sogenanntes ‚No-Crossing'-Theorem, wonach sich zwei Trajektorien niemals schneiden können, da eine Trajektorie schon durch die Vorgabe eines Ortes bestimmt ist. In der Bohm'schen Mechanik ist das Führungsfeld $S(x, t)$ durch die Anfangsbedingungen an die Wellenfunktion $\psi(x)$ festgelegt, wohingegen es in der Newton'schen Mechanik eine Schar von Lösungen zur Hamilton-Jacobi-Gleichung geben kann. Daher können sich Newton'sche Trajektorien auch kreuzen, nämlich wenn sie zu verschiedenen Lösungen $S(x, t)$ gehören.

Entspricht in der Bohm'schen Mechanik die anfängliche Ortsverteilung der Teilchen der normierten Verteilung $P(x, t = 0) = |\Psi(x, t = 0)|^2$, so garantiert die Unitarität der Schrödinger-Gleichung die Erhaltung dieser Wahrscheinlichkeit. Anders ausgedrückt garantiert die Hamilton-Jacobi-Gleichung, dass die Ensembleverteilung $P(x, t)$ unter der Zeitentwicklung des Systems weiterhin normiert bleibt. Doch selbst wenn die anfängliche Verteilung nicht durch $P(x, t = 0) = |\Psi(x, t = 0)|^2$ gegeben ist, kann man für viele Fälle zeigen, dass sich sehr rasch die Verteilung $P(x, t) = |\Psi(x, t)|^2$ einstellt.

Gl. (19.6) drückt als Kontinuitätsgleichung die Erhaltung der Teilchenzahl aus. Lokal kann sich die Teilchenzahl nur dadurch ändern, dass Teilchen aus dem Gebiet abfließen bzw. hinzukommen. Insofern ist die Kontinuitätsgleichung als Ausdruck einer lokalen Erhaltungsgröße eine natürliche Forderung. In der Quantenmechanik entspricht $P(x, t)$ aber einer Wahrscheinlichkeitsdichte. Natürlich wird man auch für die Gesamtwahrscheinlichkeit (das Integral über $P(x, t)$) fordern, dass sie erhalten ist, denn sie sollte immer 1 sein. Doch es gibt zunächst keinen zwingenden Grund, dass diese Erhaltung lokal gilt, also aus einem Gebiet ‚abfließen' muss, wenn sich die Wahrscheinlichkeit ändert. Eine Verringerung in einem Raumgebiet kann durch eine Erhöhung in einem anderen Raumgebiet kompensiert werden, ohne dass etwas ‚fließt'. Das findet tatsächlich beim Messprozess statt: Die Wellenfunktion (und damit die lokale Wahrscheinlichkeitsdichte) wird für Orte, in denen ein Teilchen bei einer Messung nicht gefunden wird, instantan zu 0 und nimmt entsprechend in dem Gebiet, in dem ein Teilchen gemessen wurde, instantan zu. Dabei muss kein ‚Fluss' der Wahrscheinlichkeitsdichte stattfinden. Die Zeitentwicklung nach der Schrödinger-Gleichung fordert aber genau das.

19.3 Klassische Theorie oder Quantentheorie

Manchmal erhebt sich die Frage, ob die Bohm'sche Mechanik eine klassische Theorie oder eine Quantentheorie ist. Die Anhänger vertreten meist den Standpunkt, es handele sich um eine Quantentheorie: Die Theorie enthält den Parameter $\hbar$, der typischerweise Quanteneffekte anzeigt, sie reproduziert sämtliche Vorhersagen der Quantentheorie und schließlich tritt im Quantenpotenzial die Amplitude der Wellenfunktion nur in einem Quotienten auf (vgl. Gl. 19.12), was dazu führt, dass auch an Stellen, wo die Amplitude sehr klein ist, ein spürbarer Einfluss möglich ist. Dies drückt den ‚holistischen' Charakter der Quantenmechanik aus: Einflüsse können auch über große Distanzen hinweg wesentlich sein.

Andererseits kann man auch die Meinung vertreten, dass es sich bei der Bohm'-schen Mechanik um eine klassische Theorie handelt: Sie beruht auf einem klassischen (d. h. Newton'schen) Teilchenverständnis und einem klassischen Feldbegriff. Beide Entitäten – Teilchen und Welle – existieren als objektive Elemente der Realität und haben somit zu jedem Zeitpunkt ontologisch wohldefinierte Eigenschaften, unabhängig von irgendwelchen Beobachtern oder Beobachtungen. Außerdem handelt es sich um eine deterministische Theorie mit Bewegungsgleichungen bzw. Feldgleichungen wie in der klassischen Physik.

Mein Standpunkt ist, dass es sich bei der Bohm'schen Mechanik zwar um eine Quantentheorie handelt (aufgrund der oben angegebenen Argumente), allerdings um eine Theorie mit einer klassischen Ontologie. Das bedeutet, dass die fundamentalen Freiheitsgrade der Theorie eine vergleichbare Ontologie haben wie entsprechende Freiheitsgrade in der klassischen Mechanik.

19.4   Vorteile der Bohm'schen Mechanik

Der wesentlich Vorteil der Bohm'schen Mechanik ist natürlich, dass es sich um ein konsistentes Modell der Quantenmechanik handelt. Es reproduziert sämtliche Vorhersagen der Quantenmechanik, aber es benötigt keinen Bezug auf einen Beobachter oder eine Messung (d. h. eine ,klassische Welt'). Auch der Kollaps der Wellenfunktion ist kein Problem: Da sich Teilchen immer an einem bestimmten Ort befinden, gibt es nur diese eine ,Realität'; alle anderen Zweige der Wellenfunktion sind leer und werden für die zukünftige Entwicklung des Systems (nachdem die verschiedenen Zweige der Welle genügend dekohärent geworden sind) nicht mehr benötigt. Die Bohm'sche Mechanik besitzt somit nicht die ,Inkonsistenzen' der Quantenmechanik, und der objektive Realismus umgeht die Probleme im Zusammenhang mit einem ,partizipatorischen Universum', bei dem der Beobachter an der Gestaltung der Realität teilhat.

Außerdem finden viele der als seltsam empfundenen Aspekte der Quantenmechanik eine einfache Erklärung, unter anderem auch die Interferenzeffekte von Teilchen. Wäre das Zitat von Feynman zu Beginn von Kap. 2, wonach das Doppelspaltexperiment das einzige Wundersame der Quantentheorie ist – dieses Feynman-Zitat wird von Bohmianern auch gerne herangezogen –, tatsächlich richtig, dann hat die Bohm'sche Mechanik diesen Aspekt elegant geklärt. Welle-Teilchen-Dualismus oder Komplementarität sind für die Bohm'sche Mechanik keine Probleme. Interessanterweise kannte Feynman die Bohm'sche Mechanik, aber er hat sie nie näher als Modell für die Quantenmechanik in Betracht gezogen.

Weiterhin ist die Bohm'sche Mechanik eine intrinsisch deterministische Theorie – die beobachteten Zufälligkeiten beruhen auf unserer Unkenntnis hinsichtlich der tatsächlichen Teilchenbahnen – mit einem subjektunabhängigen, realistischen Objektbegriff. Der intrinsische Determinismus umgeht die philosophischen Probleme im Zusammenhang mit ontologischen Wahrscheinlichkeiten. Die Welt ist kausal abgeschlossen. Allerdings sollte man an dieser Stelle betonen, dass Bohms Absicht nicht war, den Determinismus in der Physik zu retten, sondern er wollte der Quantentheorie eine Ontologie geben. In einem Brief an Karl Popper, der ihm die ,Rettung des Determinismus' vorgeworfen hatte, schrieb Bohm: „This is not about determinism, it is about ontology."

Aus den genannten Gründen hat die Bohm'sche Mechanik gerade unter den Wissenschaftsphilosophen viele Anhänger. Auch John Bell sah in der Bohm'schen Mechanik (ebenso wie in den Kollapsmodellen von GRW) vielversprechende Ansätze zur Lösung der Probleme, an denen seiner Meinung nach die herkömmlichen Formulierungen der Quantenmechanik kranken.

19.5   Kritikpunkte an der Bohm'schen Mechanik

Im Folgenden sollen einige Kritik- bzw. Schwachpunkte an der Bohm'schen Theorie zusammengefasst werden, allerdings ohne dass die Bohm'sche Theorie dadurch widerlegt wird. Ihre Vorhersagen sind beweisbar identisch mit denen der Quantenmechanik, wodurch eine experimentelle Widerlegung immer auch eine Widerlegung der Quantenmechanik bedeuten würde. Im Gegensatz zum Problem des Messprozesses, das für die Quantenmechanik grundlegend ist, handelt es sich bei den meisten Kritikpunkten an der Bohm'schen Mechanik eher um ‚Schönheitsfehler', und Schönheit ist bekanntlich etwas sehr Subjektives.

19.5.1 Mehrteilchensysteme

Als eine erste Schwäche der Bohm'schen Theorie wird ihre Behandlung von Mehrteilchensystemen angesehen. Das Schrödinger-Feld von n Teilchen, $\Psi(x_1, \ldots, x_n, t)$, ist eine Funktion von $3n + 1$ Variablen. Dieses Feld ‚lebt' also nicht mehr auf unserem dreidimensionalen Anschauungsraum, sondern auf dem Konfigurationsraum der Teilchen. In diesem Sinne unterscheidet es sich wesentlich von elektromagnetischen Feldern oder dem Gravitationsfeld, die ebenfalls mit einer gewissen Berechtigung als ‚Führungsfelder' für Teilchen mit einer Ladung bzw. Energie angesehen werden können.

Der (berechtigte) Einwand von Bohmianern gegen dieses Argument lautet, dass auch die Hamilton-Jacobi-Gleichung eines klassischen Systems von n Teilchen eine Differentialgleichung für eine Funktion $S(x_1, \ldots, x_n)$ von $3n$ Variablen darstellt. Und wenn es zwischen n Teilchen eine Wechselwirkung gibt, so ist das zugehörige Potenzialfeld $V(x_1, \ldots, x_n)$ ebenfalls eine Funktion von allen Orten.

In der klassischen Mechanik wird $S(x_1, \ldots, x_n)$ als eine mathematische Hilfsgröße angesehen, mit der sich Scharen von Bahnkurven elegant beschreiben lassen. Eine unmittelbare physikalische Bedeutung hat dieses Feld dort nicht. Das gilt eher schon für das Potenzial $V(x_1, \ldots, x_n)$. Doch auch diesem würde man eine physikalische Bedeutung nur insofern zusprechen, als es durch die konkret realisierten Orte von n Teilchen definiert ist – nicht dem verallgemeinerten Potenzialfeld für alle möglichen Orte der Teilchen. Anders ist dies bei externen Potenzialen, wie sie sich aus elektrischen und gravitativen Kräften ergeben, doch diese sind im Ortsraum definiert, nicht im Konfigurationsraum. Der genaue ontologische Status des Führungsfeldes bleibt in der Bohm'schen Mechanik offen.

An dieser Stelle kommt eine weitere Überlegung ins Spiel: In jeder Theorie, in welcher der Wellenfunktion eine reale Existenz oder Ontologie zugesprochen wird, kann sich diese Ontologie nur auf die Wellenfunktion des gesamten Kosmos beziehen. Somit gibt es das Führungsfeld für ein einzelnes Teilchen nur als mathematische Näherung: Man kann formal die Wellenfunktion des Universums über alle Objekte ‚ausreduzieren' (entsprechend der Teilreduktion bei Tensorprodukten) und erhält dann effektiv eine Zustandsbeschreibung für ein einzelnes Teilchen. Im Allgemeinen wird dies aber keine Wellenfunktion sein, sondern eine Dichtematrix, in der Ortsdarstellung also ein Integralkern $\rho(x, y)$. Nur wenn das Teilsystem, das man beschreiben möchte, keinerlei Verschränkung mit dem Rest des Universums hat, seine Wellenfunktion also separiert, kann man es durch eine ‚ontologische' Wellenfunktion beschreiben.

19.5.2 Die Statistik der Teilchen

Die effektive Abstoßung zwischen Fermionen (und entsprechend eine Form der ‚Anziehung' bei Bosonen) erfolgt in der Bohm'schen Theorie über das Quantenpotenzial. Allerdings ist die Antisymmetrie des Quantenpotenzials bei Fermionen (bzw. die Symmetrie bei Bosonen) keine Folgerung aus der Schrödinger-Gleichung, sondern muss zusätzlich gefordert werden.

Das Gleiche gilt auch in der herkömmlichen Quantenmechanik. Allerdings kann man zeigen, dass im Rahmen einer Quantenfeldtheorie der Zusammenhang zwischen dem Spin und der Statistik aus sehr allgemeinen Forderungen (in erster Linie der relativistischen Invarianz) folgt [76]. Inwieweit das auch für die Bohm'sche Mechanik gilt, bleibt offen, solange eine relativistische Formulierung noch aussteht.

19.5.3 Der Spin

Das oben behandelte Bohm'sche Modell basiert auf einer Schrödinger-Gleichung für spinlose Teilchen. Es gibt von Bohm zwar auch ‚klassische' Modelle für Spin-1/2-Teilchen, doch die finden meist keine Anwendung. Stattdessen wird das Schrödinger-Feld zu einer 2-komponentigen Größe (entsprechend der Pauli'schen Theorie des Spins, siehe Abschn. 9.3.1), es wirken also im Prinzip zwei Quantenpotenziale auf ein Teilchen ein. Die Ablenkung eines Elektrons in einem Stern-Gerlach-Magnetfeld erfolgt demnach aufgrund seiner Bahnkurve, die von diesen beiden Feldern bestimmt wird, nicht aufgrund einer intrinsischen Eigenschaft ‚Spin' oder ‚Polarisation'. Außerdem gehen natürlich die Anfangsbedingungen für die Führungsfelder (die Art der Präparation des Systems) ein.

19.5.4 Die Nichtlokalität

Bohm diskutiert in Teil II seines Artikels [12] den Messprozess sehr ausführlich und kommt zu dem Schluss, dass die verborgenen Parameter des Messgerätes eine wesentliche Rolle spielen. Diese Einbeziehung der verborgenen Parameter des Messgerätes ist wichtig, da so die Annahmen, die dem von Neumann'sche Theorem (ebenso wie anderen Theoremen ähnlicher Art – Jauch–Piron, Gleason etc.) zugrunde liegen, umgangen werden (vgl. ‚grey box' in Abschn. 19.1). Die Erwartungswerte von Observablen sind im Bohm'schen Modell keine linearen Funktionale der Observablen.

Da die Bohm'sche Theorie in allen Teilen mit den Vorhersagen der Quantenmechanik übereinstimmt, enthält sie auch die ‚spooky action at a distance' – d. h. eine nichtlokale Wirkung, die wir im Zusammenhang mit den Bell'schen Ungleichungen (Abschn. 8.4) angesprochen haben. Während sich andere Deutungen der Quantenmechanik in diesem Zusammenhang auf den subjektiven Charakter der Wellenfunktion beziehen können und die Reduktion als nicht ontologisch ansehen, ist die Nichtlokalität ein wesentlicher Bestandteil der Bohm'schen Mechanik. Sie äußert sich zwar nicht in einer Verletzung der Relativitätstheorie (auch in der Bohm'schen Mechanik ist der Kollaps weder mit einer Energie- noch einer Signalübertragung verbunden), bleibt aber wegen ihres ontologischen Charakters ‚spooky'.

19.5.5 Die Asymmetrie zwischen Ort und Impuls

Die Formulierung der herkömmlichen Quantenmechanik ist symmetrisch in Orts- und Impulsvariablen. Grundsätzlich kann jede Darstellung (d. h. jeder Satz von kompatiblen Observablen) als Basis gewählt werden. Die Bohm'sche Formulierung hängt jedoch wesentlich von der Ortsdarstellung ab: Die Ontologie des Führungsfelds bezieht sich auf den Ortsraum und die Teilchen propagieren als punktförmige Objekte im Ortsraum. Diese ‚Brechung' der Symmetrie zwischen Ort und Impuls, die in der herkömmlichen Interpretation der Quantenmechanik noch gegeben ist, wurde insbesondere von Heisenberg und Pauli immer als Hauptkritikpunkt am Bohm'schen Modell betont.

Diesem Argument kann man allerdings entgegen halten, dass in der relativistischen Mechanik die Symmetrie zwischen Ort und Impuls ebenfalls gebrochen ist. Das Prinzip der Mikrokausalität (kausale Einflüsse können sich nicht schneller als mit Lichtgeschwindigkeit ausbreiten) gilt bezüglich des Raums bzw. der Raumzeit. Nichtlokalität im Impulsraum (ein Teilchen mit großem Impuls wechselwirkt mit einem Teilchen mit kleinem Impuls) ist etwas vollkommen Natürliches. Daher ist eine Auszeichnung des Ortsraums nachvollziehbar.[1] Ebenfalls für eine Auszeichnung des Raumes wird oft angeführt, dass fast alle (wenn nicht alle) Messungen letztendlich Ortsraummessungen sind. Jedes Ablesen einer Zeigerstellung an einem Messinstrument ist eine Ortsmessung.

19.5.6 Die Bahnkurven der Teilchen

Mehr noch als alle anderen Argumente ist das folgende eher ein Schönheitsfehler und kein wirkliches Gegenargument: Die Bahnkurven der Teilchen erscheinen unter bestimmten Umständen sehr unnatürlich.

Betrachten wir als Beispiel Energieeigenzustände, gleichgültig zu welchem Potenzial. Energieeigenzustände können bis auf eine globale, ortsunabhängige Phase reell gewählt werden. Das bedeutet aber insbesondere $\nabla S/m = v(t) = 0$. Somit gilt für die Bahnkurven der Teilchen in Eigenzuständen der Energie: $x(t) = x_0$. Diese Teilchen bewegen sich also nicht, sondern befinden sich lediglich entsprechend einer Wahrscheinlichkeitsverteilung $\psi(x)^2$ an bestimmten Orten. Das erscheint insofern unnatürlich, als diese Zustände beliebig hohe Energien, Drehimpulse oder auch

---

[1] Allerdings gibt es hier einen seltsamen Zirkelschluss: Die Bohm'sche Mechanik ist auch hinsichtlich des Raums nichtlokal und somit scheint der Grund für die Auszeichnung des Raums gegenüber den anderen Eigenschaften hinfällig.

Impulserwartungswerte haben können. Daran erkennt man auch, dass mit Ausnahme des Ortsoperators die Erwartungswerte von Operatoren wie P, H, $\mathbf{L}$ etc. nichts mit dem Impuls, der Energie oder dem Drehimpuls der Teilchen zu tun haben, sondern eher mit der Form der Wellenfunktion.

19.5.7 Die nichtrelativistische Schrödinger-Gleichung

Der Ausgangspunkt für das Bohm'sche Modell ist die nichtrelativistische Schrödinger-Gleichung, und viele Überlegungen hängen von der speziellen Form dieser Gleichung ab. Verallgemeinerungen auf die Dirac-Gleichung sind zwar möglich, allerdings wiederum nur um den Preis zunehmender ‚Unnatürlichkeit'. Für wechselwirkende relativistische Teilchen scheint es bisher noch keine Formulierung der Bohm'schen Mechanik zu geben.

Eine relativistische Formulierung der Bohm'schen Mechanik scheint schon alleine wegen der erwähnten Nichtlokalität (z. B. bei Zwei-Teilchen-Zuständen) zu einem grundlegenden Problem zu werden. Wenn die Wellenfunktion wie in der Bohm'schen Mechanik eine ontologische Bedeutung hat, dann zeichnet die instantane globale Änderung dieser Wellenfunktion als Folge einer Messung ein Bezugssystem aus, und das widerspricht der relativistischen Invarianz.

19.5.8 Quantenfeldtheorie

Eine vollständige Beschreibung der Elementarteilchen einschließlich der Prozesse ihrer Umwandlung (Paarerzeugung, Annihilation, Zerfälle etc.) ist bisher nur im Rahmen der Quantenfeldtheorie möglich. Daher sollte, wenn überhaupt, eine Ontologie an dieser Stelle ansetzen. Doch die Quantenfeldtheorie des Standardmodells ist selbst nur eine phänomenologische Theorie: Sie ist der Niederenergielimes (oder Skalenlimes) einer noch unbekannten, tiefer liegenden Theorie, die auch die Gravitation einbezieht. Dieser phänomenologische Charakter der Quantenfeldtheorie wird besonders an der Renormierung deutlich: Die formal auftretenden Unendlichkeiten lassen sich durch einen ‚Cut-off' – ein Abschneiden der Theorie bei sehr hohen Impulsen bzw. Energien – beseitigen, doch die nackten (unbeobachtbaren) Parameter der Theorie hängen von diesem Cut-off ab, sodass die physikalisch beobachteten Parameter Cut-off-unabhängig werden.

Wenn überhaupt, wären in der QFT die Felder ontologisch, doch die meisten Bohm'schen Formulierungen von Quantenfeldtheorien gehen von Teilchen als fundamentalen Entitäten aus, obwohl eine Bohm'sche Mechanik für Felder ebenfalls möglich ist.

An dieser Stelle setzt der Kritikpunkt an, der für mich ausschlaggebend ist: Die Quantenmechanik ist der nichtrelativistische Grenzfall der Quantenfeldtheorie, und die Quantenfeldtheorie ist der niederenergetische Grenzfall einer noch nicht bekannten fundamental(er)en Theorie. Weshalb setzt man mit der Ontologie auf der Ebene der Quantenmechanik an? Auf der Ebene einer Quantenfeldtheorie gibt es mehrere

Möglichkeiten, eine Bohm'sche Mechanik zu formulieren, die sich hinsichtlich ihrer Ontologien unterscheiden. Da sie sich in Bezug auf ihre Vorhersagen nicht unterscheiden, kann man experimentell nicht zwischen verschiedenen Versionen unterscheiden.

Meine Kritik gilt daher weniger der Bohm'schen Mechanik als der Behauptung mancher ihrer Anhänger, die ‚wahre' Ontologie gefunden zu haben.

Propositionen und Quantenlogik

20

Propositionen sind Aussagen über Objekte (z. B. die Elemente einer Menge), die wahr oder falsch sein können. In der Physik handelt es sich bei Propositionen um Aussagen der Art, ob ein bestimmtes physikalisches System bzw. ein bestimmter Zustand eine Eigenschaft hat oder nicht hat.

In der Mathematik kann man Propositionen als eine Menge auffassen, auf der bestimmte Verknüpfungen (UND, ODER und NICHT) gegeben sind. Eine solche Struktur bezeichnet man als Verband. Je nachdem, welche zusätzlichen Eigenschaften diese Struktur erfüllt, kann man verschiedene Realisierungen von Verbänden unterscheiden. Die Propositionen der klassischen Physik bilden einen sogenannten *Boole'schen Verband,* der vergleichbar mit den Regeln der Boole'schen Logik ist. Die Propositionen in der Quantentheorie bilden einen Nichtboole'schen Verband, den man manchmal auch als *Quantenlogik* bezeichnet.

Dieses Kapitel ist sehr mathematisch, auch wenn die Mathematik (auf dem hier dargestellten Niveau) nicht sehr anspruchsvoll ist. Es unterscheidet sich in wesentlichen Aspekten von den anderen Kapiteln in diesem Buch. Insbesondere wird dieser Zugang zur Quantentheorie nur in sehr seltenen Fällen in einer Vorlesung zur Quantenmechanik erwähnt. Aus diesem Grunde ist es auch das letzte Kapitel (abgesehen von den ‚Zitaten zur Quantentheorie') dieses Buches. Es richtet sich an diejenigen, die an mathematischer Logik und ihrer Übertragung auf die Physik interessiert sind, und es ermöglicht eine vollkommen neue Perspektive auf den Unterschied zwischen klassischer Physik und Quantenphysik.

20.1 Einführung

In der Physik sind Propositionen spezielle Observablen, deren möglicher Messwert nur ‚wahr' oder ‚falsch' bzw. 1 oder 0 sein kann. Daher werden Propositionen in der Physik durch reelle bzw. selbstadjungierte idempotente Observablen dargestellt, d. h.,

© Springer-Verlag GmbH Deutschland, ein Teil von Springer Nature 2019
T. Filk, *Quantenmechanik (nicht nur) für Lehramtsstudierende,*
https://doi.org/10.1007/978-3-662-59736-1_20

$$P^2 = P \quad \text{und} \quad P = P^*. \tag{20.1}$$

Zu zwei Propositionen P_1 und P_2 gibt es eine Vereinigung ('ODER') und einen Durchschnitt ('UND'):

$$P_{1 \vee 2} = P_1 \cup P_2$$
$$P_{1 \wedge 2} = P_1 \cap P_2.$$

Im Sinne der Aussagenlogik bezeichnet $P_{1 \vee 2}$ die Aussage ,P_1 oder P_2' und $P_{1 \wedge 2}$ bezeichnet die Aussage ,P_1 und P_2', wobei ich hier die Aussage bezüglich einer Eigenschaft mit der entsprechenden Observablen identifiziert habe. Die Aussage ,P_1 und P_2' ist in diesem Fall immer richtig, wenn sowohl die Aussage P_1 als auch die Aussage P_2 richtig ist. Wir werden jedoch sehen, dass im Aussagenkalkül der Quantenmechanik nicht unbedingt gilt, dass die Aussage ,P_1 oder P_2' immer dann richtig ist, wenn im klassischen Sinne entweder P_1 oder P_2 gilt.

Zu jeder Aussage gibt es auch das Komplement bzw. die Negation $P^c = 1 - P$: ,Das System hat die Eigenschaft P nicht'. (Hier sehen wir nochmals, dass der Begriff ,komplementär' leider in unterschiedlichen Bedeutungen verwendet wird; vgl. Abschn. 1.3.1.) Allgemein gilt $(P^c)^c = P$.

Die drei Operationen – Negation, ODER und UND – sind nicht unabhängig. Jede von ihnen lässt sich durch die beiden anderen definieren. Für die Negation gilt beispielsweise

$$P \cup P^c = 1 \quad \text{und} \quad P \cap P^c = 0, \tag{20.2}$$

wobei 1 die triviale Proposition ist ($P \cap 1 = P$ für alle P) und 0 die leere Proposition ($P \cup 0 = P$ für alle P). Die Vereinigung zweier Propositionen lässt sich schreiben als:

$$P_1 \cup P_2 = (P_1^c \cap P_2^c)^c \tag{20.3}$$

Zusammen mit $(P^c)^c = P$ folgen daraus die beiden Gesetze von De Morgan:

$$(P_1 \cup P_2)^c = P_1^c \cap P_2^c \quad \text{und} \quad (P_1 \cap P_2)^c = P_1^c \cup P_2^c \tag{20.4}$$

Diese Verknüpfungsregeln für Propositionen erfüllen in der klassischen Mechanik und der Quantenmechanik bestimmte Regeln, die sie zu sogenannten Verbänden machen. Im Folgenden werde ich auf diese Regeln eingehen und einen elementaren Einstieg in die Verbandstheorie vornehmen.

20.2   Propositionen in der klassischen Mechanik

In der klassischen Mechanik sind Observablen reellwertige Funktionen auf dem Phasenraum. Idempotente Observablen sind damit sogenannte charakteristische Funktionen über dem Phasenraum, d.h., sie nehmen nur die Werte 0 bzw. 1 an. Sie entsprechen Teilmengen des Phasenraums. Zu jeder Teilmenge A gibt es eine entsprechende charakteristische Funktion χ_A, die auf dieser Teilmenge den Wert 1 hat und ansonsten den Wert 0:

$$\chi_A(x) = \begin{cases} 1 & x \in A \\ 0 & \text{sonst} \end{cases} \tag{20.5}$$

Im Folgenden lasse sich das Argument x, das sich allgemein auf ein Element einer Menge und in der klassischen Physik konkret auf einen Punkt im Phasenraum bezieht, meist weg.

Der Durchschnitt zweier charakteristischer Funktionen ist das Produkt dieser Funktionen:

$$\chi_{A \cap B} = \chi_A \cdot \chi_B \tag{20.6}$$

Es entspricht der charakteristischen Funktion zum mengentheoretischen Durchschnitt der zugehörigen Teilmengen im Phasenraum.

Die Vereinigung ist die Summe der beiden charakteristischen Funktionen minus ihrem Durchschnitt:

$$\chi_{A \cup B} = \chi_A + \chi_B - \chi_A \cdot \chi_B \tag{20.7}$$

Wie immer lässt sich die Vereinigung auch über das Komplement und den Durchschnitt definieren:

$$\chi_{A \cup B} = 1 - (1 - \chi_A) \cdot (1 - \chi_B) \tag{20.8}$$

Auch hier entspricht diese Vorschrift der mengentheoretischen Vereinigung der zugehörigen Teilmengen.

In der klassischen Mechanik entsprechen also die Definitionen von UND, ODER und Komplementbildung genau den mengentheoretischen Vorschriften für die zugehörigen Teilmengen im Phasenraum: UND entspricht dem Durchschnitt zweier Teilmengen, ODER entspricht der Vereinigung der Mengen und NICHT dem mengentheoretischen Komplement einer Menge. Daher erfüllen diese Vorschriften auch alle Eigenschaften der Aussagenlogik der Mengentheorie. Dazu zählen insbesondere:

- Kommutativität:

$$A \cup B = B \cup A \quad \text{und} \quad A \cap B = B \cap A \tag{20.9}$$

- Assoziativität:

$$(A \cup B) \cup C = A \cup (B \cup C) \quad \text{und} \quad (A \cap B) \cap C = A \cap (B \cap C) \tag{20.10}$$

- Absorptionsgesetze:

$$A \cup (B \cap A) = A \quad \text{und} \quad (A \cup B) \cap A = A \tag{20.11}$$

- Distributivgesetze:

$$A \cap (B \cup C) = (A \cap B) \cup (A \cap C)$$
$$A \cup (B \cap C) = (A \cup B) \cap (A \cup C) \tag{20.12}$$

20.3 Propositionen in der Quantenmechanik

Propositionen in der Quantenmechanik werden durch selbstadjungierte Projektions-operatoren dargestellt. Einer Proposition entspricht somit ein linearer Teilraum des Hilbert-Raums. Die Dimension dieses Teilraums ist beliebig, sie kann sogar unendlich sein. Beispielsweise ist der Teilraum aller Vektoren $|\psi\rangle$, die die Bedingung $\||H|\psi\rangle\| \geq \||E|\psi\rangle\|$ erfüllen, der Raum aller Zustände mit einer Energie $\geq E$. Dazu zählen auch Zustände, die keine Eigenzustände zur Energie sind. Eine Energiemessung wird an diesen Zuständen aber immer einen wohldefinierten Wert ergeben, der größer ist als E. Die genaue Interpretation einer Proposition in der Quantenmechanik lautet also: Ein Zustand hat die Eigenschaft P, wenn diese Eigenschaft für eine entsprechende Messung an diesem Zustand immer erfüllt ist.

Sei P_A ein Projektionsoperator, dann bezeichnen wir mit V_A den Vektorraum zum Eigenwert 1 zu diesem Projektionsoperator. V_A ist also der Teilraum, auf den P_A projiziert.

Definition 20.1 Das Komplement eines Projektionsoperators ist

$$P_A^c = 1 - P_A. \tag{20.13}$$

Dies ist der Projektionsoperator auf das orthogonale Komplement $V_A^\perp$ des Teilraums V_A, auf den P_A projiziert. Man beachte, dass dies nicht das mengentheoretische Komplement zu V_A ist, sondern wesentlich weniger Elemente enthält.

Es seien P_A und P_B zwei Projektionsoperatoren und V_A bzw. V_B seien die zugehörigen Eigenräume zum Eigenwert 1.

Definition 20.2 Die *Vereinigung* $V_{A\cup B}$ ist der Vektorraum, der durch V_A und V_B aufgespannt wird, also die Menge aller Vektoren, die sich als Linearkombination von Vektoren aus V_A und V_B schreiben lassen. $P_{A\cup B}$ ist der Projektionsoperator auf $V_{A\cup B}$. Man schreibt auch $P_{A\cup B} = P_A \cup P_B$.

Definition 20.3 Der *Durchschnitt* $V_{A\cap B}$ zweier Vektorräume V_A und V_B ist der größte lineare Teilraum des Hilbert-Raums, der in den Teilräumen V_A und V_B enthalten ist, also der Teilraum $V_A \cap V_B$. $P_{A\cap B}$ ist der Projektionsoperator auf $V_{A\cap B}$. Man schreibt auch $P_{A\cap B} = P_A \cap P_B$.

Die Konstruktion von Durchschnitt und Vereinigung durch die Projektionsoperationen auf dem Hilbert-Raum erfordert eine Grenzwertbildung. Der Durchschnitt lässt sich beispielsweise in der Form

$$P_A \cap P_B = \lim_{n \to \infty} (P_A \cdot P_B)^n \tag{20.14}$$

darstellen. Dies hat auch eine anschauliche Bedeutung. Gesucht sind ja alle Zustände, die sowohl im Teilraum zu P_A als auch im Teilraum zu P_B liegen. Denkt man sich

P_A und P_B durch (nicht notwendigerweise orthogonale) Filter realisiert, dann muss man die Filter zu P_A und P_B beliebig oft abwechselnd hintereinander aufbauen, sodass schließlich nur noch solche Zustände durchgelassen werden, die in beiden Teilräumen liegen. Falls P_A und P_B kommutieren, reichen natürlich zwei Filter. Bei nichtkommutierenden Größen – stellen wir uns zwei Filter mit nichtorthogonalen Polarisationsrichtungen vor – kann es sein, dass ein System die ersten Filter noch passiert; irgendwann wird es aber absorbiert und schließlich bleiben nur noch solche Systeme übrig, die von beiden Filtern immer durchgelassen werden.

Für die Vereinigung von zwei Projektionsoperatoren gilt dann:

$$P_A \cup P_B = \mathbf{1} - (\mathbf{1} - P_A) \cap (\mathbf{1} - P_B) = \mathbf{1} - \lim_{n \to \infty} ((\mathbf{1} - P_A) \cdot (\mathbf{1} - P_B))^n \quad (20.15)$$

Offensichtlich entspricht auch in der Quantentheorie die UND-Operation – der Durchschnitt von zwei Propositionen P_A und P_B – der Teilmenge im mengentheoretischen Sinn: Es ist der Durchschnitt der beiden Teilräume V_A und V_B.

Dies gilt jedoch nicht für die ODER-Operation, also die Vereinigung. $P_A \cup P_B$ ist der Projektionsoperator auf den kleinsten Teilraum, der sowohl V_A als auch V_B enthält; das ist der Teilraum $V_{A \cup B}$, der durch V_A und V_B aufgespannt wird. Er enthält also auch Vektoren, die weder in V_A noch in V_B enthalten sind, sich aber als Linearkombinationen solcher Vektoren schreiben lassen.

Viele der bekannten Relationen für Vereinigung und Durchschnitt gelten auch in der Quantenmechanik, beispielsweise

- die Kommutativität (Gl. 20.9),
- die Assoziativität (Gl. 20.10),
- und die Absorptionsgesetze (Gl. 20.11).

Die Distributivgesetze gelten jedoch für den quantenmechanischen Propositionenkalkül nicht.

Wir betrachten dazu einen einfachen Spezialfall: Auch für Projektionsoperatoren gilt

$$P_A \cap (P_B \cup P_B^c) = P_A \cap (P_B \cup (\mathbf{1} - P_B)) = P_A \cap \mathbf{1} = P_A. \quad (20.16)$$

Da $P_B \cup P_B^c$ der Identitätsoperator und der zugehörige Vektorraum der gesamte Hilbert-Raum ist, ist der Durchschnitt mit dem Teilraum zu P_A gleich dem Teilraum zu P_A.

Eines der Distributivgesetze fordert aber, dass die linke Seite von Gl. 20.16 gleich dem folgenden Ausdruck ist:

$$(P_A \cap P_B) \cup (P_A \cap (\mathbf{1} - P_B)) = \lim_{n \to \infty} (P_A P_B)^n \cup \lim_{n \to \infty} (P_A (\mathbf{1} - P_B))^n. \quad (20.17)$$

Die rechte Seite kann aber verschwinden, obwohl P_A und P_B bzw. $\mathbf{1} - P_B$ nichttriviale Projektionsoperatoren sind. Wir betrachten dazu ein einfaches Beispiel von 2×2-Matrizen (siehe Abb. 20.1):

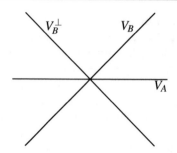

Abb. 20.1 Zum Distributivgesetz bei Projektionsoperatoren: Die Vereinigung (im Sinne von Vektorräumen) von V_B und $V_B^\perp$ ist der gesamte Vektorraum. Der Durchschnitt von V_A mit V_B ist aber der Nullvektor, ebenso der Durchschnitt von V_A mit $V_B^\perp$

$$P_A = \frac{1}{2} \begin{pmatrix} 1 & 1 \\ 1 & 1 \end{pmatrix} \quad \text{und} \quad P_B = \begin{pmatrix} 1 & 0 \\ 0 & 0 \end{pmatrix}$$

$$\text{und somit} \quad P_B^c = \mathbf{1} - P_B = \begin{pmatrix} 0 & 0 \\ 0 & 1 \end{pmatrix} \tag{20.18}$$

Nun ist

$$P_A P_B = \frac{1}{2} \begin{pmatrix} 1 & 0 \\ 1 & 0 \end{pmatrix} \tag{20.19}$$

und damit

$$(P_A P_B)^n = \frac{1}{2^n} \begin{pmatrix} 1 & 0 \\ 1 & 0 \end{pmatrix} \tag{20.20}$$

bzw.

$$\lim_{n \to \infty} (P_A P_B)^n = 0. \tag{20.21}$$

Andererseits ist

$$P_A(\mathbf{1} - P_B) = \frac{1}{2} \begin{pmatrix} 0 & 1 \\ 0 & 1 \end{pmatrix} \tag{20.22}$$

und somit ebenfalls

$$\lim_{n \to \infty} (P_A(\mathbf{1} - P_B))^n = 0. \tag{20.23}$$

Durch den ständigen Wechsel zweier Projektionen auf nichtkolineare Räume wird jeder Vektor immer weiter verkürzt und schließlich zu Null.

20.4 Kommensurable und inkommensurable Eigenschaften

Für einen reinen Zustand gilt in der klassischen Mechanik immer

$$\omega_{x,p}(P) = 0 \text{ oder } 1. \tag{20.24}$$

In der Quantenmechanik können wir für einen reinen Zustand jedoch nur die Aussage

$$0 \leq \langle \psi | P | \psi \rangle \leq 1 \qquad (20.25)$$

treffen.

Es sei A eine Eigenschaft und P_A der zugehörige Projektionsoperator. Erfüllt ein Zustand $|\psi\rangle$ die Gleichung

$$P_A |\psi\rangle = |\psi\rangle, \qquad (20.26)$$

so sagen wir, dass der Zustand $|\psi\rangle$ die Eigenschaft A hat. Gilt andererseits

$$P_A |\psi\rangle = 0 \quad \text{bzw.} \quad P_A^c |\psi\rangle = (1 - P_A)|\psi\rangle = 1, \qquad (20.27)$$

dann sagen wir, dass der Zustand $|\psi\rangle$ die Eigenschaft A nicht hat bzw. dass er die Eigenschaft ‚nicht A' oder $\neg A$ hat. In beiden Fällen – d. h., immer wenn ein Zustand ein Eigenzustand von P_A ist – ist es sinnvoll, in Bezug auf $|\psi\rangle$ eine Aussage zur Eigenschaft A zu machen. Gilt jedoch

$$0 < \langle \psi | P_A | \psi \rangle < 1, \qquad (20.28)$$

so sollte man in Bezug auf $|\psi\rangle$ überhaupt nicht von der Eigenschaft A sprechen. Insofern gilt in der Quantentheorie das *tertium non datur* – das ausgeschlossene Dritte – nicht. Allerdings wird man bei einer konkreten Einzelmessung der Eigenschaft zu P_A immer nur den Wert 1 oder 0 finden.

Zwei Eigenschaften A und B heißen *kommensurabel,* wenn

$$P_A P_B = P_B P_A, \qquad (20.29)$$

anderenfalls heißen sie *inkommensurabel.* In der klassischen Mechanik sind offensichtlich alle Eigenschaften relativ zueinander kommensurabel, während es in der Quantentheorie auch inkommensurable Eigenschaften gibt.

Sind zwei Eigenschaften kommensurabel, so gilt auch

$$P_A \cap P_B = P_A P_B \qquad (20.30)$$

und entsprechend

$$P_A \cup P_B = \mathbf{1} - (\mathbf{1} - P_A)(\mathbf{1} - P_B) = P_A + P_B - P_A P_B. \qquad (20.31)$$

Für kommensurable Eigenschaften gelten in der Quantentheorie somit dieselben Relationen wie für Eigenschaften der klassischen Mechanik. Insbesondere gelten für kommensurable Eigenschaften auch die Distributivgesetze.

20.5   Verbandstheorie

Die beiden betrachteten Propositionskalküle – der klassische, mengentheoretische Propositionskalkül und der quantenmechanische Propositionskalkül linearer Teilräume – sind Spezialfälle einer allgemeineren Struktur, die man *Verband* nennt. Die Verbandstheorie beschäftigt sich mit logischen Strukturen.

Ein Verband ist eine geordnete Menge, in der es zu je zwei Elementen ein Supremum und ein Infimum gibt. Bevor ich auf die Definitionen näher eingehe, fasse ich die wesentlichen Begriffe für geordnete Mengen nochmals zusammen. Diese Begriffe sollten größtenteils bekannt sein, da sie zu Beginn jeder Vorlesung zur Linearen Algebra behandelt werden.

20.5.1 Ordnungsrelationen

Definition 20.4 Eine *Relation* $\sim$ auf einer Menge M ist eine Teilmenge R von $M \times M$. Die Notation $x \sim y$ bedeutet $(x, y) \in R$.

Definition 20.5 Eine Menge M heißt *geordnet (halbgeordnet, semigeordnet)*, wenn es eine Relation $\leq$ auf M gibt, die

• reflexiv: $x \leq x$,
• antisymmetrisch: $x \leq y$ und $y \leq x$ impliziert $x = y$, und
• transitiv: $x \leq y$ und $y \leq z$ impliziert $x \leq z$

ist.

Wenn für je zwei Elemente x und y aus M entweder $x \leq y$ oder $y \leq x$ gilt, dann bezeichnet man M als *total geordnet*.

Die Notation $x < y$ ist äquivalent zu $x \leq y$ und $x \neq y$. $x \geq y$ ist äquivalent zu $y \leq x$ und $x > y$ ist äquivalent zu $y < x$.

Definition 20.6 Sei X eine Teilmenge einer geordneten Menge M. Ein Element $a \in M$ heißt *obere Schranke* von X, wenn $x \leq a$ für alle $x \in X$. Gibt es eine obere Schranke zu einem X, so heißt X *von oben beschränkt*.

Ganz entsprechend definiert man eine *untere Schranke* bzw. die Aussage, dass eine Teilmenge *von unten beschränkt* ist.

Definition 20.7 Ist das Element a eine obere Schranke von X und es gilt $a \in X$, so bezeichnet man a als *größtes Element* von X bzw. als *Maximum*.

Ein größtes Element ist immer eindeutig. Entsprechend definiert sind das *kleinste Element* bzw. das *Minimum*.

Definition 20.8 Gibt es ein kleinstes Element in der Menge der oberen Schranken von X, so bezeichnet man es als *kleinste obere Schranke (obere Grenze)* oder auch *Supremum.*

Entsprechend wird die *größte untere Schranke (untere Grenze)* bzw. das *Infimum* definiert.

20.5.2 Verbände

Die folgenden zwei Definitionen eines Verbandes (engl. lattice) sind äquivalent:

Definition 20.9 Ein *Verband* ist eine geordnete Menge L, in der es zu je zwei Elementen x und y ein Supremum (bezeichnet mit $x \cup y$) und ein Infimum (bezeichnet mit $x \cap y$) gibt.

Definition 20.10 Ein *Verband* ist eine Menge L mit zwei Verknüpfungsrelationen $\cup$ und $\cap$, die folgenden Bedingungen genügen:

● Kommutativität:

$$x \cup y = y \cup x \qquad (20.32)$$
$$x \cap y = y \cap x \qquad (20.33)$$

● Assoziativität:

$$x \cup (y \cup z) = (x \cup y) \cup z \qquad (20.34)$$
$$x \cap (y \cap z) = (x \cap y) \cap z \qquad (20.35)$$

● Absorptionsgesetz:

$$(a) \qquad x \cup (y \cap x) = x \qquad (20.36)$$
$$(b) \qquad (x \cup y) \cap x = x \qquad (20.37)$$

Es ist relativ leicht, aus den Eigenschaften der Halbordnung und der Definition eines Supremums bzw. Infimums die drei obigen Eigenschaften der Verknüpfungsrelationen herzuleiten.

Für die umgekehrte Richtung beweisen wir zunächst, dass in einem Verband nach Definition 20.10 die folgende Äquivalenz gilt:

$$x \cup y = y \iff x \cap y = x \qquad (20.38)$$

Beweis Aus dem Absorptionsgesetz in der Form

$$y \cup (x \cap y) = y \qquad (20.39)$$

folgt für $x \cap y = x$ offensichtlich $y \cup x = y$. Umgekehrt folgt aus dem Absorptionsgesetz in der Form

$$(x \cup y) \cap x = x \qquad (20.40)$$

aus $x \cup y = y$ auch die Beziehung $y \cap x = x$.

Wir können nun auf einem Verband nach Definition 20.10 die folgende Relation definieren:

$$x \leq y \iff x \cup y = y \qquad (20.41)$$

bzw. wegen der gerade bewiesenen Äquivalenz:

$$x \leq y \iff x \cap y = x \qquad (20.42)$$

Diese Relation $\leq$ erfüllt die drei Axiome einer Ordnungsrelation.

Beweis

• Für die Reflexivität ist zu zeigen, dass

$$x \cup x = x \qquad (20.43)$$

gilt. Dies folgt, wenn man die Form (b) des Absorptionsgesetzes auf der linken Seite einsetzt und dann die Form (a) ausnutzt:

$$x \cup x = x \cup [x \cap (x \cup y)] = x \qquad (20.44)$$

Wegen der vorher gezeigten Äquivalenz folgt daher auch

$$x \cap x = x. \qquad (20.45)$$

Diese beiden Gesetze bezeichnet man auch als *Idempotenzgesetze*.

• Die Antisymmetrie folgt aus der Kommutativität:

$$x \cup y = y \quad \text{und} \quad y \cup x = x \implies x = y \qquad (20.46)$$

• Für die Transitivität ist zu zeigen:

$$x \cup y = y \quad \text{und} \quad y \cup z = z \implies x \cup z = z \qquad (20.47)$$

Diese Relation folgt aus dem Assoziativitätsgesetz, da

$$x \cup y = y \quad \text{und} \quad y \cup z = z \implies (x \cup y) \cup z = z \qquad (20.48)$$

und

$$x \cup (y \cup z) = z \quad \text{und} \quad y \cup z = z \implies x \cup z = z. \qquad (20.49)$$

20.5.3 Die Verbandsstruktur im physikalischen Propositionenkalkül

Wir haben gesehen, dass im Propositionenkalkül sowohl der klassischen Mechanik als auch der Quantenmechanik die Operationen ∪ und ∩ definiert sind und den drei Verknüpfungsregeln eines Verbandes (Kommutativität, Assoziativität und Absorptionsgesetz) genügen. Somit bilden der klassische und der quantenmechanische Propositionskalkül einen Verband.

Sowohl in der klassischen Mechanik als auch in der Quantenmechanik bedeutet die Ordnungsrelation auf diesen Verbänden ein ‚Enthalten sein'. In der klassischen Mechanik impliziert

$$A \cap B = A \implies A \subset B. \tag{20.50}$$

Das Gleiche gilt für Vektorräume:

$$V_A \cap V_B = V_A \implies V_A \subset V_B \tag{20.51}$$

Für die Projektionsoperatoren bedeutet dies:

$$P_A \leq P_B \iff P_A P_B = P_B P_A = P_A \tag{20.52}$$

Die Ordnungsrelation kann in der Quantenmechanik somit nur zwischen kommensurablen Eigenschaften gelten.

20.5.4 Weitere Verbandseigenschaften

Definition 20.11 Eine geordnete Menge L heißt *vollständiger Verband*, wenn jede nichtleere Teilmenge von L ein Supremum und ein Infimum in L hat.

Definition 20.12 Ein Verband L heißt *komplementär*, wenn es ein größtes Element 1 und ein kleinstes Element 0 in L gibt und wenn es zu jedem Element x ein Element x' gibt, sodass $x \cup x' = 1$ und $x \cap x' = 0$. Ein solches Element x' bezeichnet man auch als *Komplement* von x.

Diese Eigenschaften sind ebenfalls im klassischen und im quantenmechanischen Propositionenkalkül erfüllt. Im klassischen Propositionenkalkül ist 1 die Funktion, die auf dem gesamten Phasenraum den Wert 1 annimmt, d. h. die charakteristische Funktion des gesamten Phasenraums. 0 ist die charakteristische Funktion der leeren Menge. Das Komplement zu einer charakteristischen Funktion χ_A ist $1 - \chi_A$ und entspricht der charakteristischen Funktion der Komplementmenge zu A.

Im quantenmechanischen Propositionenkalkül ist 1 der Identitätsoperator, d. h. der Projektionsoperator auf den gesamten Hilbert-Raum. 0 ist der Nulloperator und entspricht dem Projektionsoperator auf das Null-Element des Hilbert-Raums. Das Komplement eines Projektionsoperators P_A ist $\mathbf{1} - P_A$ und entspricht der Projektion auf den zu V_A orthogonalen Teilraum im Hilbert-Raum.

Definition 20.13 Ein Verband L heißt *distributiv*, wenn für alle $x, y, z \in L$ die folgenden äquivalenten Bedingungen *(Distributivgesetze)* erfüllt sind:

$$(i) \quad x \cup (y \cap z) = (x \cup y) \cap (x \cup z) \tag{20.53}$$

$$(ii) \quad x \cap (y \cup z) = (x \cap y) \cup (x \cap z) \tag{20.54}$$

Wie wir gesehen haben, ist die Potenzmenge $\mathscr{P}(M)$ einer Menge M ein distributiver Verband bezüglich der Vereinigung und dem Durchschnitt von Teilmengen von M. Ein solcher Verband heißt auch *Mengenverband*. Umgekehrt lässt sich zeigen, dass jeder distributive Verband isomorph zu einem geeigneten Mengenverband ist.

Definition 20.14 Ein distributiver und komplementärer Verband L heißt *Boole'scher Verband* (oder auch *Boole'sche Algebra*).

Ein Mengenverband ist offensichtlich auch immer ein Boole'scher Verband. Somit ist auch der klassische Propositionskalkül ein Boole'scher Verband. Der quantenmechanische Propositionskalkül ist jedoch nicht distributiv und damit auch kein Boole'scher Verband.

Zitate zur Quantentheorie 21

Das Spektrum dessen, wie Physiker oder Wissenschaftsphilosophen über die Quantenmechanik denken, ist breit gefächert. Oftmals wird noch nicht einmal klar, was genau die Probleme sind, die uns an der Quantentheorie stören. Daher habe ich in diesem Anhang einige Zitate zur Quantentheorie zusammengetragen in der Hoffnung, die Vielfalt der Meinungen und der Möglichkeiten, unser Unbehagen ausdrücken zu können, zu verdeutlichen.

Albert Einstein

- Die Quantenmechanik ist sehr Achtung gebietend. Aber eine innere Stimme sagt mir, dass das noch nicht der wahre Jakob ist. Die Theorie liefert viel, aber dem Geheimnis des Alten bringt sie uns kaum näher. Jedenfalls bin ich überzeugt, dass der Alte nicht würfelt.
  – oft zitiert als „Gott würfelt nicht."
  (Albert Einstein, Brief an Max Born, 4. Dezember 1926, Einstein-Archiv 8–180, zitiert nach Alice Calaprice (Hrsg.): Einstein sagt, Piper-Verlag, München, Zürich 1996, ISBN 3-492-03935-9, S. 143)
- Es scheint hart, dem Herrgott in die Karten zu gucken. Aber dass er würfelt und sich telepathischer Mittel bedient (wie es ihm von der gegenwärtigen Quantentheorie zugemutet wird), kann ich keinen Augenblick glauben.
  (Albert Einstein über die Quantenmechanik in einem Brief an Cornelius Lanczos, 21. März 1942, Einstein-Archiv 15–294, zitiert nach Einstein, Briefe, S. 65, zitiert nach Alice Calaprice (Hrsg.): Einstein sagt, Piper-Verlag, München, Zürich 1996, ISBN 3-492-03935-9, S. 146)
- Der Gedanke, dass ein in einem Strahl ausgesetztes Elektron aus freiem Entschluss den Augenblick und die Richtung wählt, in der es fort springen will, ist mir unerträglich. Wenn schon, dann möchte ich lieber Schuster oder gar Angestellter in einer Spielbank sein als Physiker.
  (Brief an Max Born, 1924, zitiert in *Albert Einstein und Max Born, Briefwechsel*, Rowohlt, Reinbek, 1969, S. 67)

© Springer-Verlag GmbH Deutschland, ein Teil von Springer Nature 2019
T. Filk, *Quantenmechanik (nicht nur) für Lehramtsstudierende*,
https://doi.org/10.1007/978-3-662-59736-1_21

Niels Bohr

• Denn wenn man nicht zunächst über die Quantentheorie entsetzt ist, kann man sie doch unmöglich verstanden haben.
(Niels Bohr zitiert in *Der Teil und das Ganze. Gespräche im Umkreis der Atomphysik* von Werner Heisenberg, R. Piper & Co., München, 1969, S. 280)

• Nun bedeutet aber das Quantenpostulat, dass [...] weder den Phänomenen noch dem Beobachtungsmittel eine selbständige physikalische Realität im gewöhnlichen Sinne zugeschrieben werden kann.
(Niels Bohr, *Das Quantenpostulat un die neuere Entwicklung in der Atomistik,* in *Die Naturwissenschaften,* Band 16. Kaiser-Wilhelm-Gesellschaft zur Förderung der Wissenschaften, Springer-Verlag, Berlin, 1928, S. 245)

• There is no quantum world. There is only an abstract physical description. It is wrong to think that the task of physics is to find out how nature *is*. Physics concerns what we can *say* about nature.
(*The philosophy of Niels Bohr,* Aage Peterson in *Bulletin of the Atomic Scientists,* Vol. 19, Sept. 1963)

Werner Heisenberg

• Die Quantentheorie ist so ein wunderbares Beispiel dafür, dass man einen Sachverhalt in völliger Klarheit verstanden haben kann und gleichzeitig doch weiß, dass man nur in Bildern und Gleichnissen von ihm reden kann.
(Werner Heisenberg, *Der Teil und das Ganze,* 6. Auflage, 2005, Piper Verlag GmbH, München, S. 246)

• Die Quantentheorie lässt keine völlig objektive Beschreibung der Natur mehr zu.
(Werner Heisenberg, *Physik und Philosophie,* 7. Auflage, Hirzel, Stuttgart, (2006) S. 153)

• In den Experimenten über Atomvorgänge haben wir mit Dingen und Tatsachen zu tun, mit Erscheinungen, die ebenso wirklich sind wie irgendwelche Erscheinungen im täglichen Leben. Aber die Atome oder die Elementarteilchen sind nicht ebenso wirklich. Sie bilden eher eine Welt von Tendenzen und Möglichkeiten als eine von Dingen und Tatsachen.
(Werner Heisenberg, *Physik und Philosophie,* 7. Auflage, Hirzel, Stuttgart, 2006, S. 262)

• Nicht mehr die objektiven Ereignisse, sondern die Wahrscheinlichkeiten für das Eintreten gewisser Ereignisse können in mathematischer Form festgelegt werden. Nicht mehr das faktische Geschehen selbst, sondern die Möglichkeit zum Geschehen – die „Potentia", wenn wir diesen Begriff der Philosophie des Aristoteles verwenden wollen – ist strengen Naturgesetzen unterworfen.
(1958 auf der Gedenkfeier zu Max Plancks 100. Geburtstag)

• Die Elementarteilchen können mit den regulären Körpern in Platos „Timaios" verglichen werden. Sie sind die Urbilder, die Ideen der Materie.
(Werner Heisenberg, *Der Teil und das Ganze,* 6. Auflage, 2005, Piper Verlag GmbH, München, S. 281)

David Bohm

- Das Elektron beobachtet die Umgebung, soweit es auf eine Bedeutung in seiner Umgebung reagiert. Es handelt genauso wie die Menschen.
(David Bohm; Wissenschaftler und Weise – www.zitate-aphorismen.de)
- So stimmen die Relativitätstheorie und die Quantentheorie doch beide in der Notwendigkeit überein, die Welt als ein ungeteiltes Ganzes anzuschauen, worin alle Teile des Universums einschließlich dem Beobachter und seinen Instrumenten zu einer einzigen Totalität verschmelzen und sich darin vereinigen.
(David Bohm, *Physik und Tranzendenz*, S. 275)
- If the price of avoiding non-locality is to make an intuitive explanation impossible, one has to ask whether the cost is too great.
(Physics Reports 144 (1987) 321.)

Richard Feynman

- Ein Philosoph hat einmal behauptet: „Naturwissenschaft setzt notwendig voraus, dass gleiche Umstände immer auch gleiche Auswirkungen haben." Nun, dem ist nicht so
(Impulse Physik, Kursstufe, Klettverlag, S. 190)
- Es gab eine Zeit, als Zeitungen sagten, nur zwölf Menschen verständen die Relativitätstheorie. Ich glaube nicht, dass es jemals eine solche Zeit gab. Auf der anderen Seite denke ich, es ist sicher zu sagen, niemand versteht Quantenmechanik.
(Richard Feynman, The Character of Physical Law, MIT-Press 1967, Kap. 6)
- ... the „paradox" is only a conflict between reality and your feeling of what reality „ought to be".
(Feynman Lectures on Physics, vol. III, Basic Books, New York, 1965, S. 18–9)
- We have always had a great deal of difficulty understanding the world view that quantum mechanics represents. [...] I cannot define the real problem, therefore I suspect there's no real problem, but I'm not sure there's no real problem.
(Int. J. Theor. Phys. **21** (1982) 471)

Andere

- Die Quanten sind doch eine hoffnungslose Schweinerei!
(Max Born an Albert Einstein, zitiert in Albert Einstein und Max Born: Briefwechsel 1916 bis 1955, Rowohlt, Reinbek bei Hamburg, 1969, S. 34)
- Man kann die Welt mit dem p-Auge und man kann sie mit dem q-Auge ansehen, aber wenn man beide Augen zugleich aufmachen will, dann wird man irre.
(Wolfgang Pauli; Wissenschaftlicher Briefwechsel mit Bohr, Einstein, Heisenberg u. a.; Band I, 1919–1929; S. 347)
- Wir dachten immer, wenn wir Eins kennen, dann kennen wir auch Zwei, denn Eins und Eins sind Zwei. Jetzt finden wir heraus, dass wir vorher lernen müssen, was „und" bedeutet.
(Sir Arthur Eddington; www.oberstufephysik.de/quantensprueche.html)
- No development of modern science has had a more profound impact on human thinking than the advent of quantum theory. Wrenched out of centuries-old thought

patterns, physicists of a generation ago found themselves compelled to embrace a new metaphysics. The distress which this reorientation caused continues to the present day. Basically physicists have suffered a severe loss: their hold on reality. (Bryce DeWitt und Neill Graham zitiert in: *Quantum Reality: Beyond the New Physics,* Nick Herbert; Anchor Books, A Division of Random House, Inc., New York, 1985, S. 15)

- Einstein sagte, die Welt kann nicht so verrückt sein. Heute wissen wir, die Welt ist so verrückt.
  (Daniel M. Greenberger; www.oberstufenphysik.de/quantensprueche.html)

- Properties […] have no independent reality outside the context of a specific experiment arranged to observe them: the moon is *not* there when nobody looks.
  (David Mermin; *Quantum Mysteries for Anyone,* in *The Journal of Philosophy* 78 (1981) S. 397–408)

- Wer […] die „verrückte" Physik mit Namen Quantenmechanik beschreiben will, kommt nicht ohne Ausdrücke wie Ekel und Entsetzen, Schock und Schmerzen, wahnsinnig und widerlich aus. Den Physikern gingen die Gegenstände verloren, weil sich herausstellte, dass die Atome keine Dinge sind. Sie sind Wirklichkeiten, hinter denen keine dinghafte Substanz mehr steckt. Sie sind „factual facts" wie es in der Kunst heißt, aber keine „actual facts". Sie sind wirklich (wirksam), ohne (eine) Realität zu haben.
  (Ernst Peter Fischer; Leonardo, Heisenberg & Co. Eine kleine Geschichte der Wissenschaft in Portraits. 2. Auflage, Piper Verlag, München, 2003, S. 209)

- In der Quantentheorie geht es um die Wechselwirkung des Wirklichen mit dem Möglichen.
  (David Deutsch; www.psp-tao.de)

- Es gibt keine Materie, sondern nur ein Gewebe von Energien, dem durch intelligenten Geist Form gegeben wurde.
  (Max Planck; in Ulrich Warnke, Quantenphilosophie und Spiritualität; 2. Aufl., Scorpio, 2011; S. 82)

- Ich bin nicht ein Anhänger des Konstruktivismus, sondern ein Anhänger der Kopenhagener Interpretation. Danach ist der quantenmechanische Zustand die Information, die wir über die Welt haben … Es stellt sich letztlich heraus, dass Information ein wesentlicher Grundbaustein der Welt ist. Wir müssen uns wohl von dem naiven Realismus, nach dem die Welt an sich existiert, ohne unser Zutun und unabhängig von unserer Beobachtung, irgendwann verabschieden.
  (Anton Zeilinger; Interview mit Andrea Naica-Loebell, Telepolis 7. Mai 2001)

- Das Revolutionäre und zugleich Paradoxe an der Quantenphysik besteht also darin, dass gerade die Physik als die rationalste aller Erfahrungswissenschaften das Bestehen einer grundsätzlichen Schranke für die wissenschaftliche Rationalisierung behauptet, und das dürfte der eigentliche Grund dafür gewesen sein, dass von so vielen Seiten gegen den quantenphysikalischen Indeterminismus Sturm gelaufen wurde.
  (Krings, Baumgartner, Wild: Handbuch philosophischer Grundbegriffe, München, Kösel, 1973, S. 884)

- Quantum theory was split up into dialects. Different people describe the same experiences in remarkably different languages. This is confusing even to physicists.
  (David Finkelstein, in *Physical Process and Physical Law*, in *Physics and Whitehead: quantum, process, and experience*, Timothy E. Eastman, Hank Keeton (Hrsg.), SUNY Press, 2004, S. 181)
- The universe does not exist 'out there', independent of us. We are inescapably involved in bringing about that which appears to be happening. We are not only observers. We are participators. In some strange sense, this is a participatory universe. Physics is no longer satisfied with insights only into particles, fields of force, into geometry, or even into time and space. Today we demand of physics some understanding of existence itself.
  (John A. Wheeler; in Dennis Brian, *The Voice of Genius: Conversations with Nobel Scientists and other Luminaries*, S. 127)

Literatur

1. Aspect, A., Grangier, P., Roger, G.: Experimental realization of Einstein-Podolsky-Rosen-Bohm Gedankenexperiment: a new violation of Bell's inequalities. Phys. Rev. Lett. **49**, 91–94 (1982a)
2. Aspect, A., Dalibard, J., Roger, G.: Experimental test of Bell's inequalities using time-varying analyzers. Phys. Rev. Lett. **49**, 1804–1807 (1982b)
3. Bacciagaluppi, G., Valentini, A.: Quantum Theory at the Crossroads - Reconsidering the 1927 Solvay Conference. Cambridge University Press (2009)
4. Bell, J.S.: Speakable and Unspeakable in Quantum Physics, 2. Aufl. Cambridge University Press, Cambridge (2004)
5. Bell, J.S.: On the Einstein-Podolsky-Rosen paradox. Physics **1**, 195 (1964) (Abgedruckt in [4])
6. Bell, J.S.: On the problem of hidden variables in quantum theory. Rev. Mod. Phys. **38**, 447 (1966) (Abgedruck in [4])
7. Bell, J.S.: Quantum mechanics for cosmologists. In: Isham, C., Penrose, R., Sciama, D. (Hrsg.) Quantum Gravity 2, S. 611–37. Carendon Press Oxford, Oxford (1981) (Abgedruck in [4])
8. Bell, J.: Against ‚Measurement' In: 62 Years of Uncertainty, Erice, 5–14 August (1989) (auch in Physics World 8 1990 33–40 Abgedruckt in [4])
9. Bell, J.: The Trieste lecture of John Stewart bell. J. Phys. A: Math. Theor. **40**, 2919–2933 (2007)
10. Bennett, C.H., Brassard, G.: Quantum cryptography: public key distribution and coin tossing. In Proceedings of IEEE International Conference on Computers, Systems and Signal Processing, Bd. 175(1984)
11. Bohm, D.J.: Quantum Theory. Dover Publications, New York (1989)
12. Bohm, D.J.: A suggested interpretation of the quantum theory in terms of & #x201E;Hidden" variables I & II. Phys. Rev. **85**, 166–180 (1952)
13. Bohr, N.: On the Constitution of Atoms and Molecules. insgesamt drei Artikel in der Zeitschrift Philosophical Magazine 26: Part I, 1–25; Part II Systems Containing Only a Single Nucleus, 476–502; Part III Systems containing several nuclei, 857–875 (1913)
14. Bohr, N.: Can quantum-mechanical description of physical reality be considered complete? Phys. Rev. **48**, 696 (1935)
15. Born, M., Heisenberg, W., Jordan, P.: Zur Quantenmechanik II. Z. f. Phys. **35**, 557–615 (1925)
16. Born, M.: Zur Quantenmechanik der Stoßvorgänge. Z. Phys. **37**, 863–867 (1926)
17. Cabello, A.: Bibliographic guide to the foundations of quantum mechanics and quantum information. ArXiv:quant-ph/0012089
18. Casimir, H.: On the attraction between two perfectly conducting plates. Proc. Kon. Nederland. Akad. Wetensch. **B51**, 793 (1948)
19. Caves, C.M., Fuchs, C.A., Schack, R.: Unknown quantum states: the quantum de Finetti representation. J. Math. Phys. **43**, 4537 (2002)

© Springer-Verlag GmbH Deutschland, ein Teil von Springer Nature 2019
T. Filk, *Quantenmechanik (nicht nur) für Lehramtsstudierende*,
https://doi.org/10.1007/978-3-662-59736-1

20. Clauser, J.F., Horne, M.A., Shimony, A., Holt, R.A.: Proposed experiment to test local hidden-variable theories. Phys. Rev. Lett. **23**, 880–884 (1969)
21. Dawydow, A.S.: Quantenmechanik. VEB Deutscher Verlag der Wissenschaften, Berlin (1974)
22. de Broglie, L.: Sur la possibilité de relier les phénomènes de'interference et de diffraction à la théorie des quanta de lumière. Comptes Renus **183**, 447–448 (1926)
23. de Broglie, L.: La mécanique condulatoire et la structure atomique de la matiére et du rayonnement. Journal de Physique et du Radium **8**, 225–241 (1927)
24. DeWitt, B.S.: Quantum mechanics and reality: could the solution to the dilemma of indeterminism be a universe in which all possible outcomes of an experiment actually occur? Phys. Today **23**, 30–40 (1970)
25. Dirac, P.A.M.: A new notation for quantum mechanics. Math. Proc. Camb. Philos. Soc. **35**, 416–418 (1939)
26. Einstein, A., Podolski, B., Rosen, N.: Can quantum-mechanical description of physical reality be considered complete? Phys. Rev. **47**, 777–780 (1935)
27. Elitzur, A.C., Vaidman, L.: Quantum mechanical interaction-free measurements. Found. Phys. **23**, 987 (1993)
28. D'Espagnat, B.: Quantentheorie und Realität. Spektrum Wiss. **1**, 69 (1980)
29. Everett, H.: Relative state formulation of quantum mechanics. Rev. Mod. Phys. **29**, 454–462 (1957)
30. Everett, H.: Theory of the Universal Wavefunction. Princeton University, Princeton, Thesis (1956)
31. Feynman, R.P.: QED: The Strange Theory of Light and Matter. Princeton University Press, Princeton (1985)
32. Feynman, R.P.: The Character of Physical Law, S. 130. Penguin, London (1992)
33. Feynman, R.: Simulating physics with computers. Int. J. Theor. Phys. **21**, 467–488 (1982)
34. Ghirardi, G., Rimini, A., Weber, T.: A model for a unified quantum description of macroscopic and microscopic systems. In: Accardi, L., et al. (Hrsg.) Quantum Probability and Applications. Springer, Berlin (1985)
35. Ghirardi, G., Rimini, A., Weber, T.: Unified dynamics for microscopic and macroscopic systems. Phys. Rev. D **34**, 470 (1985)
36. Gilder, L.: The Age of Entanglement: When Quantum Physics was Reborn. Penguin Vintage, New York (2009)
37. Gleason, A.M.: Measures on the closed subspaces of a Hilbert space. Indiana Univ. Math. J. **6**, 885–893 (1957)
38. Gottfried, K., Yan, T.-M.: Quantum Mechanics - Fundamentals. Springer, Berlin (2003)
39. Giulini, D., Straumann, N.: „... ich dachte mir nicht viel dabei..." Plancks ungerader Weg zur Strahlungsformel. Physikalische Blätter **56**(12), 37–42 (2000)
40. Guillemin, V., Sternberg, S.: Symplectic Techniques in Physics. Cambridge University Press, Cambridge (1984)
41. Heisenberg, W.: Der Teil und das Ganze, 6. Aufl., S. 80. Piper Verlag GmbH, München (2005)
42. Heisenberg, W.: Anmerkungen zu dem Artikel von Renninger [67] im Anschluss an diesen Artikel
43. Hermann, G.: Die naturphilosophischen Grundlagen der Quantenmechani. Abhandlungen der Fries'schen Schule **VI** 75–152, (1935)
44. Hong, D.K., Ou, Z.Y., Mandel, L.: Measurement of subpicosecond time intervals between two photons by interference. Phys. Rev. Lett. **59**, 2044 (1987)
45. Hornberger, K., Gerlich, S., Haslinger, P., Nimmrichter, S., Arndt, M.: Colloquium: quantum interference of clusters and molecules. Rev. Mod. Phys. **84**, 157 (2012)
46. Horodecki, R., Horodecki, P., Horodecki, M., Horodecki, K.: Quantum entanglement. Rev. Mod. Phys. **81**, 865–942 (2009)

47. Jacques, V., Wu, E., Grosshans, F., Treussart, F., Grangier, P., Aspect, A., Roch, J.-F.: Experimental realization of wheeler's delayed-choice gedanken experiment. Science **315**(5814), 966–968 (2007)

48. James, W.: Principles of Psychology, Bd. 2. Holt and Macmillan, New York (1890)

49. Jammer, M.: The Philosophy of Quantum Mechanics. Wiley, New York (1974)

50. Károlyházy, F.: Gravitation and quantum mechanics of macroscopic objects. Nuovo Cimento **42 A**, 1506 (1966) (alte Seitenangabe 390)

51. Kochen, S., Specker, E.: The problem of hidden variables in quantum mechanics. J. Math. Mech. **17**, 59–87 (1967)

52. Kragh, H.: Quantum Generations: A History of Physics in the Twentieth Century. Princeton University Press, Princeton (2002)

53. Kwiat, P., Weinfurther, H., Herzog, T., Zelinger, A., Kasevich, M.A.: Interaction-free measurement. Phys. Rev. Lett. **74**, 4763 (1995)

54. Kumar, M.: Quantum: Einstein, Bohr and the Great Debate About the Nature of Reality. Icon Books, London (2008)

55. Lambrecht, A.: Das Vakuum kommt zu Kräften: Der Casimir-Effekt. Physik in unserer Zeit **36**, 85–91 (2005)

56. von Laue, M.: Geschichte der Physik. Universitäts-Verlag, Bonn (1947)

57. Leggett, A.J.: Testing the limits of quantum mechanics: motivation, state of play, prospects. Vortrag an der Universität Freiburg, 22.11.2010

58. Madelung, E.: Quantentheorie in hydrodynamischer Form. Z. Phys. **40**, 322–326 (1926)

59. Mermin, N.D.: What's wrong with this pillow? Phys. Today **42**(4), 9–11 (1989)

60. Nairu, O., Arndt, M., Zeilinger, A.: Quantum interference experiments with large molecules. Am. J. Phys. **71**, 319–325 (2003)

61. von Neumann, J.: Mathematische Grundlagen der Quantentheorie. Springer, Berlin (1932)

62. Newton, I.: Opticks: Or, A Treatise of the Reflections, Refractions, Inflections and Colours of Light (1704); Deutsch Optik: Oder Abhandlung über Spiegelungen, Brechungen, Beugungen und Farben des Lichts. Verlag Harri Deutsch, Frankfurt a. M (1996)

63. Nielsen, M.A., Chuang, I.L.: Quantum Computation and Quantum Information. Cambridge Series on Information and the Natural Sciences. Cambridge University Press, Cambridge (2000)

64. Pauli, W.: Brief an Heisenberg vom 15. Juni 1935. In: von Meyenn, K. (Hrsg.) Wolfgang Pauli – Scientific Correspondence with Bohr, Einstein, Heisenberg a. o., Bd. II, S. 1930–1939. Springer, Berlin (1985)

65. Pauli, W.: Bemerkungen zum Problem der Verborgenen Parameter in der Quantenmechanik und zur Theorie der Führungswelle. In: Enz, C.P., von Meyenn, K. (Hrsg.) Wolfgang Pauli – Das Gewissen der Physik. Friedr. Vieweg & Sohn, Halle (ursprünglich in der Festschrift zu de Broglies 60. Geburtstag, 1957)

66. Peat, F.D.: Infinite Potential. The Life and Times of David Bohm. Addison Wesley, Boston (1997)

67. Penrose, R.: Computerdenken. Bewusstsein und die Gesetze der Natur. Spektrum der Wissenschaft, Heidelberg, Des Kaisers neue Kleider oder Die Debatte um Künstliche Intelligenz (1991)

68. Philippidis, C., Dewdney, C. & Hiley, B.J. Nuov Cim B (1979) 52: 15. https://doi.org/10.1007/BF02743566, Società Italiana di Fisica 1979

69. Planck, M.: Über irreversible Strahlungsvorgänge. Ann. Phys. **1**, 69–112 (1900)

70. Planck, M.: Zur Theorie des Gesetzes der Energieverteilung im Normalspektrum. Verhandlungen der Deutschen Physikalischen Gesellschaft im Jahre 1900, 237–245

71. Planck, M.: Brief an Robert Williams Wood von 1931. Wiedergabe. In: Hermann, A. (Hrsg.) Frühgeschichte der Quantentheorie. Physik Verlag, Mosbach (1969)

72. Renninger, M.: Messung ohne Störung des Meßobjekts. Z. Phys. **158**, 417 (1960)

73. Schrödinger, E.: Die gegenwärtige Situation in der Quantenmechanik. Die Naturwissenschaften **23**, 807–812, 823–828, 844–849 (1935)

74. Schrödinger, E.: Über die Unanwendbarkeit der Geometrie im Kleinen. Die Naturwissenschaften **31**, 518–520 (1934)

75. Specker, E.P.: Die Logik nicht gleichzeitig entscheidbarer Aussagen. Dialectica **14**, 239–246 (1960)

76. Streater, R., Wightman, A.: PCT, Spin and Statistics and All That. W. A. Benjamin (1964); also Princeton University Press, Princeton (2000)

77. Stapp, H.P.: Mindful Universe: Quantum Mechanics and the Participating Observer. Springer, Berlin (2007)

78. Tumulka, R.: A relativistic version of the ghirardi-rimini-weber model. J. Stat. Phys. **125**, 821 (2006)

79. Yin, J., et al.: Satellite-based entanglement distribution over 1200 kilometers. Science **356**, 1140 (2017)

Stichwortverzeichnis

A

Abbildung
  isometrische, 238
  lineare, 77, 237
Abel, Niels Henrik, 268
Absorptionsgesetz, 363
Absorptionslinien, 57
Amplitudenvektor, 7, 17
Anderson, Carl David, 64
Anschlussbedingung, beim endlichen
        Kastenpotenzial, 148
Aspect, Alain, 65, 203, 205
Assoziativität eines Verbandes, 363
Äther, 5
Auf- und Absteigeoperator, 155, 218, 274
Aussagenlogik, 363
Ausschließungsprinzip, 63, 191
Austrittsarbeit, 54, 55
Auswahlregel, 278
Avogadro-Konstante, 56
Axiome, 101–121, 121, 313
  allgemeiner Rahmen, 101
  Newton'sche Mechanik, 103
Azimutalgleichung, 169

B

Baker-Campbell-Hausdorff-Formel, 255
Ball, offener, 235
Banach-Raum, 236
Basis, duale, 74
Bayes'sche Wahrscheinlichkeit, 341
BB84, 227
Becquerel, Alexandre E., 53
belief function, 341
Bell'sche Ungleichungen, 65, 200, 330
  Verletzung in der QM, 202, 204

Bell, John, 23, 65, 200, 327
Bell-Messung, 222, 225
Bell-Zustände, 222, 225
Bennett, Charles H., 227
Beschränktheit in einer Halbordnung, 368
Beta-Bariumborat (BBO), 298
Bewegungsgleichungen, 105, 262–264
  Hamilton'sche, 103
  Newton'sche, 105
Bit, klassische Informationseinheit, 220
Bloch-Kugel, 29, 213, 221
Bohm'sche Mechanik, 65, 200, 347
Bohm, David, 65, 197, 200, 347, 375
Bohr'scher Atomradius, 174
Bohr'sches Atommodell, 57
Bohr'sches Magneton, 60
Bohr, Niels, 198, 340, 374
Boltzmann-Faktor, 52
Boole'sche Algebra, 372
Born'sche Regel, 29, 115, 315, 336
Born, Max, 64, 375
Bose-Einstein-Statistik, 192
Bosonen, 121, 192, 277, 293
Bra-Ket-Notation, 75–93, 93
  für Matrizen, 88
  für Vektoren, 75
Brassard, Gilles, 227
Braun'sche Röhre, 38
Brewster-Winkel, 8

C

Casimir-Effekt, 293
Casimir-Operator, 274
Cauchy-Folge, 236
Caves, Carlton M., 341
CCD-Kamera, 11

© Springer-Verlag GmbH Deutschland, ein Teil von Springer Nature 2019
T. Filk, *Quantenmechanik (nicht nur) für Lehramtsstudierende*,
https://doi.org/10.1007/978-3-662-59736-1

CHSH-Ungleichungen, 204
Clauser, John, 201, 204
Clebsch-Gordan-Koeffizienten, 280
Common-Cause-Korrelation, 199
Compton, Arthur, 60
Compton-Streuung, 60
Compton-Wellenlänge, 38, 61

D
Darstellung, 269
  irreduzible, 269
  lineare, 269
Darstellungsraum, 268
Davisson, Clinton, 39, 63
de Broglie, Louis, 37, 63, 347
de Morgan'sche Gesetze, 362
de-Broglie-Wellenlänge, 38
Definitionsbereich unbeschränkter
  Operatoren, 244
Dekohärenz, 326, 342
Delayed-Choice, 303
Delta-Distribution, 92, 241, 249
Derivation, Kommutator als, 79
d'Espagnat, Bernard, 200
Deutsch, David, 376
DeWitt, Bryce, 342, 376
Dichtematrix, 131, 213
Dirac, Paul A. M., 64
Dirac-Gleichung, 64
Distribution, 240
  Ableitung, 242
Distributivgesetze, 363, 365
Doppellösunginterpretation, 347
Doppelspalt, 31, 257, 296
down conversion, parametric, 11, 298
Drehgruppe, 270
  Lie-Algebra, 178, 270
Drehimpulsoperator, 112, 276
  Eigenwerte, 171, 277

E
Ebene Welle, 5
Eddington, Arthur, 375
Effekt, Photoelektrischer, 53
Eigenfunktionen
  harmonischer Oszillator, 156
  Kastenpotenzial, 145
  Kugelflächenfunktionen, 170
  uneigentliche, 91
Eigenraum, 79
Eigenschaft, 14, 317

kommensurable, 367
Eigenvektor, 78
  kommutierender Operatoren, 81
  selbstadjungierter Operatoren, 80
  uneigentlicher, 245
Eigenwert, 78, 245
  2-dimensionaler Matrizen, 212
  als mögliche Messwerte, 114, 315
  selbstadjungierter Operatoren, 80
  unitärer Operatoren, 85
  von Projektionsoperatoren, 82
Einstein, Albert, 53, 196, 339, 373
Einstein-Podolsky-Rosen (EPR), 65, 196
Einstein-Realität, 203
Einzelphotonquelle, 11
Elementarteilchen, 267
Elemente der Realität, 107, 196
Elitzur, Avshalom, 300
Elitzur–Vaidman–Experiment, 300
Emissionslinien, 127
Energieband, 181
Energiedichte, 6
Energieeigenwerte, 150
  harmonischer Oszillator, 155
  Kastenpotenzial, 144
  Wasserstoffatom, 174
Energieoperator, 112
Energiequantisierung
  diskretes Spektrum, 181
  Kontinuum, 180
Ensemble-Interpretation, 339
Entartungsgrad (eines Eigenwerts), 78
EPR-Zustand, 197, 207, 222
Erwartungswert, 116
  Dichtematrix, 132
  klassischer, 131
  Linearität, 349
Erzeugungs- und Vernichtungsoperatoren,
  293
Euler-Winkel, 270
Everett, Hugh, 342

F
FAPP (for all practical purposes), 327
Faraday-Effekt, 87, 316
Feld, Elektromagnetisches, 6
Fermi-Dirac-Statistik, 193
Fermionen, 121, 193, 277, 293
Feynman, Richard, 31, 220, 251, 375
Finkelstein, David, 377
Fischer, Ernst Peter, 376

Fluoreszenz, parametrische, 298
Fourier-Transformation, 42, 93, 125, 248
Franck, James, 58
Franck-Hertz-Versuch, 58
Fraunhofer, Joseph von, 57
Fraunhofer-Linien, 57
Freiheitsgrade, thermodynamische, 56, 160
Frequenz, 5
Fuchs, Christopher A., 341
Führungsfeldtheorie, 347
Funktion
    stückweise stetige, 239
    verallgemeinerte, 241
Funktionalintegraldarstellung, 256

G
Gauß-Funktion, 125, 153, 163
Gel'fand-Tripel, 91, 247
Generator
    einer Gruppe, 271
    von Translationen, 310
Gerlach, Walther, 62
Germer, Lester, 39, 63
g-Faktor, 60
Gitter, optisches, 296
Gleichverteilungssatz, 51
Greenberger, Daniel M., 376
Grenzfall, klassischer, 113, 256, 264
    harmonischer Oszillator, 157
    Kastenpotenzial, 147
Groenewald-van Hove-Theorem, 112
Grundzustandsenergie, 155
    harmonischer Oszillator, 158
    Kastenpotenzial, 146
    lineare Kette, 292
    Wasserstoffatom, 174
Gruppe, 268
    abelsche, 268
    allgemeine lineare, 278
    orthogonale, 86
    unitäre, 86
GRW-Kollapsmodell, 346

H
Halbgruppengleichung, 255
Halbordnung, 368
Hamilton-Jacobi-Gleichung, 351
Hamilton-Operator, 102, 112, 129, 142, 263
    Generator der Zeitentwicklung, 119
    Ortsdarstellung, 118
Hauptachse, 79

Heaviside-Funktion, 241
Heighest-Weight-Darstellung, 273
Heisenberg'sche Bewegungsgleichung, 262
Heisenberg, Werner, 63, 198, 340, 374
Heisenberg-Bild, 120
Heisenberg-Schnitt, 326
Hermann, Grete, 349
Hermite-Polynome, 156
Hertz, Gustav, 58
Hertz, Heinrich, 5
Hilbert-Raum, 72, 236
    quadratintegrable Funktionen, 74, 90, 239
    quadratsummierbare Folgen, 73
    separabler, 72, 236
Hilbert-Schmidt-Operator, 248
Holt, Richard, 204
Hong-Ou-Mandel-Effekt, 302
Horne, Michael, 204
Huygens, Christiaan, 5

I
Implikation, kontrafaktische, 202, 203, 206
Impulsoperator, 90, 111, 114, 141
Impulsraumbasis, 141
Indeterminismus der Quantentheorie, 116, 337
Infimum, 369
Integralkern, 244
Intensität, 9
    als relative Häufigkeit und Wahrscheinlichkeit, 12, 17
    als Wahrscheinlichkeitsdichte, 37
    relative, 10
Interferenz, konstruktive und destruktive, 35, 300
Interferenzexperimente, 34
    Buckyballs, 39
Invariante, 269
Invarianz, 128, 268
Invasivität von Messungen, 30, 318
Ionisierungsenergie, 174

J
Jacobi-Identität, für Kommutatoren, 79
James, William, 123
Jönsson, Claus, 39
Jordan, Pascual, 64

K
Körper, schwarzer, 48
Károlyházy, Frigyes, 345

Kastenpotenzial, 142
  endliches, 148
  Randbedingungen, 143
Knallerexperiment, 300
Kochen-Specker-Theorem, 331
Kollaps, *siehe* Reduktion des Quantenzu-
    stands
Kollapsmodell, 344
Kommutativität eines Verbandes, 363
Kommutator, 79
Komplement einer Aussage, 362
Komplementarität, 64, 123, 317, 336
  klassisch und quantenmechanisch, 14
Konjugation, hermitesche, 80
Kontextualität, 331
Kontinuitätsgleichung, 351
Konversionskristall, 298, 302
Kopenhagener Deutung, 64, 335
Korrespondenzprinzip, 121, 264, 338
Kugelflächenfunktionen, 170
Kurzwellenasymptotik, 351

L

$\mathcal{L}_2$, *siehe auch* Hilbert-Raum, qua-
        dratintegrable Funktionen,
        92
Laguerre-Polynome, 173
$\lambda/4$- und $\lambda/2$-Plättchen, 87, 297
Laplace-Operator, in Kugelkoordinaten,
        168
Larmor-Frequenz, 58
Laser, 295
Laserlicht, Eigenschaften, 296
Laserpointer, 11
Legendre-Polynome, 170
Leggett, Antony J., 343
Lenard, Philipp E. A., 53
Levi-Civita-Symbol, 271
Licht
  sichtbares, 6
  Wellennatur, 10
Lie-Algebra, 270, 271
Lie-Gruppe, 270
Lokalität, 202, 203, 331
Lorentz, Hendrik A., 58
Lorentz-Kraft, 58

M

Mach-Zehnder-Interferometer, 298
Madelung, Erwin, 347
Malus

Etienne Louis, 5
  Gesetz von, 9
Many-Worlds-Interpretation, 342
Matrixelement, 77
Matrizen
  hermitesch konjugierte, 80
  transponierte, 80
Matrizenmechanik, 64
Maximum, 368
Maxwell, James Clerk, 5
Maxwell-Gleichung, 5
Mehrteilchensysteme, 121
Mengenverband, 372
Mermin, David, 319, 335, 376
Messproblem, 322, 339
Messung, 109
  als Präparation, 24
  bei Polarisationszuständen, 24
  in der klassischen Physik, 24
  Nachweis, 24
  Prokrustie, 25
  wechselwirkungsfreie, 300
Mikrowellenhintergrundstrahlung, 48
Minimum, 368
Moment, magnetisches, 59

N

Negation einer Aussage, 362
Newton, Isaac, 4
Nichtlokalität der Quantentheorie, 65, 204,
        356
No-Cloning-Theorem, 223
No-Crossing-Theorem, 352
No-Go-Theorem, 65, 349
Noether-Theorem, 127
Norm, 72, 235
Normierungsbedingung, 41, 108, 131

O

O(N), 86
Observable, 29, 109
  als selbstadjungierter Operator, 111, 314
  klassische, 104
  mögliche Messwerte, 114
  maximaler Satz, 130
  Messvorschrift, 113
ODER, 362
One-Time-Pad, 226
Operator, *siehe auch* Matrizen *und*
        Abbildung,
  adjungierter, 79

beschränkter, 78
Eigenwerte, 85
Funktion von, 84
kommutierender, 81
linearer, 76
lokaler, 244
normaler, 82
selbstadjungierter, 80
Spurklasse, 248
unbeschränkter, 78, 237
unitärer, 85, 310
Operatornorm, 78
starke und schwache, 238
Operatortopologie, starke und schwache, 238
Orbit, einer Gruppe, 268
Ordnung, totale, 368
Orthogonalität von Vektoren, 72
Orthonormalbasis, 72
Ortsoperator, 92, 111, 114, 140
Ortsraumbasis, 140
Ortsraumdarstellung, 113, 244
Oszillator, harmonischer, 153–160, 160
mehrdimensionaler, 159

P
Parallelismus, massiver, 222
Paritätsoperator, 147, 267
Parseval'sche Formel, 42
Paschen-Back-Effekt, 59
Pauli'sches Ausschließungsprinzip, 63, 191
Pauli, Wolfgang, 63, 198, 375
Pauli-Matrizen, 178, 212
Kommutatorregeln, 212
Penrose, Roger, 345
Permutation, 194, 196
Phase, 6
Phononen, 285
Photon, 11
Interpretation, 12
Planck'sche, Einheiten, 52
Planck'sche, Strahlungsformel, 52
Planck'sches Wirkungsquantum, 10
Planck, Max, 49, 376
Podolsky, Boris, 196
Poincaré-Kugel, 29, 214
Poisson-Klammern, 112, 263
Polargleichung, 169
Polarisation, 14, 216
elliptische, 6
lineare, 6, 297

zirkulare, 6, 217, 297
Polarisationsexperiment, 15
Polarisationsfilter, 8
Darstellung durch Matrix, 19
hintereinandergeschaltete, 9, 229
Polarisationsstrahlteiler, 7, 296
Polwürfel, *siehe* Polarisationsstrahlteiler
Positivität
einer Dichtematrix, 131
einer Wahrscheinlichkeitsverteilung, 131
POVM (positive operator-valued measures), 342
Poynting-Vektor, 6
Prinzip des hinreichenden Grundes, 116, 337
Produkt, dyadisches, 88
Projektion einer Amplitude, 9
Projektionsmatrix, 19
Projektionsoperator, 82, 89, 364
Eigenwerte, 82
Prokrustie, 25, 110
Proposition, 361
Pumpen, optisches, 296

Q
QBismus, Quanten-Bayesianismus, 341
Quadratintegrierbarkeit, 74, 239
Quanten, 49, 239
Quanten-Zeno-Effekt, inverser, 229
Quantencomputer, 220
Quantenkontextualität, 331
Quantenkorrelation, 65, 330
Quantenkosmologie, 340
Quantenkryptographie, 227
Quantenmechanik
Bohm'sche, 65, 347
Geburtstag, 49
Indeterminismus, 116
und Bewusstsein, 344
Wahrscheinlichkeitsdeutung, 64
Quantenpotenzial, 351
Quantenradierer, 305
Quantenspinkette, 219
Quantensprung, 64
Quantenstatistik, 121, 192
Quantensystem vs. klassisches System, 323
Quantenteleportation, 224
Quantenzahl, 267
magnetische, 60, 171
Quantenzustand, 314
als Katalog unseres Wissens, 340

als normierter Vektor, 107, 314
als Projektionsoperator, 108
als Strahl, 108, 314
Reduktion, 327
separabler, 189
total antisymmetrischer, 195
verschänkter, 189
Quantisierung, einer Theorie, 338
Quantisierungsbedingung
Kastenpotenzial, 144
Quantum bound, 206
Qubit, 220

R
Rastertunnelmikroskop, 152
Rayleigh-Jeans'sches Strahlungsgesetz, 51
Reduktion des Quantenzustands, 19, 117,
315, 327
Reflexionskoeffizient, 150
Relation, 368
Riesz'scher Darstellungssatz, 75, 247
rigged Hilbert space, 247
Rosen, Nathan, 196
Rotationsmatrizen, 86, 270
Rutherford'sches Atommodell, 57
Rutherford, Ernest, 57
Rydberg-Konstante, 174

S
Schack, Ruediger, 341
Schnitt, beim Messprozess, 326
Schrödinger, Erwin, 64, 328, 340
Schrödinger-Bild, 120
Schrödinger-Gleichung, 64, 141, 316
freie, 44
Ortsdarstellung, 118
Wasserstoffatom, 172
zeitabhängige, 118, 139, 251
zeitunabhängige, 139
Schrödingers Katze, 328
Schranke, obere und untere, 368
Schwartz-Funktion, 247
Schwartz-Raum, 240
Schwarzkörperstrahlung, 49
Seher von Arba'ilu, 332
Separabilität, 189
Shimony, Abner, 204
Skalarprodukt, hermitesches, 71
SO(3), 270
Solvay-Konferenz (1927), 64, 336
Sommerfeld, Arnold, 59

Specker, Ernst, 331
Spektraldarstellung, 83, 89, 246
Spektrallinien, 127
Spektrum, 91, 245
Spin, 63, 179, 277
in Bohm'scher Mechanik, 356
Modell von Pauli, 178
Spin-Matrizen, 178
Spin-Statistik-Theorem, 192, 195
Spinor, 178
Spur eines Operators, 247
Spurklasseoperator, 248, 310
Stark, Johannes, 60
Stark-Effekt, 58
linearer, 60
quadratischer, 60
Stefan-Boltzmann-Gesetz, 51
Stern, Otto, 62
Stern-Gerlach-Experiment, 62, 179
Strahl, eines Vektorraums, 29, 83
Strahlteiler, 296
Strahlungsgesetz, klassisches, 51
Streuprobleme, 149
Strukturkonstante, 271
SU(2), 272
SU(N), 86
Summation über alle Wege, 259
Superdeterminismus, 203
Superposition, 20, 120, 318
Supremum, 369
Symmetrie, 268
einer Funktion, 269
Symmetrien, 127

T
Teilreduktion, 189
Teilspur, 190
Tensorprodukt, 186
Testfunktion, 240, 247
Thomson'sches Atommodell, 57
Thomson, Joseph J., 57
Topologie, 235
Transformation
aktive, 85
antiunitäre, 128
passive, 86
unitäre, 272
Transmissionskoeffizient, 150
Tunneleffekt, 151

U

U(N), 86
Ultraviolettkatastrophe, 51
UND, 362
unitäre Abbildung, 238
Unschärferelation, 64, 124, 318, 337
 Energie–Zeit, 127
 Heisenberg'sche, 125
 zwischen Ort und Wellenzahl, 126

V

Vaidman, Lev, 300
Vakuum, 293
Vakuumzustand, 75
Variable, verborgene, No-Go-Theoreme,
 200
Vektorraum, 70–76, 76
 Basis, 71
 Dimension, 71
 dualer, 74, 246
 komplexer, 70
 Norm, 72
 Strahlen, 83
Verband, 369
 Boole'scher, 372
 distributiver, 372
 komplementärer, 371
 vollständiger, 371
Verdet-Konstante, 316
Verhältnis, gyromagnetisches, 60
Verschiebeoperator, 238, 310
Verschränktheit, 189, 197
Vertauschungsrelation
 kanonische, 93, 112, 244, 248
 und Eigenzustände, 122
 Unschärferelation, 124
Viele-Welten-Interpretation, 342
Vollständigkeit, 236
von Neumann, Johann, 65
 No-Go-Theorem, 65, 200, 349
von Neumann-Entropie, 191, 326

W

Wärmekapazität, 55, 160
Wahrscheinlichkeit, 116, 336
 ontologische, 116
Wahrscheinlichkeitsamplitude, 37
Wahrscheinlichkeitsdichte
 Kenngrößen, 41
Welcher-Weg-Information, 40, 306
Welle, ebene, 32
Welle-Teilchen-Dualismus, 63, 123
Wellengleichung, 5
Wellenlänge, 5
Wellenmechanik, 64
Wellenpaket, 91, 247
Wellenzahlvektor, 5, 42
Wheeler, John A., 303
Wien'sches Strahlungsgesetz, 51
Wigner, Eugene P., 200, 344
Wigners Freund, 344
Wille, freier, 203
Winkelfrequenz, 5
WKB-Näherung, 351
Wollaston, William H., 57

Z

Zeeman, Pieter, 58
Zeeman-Effekt, 58
 anomaler, 59
 normaler, 59
Zeigerbasis-Problem, 329
Zeigermodell, 259
Zeilinger, Anton, 39, 376
Zeitentwicklungsoperator, 119, 252, 253
 freier, 254
Zeitoperator, 127
Zentralpotenzial, 168
Zerlegung der Eins, 89
Zustand, 29
 dispersionsfreier, 104, 115
 gemischter, 131
 klassischer, gemischter, 131
 Präparation, 117, 129
 quantenmechanischer, 107, *siehe auch*
  Quantenzustand
Zustand, gemischter, 213
Zustandsänderung, adiabatische, 146
Zustandsdichte, 146
Zustandssumme, 160
Zweizustand-System, 217